U1076054

清华大学土木工程系组编

土木工程新技术丛书

主 编 崔京浩

# 给水排水工程

## （第二版）

吴俊奇 付婉霞 曹秀芹 编著

清华 土木

中国水利水电出版社
www.waterpub.com.cn
知识产权出版社
www.cnipr.com

## 内容提要

本书是由清华大学土木工程系组编的“土木工程新技术丛书”之一，根据我国最新颁布的相关规范、我国建筑事业的发展和国内外先进技术的使用情况，全面、翔实地介绍了给水排水工程的主要内容和近年来的新技术与新进展。

全书内容丰富，系统性强，共26章，分上、中、下三篇。上篇为给水工程，分为9章，内容包括概论、给水管网及相关设备设施和给水水质处理等；中篇为建筑给水排水工程，分为10章，内容包括与建筑相关的各种给水排水系统；下篇为排水工程，分为7章，内容包括概论、各种管渠系统和相关设备设施及城市污水处理等。

本书可作为高等学校给水排水工程专为的教材或教学参考书，也可作为相关专业的工程技术人员、科研人员等的自学参考书。

**选题策划**：阳 淼 张宝林 E-mail：yangsanshui@vip.sina.com；z_baolin@263.net
**责任编辑**：阳 淼 张宝林
**文字编辑**：张 冰

**图书在版编目（CIP）数据**

给水排水工程 / 吴俊奇，付婉霞，曹秀芹编著. -- 2版. -- 北京 : 中国水利水电出版社，2010.1
（土木工程新技术丛书 / 崔京浩主编）
ISBN 978-7-5084-7139-6

Ⅰ. ①给… Ⅱ. ①吴… ②付… ③曹… Ⅲ. ①给水工程②排水工程 Ⅳ. ①TU991

中国版本图书馆CIP数据核字(2010)第003470号

土木工程新技术丛书
**给水排水工程**（第二版）
吴俊奇 付婉霞 曹秀芹 编著
中国水利水电出版社 知识产权出版社 出版发行（北京市海淀区玉渊潭南路1号D座；电话：010-68367658 / 北京市海淀区马甸南村1号；电话：010-82005070）
北京科水图书销售中心零售（电话：010-88383994、63202643）
全国各地新华书店和相关出版物销售网点经售
中国水利水电出版社微机排版中心排版
北京市地矿印刷厂印刷
184mm×260mm 16开本 28.75印张 682千字 1插页
2004年5月第1版 2010年1月第2版 2010年1月第2次印刷
印数：4101—7600册
定价：**53.00**元

**版权所有·侵权必究**
如有印装质量问题，可由中国水利水电出版社营销中心调换
（邮政编码100038，电子邮件：sales@waterpub.com.cn）

清华大学土木工程系组编

# 土木工程新技术丛书


## 编　委　会

名誉主编　龙驭球

主　　编　崔京浩

副 主 编　石永久　宋二祥

编　　委　（按姓氏拼音字母排序）

包世华　岑　松　陈志鹏　方东平　龚晓海
李德英　刘洪玉　龙志飞　卢　谦　卢有杰
陆化普　聂建国　佟一哲　王志浩　吴俊奇
辛克贵　杨　静　阳　森　叶列平　叶书明
袁　驷　詹淑慧　张宝林　张铜生　张新天

## 编 辑 办 公 室

主　　任　阳　森

成　　员　张宝林　彭天赦　张　冰　邹艳芳

# 总　　序

土木工程——一个古老而又年轻的学科。

国务院学位委员会在学科简介中为土木工程所下的定义是："土木工程（Civil Engineering）是建造各类工程设施的科学技术的统称。它既指工程建设的对象，即建造在地上、地下、水中的各种工程设施，也指所应用的材料、设备和所进行的勘测、设计、施工、保养、维修等专业技术。"

英语中"Civil"一词的意义是民间的和民用的。"Civil Engineering"一词最初是对应于军事工程（Military Engineering）而诞生的，它是指除了服务于战争设施以外的一切为了生活和生产所需要的民用工程设施的总称，后来这个界定就不那么明确了。按照学科划分，防护工程、发射塔架等设施也都属于土木工程的范畴。

相对于机械工程等传统学科而言，土木工程诞生得更早，其发展及演变历史更为古老。同时，它又是一个生命力极强的学科，它强大的生命力源于人类生活乃至生存对它的依赖，甚至可以毫不夸张地说，只要有人类存在，土木工程就有着强大的社会需求和广阔的发展空间。

随着技术的进步和时代的发展，土木工程不断注入新鲜血液，显示出勃勃生机。其中，工程材料的变革和力学理论的发展起着最为重要的推动作用。现代土木工程早已不是传统意义上的砖、瓦、灰、砂、石，而是由新理论、新材料、新技术、新方法武装起来的，为众多领域和行业不可缺少的一个大型综合性学科，一个古老而又年轻的学科。

《土木工程新技术丛书》由清华大学土木工程系组织编写，成立了编委会，由崔京浩教授任主编，聘请中国工程院院士龙驭球先生为名誉主编。

丛书的组织编写原则遵循一个"新"字。一方面，"新"体现在组织选编的书目上（见封底的书目）：当然首选那些与国家建设息息相关、内容新颖、时代感强的书。改革开放以来，特别是新世纪到来之际，国家建设部门对运行管理、安全保障、质量监控、交通分析等方面的需求日益迫切，在书目选择上我们有意识地侧重了这一方面，力求引进一些国外的理论和实践，为我国建设服务；另一方面，"新"体现在各分册的内容上，即使是一些分册书名比较传统，其内容的编写也都努力反映了新理论、新规范、新技术、新方法，读者可以从各分册内容提要和章节目录编排上看出这种特色。

这套丛书的读者对象是比较宽泛的，除土木工程技术人员以外，对建设部门管理人员也是一套很有指导意义的参考读物。特别需要指出的是，这套书的作者几乎全是高等学校的教师，职业决定了他们写书在逻辑性、条理性和可读性诸方面有其独特的优势。在组织编写时我们又强调了深入浅出、说理透彻、理论与实际并重的原则，以便大专院校作为教材选用。

崔京浩

# 第二版序

由清华大学土木工程系组编的《土木工程新技术丛书》第一版目前共出版图书16种，几年来很受读者欢迎，其中不少分册正如《丛书》第一版“总序”里所说的“与国家建设息息相关”，“内容新颖”，“时代感强”，因此重印周期短，重印率高，像《建设工程招标投标与合同管理》、《工程建设安全管理》、《工程建设企业质量管理》等这样紧密切合社会需求的图书，已达到了一版六次的水平；《新编高层建筑结构》、《新建筑经济学》等书，反映也很好。

自2001年10月本《丛书》第一批书出版算起，现在业已8年多了，值此科技飞速发展知识不断更新的时代，8年前的内容有的已经老化甚至过时了，本着对时代、对社会和对读者负责的精神，2004年，我们开始着手组织了《丛书》第二版的修订和出版。

目前本《丛书》第二版已经出版的图书有：《建设工程招标投标与合同管理》、《工程建设安全管理》、《新编高层建筑结构》、《新建筑经济学》、《项目经济学》、《建筑材料》和《给水排水工程》。

《丛书》第二版更加全面地体现了新规程、新规范的要求，其他分册的作者则已按照编委会的要求，根据各分册的具体情况，更新内容，并补充国内外最新的信息和最新的科研成果，以飨读者。

本《丛书》编委会

2009年12月

# 第二版前言

本书是在第一版的基础上，根据近5年的新技术、新工艺、新设备、新材料和新修定的规范而修编，力争反映给水排水工程学科领域的发展趋势。

上篇给水工程参照《室外给水设计规范》(GB 50013—2006) 及《给水排水设计手册》(第二版) 第3册、第5册，修订了设计供水量的组成及用水定额、最高日用水量计算公式、管段水头损失计算公式、泵站设计要点（如吸、压水管路设计流速)、设备的通用符号等；并根据市场变化及《生活饮用水卫生标准》(GB 5749—2006)，更新了泵站辅助设备类型和型号。

中篇建筑给水排水工程主要根据2008年出版的《建筑给水排水设计手册》(第二版) 和2010年4月1日即将实施的《建筑给水排水设计规范》(GB 50015—2003，局部修订稿) 进行了较大的修改，涉及名词术语、设计参数等多方面内容。其他内容也根据《游泳池给水排水工程技术规程》(CJJ 122—2008)、《高层民用建筑设计防火规范》(GB 50045—95，2005年版)、《建筑设计防火规范》(GB 50016—2006)、《自动喷水灭火系统设计规范》(GB 50084—2001，2005年版)、《建筑与小区雨水利用工程技术规范》(GB 50400—2006)、《泡沫灭火剂》(GB 15308—2006)、《虹吸式屋面雨水排水系统技术规程》(CECS 183：2005) 等进行了修改。

下篇排水工程根据近年新制定规范、条例的相关内容进行了修改和补充。其中参照的《室外排水设计规范》(GB 50014—2006) 对排水工程规划设计原则及排水管道工程设计规定进行了调整；《污水再生利用工程设计规范》(GB 50335—2002) 和《建筑与小区雨水利用工程技术规范》(GB 50400—2006) 则体现了排水工程近年来的发展趋势，为实施污水资源化及雨洪控制与收集利用提供了技术支持，达到了开源节流、有效利用水资源的目的。

本书第一章～第七章、第九章由付婉霞编写；第八章由冯萃敏编写；第十章～第十七章、第十八章第二节、第十九章由吴俊奇编写；第十八章第一节由刘京伟编写；第二十章～第二十六章由曹秀芹编写。全书由吴俊奇统稿。

由于编者水平所限，书中的缺点乃至错误在所难免，恳请读者批评指正。

本书在编写过程中参阅了他人编著的书籍和资料，在此一并表示感谢。

编者

2009年12月于北京

# 第一版前言

本书是根据《土木工程新技术丛书》编委会的要求编写的。

随着国民经济的飞速增长和国家建设事业的蓬勃发展，以及对国内外先进技术和设备的引进、吸收和消化，我国的给水排水工程取得了长足的进步，同时面临着新形势和新要求。作为一本高等院校给水排水工程专业学生的教学参考书，本书加入了新规范的内容，兼顾了设计、施工等各方面的要求，包括给水管道工程、排水管道工程、给水泵站、排水泵站和建筑给水排水工程等，并介绍了近几年来出现的新技术、新设备和新材料等有关内容。

本书第一章～第七章及第九章由付婉霞编写；第八章由冯萃敏编写；第十章～第十八章第二节、第十九章由吴俊奇编写；第十八章第一节由刘京伟编写；第二十章～第二十六章由曹秀芹编写。全书由吴俊奇统稿。

由于编者水平有限，恳请读者对书中的缺点错误给予批评指正。

在本书编写过程中，编者参阅了他人编著的书籍和资料（详见参考文献），在此一并表示感谢。

编者

2004年1月于北京

# 目　录

## 中篇　建筑给水排水工程

## 下篇　排　水　工　程

# 上篇　给　水　工　程

# 第一章　给水工程概论

## 第一节　给水系统的组成

给水工程的任务是从水源取水，按照用户对水质的要求进行处理，再将净化后的水输送到用水区，并向用户配水，供应各类建筑所需的生活、生产和消防等用水。

给水系统一般由取水、水质处理和输配水等工程设施构成。

### 一、取水工程设施

取水工程设施的作用是从选定的水源（包括地表水和地下水）抽取原水。

### 二、水质处理工程设施

水质处理工程设施即净水构筑物，其作用是根据原水水质和用户对水质的要求，将原水加以适当处理，以满足用户对水质的要求。水质处理的方法有混凝、沉淀、过滤和消毒等。净水构筑物常集中布置在自来水厂（净水厂）内。

### 三、泵站

泵站的作用是将所需的水量提升到使用要求的高度（水压）。泵站包括提升原水的一级泵站、输送清水的二级泵站（一般设在自来水厂内）和设置于管网中的加压泵站等。

### 四、输配水管网

输配水管网包括输水管（渠）和配水管网。输水管（渠）包括将原水送至水厂的原水输水管和将净化后的水输送到配水管网的清水输水管，其特点是沿线无出流。配水管网则是将清水输水管（渠）送来的水送到各个用水区的全部管道。

### 五、调节构筑物

调节构筑物的作用是储存和调节水量，包括清水池、水塔和高地水池等。清水池设置在自来水厂内，其作用是储存和调节一、二级泵站抽水量之间的差额水量；同时，消毒剂和清水可在池内充分接触，进行杀菌。水塔和高地水池等调节构筑物设在输配水管网中，用以储存和调节二级泵站送水量与用户用水量之间的差值。管网中的调节构筑物并非一定要设置。

泵站、输配水管网和调节构筑物等总称为输配水工程设施，是给水系统中投资最大的子系统。

图 1－1 和图 1－2 分别是以地表水和地下水为水源的城镇给水系统示意图。

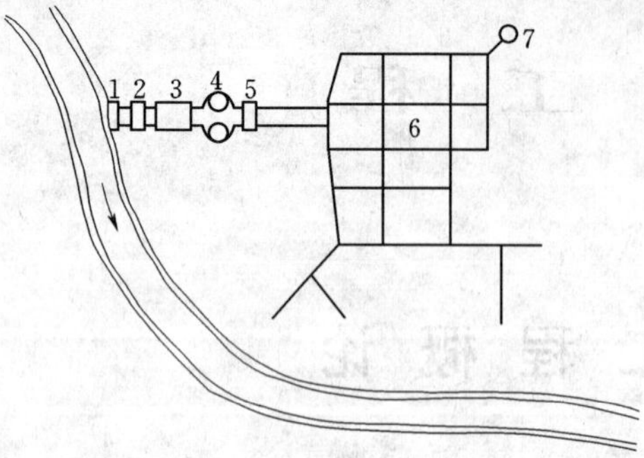


图 1-1　地表水源的给水系统示意图

1—取水构筑物；2—一级泵站；3—净水构筑物；4—清水池；

5—二级泵站；6—管网；7—调节构筑物

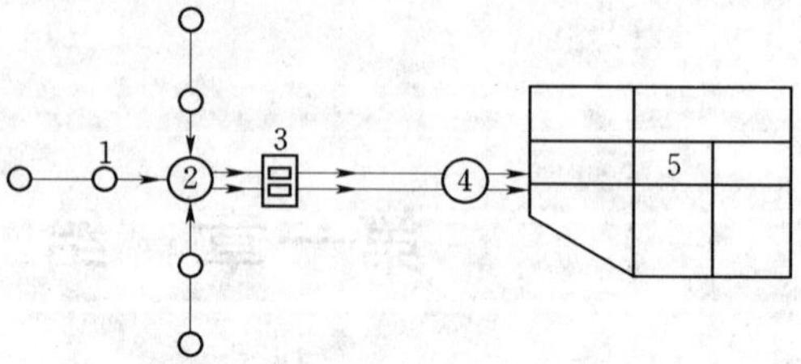


图 1-2　地下水源的给水系统示意图

1—管井群；2—集水井；3—泵站；

4—水塔；5—管网

图 1-2 中取水工程设施为管井群、集水池。由于未受污染的地下水水质良好，一般可省去净水构筑物而只需消毒即可。

## 第二节　给 水 系 统 的 分 类

**一、给水系统分类的方式**

给水系统可按下列方式分类：

(1) 按使用目的不同，可分为生活给水系统、生产给水系统和消防给水系统。

(2) 按服务对象不同，可分为城镇给水系统和工业给水系统。

(3) 按水源种类不同，可分为地下水给水系统和地表水给水系统。

(4) 按供水方式不同，可分为重力供水（自流供水）系统、压力供水（水泵供水）系统和混合供水系统。

本节着重按服务对象不同，分别介绍城镇给水系统和工业给水系统。

**二、城镇给水系统**

城镇给水系统因城镇地形、城镇大小、水源状况、用户对水质的要求以及发展规划等因素，可采用不同的给水系统形式，常用形式如下。

（一）统一给水系统

统一给水系统即用同一给水系统供应生活、生产和消防等各种用水，水质应符合国家生活饮用水卫生标准。绝大多数城镇采用这种给水系统。图 1-1（环状管网与树状管网相结合）和图 1-2（环状管网）所示即统一给水系统。

（二）分质给水系统

在城镇给水中，工业用水所占比例一般较大，各种工业用水对水质的要求往往与生活用水不同，此时可采用分质给水系统。图 1-3 为一简单的分质给水系统，图中生活用水采用水质较好的地下水，工业用水采用地表水。分质给水系统也可采用同一水源，经过不同的水处理过程后，送入不同的给水管网。对水质要求较高的工业用水，可在城市生活给水的基础上，再自行采取一些处理措施。

（三）分压给水系统

当城市地形高差较大或用户对水压要求有很大差异时，可采用分压给水系统，由同一泵站内的不同水泵分别供水到低压管网和高压管网，如图 1-4 所示。

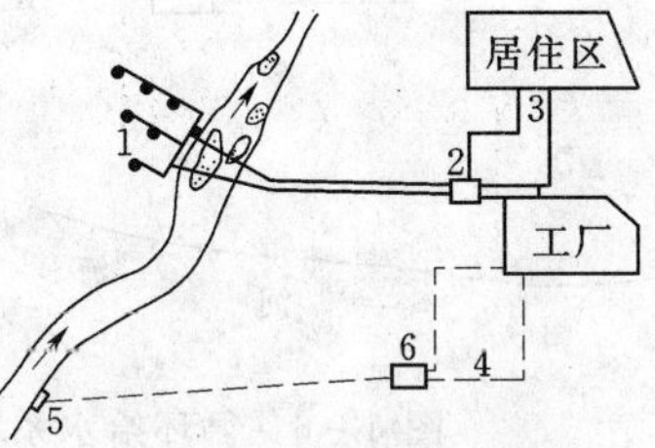


图 1-3　分质给水系统

1—管井；2—泵站；3—生活用水管网；
4—生产用水管网；5—取水构筑物；
6—工业用水净水构筑物

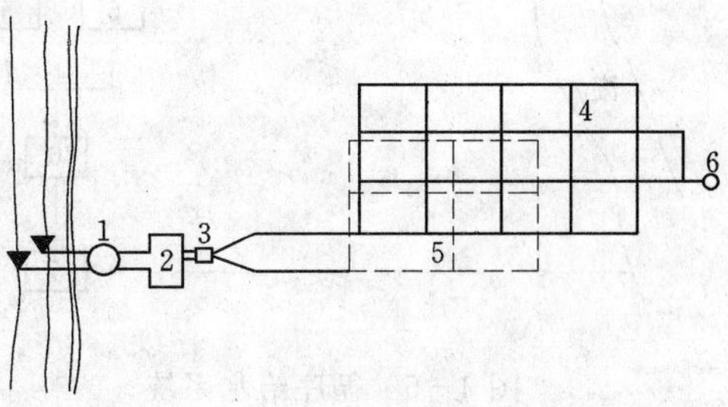


图 1-4　分压给水系统

1—取水构筑物；2—净水构筑物；
3—泵站；4—高压管网；
5—低压管网；6—水塔

（四）分区给水系统

当城市面积比较大，采用分期建设时，可根据城市规划状况，将给水管网分成若干个区，分批建成通水，各分区之间应有管道连通。

无论采用何种给水系统，在有条件的地方应尽量采用多水源供水，以确保供水安全可靠。

## 三、工业给水系统

前述的给水系统的组成与城镇给水系统的形式同样适用于工业企业。当工业用水与生活用水水质相近时，工业用水可由城镇供水管网供给。但工业用水又有其特殊性，例如，有些工业企业用水量大，但对水质要求较低；有些工业企业用水量小，但对水质要求高于生活用水；有些工业企业则不在城镇供水管网的供水范围内。这些企业均需自行解决供水问题。常用的工业给水系统有如下几种。

（一）直流给水系统

直流给水系统是指工业企业从就近水源（包括城镇供水管网、河流、地下水源）取水，根据所需水质情况，直接或经适当处理后供工业生产使用，水经使用后，全部排除，不再利用。这种系统虽然管理较为简单，但水的浪费严重，一般不宜采用，尤其是在水资源短缺的地区。

（二）循序给水系统

循序给水系统是根据各车间对水质要求的不同，将水按一定顺序重复利用。图 1-5 为一循序给水系统，水由取水构筑物和一级泵站送入净水构筑物，水经净化后由二级泵站送入水质要求高的车间，使用后的水送入水质要求低的车间，再次被利用，之后废水经废水处理构筑物处理后排入水体。

为节约用水，在条件合适的工业企业之间也可采用循序给水系统。

（三）循环给水系统

在发电、冶金和化工等行业中，需要大量的冷却用水，一般地，冷却用水约占工业总

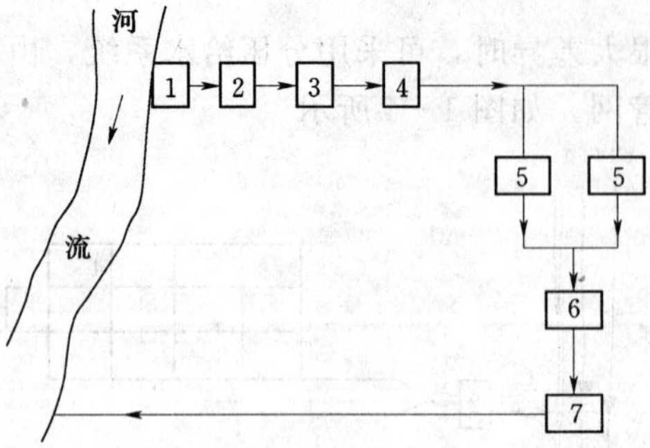


图 1-5　循序给水系统

1—取水构筑物；2—一级泵站；3—净水构筑物；4—二级泵站；5—高水质要求车间；6—低水质要求车间；7—废水处理构筑物

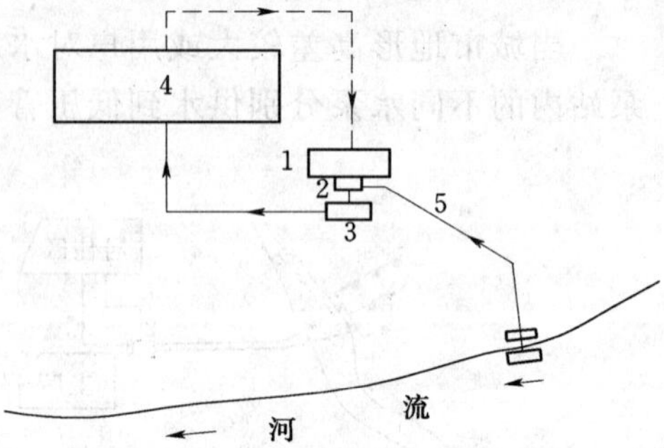


图 1-6　循环给水系统

1—冷却塔；2—吸水井；3—泵站；4—车间；5—新鲜补充水

用水量的70%。冷却用水在使用过程中，一般很少受到污染，只是温度有所上升，可采用冷却塔等设施降温后，再次作为冷却水重复使用，并应适当补充一定量的新鲜水。这种系统称为循环给水系统，如图1-6所示。

循环给水系统和循序给水系统可以使水得到最大限度地利用，不但节省了大量用水，而且也减轻了排水管道的负担和污水对环境的污染。因此，工业用水重复利用率是考核工业企业节约用水的一项重要指标。

在城镇供水中，工业用水往往占总用水量的50%以上，因此，搞好这些大用水户的节约用水工作是非常必要的，而其前提是要对企业的来水和用水情况有深入的了解，即应搞好水量平衡工作，掌握各处用水量和渗漏点。

# 第二章　给水管网的布置

## 第一节　管网的布置原则

给水管网（包括输水管和配水管网）是给水工程的重要组成部分，担负着城镇的输水和配水任务，其工程投资比例也最高，在有些城镇中，约为城镇自来水厂投资的3倍。因此，给水管网布置得是否合理直接关系到供水是否安全，也关系到工程投资和管网运行费用是否经济。给水管网在进行规划和布置时应遵循下列基本原则：

（1）根据城市规划布置管网，给水系统可分期建设，并留有充分发展的余地。

（2）管网布置在整个供水区内，并满足用户对水量和水压的要求。

（3）管网供水应安全可靠，当局部管线发生故障时，应尽量减小断水范围。

（4）城镇生活饮用水管网严禁与非生活饮用水管网连接，并严禁与自备水源供水系统直接连接。

（5）管线布置力求简短，并尽量减少特殊工程，以降低管网工程投资和日常供水费用。

## 第二节　配水管网的布置形式

配水管网有树状（枝状）管网和环状管网两种基本布置形式。

### 一、树状管网

图2-1为树状管网。树状管网从水厂泵站到用户的管线呈树枝状布置，干线向供水区延伸，管径沿供水方向减小。这种管网的供水可靠性差，且管线末端水流缓慢甚至停滞，水质容易变坏，但管网造价较低。当允许城镇管网间断供水时，可设计为树状管网，但应考虑将来连成环状管网的可能。

### 二、环状管网

图1-2为环状管网。在环状管网中，管线间连接成环状，每条管至少可由三个方向来水，使断水的可能性大大减小，因此供水安全性好。环状管网还可减轻水锤作用带来的危害。但环状管网的造价明显高于树状管网。城镇配水管网宜设计成环状管网，在不允许断水的地区必须采用环状管网。一般地，在大城市建设初期，当资金不足时可采用树状管网，以后逐步连成环状管网。

目前，城镇给水管网多采用图1-1所示的环状管网与树状管网相结合的管网布置形式。

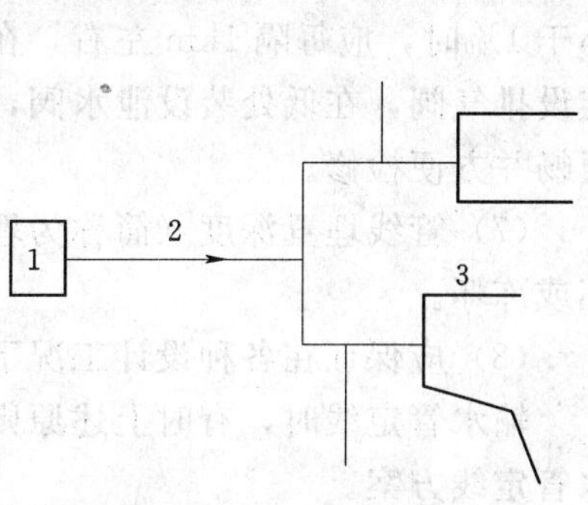


图2-1　树状管网

1—水厂；2—输水管；3—管网

## 第三节　输水管和配水管网定线

管网定线是指在地形平面图上确定管线的走向和位置。管网定线受城镇（或工业企业）的平面布置，供水区的地形，河流、山谷、铁路等障碍物的位置，大用水户的分布情况，以及其他水源及水池、水塔等调节构筑物的位置等因素的影响。因此，应综合考虑各种影响因素，进行管网定线。

**一、输水管定线**

输水管包括从水源到水厂的原水输水管和从水厂到配水管网的清水输水管。输水管中途一般不配水。根据地形和地质条件，原水输送可以采用重力输水管（渠），也可以采用压力输水管；当长距离输水时，由于地形情况复杂，有可能采用重力输水管和压力输水管相结合的输水方式。清水输送一般采用压力输水管，以免在输送过程中水质受到污染。输水管定线遵循的主要原则如下：

（1）必须与城市规划相结合，尽量沿现有道路或规划道路敷设，以便于施工和管道维修。

（2）管线尽量简短，以减小工程量，减少工程投资。

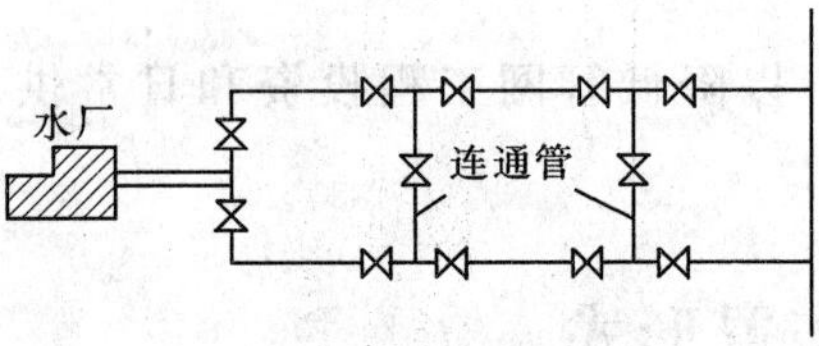

图 2-2　输水管上设连通管和阀门

（3）少占良田，少毁植被，保护环境，并应尽量减少建筑物的拆迁量。

（4）管线应尽量避免穿越铁路、河流、沼泽、滑坡、洪水淹没地区、腐蚀性土壤地区等；若无法避免时，必须采取有效措施，以保证管道能够安全输水。

（5）输水管不宜少于两条。当输水量小、输水管长或多水源供水时，可以采用一条输水管，同时在用水区附近设调节水池。此外，还可在双线输水管间设置连通管，并装设阀门（见图 2-2），以避免输水管局部损坏时，输水量减小得过多。一般地，当输水管某段发生故障时，城镇输水管仍应可以提供 70%以上的设计流量。连通管的间距如表 2-1 所示。

**表 2-1　　连通管间距**　　　单位：km

| 输水管长度 | <3 | 3～10 | 10～20 |
|---|---|---|---|
| 连通管间距 | 1.0～1.5 | 2.0～2.5 | 3.0～4.0 |

（6）输水管应设置坡度，最小坡度应大于 1∶5$D$（$D$ 为管径，mm）。当管线坡度小于 1‰时，应每隔 1km 左右，在管线高处装设排气阀，在低处装设泄水阀，以使输水通畅并方便检修。

（7）管线埋置深度（简称为埋深）应考虑地面荷载情况和当地冰冻线，防止管道被压坏或冻坏。

（8）应保证在各种设计工况下，输水管道系统不出现负压。

输水管定线时，有时上述原则难以兼顾，此时应进行技术经济比较，以确定最佳的输水管定线方案。

**二、配水管网定线**

配水管网包括干管、连接管、分配管和接户管，如图 2-3 所示。

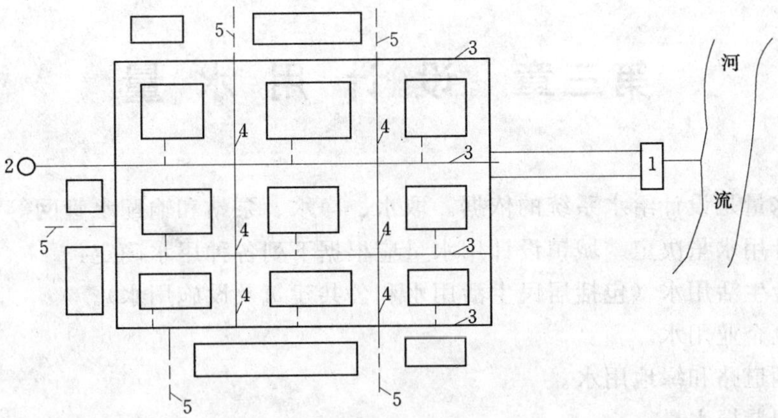


图 2-3　配水管网的组成

1—水厂；2—水塔；3—干管；4—连接管；5—分配管

（一）干管

干管是敷设在各供水区的主要管线，其任务是向各分配管供水。干管定线应考虑以下几个问题：

（1）干管的平面布置和竖向标高，应符合城镇或工业企业的管道综合设计要求。干管应沿规划道路敷设，尽量避免在重要的交通干道和高级路面下敷设。

（2）干管应向水塔、水池和大用水户的方向延伸。在供水区内，沿水流方向，以最短的距离敷设一条或数条并行的干管，并应从用水量大的街区通过。干管间的距离视供水区的大小和供水情况而定，一般为 500～800m。并行的干管数越少，投资越节省，但供水的安全性越差。

（3）干管的布置要考虑城镇将来的发展，可分期建设，留有充分发展的余地。

（二）连接管

将干管与干管连接起来的管段称为连接管。设置连接管，可使管网形成环状管网。连接管的作用是在干管局部损坏时，关闭部分管段，通过连接管重新分配流量，以缩小断水区域，保证安全供水。连接管的间距一般为 800～1000m。

（三）分配管

分配管是把干管输送来的水分送到接户管和消火栓上的管道。分配管敷设在供水区域内的每一条街道下。分配管的直径往往由消防流量决定，最小的为 100mm，大城市的为 150～200mm，室外消火栓的间距不应超过 120m。

（四）接户管

接户管是将分配管输送来的水引入用户的管道。一般的建筑物采用一条接户管；重要建筑物可采用两条接户管，并应从不同的方向接入建筑物，以提高供水的安全性。接户管的直径应经计算确定。

# 第三章 设计用水量

设计用水量是设计给水系统的依据。取水、净水、泵站和输配水管网等设施的规模大小，均由设计用水量决定。城镇设计用水量应根据下列各种用水确定：

(1) 综合生活用水（包括居民生活用水和公共建筑及设施用水）。

(2) 工业企业用水。

(3) 浇洒道路和绿地用水。

(4) 管网漏损水量。

(5) 未预见用水。

(6) 消防用水。

水厂设计规模，按上述（1）～（5）项的最高日用水量之和确定，并应按远期规划、近远期结合、以近期为主的原则进行设计。近期和远期设计年限宜分别采用5～10年和10～20年。

## 第一节 用水定额

用水定额是指设计年限内达到的用水水平，是计算设计用水量的主要依据之一。生活用水量、生产用水量和消防用水量都有其各自的用水定额。

### 一、生活用水定额

#### (一) 居民生活用水与综合生活用水定额

居民生活用水是指城市中居民的饮用、烹调、洗涤、冲厕和洗澡等日常生活用水。综合生活用水包括居民生活用水和公共建筑及设施用水，其中后者包括娱乐场所、宾馆、浴室、商业、学校和机关办公楼等的用水，但不包括城市浇洒道路和绿地等的用水。

居民生活用水和综合生活用水定额应根据各地国民经济和社会发展规划、城市总体规划和水资源充沛程度及给水工程发展的条件等因素，在现有用水定额的基础上，经综合分析后确定；在缺乏实际用水资料的情况下，根据《室外给水设计规范》（GB 50013—2006）的要求，也可采用表3-1和表3-2中的数据。

**表3-1** 居民生活用水定额 单位：L/（人·d）

| 城市规模 | | 特大城市 | | 大城市 | | 中、小城市 | |
|---|---|---|---|---|---|---|---|
| 用水情况 | | 最高日 | 平均日 | 最高日 | 平均日 | 最高日 | 平均日 |
| 分区 | 一 | 180～270 | 140～210 | 160～250 | 120～190 | 140～230 | 100～170 |
| | 二 | 140～200 | 110～160 | 120～180 | 90～140 | 100～160 | 70～120 |
| | 三 | 140～180 | 110～150 | 120～160 | 90～130 | 100～140 | 70～110 |

表 3-2　　综合生活用水定额　　单位：L/（人·d）

| 城市规模 | | 特大城市 | | 大城市 | | 中、小城市 | |
|---|---|---|---|---|---|---|---|
| 用水情况 | | 最高日 | 平均日 | 最高日 | 平均日 | 最高日 | 平均日 |
| 分区 | 一 | 260～410 | 210～340 | 240～390 | 190～310 | 220～370 | 170～280 |
| | 二 | 190～280 | 150～240 | 170～260 | 130～210 | 150～240 | 110～180 |
| | 三 | 170～270 | 140～230 | 150～250 | 120～200 | 130～230 | 100～170 |

注　1. 特大城市指市区和近郊区非农业人口 100 万及以上的城市。
大城市指市区和近郊区非农业人口 50 万及以上，不满 100 万的城市。
中、小城市指市区和近郊区非农业人口不满 50 万的城市。
2. 一区：包括湖北、湖南、江西、浙江、福建、广东、广西、海南、上海、江苏、安徽、重庆。
二区：包括四川、贵州、云南、黑龙江、吉林、辽宁、北京、天津、河北、山西、河南、山东、宁夏、陕西、内蒙古河套以东和甘肃黄河以东的地区。
三区：包括新疆、青海、西藏、内蒙古河套以西和甘肃黄河以西的地区。
3. 经济开发区和特区城市，根据用水实际情况，用水定额可酌情增加。
4. 当采用海水或污水再生水等作为冲厕用水时，用水定额相应减少。

目前，村镇人均生活用水量较小，约为 20～60L/（人·d），今后生活用水定额可以适当提高。

由于我国淡水资源缺乏，为增强城市居民的节水意识，促进节约用水和水资源持续利用，推进水价改革，我国于 2002 年 11 月 1 日开始实施《城市居民生活用水量标准》(GB/T 50331—2002)，如表 3-3 所示。这一标准的指标值低于《室外给水设计规范》(GB 50013—2006) 中的居民用水定额，其原因是两者的用途不同，前者为城市居民定量用水的考核依据，也是缺水城市制定超量用水加价收费的依据；而后者是城市室外给水管网的设计依据。

表 3-3　　城市居民生活用水量标准

| 地域分区 | 日用水量 [L/（人·d）] | 适用范围 |
|---|---|---|
| 一 | 80～135 | 黑龙江、吉林、辽宁、内蒙古 |
| 二 | 85～140 | 北京、天津、河北、山东、河南、山西、陕西、宁夏、甘肃 |
| 三 | 120～180 | 上海、江苏、浙江、福建、江西、湖北、湖南、安徽 |
| 四 | 150～220 | 广西、广东、海南 |
| 五 | 100～140 | 重庆、四川、贵州、云南 |
| 六 | 75～125 | 新疆、西藏、青海 |

注　1. 表中所列日用水量是满足人们日常生活基本需要的标准值。在核定城市居民用水量时，各地应在标准值区间内直接选定。
2. 城市居民生活用水考核不应以日作为考核周期，日用水量指标应作为月度考核周期计算水量指标的基础值。
3. 指标值中的上限值是根据气温变化和用水高峰月变化参数确定的，一个年度当中对居民用水可分段考核，利用区间值进行调整使用。上限值可作为一个年度当中最高月的指标值。
4. 家庭用水人口的计算，由各地根据当地的实际情况自行制定管理规则或办法。
5. 以此用水量标准为指导，各地视本地情况可制定地方标准或管理办法组织实施。

（二）公共建筑及设施的生活用水定额

在计算居住小区给水干管的设计流量时，要用到公共建筑及设施的生活用水定额，该定额应按现行的《建筑给水排水设计规范》(GB 50015—2003) 执行。

**二、工业企业用水定额**

工业企业用水包括工业企业的生产用水和工作人员生活用水。

生产用水是指工业企业在生产过程中使用的水，如冷却用水、原料用水、制造和加工用水、洗涤用水及空调用水等。由于工业企业的种类很多，生产用水量各不相同，即使生产同一类产品，如果生产工艺不同，其生产用水量也有可能不同。因此，各个行业一般有各自的行业用水定额。

生产用水定额一般以万元产值用水量表示；也可以按单位产品用水量表示，例如每生产一吨钢、一辆汽车需要多少水；或按每台设备每天用水量表示。

工作人员生活用水包括工业企业的管理人员生活用水、车间工人生活用水和淋浴用水。管理人员生活用水定额可取 30～50L/（人·班）；车间工人生活用水定额应根据车间性质确定，一般宜采用 30～50L/（人·班)，用水时间为 8h，小时变化系数为 1.5～2.5。工业企业建筑的淋浴用水定额应根据《工业企业设计卫生标准》(GBZ 1—2002) 中车间的卫生特征分级确定，一般可采用 40～60L/（人·次)，延续供水时间为 1h。

**三、浇洒道路和绿地用水定额**

浇洒道路和绿地用水量应根据路面、绿化、气候和土壤等条件确定。浇洒道路用水可按浇洒面积以 2.0～3.0L/（$m^2$·d）计算；浇洒绿地用水可按浇洒面积以 1.0～3.0 L/（$m^2$·d)计算。

**四、管网漏损水量**

城镇配水管网的漏损水量宜按综合生活用水、工业企业用水、浇洒道路和绿地用水三项用水量之和的 10%～12%计算，当单位管长供水量小或供水压力高时可适当增加。

**五、未预见水量**

未预见水量应根据用水量预测时难以预见因素的程度确定，一般可采用综合生活用水、工业企业用水、浇洒道路和绿地用水及管网漏损水量四项用水量之和的 8%～12%计算。

**六、消防用水定额**

消防用水只在发生火灾时使用，但它在城镇用水量中所占的比例较大，尤其是在中小城镇。消防用水量、水压及火灾延续时间等，应按国家现行标准《建筑设计防火规范》(GB 50016—2006) 和《高层民用建筑设计防火规范》(GB 50045—95，2005 年版) 等设计防火规范执行。

城镇或居住区的消防用水量，应按同一时间内的火灾次数和一次灭火用水量确定，并不应小于表 3-4 的规定。

工厂、仓库和民用建筑的室外消防用水量，应按同一时间内的火灾次数和一次灭火用水量确定，并不应小于表 3-5 和表 3-6 的规定。

随着我国经济的不断发展和人民生活水平的不断提高，城市的用水量一般逐年增加，但可利用水资源的情况却不容乐观，许多城市处于缺水或严重缺水的状态，因此，综合生活用水和工业企业用水定额及浇洒道路和绿地用水定额应根据各地区的具体情况确定，提倡采用耗水量少的先进生产工艺及提高废水重复利用率等节约用水措施，降低用水量，以保证生活、生产的正常运行。

**表 3-4　　城镇、居住区室外消防用水量**

| 人　数<br>（万人） | 同一时间内的火灾次数<br>（次） | 一次灭火用水量<br>（L/s） | 人　数<br>（万人） | 同一时间内的火灾次数<br>（次） | 一次灭火用水量<br>（L/s） |
|---|---|---|---|---|---|
| ≤1.0 | 1 | 10 | ≤40.0 | 2 | 65 |
| ≤2.5 | 1 | 15 | ≤50.0 | 3 | 75 |
| ≤5.0 | 2 | 25 | ≤60.0 | 3 | 85 |
| ≤10.0 | 2 | 35 | ≤70.0 | 3 | 90 |
| ≤20.0 | 2 | 45 | ≤80.0 | 3 | 95 |
| ≤30.0 | 2 | 55 | ≤100 | 3 | 100 |

**注**　城镇的室外消防用水量应包括居住区、工厂、仓库（含堆场、储罐）和民用建筑的室外消火栓用水量。当工厂、仓库和民用建筑的室外消火栓用水量按表 3-6 计算的结果与按本表计算的结果不一致时，应取较大值。

**表 3-5　　工厂、仓库和民用建筑同一时间内的火灾次数**

| 建筑物名称 | 基地面积<br>（ha） | 附有居住区人数<br>（万人） | 同一时间内的<br>火灾次数 | 备　　注 |
|---|---|---|---|---|
| 工厂 | ≤100 | ≤1.5 | 1 | 按需水量最大的一座建筑物（或堆场、储罐）计算 |
| | | ＞1.5 | 2 | 工厂、居住区各一次 |
| | ＞100 | 不限 | 2 | 按需水量最大的两座建筑物（或堆场、储罐）计算 |
| 仓库、民用建筑 | 不限 | 不限 | 1 | 按需水量最大的一座建筑物（或堆场、储罐）计算 |

**注**　采矿、选矿等工业企业，如各分散基地有单独的消防给水系统时，可分别计算。

**表 3-6　　建筑物室外消火栓用水量**　　单位：L/s

| 耐火等级 | 建筑物名称及类别 | | 建筑物体积（$m^3$） | | | | | |
|---|---|---|---|---|---|---|---|---|
| | | | ≤1500 | 1501～3000 | 3001～5000 | 5001～20000 | 20001～50000 | ＞50000 |
| 一、二级 | 厂房 | 甲、乙 | 10 | 15 | 20 | 25 | 30 | 35 |
| | | 丙 | 10 | 15 | 20 | 25 | 30 | 40 |
| | | 丁、戊 | 10 | 10 | 10 | 15 | 15 | 20 |
| | 库房 | 甲、乙 | 15 | 15 | 25 | 25 | — | — |
| | | 丙 | 15 | 15 | 25 | 25 | 35 | 45 |
| | | 丁、戊 | 10 | 10 | 10 | 15 | 15 | 20 |
| | 民用建筑 | | 10 | 15 | 15 | 20 | 25 | 30 |
| 三级 | 厂房或库房 | 乙、丙 | 15 | 20 | 30 | 40 | 45 | — |
| | | 丁、戊 | 10 | 10 | 15 | 20 | 25 | 35 |
| | 民用建筑 | | 10 | 15 | 20 | 25 | 30 | — |
| 四级 | 丁、戊类厂房或库房 | | 10 | 15 | 20 | 25 | — | — |
| | 民用建筑 | | 10 | 15 | 20 | 25 | — | — |

**注**　1. 室外消火栓用水量应按消防需水量最大的一座建筑物或一个防火分区计算。成组布置的建筑物应按消防需水量较大的相邻两座计算。

2. 火车站、码头和机场的中转库房，其室外消火栓用水量应按相应耐火等级的丙类物品库房确定。

3. 国家级文物保护单位的重点砖木结构和木结构建筑物的室外消防用水量，按三级耐火等级民用建筑物消防用水量确定。

## 第二节 用水量计算

### 一、用水量变化

无论是生活用水量还是生产用水量，一般都是逐日逐时变化的。在同一地区，生活用水量随着人们的生活习惯和季节不同而变化，例如节假日比平日高，夏季比冬季高，一日之内一般早晚用水量大。生产用水量的变化情况与生产用水的性质有关，例如冷却用水、空调用水及某些产量随季节而变化的工业用水，其用水量一年之中变化较大；而其他工业用水量，一年之中比较均匀。

用水定额只是一个平均值，在计算用水量时，还需考虑用水量的变化情况。在设计规定的年限内，用水量最大一天的用水量，称为最高日用水量，它一般用于确定给水系统中各类给水设施（如取水构筑物、一级泵站、净水构筑物等）的规模。在最高日内，用水量最大一小时的用水量称为最高时用水量，它是确定城镇给水管网管径的基础。最高日用水量与平均日用水量的比值，称为日变化系数（$K_d$）；在最高日内，最高时用水量与平均时用水量的比值，称为时变化系数（$K_h$）。在确定新建城市用水日变化系数和时变化系数时，应根据城市性质、规模、国民经济与社会发展和城市供水系统的情况，结合类似城市的现状用水曲线，经分析后确定；对于扩建的给水工程，应进行深入的实地调查，根据用水量变化情况，确定变化系数；在缺乏实际用水资料时，城市综合用水（包括综合生活用水、工业企业用水、浇洒道路和绿地用水、管网漏损水量和未预见用水等）的日变化系数宜采用1.1～1.5，时变化系数宜采用1.2～1.6，特大城市和大城市宜取下限，中小城市宜取上限，个别小城镇还可适当加大。

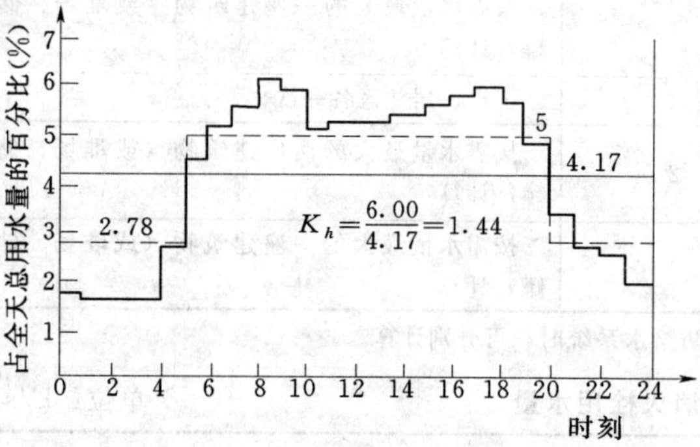


图3-1 某市用水量变化曲线及一、二级泵站供水曲线

除最高日用水量和最高时用水量外，用水量变化曲线也是设计给水系统的重要依据。图3-1为某市用水量变化曲线，各小时用水量的百分数之和应为100%。从该图中看出，最高时用水量发生在上午9时，为最高日用水量的6%，平均时用水量$=100\div24=4.17$，$K_h=6\div4.17=1.44$。各城市的用水量变化曲线一般均不相同，且大城市与小城市存在较大差异。一般来说，用水人数较少、卫生设备不够完善、集体生活者较多时，用水比较集中，时变化系数较大；用水人数较多、卫生设备较完善、多目标供水时，各用水高峰可以错开，因此用水较均匀，时变化系数较小。

### 二、用水量计算

城市用水量包括设计年限内给水系统应供应的全部用水量。设计年限应以近期为主，但应兼顾城市远期规划。

（一）城市最高日用水量

城市最高日用水量 $Q_d$（$m^3/d$）包括城市综合生活用水量、工业企业生产用水和工作人员生活用水量、浇洒道路和绿地用水量、管网漏损水量和未预见用水量。

1. 城市最高日综合生活用水量

城市最高日综合生活用水量 $Q_1$（$m^3/d$）为

$$Q_1=qNf \tag{3-1}$$

式中：$q$ 为最高日综合生活用水定额，$m^3/(d\cdot 人)$，如表 3-2 所示；$N$ 为设计年限内计划人数；$f$ 为自来水普及率，%。

整个城市的综合生活用水定额应按一般居民生活水平确定；若城市各区采用不同的生活用水定额时，城市最高日生活用水量应等于各区用水量之和，即

$$Q_1=\sum q_i N_i f_i \tag{3-2}$$

式中：$q_i$ 为某区最高日综合生活用水定额，$m^3/(d\cdot 人)$；$N_i$ 为某区设计年限内计划人数；$f_i$ 为某区自来水普及率，%。

在计算城市或某一居住区最高日综合生活用水量时，也可根据居民生活用水定额和公共建筑及设施生活用水定额计算，即

$$Q_1=q'N'+\sum q_j N_j \tag{3-3}$$

式中：$q'$为最高日居民生活用水定额，$m^3/(d\cdot 人)$，如表 3-1 所示；$N'$为设计年限内计划用水人数；$q_j$ 为各公共建筑及设施最高日生活用水定额；$N_j$ 为各公共建筑及设施的用水单位数（人、床等）。

2. 工业企业生产用水和工作人员生活用水量

工业企业生产用水和工作人员生活用水量 $Q_2$（$m^3/d$）为

$$Q_2=\sum(Q_{\text{I}}+Q_{\text{II}}+Q_{\text{III}}) \tag{3-4}$$

式中：$Q_{\text{I}}$ 为各工业企业的生产用水量，$m^3/d$，由生产工艺要求确定；$Q_{\text{II}}$ 为各工业企业的工作人员生活用水量，$m^3/d$；$Q_{\text{III}}$ 为各工业企业的工人淋浴用水量，$m^3/d$。

$Q_{\text{II}}$ 和 $Q_{\text{III}}$ 应根据用水人数和用水定额（见工业企业用水定额）经计算确定。

当工业企业生产用水量不能由工艺确定时，也可用以下方法估算：

$$Q_{\text{I}}=qB(1-n) \tag{3-5}$$

式中：$q$ 为城市工业企业万元产值用水量，$m^3$/万元；$B$ 为城市工业企业总产值，万元；$n$ 为工业用水重复利用率。

3. 浇洒道路和绿地用水量

浇洒道路和绿地用水量 $Q_3$（$m^3/d$）应根据路面、绿化、气候和土壤等情况，参照相应的用水定额确定，即

$$Q_3=\sum q_L N_L \tag{3-6}$$

式中：$q_L$ 为浇洒道路和绿地用水定额，$m^3/(m^2\cdot d)$；$N_L$ 为每日浇洒道路和绿地的面积，$m^2$。

4. 管网漏损水量

管网漏损水量 $Q_4$（$m^3/d$）为

$$Q_4=(0.10\sim0.12)(Q_1+Q_2+Q_3) \tag{3-7}$$

5. 未预见水量

未预见水量 $Q_5$（$m^3/d$）为

$$Q_5=(0.08\sim0.12)(Q_1+Q_2+Q_3+Q_4) \tag{3-8}$$

6. 城市最高日用水量

城市最高日用水量 $Q_d$（$m^3/d$）为

$$Q_d=Q_1+Q_2+Q_3+Q_4+Q_5 \tag{3-9}$$

（二）城市最高时用水量

根据城市最高日用水量 $Q_d$ 和城市综合用水时变化系数 $K_h$，，可按下式计算城市最高时设计用水量 $Q_h$（$m^3/h$）：

$$Q_h=K_hQ_d/24 \tag{3-10}$$

当 $K_h=1$ 时，即得最高日平均时用水量。

（三）消防用水量

消防用水量应根据同一时间内火灾次数和一次灭火用水量确定，不计入城市最高日用水量和最高时用水量。

# 第四章　给水系统各部分的流量及水压关系

## 第一节　给水系统各部分的流量关系

给水系统中的取水构筑物、净水构筑物和输配水系统之间存在着密切联系，但它们的设计流量并不一定相同。

**一、取水构筑物、净水构筑物及一级泵站的设计流量**

一级泵站的作用是将取水构筑物取到的原水送到净水构筑物中去进行净化处理。为了减小一级泵站和这些构筑物的设计规模，并使构筑物稳定运行，一般大中城市自来水厂的一级泵站均采用三班制即24小时均匀供水，只有小型自来水厂才采用一班制或两班制运转。因此，取水构筑物、净水构筑物和一级泵站的设计流量 $Q_{\mathrm{I}}$（$m^3/h$）按最高日平均时流量计算，即

$$Q_{\mathrm{I}}=\alpha\frac{Q_d}{T} \tag{4-1}$$

式中：$T$ 为一级泵站每天工作小时数；$\alpha$ 为水厂自用水量（即沉淀池排泥、滤池冲洗等用水）系数，其值取决于水源种类、原水水质、水处理工艺及构筑物类型等因素，以地表水为水源时一般取1.05～1.10，以地下水为水源且只需消毒处理而无需其他处理时取1.0；$Q_d$ 为最高日用水量。

从水源到水厂的原水输水管的设计流量也应按 $Q_{\mathrm{I}}$ 来确定。

**二、二级泵站及管网的设计流量**

二级泵站、从二级泵站到配水管网的清水输水管及配水管网的设计流量，应根据用水量变化曲线和二级泵站供水曲线确定。

（一）二级泵站的设计流量

二级泵站的设计流量与管网中是否设置水塔（或高地水池）有关。

当管网内不设置水塔（或高地水池）时，任何小时内二级泵站的供水量应等于或大于用水量，否则就会出现供水不足现象。因此，二级泵站的最大供水量应按最高日最高时用水量考虑。二级泵站内应设置并配合使用流量大小不同的水泵及变频调速泵，以满足不同时段内的用水量要求，并最大限度地减少水的浪费。水泵工作时应在其高效区内运行。

当管网内设置水塔（或高地水池）时，由于它们能够调节二级泵站供水量和用水量之间的差值，因此二级泵站每小时的供水量可以不等于用水量。二级泵站的供水曲线应根据用水量变化曲线确定，总的原则是采用分级供水，各级供水曲线应尽量接近用水曲线，以减小水塔容积；分级数一般不应多于三级，以便水泵机组的管理；分级数和分级流量还应考虑能否选到在高效区内运行的合适的水泵。从图3-1中可以看出，二级泵站供水分为两级，一级是从0时至5时、从20时至24时，每小时供水量为2.78%；另一级是从5时至20时，每小时供水量为5%。两级供水总量等于最高日用水量，即

$$2.78\% \times (5+4) + 5\% \times 15 = 100\%$$

（二）清水输水管的设计流量

当管网内无水塔（或高地水池）时，清水输水管的设计流量应按最高日最高时用水量确定。当管网末端设有水塔（称为对置水塔或网后水塔）或网中设有水塔时，清水输水管的设计流量应按二级泵站最大一级供水量确定。当管网起端设有水塔（称为前置水塔或网前水塔）时，泵站到水塔的清水输水管的设计流量应按二级泵站最大一级供水量确定；水塔到管网的清水输水管的设计流量应按最高日最高时用水量确定。

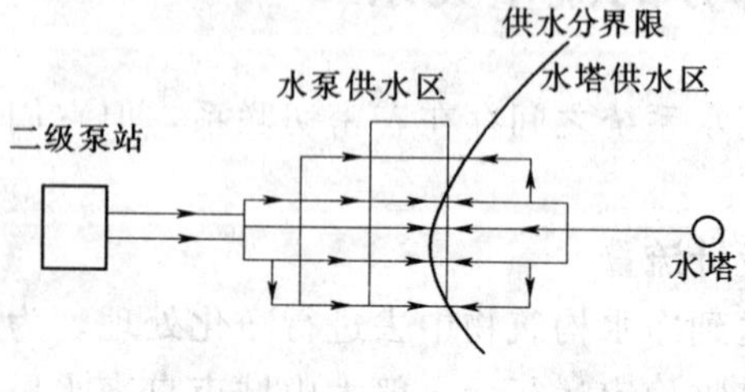

图 4－1　对置水塔供水情况

（三）配水管网的设计流量

若管网内无水塔（或高地水池）或设有前置水塔，管网的设计流量应与最高日最高时用水量相同。若管网内设有对置水塔，在最高用水时，由二级泵站和水塔从两面向管网供水，管网中间出现供水分界线，如图 4－1 所示。因此，应根据最高时从二级泵站和水塔送入管网的流量进行管网计算。由于设有对置水塔时，管网中的大部分管线的流量较只由一方供水时小，故管径可能减小，管网投资可以降低。

## 第二节　清水池和水塔的容积计算

清水池和水塔（或高地水池）统称为调节构筑物。清水池一般设置在水厂内，其作用是调节一级泵站和二级泵站供水量之间的差额。水塔（或高地水池）的作用是调节二级泵站供水量和用水量之间的差额。由于水塔造价较高，调节容积有限，故用水量较均匀的大中城市往往不设水塔，而用水泵调节流量。若城市中有合适的高地，可建造高地水池来代替水塔，以降低造价。给水系统中设置调节构筑物除可调节流量外，还在一定程度上提高了给水系统供水的安全可靠性。

清水池和水塔的调节容积之间有着密切联系。当一级泵站和二级泵站每小时供水量相接近时，清水池容积较小，但水塔容积将会增大；而当二级泵站每小时供水量越接近于用水量时，水塔容积越小，而清水池容积增大。

清水池和水塔调节容积的计算，一般采用两种方法：一种方法是根据 24 小时的供水量和用水量变化曲线求得；另一种方法是在缺乏用水量变化规律的资料时，凭经验数据估算。

### 一、根据供水量和用水量变化曲线计算调节容积

根据供水量和用水量变化曲线计算调节容积时，首先应根据用水量变化曲线拟定二级泵站的供水曲线，在此基础上，再进行调节构筑物容积的计算。

清水池容积计算原理参见图 4－2。在该图中，20 时至次日 5 时，一级泵站供水量大于二级泵站供水量，多余的水量储存在清水池中；而在 5 时至 20 时，一级泵站供水量小于二级泵站供水量，需取用清水池中的存水，以满足二级泵站的供水要求。但在一天之内，取用的水量应刚好等于储存的水量，即清水池的调节容积应等于图 4－2 中 $A$ 部分面

积或 $B$ 部分面积，也就是等于累计取用的水量或累计储存的水量。

水塔的调节容积应根据二级泵站供水曲线和用水量变化曲线确定。

清水池和水塔调节容积的计算参见表 4-1。该表中（2）～（4）项数据分别根据用水量变化曲线、二级泵站供水曲线和一级泵站供水曲线得到。（5）项为（2）、（4）项之差；（6）项为（3）、（4）项之差；（7）项为（2）、（3）项之差。将（5）～（7）项中的累计正值或累计负值分别相加，其值即为清水池或水塔的调节容积，以最高日用水量的百分数表示。不设水塔时，清水池容积为 17.78%；设水塔时，清水池容积为 12.5%，水塔容积为 6.55%，总调节容积为 12.5%＋6.55%＝19.05%，略大于不设水塔时的调节容积。是否设水塔，应经过技术经济比较后确定。

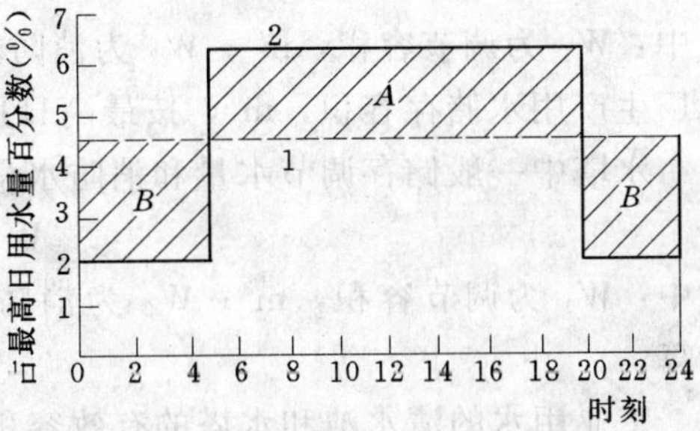


图 4-2　清水池调节容积计算简图

1—一级泵站供水曲线；2—二级泵站供水曲线

表 4-1　**调节容积计算**

| 供水时间（时） | 用水量（%） | 二级泵站输水量（%） | 一级泵站输水量（%） | 清水池调节容积（%） 无水塔时 | 清水池调节容积（%） 有水塔时 | 水塔调节容积（%） |
|---|---|---|---|---|---|---|
| (1) | (2) | (3) | (4) | (5) | (6) | (7) |
| 0～1 | 1.70 | 2.78 | 4.17 | −2.47 | −1.39 | −1.08 |
| 1～2 | 1.67 | 2.78 | 4.17 | −2.50 | −1.39 | −1.11 |
| 2～3 | 1.63 | 2.78 | 4.16 | −2.53 | −1.38 | −1.15 |
| 3～4 | 1.63 | 2.78 | 4.17 | −2.54 | −1.39 | −1.15 |
| 4～5 | 2.56 | 2.78 | 4.17 | −1.61 | −1.40 | −0.22 |
| 5～6 | 4.35 | 5.00 | 4.16 | 0.19 | 0.84 | −0.65 |
| 6～7 | 5.14 | 5.00 | 4.17 | 0.97 | 0.83 | 0.14 |
| 7～8 | 5.64 | 5.00 | 4.17 | 1.47 | 0.83 | 0.64 |
| 8～9 | 6.00 | 5.00 | 4.16 | 1.84 | 0.84 | 1.00 |
| 9～10 | 5.84 | 5.00 | 4.17 | 1.67 | 0.83 | 0.84 |
| 10～11 | 5.07 | 5.00 | 4.17 | 0.90 | 0.83 | 0.07 |
| 11～12 | 5.15 | 5.00 | 4.16 | 0.99 | 0.84 | 0.15 |
| 12～13 | 5.15 | 5.00 | 4.17 | 0.98 | 0.83 | 0.15 |
| 13～14 | 5.15 | 5.00 | 4.17 | 0.98 | 0.83 | 0.15 |
| 14～15 | 5.27 | 5.00 | 4.16 | 1.11 | 0.84 | 0.27 |
| 15～16 | 5.52 | 5.00 | 4.17 | 1.35 | 0.83 | 0.52 |
| 16～17 | 5.75 | 5.00 | 4.17 | 1.58 | 0.83 | 0.75 |
| 17～18 | 5.83 | 5.00 | 4.16 | 1.67 | 0.84 | 0.83 |
| 18～19 | 5.62 | 5.00 | 4.17 | 1.45 | 0.83 | 0.62 |
| 19～20 | 4.80 | 5.00 | 4.17 | 0.63 | 0.83 | −0.20 |
| 20～21 | 3.39 | 2.78 | 4.16 | −0.77 | −1.39 | 0.62 |
| 21～22 | 2.69 | 2.78 | 4.17 | −1.48 | −1.39 | −0.09 |
| 22～23 | 2.58 | 2.78 | 4.17 | −1.59 | −1.39 | −0.20 |
| 23～24 | 1.87 | 2.78 | 4.16 | −2.29 | −1.38 | −0.91 |
| 累计 | 100.00 | 100.00 | 100.00 | 17.78 | 12.50 | 6.55 |

清水池中除储存调节水量外，还应储存消防用水和水厂内冲洗排污等生产用水，并应满足消毒的接触时间要求，因此，清水池的有效容积 $W$（$m^3$）为

$$W = W_1 + W_2 + W_3 + W_4 \tag{4-2}$$

式中：$W_1$ 为调节容积，$m^3$；$W_2$ 为消防用水储存容积，$m^3$，按火灾延续 2h 计算；$W_3$ 为水厂生产用水储存容积，$m^3$，按最高日用水量的 5%～10%计算；$W_4$ 为安全储量，$m^3$。

水塔中一般储存调节水量和消防水量，其有效容积 $W'$（$m^3$）为

$$W' = W_1 + W_2 \tag{4-3}$$

式中：$W_1$ 为调节容积，$m^3$；$W_2$ 为消防用水储存容积，$m^3$，按 10min 室内消防用水量计算。

工业用水的清水池和水塔的有效容积，应根据调度、事故和消防等要求确定。

**二、按经验确定清水池和水塔的有效容积**

当缺乏用水量变化规律的资料时，可以凭经验数据确定清水池和水塔的有效容积。

当水厂外无调节构筑物时，清水池的有效容积可按最高日设计水量的 10%～20%计算。在二级泵站采用分级供水时，水塔的有效容积可为最高日用水量的 2.5%～6%。对上述数据，小城市采用高值，大城市采用低值。

此外，为保证清水池检修或清洗时不间断供水，清水池的个数或分格数不得少于两个，并能单独工作和分别泄空；如果有特殊措施能保证安全供水时，也可只设一个。

## 第三节　给水系统各部分的水压关系

给水系统必须保持足够的压力，以便将水送到各个用水点，以满足用户对水量和水压的要求。

**一、城市给水管网的最小服务水头和控制点**

最小服务水头即给水管网上用户接管处管网应为用户提供的最小水压力。我国《室外给水设计规范》（GB 50013—2006）中规定：当按直接供水的建筑层数确定给水管网水压时，其用户接管处的最小服务水头从地面算起，一层为 10m（0.1MPa），二层为 12m（0.12MPa），二层以上每增高一层增加 4m（0.04MPa）。一般应根据各城市规定的标准层数来确定管网的最小服务水头，而不应将市内个别或少量高层建筑所需的水压作为城市给水管网的设计依据，否则将导致投资和运行费用的巨大浪费。

所谓控制点即管网中控制水压的点。该点一般位于距水厂最远或地形最高处，只要该点的压力在最高用水时能够达到城市管网的最小服务水头的要求，整个管网各供水点的水压就均能满足要求。

**二、一级泵站扬程**

无论处于何种情况，水泵扬程 $H_p$ 均可由静扬程 $H_0$、控制点所需的最小服务水头 $H_c$ 与水头损失 $\sum h$ 之和表示，即

$$H_p = H_0 + H_c + \sum h \tag{4-4}$$

只是在不同的情况下，$H_0$、$H_c$ 及 $\sum h$ 所表达的含义不尽相同。

一级泵站的作用是将原水送到净水构筑物中去，其扬程 $H_p$(m) 的计算（见图 4-3）

见下式：

$$H_p = H_0 + h_s + h_c \tag{4-5}$$

式中：$H_0$ 为静扬程，m，即水厂第一个水处理构筑物（一般为混合池或配水井）的最高水位与水泵吸水井最低水位的高程差；$h_s$ 和 $h_c$ 分别为由一级泵站输水量 $Q_1$ 确定的水泵吸水管和水泵压水管（从水泵到水厂的第一个水处理构筑物）的水头损失，m。

在一级泵站扬程计算中，$H_c$ 相当于零。

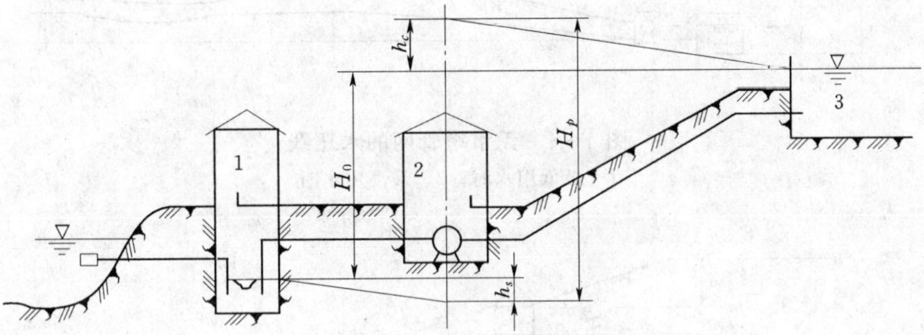


图 4-3　一级泵站扬程计算

1—吸水井；2—一级泵站；3—混合池

### 三、二级泵站扬程和水塔高度

二级泵站的作用是从清水池中抽取清水，加压后通过管网直接送入用户或将水送入水塔。由于有些管网中设置水塔，而有些则不设，因此二级泵站扬程的计算也有些差异。

（一）管网中不设置水塔

当管网中不设置水塔时，由二级泵站直接向用户送水。如果二级泵站能够将水送到控制点，并能满足最小服务水头的要求，就可满足整个管网的水压要求。二级泵站扬程的计算（见图 4-4）见下式：

$$H_p = Z_C + H_C + h_s + h_c + h_n \tag{4-6}$$

式中：$Z_C$ 为控制点 $C$ 的地面标高与清水池最低水位的高程差，m；$H_C$ 为控制点 $C$ 所需的最小服务水头，m；$h_s$、$h_c$ 和 $h_n$ 分别为最高时用水量下的水泵吸长管、输水管和管网中的水头损失，m。

（二）管网中设置前置水塔

当管网中设置前置水塔时，二级泵站将水送到水塔中，由水塔向管网供水。水塔的设置高度应满足控制点的水压要求。水塔的水柜底面高于地面的高度 $H_t$(m)，应按下式计算（见图 4-5）：

$$H_t = (Z_C - Z_t) + H_C + h_n \tag{4-7}$$

式中：$Z_C$ 为管网控制点 $C$ 的地面标高，m；$Z_t$ 为水塔处的地面标高，m；$H_C$ 为控制点 $C$ 要求的最小服务水头，m；$h_n$ 为按最高时用水量计算的从水塔到控制点的管网的水头损失，m。

从式（4-7）可以看出，水塔的地面标高 $Z_t$ 越大，则水塔的高度 $H_t$ 越小，建造水塔的费用越低，这就是水塔要建造在高地的原因。

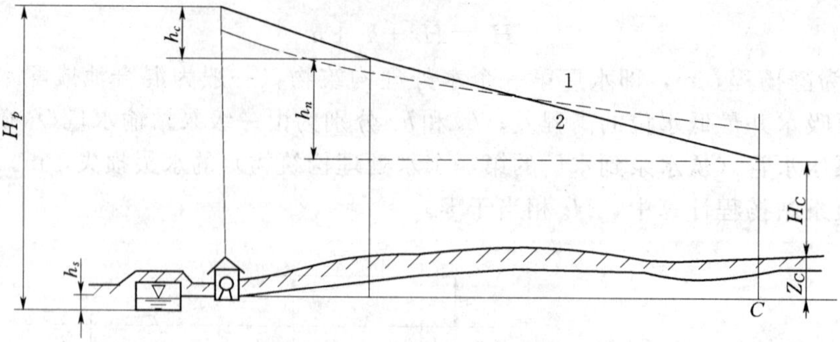


图 4-4　无水塔管网的水压线
1—最低用水时；2—最高用水时

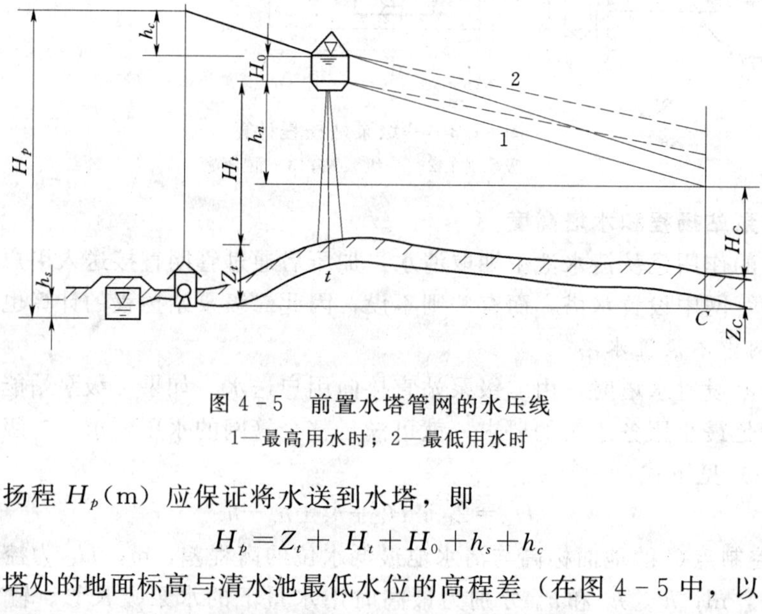


图 4-5　前置水塔管网的水压线
1—最高用水时；2—最低用水时

二级泵站扬程 $H_p$(m) 应保证将水送到水塔，即

$$H_p = Z_t + H_t + H_0 + h_s + h_c \tag{4-8}$$

式中：$Z_t$ 为水塔处的地面标高与清水池最低水位的高程差（在图 4-5 中，以清水池最低水位为地面标高零点），m；$H_t$ 符号意义同前；$H_0$ 为水塔水柜的水深，m；$h_s$和 $h_c$ 分别为二级泵站在最大一级供水时，水泵吸长管和二级泵站到水塔的输水管中的水头损失，m。

（三）管网中设置对置水塔

当管网中设置对置水塔时，管网在最高供水时，由二级泵站和水塔同时向管网供水，两者有各自的供水区，形成供水分界线，如图 4-6 所示。在供水分界线上，水压最低。设 $C$ 点为供水分界线上水压最低点，即控制点，则二级泵站扬程可按无水塔管网的公式计算，只是水泵吸长管、输水管和管网中的水头损失均应按水泵最大一级供水时的流量计算。水塔高度计算与前置水塔时相同，只是式中的 $h_n$ 为最高供水时由水塔供水量引起的水塔到分界线上 $C$ 点的水头损失。

在设置对置水塔时，当二级泵站供水量大于用水量时，多余的水量通过整个管网流入水塔，这种流量称为转输流量。在最大转输流量时，由于输水距离长，水头损失大，有可

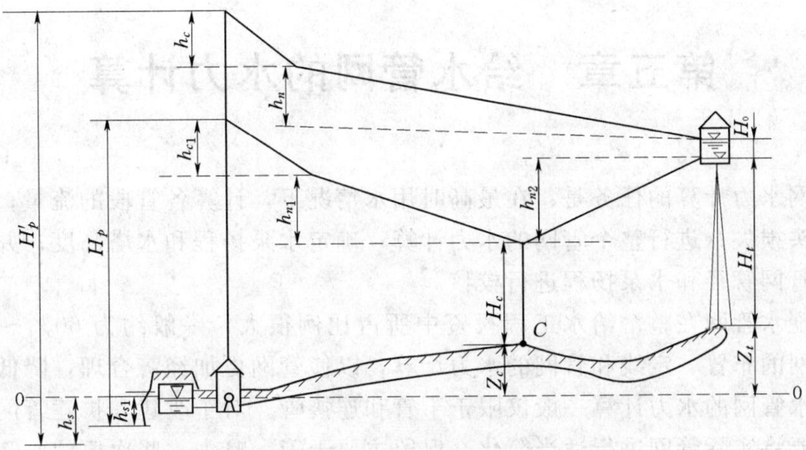


图 4-6　对置水塔管网的水压线

能要求二级泵站的扬程比最高用水时大，因此，设置对置水塔时，必须进行最大转输流量时水泵扬程的校核。最大转输流量时水泵扬程 $H_p'$(m) 为

$$H_p' = Z_t + H_t + H_0 + h_s + h_c + h_n \tag{4-9}$$

式中：$Z_t$ 为水塔处地面标高与清水池最低水位的高程差，m；$h_s$、$h_c$ 和 $h_n$ 分别为最大转输流量时水泵吸水管、输水管和管网中的水头损失，m；其他符号意义同前。

（四）管网中设置网中水塔

当城市中部地形较高或有大用水户时，可在管网中间设置水塔，这种水塔称为网中水塔。根据水塔距二级泵站的远近，网中水塔管网供水又分为两种情况：一种情况是水塔距二级泵站较近，二级泵站供水量超过它与水塔间管网的需水量，这部分管网均由二级泵站供水，因此不会出现供水分界线；另一种情况是水塔距二级泵站较远，二级泵站的供水量不能满足其与水塔间管网的需水量，此时这部分管网需由二级泵站和水塔同时供水，管网中会出现供水分界线，如同对置水塔的情况。而水塔后的管网则由水塔供水。管网的最不利点，可能在二级泵站与水塔之间，也可能在水塔后的最高最远点，因此，二级泵站扬程和水塔高度应根据具体情况，参照前置水塔和对置水塔的有关公式进行计算。

（五）二级泵站扬程的校核

输、配水管网的管径和二级泵站扬程是按设计年限内最高日最高时的水量和水压要求确定的，但还应满足特殊情况下的水量和水压要求。因此，在特殊供水情况下，应对管网的管径和二级泵站扬程进行校核，以确保供水安全。通过校核，当二级泵站扬程不能满足特殊供水要求时，有时需将管网中个别管段的直径放大，有时则需另选合适的水泵或设专用水泵。

特殊供水情况主要有三种，即消防时、最大转输时和最不利管段发生故障时。在这三种情况下，由于管网中的流量发生了变化，有可能使管网的水头损失增加，从而使二级泵站扬程增大，因而需要进行校核。校核时，二级泵站扬程仍可按前述方法计算，只是需要注意控制点的位置，并重新确定管网中的流量。具体校核方法详见本书第五章第六节。

# 第五章　给水管网的水力计算

给水管网水力计算的任务是：在最高时用水情况下，计算各管段的流量；确定各管段的管径和水头损失；进行整个管网的水力计算；确定水泵扬程和水塔高度；并在特殊用水情况下，对管网管径和水泵扬程进行校核。

由于输配水管网在整个给水工程投资中所占比例很大，一般约为 60%～80%，因此必须重视管网的布置、定线和管网的水力计算，以使管网更加经济合理，降低工程造价。

城市给水管网的水力计算一般仅限于干管和连接管。对于改建和扩建管网，为简化计算，往往需要将实际管网进行适当简化，保留主要干管，略去一些次要的、管径较小的管段。但简化后的管网应基本能反映实际用水情况。

## 第一节　沿线流量和节点流量

城市给水管网由许多管段组成，沿线流量和节点流量是计算各管段流量的基础。

**一、沿线流量**

城市给水管网的干管和分配管上连接着许多用户。这些用户既有工厂、机关、学校和宾馆等大量用水的单位，也有数量很多但用水量较少的居民，干管配水情况如图 5－1 所示。

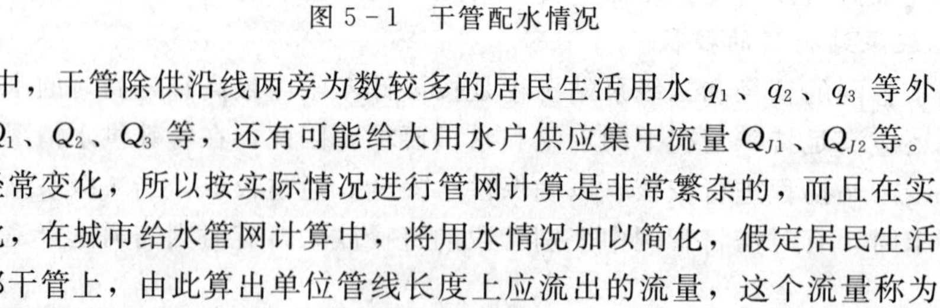


图 5－1　干管配水情况

图 5－1 中，干管除供沿线两旁为数较多的居民生活用水 $q_1$、$q_2$、$q_3$ 等外，还要供给分配管流量 $Q_1$、$Q_2$、$Q_3$ 等，还有可能给大用水户供应集中流量 $Q_{J1}$、$Q_{J2}$等。由于用水点多，用水量经常变化，所以按实际情况进行管网计算是非常繁杂的，而且在实际工程中也无必要。因此，在城市给水管网计算中，将用水情况加以简化，假定居民生活用水总量均匀分布在全部干管上，由此算出单位管线长度上应流出的流量，这个流量称为比流量。比流量由下式计算：

$$q_s = \frac{Q - \sum Q_J}{\sum l} \tag{5-1}$$

式中：$q_s$ 为比流量，L/（s·m）；$Q$ 为管网总用水量，L/s；$\sum Q_J$ 为大用户集中用水量总和，L/s；$\sum l$ 为配水干管的有效长度（不包括穿越广场、公园等无建筑物地区的管线；只向一侧供水的管线，长度按一半计算），m。

由于最高用水时和最大转输时管网的总用水量是不同的，因而比流量也不同，应分别计算。此外，若城市内各区人口密度相差较大，也应根据各区的用水量和干管长度，分别计算其比流量。

根据比流量，就可计算供给某一管段两侧用户所需的流量，这一流量称为沿线流量，其计算公式如下：

$$q_l = q_s l \tag{5-2}$$

式中：$q_l$ 为该管段的沿线流量，L/s；$l$ 为该管段的长度，m。

上述计算比流量和沿线流量的方法比较简单，但存在着一定的缺陷，即没有考虑到沿线供水人数的多少和用水量的差别，因此，计算出来的配水量可能与实际配水量存在一定差异。为接近实际配水情况，比流量也可按单位供水面积计算，其计算公式如下：

$$q'_s = \frac{Q - \sum Q_J}{\sum A} \tag{5-3}$$

式中：$q'_s$ 为按单位面积计算的比流量，L/(s·m$^2$)；$\sum A$ 为供水面积的总和，m$^2$；其他符号意义同前。

某一管段的沿线流量等于比流量 $q'_s$ 与该管段供水面积的乘积。管段供水面积可按划分等分角线的方法来计算。如图 5-2 所示，管段 1-2 负担的面积为 $A_1 + A_2$，管段 2-3 负担的面积为 $A_3 + A_4$。一般地，在街区长边上的管段，其两侧供水面积均为梯形；在街区短边上的管段，其两侧供水面积均为三角形。用面积比流量法计算沿线流量虽然比较准确，但计算较复杂。对于干管分布比较均匀、干管距离大致相等的管网，往往采用长度比流量法计算沿线流量，以简化计算。

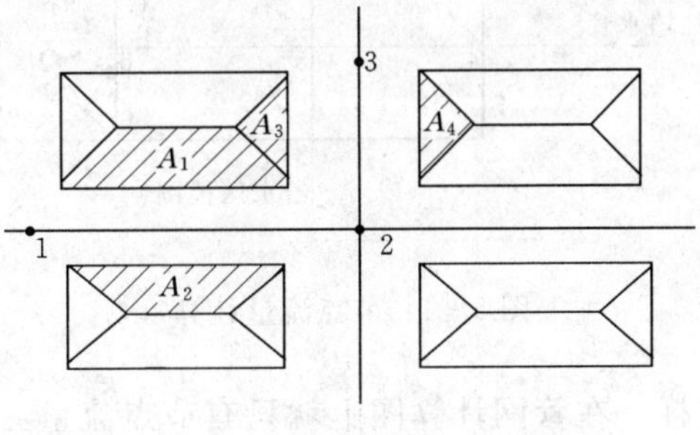

图 5-2　按等分角线划分供水面积

## 二、节点流量

管网中任一管段的流量都由两部分组成：一部分是沿该管段配水的沿线流量 $q_l$，另一部分是通过该管段输水到下游管段的转输流量 $q_t$。转输流量沿整个管段不变；沿线流量由于沿线配水而沿水流方向逐渐减小，到管段末端，沿线流量为零，如图 5-3 所示。由于管段中的流量是变化的（如果按计算比流量的假定，沿线流量应为直线变化），故很难计算管径和水头损失。为简化计算，可将沿线流量折算成从节点流出的集中流量，即节点流量。这样，沿管段不再有流量流出，即管段中的流量不再沿线变化，就可根据这个不变的流量确定管径。

将沿线流量化成节点流量的原理是找到一个假想的沿线不变的折算流量 $q$，使它产生的水头损失与图 5-3 中的变流量 $q_x$ 所产生的水头损失相等。这个不变的流量 $q$ 称为管段

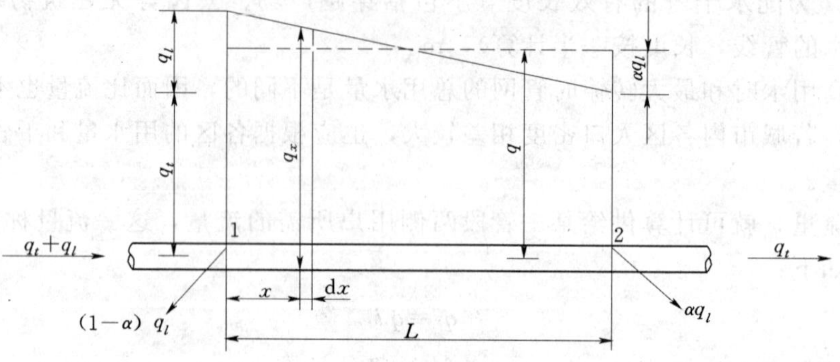


图 5-3 沿线流量折算成节点流量

的计算流量，可用下式表示：

$$q=q_t+\alpha q_l \tag{5-4}$$

式中：$\alpha$ 为折算系数。

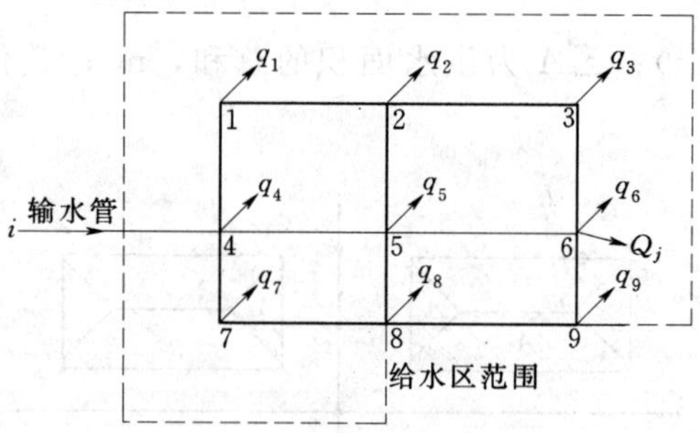


图 5-4 节点流量计算

管段在管网中的位置不同，$\alpha$ 值也不同。通过推算，$\alpha$ 值在 0.5 左右。为便于计算，工程中通常统一采用 $\alpha=0.5$，即将沿线流量折半后作为管段两端的节点流量。

管网任意节点的节点流量 $q_i$ 按下式计算：

$$q_i=\alpha\sum q_l=0.5\sum q_l \tag{5-5}$$

即任一节点 $i$ 的节点流量等于与该节点相连各管段的沿线流量总和的一半。

在城市管网中，可将大用水户的接入点作为节点，将其所需的流量直接作为节点流量。这样，在管网计算图上就只有节点流量，包括由沿线流量折算的节点流量和大用水户的集中流量。图 5-4 中的节点 5、6、8、9 的节点流量计算如下：

$$q_5=\frac{1}{2}q_s(l_{2\text{-}5}+l_{4\text{-}5}+l_{5\text{-}6}+l_{5\text{-}8})$$

$$q_6=\frac{1}{2}q_s(l_{3\text{-}6}+l_{5\text{-}6}+l_{6\text{-}9})+Q_j$$

$$q_8=\frac{1}{2}q_s\left(l_{5\text{-}8}+l_{7\text{-}8}+\frac{1}{2}l_{8\text{-}9}\right)$$

$$q_9=\frac{1}{2}q_s\left(l_{6\text{-}9}+\frac{1}{2}l_{8\text{-}9}\right)$$

## 第二节 管段计算流量

在将沿线流量折算成节点流量后，就可根据各节点流量对各管段进行流量分配，并计算各管段通过的流量，即管段计算流量。由于在不同用水情况下，各节点流量是不同的，因而管段计算流量也不同。在设计中，应根据最高日最高时的管段计算流量确定管径。

在单水源的树状管网中，从水源供水到各节点只有一个流向，如果任一管段发生故障，该管段以后的地区就会断水，因此任一管段的流量等于该管段以后所有节点流量的总和。图 5－5 中，管段 2－3 和管段 4－8 的流量分别为

$$q_{2-3}=q_3+q_4+q_5+q_7+q_8+q_9+q_{10}+Q_5+Q_9$$

$$q_{4-8}=q_8+q_9+q_{10}+Q_9$$

可见，树状管网各管段的流量非常容易确定，不用人为进行分配，并且各管段只有唯一的流量值。

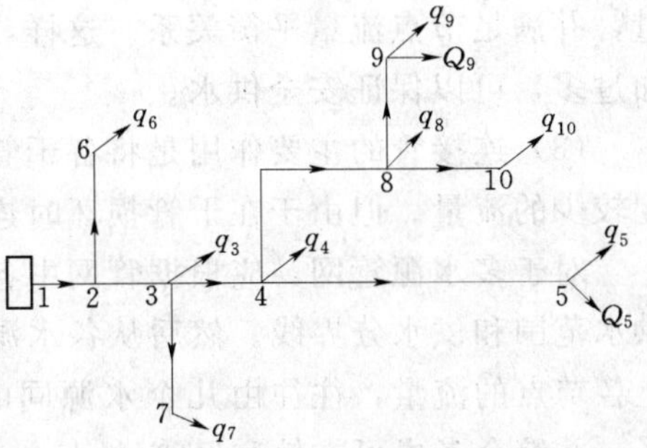

图 5－5　树状管网管段流量计算

环状管网的情况比较复杂。由于各管段流量与以后各节点流量没有直接关系，因而当管网形状和各节点流量确定后，为了满足各节点的水量要求，通过各管段的流量可以有许多分配方案。分配流量时，必须满足节点流量平衡关系（实际上，树状管网也满足此平衡关系），即流入某节点的流量必须等于流离该节点的流量，用公式表示为

$$q_i+\sum q_{ij}=0 \tag{5-6}$$

式中：$q_i$ 为节点 $i$ 的节点流量（包括节点处的集中流量），L/s；$q_{ij}$ 为 $i$、$j$ 节点间的管段流量，L/s。

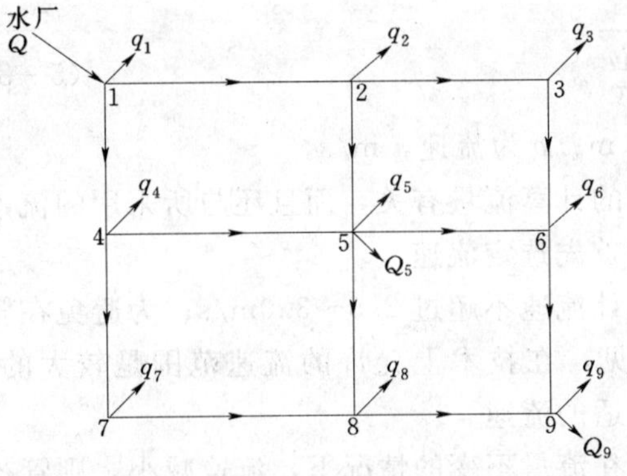


图 5－6　环状管网流量分配

式（5－6）中流入和流出流量的符号可以任意假定，本书假定流出节点的流量为正，流入节点的流量为负，以图 5－6 中的节点 1 和节点 5 为例，则

$$-Q+q_1+q_{1-2}+q_{1-4}=0$$

$$q_5+Q_5+q_{5-6}+q_{5-8}-q_{2-5}-q_{4-5}=0$$

对于节点 1 来说，流入管网的总流量 $Q$ 和节点流量 $q_1$ 是已知的，但管段流量 $q_{1-2}$ 和 $q_{1-4}$ 可以有不同的分配方法，例如，两个流量相同，或一个很大、一个很小。其他管段流量分配也是如此。

管段流量分配的方案不同，所得各管段的管径就有可能不同，整个管网的工程总造价也会有所差异。研究表明，在流量分配时，如果使环状管网中某些管段的流量为零，即把环状管网改成树状管网，才能得到最经济的流量分配，即管网工程造价最低，但树状管网供水的安全可靠性差。因此，环状管网在进行流量分配时，应同时考虑经济性和可靠性。经济性是指在一定年限内管网的工程总造价和管理费用最小。可靠性是指能够不间断地向用户供水，并保证应有的水量、水压和水质。经济性和可靠性是一对矛盾，一般只能在满足可靠性的前提下，力争得到最经济的管径。在综合考虑经济性和可靠性后，可按如下步骤进行环状管网流量分配：

（1）选定整个管网的控制点，按照管网的主要供水方向，初步拟定各管段的水流

方向。

(2) 从二级泵站到控制点之间选定几条主要的平行干管，在它们中尽量均匀的分配流量，并满足节点流量平衡关系。这样，当其中一条干管损坏时，其他干管中的流量不会增加过多，可以保证安全供水。

(3) 连接管的主要作用是将各干管连通，有的也就近供水，平时流量不大，因而可分配较少的流量。但由于在干管损坏时连接管要转输较大的流量，因此管径不可选得过小。

对于多水源管网，应根据管网中各节点流量和每一水源的供水量，初步确定各水源的供水范围和供水分界线。然后从各水源开始，沿供水主流方向进行流量分配。供水分界线上各节点的流量，往往由几个水源同时提供。进行流量分配时仍应满足节点流量平衡关系，并综合考虑可靠性和经济性。

管网进行流量分配后即可得出各管段的计算流量。

## 第三节 管 径 计 算

给水管网计算的主要任务之一是确定管网中各管段的管径。管网中各管段的管径应根据各管段的最高日最高时的计算流量 $q_{ij}$ 来确定。由于

$$q_{ij}=Av=\frac{\pi}{4}D^2v \tag{5-7}$$

则

$$D=\sqrt{\frac{4q_{ij}}{\pi v}} \tag{5-8}$$

式中：$A$ 为管段断面面积，$m^2$；$D$ 为管段直径，m；$v$ 为流速，m/s。

从式 (5-8) 可知，管径的大小不仅与管段的计算流量有关，而且还与所采用的流速有关，只知道流量是无法确定管径的，因此必须首先选定流速。

为防止管网因水锤现象而损坏，一般最大设计流速不超过 2.5～3.0m/s；为避免在管内沉积杂质，最小流速不小于 0.6m/s。由此可见，在技术上允许的流速范围是较大的，但我们还应从经济的角度，在上述范围内选择合适的流速。

从管径与流量、流速的关系式中可以看出：在流量不变的情况下，流速减小，则管径增大，管网的造价提高，但管段中的水头损失却减小，水泵的扬程也减小，日常的输水电费可以降低；反之，流速增大，管径虽可减小，管网造价可降低，但管段中的水头损失增加，水泵的日常输水费用增加。因此，应综合考虑管网造价和日常输水费用，采用优化方法，求得流速的最优解，即求出在一定年限内（称为投资偿还期）管网造价和管理费用（主要为输水电费）之和为最小的流速，该流速称为经济流速。

设 $C$ 为一次投资的管网造价；$M$ 为每年管理费用，包括电费 $M_1$ 及折旧大修费 $M_2$，因 $M_2$ 与管网造价有关，故可按管网造价的百分数计，表示为 $p\%C$，那么在投资偿还期 $t$ 年内的总费用 $W_t$ 为

$$W_t=C+tM=C+\left(M_1+\frac{p}{100}C\right)t \tag{5-9}$$

式中：$p$ 为管网的折旧和大修率，以管网造价的百分数计。

式（5-9）除以投资偿还期 $t$，则得年折算费用 $W$，即

$$W=\frac{C}{t}+M=\left(\frac{1}{t}+\frac{p}{100}\right)C+M_1 \quad (5-10)$$

我们知道，管网造价和管理费用都与管径有关。当流量已知时，流速的大小决定了管径的大小，因此，管网造价和管理费用既可以用管径 $D$ 的函数表示，也可以用流速 $v$ 的函数表示。管网造价、管理费用及年折算费用与管径和流速的关系分别如图 5-7 和图 5-8所示。

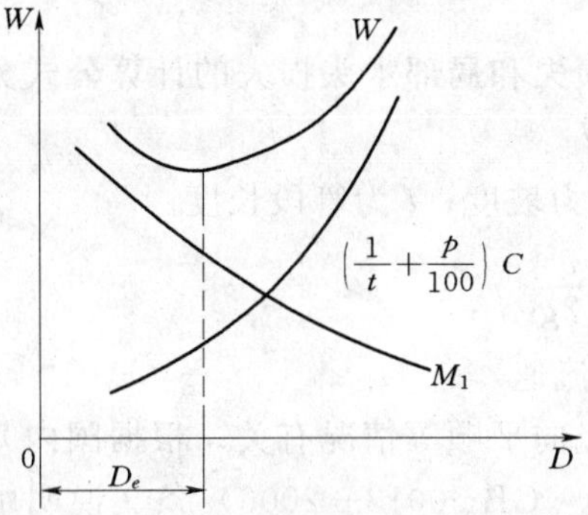


图 5-7　年折算费用和管径的关系

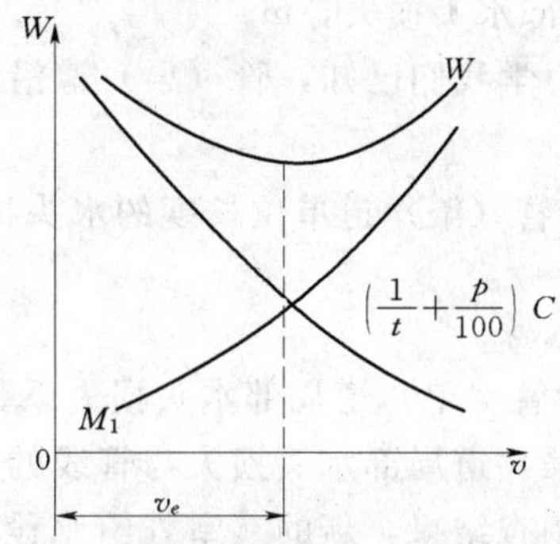


图 5-8　年折算费用和流速的关系

从图中可以看出，年折算费用 $W$ 值随管径和流速的改变而变化，均为下凹曲线，曲线中年折算费用值的最低点所对应的管径和流速分别为经济管径 $D_e$ 和经济流速 $v_e$。

影响经济流速的因素很多，例如电费、管材价格、设计使用年限、折旧大修费的折算率等。由于我国各地区的电价、管材价格和施工费用等各不相同，因而经济流速也不同，不能盲目照搬其他地区的数据。此外，管网中每个管段的经济流速也是不相同的，这与该管段的流量、管网总流量、管网形状、该管段在管网中的位置等因素有关。因此，经济流速和管网的技术经济计算是相当复杂的（技术经济计算方法见本章第八节）。在实际工作中常采用平均经济流速来选择管径，选出的管径是近似的经济管径。平均经济流速计算方法如下：

$$v_e=0.6\sim0.9\text{m/s} \quad (D=100\sim400\text{mm})$$
$$v_e=0.9\sim1.4\text{m/s} \quad (D\geqslant400\text{mm})$$

一般大管径可取较大值，小管径可取较小值。

上述由经济流速确定经济管径的方法是指水泵供水时应采用的方法。重力供水时，由于水源水位可以满足给水区最不利点所需的水压，水在管内靠重力流动，不存在动力费用问题，因此求经济管径时，应充分利用现有水压（位置水头），使管网通过设计流量时的水头损失之和等于或略小于可以利用的水位差，这样可以使管网的造价最低。在水泵供水的管网中，非计算管路（相当于水压已知）的管径也应按此方法确定。当然在重力（或水压已知）供水时，管径的确定还应满足最大流速和最小流速的要求。

## 第四节　管道水头损失的计算

管道水头损失的计算也是管网计算的主要任务之一。当各管段的设计流量和管径确定后，就可计算管道的水头损失。

**一、管（渠）道总水头损失**

管（渠）道总水头损失可按下式计算：

$$h_z = h_y + h_j \tag{5-11}$$

式中：$h_z$ 为管（渠）道总水头损失，m；$h_y$ 为管（渠）道沿程水头损失，m；$h_j$ 为管（渠）道局部水头损失，m。

由水力学我们已知，管（渠）道沿程水头损失和局部水头损失的计算公式分别为

$$h_y = il \tag{5-12}$$

式中：$i$ 为管（渠）道单位长度的水头损失或水力坡度；$l$ 为管段长度。

$$h_j = \sum \zeta \frac{v^2}{2g} \tag{5-13}$$

式中：$\zeta$ 为管（渠）道局部水头损失系数；$v$ 为流速。

管（渠）道局部水头损失与管线的水平及竖向平顺等情况有关。根据国内几项大型输水工程的调查结果，新的《室外给水设计规范》（GB 50013—2006）条文说明中指出：一些工程在可研阶段，根据管线的敷设情况，管（渠）道局部水头损失可按沿程水头损失的5%～10%计算。

配水管网水力平差计算中，由于配件和附件的局部水头损失比沿程水头损失小很多，因此，一般不考虑局部水头损失，只考虑沿程水头损失。但在短管和配件很多的地方，应计算局部水头损失，如水泵站内。

**二、管（渠）道沿程水头损失的计算方法**

由式（5-12）可计算管（渠）道沿程水头损失，其中管段长度 $l$ 是已知的，因此只要知道水力坡度 $i$ 就可计算水头损失。$i$ 值应根据管材的具体情况选择相应的水力计算公式。

改革开放以来，我国给水工程所用管材发生了很大变化。灰口铸铁管已逐步被淘汰，塑料管材（如热塑性的聚氯乙烯管和聚乙烯管，以及热固性的玻璃纤维增强树脂加砂管等）在给水工程中得到了愈来愈广泛的应用。近年来，我国成功引进了大口径预应力钢筒管道生产技术，该种管材已广泛应用于输水工程中。此外，为防止腐蚀，应用历史较长的钢管已较普遍地采用水泥砂浆和涂料作内衬。这样《室外给水设计规范》（GBJ 13—86，1997 年版）中所采用的以旧钢管和旧铸铁管为研究对象建立的舍维列夫水力计算公式的适用性就愈来愈小。为此，现行国家标准《建筑给水排水设计规范》（GB 50015—2003）对原采用的水力计算公式进行了修正，明确采用海曾-威廉公式作为各种管材的水力计算公式。而且，各种塑料管技术规程也规定了相应的水力计算公式。欧美国家采用的水力计算公式和配水管网计算软件，多采用海曾-威廉公式。该公式也在国内的一些给水工程实践中应用，效果较好。

根据国内外有关水力计算公式的应用情况和国内常用管材的种类与水流流态的状况，并考虑与相关规范（标准）在水力计算方面的协调，新的《室外给水设计规范》（GB 50013—2006）制定了三种类型的水力计算公式。

（一）塑料管及内衬与内涂塑料的钢管

塑料管及内衬与内涂塑料的钢管的沿程水头损失通常按魏斯巴赫-达西公式计算，即

$$h_y=\lambda\frac{l}{d_j}\frac{v^2}{2g} \tag{5-14}$$

式中：$\lambda$ 为沿程阻力系数［与管道的相对当量粗糙度（$\Delta/d_j$）和雷诺数（$Re$）有关，其中 $\Delta$ 为管道当量粗糙度，mm］；$l$ 为管段长度，m；$d_j$ 为管道计算内径，m；$v$ 为管道断面水流平均流速，m/s；$g$ 为重力加速度，$m/s^2$。

达西公式是一个半理论半经验的水力计算公式，适用于各种流态的管道和明渠。沿程阻力系数 $\lambda$ 的计算，应根据不同情况选择相应的计算公式。《埋地硬聚氯乙烯给水管道工程技术规程》（CECS 17：2000）规定 $\lambda$ 按勃拉修斯公式计算，即

$$\lambda=\frac{0.304}{Re^{0.239}}$$

《埋地聚乙烯给水管道工程技术规程》（CJJ 101—2004）规定 $\lambda$ 按柯列布鲁克-怀特公式计算，即

$$\frac{1}{\sqrt{\lambda}}=-2\log\left(\frac{2.51}{Re\sqrt{\lambda}}+\frac{\Delta}{3.72d_j}\right)$$

$\Delta$ 值如表 5-1 所示。在层流中，$\lambda=64/Re$，即 $\lambda$ 仅与雷诺数有关，与管道粗糙度无关。

**表 5-1　各种管道沿程水头损失水力计算参数（$n$、$C_n$、$\Delta$）值**

| 管道种类 | | 粗糙系数 $n$ | 海曾-威廉系数 $C_n$ | 当量粗糙度 $\Delta$（mm） |
|---|---|---|---|---|
| 钢管、铸铁管 | 水泥砂浆内衬 | 0.011～0.012 | 120～130 | — |
| | 涂料内衬 | 0.0105～0.0115 | 130～140 | — |
| | 旧钢管、旧铸铁管（未做内衬） | 0.014～0.018 | 90～100 | — |
| 混凝土管 | 预应力混凝土管（PCP） | 0.012～0.013 | 110～130 | — |
| | 预应力钢筒混凝土管（PCCP） | 0.011～0.0125 | 120～140 | — |
| 矩形混凝土管（DP）（渠）道（现浇） | — | 0.012～0.014 | — | — |
| 化学管材（聚乙烯管、聚氯乙烯管、玻璃纤维增强树脂夹砂管等）内衬与内涂塑料的钢管 | — | — | 140～150 | 0.010～0.030 |

（二）混凝土管（渠）及采用水泥砂浆内衬的金属管道

混凝土管（渠）及采用水泥砂浆内衬的金属管道的沿程水头损失通常根据谢才

(Chézy) 提出的均匀流公式（称为谢才公式）计算。谢才公式如下：

$$v=C\sqrt{Ri} \tag{5-15}$$

即

$$i=\frac{v^2}{C^2R}=\frac{\lambda}{d_j}\frac{v^2}{2g} \tag{5-16}$$

其中

$$\lambda=8g/C^2$$

式中：$i$ 为管道单位长度的水头损失；$v$ 为管道断面水流平均流速，m/s；$C$ 为谢才系数，是反映沿程阻力变化规律的系数，通常由经验公式计算；$R$ 为管道的水力半径（圆管为$R=d_j/4$），m；$d_j$ 为管道计算内径，m；$g$ 为重力加速度，m/s²；$\lambda$ 为阻力系数，依管材性质而定。

水力坡度 $i$ 也可用流量 $q$ 表示，即

$$i=\frac{v^2}{C^2R}=\frac{q^2}{\left(\frac{\pi}{4}d_j{}^2\right)^2C^2\frac{d_j}{4}}=\frac{64}{\pi^2C^2d_j{}^5}q^2=aq^2 \tag{5-17}$$

其中

$$a=\frac{64}{\pi^2C^2d_j^5}$$

式中：$a$ 为管道比阻。

因此，沿程水头损失公式可表示为

$$h=alq^2=sq^2 \tag{5-18}$$

其中

$$s=al$$

式中：$s$ 为管道摩阻，$s^2/m^5$。

沿程水头损失的一般公式为

$$h=alq^n=sq^n \tag{5-19}$$

式中：$n$ 为指数，谢才公式中取指数 $n=2$，故可得式（5-18）。

谢才公式中的谢才系数 $C$ 可按巴甫洛夫斯基（Н. Н. Павловский）的经验公式计算，即

$$C=\frac{1}{n}R^y \tag{5-20}$$

其中

$$y=2.5\sqrt{n}-0.13-0.75(\sqrt{n}-0.1)\sqrt{R} \tag{5-21}$$

式中：$n$ 为管壁粗糙系数，见表 5-1；$R$ 为水力半径；$y$ 为指数。

式（5-21）适用于 $0.1\leqslant R\leqslant 3.0$，$0.011\leqslant n\leqslant 0.040$。

管道水力计算时，$y$ 也可采用 1/6，即 $C$ 值按曼宁公式计算：

$$C=\frac{1}{n}R^{\frac{1}{6}} \tag{5-22}$$

在设计中，混凝土管（渠）及采用水泥砂浆内衬的金属管道一般按曼宁公式计算。混凝土管和钢筋混凝土管的 $n$ 值常采用 0.012～0.013，因此，根据式（5-22）和式（5-17）可得出以下公式：

当 $n=0.013$ 时，有

$$\left.\begin{aligned}i&=0.001743\,\frac{q^2}{d_j^{5.33}}\\ a&=\frac{0.001743}{d_j^{5.33}}\end{aligned}\right\} \tag{5-23}$$

当 $n=0.012$ 时，有

$$\left.\begin{aligned} i&=0.001482\frac{q^2}{d_j^{5.33}}\\ a&=\frac{0.001482}{d_j^{5.33}} \end{aligned}\right\} \tag{5-24}$$

式中：$q$ 为管道设计流量，$m^3/s$；$d_j$ 为管道计算内径，m；其他符号意义同前。

上述公式中的管道比阻 $a$ 值可根据不同的 $n$ 值和 $d_j$ 值列成表格，水力计算时可通过查表直接求出 $a$ 值。

谢才公式本身适用于管道和明渠的各阻力区的水力计算。但是如果应用式（5-20）和式（5-22）计算谢才系数，由于这两个公式中不包含流速和黏滞系数，即与雷诺数无关，因此，谢才公式就仅适用于紊流阻力平方区。输配水管道的水流大多处于紊流状态。

（三）输配水管道、配水管网水力平差计算

输配水管道、配水管网水力平差计算均可采用海曾-威廉公式，即

$$i=\frac{10.67q^{1.852}}{C_h^{1.852}d_j^{4.87}} \tag{5-25}$$

式中：$C_h$ 为海曾-威廉系数，与管道材料有关，如表 5-1 所示；其他符号意义及单位同前。

按照海曾-威廉公式，$h_y=il=alq^{1.852}=sq^{1.852}$，即沿程水头损失一般式（5-19）中的 $n=1.852$。

## 第五节　树状管网的水力计算

城镇配水管网宜设计成环状，当允许间断供水时，可设计为树状。多数小城镇和工业企业在建设初期往往采用树状给水管网，以后随着城市及企业的发展和用水量的提高，根据需要再逐步连接成环状管网。

由单一水源供水的树状管网，流向任一节点的水流方向只有一个，任何管段的流量也只有一个，因此其水力计算比较简单。树状管网水力计算的步骤如下：

（1）计算比流量和各节点流量。

（2）从距二级泵站最远的管网末梢的节点开始，利用节点流量平衡关系，逐个向二级泵站推算每个管段的流量。

（3）确定管网的最不利点，从最不利点到二级泵站的管路为主干线（或称为计算管路）。有时最不利点不明显，可初选几个点作为管网的最不利点。

（4）根据管段流量和经济流速，选出主干线上各管段的管径，并计算各管段的水头损失。

（5）计算整个主干线的总水头损失，并计算二级泵站所需扬程或水塔所需高度（若初选了几个点作为最不利点，则使二级泵站所需扬程最大的管路为主干线，相应的点为最不利点）。

（6）主干线计算完成后，进行各支线管路水力计算。由于主干线上各节点（包括接出支线处节点）的水压标高（等于节点处地面标高加服务水头，可由最不利点起逐点推算出）已知，因此，支线计算属于起点水压和终点水压（等于终点地面标高加最小服务水头）均已知的类型。计算时将支线起点和终点的水压标高差除以支线长度，即可得支线的水力坡降，再根据支线每一管段的流量并参照该水力坡降选定相近的标准管径。

以上为整个管网的终点水压已知而起点水压未知的树状管网的计算步骤。若起点水压也已知，则计算方法与上述支线计算方法相同。

# 第六节　环状管网的水力计算

## 一、环状管网的计算原理

### （一）环状管网计算的基础方程

1. 管段数、节点数和基环数之间的关系

对于任何环状管网，管段数 $P$、节点数 $J$（包括泵站、水塔、高地水池等水源节点）和基环数 $L$ 之间存在下列关系：

$$P=J+L-1 \tag{5-26}$$

如图 5-9（$a$）所示的环状管网，$P=13$，$J=10$，$L=4$，符合式（5-26）的关系。在图 5-9（$b$）中，高峰供水时，由泵站和水塔同时向管网供水，计算时可增加虚节点 0 和虚管段 0-1、0-10，并构成虚环Ⅴ，此时 $P=15$，$J=11$，$L=5$，仍符合式（5-26）的关系。

对于树状管网，因环数 $L=0$，故 $P=J-1$。

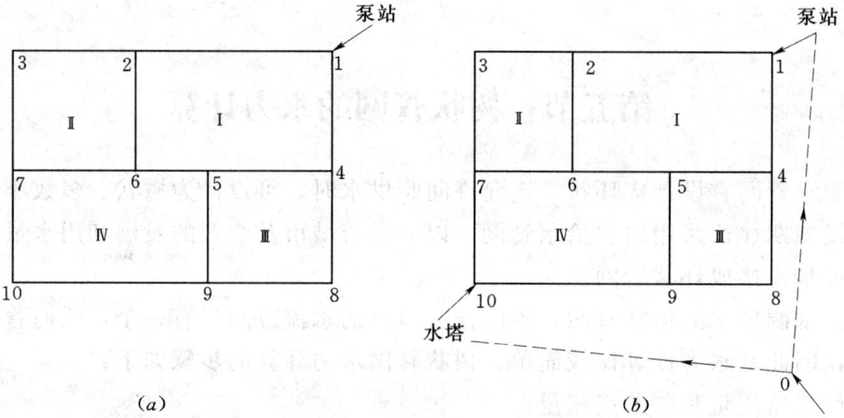


图 5-9　环状管网的管段数、节点数和基环数
（$a$）单水源管网；（$b$）多水源管网

2. 环状管网计算的基础方程

环状管网计算时必须满足质量守恒定律和能量守恒定律。由这两个定律得出的连续性方程和能量方程是环状管网计算的基础方程。

连续性方程是指对任一节点来说，流向该节点的流量必须等于流出该节点的流量，即应满足式（5-6）表达的节点流量平衡关系。若某个管网有 $J$ 个节点，因其中任一节点的连续性方程可由其他方程导出，故可写出 $J-1$ 个独立的连续性方程，即

$$\begin{aligned}(q_i+\sum q_{ij})_1&=0\\(q_i+\sum q_{ij})_2&=0\\&\vdots\\(q_i+\sum q_{ij})_{J-1}&=0\end{aligned}$$

式中：下标 $ij$ 表示从节点 $i$ 到节点 $j$ 的管段；1、2、…、$J$ 表示各节点编号。

能量方程是指在环状管网的任一闭合环内各管段水头损失的代数和等于零，即

$$\sum h_{ij}=0 \tag{5-27}$$

本书规定，水流沿顺时针方向的管段，水头损失为正；沿逆时针方向的管段，水头损失为负。若某个管网有 $L$ 个环，则可列出 $L$ 个能量方程：

$$\sum(h_{ij})_{\text{I}}=0$$
$$\sum(h_{ij})_{\text{II}}=0$$
$$\vdots$$
$$\sum(h_{ij})_{L}=0$$

式中：Ⅰ、Ⅱ、…、$L$ 分别为管网中各环的编号。

根据水头损失与流量的关系式（5-19），能量方程还可写为

$$\sum(s_{ij}q_{ij}^{n})=0 \tag{5-28}$$

式（5-28）中，对于谢才公式 $n=2$，对于海曾-威廉公式 $n=1.852$。

（二）环状管网计算的基本方法和原理

环状管网计算时，节点流量、管段长度、管径和阻力系数等均已知，需要求解的是管网各管段的流量和水头损失（或节点水压）。求解时可采用解环方程组、解节点方程组和解管段方程组等三种方法。

1. 解环方程组法

解环方程组法是以管网中每环的校正流量为未知变量进行求解的方法。

该法首先对管网进行初步流量分配，分配后各节点已满足连续性方程，但由初步分配的管段流量所求出的管段水头损失并不一定同时满足 $L$ 个环的能量方程，即各环的水头损失代数和不一定等于零，这样各环就产生了水头损失闭合差（即水头损失的代数和）$\Delta h$。为此，必须调整各管段的流量，方法是求出各环的校正流量 $\Delta q$，将环中原来流量小（水头损失小）的管段增加 $\Delta q$，原来流量大（水头损失大）的管段减少 $\Delta q$。流量调整后再计算检验各环是否满足能量方程（即每个环中顺时针和逆时针方向各管段中的水头损失之和趋于相等），若不满足，则再求出各环的第二次校正流量 $\Delta q$，如此反复调整，直至各环满足能量方程（$\Delta h$ 小于规定的数值），从而得出各管段的流量和水头损失。

由于环数少于节点数和管段数，故环方程数目较节点方程和管段方程数目少，因而解环方程组法是手工计算的主要方法，而哈代-克罗斯（Hardy-Cross）法是其中最常用的一种方法，这种方法将在环状管网计算中详细介绍。

2. 解节点方程组法

解节点方程组法是以管网中各节点水压值为未知数进行求解的一种方法。节点水压求出后，就可求出两节点间管段的水头损失，再根据流量和水头损失之间的关系求出各管段流量。其解题思路如下。

列出 $J-1$ 个节点连续性方程，由于流量和水头损失及节点水压之间存在下列关系（设 $n=2$）：

$$h_{ij}=H_i-H_j\,,\ h_{ij}=s_{ij}q_{ij}^{2}$$

故

$$q_{ij}=\left(\frac{h_{ij}}{s_{ij}}\right)^{\frac{1}{2}}=\left(\frac{H_i-H_j}{s_{ij}}\right)^{\frac{1}{2}}$$

即可将 $J-1$ 个连续性方程中的管段流量 $q_{ij}$ 用管段两端的节点水压 $H_i$ 和 $H_j$ 表示，这样，在 $J-1$ 个连续性方程中就只含有 $J-1$ 个节点水压未知数（在 $J$ 个节点中，必有一个节点的水压是已知的，如控制点或水源点），解此方程组，就可得出各节点水压值，从而求出各管段水头损失和管段流量。

由于上述 $J-1$ 个节点方程是非线性的，无法直接求解，因而实际求解时往往采用逐步逼近法，工程上常用的方法为哈代-克罗斯迭代法，其具体步骤如下：

（1）根据已知的控制点的水压标高（或泵站的水压标高），假定其他各节点的初始水压，并应满足能量方程。假定的初始水压越接近实际水压，则计算时收敛越快。

（2）根据 $h_{ij}=H_i-H_j$ 和 $h_{ij}=s_{ij}q_{ij}{}^2$ 的关系，求出管段流量，即

$$q_{ij}=\left(\frac{h_{ij}}{s_{ij}}\right)^{\frac{1}{2}}=\left(\frac{H_i-H_j}{s_{ij}}\right)^{\frac{1}{2}}$$

（3）假定流向节点的流量为负，离开节点的流量为正，验算每一节点的流量是否满足连续性方程 $q_i+\sum q_{ij}=0$，若不等于零，则按下式求出节点 $i$ 的水压校正值 $\Delta H_i$：

$$\Delta H_i=\frac{-2\Delta q_i}{\sum\frac{1}{\sqrt{s_{ij}h_{ij}}}}=\frac{-2(q_i+\sum q_{ij})}{\sum\frac{1}{\sqrt{s_{ij}h_{ij}}}} \tag{5-29}$$

式中：$\Delta q_i$ 为任一节点 $i$ 的流量闭合差；其他符号意义同前。

（4）除水压已定的节点外，其他各节点均按各自的 $\Delta H_i$ 校正水压。根据新的水压，重复上述计算步骤，直到所有节点满足连续性方程，即 $\Delta q_i$ 达到预定的精度为止。

应用计算机求解给水管网时，往往采用解节点方程组法，程序设计请见其他有关书籍。

3. 解管段方程组法

解管段方程组法是以管网中各管段流量为未知数进行求解的一种方法。其解题思路是，同时列出 $J-1$ 个连续性方程和 $L$ 个能量方程，共计 $P$ 个方程，含有 $P$ 个未知的管段流量，解此联立方程组，即可求出管网中 $P$ 个管段的流量。由各管段流量可求出各管段的水头损失。

因连续性方程是线性方程，而能量方程是非线性方程，故上述联立方程组无法直接求解，为此，可用线性理论法先将 $L$ 个能量方程转化为线性方程，方法是设管段的水头损失 $h_{ij}$ 近似表示为

$$h_{ij}=[s_{ij}q_{ij}(0)^{n-1}]q_{ij}=c_{ij}q_{ij} \tag{5-30}$$

式中：$s_{ij}$ 为管段摩阻；$q_{ij}(0)$ 为管段的初始假设流量；$c_{ij}$ 为系数；$q_{ij}$ 为待求的管段流量。

联立求解 $J-1$ 个连续性方程和已线性化的能量方程，可求出各管段的待求流量 $q_{ij}(1)$，重新计算各管段的 $c_{ij}$ 和 $h_{ij}$，检查是否符合能量方程［即检查各环的 $\sum h_{ij}=\sum s_{ij}q_{ij}^n(1)$ 是否等于零或小于允许的误差］，若不符合，则以 $q_{ij}(1)$ 为新的初始流量，求待求流量 $q_{ij}(2)$，如此反复计算，直到各环的闭合差达到要求的精度或前后两次计算所得的管段流量之差小于允许误差时为止，即得各管段流量。该方法可设全部初始流量 $q_{ij}(0)=1$。此外，经过两次迭代后，初始流量可采用前两次解的平均值。如果 $q_{ij}(2)$ 求出后，仍不满足能量方

程，则以 $[q_{ij}(1)+q_{ij}(2)]/2$ 作为新的初始流量去求待求流量 $q_{ij}(3)$。

解管段方程组法涉及的方程数目多，故宜用计算机进行计算。

**二、环状管网的水力计算方法**

本部分主要介绍解环方程组法。

（一）环状管网的计算步骤

(1) 环状管网定线后，确定管网节点和节点间各管段的计算长度。按照最高日最高时流量计算管网的集中流量、比流量、沿线流量和节点流量。

(2) 初步拟定环状管网各管段的水流方向，应使转输流量沿最短路线供至最远地区。根据输入管网的总流量，并考虑供水可靠性要求，对整个管网进行流量分配，此时各节点应满足节点流量平衡关系。

(3) 根据初步分配的流量，按平均经济流速，也可按界限流量或经济管径与流量的关系式（后两者将在本章第八节中介绍），选择市售标准规格的管径。此外，确定管径时还应满足消防、事故和转输时的水量、水压，因此某些管段的管径要适当放大。

(4) 进行管网水力计算，即解环方程组，也就是在按初步分配流量确定管径的基础上，计算各管段的水头损失，若各环不能同时满足能量方程，则应重新分配各管段的流量，反复计算，直到同时满足连续性方程和能量方程时为止。这一计算过程称为环状管网平差。环状管网平差是环状管网计算的中心工作，通过平差可以求得各管段的真实流量。环状管网平差的具体步骤如下：

1) 根据每一管段的管径、流量和管长，计算每一管段的水头损失 $h_{ij}$。

2) 按照水头损失正负号的规定（水流顺时针时为正，逆时针时为负），计算各环水头损失闭合差 $\sum h_{ij}$。

3) 当某个环的 $\sum h_{ij}\neq 0$ 时，说明原来假定的管段流量有误差，必须进行修正。根据 $\sum h_{ij}$ 的大小和正负号，计算每一环流量的修正值 $\Delta q$。

4) 重新计算每个管段修正后的流量。

5) 在管径不变的基础上（若管径选得不合理时可以改变），重复上述 1) ～4) 步，直到每个环的闭合差达到要求为止。一般手工计算时，小环的闭合差小于 0.5m，大环的闭合差小于 1.0m。计算机计算时，闭合差可以达到任何要求的精度，但可采用 0.01～0.05m。

(5) 根据平差的最后结果，计算各管段的水头损失，并计算水泵扬程、水塔高度，画出管网等水压线图。

（二）解环方程组的常用方法

1. 哈代-克罗斯法

哈代-克罗斯法又称为洛巴切夫（B. T. Лобачев）法，是渐进法的应用。下面以图 5-10 为例，说明哈代-克罗斯法的计算方法。

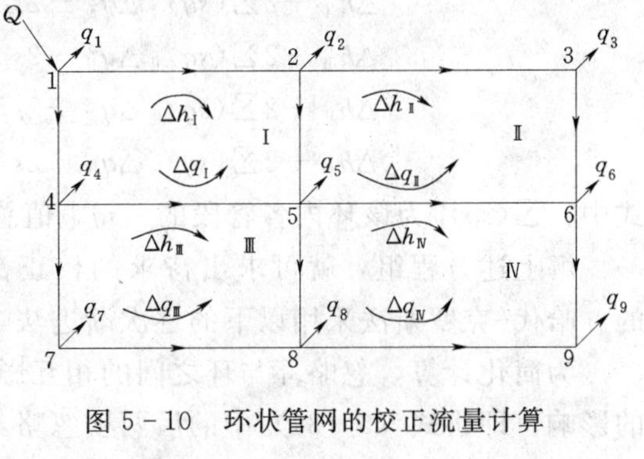


图 5-10　环状管网的校正流量计算

设管网中各节点流量已确定，各管段初步分配的流量 $q_{ij}$ 已拟定，并根据 $q_{ij}$ 求得了所有管段的管径和管段摩阻 $s_{ij}$。取水头损失

公式 $h=sq^n$ 中的 $n=2$，计算各环中水头损失的闭合差 $\Delta h$：

$$\left.\begin{aligned}\Delta h_{\mathrm{I}}&=s_{1-2}q_{1-2}^2+s_{2-5}q_{2-5}^2-s_{1-4}q_{1-4}^2-s_{4-5}q_{4-5}^2\\\Delta h_{\mathrm{II}}&=s_{2-3}q_{2-3}^2+s_{3-6}q_{3-6}^2-s_{2-5}q_{2-5}^2-s_{5-6}q_{5-6}^2\\\Delta h_{\mathrm{III}}&=s_{4-5}q_{4-5}^2+s_{5-8}q_{5-8}^2-s_{4-7}q_{4-7}^2-s_{7-8}q_{7-8}^2\\\Delta h_{\mathrm{IV}}&=s_{5-6}q_{5-6}^2+s_{6-9}q_{6-9}^2-s_{5-8}q_{5-8}^2-s_{8-9}q_{8-9}^2\end{aligned}\right\}\tag{5-31}$$

若各环的 $\Delta h\neq 0$，表明分配的流量不能满足能量方程；若 $\Delta h>0$，表明顺时针方向的流量分配过多；若 $\Delta h<0$，表明逆时针方向的流量分配过多。这样在 $\Delta h\neq 0$ 的环内就必须引入校正流量 $\Delta q$ 来校正环内各管段的流量。校正流量 $\Delta q$ 的方向应与水头损失闭合差 $\Delta h$ 的方向相反，校正后应使 $\Delta h=0$。

现假设四个环的校正流量分别为 $\Delta q_{\mathrm{I}}$、$\Delta q_{\mathrm{II}}$、$\Delta q_{\mathrm{III}}$ 和 $\Delta q_{\mathrm{IV}}$，方向均与各环的 $\Delta h$ 相反。对各管段的流量进行修正：在流量过大的管段上减去校正流量，在流量过小的管段上加上校正流量。两环相邻的共有管段应同时考虑两环的校正流量。流量校正后，列出四个环的能量方程，即

$$\left.\begin{aligned}&s_{1-2}(q_{1-2}-\Delta q_{\mathrm{I}})^2+s_{2-5}(q_{2-5}-\Delta q_{\mathrm{I}}+\Delta q_{\mathrm{II}})^2\\&\quad-s_{1-4}(q_{1-4}+\Delta q_{\mathrm{I}})^2-s_{4-5}(q_{4-5}+\Delta q_{\mathrm{I}}-\Delta q_{\mathrm{III}})^2=0\\&s_{2-3}(q_{2-3}-\Delta q_{\mathrm{II}})^2+s_{3-6}(q_{3-6}-\Delta q_{\mathrm{II}})^2\\&\quad-s_{2-5}(q_{2-5}+\Delta q_{\mathrm{II}}-\Delta q_{\mathrm{I}})^2-s_{5-6}(q_{5-6}+\Delta q_{\mathrm{II}}-\Delta q_{\mathrm{IV}})^2=0\\&s_{4-5}(q_{4-5}-\Delta q_{\mathrm{III}}+\Delta q_{\mathrm{I}})^2+s_{5-8}(q_{5-8}-\Delta q_{\mathrm{III}}+\Delta q_{\mathrm{IV}})^2\\&\quad-s_{4-7}(q_{4-7}+\Delta q_{\mathrm{III}})^2-s_{7-8}(q_{7-8}+\Delta q_{\mathrm{III}})^2=0\\&s_{5-6}(q_{5-6}-\Delta q_{\mathrm{IV}}+\Delta q_{\mathrm{II}})^2+s_{6-9}(q_{6-9}-\Delta q_{\mathrm{IV}})^2\\&\quad-s_{5-8}(q_{5-8}+\Delta q_{\mathrm{IV}}-\Delta q_{\mathrm{III}})^2-s_{8-9}(q_{8-9}+\Delta q_{\mathrm{IV}})^2=0\end{aligned}\right\}\tag{5-32}$$

将式（5-32）按二项式定理展开，并略去 $\Delta q_i\Delta q_j$ 项和 $\Delta q_i^2$ 项，整理后的环Ⅰ的能量方程如下：

$$\begin{aligned}&(s_{1-2}q_{1-2}^2+s_{2-5}q_{2-5}^2-s_{1-4}q_{1-4}^2-s_{4-5}q_{4-5}^2)+2\sum(sq)_{\mathrm{I}}\Delta q_{\mathrm{I}}\\&\quad-2s_{2-5}q_{2-5}\Delta q_{\mathrm{II}}-2s_{4-5}q_{4-5}\Delta q_{\mathrm{III}}=0\end{aligned}\tag{5-33}$$

式（5-33）括号内为在初步分配流量时，在环Ⅰ中产生的水头损失闭合差 $\Delta h_{\mathrm{I}}$。因此，各环的能量方程整理如下：

$$\left.\begin{aligned}&\Delta h_{\mathrm{I}}+2\sum(sq)_{\mathrm{I}}\Delta q_{\mathrm{I}}-2s_{2-5}q_{2-5}\Delta q_{\mathrm{II}}-2s_{4-5}q_{4-5}\Delta q_{\mathrm{III}}=0\\&\Delta h_{\mathrm{II}}+2\sum(sq)_{\mathrm{II}}\Delta q_{\mathrm{II}}-2s_{2-5}q_{2-5}\Delta q_{\mathrm{I}}-2s_{5-6}q_{5-6}\Delta q_{\mathrm{IV}}=0\\&\Delta h_{\mathrm{III}}+2\sum(sq)_{\mathrm{III}}\Delta q_{\mathrm{III}}-2s_{4-5}q_{4-5}\Delta q_{\mathrm{I}}-2s_{5-8}q_{5-8}\Delta q_{\mathrm{IV}}=0\\&\Delta h_{\mathrm{IV}}+2\sum(sq)_{\mathrm{IV}}\Delta q_{\mathrm{IV}}-2s_{5-6}q_{5-6}\Delta q_{\mathrm{II}}-2s_{5-8}q_{5-8}\Delta q_{\mathrm{III}}=0\end{aligned}\right\}\tag{5-34}$$

式中：$\sum(sq)_i$ 为该环内各管段的 $|sq|$ 值总和。

解上述方程组，就可求出待求的校正流量 $\Delta q_i$，但当环数目较多时，计算是很繁琐的。哈代-克罗斯法采用以下的逐次渐进法，求得 $\Delta q_i$ 值。

为简化计算，忽略环与环之间的相互影响，即每环调整流量时，不考虑邻环校正流量的影响，即将式（5-34）中的后两项忽略，这样可得到基环的校正流量公式：

$$\left.\begin{aligned}\Delta q_{\mathrm{I}} &= -\frac{\Delta h_{\mathrm{I}}}{2\sum(sq)_{\mathrm{I}}} \\ \Delta q_{\mathrm{II}} &= -\frac{\Delta h_{\mathrm{II}}}{2\sum(sq)_{\mathrm{II}}} \\ \Delta q_{\mathrm{III}} &= -\frac{\Delta h_{\mathrm{III}}}{2\sum(sq)_{\mathrm{III}}} \\ \Delta q_{\mathrm{IV}} &= -\frac{\Delta h_{\mathrm{IV}}}{2\sum(sq)_{\mathrm{IV}}}\end{aligned}\right\} \tag{5-35}$$

则通式为

$$\Delta q_i = -\frac{\Delta h_i}{n\sum|sq^{n-1}|_i} \tag{5-36}$$

在式（5-36）中，对于谢才公式 $n=2$，对于海曾-威廉公式 $n=1.852$。

根据初步分配的流量和各环的水头损失闭合差，可以得到第一次的校正流量 $\Delta q_i^{(0)}$，据此调整各管段的流量，凡是流向和校正流量方向相同的管段，加上校正流量，否则减去校正流量。每次调整流量后，可以自动满足节点流量平衡关系。第一次校正后的管段流量 $q_{ij}^{(1)}$ 为

$$q_{ij}{}^{(1)} = q_{ij}{}^{(0)} + \Delta q_s{}^{(0)} + \Delta q_n{}^{(0)} \tag{5-37}$$

式中：$q_{ij}^{(0)}$ 为某管段初次分配的流量；$\Delta q_s^{(0)}$ 为本环的初次校正流量；$\Delta q_n^{(0)}$ 为邻环的初次校正流量。

按 $q_{ij}^{(1)}$ 再进行计算，如果闭合差仍未达到要求的精度，则再求出第二次的校正流量，反复计算，直到每环的闭合差达到要求为止。

环状管网平差完成后，根据控制点的地形标高和要求的最小服务水头，可计算出控制点的水压标高，再根据各管段的水头损失，可逐一推出各节点的水压标高。根据各节点的水压标高，可在管网平面图上用插值法按比例绘出等水压线（若泵站提供的水压比要求的水压大 $y$m，则每一节点的实际水压均应加 $y$m）。由各节点的水压标高减去地面标高得到各节点的自由水压标高，在管网平面图上也可绘出等自由水压线。图 5-11 为某管网的等水压线示意图。

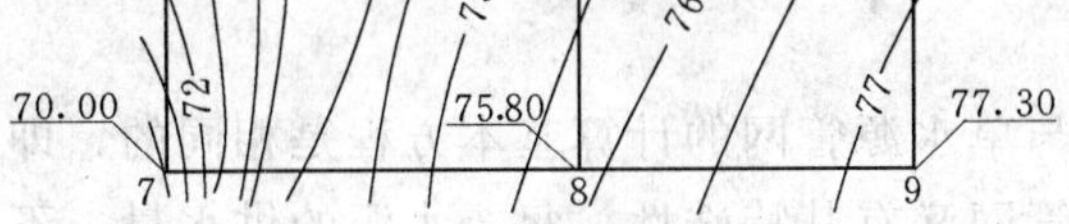


图 5-11　等水压线示意图

2. 最大闭合差的环校正法

最大闭合差的环校正法与哈代-克罗斯法的不同之处在于，不必逐环平差，而选闭合差大的环或构成大环进行平差。应用该法可以减少平差工作量。

该法首先按初步分配的流量求出各环闭合差的大小和方向，然后选择闭合差大的一个环或将闭合差较大且方向相同的相邻基环连成大环进行平差。对于环数较多的管网，有时可以连成几个大环进行平差。平差后，与大环闭合差异号的各邻环闭合差会同时减小，这样可以加快平差速度。但要注意的是，决不能将闭合差方向不同的几个基环连成一个大

环，否则将出现与大环闭合差方向相反的基环的闭合差反而增大的情况，致使计算不能收敛。

以图 5-12 为例，各基环闭合差方向如图所示。假设环Ⅰ、Ⅱ、Ⅳ的闭合差较大，由于它们的方向相同，故可连成一个大环进行平差。大环闭合差的方向与这几个小环相同，为顺时针方向，闭合差值等于这几个小环闭合差值之和，即

$$\Delta h_{大}=h_{1-2}+h_{2-3}+h_{3-7}+h_{6-10}-h_{6-7}-h_{9-10}-h_{5-9}-h_{1-5}$$
$$=\Delta h_{Ⅰ}+\Delta h_{Ⅱ}+\Delta h_{Ⅳ}$$

校正流量值 $\Delta q_{大}$ 可按式（5-36）求解，有经验者可凭经验拟定。$\Delta q_{大}$ 与 $\Delta h_{大}$ 方向相反，所以为逆时针方向。应在大环的顺时针方向管段减去校正流量，逆时针方向管段加上校正流量。流量调整后，大环闭合差将减小，相应地环Ⅰ、Ⅱ、Ⅳ的闭合差随之减小。同时，与大环相邻的、闭合差与大环相反的环Ⅲ、环Ⅴ，因受到大环流量校正的影响，流量也将发生变化。例如，环Ⅲ中的管段 3-7 减小了校正流量，环Ⅴ中的管段 6-7 增加了校正流量，管段 6-10 减小了校正流量，其结果是环Ⅲ、环Ⅴ的闭合差都减小，因而环状管网平差工作量减小。如果第一次校正后各环的闭合差仍未达到要求，则按校正后的闭合差大小和方向重新选择大环继续计算，直到各环闭合差达到要求为止。

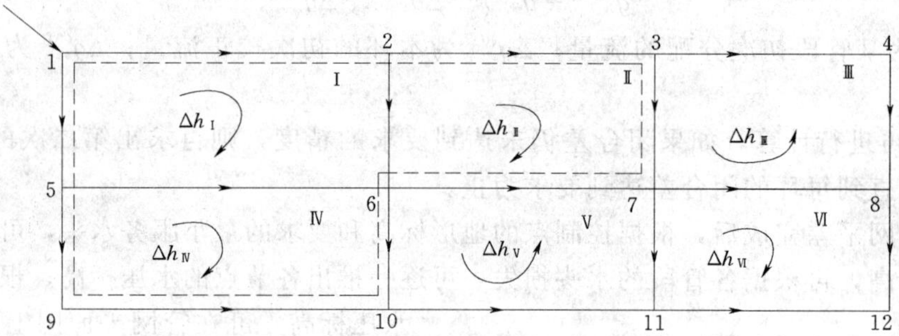


图 5-12　最大闭合差的环校正法

### 三、多水源管网的计算

前面主要讨论了单水源管网的计算方法。对于供水区域不大、供水安全性要求不高的地区可采用单水源供水。但对于大中城市，若有不止一个可利用的水源时，应尽量采用多水源供水，以加强供水的安全性。

（一）多水源供水的特点及虚环概念

多水源（包括水塔、高地水池等）管网与单水源管网的计算基本方程是相同的，即应满足连续性方程和能量方程，但同时多水源管网又有其特殊性：每一水源的供水量，不仅取决于管网所需水量，还随各水源的水压及管网中的水头损失而变化，因而各水源之间存在流量分配问题。这样在多水源供水时，就可能存在以下两种工作情况（以设置对置水塔的图 5-13 为例）：

(1) 在最高用水时，由几个水源同时向管网供水，各水源有各自的供水区，形成供水分界线。由于假定沿线流量都在节点出流，所以供水分界线必须通过节点。在供水分界线上水压最低，因此，供水分界线上的节点流量，一部分由泵站供给，一部分由水塔供给。

在图 5-13（$a$）中，虚线为供水分界线。

（2）在设置对置水塔时，由于一天内有若干小时二级泵站的供水量大于用水量，多余的水通过整个管网转输入水塔储存，形成最大转输供水情况，这时两水源管网成为单水源管网，不存在供水分界线，如图 5-13（$b$）所示。

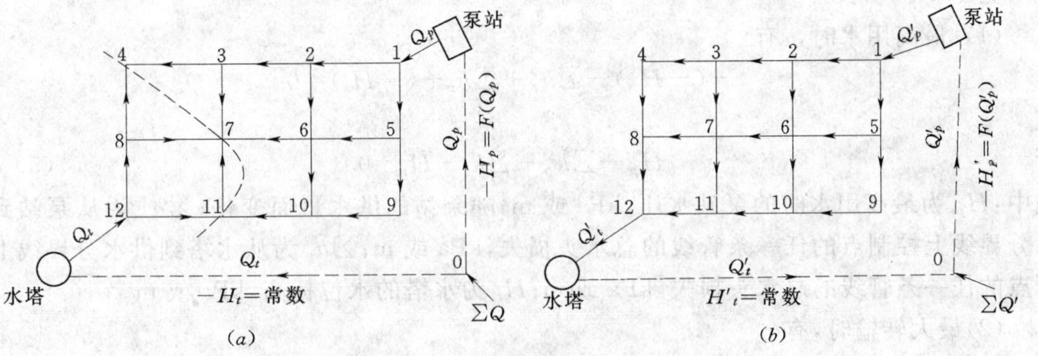


图 5-13　对置水塔（两水源）的工作情况

（$a$）最高用水时；（$b$）最大转输时

无论何种工作情况，都可应用虚环的概念将多水源管网转化为单水源管网。所谓虚环就是首先设置一个虚节点（位置可任意选定），假设它为各水源供水量的汇合点，然后将各水源与虚节点用虚线连接成环，如图 5-13 所示。在图中，虚环由虚节点 0、0 点到泵站和水塔的虚管段以及泵站到水塔之间的实管段（泵站-1-5-9-10-11-12-水塔的管段）组成。这样多水源管网就可看成是只从虚节点 0 供水的单水源管网。

从图 5-13 中看出，两水源供水时可形成一个虚环。一般地，虚环数等于水源数－1。

（二）虚环计算

在虚环计算中应满足下列条件。

1. 满足连续性方程

在最高用水时，泵站和水塔均向管网供水。因此，从虚节点流向泵站的流量即为泵站的供水量 $Q_p$，从虚节点流向水塔的流量即为水塔的供水量 $Q_t$。在最大转输时，泵站的供水量 $Q'_p$ 除满足管网的需求外，多余的水量 $Q'_t$ 成为转输流量进入水塔，并经虚管段流向虚节点 0。无论何种工作情况，虚节点都应满足节点流量平衡关系，即满足连续性方程。设流量正负号的规定与前面的规定相一致，则两种工作情况下虚节点 0 的流量平衡方程如下（见图 5-13）：

（1）最高用水时，有

$$Q_p+Q_t=\sum Q \tag{5-38}$$

式中：$Q_p$ 和 $Q_t$ 分别为最高用水时水泵和水塔的供水量；$\sum Q$ 为最高用水时管网用水量。

（2）最大转输时，有

$$Q'_p=Q'_t+\sum Q' \tag{5-39}$$

式中：$Q'_p$ 为最大转输时泵站的供水量；$Q'_t$ 为最大转输时进入水塔的流量（即转输流量）；$\sum Q'$ 为最大转输时管网用水量。

2. 满足能量方程

由于虚管段中实际上没有流量，因此不考虑摩阻，只考虑按某一基准面算起的水泵扬程和水塔水压。水压符号规定如下：流向虚节点的管段，水压为正；流离虚节点的管段，水压为负。两种工作情况时虚管段的水压符号如图 5-13 所示，虚环应满足的能量方程如下（见图 5-13）：

（1）最高用水时，有

$$-(-H_p)-\sum h_p+\sum h_t+(-H_t)=0$$

或

$$H_p-\sum h_p+\sum h_t-H_t=0 \tag{5-40}$$

式中：$H_p$ 为最高用水时的泵站水压，kPa 或 m，随泵站的供水量而变化；$\sum h_p$ 为从泵站到供水分界线上控制点的任一条管线的总水头损失，kPa 或 m；$\sum h_t$ 为从水塔到供水分界线上控制点的任一条管线的总水头损失，kPa 或 m；$H_t$ 为水塔的水位标高，kPa 或 m。

（2）最大转输时，有

$$-(-H'_p)-\sum h'-H'_t=0$$

$$H'_p-\sum h'-H'_t=0 \tag{5-41}$$

式中：$H'_p$ 为最大转输时的泵站水压，kPa 或 m；$\sum h'$ 为最大转输时从泵站到水塔的总水头损失，kPa 或 m；$H'_t$ 为最大转输时的水塔水位标高，kPa 或 m。

3. 满足各水源供水至供水分界线处的水压应相同

各水源供水至供水分界线处的水压应相同是指各水源到分界线上节点间的水头损失之差应等于水源的水压差，如式（5-40）和式（5-41）所示（两式也可见图 5-14）。

以上介绍了虚环计算时应满足的条件。多水源管网计算时应把虚环和实环作为一个管网整体，即虚环和实环同时计算。多水源管网闭合差和校正流量的计算方法同单水源管网。

## 四、管网的核算条件

管网的管径和水泵扬程，是按设计年限内最高日最高时的用水量和水压要求确定的，但还应核算由此确定的管径是否能满足其他不利的特殊用水情况下的用水量和水压要求。特殊用水情况主要指消防供水、最大转输供水及最不利管段发生故障时的供水情况。通过核算，若不能满足要求，则应适当放大管网中个别管段的管径，或另选合适的水泵。

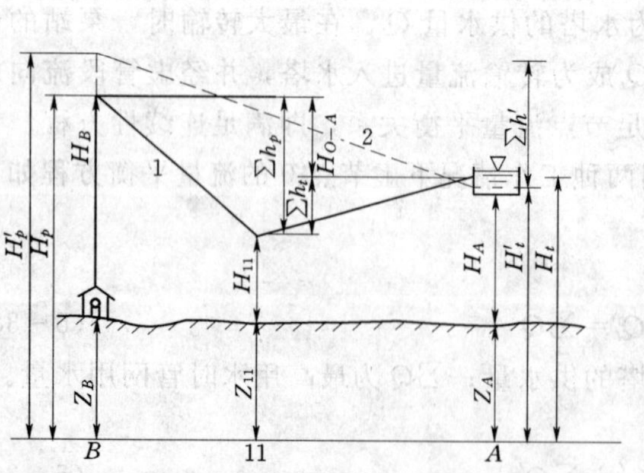


图 5-14 对置水塔水压与水头损失平衡情况
1-最高用水时；2-最大转输时

### （一）消防供水时的管网核算

室外消防给水一般采用低压给水系统，即管道的压力应保证灭火时最不利点消火栓的水压力不小于 10m 水柱（从地面算起）。因而一般消防时比最高用水时所需服务水头要小得多。但由于消防时通过管网的流量增大，各管段的水头损失也相应增大，因此按最高用水时确定的水泵扬程有可能不满足消防时的要求，这样在消防供水时就需要对管网进行核算。

1. 室外消防用水量

城镇、居住区室外消防用水量，应按同一时间内的火灾次数和一次灭火用水量确定。同一时间内的火灾次数和一次灭火用水量不应小于表 3-4 的规定。

此外，工厂、仓库和民用建筑对室外消防用水量也有要求，也按同一时间内的火灾次数和一次灭火用水量计算室外消防用水量。同一时间内的火灾次数不应小于表 3-5 的规定；建筑物的室外消火栓用水量不应小于表 3-6 的规定。

对于堆场、储罐等其他特殊场地及装置的消防用水量的要求详见《建筑设计防火规范》(GB 50016—2006)。

按城镇、居住区与按工厂、仓库和民用建筑两种方法计算的室外消防用水量有可能不一致，此时应取其较大者作为城镇的室外消防用水量。

2. 消防供水时的管网核算方法

(1) 首先确定同时起火次数和消防用水量，然后在管网的控制点增加一个集中的消防流量。如果按照消防要求同时有两处及两处以上起火时，则应综合考虑安全和经济等方面的因素，将消防流量一处放在控制点，其他放在离二级泵站较远或靠近大用户的节点处。

(2) 以最高日最高时用水量确定的管径为基础，将最高时用水量与消防流量相加后进行流量分配。

(3) 进行管网平差，求出消防时的管段流量和水头损失。

(4) 计算消防时所需要的水泵扬程。若按最高用水时选择的水泵能够满足消防时的流量和扬程要求，则管网管径和水泵不需进行调整。若不能满足要求，则可适当放大个别管段的管径，以减小管网水头损失。若消防和最高用水时的水泵扬程相差很大，则需设置专用消防泵。

（二）最大转输时的管网核算

设置对置水塔的管网，当泵站供水量大于管网用水量时，多余的水量要通过整个管网转输进入水塔储存，最大转输时管网的水头损失有可能比最高用水时的水头损失大。因此，设置对置水塔的管网，应按最大转输时的流量进行管网核算。

核算时，在某些节点出流的集中流量按实际情况确定，然后求出最大转输时各节点的生活用水量。由于节点生活用水量随用水量的变化成比例的增减，因此最大转输时各节点的生活用水量可按下式计算：

$$\text{最大转输时节点流量}=\frac{\text{最大转输时生活用水量}}{\text{最高时生活用水量}}\times\text{最高用水时该节点流量}$$

节点流量确定后，按管网最大转输时的流量进行分配和管网平差，求出各管段流量、水头损失和所需要的水泵扬程，并对原来选择的水泵进行校核。

（三）最不利管段发生故障时的管网核算

管网管线损坏（发生事故）时必须马上检修，检修期间供水量允许减少。发生城市管网事故时的流量一般为最高时流量的 70%，工业企业的事故流量按有关规定确定。发生事故时管网流量虽然减少，但因某个管段损坏不能通过流量，故加大了其他管段的负担，因而管网总水头损失有可能增大，所以也必须进行管网核算。一般按管网的最不利管段损坏而需断水检修的情况进行核算。核算时各节点流量为最高时流量的70%。

核算后，水泵不能满足事故要求时，可放大某些连通管的管径，或重新选择水泵。

## 第七节 输水管计算

输水管有原水输水管（渠）和清水输水管两种。

输水管的基本任务是保证不间断输水。因此，输水管一般需平行敷设两条，或敷设一条输水管同时设置有一定容量的蓄水池。允许间断供水或多水源供水的管网，可以只设一条输水管。

原水输水管（渠）的设计流量，应按管网最高日平均时用水量加水厂自用水量确定。远距离输水时，输水管（渠）的设计流量还应考虑管渠漏失水量。

清水输水管的设计流量，当管网内无调节构筑物时，应按最高日最高时用水量确定；当管网内有调节构筑物时，应按最高日最高时用水条件下，由水厂所供应的水量确定。

输水管的计算就是要确定管径、水头损失及输水管的分段数。当输水量确定后，应根据水源位置、供水可靠性要求及地形、地质条件和输水管上应设置哪些附属构筑物等因素，经技术经济比较后，确定输水管的条数，进而确定管（渠）断面尺寸，并求出管道的水头损失。本节主要介绍输水管分段数的计算方法。

### 一、重力供水时的压力输水管

水源在高地时，若水源水位与水厂内第一个水处理构筑物水位的高差足以克服两者之间管道的水头损失时，则可利用水源水位向水厂重力供水。下面讨论重力供水时由几条平行管线组成的压力输水管系统。

设水源水位标高为 $Z_1$，水厂内第一个水处理构筑物的水位标高为 $Z_2$，两者的水位差 $H=Z_1-Z_2$。$H$ 称为位置水头，用以克服输水管的水头损失。平行敷设的管线为 $n$ 条，管线之间互不连通，正常输水时的水量为 $Q$，若各管线直径相同，则正常输水时每条管线的流量为 $Q/n$。若每条管线的长度也相同，并且沿程水头损失按式（5-18）计算，则该输水系统的水头损失 $h$ 为

$$h=s\left(\frac{Q}{n}\right)^2=\frac{s}{n^2}Q^2 \tag{5-42}$$

式中：$s$ 为每条管线的摩阻。

设 $Q_a$ 为管线损坏时须保证的流量或允许的事故流量，那么当一条管线损坏时，该系统中其余 $n-1$ 条管线的水头损失 $h_a$ 为

$$h_a=s\left(\frac{Q_a}{n-1}\right)^2=\frac{s}{(n-1)^2}Q_a^2 \tag{5-43}$$

因为重力输水系统的位置水头已定，为充分利用该水头，正常输水和事故输水时的水头损失均应等于位置水头，即 $h=h_a=H$。因此，由式（5-42）和式（5-43）可得事故时的流量为

$$Q_a=\left(\frac{n-1}{n}\right)Q=\alpha Q \tag{5-44}$$

若只有一条输水管，$n=1$，$\alpha=0$，则 $Q_a=0$，事故时就要断水。若有两条输水管，$n=2$，$\alpha=0.5$，则事故时的流量只有正常供水量的一半。城市给水系统的事故水量规定为设计水量的70%，因而两条输水管不能满足事故时的输水要求。若再设置一条输水管，则要增加给水系统的造价。

在实际工程中，为提高供水的可靠程度，同时又不使工程造价增加过多，往往采用在平行的输水管线之间设置连接管，把管线分成若干段的方法，如图 2-2 所示。当管线某段损坏时，只需用阀门将其关闭进行检修，而不需将整条管线全部关闭，这样可以提高事故时的通水量。

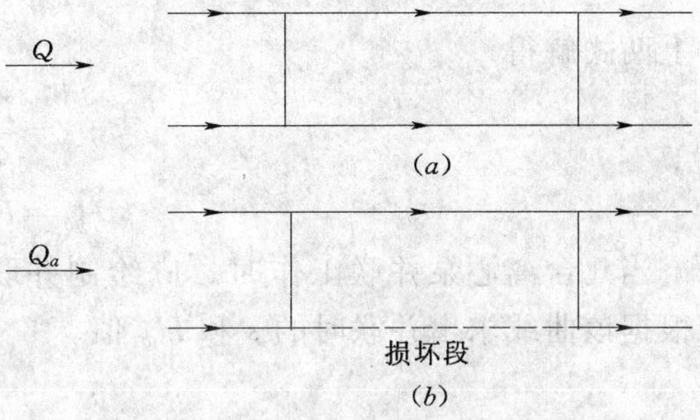


图 5-15　重力输水管分段数的计算

(a) 正常工作时；(b) 事故时

假设有两条平行的输水管，它们的管材、直径和长度均相同，在它们之间设两条连接管，这样就把每条输水管分成了三段，如图 5-15 所示。设每段输水管的摩阻为 $s$，则正常工作时输水管系统的水头损失为

$$h=3s\left(\frac{Q}{2}\right)^n=3\times\left(\frac{1}{2}\right)^n sQ^2 \tag{5-45}$$

若忽略连接管的水头损失（因其长度与输水管相比很短），则当一段输水管损坏时，输水管系统的水头损失为

$$h_a=2s\left(\frac{Q_a}{2}\right)^n+s\left(\frac{Q_a}{2-1}\right)^n=\left[2\times\left(\frac{1}{2}\right)^n+1\right]sQ_a^n \tag{5-46}$$

由式（5-45）和式（5-46）得出事故时和正常工作时输水管的流量比例为

$$\frac{Q_a}{Q}=\alpha=\left[\frac{3\times\left(\frac{1}{2}\right)^n}{2\times\left(\frac{1}{2}\right)^n+1}\right]^{\frac{1}{n}} \tag{5-47}$$

水力计算如果采用谢才公式，指数 $n=2$，则由式（5-47）可得到 $\alpha=0.707$；如果采用海曾-威廉公式，$n=1.852$，则 $\alpha=0.713$。

由于 $Q_a$ 为 $Q$ 的70%，已满足城市的事故水量要求，因此为保证输水管损坏时的事故流量，当采用重力下的压力供水时，应设置两条平行的输水管，并设置两条连接管将其分成三段。

## 二、水泵供水时的压力输水管

### （一）水泵的特性曲线和特性方程

水泵供水时，流量与扬程之间存在着一定的关系，如图 5-16 所示，该曲线称为水泵的特性曲线。一般用近似的抛物线方程表示水泵流量和扬程的关系（设流量指数 $n=2$），称为水泵的特性方程，如下式所示：

$$H_p=H_b-sQ^2 \tag{5-48}$$

式中：$H_p$ 为水泵扬程；$H_b$ 为水泵流量为零时的扬程；$s$ 为水泵摩阻；$Q$ 为水泵流量。

为确定 $H_b$ 和 $s$ 值，可在离心泵特性曲线上的高效区内任选两点，如图 5-16 中的 1、2 两点，将这两点所对应的 $Q_1$、$Q_2$、$H_1$、$H_2$ 和流量为零时的水泵扬程 $H_b$ 值代入式(5-48)中，得

$$H_1=H_b-sQ_1^2$$
$$H_2=H_b-sQ_2^2$$

由上两式解得

$$s=\frac{H_1-H_2}{Q_2^2-Q_1^2} \tag{5-49}$$

$$H_b=H_1+sQ_1^2=H_2+sQ_2^2 \tag{5-50}$$

当几台离心泵并联工作时，应绘制并联水泵的特性曲线（绘制方法见本书第八章），并根据该曲线求出并联时的 $s$ 和 $H_b$ 值。

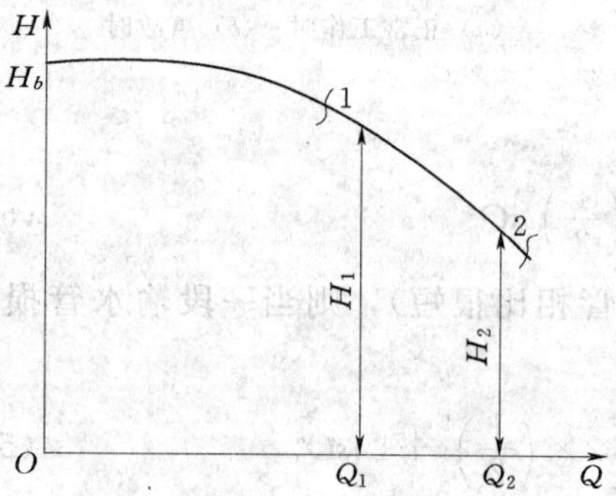


图 5-16　水泵的特性曲线及特性方程的求解

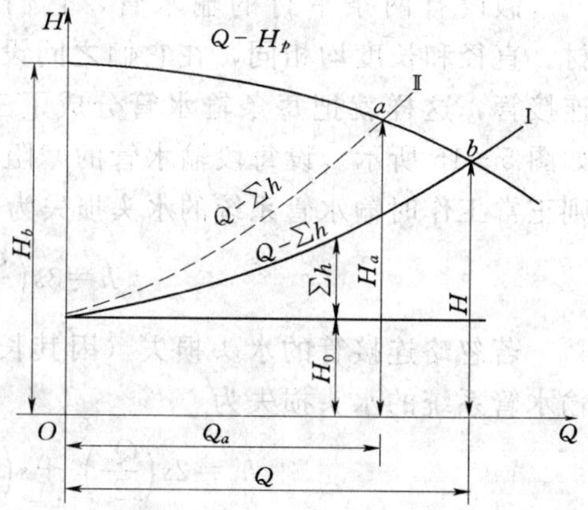


图 5-17　水泵和输水管的特性曲线

（二）水泵供水时压力输水管的分段数计算

图 5-17 为水泵特性曲线 $Q-H_p$ 和输水管特性曲线 $Q-\sum h$ 的联合工作情况，水泵的实际流量应由这些曲线决定。Ⅰ为输水管正常工作时的特性曲线。当输水管条数较少时，任一段损坏都会使输水管的阻力增大，事故时输水管的特性曲线如Ⅱ所示，两种特性曲线的交点从正常工作时的 $b$ 点移到 $a$ 点，$Q_a$ 为事故时的流量。为保证事故时水的流量，水泵供水时输水管的分段数计算方法如下。

设输水管将水送入网前水塔，此时，输水管的损坏只影响进入水塔的水量，直到水塔的水流空后，才影响管网用水量。

设两条不同直径的输水管用连接管分成 $n$ 段。输水管正常工作时的流量和水压（水泵扬程）关系用 $Q-\sum h$ 特性方程表示为

$$H=H_0+(s_p+s_d)Q^2 \tag{5-51}$$

忽略连接管的水头损失，则任一段输水管损坏时的流量和水压关系为

$$H_a=H_0+\left(s_p+s_d-\frac{s_d}{n}+\frac{s_1}{n}\right)Q_a^2 \tag{5-52}$$

上两式中：$H$ 为输水管正常工作时水泵的扬程；$H_a$ 为事故时水泵的扬程；$H_0$ 为水泵

静扬程，等于水塔水面与泵站吸水井水面的高差；$Q$ 为正常工作时的流量；$Q_a$ 为事故时的流量；$n$ 为输水管的分段数；$s_p$ 为泵站内部管线的摩阻；$s_d$ 为两条输水管的当量摩阻。

当量摩阻的计算公式如下：

$$\frac{1}{\sqrt{s_d}}=\frac{1}{\sqrt{s_1}}+\frac{1}{\sqrt{s_2}}$$

$$s_d=\frac{s_1 s_2}{(\sqrt{s_1}+\sqrt{s_2})^2} \tag{5-53}$$

式中：$s_1$、$s_2$ 为每条输水管的摩阻，其中 $s_1$ 为未损坏输水管的摩阻。

在正常情况下，水泵的特性曲线方程为

$$H_p=H_b-sQ^2=H$$

在事故时，水泵的特性曲线方程为

$$H_p=H_b-sQ_a^2=H_a$$

将式(5－51)和式(5－52)分别代入上两式，得正常工作时水泵的输水量 $Q$ 和事故时的水泵输水量 $Q_a$：

$$Q=\sqrt{\frac{H_b-H_0}{s+s_p+s_d}} \tag{5-54}$$

$$Q_a=\sqrt{\frac{H_b-H_0}{s+s_p+s_d+(s_1-s_d)\frac{1}{n}}} \tag{5-55}$$

由式（5－55）和式（5－54）得事故时和正常工作时的流量比例为

$$\frac{Q_a}{Q}=\alpha=\sqrt{\frac{s+s_p+s_d}{s+s_p+s_d+(s_1-s_d)\frac{1}{n}}} \tag{5-56}$$

$\alpha$ 一般取 0.7，因此，为保证事故用水量所需的分段数为

$$n=\frac{(s_1-s_d)\alpha^2}{(s+s_p+s_d)(1-\alpha^2)}=\frac{0.96(s_1-s_d)}{s+s_p+s_d} \tag{5-57}$$

当水塔为对置水塔时，输水管的分段数可近似地按下式计算：

$$n=\frac{(s_1-s_d)\alpha^2}{(s+s_p+s_d+s_c)(1-\alpha^2)} \tag{5-58}$$

式中：$s_c$ 为管网的当量摩阻。

## 第八节　管网技术经济计算

在本章第三节中已讲到可以用平均经济流速确定管径，由此得到的管径是近似的经济管径。本节介绍利用技术经济计算的方法确定经济管径。

给水管网的优化设计不但要保证供水水量、水压、水质安全性和供水可靠性，还应满足经济性，即使管网建造费用和管理费用之和为最小。

管网技术经济计算是在水源位置、输水管和管网布置、控制点及所需的最小服务水头、节点流量、水泵初步运行方案等确定后，以管网的经济性为目标函数，以管网优化设计中的其他因素为约束条件，建立目标函数和约束条件的数学表达式，从而求出最优解。因为水质安全性不易定量评价；用水量变化和管道损坏会使计算流量与实际流量不符，从而导致供水可靠性评价的难度；再加上二级泵站运行和管网流量分配有多种方案等，这些因素很难用数学式表达，因此管网技术经济计算的约束条件主要为水量和水压的保证性。

综上所述，管网技术经济计算就是在满足各种设计目标的水量、水压的前提下，求出一定设计年限内，使管网建造费用和管理费用之和为最小时的管段直径（称为经济管径）或水头损失（称为经济水头损失）。

城市管网的建造费用包括管线、泵站、管网中的水塔、水池等费用。由于泵站、水塔、水池等费用所占比例较小，可以忽略，故管网的建造费用主要为管线费用，与管道直径、长度、管材及施工费有关。管网的管理费用包括供水所需动力费用、检修及技术管理等费用，后两者的费用可忽略。动力费用由泵站的流量和扬程决定，扬程的大小则取决于管网控制点要求的最小服务水头、输水管和管网的水头损失等。水头损失又与管段长度、管径、流量和管材等有关。因此，当管道长度和管材确定后，管网的建造费用和管理费用仅取决于管径和流量。

给水管网一般按最高日最高时用水量进行技术经济计算，然后根据其他不利的特殊用水情况，适当调整水泵扬程和管径，最终选出可满足各种设计目标的最优方案。

目前，给水管网技术经济计算的一般方法是，首先进行流量分配，然后写出以流量、管径（或水头损失）表达的费用函数式和约束条件表达式，求出最优解。

## 一、技术经济计算的目标函数和约束条件

### （一）目标函数

按年计的管网建造费用与管理费用之和称为管网年费用折算值，它是管网技术经济计算的目标函数，可用式（5－10）表示，即

$$W=\frac{C}{t}+M=\left(\frac{1}{t}+\frac{p}{100}\right)C+M_1$$

式中：$W$ 为管网年费用折算值，元；$C$ 为管网建造费用，元；$t$ 为投资偿还期，年；$M$ 为每年的管理费用，元；$p$ 为以管网造价的百分数计的每年的折旧和大修率；$M_1$ 为每年的动力费用，元。

$C$ 及 $M_1$ 的计算方法如下：

$$C=\sum cl_{ij}=\sum(a+bD_{ij}^{\alpha})l_{ij} \tag{5-59}$$

$$M_1=0.01\times24\times365\beta E\frac{\rho gQH_p}{1000\eta}=0.01\times8.76\beta E\frac{\rho gQ(H_0+\sum h_{ij})}{\eta} \tag{5-60}$$

式中：$c$ 为每米长度管线的建造费用，元/m；$a$、$b$ 和 $\alpha$ 分别为系数和指数，由管材和当地施工条件而定；$l_{ij}$ 为管段长度，m；$D_{ij}$ 为管径，m；$E$ 为电费，分/（kW·h）；$Q$ 为输入管网的总流量，L/s；$H_p$ 为二级泵站扬程，m；$\eta$ 为泵站效率，一般为 0.55～0.85，水泵功率小时 $\eta$ 较小；$\beta$ 为供水能量变化系数，中型城市前置水塔的输水管和无水塔的管网

取0.1～0.4，前置水塔的管网取0.5～0.75；$\rho$为水的密度，$\rho=1$；$g$为重力加速度，$g=9.81\text{m/s}^2$；$H_0$为水泵静扬程，m；$\sum h_{ij}$为从管网起点到控制点的任一条管线的总水头损失，m。

若将式（5－59）和式（5－60）代入式（5－10），可得出管网年费用折算值由两部分组成：一部分为按年计的管网建造费用和折旧大修费用；另一部分为年供水动力费用，取决于流量和管网的水头损失。若只取其变量部分，得管网年费用折算值（单位为分）如下：

$$W_0=\left(p+\frac{100}{t}\right)\sum bD_{ij}^{\alpha}l_{ij}+PQ\sum h_{ij} \tag{5-61}$$

其中 $P=8.76\beta E\rho g/\eta$

式中：$P$为输送1L/s的水达到1m的高度每年所需要的电费，分。

重力供水时，不需要供水动力费用，因此管网年费用折算值为

$$W_0=\left(p+\frac{100}{t}\right)\sum bD_{ij}^{\alpha}l_{ij} \tag{5-62}$$

（二）约束条件

目标函数$W_0$的约束条件如下：

（1）满足$J-1$个节点的连续性方程。

（2）满足$L$个环的能量方程。

（3）管段流量$q_{ij}$应大于或等于最小允许流速时的流量$q_{\min}$，并小于或等于最大允许流速时的流量$q_{\max}$，即$q_{\max}\geqslant q_{ij}\geqslant q_{\min}$。

（4）任一节点的自由水压$H_c$应大于最小服务水头$H_a$，即$H_c\geqslant H_a$。

（三）目标函数的极值问题

式（5－61）的目标函数中，包含两个未知数，即$D_{ij}$和$h_{ij}$，当管段流量$q_{ij}$和管长$l_{ij}$一定时，这两者之间存在着如下关系

$$h_{ij}=\frac{kq_{ij}^{n}l_{ij}}{D_{ij}^{m}} \tag{5-63}$$

式中：$k$和$m$、$n$分别为系数和指数。

因此，$W_0$可看作是$q_{ij}$和$D_{ij}$或$q_{ij}$和$h_{ij}$的函数。若取式（5－63）中的$n=2$，则$W_0$可表示为

$$W_0=\left(p+\frac{100}{t}\right)\sum bk^{\frac{\alpha}{m}}q_{ij}^{\frac{2\alpha}{m}}h_{ij}^{-\frac{\alpha}{m}}l_{ij}^{\frac{\alpha+m}{m}}+PQ\sum h_{ij} \tag{5-64}$$

目标函数$W_0$是否有极小值，简要分析如下。

式（5－64）的目标函数中包含两个变量$q_{ij}$和$h_{ij}$，若将$h_{ij}$看作是常量，根据一般的$\alpha$和$m$值，例如取$\alpha=1.6$，$m=5.33$，得出$\partial^2W_0/\partial q_{ij}^2<0$，说明$W_0$只有极大值，而无极小值。因此，当流量为未知数，即流量未分配时，求不出最小的年费用折算值，得不到经济管径。

若将$q_{ij}$看作是常量，则可得出$\partial^2W_0/\partial h_{ij}^2>0$，说明$W_0$有极小值。也就是说，当管

网的流量已经分配，各管段的流量为已知时，可得到最小的年费用折算值，并可求出经济管径或经济水头损失。这就是在管网技术经济计算时首先要进行流量分配的原因。

**二、输水管的技术经济计算**

根据供水条件不同，输水管有压力输水和重力输水两种输水情况。

（一）压力输水管的技术经济计算

图 5-18 为一根从泵站到水塔的压力输水管，由三段管段组成。求出每一管段的最小年费用折算值，就可求出整根输水管的最小年费用折算值。将式（5-63）代入年费用折算值公式（5-61）中，对单根管段求导，并令$\partial W_0/\partial D_{ij}=0$，得

$$\frac{\partial W_0}{\partial D_{ij}}=\left(p+\frac{100}{t}\right)\alpha b l_{ij} D_{ij}^{\alpha-1}-mPkl_{ij}Qq_{ij}^{n}D_{ij}^{-(m+1)}=0 \tag{5-65}$$

前已述及，当各管段的流量已知时，$W_0$ 有极小值，故将式（5-65）整理后，就可得出使年费用折算值为最小的压力输水管的经济管径公式：

$$D_{ij}=\left[\frac{mPk}{\left(p+\frac{100}{t}\right)\alpha b}\right]^{\frac{1}{\alpha+m}}Q^{\frac{1}{\alpha+m}}q_{ij}^{\frac{n}{\alpha+m}}=f^{\frac{1}{\alpha+m}}Q^{\frac{1}{\alpha+m}}q_{ij}^{\frac{n}{\alpha+m}}=(fQq_{ij}^{n})^{\frac{1}{\alpha+m}} \tag{5-66}$$

其中

$$f=\frac{mPk}{\left(p+\frac{100}{t}\right)\alpha b}=\frac{8.76\beta E\rho gkm}{\left(p+\frac{100}{t}\right)\alpha b\eta} \tag{5-67}$$

式中：$f$ 为经济因素，它是一个包含多种经济指标的综合参数。

当输水管全线流量不变时，由式（5-67）得出整根输水管的经济管径公式为

$$D=(fQ^{n+1})^{\frac{1}{\alpha+m}} \tag{5-68}$$

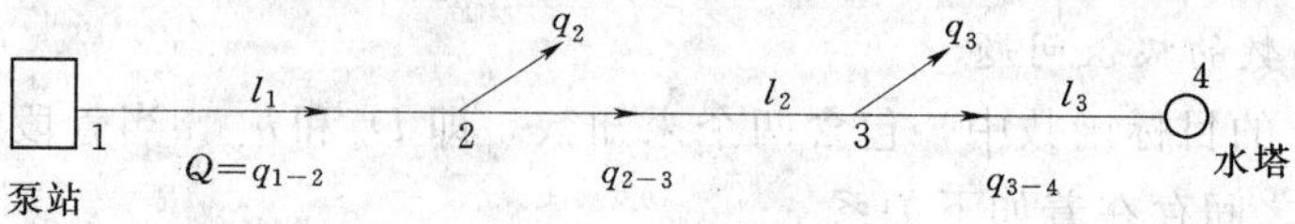


图 5-18 压力输水管

经济因素 $f$ 值应根据当地各项技术经济指标计算。每米长管线建造费用公式 $c=a+bD^{\alpha}$ 中的 $a$、$b$、$\alpha$ 值的求法如下。

首先，得到当地敷设每米长各种管径管道的费用，其中包括管材费用、各种配件费用、挖沟敷管费用、试验及消毒等施工费用。然后，将管径和费用的对应关系点绘在普通坐标纸上，将各点连成光滑曲线，并延伸到与纵坐标轴相交，交点处的 $D=0$，则 $c=a$，如图 5-19 所示。该图中系数 $a=12$。

将 $c=a+bD^{\alpha}$ 两边取对数，得 $\lg(c-a)=\lg b+\alpha\lg D$，此为直线方程。将对应的 $D$ 和 $c-a$值绘在双对数坐标纸上，得一直线，如图 5-20 所示。直线斜率为 $\alpha$，$\alpha=1.7$；在直线上相应于 $D=1$ 时的 $c-a$ 值为 $b$，$b=372$。由此得出此地区每米长管道的建造费用公式为

$$c=12+372D^{1.7}$$

每米长管道的建造费用公式也可用最小二乘法计算确定。

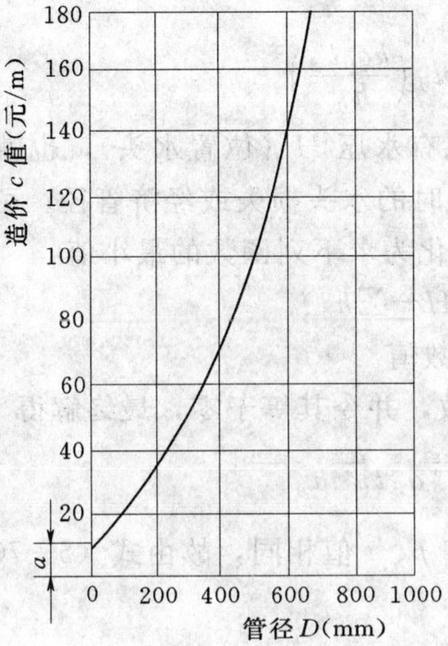


图 5-19 求管线建造费用公式中的 $a$ 值

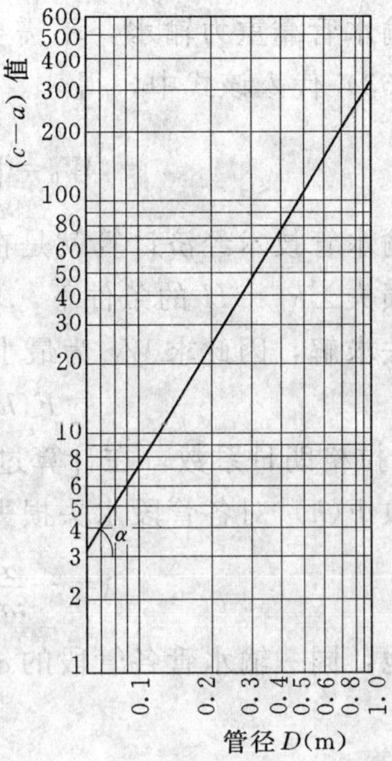


图 5-20 求管线建造费用公式中的 $b$ 值和 $\alpha$ 值

**【例 5-1】** 有一压力输水管如图 5-18 所示。$Q=150\text{L/s}$，$q_2=40\text{L/s}$，$q_3=50\text{L/s}$。$p=2.8\%$，$t=5$ 年，$\beta=0.4$，$E=50$ 分/（kW·h），$\eta=0.7$，$k=1.743\times10^{-9}$，$m=5.33$，$n=2$，$c=12+372D^{1.7}$。求压力输水管的经济管径。

**解**：由已知条件得出各管段流量为 $q_{1-2}=150\text{L/s}$，$q_{2-3}=110\text{L/s}$，$q_{3-4}=60\text{L/s}$。

根据已知条件计算 $P$ 值和 $f$ 值，得

$$P=\frac{8.76\beta E\rho g}{\eta}=\frac{8.76\times0.4\times50\times1\times9.81}{0.7}=2455\ \text{分}$$

$$f=\frac{mPk}{\left(p+\dfrac{100}{t}\right)\alpha b}=\frac{5.33\times2455\times1.743\times10^{-9}}{(2.8+20)\times1.7\times372}=1.58\times10^{-9}$$

依据式（5-66）计算各管段的经济管径：

$$\begin{aligned}D_{1-2}&=(fQq_{1-2}^{n})^{\frac{1}{\alpha+m}}\\&=(1.58\times10^{-9}\times150\times150^{2})^{\frac{1}{1.7+5.33}}\\&=(5.33\times10^{-3})^{0.14}\\&=0.48\text{m}\end{aligned}$$

选用 500mm 管径。

$$D_{2-3}=(1.58\times10^{-9}\times150\times110^{2})^{0.14}=(2.87\times10^{-3})^{0.14}=0.44\text{m}$$

选用 450mm 管径。

$$D_{3-4}=(1.58\times10^{-9}\times150\times60^{2})^{0.14}=(0.853\times10^{-3})^{0.14}=0.37\text{m}$$

选用 400mm 管径。

（二）重力输水管的技术经济计算

重力输水管靠重力输水，不需要供水动力费，年费用折算值应按式（5-62）计算。将式（5-63）代入该式中，得

$$W_0=\left(p+\frac{100}{t}\right)\sum bl_{ij}\left(\frac{kq_{ij}^n l_{ij}}{h_{ij}}\right)^{\frac{\alpha}{m}} \tag{5-69}$$

重力输水管技术经济计算就是在充分利用现有水压 $H$（位置水头），也就是使输水管的总水头损失 $\sum h_{ij}=H$ 的条件下，求 $W_0$ 为最小时的水头损失或经济管径。可用拉格朗日条件极值法求解，因此求 $W_0$ 为最小值的问题转化为求下列函数的最小值：

$$F(h)=W_0+\lambda(H-\sum h_{ij})$$

式中：$\lambda$ 为拉格朗日系数，在计算过程中确定其数值。

求函数 $F(h)$ 对各管段水头损失 $h_{ij}$ 的偏导数，并令其等于零，最终解得

$$\lambda=-\frac{\alpha}{m}\left(p+\frac{100}{t}\right)bk^{\frac{\alpha}{m}}q_{ij}^{\frac{n\alpha}{m}}l_{ij}^{\frac{\alpha+m}{m}}h_{ij}^{-\frac{\alpha+m}{m}} \tag{5-70}$$

一般地，同一输水管各管段的 $\alpha$、$b$、$k$、$m$、$p$、$t$ 值相同，故由式（5-70）得出下列关系：

$$\frac{q_{ij}^{\frac{n\alpha}{\alpha+m}}}{i_{ij}}=\text{常数} \tag{5-71}$$

其中

$$i_{ij}=\frac{h_{ij}}{l_{ij}}$$

式中：$i_{ij}$ 为输水管各段的水力坡度。

为充分利用现有水压 $H$，应有

$$\sum i_{ij}l_{ij}=H \tag{5-72}$$

由式（5-71）和式（5-72）即可选定各管段的管径，方法参见［例 5-2］。

**【例 5-2】** 某重力输水管由 1-2 和 2-3 两段组成。$l_{1-2}=600\text{m}$，$q_{1-2}=150\text{L/s}$；$l_{2-3}=700\text{m}$，$q_{2-3}=25\text{L/s}$。起点至终点可利用的水头为 5m。求输水管各段的经济管径。

**解**：取 $n=2$，$m=5.33$（钢筋混凝土管），$\alpha=1.8$，则 $n\alpha/(\alpha+m)=0.5$，代入式（5-71），得 $\sqrt{q_{2-3}/q_{1-2}}=i_{2-3}/i_{1-2}$，即 $i_{2-3}=i_{1-2}\sqrt{q_{2-3}/q_{1-2}}$，代入式（5-72），得

$$i_{1-2}l_{1-2}+i_{1-2}\sqrt{\frac{q_{2-3}}{q_{1-2}}}l_{2-3}=H$$

将已知数据代入，得

$$i_{1-2}\times600+i_{1-2}\sqrt{\frac{25}{150}}\times700=5$$

解得 $i_{1-2}=0.0056$，则

$$i_{2-3}=i_{1-2}\sqrt{\frac{25}{150}}=0.0056\times0.41=0.0023$$

按照各管段的流量和水力坡度，查钢筋混凝土管的水力计算表，选用的管径和实际水力坡度如下：

$$D_{1-2}=400\text{mm}，i_{1-2}=0.005182$$

$$D_{2-3}=250\text{mm}，i_{2-3}=0.001763$$

输水管总水头损失为$\sum h=0.005182\times600+0.001763\times700=4.34\text{m}$，小于现有可利用的水压$H=5\text{m}$，说明选用的管径是合适的。

在选用管径时，应选用相近而较大的管径，以免控制点的水压不足。但是，为了充分利用现有水压，整条输水管中的个别管段可以选用相近而较小的标准管径。从式（5-71）可以看出，流量较大的管段，其水力坡度可较大，因而可选用相近而较小的标准管径；流量较小的管段，可选用相近而较大的标准管径，目的是使整条输水管的总水头损失尽量接近于可利用的水压$H$。

## 三、管网技术经济计算

从经济的角度看，环状管网的造价比树状管网高，但为了保证供水的可靠性，有时必须采用环状管网。对环状管网流量分配的研究结果表明，只有将环状管网转化为树状管网时，才可得到最优的流量分配，也才能得到最小的$W_0$值。这也就是说，环状管网只有近似的而没有优化的经济流量分配。因此，目前在环状管网计算时应从实际出发，首先进行初始流量分配，然后采用技术经济计算的方法去求经济管径。

### （一）起点水压未给的管网

管网技术经济计算的原理基本上与输水管的技术经济计算相同，但还应满足节点流量平衡条件和能量方程，前者已在流量分配时满足，因此，在求$W_0$的极小值时，只需考虑能量方程，即符合$\sum h=0$的水力约束条件。

管网技术经济计算时，既可以求经济管径，也可以求经济水头损失。由于求经济水头损失比较简单，故一般先求之，然后根据两者的关系，求出经济管径。

现以图5-21的四环管网为例，进入管网的总流量为$Q$，控制点为节点9，其水压标高$H_9$已知。图中已标明各节点流量和各管段流向。

该管网的管段数$P=12$，节点数$J=9$，环数$L=4$。未知的管段流量$q_{ij}$和管段水头损失$h_{ij}$各为12，共计24个未知数。当管段流量已分配时，只有水头损失12个未知数。

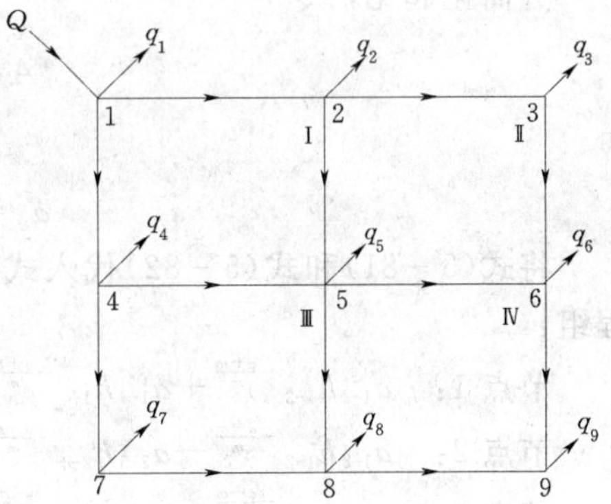


图5-21　环状管网技术经济计算

管网起点的水压标高$H_1$未知，控制点的水压标高$H_9$已知，两者的关系为

$$H_1-H_9=\sum h_{1-9} \tag{5-73}$$

式中：$\sum h_{1-9}$是指从节点1到控制点9任一管线的水头损失总和。

各管段的水头损失应根据水流方向采用正值或负值，如果选定的管线为1-2-3-6-9，则

$$\sum h_{1-9}=h_{1-2}+h_{2-3}+h_{3-6}+h_{6-9}$$

式（5-73）可以表示为

$$H_1=h_{1-2}+h_{2-3}+h_{3-6}+h_{6-9}+H_9$$

应用拉格朗日未定乘数法，写出新的函数式为

$$F(h)=W_0+\lambda_{\text{Ⅰ}}f_{\text{Ⅰ}}+\lambda_{\text{Ⅱ}}f_{\text{Ⅱ}}+\cdots \tag{5-74}$$

式中：$W_0$ 为管网年费用折算值，见式（5-64）；$f_{\mathrm{I}}$、$f_{\mathrm{II}}$ 等均为已知的约束条件；$\lambda_{\mathrm{I}}$、$\lambda_{\mathrm{II}}$ 等均为拉格朗日未定乘数。

将 $W_0$（其计算式中动力费用中的水头损失恢复用起点水压 $H_1$ 代替）和式（5-73）及各环的$\sum h=0$ 代入式（5-74），写出经济水头损失的拉格朗日函数式，即

$$\begin{aligned}F(h)=&\left(p+\frac{100}{t}\right)\sum bk^{\frac{\alpha}{m}}q_{ij}^{\frac{n\alpha}{m}}h_{ij}^{-\frac{\alpha}{m}}l_{ij}^{\frac{\alpha+m}{m}}+PQH_1\\&+\lambda_{\mathrm{I}}(h_{1-2}+h_{2-5}-h_{1-4}-h_{4-5})+\lambda_{\mathrm{II}}(h_{2-3}+h_{3-6}-h_{2-5}-h_{5-6})\\&+\lambda_{\mathrm{III}}(h_{4-5}+h_{5-8}-h_{4-7}-h_{7-8})+\lambda_{\mathrm{IV}}(h_{5-6}+h_{6-9}-h_{5-8}-h_{8-9})\\&+\lambda_H(H_1-h_{1-2}-h_{2-3}-h_{3-6}-h_{6-9}-H_9)\end{aligned}\tag{5-75}$$

函数 $F(h)$ 对 $H_1$ 和各管段的 $h_{ij}$ 求偏导数，并令其等于零，得

$$\frac{\partial F}{\partial H_1}=PQ+\lambda_H=0\tag{5-76}$$

$$\frac{\partial F}{\partial h_{1-2}}=-\left(p+\frac{100}{t}\right)b\frac{\alpha}{m}k^{\frac{\alpha}{m}}q_{1-2}^{\frac{n\alpha}{m}}h_{1-2}^{-\frac{\alpha+m}{m}}l_{1-2}^{\frac{\alpha+m}{m}}+\lambda_{\mathrm{I}}-\lambda_H=0\tag{5-77}$$

$$\frac{\partial F}{\partial h_{2-3}}=-\left(p+\frac{100}{t}\right)b\frac{\alpha}{m}k^{\frac{\alpha}{m}}q_{2-3}^{\frac{n\alpha}{m}}h_{2-3}^{-\frac{\alpha+m}{m}}l_{2-3}^{\frac{\alpha+m}{m}}+\lambda_{\mathrm{II}}-\lambda_H=0\tag{5-78}$$

$$\frac{\partial F}{\partial h_{1-4}}=-\left(p+\frac{100}{t}\right)b\frac{\alpha}{m}k^{\frac{\alpha}{m}}q_{1-4}^{\frac{n\alpha}{m}}h_{1-4}^{-\frac{\alpha+m}{m}}l_{1-4}^{\frac{\alpha+m}{m}}-\lambda_{\mathrm{I}}=0\tag{5-79}$$

$$\vdots$$

共计 13 个方程。

由式（5-76）、式（5-77）、式（5-79）消去 $\lambda_{\mathrm{I}}$ 和 $\lambda_H$，得

$$\left(p+\frac{100}{t}\right)b\frac{\alpha}{m}k^{\frac{\alpha}{m}}\left(q_{1-2}^{\frac{n\alpha}{m}}h_{1-2}^{-\frac{\alpha+m}{m}}l_{1-2}^{\frac{\alpha+m}{m}}+q_{1-4}^{\frac{n\alpha}{m}}h_{1-4}^{-\frac{\alpha+m}{m}}l_{1-4}^{\frac{\alpha+m}{m}}\right)-PQ=0\tag{5-80}$$

式中的管段 1-2 和管段 1-4 是与节点 1 相连的管段。

用同样方法可以消去 $\lambda_{\mathrm{II}}$、$\lambda_{\mathrm{III}}$、$\lambda_{\mathrm{IV}}$ 等，得出类似式（5-80）的有关其他节点的方程。

为简化起见，令

$$A=\frac{mP}{\left(p+\frac{100}{t}\right)b\alpha k^{\frac{\alpha}{m}}}\tag{5-81}$$

$$a_{ij}=q_{ij}^{\frac{n\alpha}{m}}l_{ij}^{\frac{\alpha+m}{m}}\tag{5-82}$$

将式(5-81)和式(5-82)代入式(5-80)及其他类似的有关节点的方程，得出下列方程组：

$$\left.\begin{aligned}&\text{节点 1：}\ a_{1-2}h_{1-2}^{-\frac{\alpha+m}{m}}+a_{1-4}h_{1-4}^{-\frac{\alpha+m}{m}}-AQ=0\\&\text{节点 2：}\ a_{1-2}h_{1-2}^{-\frac{\alpha+m}{m}}-a_{2-3}h_{2-3}^{-\frac{\alpha+m}{m}}-a_{2-5}h_{2-5}^{-\frac{\alpha+m}{m}}=0\\&\text{节点 3：}\ a_{2-3}h_{2-3}^{-\frac{\alpha+m}{m}}-a_{3-6}h_{3-6}^{-\frac{\alpha+m}{m}}=0\\&\text{节点 4：}\ a_{1-4}h_{1-4}^{-\frac{\alpha+m}{m}}-a_{4-5}h_{4-5}^{-\frac{\alpha+m}{m}}-a_{4-7}h_{4-7}^{-\frac{\alpha+m}{m}}=0\\&\text{节点 5：}\ a_{2-5}h_{2-5}^{-\frac{\alpha+m}{m}}+a_{4-5}h_{4-5}^{-\frac{\alpha+m}{m}}-a_{5-6}h_{5-6}^{-\frac{\alpha+m}{m}}-a_{5-8}h_{5-8}^{-\frac{\alpha+m}{m}}=0\\&\text{节点 6：}\ a_{3-6}h_{3-6}^{-\frac{\alpha+m}{m}}+a_{5-6}h_{5-6}^{-\frac{\alpha+m}{m}}-a_{6-9}h_{6-9}^{-\frac{\alpha+m}{m}}=0\\&\text{节点 7：}\ a_{4-7}h_{4-7}^{-\frac{\alpha+m}{m}}-a_{7-8}h_{7-8}^{-\frac{\alpha+m}{m}}=0\\&\text{节点 8：}\ a_{5-8}h_{5-8}^{-\frac{\alpha+m}{m}}+a_{7-8}h_{7-8}^{-\frac{\alpha+m}{m}}-a_{8-9}h_{8-9}^{-\frac{\alpha+m}{m}}=0\end{aligned}\right\}\tag{5-83}$$

式（5－83）中有 $J-1$ 个独立的方程，每一个方程表示一个节点所连接的管段关系。除了管网起端节点 1 以外，其他节点方程包括了该节点所连接的全部管段，并且在流向该节点的管段前标以正号，离开该节点的管段前标以负号。这些方程类似于管网水力计算中的节点流量平衡方程，因此式（5－83）称为节点方程。

由 $J-1$ 个节点方程和 $L$ 个能量方程，共计 $P$ 个方程，从理论上可以求出 $P$ 个管段的水头损失 $h_{ij}$。但因为式（5－83）为非线性方程，不容易求解，故实际上常采用下面的方法求解 $h_{ij}$。

将式（5－83）各项除以 $A$，得

$$\left.\begin{aligned}&\frac{a_{1\text{-}2}h_{1\text{-}2}^{-\frac{\alpha+m}{m}}}{A}+\frac{a_{1\text{-}4}h_{1\text{-}4}^{-\frac{\alpha+m}{m}}}{A}-Q=0\\&\frac{a_{1\text{-}2}h_{1\text{-}2}^{-\frac{\alpha+m}{m}}}{A}-\frac{a_{2\text{-}3}h_{2\text{-}3}^{-\frac{\alpha+m}{m}}}{A}-\frac{a_{2\text{-}5}h_{2\text{-}5}^{-\frac{\alpha+m}{m}}}{A}=0\\&\qquad\vdots\end{aligned}\right\}\tag{5-84}$$

设 $a_{ij}h_{ij}^{-\frac{\alpha+m}{m}}/A=x_{ij}Q$，其中 $x_{ij}$ 称为虚流量，用以表示该管段流量占总流量 $Q$ 的比例，当通过管网的总流量 $Q=1$ 时，各管段的 $x_{ij}$ 在 0～1 之间。式（5－84）可归纳如下。

管网起点：$\sum x_{ij}=1$。例如，节点 1：$x_{1-2}+x_{1-4}=1$。

其他节点：$\sum x_{ij}=0$。例如，节点 5：$x_{5-6}+x_{5-8}-x_{2-5}-x_{4-5}=0$。

由于未知的虚流量数 $x_{ij}$ 等于管段数 $P$，并根据上述 $x_{ij}$ 与 $h_{ij}$ 的关系，可得到各管段的经济水头损失公式：

$$h_{ij}=\frac{\left(q_{ij}^{\frac{n\alpha}{m}}l_{ij}^{\frac{\alpha+m}{m}}\right)^{\frac{m}{\alpha+m}}}{(AQx_{ij})^{\frac{m}{\alpha+m}}}=\frac{\left(q_{ij}^{\frac{n\alpha}{\alpha+m}}l_{ij}\right)x_{ij}^{-\frac{m}{\alpha+m}}}{(AQ)^{\frac{m}{\alpha+m}}}\tag{5-85}$$

将式（5－63）中管径 $D$ 与水头损失 $h$ 的关系代入式（5－85），即可得到经济管径公式：

$$D_{ij}=k^{\frac{1}{m}}A^{\frac{1}{\alpha+m}}(x_{ij}Qq_{ij}^{n})^{\frac{1}{\alpha+m}}\tag{5-86}$$

将式（5－81）进行变换，则有

$$A=\frac{mP}{\left(p+\frac{100}{t}\right)b\alpha k^{\frac{\alpha}{m}}}=\frac{mPk}{\left(p+\frac{100}{t}\right)b\alpha}k^{-\frac{\alpha+m}{m}}=fk^{-\frac{\alpha+m}{m}}$$

得

$$f=Ak^{\frac{\alpha+m}{m}}\tag{5-87}$$

将式（5－87）代入式（5－86）得

$$D_{ij}=(fx_{ij}Qq_{ij}^{n})^{\frac{1}{\alpha+m}}\tag{5-88}$$

式中：$Q$ 为进入管网的总流量；$q_{ij}$ 为管段流量。

式（5－88）即为起点水压未给或需求出二级泵站扬程时的环状管网经济管径计算公式。当该式应用于图 5－18 所示的压力输水管时，因各管段的 $x_{ij}=1$，且 $q_{ij}\neq Q$，所以可化为式（5－66）；输水管沿线无流量输出时，因 $q_{ij}=Q$，则可化为式（5－68）。

由于按照 $q_i+\sum q_{ij}=0$ 的条件进行流量分配时已得到 $q_{ij}$，$f$ 和 $Q$ 也是已知值，因此，在根据式（5-85）或式（5-88）求各管段的经济水头损失或经济管径时，只需求出 $x_{ij}$ 即可。

由于每环中各管段的水头损失应满足能量方程，且各管段的$(AQ)^{\frac{m}{\alpha+m}}$值相同，因此根据$\sum h_{ij}=0$ 和式（5-85），则有

$$\sum(q_{ij}^{\frac{n\alpha}{\alpha+m}}l_{ij})x_{ij}^{-\frac{m}{\alpha+m}}=0 \tag{5-89}$$

由于各管段的流量 $q_{ij}$ 和长度 $l_{ij}$ 已知，上述方程即转化为求解虚流量 $x_{ij}$ 的方程。

如果与管网水力计算时须满足各节点流量平衡（$q_i+\sum q_{ij}=0$）和各环水头损失平衡（$\sum h_{ij}=0$）的条件相对照，可将管网起始节点 $x_{ij}=1$，其他节点$\sum x_{ij}=0$ 的关系视为各节点虚流量平衡条件，而将式（5-89）视为各环内虚水头损失平衡的条件。将$(q_{ij}^{\frac{n\alpha}{\alpha+m}}l_{ij})x_{ij}^{-\frac{m}{\alpha+m}}$称为虚水头损失，用 $h_\phi$ 表示，相应地将 $q_{ij}^{\frac{n\alpha}{\alpha+m}}l_{ij}$ 称为虚阻力，用 $S_\phi$ 表示，则有

$$h_{\phi ij}=S_{\phi ij}x_{ij}^{-\frac{m}{\alpha+m}}=q_{ij}^{\frac{n\alpha}{\alpha+m}}l_{ij}x_{ij}^{-\frac{m}{\alpha+m}} \tag{5-90}$$

求虚流量 $x_{ij}$ 时须先进行虚流量分配。分配时，虚流量的节点编号及虚流量方向与实际流量分配时相同；除起点外，其他节点应符合$\sum x_{ij}=0$ 的条件。虚流量分配后，应校核各环的虚水头损失是否满足$\sum h_{\phi ij}=0$ 的条件，若不满足，则应参照管网平差方法，求出各环的虚流量的校正流量。环 $L$ 的虚流量的校正流量可按下式计算：

$$\Delta x_L=\frac{\sum q_{ij}^{\frac{n\alpha}{\alpha+m}}l_{ij}x_{ij}^{-\frac{m}{\alpha+m}}}{\frac{m}{\alpha+m}\sum q_{ij}^{\frac{n\alpha}{\alpha+m}}l_{ij}x_{ij}^{-\frac{\alpha+2m}{\alpha+m}}} \tag{5-91}$$

$\Delta x_L$ 求出后，按照管网平差方法调整各管段的 $x_{ij}$，并据此求出各管段的 $h_{\phi ij}$，再次校核各环的虚水头损失是否满足$\sum h_{\phi ij}=0$，若不满足，则求出新的 $\Delta x_L$，重复上述步骤，直到满足$\sum h_{\phi ij}=0$ 为止。

求得各管段的 $x_{ij}$ 值后，代入式（5-85）或式（5-88），即可得该管段的经济水头损失或经济管径。若求得的经济管径不等于标准管径，则应选择规格相近的标准管径。

（二）起点水压已给的管网

水源位于高地依靠重力供水的管网，或从现有管网接出的扩建管网，都可视为起点水压已给的管网。求经济管径时，可略去供水所需动力费用一项，且须满足各环$\sum h_{ij}=0$ 及充分利用现有水压尽量降低管网造价的水力条件。假设图 5-21 所示为一重力供水管网，起点 1 和控制点 9 的水压标高已知，则管网可利用的水压为 $H=H_1-H_9$，以选定的路线 1-2-3-6-9 为例，应有下列关系：

$$H=\sum h_{ij}=h_{1-2}+h_{2-3}+h_{3-6}+h_{6-9}$$

按照上述条件，根据式（5-75）可写出下列函数式：

$$F(h)=\left(p+\frac{100}{t}\right)\sum bk^{\frac{\alpha}{m}}q_{ij}^{\frac{n\alpha}{m}}h_{ij}^{-\frac{\alpha}{m}}l_{ij}^{\frac{\alpha+m}{m}}+\sum_L\lambda_L(\sum h_{ij})_L$$
$$+\lambda_H(H-h_{1-2}-h_{2-3}-h_{3-6}-h_{6-9}) \tag{5-92}$$

式中：$ij$ 为管段编号；$L$ 为环的编号。

推求经济管径的数学推导过程与起点水压未给的管网相同，最后得出与式（5-88）形式相近的经济管径公式，差别在于两者的经济因素 $f$ 值不同。起点水压已给的管网的 $f$

值的计算方法如下。

根据式（5－85）和式（5－90），可得实际水头损失和虚水头损失之间的关系：

$$h_{ij}=\frac{h_{\phi ij}}{(AQ)^{\frac{m}{\alpha+m}}} \tag{5-93}$$

代入可利用水压 $H=\sum h_{ij}$ 中，得

$$H=\sum h_{ij}=\frac{\sum h_{\phi ij}}{(AQ)^{\frac{m}{\alpha+m}}} \tag{5-94}$$

$$A=\frac{(\sum h_{\phi ij})^{\frac{\alpha+m}{m}}}{H^{\frac{\alpha+m}{m}}Q} \tag{5-95}$$

则由此得出起点水压已给时，环状管网的经济因素 $f$ 值为

$$f=Ak^{\frac{\alpha+m}{m}}=\frac{(\sum h_{\phi ij})^{\frac{\alpha+m}{m}}}{H^{\frac{\alpha+m}{m}}Q}k^{\frac{\alpha+m}{m}}=\frac{1}{Q}\left(\frac{k\sum h_{\phi ij}}{H}\right)^{\frac{\alpha+m}{m}} \tag{5-96}$$

将式（5－96）代入式（5－88），即可得到起点水压已给管网的经济管径公式：

$$D_{ij}=(fx_{ij}Qq_{ij}^{n})^{\frac{1}{\alpha+m}}=\left[\frac{k\sum h_{\phi ij}}{H}\right]^{\frac{1}{m}}(x_{ij}q_{ij}^{n})^{\frac{1}{\alpha+m}}=\left[\frac{k\sum(q_{ij}^{\frac{n\alpha}{\alpha+m}}l_{ij}x_{ij}^{\frac{-m}{\alpha+m}})}{H}\right]^{\frac{1}{m}}(x_{ij}q_{ij}^{n})^{\frac{1}{\alpha+m}} \tag{5-97}$$

式中：$\sum h_{\phi ij}$ 为从管网起点到控制点选定的管线上，各管段虚水头损失的总和；总和号内的 $q_{ij}$、$l_{ij}$ 和 $x_{ij}$ 为选定管线上各管段的流量、管长和虚流量。

由上可知，无论是起点水压未给的管网还是起点水压已给的管网，均可用式（5－88）求经济管径，只是两者求经济因素 $f$ 值的公式不同。前者须计入为管网提供水压所消耗的动力费用而用式（5－67）；后者不计动力费用，只需充分利用现有水压 $H$ 而用式（5－96）。

起点水压已给的管网，在进行技术经济计算时，也须先进行虚流量分配，然后进行虚流量的管网平差，其平差方法与起点水压未给的管网相同，最终求出各管段的 $x_{ij}$。之后求出从管网起点到控制点选定的管线上各管段虚水头损失的总和 $\sum h_{\phi ij}$。将 $\sum h_{\phi ij}$、$H$ 和各管段的 $x_{ij}$、$q_{ij}$ 代入式（5－97），即可得到各管段的经济管径。

**四、近似优化计算**

由于设计流量本身的精确度有限，而且计算所得的经济管径一般不是市售标准管径，选择管径时往往要向标准管径上靠一档或下靠一档，因此，可用近似技术经济计算的方法选择管径，以减少计算工作量。

近似技术经济计算方法仍以式（5－88）为依据，分配虚流量时须满足 $\sum x_{ij}=0$ 的条件，但不进行虚流量平差。用这种方法计算所得的管径，只是个别管段与精确计算法的结果不同。为进一步简化计算，还可将每一管段视为与管网中其他管段无关的单独工作的管段，即按照每一管段的 $x_{ij}=1$ 去进行计算，对于距二级泵站较远的管段，由该方法得出的管径误差较大。

应用界限流量的概念，可求出单独工作管段的经济管径。

由于市售水管的标准管径分档较少，档距较大，例如，管径为 100～500mm 的给水管，相邻两档管径的档距一般为 50mm；管径在 500mm 以上的水管，相邻两档管径的档

距为100mm，因此，每种标准管径不仅有相应的最经济流量，而且有其经济的界限流量范围，在界限流量范围内选用这一管径都是经济的。

确定每种管径界限流量值的条件是相邻两个标准管径的年费用折算值相等。例如，$D_{n-1}$、$D_n$ 及 $D_{n+1}$ 是三个相邻的标准管径，若 $D_{n-1}$ 和 $D_n$ 的年费用折算值相等时所对应的流量为 $q_1$，则 $q_1$ 为 $D_{n-1}$ 的上限流量，又是 $D_n$ 的下限流量；若 $D_n$ 和 $D_{n+1}$ 的年费用折算值相等时所对应的流量为 $q_2$，则 $q_2$ 为 $D_n$ 的上限流量，又是 $D_{n+1}$ 的下限流量。因此，$D_n$ 的界限流量范围是 $q_1 \sim q_2$，凡是管段流量在 $q_1$ 和 $q_2$ 之间的，应选用 $D_n$ 的管径，否则就不经济。如果管段流量恰好等于 $q_1$（或 $q_2$），则因两种管径的年费用折算值相等，两种管径都可以选用。

各种标准管径的界限流量可用下述方法求出。

将相邻两档标准管径 $D_{n-1}$ 和 $D_n$ 分别代入年费用折算值公式（5-61），取式（5-63）中的 $n=2$，也代入式（5-61），又因 $Q=q_1$，则得

$$W_{0n-1}=\left(p+\frac{100}{t}\right)bD_{n-1}^{\alpha}l_{n-1}+Pkq_1^3l_{n-1}D_{n-1}^{-m} \tag{5-98}$$

$$W_{0n}=\left(p+\frac{100}{t}\right)bD_n^{\alpha}l_n+Pkq_1^3l_nD_n^{-m} \tag{5-99}$$

按照相邻两档管径的年费用折算值相等，即 $W_{0n-1}=W_{0n}$，且管段长度 $L$ 相等的条件，得

$$b\left(p+\frac{100}{t}\right)(D_n^{\alpha}-D_{n-1}^{\alpha})=Pkq_1^3(D_{n-1}^{-m}-D_n^{-m}) \tag{5-100}$$

化简后得 $D_{n-1}$ 和 $D_n$ 两档管径的界限流量 $q_1$：

$$q_1=\left(\frac{m}{f\alpha}\right)^{\frac{1}{3}}\left(\frac{D_n^{\alpha}-D_{n-1}^{\alpha}}{D_{n-1}^{-m}-D_n^{-m}}\right)^{\frac{1}{3}} \tag{5-101}$$

用同样的方法，可以求出 $D_n$ 和 $D_{n+1}$ 两档管径的界限流量 $q_2$。$q_1 \sim q_2$ 即为 $D_n$ 的界限流量范围。

由于各城市的管网造价、电费、用水规律及所用水头损失公式均有差异，所以各城市的界限流量不同。即使同一城市，随着时间的推移，管网造价和动力费用等也会变化，因此，必须根据当时当地的经济指标和所用水头损失公式，求出 $f$、$k$、$\alpha$、$m$ 等值，然后代入式（5-101）确定各种标准管径的界限流量。

表5-2为 $\alpha=1.88$、$m=5.33$、$f=1$、$n=2$ 时求出的界限流量表。

若当地的经济因素 $f\neq1$，必须将管段流量化为折算流量 $q_0$ 后再查表5-2确定管径。折算方法如下。

单独工作的管段（即 $x_{ij}=1$），当经济因素为 $f$、通过该管段的流量为 $q_{ij}$ 时，根据式（5-88），取 $n=2$，得经济管径为

$$D_{ij}=f^{\frac{1}{\alpha+m}}q_{ij}^{\frac{3}{\alpha+m}}$$

当 $f=1$ 时，通过管段的流量为 $q_0$ 时的经济管径为

$$D_{ij}=q_0^{\frac{3}{\alpha+m}}$$

两种条件下的经济管径应当相等，则可得出单独工作管段的折算流量 $q_0$ 为

$$q_0=\sqrt[3]{f}q_{ij} \tag{5-102}$$

同理,可求出 $f\neq1$ 且 $x_{ij}\neq1$ 时,管段的折算流量 $q_0$ 为

$$q_0=(fQx_{ij})^{\frac{1}{3}}q_{ij}^{\frac{2}{3}} \tag{5-103}$$

因此，当 $f\neq1$ 时，若管段为单独工作，则按式（5－102）计算 $q_0$；若考虑管网中各管段之间的相互关系，即 $x_{ij}\neq1$ 时，应按式（5－103）计算 $q_0$，并根据 $q_0$ 值查表5－2确定经济管径。

**表5－2　　界　限　流　量**

| 管径（mm） | 界限流量（L/s） | 管径（mm） | 界限流量（L/s） | 管径（mm） | 界限流量（L/s） |
|---|---|---|---|---|---|
| 100 | <9 | 350 | 68～96 | 700 | 355～490 |
| 150 | 9～15 | 400 | 96～130 | 800 | 490～685 |
| 200 | 15～28.5 | 450 | 130～168 | 900 | 685～822 |
| 250 | 28.5～45 | 500 | 168～237 | 1000 | 822～1120 |
| 300 | 45～68 | 600 | 237～355 | | |

# 第六章　给水管道材料、管网附件和附属构筑物

给水管网是给水工程的重要组成部分，它由众多水管和管网附件等连接而成，其投资约占给水工程总投资的60%～80%。因此，合理选用给水管道材料和管网附件是降低工程造价、保证安全供水的重要措施。

## 第一节　给水管道材料和配件

给水管道材料（简称为给水管材）可分为金属管材和非金属管材两大类。水管材料的选择，取决于水管承受的内外荷载、埋管的地质条件、管材的供应情况及价格等因素。

### 一、金属管材

给水工程中使用的金属管材主要为铸铁管和钢管。其他如铜、合金管等多用于建筑给水的小口径管道。

（一）铸铁管

铸铁管按材质可分为灰铸铁管和球墨铸铁管。

灰铸铁管有较强的耐腐蚀性，价格低廉，过去在我国被广泛应用于埋地管道。灰铸铁管的缺点是质地较脆，抗冲击和抗震能力较差，因而事故发生率较高，主要为接口漏水，管道断裂及爆管事故也占有一定比例。管道损坏不但造成了水的大量流失，也造成了相当大的经济损失，例如某大城市的一次爆管事故就造成了约700万元的损失。灰铸铁管的另一缺点是重量大，其重量约为同规格钢管的2倍。为防止管道损坏带来的经济损失，今后以球墨铸铁管代替灰铸铁管已成必然趋势，但从价格因素考虑，小口径管道还可采用柔性接口的灰铸铁管，或选用较大一级壁厚的管道。

球墨铸铁管的机械性能较灰铸铁管有很大提高，其强度是灰铸铁管的数倍，抗腐蚀性能远高于钢管，且重量较轻，价格低于钢管。据国内调查统计，球墨铸铁管的事故发生率远小于灰铸铁管和钢管。在日本、德国等国家，球墨铸铁管已被广泛应用，是最主要的给水管材。近些年，我国球墨铸铁管的使用率也有很大提高，尤其是用在中等口径的给水管道上。大口径和小口径的球墨铸铁管价格相对较高，特别是大口径的管道生产工艺较复杂，国内的生产厂家不多，应用尚不普遍。目前，在实际工程中，应用的球墨铸铁管的较大口径是1600mm左右。例如，呼和浩特市“引黄供水工程”中的一段原水输水管采用了口径1600mm的球墨铸铁管。

铸铁管有承插式（见图6－1）和法兰式（见图6－2）两种接口形式。

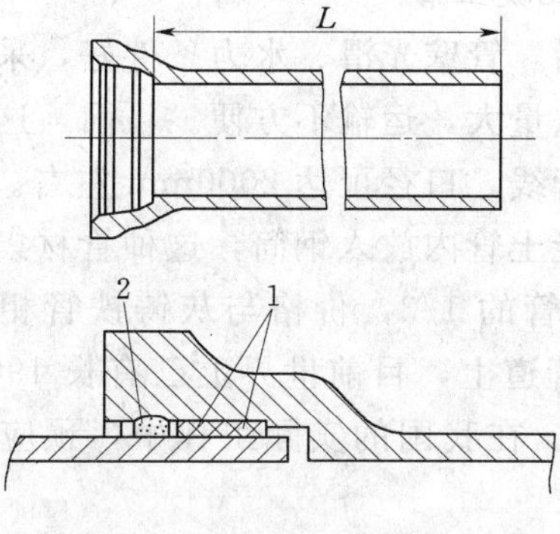


图 6-1　承插式接口

1—麻丝；2—膨胀性填料等

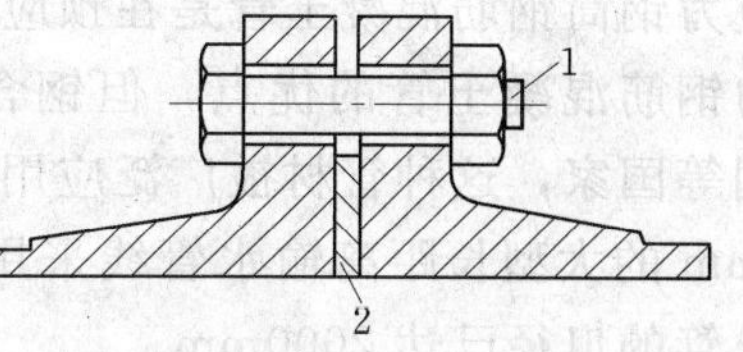


图 6-2　法兰式接口

1—螺栓；2—垫片

承插式接口适用于埋地管线。安装时将插口插入承口内，两口间的空隙用接口材料充填。接口材料可采用石棉水泥、膨胀水泥或橡胶圈，在有特殊要求或在紧急维修工程中也可采用青铅接口。橡胶圈接口不但安装省时省力，水密性好，而且因每根管子都是柔口连接，可挠性强，抗震性能好。橡胶圈接口可采用推入式梯唇形胶圈接口，即在承口内嵌入橡胶圈，插口管端部切削出坡口，安装时用力把插口推入承口即可。球墨铸铁管采用推入式楔形橡胶圈接口。此外，还有 T 形推入式橡胶圈接口和机械式接口。

法兰式接口在管口间垫上橡胶垫片，然后用螺栓上紧，这种接口接头严密、便于拆装。法兰式接口一般用于泵站或水处理车间等明装管线的连接。

为了适应管线转弯、变管径、分出支管以及与其他附属设备的连接及管线维修等，铸铁管线上须采用各种标准铸铁管配件。例如，管线转弯处须根据情况采用各种角度的弯管，变管径处采用渐缩管，接出分支管处采用丁字管或十字管，改变接口形式处采用承盘短管或插盘短管，连接消火栓和管道维修也有专门的配件。

（二）钢管

钢管可分为焊接钢管和无缝钢管两种，无缝钢管一般用于高压管道。钢管强度高，承受水压大，抗震性能好，重量较铸铁管轻，单管长度大、接头少，易于加工安装；但其抗腐蚀性差，内外壁均须做防腐处理，造价较高。由于钢管抗腐蚀性差，水质容易受到污染，一些发达国家已明确规定普通镀锌钢管不再用于生活给水管网；我国建设部（现更名为住房和城乡建设部）等四部委也曾联合发布文件，要求自 2000 年 6 月 1 日起，在全国城镇新建住宅给水管道中禁止使用冷镀锌钢管，逐步限时禁止使用热镀锌钢管。因此，钢管在给水管道中的使用将受到一定程度的限制，小口径管道尽量不使用钢管，只在大口径、水压高处或穿越铁路、河谷及地震区时采用钢管，而且必须做好防腐处理。

钢管接口一般采用焊接或法兰式接口。管线上的各种配件一般由钢板卷焊而成，也可选用标准铸铁配件。

**二、非金属管材**

为节省工程造价，在给水管网中，条件允许时应以非金属管材代替金属管材。常用的非金属管材有以下几种。

（一）预应力钢筋混凝土管和预应力钢筒钢筋混凝土管

预应力钢筋混凝土管的特点是耐腐蚀、不结垢，管壁光滑、水力条件好，采用柔性接口、抗震性能强，爆管率低，价格较便宜；但其重量大，运输不方便。目前，这种非金属管材在我国应用较广泛，主要用于大口径的输水管线，口径可达 2000mm 左右。

预应力钢筒钢筋混凝土管是在预应力钢筋混凝土管内放入钢筒，这种管材集中了钢管和预应力钢筋混凝土管的优点，但钢含量只有钢管的 1/3，价格与灰铸铁管相近。在美国、法国等国家，这种管材被广泛应用于大口径管道上，目前世界上已有长 1900km、管径 4000mm 的大型长距离输水管线采用这种管材。在我国的实际工程中，预应力钢筒钢筋混凝土管的口径已达 2000mm。

预应力钢筋混凝土管采用承插式接口，接口材料采用特制的橡胶圈。预应力钢筒钢筋混凝土管的接口形式也为承插式，只是承口环和插口环均用扁钢压制成型，与钢筒焊成一体。这两种管道在设置阀门、转弯、排气和放水等处，须采用钢制配件。

除上述两种钢筋混凝土管外，还有自应力钢筋混凝土管，最大管径为 600mm，因管壁材质较脆，重要管线已不再采用。若管道质量可靠，这种管材可用在农村等水压不高的次要管线上。

（二）玻璃钢管

玻璃钢管全称为玻璃纤维增强热固性塑料管，是一种新型管材，在国外应用已有几十年的历史，目前我国引进和开发了数十条生产线，并已在北京、大庆和深圳等地采用。玻璃钢管耐腐蚀、不结垢，管内非常光滑、水头损失小，重量轻，只有同规格钢管的 1/4、钢筋混凝土管的 1/5～1/10 左右，因此便于运输和安装；但其价格高，几乎与钢管相同，可在强腐蚀性土壤中采用。目前，我国实际工程中应用的玻璃钢管口径已达 1600mm 左右。

（三）塑料管

塑料管耐腐蚀、不易结垢，管壁光滑、水头损失小，重量轻，加工和接口方便，价格较便宜；但其强度较低，且膨胀系数较大，易受温度影响。在西方国家，管径在 200～400mm 的范围内，塑料管材占多数，尤其在管径小于 200mm 时，塑料管材占绝大多数。在我国，随着镀锌钢管的逐步淘汰，推广新型塑料给水管材已提到议事日程。目前，在小区给水中，塑料管的应用已越来越多，且较大口径的塑料给水管也在不断推出。

塑料管的种类很多，例如硬聚氯乙烯塑料管（PVC－U）、聚乙烯管（PE）、聚丙烯管（PP）、共聚丙烯管（PPR）以及铝塑复合管、钢塑复合管和铜塑复合管等。作为城市给水管材，硬聚氯乙烯塑料管的应用历史最长，且由于其强度高、刚性大、价格低，目前仍被广泛使用。但其他管材的发展速度也很快，例如，聚乙烯管由于其优异的环保性能，近年来在欧洲的应用得到快速发展，有些地区应用 PE 管的数量已超过 PVC－U 管。此外，为加强塑料管的耐压和抗冲击能力，各种金属、塑料复合管的开发和应用也越来越多，例如不锈钢内衬增强 PPR 管等。

塑料管可采用胶黏剂粘接、热熔连接以及接口材料为橡胶圈的承插式连接、法兰式连接等。各种连接配件为塑料制品。

## 第二节　给水管网附件

为保证管网的正常运行、消防和维修管理，管网上必须设置各种管网附件，例如阀门、止回阀、排气阀和泄水阀、消火栓等。

### 一、阀门

阀门是用来调节控制管网水流及水压的重要设备。阀门的布置应使水流调度灵活、管网维修方便。一般地，应在主要管线和次要管线交界处的次要管线上设置阀门；承接消火栓的水管上设置阀门；输水管道和配水管网应根据具体情况设置分段和分区检修阀门，配水管网上的阀门间距不应超过 5 个消火栓的布置长度。

阀门的口径一般与管道直径相同，因阀门价格较高，当管径较大时，为降低造价，可安装口径为 0.8 倍水管直径的阀门，但这将使水头损失增大，因而应从管网造价和运转费用综合考虑，以确定阀门口径。

阀门的种类很多，选用时，应从安装目的、使用要求、水管直径、水温水质情况、工作压力、阀门造价及维修保养等方面认真考虑。

#### （一）闸阀

闸阀是给水管网中最常用的阀门。闸阀由闸壳内的闸板上下移动来控制或截断水流，传统的闸阀为楔式或平行双闸板式闸阀。这两种闸阀存在着阀体内可能积存渣物、闸门关闭不严导致漏水的问题。近年来，国内不少厂家生产了软密封闸阀。这种闸阀采用衬胶阀板，闸阀底部无凹坑，不积存杂物，关闭严密；软密封衬胶阀板尺寸统一，互换性强。若能够保证生产质量，这种闸阀将是给水管网中常用的一种阀门。

按照闸阀使用时阀杆是否上下移动，闸阀可分为明杆式和暗杆式两种。明杆式闸阀的阀杆随闸板的启闭而升降，便于观察闸门的启闭程度，适于安装在泵站等明装管道上。暗杆式闸阀的阀杆当闸阀开启时并不随之上移，因而适于安装在地方狭小之处。

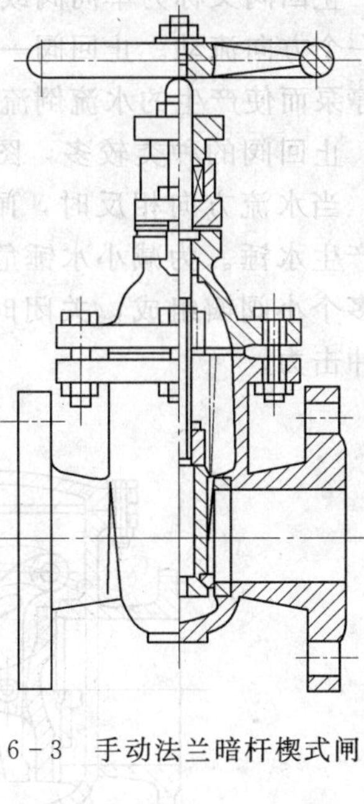

图 6-3　手动法兰暗杆楔式闸阀

大型闸阀的过水断面积很大，承受很大的水压，手工开启或关闭很困难。因此，大型闸阀在主闸侧部附设一个小闸阀，连通主闸两侧管线，称为跨闸（或旁通闸）。开启主闸前，先开启跨闸，以减小单面水压力，使开闸省力；关闭闸门时，则后关闭跨闸。经常启闭的大型阀门也可采用电动阀门，但应限定开启和关闭的时间长度，以免启闭过快造成水锤现象，导致水管损坏。

闸阀还有立式和卧式之分。

图 6-3 为手动法兰暗杆楔式闸阀。

由于大口径立式闸阀的高度较大，影响管道覆土深度；卧式闸阀占据的水平面积较大，影响其他管线的布置，因此选择阀门时应考虑这两个因素。

（二）蝶阀

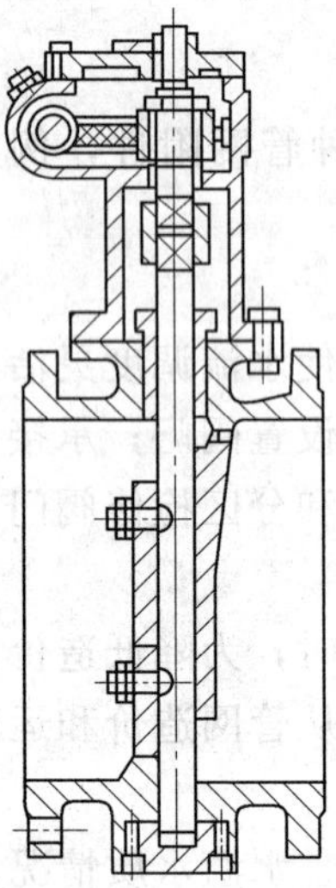

图 6-4　蝶阀

蝶阀是一种旋转启闭式的闸阀，具有结构简单、阻力小、开启方便、旋转 90°即可全开或全关的优点。蝶阀的宽度和高度较闸阀小，因此，在给水管网中，为了降低管道覆土深度，一般口径较大的管道可以选用蝶阀。蝶阀的主要缺点是蝶板占据了管道一定的过水断面，增大了管道的水头损失。此外，蝶阀全开时，由于闸板占据管道的位置，因此蝶阀不能紧贴闸阀安装。近年来，国内阀门的使用情况表明，蝶阀出现故障的几率大于闸阀，所以蝶阀最好用在中、低压管线上。蝶阀的构造如图 6-4 所示。

（三）球阀

球阀常称为截止阀，靠一个类似于塞子作用的部件来控制水的流动。球阀具有结构简单、密封可靠、维修及操作方便等优点，但其价格较贵，一般用于中、小口径管道上。随着制造成本的降低，可以考虑制造较大口径的球阀。

## 二、止回阀

止回阀又称为单向阀或逆止阀，用来限制给水管道中水流的流动方向，水只能通过它向一个方向流动。止回阀一般安装在水泵的出水管线上，以防止因断电或其他事故造成突然停泵而使产生的水流倒流和水锤冲击力传到水泵内部，导致水泵损坏。

止回阀的种类较多，图 6-5（*a*）为旋启式单瓣止回阀。这种阀门的闸板可绕轴旋转，当水流方向相反时，闸板因自重和水压作用而自动关闭。这种阀因关闭迅速，容易产生水锤。为减小水锤危害，可采用旋启式多瓣止回阀，如图 6-5（*b*）所示。该阀由多个小阀瓣组成，关闭时各阀瓣并不同时闭合，因而可以延缓关闭时间，减轻水锤的冲击力。

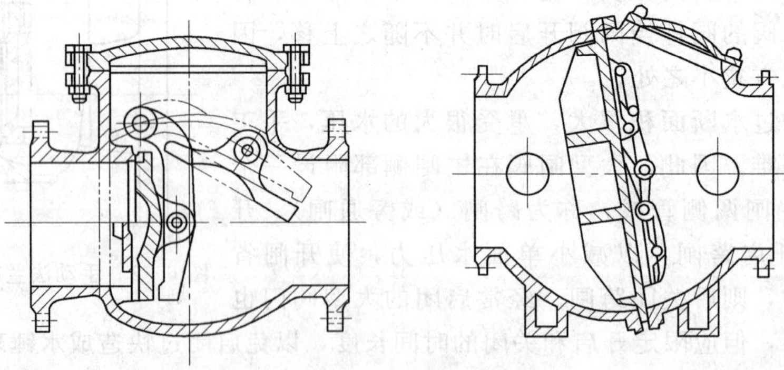

（*a*）　　　　（*b*）

图 6-5　旋启式止回阀

（*a*）单瓣式；（*b*）多瓣式

除旋启式止回阀外，还有微阻缓闭式止回阀和液压式缓冲止回阀，它们都可减弱水锤造成的危害。

**三、排气阀和泄水阀**

在输水管道和配水管网隆起点和平直管段的适当位置上，应装设排气阀，以便在管线投产时和检修后通水时，放出管内空气。平时管道隆起处也会积存水中释放出的气体，这些气体减小了管道的过水断面，增大了管道的阻力，应通过排气阀排出，以使管网能够正常运行。排气阀阀体应垂直安装在管线上。

排气阀阀口有单口及双口之分。单口排气阀一般安装在管径不大于350mm的给水管上；双口排气阀一般安装在管径不小于400mm的给水管上。排气阀口径与管道直径之比一般采用1∶8～1∶12。单口排气阀的构造及安装方式如图6-6所示。

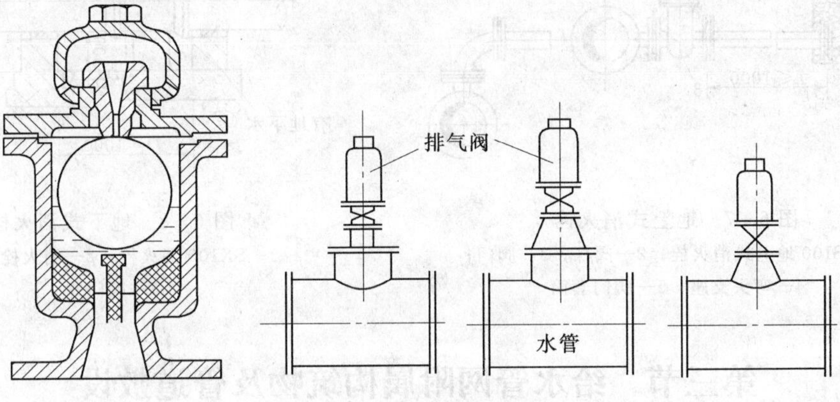


图6-6　单口排气阀的构造及安装方式

(a) 排气阀构造；(b) 安装方式

为满足管道检修时放空管道内的存水、排泥以及管道冲洗的需要，在管线的低处应设置泄水阀。如果地形高程允许，排水可直接排至河道、沟谷；如果地形高程不能满足直接排放时，可建湿井或集水井，再用水泵将水抽出。若排出的水的水质较好，可以用来进行绿化等。

排气阀和泄水阀的数量及直径应在设计中通过计算确定，计算方法可参考其他书籍。

**四、消火栓**

消火栓有地上式和地下式两种。地上式消火栓目标明显，易于寻找，但有时妨碍交通，一般用于气温较高的地区。地下式消火栓装设于消火栓井内，使用不如地面式方便，一般用于气温较低的地区及不适宜安装地面式消火栓的地方。

消火栓一般布置在交通路口、绿地、人行道旁等消防车可以靠近、便于寻找的地方，距建筑物5m以外。两个消火栓的间距一般不应超过120m。

地上式消火栓和地下式消火栓分别如图6-7和图6-8所示。

除上述各种常用附件外，还有可降低压力的减压阀、保证管道压力不超过某一限定压力的安全阀、控制水池和水塔水位的浮球阀等附件，详见有关专业书籍和设计手册。

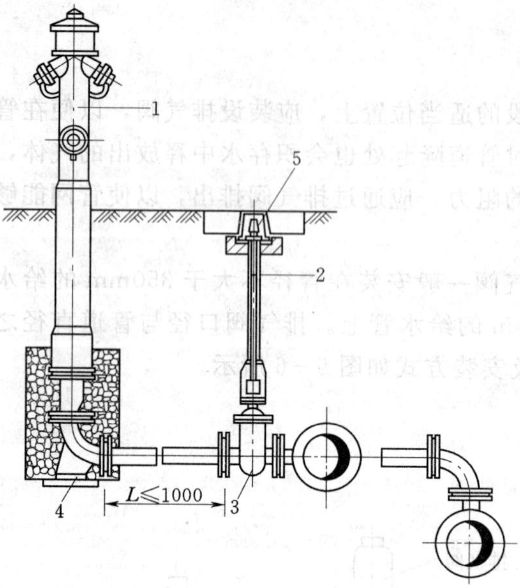


图 6-7　地上式消火栓

1—SS100 地上式消火栓；2—阀杆；3—阀门；4—弯头支座；5—阀门套筒

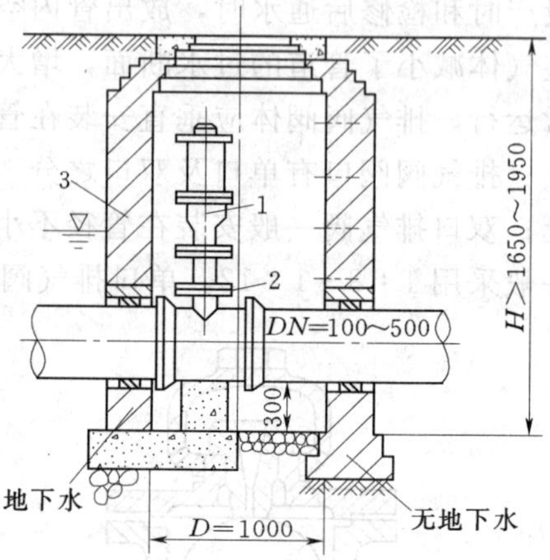


图 6-8　地下式消火栓

1—SX100 消火栓；2—消火栓三通；3—阀门井

## 第三节　给水管网附属构筑物及管道敷设

除管网附件外，给水管网上还有很多附属构筑物，例如，保护阀门、消火栓的各种地下井类构筑物，管线穿越障碍的构筑物，以及储存和调节水量的调节构筑物等。

### 一、地下井类构筑物

管网中的附件一般安装在地下井内，这样可以使附件得到保护，并便于操作和维修。为降低造价，各种附件和配件应尽量紧凑布置，以减少地下井的数目和口径。地下井的平面和立面尺寸应满足附件本身的安装、操作、维修需要及拆装附件和配件所需的最小尺寸。各种井的形式及尺寸可参见有关标准图集。

地下井井壁和井底应不透水，管道穿越井壁处应进行密封处理。地下井一般用砖砌，也可用石砌或钢筋混凝土建造。

阀门井是最常见的地下井，平面形状一般为圆形，如图 6-9 所示。矩形卧式阀门井如图 6-10 所示 。直径不大于 300mm 的阀门，如果设置在高级路面以外的地方（人行道或简易路面下），可以采用如图 6-11 所示的阀门套筒。在寒冷地区，阀杆头部常因漏水冻住，影响阀门启闭，故一般不采用阀门套筒。

消火栓井如图 6-8 所示。排气阀井如图 6-12 所示。泄水阀井如图 6-13 所示。

### 二、管道穿越障碍的构筑物

给水管道穿越铁路、河谷及山谷时，必须采取一定的技术措施。

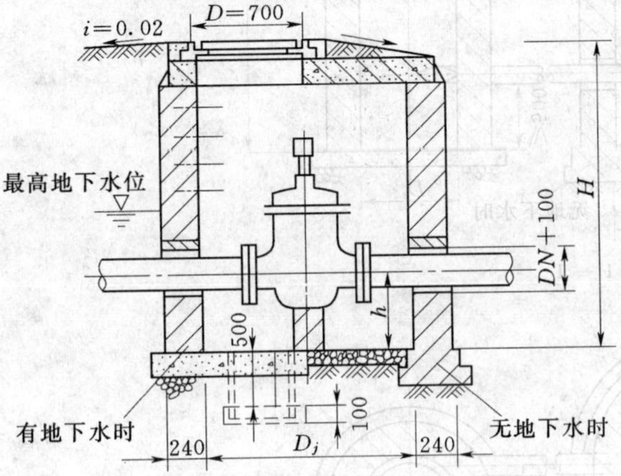


图 6-9　阀门井

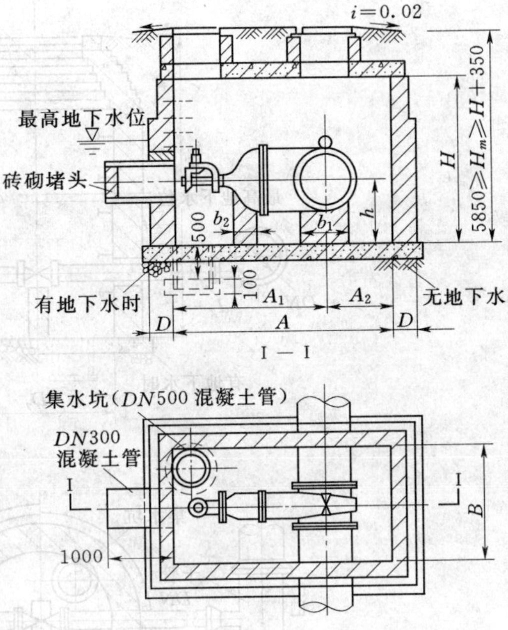


图 6-10　矩形卧式阀门井

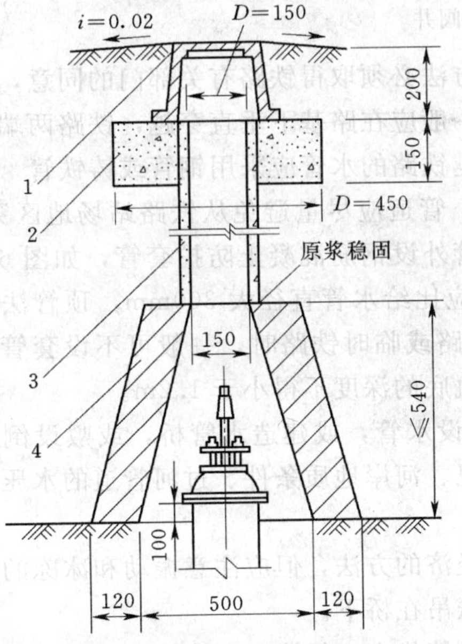


图 6-11　阀门套筒

1—铸铁阀门套筒；2—混凝土套筒座；

3—混凝土管；4—砖砌井框

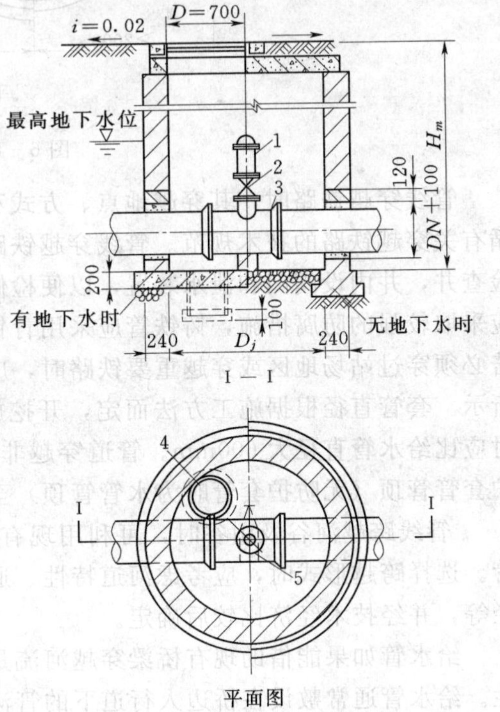


图 6-12　排气阀井

1—排气阀；2—阀门；3—排气丁字管；

4—集水坑；5—支墩

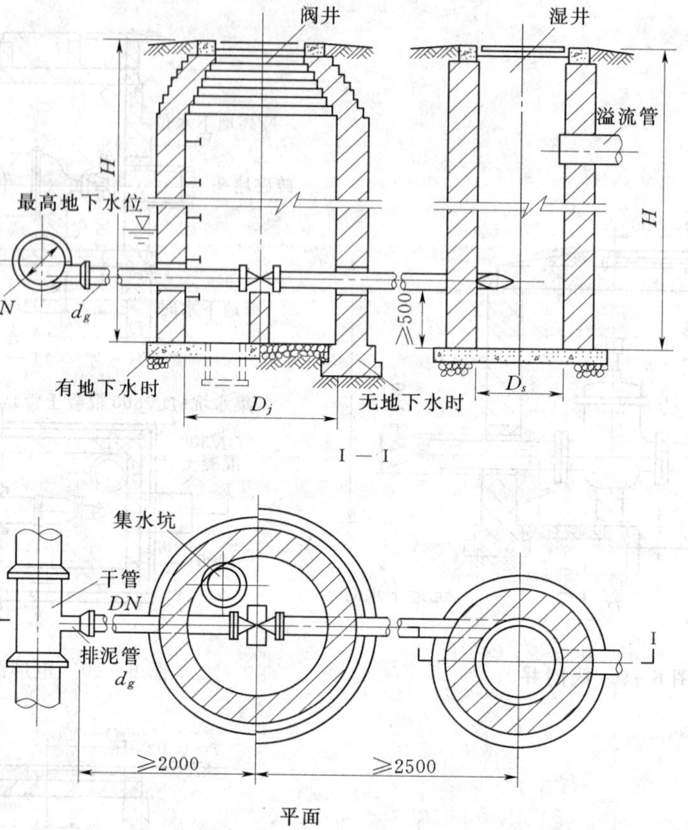


图 6-13　泄水阀井

管线穿越铁路时，其穿越地点、方式和施工方法必须取得铁路有关部门的同意，并遵循有关穿越铁路的技术规范。管线穿越铁路时，一般应在路基下垂直穿越，铁路两端应设检查井，井内设阀门和泄水装置，以便检修。穿越铁路的水管应采用钢管或铸铁管。钢管应采取较强的防腐措施，铸铁管应采用青铅接口。管道应尽量避免从铁路站场地区穿过，若必须穿过站场地区或穿越重要铁路时，应在水管外设钢筋混凝土防护套管，如图 6-14 所示。套管直径根据施工方法而定，开挖施工时应比给水管直径大 300mm，顶管法施工时应比给水管直径大 600mm。管道穿越非主要铁路或临时铁路时，一般可不设套管。防护套管管顶（无防护套管时为水管管顶）至铁路轨底的深度不得小于 1.2m。

管线跨越河谷及山谷时，可利用现有桥梁架设水管，或建造水管桥，或敷设倒虹吸管。选择跨越形式时，应考虑河道特性、通航情况、河岸地质条件、过河管道的水压及直径等，并经技术经济比较后确定。

给水管如果能借助现有桥梁穿越河流是最为经济的方法，但应注意振动和冰冻的可能性。给水管通常敷设在桥边人行道下的管沟内或悬吊在桥下。

倒虹吸管从河底穿过，具有隐蔽、不影响航运等优点，但施工和检修不方便。倒虹吸管一般敷设两条，按一条停止工作而另一条仍能通过设计流量考虑。倒虹吸管内的流速应大于不淤流速，通常直径小于上下游管线的直径。倒虹吸管的设置位置应尽量避开锚地，

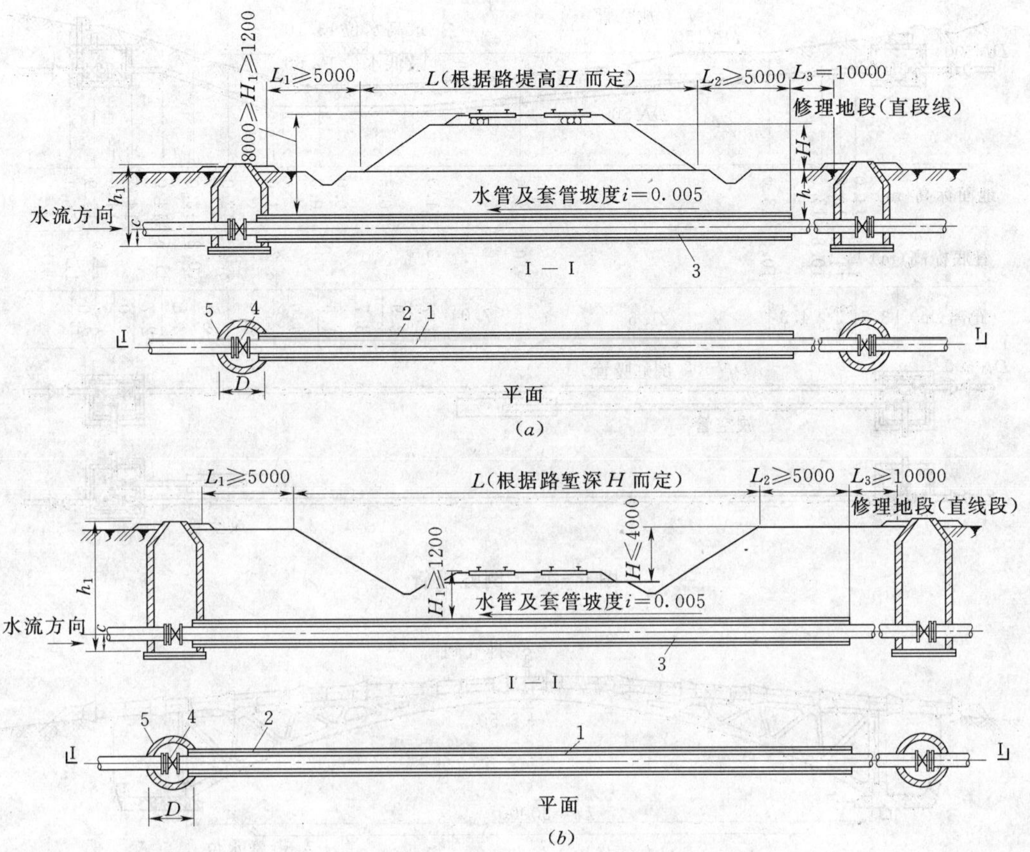


图 6-14 设有防护套管的敷设

(a) 填土路基；(b) 有路堑路基

1—钢管；2—钢筋混凝土套管；3—托架；4—阀门；5—阀门井

并应选在河床、河岸不受冲刷的地段；两岸设置检查井，井内设有阀门、排气阀和泄水阀等；一般管顶距河床底面的距离不小于 0.5m，在航道线范围内不得小于 1m。倒虹吸管一般选用钢管，并须做好防腐处理，当管径较小、距离较短时，也可采用铸铁管，但应采用柔性接口。图 6-15 所示为倒虹吸管实例。

当无桥梁可利用或水管直径过大架设在桥下有困难时，可建造水管桥，架空穿越河道，但不能影响航运。架空管一般采用钢管或铸铁管，为便于检修，铸铁管可采用青铅接口；也可采用预应力钢筋混凝土管。在架空管的最高点应设排气阀，水管两端设置伸缩接头，在冰冻地区应采取适当的防冻措施。水管桥也有多种形式，图 6-16 所示为过河水管桥实例，其他形式的水管桥参见有关书籍。

## 三、管道的敷设及支墩

### (一) 管道的敷设

敷设在地下的给水管道的埋深，应根据外部荷载（包括静荷载和汽车等动荷载）、冰冻情况、管材强度及与其他管道交叉等因素确定。一般情况下，金属管道的管顶覆土厚度

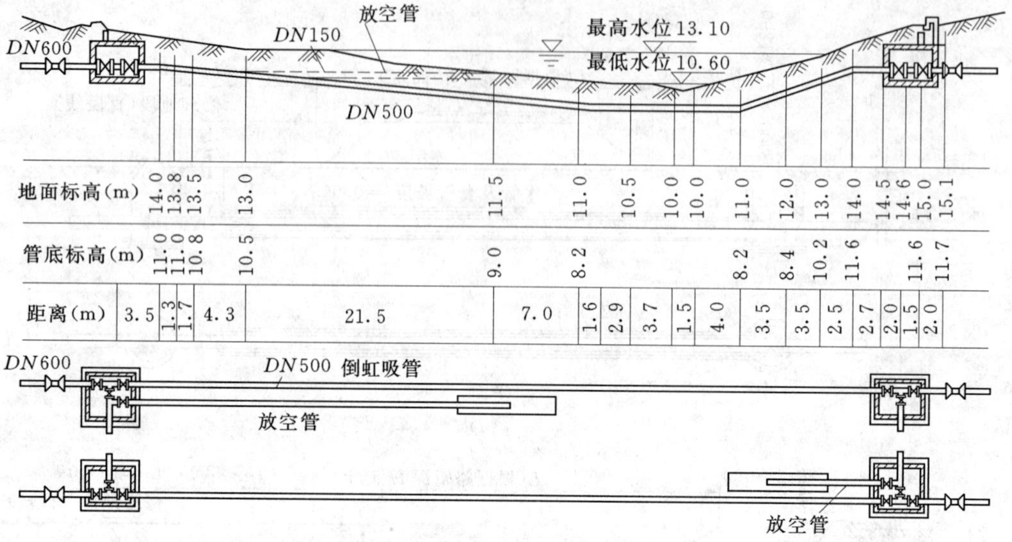


图 6-15　倒虹吸管

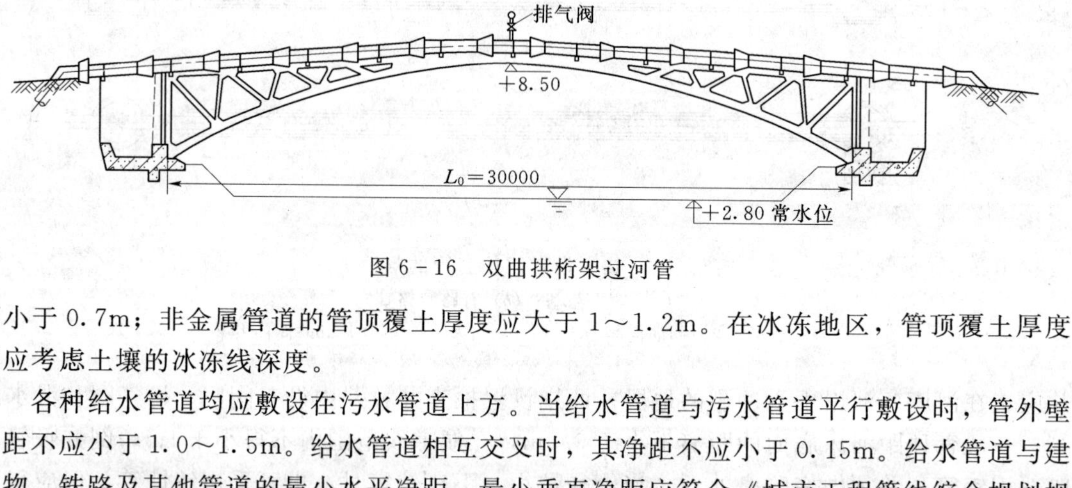


图 6-16　双曲拱桁架过河管

不小于 0.7m；非金属管道的管顶覆土厚度应大于 1～1.2m。在冰冻地区，管顶覆土厚度还应考虑土壤的冰冻线深度。

各种给水管道均应敷设在污水管道上方。当给水管道与污水管道平行敷设时，管外壁净距不应小于1.0～1.5m。给水管道相互交叉时，其净距不应小于 0.15m。给水管道与建筑物、铁路及其他管道的最小水平净距、最小垂直净距应符合《城市工程管线综合规划规范》(GB 50289—98) 的要求，如表 6-1 和表 6-2 所示。

给水管定线和敷设中的其他规定详见《室外给水设计规范》(GB 50013—2006)。

管道明设时，要避开滚石、滑坡地带；为减小温度影响，管道中应设置伸缩器，并应根据当地情况，采取一定的防冻保温措施。

为防止管道下沉，引起管道破裂，管道应有适当的基础。在土壤耐压力较高和地下水位较低处，管道的敷设可不作基础处理，将管道直接埋在经整平的未扰动的天然地基上。在岩石或半岩石地基处，须铺砂找平、夯实，采用砂基。金属管和塑料管的砂垫层厚度应不小于 100mm；非金属管道的砂垫层厚度不小于 150～200mm。当地基土壤松软时，应采用混凝土基础。在流沙或沼泽地区，若地基承载能力达不到要求时，还要采用桩基。图 6-17 为各种管道基础。

表 6-1　　工程管线之间及其与建（构）筑物之间的最小水平净距　　单位：m

| 序号 | 管线名称 | | 1 | 2 | | 3 | 4 | | | | | 5 | | 6 | | 7 | | 8 | 9 | 10 | | | 11 | 12 |
|---|---|---|---|---|---|---|---|---|---|---|---|---|---|---|---|---|---|---|---|---|---|---|---|---|
| | | | 建筑物 | 给水管 | | 污水、雨水排水管 | 燃气管 | | | | | 热力管 | | 电力电缆 | | 电信电缆 | | 乔木 | 灌木 | 地上杆柱 | | | 道路侧石边缘 | 铁路钢轨（或坡脚） |
| | | | | $d\leqslant$200mm | $d>$200mm | | 低压 | 中压 | | 高压 | | 直埋 | 地沟 | 直埋 | 缆沟 | 直埋 | 管道 | | | 通信照明及<10kV | 高压铁塔基础边 | | | |
| | | | | | | | | B | A | B | A | | | | | | | | | | $\leqslant$35kV | $>$35kV | | |
| 1 | 建筑物 | | | 1.0 | 3.0 | 2.5 | 0.7 | 1.5 | 2.0 | 4.0 | 6.0 | 2.5 | 0.5 | 0.5 | | 1.0 | 1.5 | 3.0 | 1.5 | * | | | | 6.0 |
| 2 | 给水管 | $d\leqslant$200mm | 1.0 | | | 1.0 | 0.5 | | | 1.0 | 1.5 | 1.5 | | 0.5 | | 1.0 | | 1.5 | | 0.5 | 3.0 | | 1.5 | |
| | | $d>$200mm | 3.0 | | | 1.5 | | | | | | | | | | | | | | | | | | |
| 3 | 污水、雨水排水管 | | 2.5 | 1.0 | 1.5 | | 1.0 | 1.2 | | 1.5 | 2.0 | 1.5 | | 0.5 | | 1.0 | | 1.5 | | 0.5 | 1.5 | | 1.5 | |
| 4 | 燃气管 低压 | $p\leqslant$0.05MPa | 0.7 | 0.5 | | 1.0 | $DN\leqslant$300mm，0.4<br>$DN>$300mm，0.5 | | | | | 1.0 | | 0.5 | | 0.5 | 1.0 | 1.2 | | 1.0 | 1.0 | 5.0 | 1.5 | 5.0 |
| | 燃气管 中压 | 0.05MPa<$p\leqslant$0.2MPa | 1.5 | | | 1.2 | | | | | | 1.0 | 1.5 | | | | | | | | | | | |
| | | 0.2MPa<$p\leqslant$0.4MPa | 2.0 | | | | | | | | | | | | | | | | | | | | | |
| | 燃气管 高压 | 0.4MPa<$p\leqslant$0.8MPa | 4.0 | 1.0 | | 1.5 | | | | | | 1.5 | 2.0 | 1.0 | | 1.0 | | | | | | | 2.5 | |
| | | 0.8MPa<$p\leqslant$1.6MPa | 6.0 | 1.5 | | 2.0 | | | | | | 2.0 | 4.0 | 1.5 | | 1.5 | | | | | | | | |
| 5 | 热力管 | 直埋 | 2.5 | 1.5 | | 1.5 | 1.0 | 1.0 | | 1.5 | 2.0 | | | 2.0 | | 1.0 | | 1.5 | | 1.0 | 2.0 | 3.0 | 1.5 | 1.0 |
| | | 地沟 | 0.5 | | | | | 1.5 | | 2.0 | 4.0 | | | | | | | | | | | | | |
| 6 | 电力电缆 | 直埋 | 0.5 | 0.5 | | 0.5 | 0.5 | 0.5 | | 1.0 | 1.5 | 2.0 | | | | 0.5 | | 1.0 | | 0.6 | | | 1.5 | 3.0 |
| | | 缆沟 | | | | | | | | | | | | | | | | | | | | | | |
| 7 | 电信电缆 | 直埋 | 1.0 | 1.0 | | 1.0 | 0.5 | | | 1.0 | 1.5 | 1.0 | | 0.5 | | 0.5 | | 1.0 | 1.0 | 0.5 | 0.6 | | 1.5 | 2.0 |
| | | 管道 | 1.5 | | | | 1.0 | | | | | | | | | | | 1.5 | | | | | | |
| 8 | 乔木（中心） | | 3.0 | 1.5 | | 1.5 | 1.2 | | | | | 1.5 | | 1.0 | | 1.0 | 1.5 | | | 1.5 | | | 0.5 | |
| 9 | 灌木 | | 1.5 | | | | | | | | | | | | | 1.0 | | | | | | | | |
| 10 | 地上杆柱 | 通信照明及<10kV | * | 0.5 | | 0.5 | 1.0 | | | | | 1.0 | | 0.6 | | 0.5 | | 1.5 | | | | | 0.5 | |
| | | 高压铁塔基础边 $\leqslant$35kV | | 3.0 | | 1.5 | 1.0 | | | | | 2.0 | | | | 0.6 | | | | | | | | |
| | | 高压铁塔基础边 $>$35kV | | | | | 5.0 | | | | | 3.0 | | | | | | | | | | | | |
| 11 | 道路侧石边缘 | | | 1.5 | | 1.5 | 1.5 | | | 2.5 | | 1.5 | | 1.5 | | 1.5 | | 0.5 | | 0.5 | | | | |
| 12 | 铁路钢轨（或坡脚） | | 6.0 | 5.0 | | | | | | | | 1.0 | | 3.0 | | 2.0 | | | | | | | | |

注　表中 * 详见《城市工程管线综合规划规范》（GB 50289—98）中的表 3.0.9。

表 6-2　　　　工程管线交叉时的最小垂直净距　　　　单位：m

| 序号 | 上面的管线名称 \ 下面的管线名称 | | 1 给水管线 | 2 污水、雨水排水管线 | 3 热力管线 | 4 燃气管线 | 5 电信管线 | | 6 电力管线 | |
|---|---|---|---|---|---|---|---|---|---|---|
| | | | | | | | 直埋 | 管块 | 直埋 | 管沟 |
| 1 | 给水管线 | | 0.15 | | | | | | | |
| 2 | 污水、雨水排水管线 | | 0.40 | 0.15 | | | | | | |
| 3 | 热力管线 | | 0.15 | 0.15 | 0.15 | | | | | |
| 4 | 燃气管线 | | 0.15 | 0.15 | 0.15 | 0.15 | | | | |
| 5 | 电信管线 | 直埋 | 0.50 | 0.50 | 0.15 | 0.50 | 0.25 | 0.25 | | |
| | | 管沟 | 0.15 | 0.15 | 0.15 | 0.15 | 0.25 | 0.25 | | |
| 6 | 电力管线 | 直埋 | 0.15 | 0.50 | 0.50 | 0.50 | 0.50 | 0.50 | 0.50 | 0.50 |
| | | 管沟 | 0.15 | 0.50 | 0.50 | 0.15 | 0.50 | 0.50 | 0.50 | 0.50 |
| 7 | 沟渠（基础底） | | 0.50 | 0.50 | 0.50 | 0.50 | 0.50 | 0.50 | 0.50 | 0.50 |
| 8 | 涵洞（基础底） | | 0.15 | 0.15 | 0.15 | 0.15 | 0.20 | 0.25 | 0.50 | 0.50 |
| 9 | 电车（轨底） | | 1.00 | 1.00 | 1.00 | 1.00 | 1.00 | 1.00 | 1.00 | 1.00 |
| 10 | 铁路（轨底） | | 1.00 | 1.20 | 1.20 | 1.20 | 1.00 | 1.00 | 1.00 | 1.00 |

**注**　大于 35kV 直埋电力电缆与热力管线的最小垂直净距应为 1.00m。

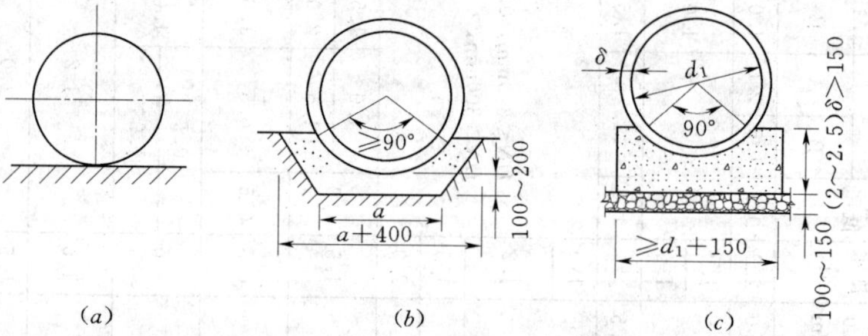


(*a*)　　(*b*)　　(*c*)

图 6-17　管道基础

(*a*) 天然地基；(*b*) 砂基础；(*c*) 混凝土基础

（二）管道的支墩

承插式接口的管道在水平或垂直方向转弯处、三通处、管端盖板等处均会产生外推力，有可能使接口松动漏水，因此，应设置支墩以保证输水安全。但当管径不大于 300mm 或转弯角度小于 10°，且水压力不超过 980kPa 时，可不设支墩。支墩材料一般采用混凝土，尺寸参见标准图。图 6-18 为水平方向弯管支墩。

## 四、调节构筑物

管网内的调节构筑物有水塔和水池等，主要用来调节管网内的流量，水塔和高地水池还可保证和稳定管网的水压。

（一）水塔

水塔的构造如图 6-19 所示，主要由水柜（即水箱）、管道、塔架及基础组成。进、

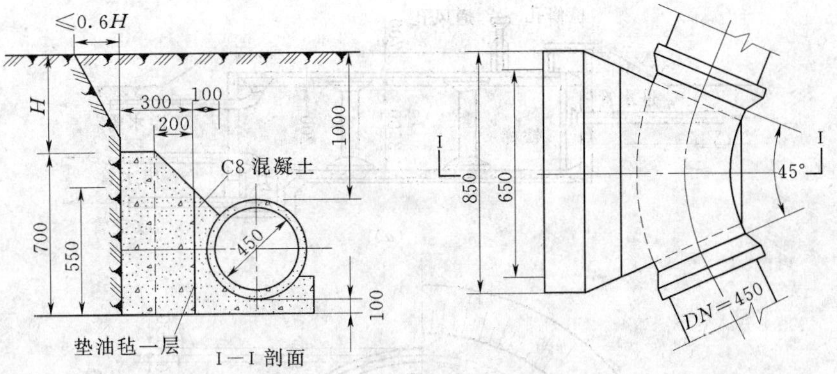


图 6-18 水平方向弯管支墩

出水管可以分开设置；也可以合用一条管道，到上部再分开（见图 6-19）。进水管口应设在水柜最高水位附近，出水管口可靠近柜底，以保证水柜内的水流循环。若进、出水管合用一条管道，则在出水分支管上应设置止回阀。此外，为防止水柜溢水，应设置溢流管，管上不设阀门，管径同进水管；为检修时排空水柜存水，在水柜底应设置排水管，管上装设阀门。溢流管和排水管在下部合为一条管道。进、出水管和溢、排水管上均应设置伸缩接头，以防止水塔基础沉陷时损坏管道。水柜中应装设浮球阀或其他能够控制进水的配件及观测水柜水位的配件。水塔顶应设壁雷装置。

水柜一般为圆筒形，高度和直径之比为 0.5～1.0。水柜过高时，不但增加了水泵的扬程，还会使管网压力波动较大。塔体的作用为支承水柜，常用钢筋混凝土、砖石或钢材建造，以钢筋混凝土水塔较多。近年来，也有采用装配式水塔的。塔体形状有圆筒式和支柱式。

水塔设在寒冷地区时，不但要对管道进行保温，对水柜也应采取防冻保温措施，以防止水柜出现裂缝漏水。根据当地的气候条件，可采取不同的水柜保温措施，例如，在水柜壁上贴砌 8～10cm 的泡沫混凝土等保温材料，或在水柜外再加保温外壳，外壳与水柜壁的净距不小于 0.7m，内填保温材料。

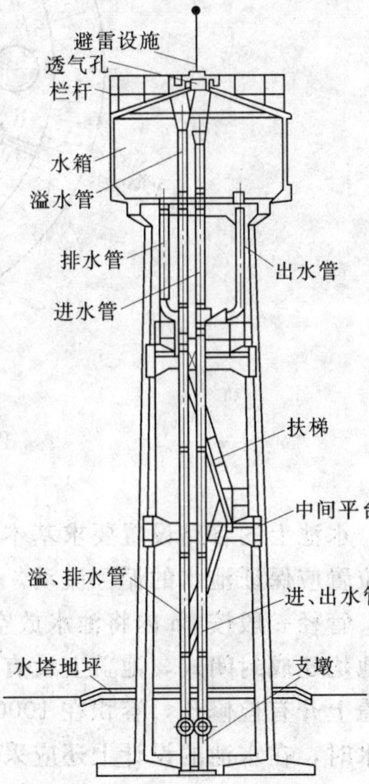


图 6-19 支柱式钢筋混凝土水塔简图

（二）水池

水池可以建在地下或高地上。地下水池的作用为调节水量，高地水池的作用与水塔相同。水池可用砖石砌成，但比较常见的为钢筋混凝土或预应力钢筋混凝土水池。近年来，也有采用装配式钢筋混凝土水池的。水池的平面形状为圆形或矩形。图 6-20 为圆形钢筋混凝土水池。

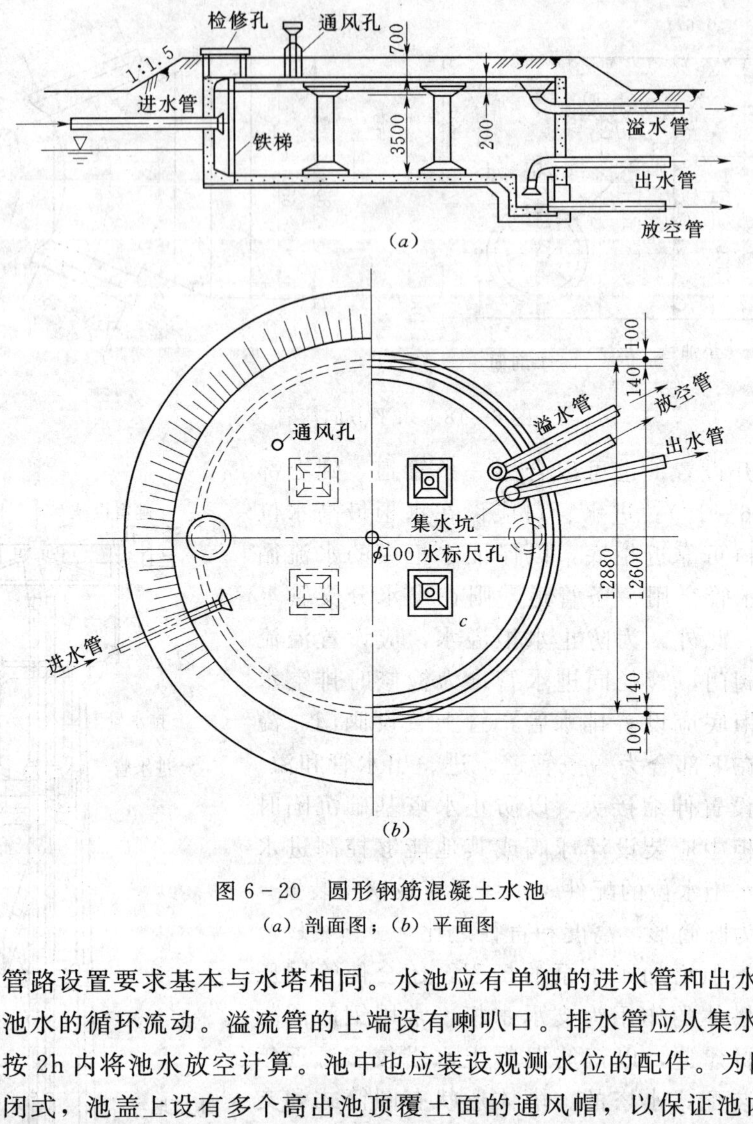


图 6-20　圆形钢筋混凝土水池

(*a*) 剖面图；(*b*) 平面图

水池上的管路设置要求基本与水塔相同。水池应有单独的进水管和出水管，它们的安装位置应保证池水的循环流动。溢流管的上端设有喇叭口。排水管应从集水坑底的侧面接出，管径一般按 2h 内将池水放空计算。池中也应装设观测水位的配件。为防止池水污染，水池均建成封闭式，池盖上设有多个高出池顶覆土面的通风帽，以保证池内的自然通风。池盖上开有检修孔，容积在 $1000m^3$ 以上的水池至少应设两个检修孔。当水池储存有消防用水时，在水池的设计上还应采取消防用水平时不被动用的措施。为保温防冻，池顶应覆土，池周边应培土，覆土厚度根据当地室外平均气温而定，一般为 0.5～1.0m。当地下水位较高、水池埋深较大时，覆土厚度应按抗浮要求确定。

# 第七章 管网的技术管理

管网竣工投产后，为维持管网的正常运行，保证安全供水，必须做好管网的技术管理工作，主要包括：建立管网的技术资料档案，检漏，监测管网的压力和流量，水管清垢和防腐蚀，维护管网水质，管网事故抢修和管网附件的检修，管网的调度管理，等等。

## 第一节 管网技术资料

供水管理部门应备有下列管网维护所必需的技术资料：

(1) 管网平面图，图中标明所有管线、泵站、阀门和消火栓等的位置和尺寸。根据城市的大小，可一个区或一条街道绘制一张平面图。

(2) 管线详图，标明干管、支管和接户管的位置、直径、埋深以及阀门、消火栓等的布置情况。

(3) 管线穿越铁路、公路和河道的构筑物详图。

(4) 阀门和消火栓记录卡，包括型号、安装年月、地点、口径和检修记录等。

(5) 管道检漏、防腐及清洗记录卡。

(6) 竣工记录和竣工图。竣工图应在管沟回填土之前绘制完成，图中应标明给水管线的位置、直径、埋深、承插口方向、配件形式和尺寸、阀门型号和位置以及其他有关管线(如与之相邻的排水管线) 的直径、埋深等。

## 第二节 管网检漏

检漏是管网管理部门的一项重要的日常工作，其目的是减少管网漏水量，节约水资源，降低供水成本，并防止漏水对建筑物造成危害。

管网漏水的原因很多，例如，管材质量差或因长期使用而损坏，管道基础沉陷、支墩设置不当引起管道损坏，接口密封不严，埋深不足导致管道被冻坏、压坏，因使用不当(如阀门关闭过快产生水锤) 使管道遭到破坏，以及因阀门锈蚀、磨损或杂物卡住无法关紧等，都会造成不同程度的漏水现象。

检漏的方法很多，例如直接观察法、听漏法、区域装表法、区域检漏法、地表雷达检漏法等。

### 一、直接观察法

直接观察法是从地面上直接观察管道的漏水迹象，例如，晴天时地面或沟边有清水渗出、排水管道检查井壁大量渗水、局部路面下沉、某处草木特别茂盛、路面积雪局部融化等。可以采用白天与晚上巡视相结合的办法，因夜晚供水水压较高，一些白天无法发现的漏水在晚上可以发现。这种方法简便易行，可粗略确定漏水地点，再结合听漏法来确定具体漏水点。采用直接观察法还可检查阀门、消火栓和水表等附件是否有漏水现象。

**二、听漏法**

听漏法又称为音听检漏法，是最常用的检漏方法。

自来水管道内的水以一定流速流动，此时在管道上方的地表是听不到声音的。一旦管道或附属设施发生漏水，水流喷出，打击在土石上，或打成空洞引起一定频率的震动声，此时在地表即可监听到声音，听漏法就是据此判断管道是否漏水并确定漏水点的。听漏工作一般在深夜进行，以免受到车辆行驶或其他环境噪声的影响。

听漏工具有听漏棒、电子放大检漏仪和相关检漏仪等。听漏棒是以前最常用的检漏工具，使用时将一端放在管道上方的地面或放在阀门、消火栓和水表上，即可从棒的另一端听到漏水声。听漏棒的听漏效果凭个人经验而定。电子放大检漏仪由拾音头、电子放大器和耳机等组成。拾音头将地下漏水的低频震动转化为电信号，经电子放大器放大后即可从耳机中听到漏水声，也可从输出电表的指针摆动中看出漏水情况。相关检漏仪有两个拾音头，利用漏水声音传播到两个拾音头的时间先后来确定漏水点。这种仪器对操作人员有一定的技术要求，且管材、接口形式、水压和土壤性质等都会影响检漏效果，适用于寻找疑难漏水点，例如穿越建筑物和水下管道的漏水等。

**三、区域装表法**

区域装表法是将供水区划分为若干个小区，在进入小区的总管上安装总水表，在小区内安装用户分水表，若总管经该区后还要供下游的小区用水时，则在流入下游小区的水管上再装水表。在同一时间内抄录总表、用户分水表和下游小区水管上的水表读数，就可计算出一定时间内进入小区的总水量、用户耗水量、流入下游小区的水量及该小区漏失的水量。这种方法又称为水平衡测试法。若漏失量未超过允许值，则不必在该区进行检漏工作，否则应在该区进行进一步的检漏工作，找到漏水点。

**四、区域检漏法**

区域检漏法适用于生活区或昼夜连续用水户较少的地区。查漏时除装有查漏水表的一条小区进水管通水外，其他所有连通该查漏区的进水管阀门全部关闭，小区内暂停用水。如果小区内的管网漏水，水表指针将会转动，由此可读出漏水量。查漏水表应装在旁通管上，查漏工作最好在深夜进行，以免影响居民用水。若查出小区内管网漏水且超过允许值，可按需要再分成若干个更小的区，用同样方法测定漏水量，逐步缩小漏水管道的可疑范围，最终还须结合听漏法找出漏水点。

## 第三节　管网水压和流量的测定

测定管网的水压和流量可以校核现状管网运行的经济合理性，是管网技术管理的一项重要内容。

**一、水压测定**

测定管网的水压可根据测压目的和范围选择测压点。测压点应能真实反映管网的水压情况，又要分布均匀合理，使每一测压点能代表附近地区的水压情况。测压点的设置要以大中口径干线为主，小口径管线为辅，不能设在进户支管上或大用水户附近。测压可采用普通压力表或自动记录压力表。测压时将压力表安装在消火栓或给水龙头上，定时记录水压或24小时连续记录水压。

测定管网水压可以了解管网的负荷情况。根据记录的水压值，按0.5～1.0m的水压差，在管网平面图上绘制出等水压线，这些线反映了各条管线的负荷情况。整个管网的等水压线最好均匀分布，若某一地区的水压线过密，说明该地区的管网负荷过大，管径偏小。因此，可将水压线的密集程度作为今后放大管径或增设管线的依据。

由各点水压标高减去地面标高，可得出各点的自由水压，据此可画出等自由水压线图。根据该图可了解管网内是否存在自由水压低于最小服务水头的低水压区，若存在，则应考虑对该地区的管网进行改造。如果某些地区的自由水压大大高于需要的最小服务水头，则应对其原因进行分析，若是由于为满足个别地势较高地区的压力而提高了整个地区的水压，则可采用扩大局部干管口径或采用局部加压措施来降低出厂压力，以节约能耗，力求使管网压力合理化。

**二、流量测定**

测定流量可采用毕托管或便携式超声波流量计。测点尽可能选在主要干管节点附近的直管段上。

通过实际测定得到的管网流量数据，对管网的规划、改造具有重要参考价值。如果管道中的流量（流速）低于经济流量（流速），可以有计划地挖掘、利用该管道的通水潜力；如果管道中的流量大大高于经济流量，说明该管道处于超负荷运行状态，应有计划地进行管网改造。根据流量测定结果，还可合理地调整多水源管网的供水分区，提高管网运行的经济效益。

## 第四节　管　道　防　腐

腐蚀是金属管道的变质现象，其表现形式为生锈、坑蚀、结瘤、开裂或脆化等。管道腐蚀不但造成了管道漏水、管道阻力增大、输水能力降低、能耗增加等问题，还会引起水质污染。由于给水管网的投资占给水工程总投资的比例很大，因此，防止管道腐蚀、延长管道的使用寿命，是降低管网运行费用的重要措施。

按照腐蚀过程的机理，腐蚀可分为不产生电流的化学腐蚀和形成原电池而产生电流的电化学腐蚀。给水管网在水中和土壤中的腐蚀，以及电气铁路、各种电气设备接地等散布的杂散电流引起的管道腐蚀，都属于电化学腐蚀。

影响管道电化学腐蚀的因素有很多，例如，水中溶解氧浓度越高，腐蚀越严重，但对钢管来说，在内壁产生保护膜的可能性也越大，若保护膜能够完全覆盖管壁，反而可减轻腐蚀；水的pH值越低，腐蚀速度越快；当pH值较高时，因金属管壁能够形成保护膜，腐蚀速度减慢；水的含盐量越高、流速越大，腐蚀速度越快。

防止给水管道腐蚀的方法有以下几种。

**一、采用非金属管材**

为了防止给水管道被腐蚀，可采用预应力钢筋混凝土管、塑料管和玻璃钢管等非金属管材。随着镀锌钢管逐步退出建筑供水领域，室外给水管网中使用钢管的几率也会越来越小，采用非金属管材的范围会越来越大。

**二、在金属管的内外表面上涂盖防护层**

涂盖防护层的目的是避免金属与水或潮湿土壤直接接触。一般给水灰铸铁管和球墨铸铁管的内外壁在出厂前已涂沥青防腐层，但国外在使用时，仍用塑料薄膜松包或在管外加装塑料套。埋地钢管应根据周围土壤的腐蚀性，选用正常防腐层、加强防腐层或特强防腐层。管内壁防腐涂层的种类较多，有树脂、沥青、油漆、内衬软管和水泥砂浆等，根据使用经验，水泥砂浆的防腐效果较好。

**三、阴极保护**

阴极保护只能用来保护水管的外壁免受土壤侵蚀。根据电化学腐蚀原理，两个电极中只有阳极才受到腐蚀，因此阴极保护就是使金属管道成为阴极，以防止腐蚀。

阴极保护有以下两种方法：

(1) 不用外加电流的阴极保护法：使用还原性比铁强的金属材料（如镁、锌、铝等）作为阳极，将其埋于地下，隔一定距离用导线把阳极与管道（阴极）相连接，在土壤中自然形成一个大的电路，结果是阳极金属受到腐蚀，钢管或铸铁管得到保护，如图 7-1 所示。这种方法常在土壤电阻率低、缺少电源和管道涂层良好的情况下使用。

(2) 应用外加直流电的阴极保护法（见图 7-2）：将废铁等埋在金属管道附近，作为阳极，与直流电的阳极相连接，电源的阴极接到管线上。电流由直流电源经电缆流向人造废铁阳极，再经土壤流入被保护管道，从管道经电缆流回电源的阴极，这样被保护的管道成了阴极，因而防止了土壤对管道的腐蚀。这种方法在土壤电阻率较高或金属管道外露时使用较为适宜。

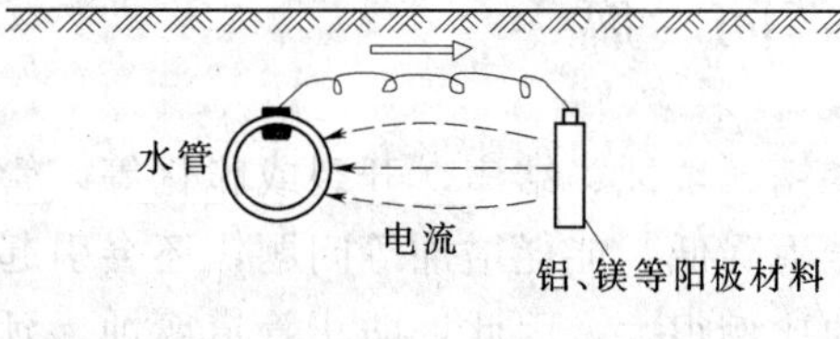


图 7-1　不用外加电流的阴极保护法

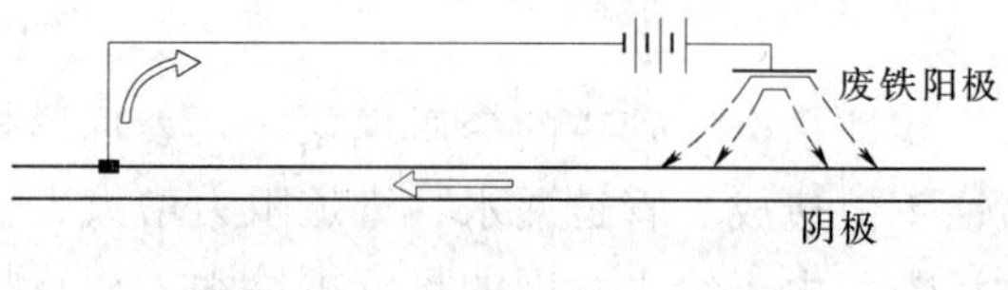


图 7-2　应用外加电流的阴极保护法

需要注意的是，管道表面涂盖防护层往往与阴极保护法同时采用，这样才能取得较好的防腐效果，而且经济上比较合理。

## 第五节　管道清垢和管壁涂层

随着管道输水年限的延长，管道内壁会逐渐出现腐蚀及积垢现象，腐蚀和积垢程度取决于输水水质、管道材料和水流流速等因素。腐蚀和积垢增加了水流的阻力，减少了过水断面，使管道的水头损失逐步增加，输水能力逐步下降。例如，某市一条直径 1200mm 的出厂干管，由于腐蚀和积垢的影响，摩阻系数 $n$ 值已超过 0.018，其输水能力只相当于直径 900mm 的管道。根据某些地区的调查，未涂料铸铁管使用几年之后，$n$ 值就达到 0.025；涂沥青的铸铁管在使用 10～20 年后，$n$ 值可增长到 0.016～0.018；涂水泥砂浆的铸铁管，长期使用后，$n$ 值基本不变；对 $n$ 值增大的管道清垢并重涂保护层后，$n$ 值可下降到 0.012。因此，为防止管内壁腐蚀和积垢，在新管道使用前应在内壁涂衬；对已埋地使用一定年限的管道，应有计划地进行管线清垢和重涂保护层，以改善水利条件。据测算，为达到管线原输水能力而再敷设一条新管道所需费用是对原管道进行清垢和重涂保护层所需费用的 10～12 倍。因而，管道清垢和管壁衬涂保护层是恢复管道输水能力经济、有效的方法。

**一、管道清垢**

产生积垢的原因很多，例如，金属管内壁被水侵蚀，水中的碳酸盐和悬浮物在管中沉淀，水中的铁、氯化物和硫酸盐的含量过高，铁细菌、藻类等微生物的生长繁殖，等等。因此，要从根本上解决管道腐蚀和积垢问题，必须改善所输送的水的质量。

清除金属管中积垢的方法，应根据积垢的性质而定。

（一）松软积垢的清除

1. 高速水流冲洗法

采用高速水流冲洗法时，清垢时的冲洗流速是平时供水流速的 4～6 倍，但压力不能高于允许值。每次冲洗管道的长度为 100～200m。冲洗时，管中水垢随水流排出，排水较混浊，以后逐渐变清，待出水完全变清时，冲洗工作结束。冲洗工作应经常进行，以免积垢变硬后难于冲走。

2. 气-水同时冲洗法

采用压缩空气和水同时冲洗，效果比单纯的高速水流冲洗法更好。

上述两种冲洗方法具有冲洗简便，不必断管，水管中无需放入特殊刀具；工作速度快；操作费用比刮管法、化学清洗法低；冲洗时不会破坏管内壁涂层等优点，因此也常作为新敷设管道的清洗方法，但这两种方法浪费的水量较大。

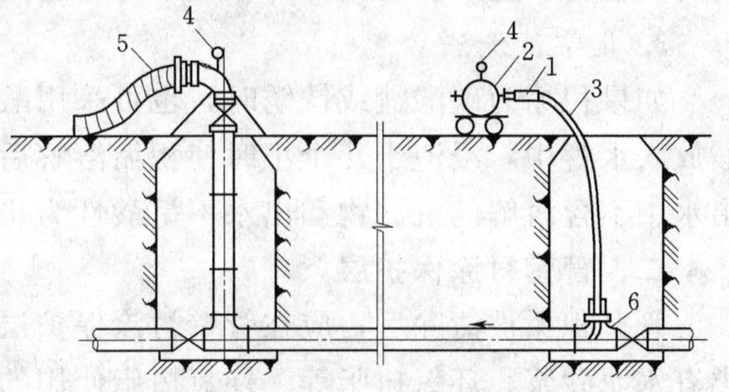


图 7-3　气压脉冲射流法冲洗管道

1—脉冲装置；2—储气罐；3—橡胶管；4—压力表；5—排水管；6—喷嘴

3. 气压脉冲射流法

采用气压脉冲射流法的冲洗过程如图 7-3所示，储气罐中的高压空气通过脉冲装置、橡胶管和喷嘴射入需冲洗的管道中，冲洗下来的积垢由排水管排出。进气和排水装置可安装在检查井中，不需断管或开挖路面。这种方法设备简单、操作方便、成本较低、冲洗效果很好。

（二）坚硬积垢的清除

1. 刮管法

刮管器有多种形式，使用时都是用钢丝绳绞车等工具拉着它在积垢的水管内来回拖动，以清除水垢。图 7-4 为一种适用于小口径管道的刮管器，由切削环、刮管环和钢丝刷组成。工作时，先由切削环在管内壁的积垢上刻划沟槽，然后由刮管环把积垢刮下，最后由钢丝刷把管壁刷净。

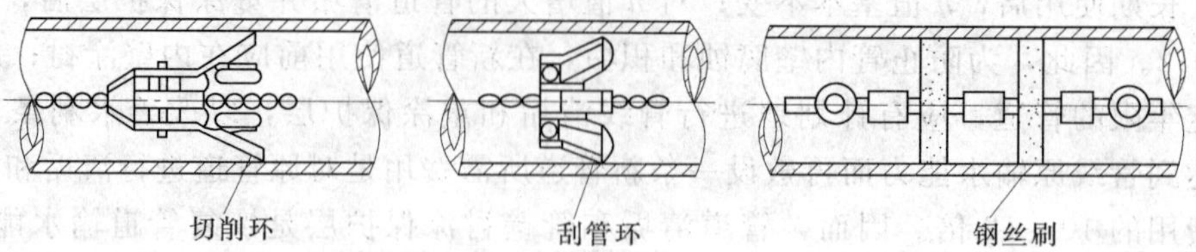


图 7-4　刮管器

大口径管道可用刮管机清垢。刮管机是一种由封闭电动机带动的旋转刀具或旋转链锤，用刀具刮下或用链锤打下管壁积垢，再用水冲洗干净，清垢效果较好。

刮管法的优点是刮管速度较快，但需要断管放入刮管器，且往返拖动较费力，管道不易刮净。

2. 弹性清管器法

弹性清管器用软性材料制成。例如，用聚氨酯材料制成的“炮弹形”清管器，其外形如炮弹，外表装有合金钢钉或钢刷，在水压力的驱动下，清管器在管道中以2～3km/h的速度运行。清管器在移动过程中与管壁产生摩擦力，把管壁积垢刮擦下来，通过从清管器和管壁之间缝隙流出来的压力水，将刮擦下来的管垢冲走。冲洗水的压力随管径增大而减小。

由于清管器是由弹性材料制成的，因而可通过消火栓或切断的管道口将其塞入管道中。清管器在管中能顺利通过三通、弯头等管件。这种方法操作简便、成本低，可清除管内的沉积物、泥沙和硬垢，清垢效果好，适用于各种管径。

3. 化学清洗法

如果积垢为碳酸盐或铁锈时，也可采用酸洗法去除。该方法是将一定浓度的盐酸或硫酸放入水管中，浸泡十几个小时使积垢溶解后，放出酸性溶液，再用清水冲洗干净，直到出水中不含溶解的沉淀物和出水不呈酸性为止。

**二、管壁衬涂保护层**

管壁积垢被清除后，应在管壁衬涂保护层，以防止管道再次腐蚀和积垢。保护层的种类有水泥砂浆、环氧树脂等。环氧树脂使用的历史较短，在日本等国家使用较多。我国管道内壁涂层主要使用水泥砂浆或聚合物改性水泥砂浆。前者涂层厚度为3～5mm，后者涂层厚度为1.5～2mm。调查结果表明，这两种涂层的防腐效果稳定可靠，长期使用后，管道摩阻系数基本不变。

衬涂水泥砂浆的方法有多种。如果管道在敷设前预先衬涂，可采用离心法，即用特制的离心装置或利用管子本身的转动，使水泥砂浆均匀地涂在管道内壁上。对已埋地的直径在500mm以上的管道衬涂保护层时，可采用喷浆机，一次喷浆距离为20～50m。对已埋地的管径较小的管道可采用压缩空气衬涂设备。

## 第六节　管网水质维护

保证管网良好的水质状况是管网管理的重要任务之一。

前几年对全国大中城市自来水水质情况的调查资料表明，自来水厂出厂水各项水质指标全年综合平均总合格率为99.39%，其中浊度、细菌总数、总大肠菌群和游离性余氯四项指标全年综合平均合格率为98.73%。这说明，我国大中城市自来水的水质基本上是符合生活饮用水卫生标准的。调查资料还表明，管网中浊度、细菌总数、总大肠菌群和游离性余氯四项指标全年综合平均合格率为95.68%，较出厂水下降了3.05%，其中总大肠菌群指标下降了7.3%，且平均值已达2.96个/L。此外，氯仿、四氯化碳含量较出厂水分别增加了47.91%和38.78%。城市供水系统中的调节水池、水塔、水箱的各项水质指标的全年综合平均总合格率为93.92%，较出厂水下降了5.47%；浊度、细菌总数、总大肠菌群和游离性余氯四项指标全年综合平均合格率为83.81%，较出厂水下降了14.92%，并且总大肠菌群已经超标，游离性余氯已不达标。上述数据说明，水在给水管网的输送和二次加压系统的储存过程中，受到了不同程度的污染，水质有所下降。导致水质下降的原因有：管道内壁腐蚀、积垢、微生物滋生，加氯产生有害的氯化有机物，以及管道破裂或接口不严等原因引起水质受到外界污染等。为减少污染，保证管网水质，应采取以下措施：

（1）因管道的腐蚀、积垢都与输水水质有关，因此应提高出厂水水质，消除输配水系统二次污染的隐患，例如对水质进行稳定处理，调节出厂水pH值等。

（2）尽量采用非金属管道。对金属管道应定期清垢、衬涂保护层，以防止管道腐蚀和积垢。

（3）新管线竣工后、旧管线检修后或长期未用的管线在恢复使用前，均应冲洗消毒。首先用高速水流冲洗水管，然后用20～30mg/L的漂白粉溶液浸泡一昼夜以上，再用清水冲洗，同时测定排出水的浊度和细菌，直到合格为止。

（4）定期清洗水池、水塔和屋顶高位水箱。目前，一些城市已经规定了水箱的清洗周期，但就全国而言，储水设施清洗还是一个薄弱环节。

（5）通过给水栓、消火栓和放水管，定期放掉管网中的部分“死水”，并对水管进行冲洗。

（6）生活水池与消防水池分开设置。当两者合设时，因消防储水量很大，故水池容积很大，其中生活用水储量一般不足总储量的20%，因此，对生活用水来说，储存时间过长，容易滋生细菌。在水池分建方面，我国目前实施的《建筑给水排水设计规范》（GB 5001—2003）已明确做出了规定。

（7）管线过长时，应在管网中途加氯，以提高管网末梢的余氯量，防止细菌繁殖。这样也可避免为满足管网末梢的余氯量，出厂水加氯量过大，导致有害的氯化有机物过多的问题。

## 第七节　管网调度管理

管网调度的目的是在保证安全供水，满足用户对水量、水压和水质要求的前提下，最大限度地降低供水成本。

随着城市经济建设的迅速发展，城市供水规模也在不断扩大，给水管网调度管理的重要性和复杂性日趋突出。大城市的给水系统通常为多水源给水系统，系统中设有水库和加压泵站。通过集中调度，可使各水厂按照管网控制点的水压确定水泵开启台数，减少能量浪费。由于影响管网正常运行的因素很多，因此，集中调度并非易事，故不少城市已先后引进和开发了自动供水综合调度计算机系统。这些系统的主要功能如下：

（1）实时监测各水厂二级泵站的开机状态、出水压力、出水流量、清水池水位等。

（2）实时监测管网中各测点的水压、流量、水库水位等。

（3）根据已输入的已有数据，可实现水厂、管网、用户、城市地理信息的综合管理，可随时检索、查阅有关资料。

（4）可用直观界面表达实时供水状态，显示经济负荷、低负荷、超负荷管段，供水水流方向、供水分界线，以及供水低压区、高压区、合格水压区，并进行供水状态分析。

（5）根据实时监测数据、调度原则及已建立的管网模型，进行快速实时管网平差，自动给出各种条件下的优化经济调度方案。

（6）在爆管时，根据爆管位置，迅速查出要关闭的阀门，打印出清单，同时打印出停水用户名单。

（7）系统具有多种图表、曲线的显示功能。

（8）根据平差结果，为管网改扩建的优化设计提供各种备选方案。

各城市的自动供水综合调度计算机系统，可根据各自给水系统的情况及需要，选择其中几种功能或补充其他功能。

# 第八章　给　水　泵　站

水泵、管道及电机（简称为泵、管、机）三者构成了泵站中的主要工艺设施。为了掌握泵站设计与管理技术，对于泵站中的选泵依据、选泵要点、水泵机组布置、基础安装要求、吸水管和压水管管径确定、闸阀布置与管道安装要求以及电器设备的选用等方面的知识，是必须有深入的了解与掌握的。除此以外，对于保证泵、管、机正常运行与维护所必需的辅助设施，诸如计量、引水、起重、排水、通风、减噪、采光、通信以及水锤消除等方面的设备与措施的选用也必须有基本的了解与掌握。本章将对上述内容作分节阐述。

## 第一节　给水泵站的分类

泵站分类的方式有多种，按照机组设置位置与地面的相对标高关系，泵站可分为地面式泵站、地下式（地下部分的深度大于或等于泵房总深度的1/2）泵站与半地下式（地下部分的深度小于泵房总深度的1/2）泵站。按照操作条件及方式，泵站可分为人工手动控制泵站、半自动化泵站、全自动化泵站和遥控泵站。半自动化泵站是指开始的指令是由人工按动电钮使电路闭合或切断，以后的各操作程序利用各种继电器来控制。全自动化泵站的一切操作程序则都由相应的自动控制系统来完成。遥控泵站的一切操作均由远离泵站的中央控制室进行。在给水工程中，通常按泵站在给水系统中的作用将给水泵站分为取水泵站、送水泵站、加压泵站及循环水泵站四种。

**一、取水泵站**

取水泵站在水厂中又称为一级泵站。在地面水水源中，取水泵站一般由吸水井、泵房及阀门井（又称为阀门切换井）三部分组成。其工艺流程如图8-1所示。取水泵站由于它具有靠江临水的特点，所以河道的水文、水运、地质以及航道的变化等都会直接影响到取水泵站本身的埋深、结构形式以及工程造价。我国西南和中南地区以及丘陵地区的河道，水位涨落悬殊，设计最大洪水位与设计最低枯水位相差常达10～20m，为保证泵站能在最低枯水位抽水的可能性，以及保证在最高洪水位时，泵房筒体不被淹没进水，整个泵房的高度常常很大，这是一般山区河道取水泵站的共同特点。对于这一类泵房，一般采用圆形钢筋混凝土结构。这类泵房平面面积的大小，对于整个泵站的工程造价影响甚大，所以在取水泵房的设计中，有“贵在平面”的说法。机组及各辅助设施的布置，应尽可能充分利用泵房内的面积，水泵机组及电

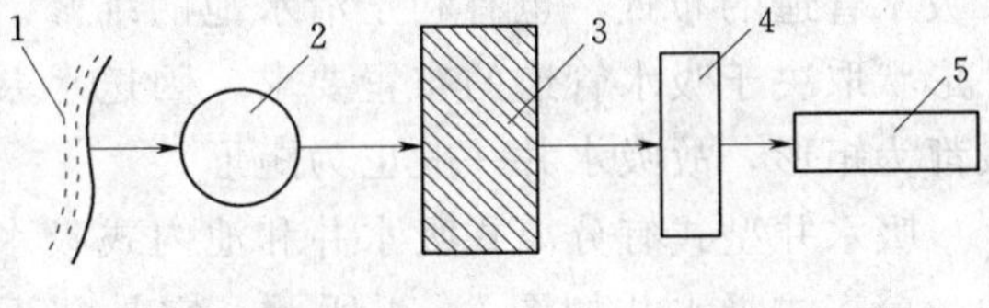


图8-1　地面水取水泵站工艺流程示意图
1—水源；2—吸水井；3—取水泵房；
4—阀门切换井；5—净水厂

动闸阀的控制可以集中在泵房顶层集中管理，底层尽可能做到无人值班，仅定期下去抽查。

设计取水泵房时，在土建结构方面应考虑到河岸的稳定性，在泵房筒体的抗浮、抗裂、防倾覆、防滑坡等方面均应进行认真的计算。在施工过程中，应考虑到争取在河道枯水位时施工；若要抢季节施工，应有比较周全的施工组织计划。泵房投产后，在运行管理方面必须很好地使用好通风、采光、起重、排水以及水锤防护等设施。此外，取水泵站由于其扩建比较困难，所以在新建给水工程时，应充分地认识到它的“百年大计，一次完成”的特点，泵房内机组的配置，可以近远期相结合，对于机组的基础、吸水管和压水管的穿墙嵌管以及电气容量等都应该考虑到远期扩建的可能性。

在近代的城市给水工程中，由于城市水源的污染、市政规划的限制等诸多因素的影响，水源取水点常常远离市区，取水泵站成为远距离输水的工程设施，水锤的防护问题、泵站的节电问题、远距离沿线管道的检修问题以及与调度室的通信问题等都是必须注意的。

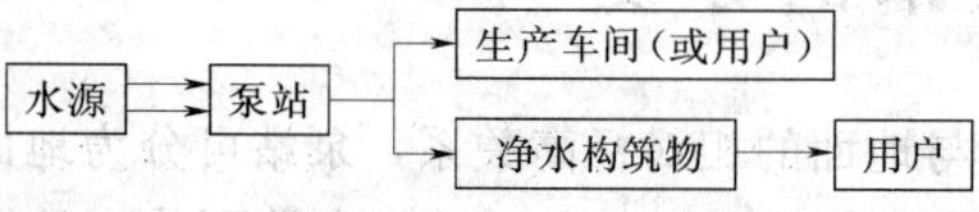

图 8-2　工业企业取水泵站流程示意图

当采用地下水作为生活饮用水水源而水质又符合饮用水卫生标准时，取水井的泵站可直接将水送到用户。在工业企业中，有时同一泵站内可能安装有输水给净水构筑物的水泵和直接将水输送给某些车间的水泵，其工艺流程如图 8-2 所示。

**二、送水泵站**

送水泵站（配水泵站）在水厂中又称为二级泵站，其工艺流程如图 8-3 所示。送水泵站通常建在水厂内，它抽送的是清水，所以又称为清水泵站。净水构筑物处理后的出厂水，由清水池流入吸水井，送水泵站中的水泵从吸水井中吸水，通过输水干管将水输往管网。送水泵站的供水情况直接受用户用水情况的影响，其出厂流量与水压在一天内各个时段中是变化的。送水泵站的吸水井，应既有利于水泵吸水管道的布置，也有利于清水池的维修。吸水井形状取决于吸水管道的布置要求，因送水泵房一般都为矩形，故吸水井一般也为矩形。

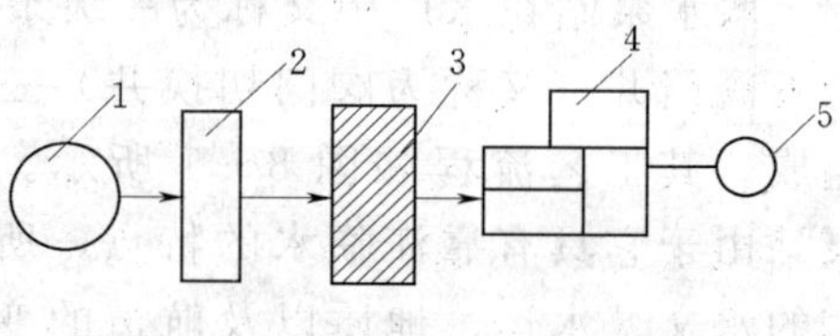

图 8-3　送水泵站工艺流程示意图

1—清水池；2—吸水井；3—送水泵站；4—管网；5—水塔

吸水井型式有分离式吸水井和池内式吸水井两种。分离式吸水井如图 8-4 所示，它是邻近泵房吸水管一侧设置的独立构筑物。其平面布置一般分为独立的两格，中间隔墙上安装阀门或闸板，阀门口径应足以通过邻格最大的吸水流量，以便当进水管 $A$（或 $B$）切断时泵房内各机组仍能工作。分离式吸水井对提高泵站运行的安全度有利。池内式吸水井如图 8-5 所示，它是在清水池的一端用隔墙分出一部分容积作为吸水井。吸水井分成两格，图 8-5（$a$）在隔墙上装阀门，图 8-5（$b$）在隔墙上装闸板，两格均可独立工作。吸水井一端接入来自另一只清水池的旁通管。当主体清水池需清洗时，可关闭壁上的进水阀（或闸板），吸水井暂由旁通管供水，使泵房仍能维持正常工作。

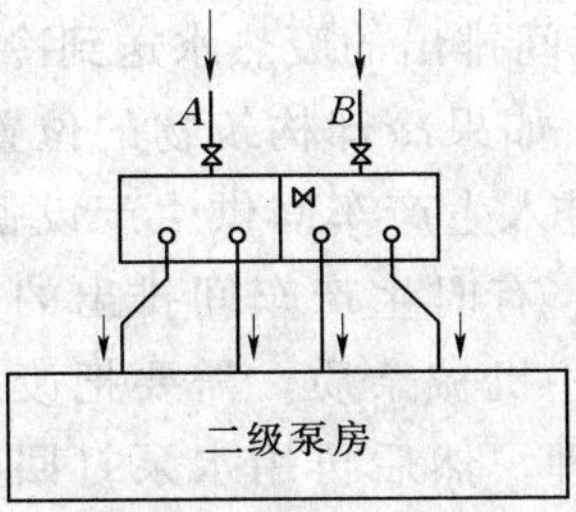


图 8-4　分离式吸水井

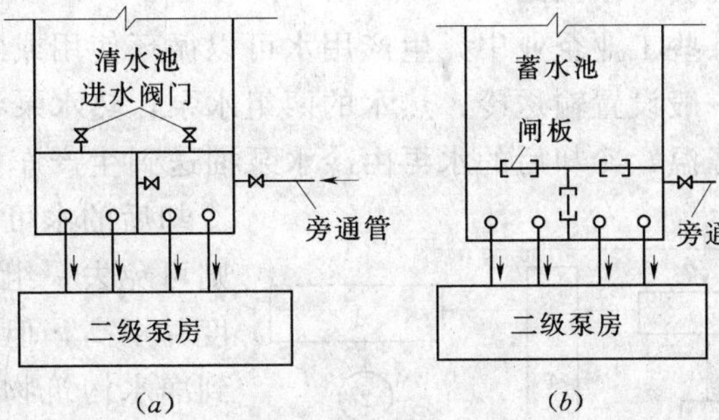


图 8-5　池内式吸水井

(a) 设阀门；(b) 设闸板

送水泵站吸水水位变化范围小，通常不超过3～4m，因此泵站埋深较浅，一般可建成地面式或半地下式。送水泵站为了适应管网中用户水量和水压的变化，往往设置多种不同型号和台数的水泵机组，从而导致泵站建筑面积较大，运行管理复杂。因此，水泵的调速运行在送水泵站中尤其显得重要。送水泵站在城市供水系统中的作用，犹如人体的心脏，通过主动脉以及无数的支微血管，将血液输送到人体的各个部位上去，在无水塔管网系统中工作的送水泵站，这种类比性就更加明显。

**三、加压泵站**

若城市给水区面积较大，输配水管线很长，或给水区内地形起伏较大，通过技术经济比较，可以在城市管网中增设加压泵站。在近代大中型城市给水系统中实行分区分压供水时，设置加压泵站已十分普遍。加压泵站的工况取决于加压所采用的手段，一般有以下两种方式：

(1) 采用在输水管线上直接串联加压的方式，如图 8-6 (a) 所示。采用这种方式，水厂内送水泵站和加压泵站将同步工作。这种方式一般用于水厂位置远离城市管网的长距离输水的场合。

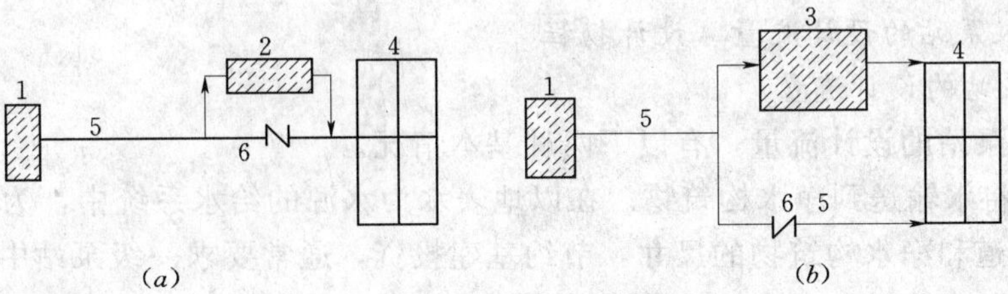


图 8-6　加压泵站供水方式

(a) 不设水池；(b) 设水池

1—二级泵房；2—增压泵房；3—水库泵站；4—配水管网；5—输水管；6—逆止阀

(2) 采用清水池及泵站加压供水方式（又称为水库泵站加压供水方式），即水厂内送水泵站将水输入远离水厂、接近管网起端处的清水池内，由加压泵站将水输入管网，如图 8-5 (b) 所示。采用这种方式，城市中用水负荷可借助于加压泵站的清水池调节，从而使水厂的送水泵站工作制度比较均匀，有利于调度管理。

## 四、循环水泵站

在某些工业企业中，生产用水可以循环使用或经过简单处理后复用。在循环系统的泵站中，一般设置输送冷、热水的两组水泵，热水泵将生产车间排出的废热水送到冷却构筑物进行降温，冷却后的水再由冷水泵抽送到生产车间使用。如果冷却构筑物的位置较高，冷却后的水可以自流进入生产车间供生产设备使用，则可免去一组冷水泵。有时生产车间排出的废水温度并不高，但含有一些机械杂质，需要把废水先送到净水构筑物进行处理，然后再用水泵打回车间使用，这种情况就不设热水泵。有时生产车间排出的废水，既升高了温度又含有一定量的机械杂质，其处理工艺流程如图 8-7 所示。

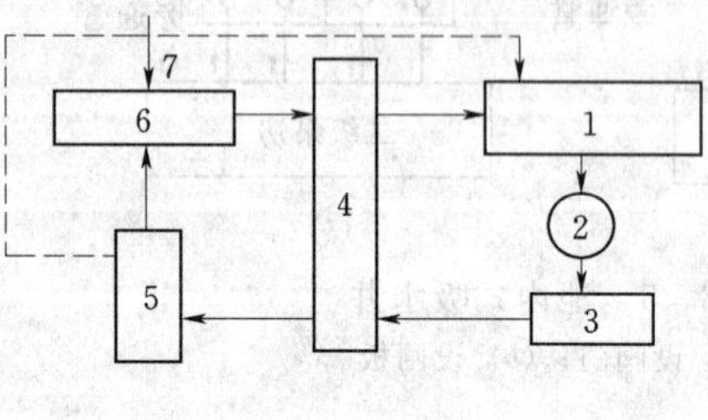


图 8-7　循环给水系统工艺流程

1—生产车间；2—净水构筑物；3—热水井；4—循环泵站；5—冷却构筑物；6—集水池；7—补充新鲜水

一个大型工业企业中往往设有多个循环给水系统。循环水泵站的供水特点是其供水对象所要求的水压比较稳定，水量亦仅随气温的季节性改变而有所变化，循环水泵站对供水安全性的要求一般都较高，因此，需保证水泵具有良好的吸水条件并管理方便。水泵通常为自灌式工作，水泵顶的标高低于吸水井的最低水位，因此循环水泵站大多是半地下式的；而且，循环水泵站的水泵备用率较大，水泵台数较多，有时一个循环泵站冷、热水泵可达 20～30 台。在确定水泵台数和流量时，要考虑到一年中水温的变化，因此，可选用多台同型号水泵，不同季节开动不同台数的泵来调节流量。

循环水泵站通常位于冷却构筑物或净水构筑物附近。

# 第二节　水泵的选择

## 一、选泵的主要依据

选泵的主要依据是所需的流量、扬程以及其变化规律。

### (一) 一级泵站的设计流量、设计扬程

1. 一级泵站的设计流量

确定一级泵站的设计流量，有以下两种基本情况。

(1) 泵站将水输送到净水构筑物。在以地表水为水源的给水系统中，为了减小取水构筑物、输水管道和净水构筑物的尺寸，节约基建投资，通常要求一级泵站中的水泵在全部工作时间内均匀工作，因此，泵站的设计流量应为

$$Q_r = \frac{\alpha Q_d}{T} \tag{8-1}$$

式中：$Q_r$ 为一级泵站中水泵所供给的流量，$m^3/h$；$Q_d$ 为供水对象最高日设计用水量，$m^3/d$；$\alpha$ 为计及输水管漏损和净水构筑物自身用水的系数，一般取 $\alpha = 1.05 \sim 1.1$；$T$ 为一级泵站在一昼夜内工作小时数。

(2) 泵站将水直接供给用户或送到地下集水池。当采用地下水作为生活饮用水水源，而水质又符合卫生标准时，就可将水直接供给用户。在这种情况下，实际上一级泵站是起二级泵站的作用。

若送水到集水池，再由二级泵站将水供给用户，由于给水系统中没有净水构筑物，此时泵站的流量为

$$Q_r=\frac{\beta Q_d}{T} \tag{8-2}$$

式中：$\beta$ 为给水系统中自身用水系数，一般取 $\beta=1.01\sim1.02$；其他符号同式（8-1）。

对于供应工厂生产用水的一级泵站，水泵的流量应视工厂生产给水系统的性能而定。对于直流给水系统，当泵站的流量变化时，可采取开动不同台数泵的方法予以调节。对于循环给水系统，一级泵站的设计流量（即补充新鲜水量）可按平均日用水量计算。

2. 一级泵站的设计扬程

一级泵站中水泵的扬程是根据所采用的给水系统的工作条件来决定的。

当泵站送水至净水构筑物（见图 8-8），或向循环生产给水系统补充新鲜水时，泵站所需的扬程按下式计算：

$$H=H_{ST}+\sum h_s+\sum h_d \tag{8-3}$$

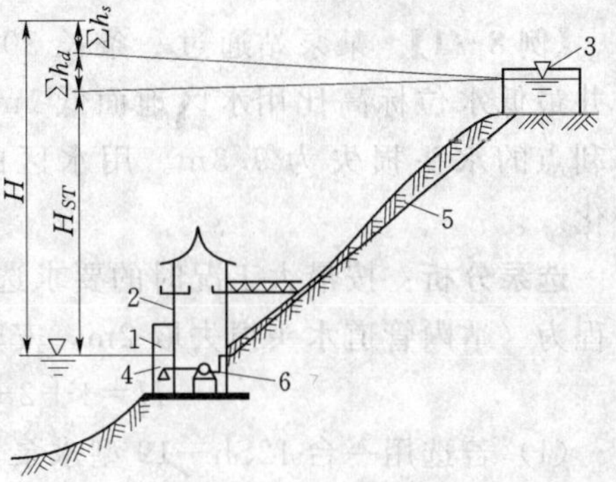

图 8-8　一级泵站供水到净水构筑物的流程

1—吸水井；2—泵站；3—净水构筑物；4—吸水管路；5—压水管路；6—水泵

式中：$H$ 为泵站的扬程，m；$H_{ST}$ 为静扬程，从吸水井的最低枯水位（或最低动水位）到净水构筑物或集水池进口水面的标高差（当泵站直接向用户供水时，$H_{ST}$ 为从吸水井最低水位到管网控制点所需最小服务水头相应液面的标高差），m；$\sum h_s$ 为吸水管路的水头损失，m；$\sum h_d$ 为输水管路的水头损失，m。

此外，选泵时还应考虑增加一定的安全水头，一般为 1～2m。

当直接向用户供水时，例如用深井泵抽取深层地下水供城市居民、工厂生活饮用水或生产冷却用水时，水泵扬程仍按式（8-3）计算，但式中 $H_{ST}$ 为从水源井中枯水位（或最低水位）到给水管网中控制点所要求的最小服务水头的标高差。

（二）二级泵站的选泵依据

通常，对于小城市的给水系统，由于用水量不大，大多数采用泵站均匀供水方式，即泵站的设计流量按最高日平均时用水量计算。这样，虽然水塔的调节容积占全日用水量的百分比值较大，但其绝对值不大，在经济上还是合适的。

对于大城市的给水系统，有的采取无水塔、多水源、分散供水系统，通常泵站的设计流量按最高日最高时设计用水量计算，而运用多台同型号或不同型号的水泵的组合来适应用水量的变化。

对于中等城市的给水系统，二级泵站的设计流量应视给水管网中有无水塔而定。当管网中无水塔时，泵站的设计流量按最高日最高时用水量确定；当管网中有水塔时，二级泵站依据最高日内用水量的逐时变化采用分级供水，故设计流量需按照最高一级供水量确定，并考虑其他各级供水量下水泵能有适当的组合。

**二、选泵要点**

选泵就是要确定水泵的型号和台数。对于各种不同功能的泵站，选泵时考虑问题的侧

重点也有所不同，一般可归纳如下。

（一）大小兼顾，调配灵活，型号整齐，便于管理

对于送水泵站而言，因为给水系统中的用水量通常是逐年、逐日、逐时地变化的，给水管道中水头损失又与用水量大小有关，故所需的压力也是相应地变化的；对于取水泵站来说，水泵所需的扬程还将随着水源水位的涨落而变化。因此，选泵时不能仅仅只满足最大流量和最高水压时的要求，还必须全面顾及水量、水位的变化。

**【例 8-1】** 某泵站通过一条长 3000m、直径为 500mm 的钢管向某用水区供水，吸水井最低水位标高比用水区地面低 1m，供水最不利点所需的服务水头为 6m，泵站至最不利点的水头损失为 9.3m。用水区的用水量从最大 $795m^3/h$ 到最小 $396m^3/h$，逐时变化。

**选泵分析：** 按最大工况时的要求选泵，则水泵的流量为 $795m^3/h$，由式（8-3）可得扬程为（站内管道水头损失取 2m，安全水头取 1.5m）

$$H=1+2+9.3+6+1.5=19.8m$$

（1）若选用一台 12Sh—19 型水泵，流量为 $795m^3/h$，扬程为 20m，虽然能满足要求，但是，就全年供水来说，最大用水量出现的几率并不很多，往往只占百分之几，绝大部分时间用水量和所需扬程均小于最大工况。因此，按上述方法选泵，将使泵站在长期运行中造成很大的能量浪费。

在图 8-9 上作出 12Sh—19 型水泵的 $H-Q$ 曲线和管路特性曲线。在最大用水量时，水泵效率较高，为 $\eta=82\%$，流量满足要求，扬程也没有浪费。但是在最小用水量（$396m^3/h$）时，管路中所需水压从 20m 减小到 12m，而这时水泵的扬程却从 20m 增加至 26m，水泵效率也下降到 $\eta=63\%$，即水泵实际消耗的能量大大超过管网所需的能量，造成很大的浪费。

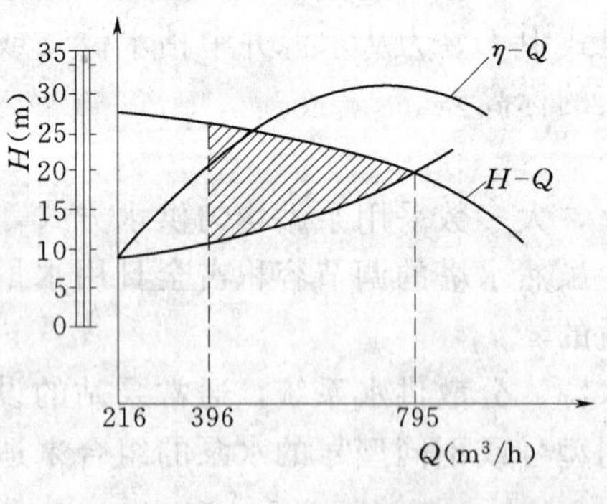


图 8-9　12Sh—19 型水泵的特性曲线

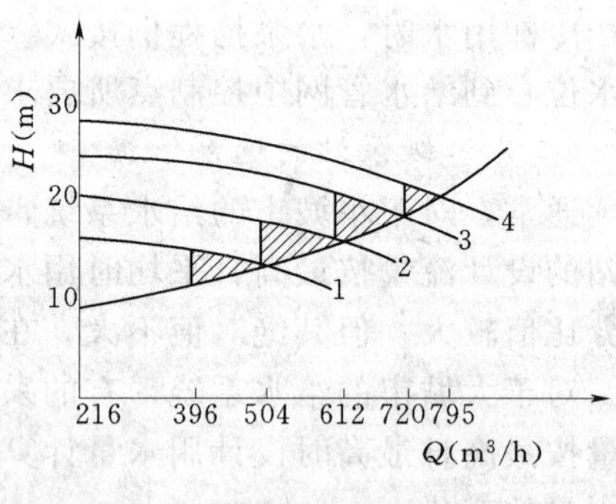


图 8-10　4 台不同型号水泵 $Q-H$ 曲线

设用水量的变化是均匀的，则图 8-9 中斜线部分的面积可以表示浪费的能量。实际上，由于最大用水量在整个设计期限内出现的几率极低，因此，浪费的能量远比图中斜线部分的面积大。

（2）如果选用几台不同大小或型号的水泵来供水（见图 8-10，图中曲线 1、2、3、4 分别代表四台性能不同的水泵的 $Q-H$ 曲线），用水量从 $396\sim504m^3/h$，用水泵 1 工作；

用水量从 504～612m³/h，用水泵 2 工作；用水量从 612～720m³/h，用水泵 3 工作，用水量从 720～795m³/h，用水泵 4 工作。图 8-10 中的斜线部分面积表示用水量为均匀变化时浪费的能量。显然，比只用一台水泵工作（见图 8-9）的情况浪费的能量少得多。

由此可见，在用水量和所需水压变化较大的情况下，选用性能不同的水泵的台数越多，越能适应用水量变化的要求，浪费的能量越少。例如，管网中无调节水量构筑物，扬程中水头损失占相当大比重的二级泵站，其供水量随用水量的变化而明显地变化。为了节省动力费用，就应根据管网用水量与相应的水压变化情况，合理地选择不同性能的水泵，做到大小泵要兼顾，在运行中可灵活调度，以求得最经济的效果。

（3）本例中如果选用 4 台泵的泵站，其流量比一般不会采用 1∶2∶3∶4。这样配置的水泵，虽然可应付 10 种工况变化，但是，泵站内各泵大小各异，运行管理必然是复杂而不受人欢迎的。如果采用 1∶2∶3∶3 的 4 台泵并联工作，则这样配置的水泵可应付 9 种工况变化，它将同时满足调配灵活和便于管理这两个要求。送水泵站的工作泵台数往往较多，一般为 3～6 台，甚至更多。当采用 3 台工作泵时，各泵间的设计流量比可采用 1∶2∶2，这样配置的 3 台工作泵可应付 5 种不同的流量变化。当采用 6 台工作泵时，各泵间的设计流量比可采用 1∶1∶2.5∶2.5∶2.5∶2.5，这样配置的 6 台工作泵可应付 14 种不同的流量变化。

（4）从泵站运行管理与维护检修的角度来看，如果水泵的型号太多则不便于管理。一般希望能选择同型号的水泵并联工作，这样无论是电机、电器设备的配套与储备，还是管道配件的安装与制作，均会带来很大的方便。对于水源水位变化不大的取水泵站，管网中设有足够调节容量的水塔（或高地水池）的送水泵站以及流量与扬程比较稳定的循环水泵站，均可在选泵中采用本要点给予侧重考虑。当全日均匀供水时，泵站可以选 2～3 台同型号的水泵并联运行。

（二）充分利用各水泵的高效段

单级双吸式离心泵是给水工程中常用的一种离心泵（如 Sh 型、SA 型）。它们的经济工作范围（即高效段）一般在 $0.85Q_p \sim 1.15Q_p$（其中 $Q_p$ 为水泵铭牌上的额定流量值）。选泵时应充分利用各水泵的高效段。

**【例 8-2】** 某市已获得的最大日用水量逐时变化曲线如图 8-11 所示。该市管网中无水量调节构筑物，由送水泵站向无水塔管网供水。

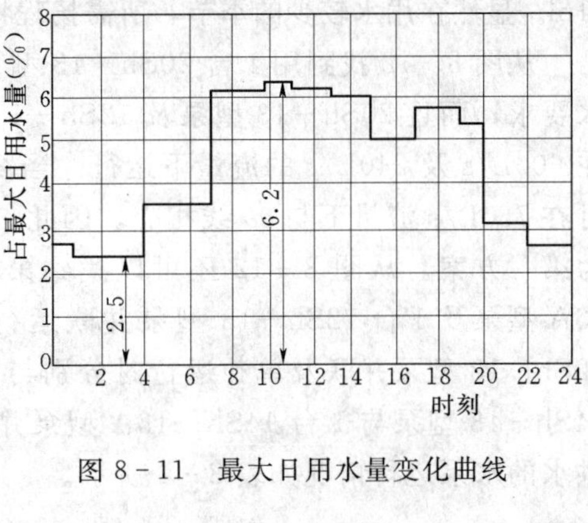

图 8-11 最大日用水量变化曲线

**选泵分析**：可按下述方式选泵。

（1）按最高日平均时流量的 70%（即 $0.7Q_{日 \cdot 平均时}$）选泵，所选泵的经济工作范围宜为

$$\begin{cases} 0.7Q_{日 \cdot 平均时} \times 0.85 = 0.59Q_{日 \cdot 平均时} \\ 0.7Q_{日 \cdot 平均时} \times 1.15 = 0.81Q_{日 \cdot 平均时} \end{cases}$$

由于平均时流量占全日流量的 4.17%，则上述的经济工作范围可折算为

$$\begin{cases} 0.59\times4.17\%Q_d=2.46\%Q_d \\ 0.81\times4.17\%Q_d=3.38\%Q_d \end{cases}$$

(2) 按最高日平均时流量的 100%（即 $1.0Q_{日.平均时}$）选泵，则所选泵的经济工作范围宜为 $3.54\%Q_d\sim4.80\%Q_d$。

(3) 按最高日平均时流量的 130%（即 $1.3Q_{日.平均时}$）选泵，则所选泵的经济工作范围宜为 $4.80\%Q_d\sim6.23\%Q_d$。

将上述（1）～（3）三种情况选出的泵进行总体观察可知：选出的泵可以在 $2.46\%Q_d\sim6.23\%Q_d$ 范围内经济地工作。

（三）近远期相结合

近远期相结合的观点在选泵过程中应给予充分重视。对于分期建设的给水工程，其泵站的建设通常是土建施工一次完成，设备分期安装。特别是在经济发展活跃的年代和地区，以及扩建比较困难的泵站，这一点就更为重要。当然，泵站的选择也可采用近期用小泵大基础、近期发展换大泵轮以增大水量、远期换大泵的措施。

（四）进行选泵方案比较

对大型泵站，需进行选泵方案比较。

**【例 8-3】** 根据给水管网设计资料，已知最高日最高时用水量为 920L/s，时变化系数 $K_h=1.7$，日变化系数 $K_d=1.3$，管网最高用水时水头损失为 11.5m，输水管水头损失为 1.5m，泵站吸水井最低水位到管网中最不利点的地形高差为 2m，用水区的建筑物层数为 3 层。试进行送水泵站水泵的选型设计。

**选泵分析：**已知管网要求的服务水头为 16m，假设用水量最大时泵站内水头损失为 2m，则由式（8-3）可求得泵站的设计扬程为

$$H=2+1.5+11.5+2+16+2=35\text{m}$$

根据 $Q=920$L/s 和 $H=35$m，在水泵综合性能图（见图 8-12）上作出 $a$ 点。当 $Q=30$L/s 时（即图 8-12 上的坐标原点），泵站内水头损失甚小，此时输水管和配水管网中水头损失也较小，假定三者之和为 2m，则所需水泵的扬程应为

$$H=2+2+16+2=22\text{m}$$

在图 8-12 上作出 $b$ 点，因为该用水区的时变化系数为 1.7，日变化系数为 1.3，所以平均日平均时用水量为 416L/s。从图上可以看出，当 $Q=416$L/s 时，在 $ab$ 线上所需扬程约为 31m。显然在用水较少的季节，所需扬程将沿 $ab$ 线下降，因此选泵时必须注意节约能量。

从图 8-12 找到用 1 台 20Sh—13 型泵及 2 台 12Sh—13 型泵并联时，可以满足 $a$ 点用水要求，而且 20Sh—13 型泵及 12Sh—13 型单泵运行时的高效段均与 $ab$ 线相交，且分别在 600L/s 及 240L/s 的流量下运行。当 20Sh—13 型泵和 1 台 12Sh—13 型泵并联运行时，可在 750L/s 流量下与 $ab$ 线相交。因此，选用 1 台 20Sh—13 型泵及 2 台 12Sh—13 型泵作为第一方案。从图 8-12 还可以找到第二方案，即用 1 台 14Sh—13 型泵、1 台 14Sh—13A 型泵及 1 台 12Sh—13 型泵并联运行时亦可满足 $a$ 点用水要求，14Sh—13A 型泵与 12Sh—13 型泵并联及单独运行时分别与 $ab$ 线交于流量 570L/s、370L/s 及 240L/s，1 台 14Sh—13 型泵与 1 台 14Sh—13A 型泵并联运行时与 $ab$ 线交于 760L/s。上述两方案分段供水的水泵运行情况如表 8-1 所示。

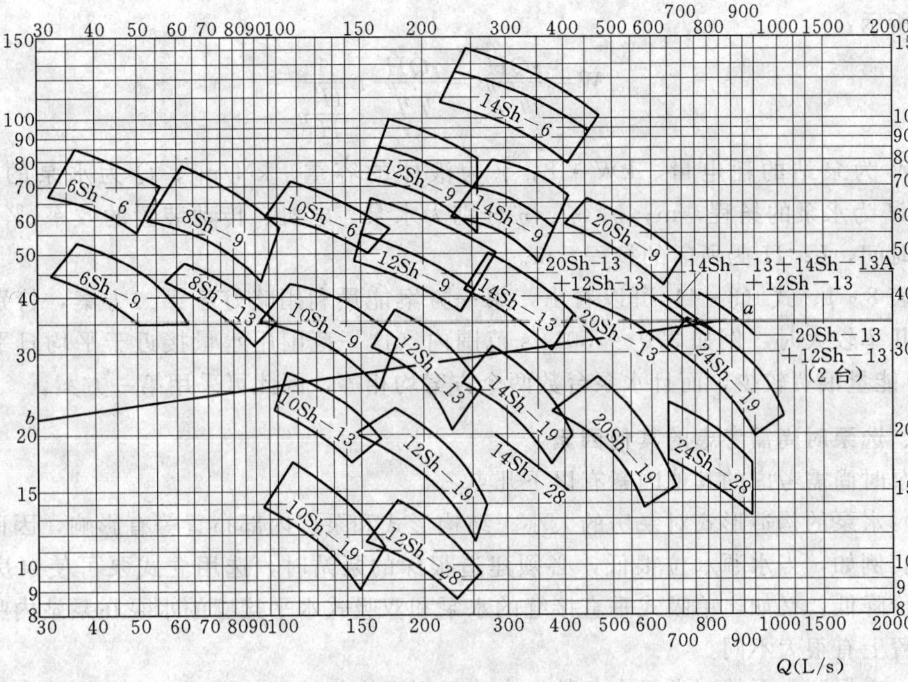


图 8-12 选泵参考特性曲线

**表 8-1** **选 泵 方 案 比 较**

| 方案编号 | 用水量变化范围（L/s） | 运行水泵型号及台数 | 水泵扬程 $H$（m） | 所需扬程 $H'$（m） | 扬程利用率 $\frac{H'}{H}$（%） | 水泵效率 $\eta$（%） | $\frac{H'}{H}\eta$（%） |
|---|---|---|---|---|---|---|---|
| 第一方案选用<br>1 台 20Sh—13 型泵、<br>2 台 12Sh—13 型泵 | 750～920 | 1 台 20Sh—13<br>2 台 12Sh—13 | 40～35 | 34～35 | 85～100 | 80～88<br>78～82 | 68～88<br>66～82 |
| | 600～750 | 1 台 20Sh—13<br>1 台 12Sh—13 | 39～34 | 33～34 | 85～100 | 82～88<br>79～86 | 70～88<br>67～86 |
| | 460～600 | 1 台 20Sh—13 | 38～33 | 31～33 | 82～100 | 82～87 | 67～87 |
| | 240～460 | 2 台 12Sh—13 | 32～31 | 28～31 | 87～100 | 69～84 | 60～84 |
| | ＜240 | 1 台 12Sh—13 | ＞28 | ＜28 | ＜100 | ＜83 | ＜83 |
| 第二方案选用<br>1 台 14Sh—13 型泵、<br>1 台 14Sh—13A 型泵、<br>1 台 12Sh—13 型泵 | 760～920 | 1 台 14Sh—13<br>1 台 14Sh—13A<br>1 台 12Sh—13 | 40～35 | 34～35 | 85～100 | 75～83<br>82～84<br>78～85 | 64～83<br>70～84<br>66～85 |
| | 570～760 | 1 台 14Sh—13<br>1 台 14Sh—13A | 40～34 | 32～34 | 80～100 | 74～83<br>82～83 | 60～83<br>66～83 |
| | 370～570 | 1 台 14Sh—13A<br>1 台 12Sh—13 | 42～32 | 30～32 | 71～100 | 76～82<br>69～84 | 54～82<br>49～84 |
| | 240～370 | 1 台 14Sh—13A | 42～30 | 28～30 | 67～100 | 76～78 | 51～78 |
| | ＜240 | 1 台 12Sh—13 | ＞28 | ＜28 | ＜100 | ＜83 | ＜83 |

泵站运行的耗电量与水泵扬程利用率与效率乘积 $H'\eta/H$ 的变化趋势相反，如式(8-4)所示：

$$W=\frac{\gamma QH}{\eta\eta'\eta''}t=\frac{\gamma QH'}{\eta'\eta''}\ t\ \frac{1}{\frac{H'}{H}\eta} \tag{8-4}$$

式中：$W$ 为泵站的耗电量，kW·h；$\gamma$ 为液体的容重，$kN/m^3$；$Q$ 为水泵的出水量，$m^3/s$；$H$ 为水泵的扬程，m；$\eta$、$\eta'$、$\eta''$分别为水泵、电机、传动装置的效率，%；$t$ 为水泵运行时间，h；$H'$为所需的扬程，m。

从表 8-1、式（8-4）可以看出，第一方案能量利用略好于第二方案，特别是在水量出现几率较大时，例如 370～750L/s 范围内（这一范围用水量接近于平均日平均时用水量），能量浪费较少，而且水泵台数两个方案均相等，因此可采用第一方案。

**三、选泵时尚需考虑的其他因素**

选泵时尚需考虑的其他因素有以下几点：

（1）水泵的构造形式对泵房的大小、结构形式和泵房内部布置等有影响，因而影响泵站造价。例如，当水源水位很低，必须建造很深的泵站时，选用立式泵可使泵房面积减小，造价降低。又如，单吸式垂直接缝的水泵和双吸式水平接缝的水泵在泵站内吸、压水管的布置上有很大不同。

（2）应保证水泵的正常吸水条件。在确保不发生气蚀的前提下，充分利用水泵的允许吸上真空高度，以减少泵站的埋深，降低工程造价。同时，应避免泵站内各泵安装高度相差太大，致使各泵的基础埋深参差不齐或整个泵站埋深增加。

（3）应选用效率较高的水泵，例如尽量选用大泵，因为一般大泵的效率较高。

（4）根据供水对象对供水可靠性的不同要求，选用一定数量的备用泵，以满足在事故情况下的用水要求：在不允许减少供水量的情况下（例如冶金工厂的高炉与平炉车间的供水），应有两套备用机组；在允许短时间内减少供水量的情况下，备用泵只保证供应事故用水量；在允许短时间内中断供水的情况下，可只设一台备用泵。城市给水系统中的泵站，一般宜设 1～2 台备用泵。通常，备用泵的型号和泵站中最大的工作泵相同。当管网中无水塔且泵站内机组较多时，也可考虑增设一台备用泵，它的型号和最常运行的工作泵相同，如果给水系统中具有足够大容积的高地水池或水塔时，可以部分或全部代替泵站进行短时间供水，则泵站中可不设备用泵，仅在仓库中储存一套备用机组即可。

备用泵和其他工作泵一样，应处于随时可以启动的状态。

（5）选泵时应尽量结合地区条件优先选择当地制造的成系列生产的、性能良好的产品。

**四、选泵后的校核**

在泵站水泵选好之后，还必须按照其他供水情况校核泵站的流量和扬程是否满足要求。

以一级泵站的消防校核为例，一级泵站须在规定的时间内向清水池中补充必要的消防储备用水，由于供水强度小，一般可不另设专用的消防水泵，而是在补充消防储备用水时间内，开动备用水泵以加强泵站的工作。

因此，备用泵的流量可用下式进行校核：

$$Q=\frac{2\alpha(Q_f+Q')-2Q_r}{t_f} \tag{8-5}$$

式中：$Q_f$ 为设计的消防用水量，$m^3/h$；$Q'$ 为最高用水日连续最高 2h 的平均用水量，$m^3/h$；$Q_r$ 为一级泵站正常运行时的流量，$m^3/h$；$t_f$ 为补充消防用水的时间，范围是 24～48h，由用户的性质和消防用水量的大小决定，参见《建筑设计防火规范》（GB 50016—2006）；$\alpha$ 为计及净水构筑物本身用水的系数。

就二级泵站来说，消防属于紧急情况，消防用水的总量一般占整个城市或工厂供水量的比例不一定很大，但因消防期间供水强度突然加大，使整个给水系统负担突然加重。因此，应将消防用水作为一种特殊情况在泵站中加以考虑。

例如，一个拥有 10 万人口的城镇，采用一、二层混合建筑，其最高日生活用水量按 140L/（人·d）计为 $Q=162$L/s，设工业生产用水按生活用水量的 30%计算，则 $Q'=0.3\times162=49$L/s，合计 $\sum Q=211$L/s。消防时，按两处同时着火计，$Q_f=70$L/s，使泵站负荷增加 1/3。

因此，虽然城市给水系统常采用低压消防制，消防给水水压要求不高，但由于消防用水的供水强度大，即使开动备用泵有时也不能满足消防时所需的流量。在这种情况下，可增加一台水泵。如果因为扬程不足，泵站中正常运行的水泵在消防时不能使用，若另选适合消防时扬程的水泵，而流量将为消防流量与最高时用水量之和，这样势必使泵站容量大大增加，在低压制条件下，这是不合理的。对于这种情况，最好适当调整管网中个别管段的直径，使消防扬程不至过高。

二级泵站除需进行消防校核外，还应根据管网具体设计情况进行最不利管段事故和最大转输时的校核。

归纳起来，选泵时应注意以下几点：

(1) 在满足最大工况要求的条件下，应尽量减少能量的浪费。

(2) 合理地利用各水泵的高效段。

(3) 尽可能选用同型号泵，使水泵型号整齐，互为备用。

(4) 尽量选用大泵，但也应按实际情况考虑大小兼顾，灵活调配。

(5) $\sum h$ 值变化大，则可选不同型号泵搭配运行。

(6) 保证吸水条件，照顾基础平齐，减少泵站埋深。

(7) 考虑必要的备用机组。

(8) 进行其他用水时的校核。

(9) 考虑泵站的发展，实行近远期相结合。

(10) 尽量选用当地成批生产的水泵。

## 第三节 水泵安装高度的确定

安装离心泵的泵房，其水泵及吸水管的充水有自灌式与非自灌式两种。

(1) 对于大型水泵以及启动要求迅速的水泵和供水安全要求高的泵房，宜采用自灌式充水。采取自灌式充水，水泵轴心安装高度应满足泵壳顶点低于吸水井的最低水位。

（2）离心泵可利用允许吸上真空高度的特性，采用非自灌式充水，提高水泵的安装高度，降低泵房土建造价。采取非自灌式充水的泵房布置如图 8 - 13 所示，此时，水泵轴线的安装高度应满足下式的要求

$$Z_s = H_s - \frac{v_1^2}{2g} - \sum h_s \tag{8-6}$$

式中：$Z_s$ 为水泵的安装高度，对于一般卧式离心泵而言，指吸水井最低水位到泵轴的标高差，m；$H_s$ 为水泵吸水地形高度，m；$v_1$ 为水泵进口 1—1 断面处的流速，m/s；$\sum h_s$ 为吸水管路总水头损失，m。

如果水泵实际工况与标准状况不一致，则式（8 - 6）中的 $H_s$ 需按下述公式修正为 $H_s'$，即

$$H'_s = H_s - (10.33 - h_a) - (h_{va} - 0.24) \tag{8-7}$$

式中：$h_a$ 为当地大气压，$mH_2O$；$h_{va}$ 为实际温度水的饱和蒸汽压，$mH_2O$。

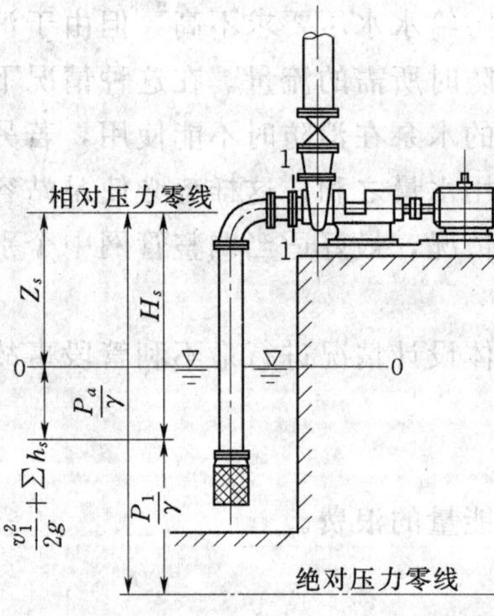


图 8 - 13　安装高度计算

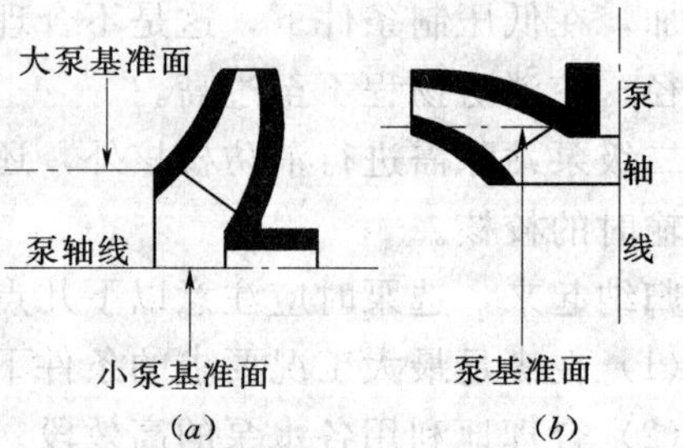


图 8 - 14　大型泵安装高度 $Z_s$

(a) 卧式泵；(b) 立式泵

大型水泵的安装高度 $Z_s$ 值，应以吸水井水面至叶轮入口边最高点的距离来计算，如图 8 - 14 所示。

# 第四节　水泵机组的布置与基础

## 一、水泵机组的布置

水泵机组的排列是泵站内平面布置的重要内容，它决定泵房建筑面积的大小。水泵机组间距以不妨碍操作和维修的需要为原则。机组布置应保证运行安全，装卸、维修和管理方便，管道总长度最短、接头配件最少、水头损失最小，并应考虑泵站有扩建的余地。水泵机组的排列形式有以下三种。

（一）纵向排列

水泵机组的纵向排列（见图 8－15），即各机组轴线平行单排并列布置，适用于单级单吸式离心泵（如 IS 型）。因为单级单吸式离心泵系轴向进水，采用纵向排列能使吸水管保持顺直状态（见图 8－15 中泵 1）。如果某泵房中兼有侧向进水和侧向出水的离心泵（图 8－15中泵 2 均系 S、Sh 或 SA 型泵），则纵向排列的方案就值得商榷。如果 Sh 型泵占多数，纵向排列方案（见图8－15）就不可取。例如，20Sh—9 型泵，纵向排列时，泵宽加上吸压水口的大小头和两个 90°弯头长度共计 3.9m（见图 8－16）。如果作横向排列，则泵宽为 4.1m，其宽度并不比纵排增加多少，但进出口的水力条件却大为改善，在长期运行中可以节省大量电耗。

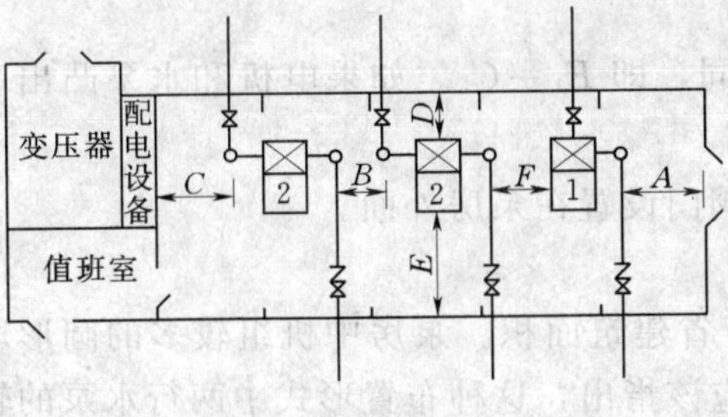


图 8－15　水泵机组纵向排列

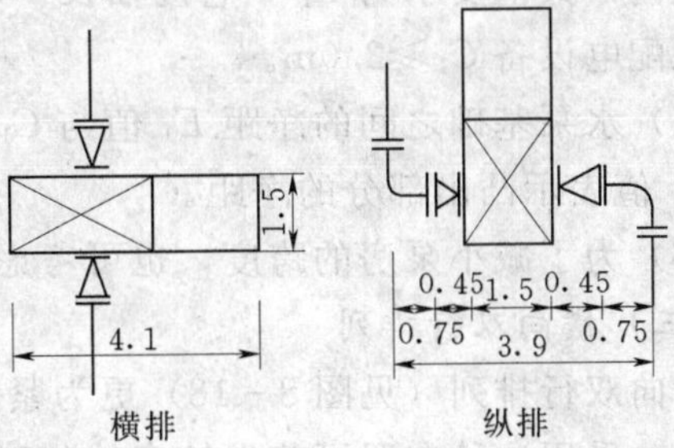


图 8－16　纵排与横排比较（20Sh—9 型）（单位：m）

图 8－15 所示纵向排列图中，机组之间各部尺寸应符合下列要求：

（1）泵房大门口要通畅，既能容纳最大的设备（水泵或电机），又留有操作余地。其场地宽度一般用水管外壁和墙壁的净距 $A$ 值表示。$A$ 等于最大设备的宽度加 1m，但不得小于 2m。

（2）水管与水管之间的净距 $B$ 值应大于 0.7m，以保证工作人员能较为方便地通过。

（3）水管外壁与配电设备应保持一定的安全操作距离 $C$。当为低压配电设备时 $C\geqslant$ 1.5m，当为高压配电设备时 $C\geqslant$2m。

（4）水泵外形凸出部分与墙壁的净距 $D$，须满足管道配件安装的要求。但是，为了便于就地检修水泵，$D$ 值不宜小于 1m。如果水泵外形不凸出基础，$D$ 值则表示基础与墙壁的距离。

（5）电机外形凸出部分与墙壁的净距 $E$，应保证电机转子在检修时能拆卸，并适当留有余地。$E$ 值一般为电机轴长加 0.5m，但不宜小于 3m。如果电机外形不凸出基础，则 $E$ 值表示基础与墙壁的净距。

（6）水管外壁与相邻机组的突出部分的净距 $F$ 应不小于 0.7m。当电机容量大于 55kW 时，$F$ 应不小于 1m。

（二）横向排列

侧向进、出水的水泵，如单级双吸卧式离心泵 S 型、Sh 型、SA 型，采用横向排列（见图 8－17）方式较好。横向排列虽然稍增加泵房的长度，但跨度可减小，进出水管顺直，水力条件好，节省电耗，故被广泛采用。横向排列的各部尺寸应符合下列要求：

（1）水泵凸出部分到墙壁的净距 $A_1$ 与上述纵向排列的第（1）项要求相同。如果水泵外形不凸出基础，则 $A_1$ 表示基础与墙壁的净距。

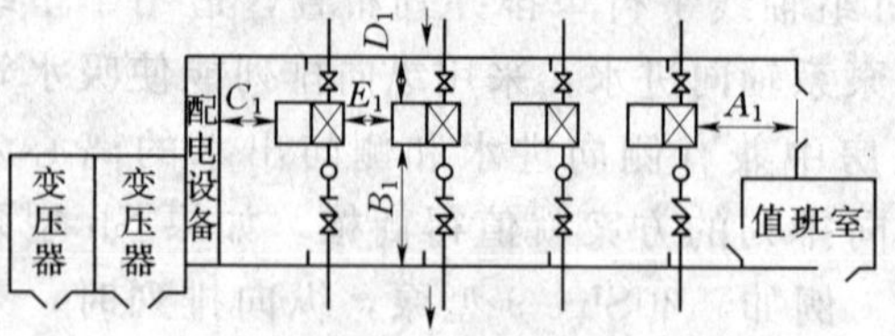


图 8-17 水泵机组横向排列

(2) 出水侧水泵基础与墙壁的净距 $B_1$ 应按水管配件安装的需要确定。但是，考虑到水泵出水侧是管理操作的主要通道，故 $B_1$ 不宜小于 3m。

(3) 进水侧水泵基础与墙壁的净距 $D_1$，也应根据管道配件的安装要求决定，但不小于 1m。

(4) 电机凸出部分与配电设备的净距，应保证电机转子在检修时能拆卸，并保持一定安全距离，其值要求为 $C_1$=电机轴长+0.5m。但是，对于低压配电设备 $C_1 \geqslant 1.5$m，对于高压配电设备 $C_1 \geqslant 2.0$m。

(5) 水泵基础之间的净距 $E_1$ 值与 $C_1$ 要求相同，即 $E_1=C_1$。如果电机和水泵凸出基础，$E_1$ 值表示凸出部分的净距。

(6) 为了减小泵房的跨度，也可考虑将吸水阀门设置在泵房外面。

（三）横向双行排列

横向双行排列（见图 8-18）更为紧凑，可节省建筑面积。泵房中机组较多的圆形取水泵站，采用这种布置可节省较多的基建造价。应该指出，这种布置形式中两行水泵的转向从电机方向看去是彼此相反的，因此，在水泵订货时应向水泵厂特别说明，以便水泵厂配置不同转向的轴套止锁装置。

## 二、水泵机组的基础

机组（水泵和电动机）安装在共同的基础上。基础的作用是支承并固定机组，使其运行平稳，不致发生剧烈震动，更不允许产生基础沉陷。因此，对基础的要求如下：

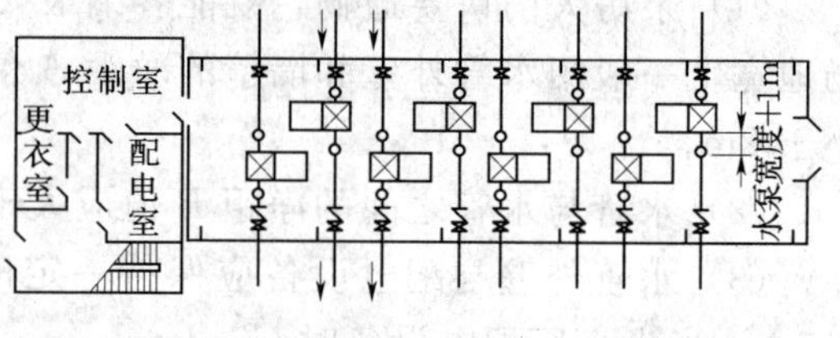


图 8-18 横向双行排列（倒、顺转）

(1) 坚实牢固，除能承受机组的静荷载外，还能承受机械震动荷载。

(2) 要浇制在较坚实的地基上，不宜浇制在松软地基或新填土上，以免发生基础下沉或不均匀沉陷。

卧式水泵均为块式基础，其尺寸大小一般均按所选水泵安装尺寸确定。如果无上述资料，对带底座的小型水泵可按以下方法选取基础尺寸（m）：

基础长度：　$L$=底座长度 $L_1$+(0.15～0.20)

基础宽度：　$B$=底座螺孔间距(在宽度方向上) $b_1$+(0.15～0.20)

基础高度：　$H$=底座地脚螺钉的长度 $l_1$+(0.15～0.20)

对于不带底座的大、中型水泵的基础尺寸，可根据水泵或电动机（取其宽者）地脚螺孔的间距加上 0.4～0.5m，以确定其长度和宽度。基础高度确定方法同上。

基础的高度还需用下述方法进行校核。基础重量应大于机组总重量的 2.5～4.0 倍。在已知基础平面尺寸的条件下，根据基础的总重量可以计算其高度。基础高度一般应不小于 50～70cm。基础一般用混凝土浇筑，混凝土基础应高出室内地坪约 10～20cm。

基础在室内地坪以下的深度还取决于临近的管沟深度，并不得小于管沟的深度。由于水能促进振动的传播，所以应尽量使基础的底放在地下水位以上，否则应将泵房地板做成整体的连续钢筋混凝土板，而将机组安装在地板上凸起的基础座上。

为了保证泵站的工作可靠、运行安全和管理方便，在布置机组时，应遵照以下规定：

(1) 相邻机组的基础之间应有一定宽度的过道，以便工作人员通行。电动机容量不大于55kW时，净距应不小于0.8m，电动机容量大于55kW时，净距不小于1.2m。电动机容量小于20kW时，过道宽度可适当减小。但在任何情况下，设备的突出部分之间或突出部件与墙之间应不小于0.7m；如果电动机容量大于55kW，则不得小于1.0m。

(2) 对于非水平接缝的水泵，在检修时，往往要将泵轴和叶轮沿轴线方向取出。因此，在设计泵房时，要考虑这个方向有一定的余地，即水泵离开墙壁或其他机组的距离应大于泵轴长度加0.5m，为了从电动机中取出转子，应同样地留出适当的距离。

(3) 装有大型机组的泵站内，应留出适当的面积作为检修机组之用，即应保证在被检修机组的周围有宽度不小于0.7～1.0m的过道。

(4) 泵站内主要通道宽度应不小于1.2m。

(5) 辅助泵（排水泵、真空泵）通常安置于泵房内的适当地方，尽可能不增大泵房尺寸。辅助泵可靠墙安装，只需一边留出过道。必要时，真空泵可安置于托架上。

## 第五节 泵站的动力设备

### 一、常用电动机

电动机从电网获得电能，带动水泵运转，同时又处于一定的外界环境和条件下工作。因此，正确地选择电动机，必须解决好电动机与水泵、电动机与电网以及电动机与工作环境间的各种矛盾，并且尽量使投资节省、设备简单、运行安全、管理方便。一般应综合考虑以下四方面因素：

(1) 根据所要求的最大功率、转矩和转数选用电动机。电动机的额定功率要稍大于水泵的设计轴功率。电动机的启动转矩要大于水泵的启动转矩。电动机的转数应与水泵的设计转数基本一致。

(2) 根据电动机的功率大小并参考外电网的电压决定电动机的电压。通常可以参照以下原则，按电动机的功率选择电压：

1) 功率在100kW以下的，选用380V/220V或220V/127V的三相交流电。

2) 功率在200kW以上的，选用10kV（或6kV）的三相交流电。

3) 功率在100～200kW之间的，则视泵站内电机配置情况而定，若多数电动机为高压则用高压，若多数电动机为低压则用低压。

如果外电网是10kV的高压，而电动机功率又较大时，应尽量选用高压电动机。

(3) 根据工作环境和条件决定电动机的外形和构造形式。不潮湿、无灰尘、无有害气体的场合，例如地面式送水泵站，可选用一般防护式电动机；多灰尘或水土飞溅的场合，或有潮气、滴水之处，例如较深的地下式地面水取水泵站中，宜选用封闭自扇冷式电动机；防潮式电动机一般用于暂时或永久的露天泵站中。

一般卧式水泵配用卧式电动机，立式水泵配用立式电动机。

(4) 根据投资少、效率高、运行简便等条件确定所选电动机的类型。在给水排水泵站中，广泛采用三相交流异步电动机（包括鼠笼型和绕线型），有时也采用同步电动机。

鼠笼型电动机结构简单，价格便宜，工作可靠，维护比较方便，且易于实现自动控制或遥控，因此使用最多。其缺点是启动电流大，可达到额定电流的4～7倍，并且不能调节转速。但是，由于离心泵是低负荷启动，需要的启动转矩较小，因而这种电动机一般均能满足要求，在一般情况下可不装降压启动器而直接启动。对于轴流泵，只要是负载启动，启动转矩也能满足要求。在供电的电力网容量足够大时，采用鼠笼型电动机是合适的。过去常用的鼠笼型电动机型号是$JO_2$系列和JS系列，目前基本以Y系列取而代之。

绕线型电动机适用于启动转矩较大和功率较大或者需要调速的情况，但它的控制系统比较复杂。绕线型电动机能用变阻器减小启动电流。过去常用的绕线型电动机型号是JR或JRQ系列，目前基本以YR系列取而代之。

同步电动机价格昂贵，设备维护及启动复杂，但它具有很高的功率因数，对于节约电耗、改善整个电网的工作条件作用很大，因此功率在300kW以上的大型机组，利用同步电动机具有很大的经济意义。

**二、交流电动机调速**

交流电动机转速公式如下：

对同步电动机，有

$$n=\frac{60}{P}f \tag{8-8}$$

对异步电动机，有

$$n=\frac{60f}{P}(1-S) \tag{8-9}$$

式中：$n$为电动机转速，r/min；$f$为交流电源的频率，Hz；$P$为电动机的极对数；$S$为电动机运行的转差率。

根据式（8-8）及式（8-9）可知，调节交流电动机的$f$、$P$和$S$均可调节转速。通常把调节转速的方法分为以下两类：

(1) 调节同步转速。式（8-8）中$60f/P$一项称为同步转速，根据公式改变$f$或$P$，均可达到调速目的。因此，有两种调速方案：一种方案是调节电源频率，称为变频调速；另一种方案是改变电机极对数，称为变极调速。

(2) 调节转差率。这种方法只用于异步电动机，此时同步转速$n$不变。采用调节转差率调速的方案甚多，例如调节电动机定子电压、改变串入绕线型电动机转子电路的附加电阻值等。调节转差率调速方法的共同缺点是效率低，所以通常将这种方法称为能耗型调速，而将调节同步转速方法称为高效型调速。

表8-2为各种交流电动机调速方案的比较，从表中可看出在诸多的调速方案中，对性能评价高的仍为调节同步转速的方案（即变极调速和变频调速两种）。

**表 8-2　　各种交流电动机调速方案比较**

| 调速方案 | 转子串电阻 | 变极调速 | 调压调速 | 转差调速 |
|---|---|---|---|---|
| 调速方式 | 改变转子电路附加电阻值 | 改变定子极对数 | 调节电机定子电压 | 采用转差离合器调节激磁电流 |
| 机构特性 | 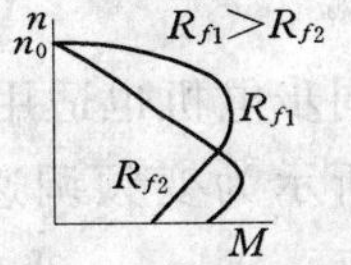 | 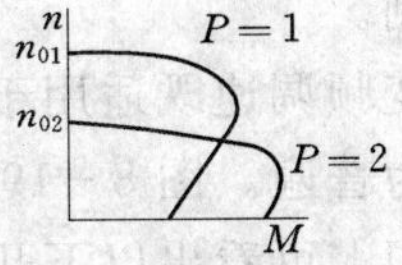 | 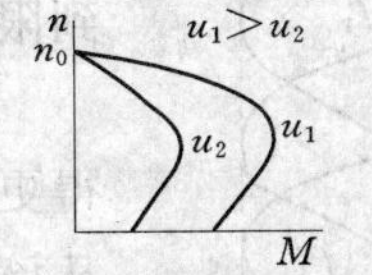 | 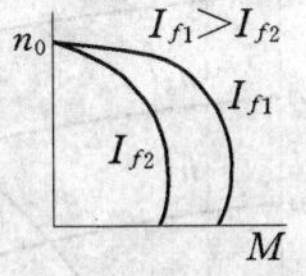 |
| 调速范围（%） | 100～50 | 一般为 3～4 档 | 100～80 | 97～20 |
| 电机效率 $\eta$ | 差 | 优 | 差 | 差 |
| 功率因数 | 优 | 良好 | 差 | 良 |
| 节能效果 | 一般 | 优① | 一般 | 一般 |
| 快速性 | 差 | 快 | 快 | 快 |
| 电动机要求 | 绕线型电动机 | 多速鼠笼型电动机 | 异步电动机均可 | 滑差电动机 |
| 初投资 | 较省 | 最省 | 省 | 较省 |
| 可靠性 | 好 | 好 | 好 | 一般 |
| 维护保养 | 易 | 最易 | 易 | 较易 |
| 对电网干扰 | 无 | 无 | 大 | 无 |
| 故障处理 | 停车处理 | 停车处理 | 可投入电网工频 | 停车处理 |
| 性能评价 | 较好 | 好 | 较好 | 较好 |

| 调速方案 | 串级调速 | 变频调速 | 无换向器电机调速 |
|---|---|---|---|
| 调速方式 | 调节逆变器逆变角 $\beta$ | 调节供电电源（变频器）频率 | (1) 调直流电压 $U_d$。<br>(2) 调激磁电流 $I_m$。<br>(3) 调换流超前角 $\gamma_0$ |
| 机构特性 | 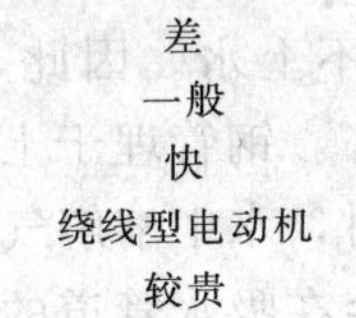 | 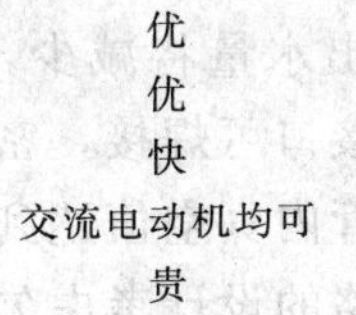 | 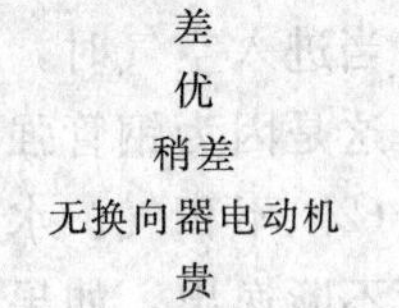 |
| 调速范围（%） | 100～40 | 100～0 | 100～2 |
| 电机效率 $\eta$ | $P_s$→电网，高 | 高 | 较高 |
| 功率因数 | 差 | 优 | 差 |
| 节能效果 | 一般 | 优 | 优 |
| 快速性 | 快 | 快 | 稍差 |
| 电动机要求 | 绕线型电动机 | 交流电动机均可 | 无换向器电动机 |
| 初投资 | 较贵 | 贵 | 贵 |
| 可靠性 | 较差 | 好 | 好 |
| 维护保养 | 较难 | 较难 | 较难 |
| 对电网干扰 | 较大 | 较大 | 较大 |
| 故障处理 | 停车处理 | 投入工频市电 | 停车处理 |
| 性能评价 | 较好 | 最好 | 好 |

① 指流量对应于转速时。

变极调速就是通过电动机定子三相绕组接成几种极对数方式，使鼠笼型异步电动机可以得到几种同步转速，一般称为多速电动机。常用的有双速、三速和四速电动机三种。变极调速虽然具有初期投资小、节能效果高等优点，但它的调速只有几档，应用范围受到限制。

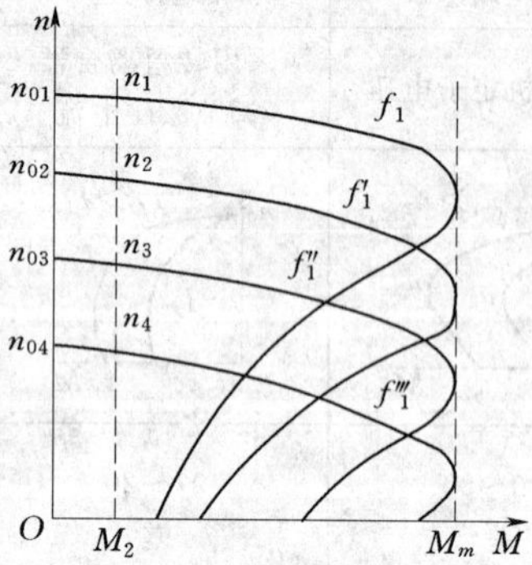


图 8-19　变频调速 $n-M$ 特性

变频调速既适用于同步电机也适用于异步电机，后者用得更为普遍。图 8-19 所示为变频调速电动机的机械特性。从该图上可看出以下几点：

(1) 电源频率 $f$ 值改变时，电动机的转速也相应改变。当某一负载转矩为 $M_2$ 时，可得到不同的转速 $n$。若 $f_1>f_1'>f_1''>f'''_1$ 时，则 $n_1>n_2>n_3>n_4$。因此，调节 $f$ 就调节了 $n$ 值。

(2) 在某一频率 $f$ 情况下，负载转矩变化时，其转速变化不大，工程上将其称为机械特性硬（机械特性即转速-转矩特性）。机械特性硬是一个优点，表明它稳速精度高。在各种调速方案运行时，电动机的机械特性是不同的，例如调压调速方案，当负载变化引起转矩变化时，其转速波动就较大，就称为特性较软。

(3) 调速过程中电动机转差损耗很小，电动机可以在很小转差率情况下正常运行，效率很高。

(4) 变频调速属于无级调速，调速范围很宽，基本上可以从零赫兹（0Hz）平滑调到额定转速，且只要电动机结构条件等允许，还可以从额定转速值上调。变频调速必须有一个频率可调的电源装置，这就是变频器。目前，变频器种类繁多，国内外已有成品可供选用。

## 第六节　吸水管路与压水管路

吸水管路与压水管路是泵站的重要组成部分，正确设计并合理布置与安装吸、压水管路，对于保证泵站的安全运行、节省投资、减少电耗有很大作用。

**一、对吸水管路的要求**

对于吸水管路的基本要求有以下三点：

(1) 不漏气。吸水管路是不允许漏气的，否则会使水泵的工作发生严重故障。实践证明，当进入空气时，水泵的出水量将减少，甚至吸不上水。因此，吸水管路一般采用钢管，这是因为钢管强度高，接口可焊接，密封性较好。钢管埋于土中时应涂沥青防腐层。

(2) 不积气。水泵吸水管内真空值达到一定值时，水中溶解气体就会因管路内压力较低而不断逸出，如果吸水管路的设计考虑欠妥，就会在吸水管道的某段（或某处）上出现积气，形成气囊，影响过水能力，严重时会破坏真空吸水。为了使水泵能及时排走吸水管路内的空气，吸水管应有沿水流方向连续上升的坡度 $i$，一般坡度大于 0.005，以免形成气囊（见图 8-20）。由图 8-20 可见，为了避免产生气囊，应使吸水管线的最高点在水泵吸入口的顶端。吸水管的断面一般应大于水泵吸入口的断面，这样可减小管路水头损失，吸水管路上的变径可采用偏心渐缩管（即偏心大小头），保持渐缩管的上边水平，以免形成气囊（见图 8－20）。

| 错误的安装 | | 正确的安装 |
|---|---|---|
| 原因 | 图示 | 图示 |
| 穿越障碍时，出现“几”字弯 | 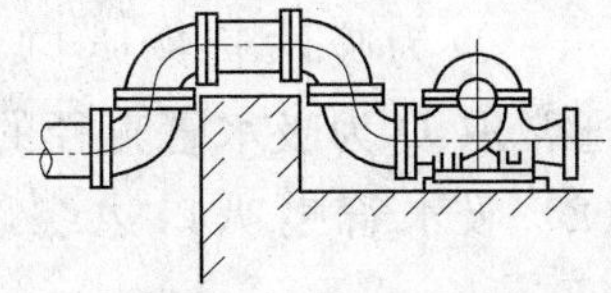 | 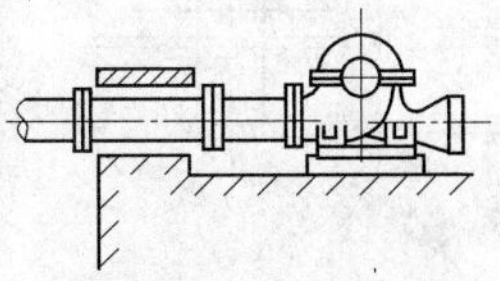 |
| 倒坡 | 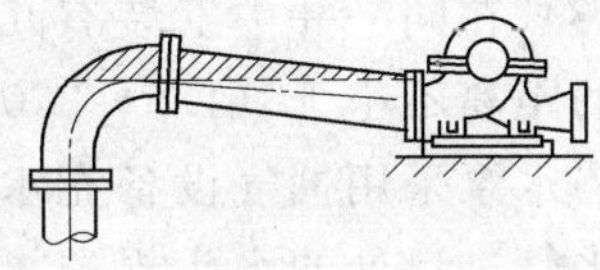 | 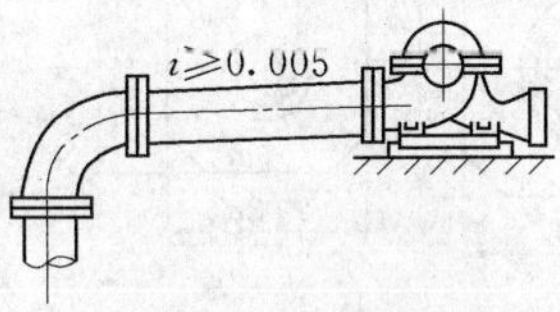 |
| 变径采用了同心异径管 | 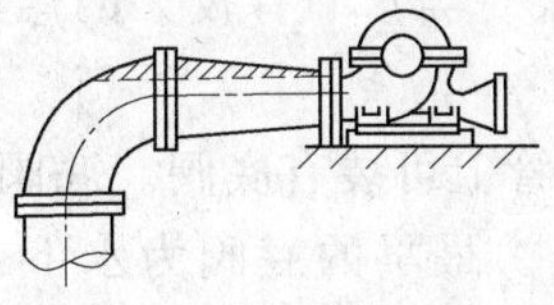 | 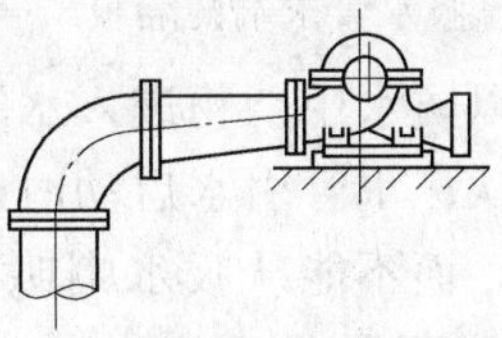 |
| 吸水总管位置过高 | 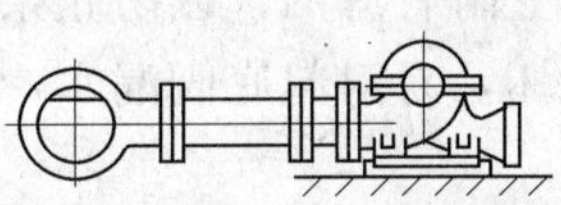 | 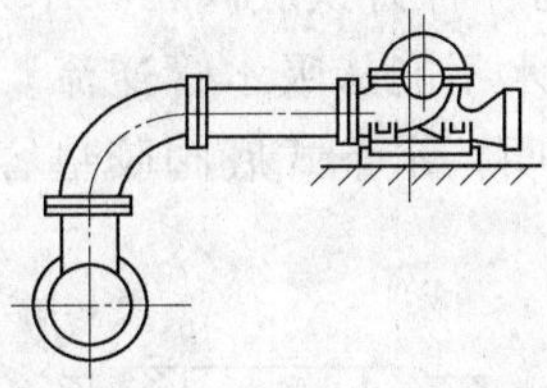 |

图 8－20　正确的和不正确的吸水管安装

（3）不吸气。若吸水管进口淹没深度不够，由于进口处水流产生漩涡、吸水时会带进大量空气，严重时还将破坏水泵正常吸水。这类情形多见于取水泵房在河道枯水位情况下吸水。为了避免吸水井（池）水面产生漩涡而使水泵吸入空气，吸水管进口在最低水位下的淹没深度 $h$ 不应小于 0.5～1.0m，如图 8－21 所示。若淹没深度不能满足要求，则应

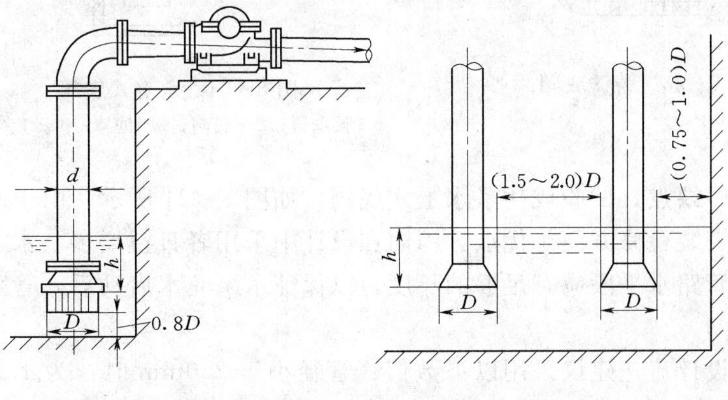


图 8－21　吸水管在吸水井中的位置

在管的末端设置水平隔板，如图 8-22 所示。

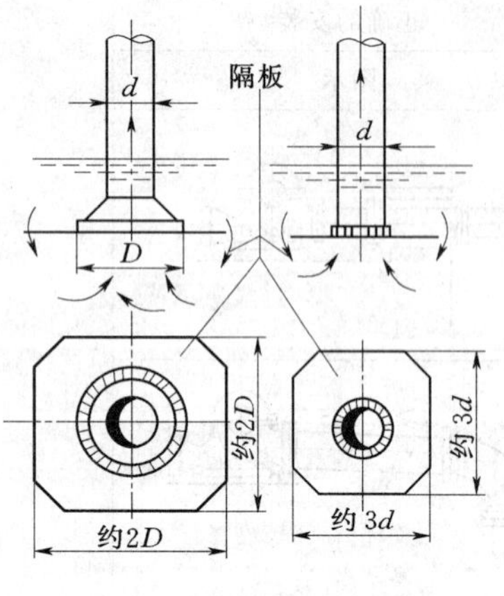

图 8-22　吸水管末端的隔板

为了防止水泵吸入井底的沉渣，并使水泵工作时具有良好的水力条件，应遵守以下规定：

(1) 吸水管的进口高于井底不小于 $0.8D$，如图 8-21 所示。$D$ 为吸水管喇叭口（或底阀）扩大部分的直径，通常取 $D$ 为吸水管直径的 1.3～1.5 倍。

(2) 吸水管喇叭口边缘距离井壁不小于（0.75～1.0）$D$。

(3) 在同一井中安装有几根吸水管时，吸水喇叭口之间的距离不小于（1.5～2.0）$D$。

当水泵采用抽气设备充水或能自灌充水时，为了减少吸水管进口处的水头损失，吸水管进口通常采用喇叭口形式。当水中有较大的悬浮杂质时，喇叭口外面还需加设滤网，以防水中杂物进入水泵。

当水泵从压水管引水启动时，吸水管上可装有底阀。底阀的式样很多，其作用是水只能吸入水泵，而不能从吸水喇叭口流出。最早的底阀为水下式，装于吸水管的末端。图 8-23所示为一种铸铁底阀，在水泵停车时，碟形阀门在吸水管中水压力及本身重量作用下落座，使水不能从吸水管逆流；底阀上附有滤网，以防止杂物进入水泵而堵塞或损坏叶轮。实践表明，水下式底阀胶垫容易损坏，易引起底阀漏水，须经常检修拆换，给使用带来不便。

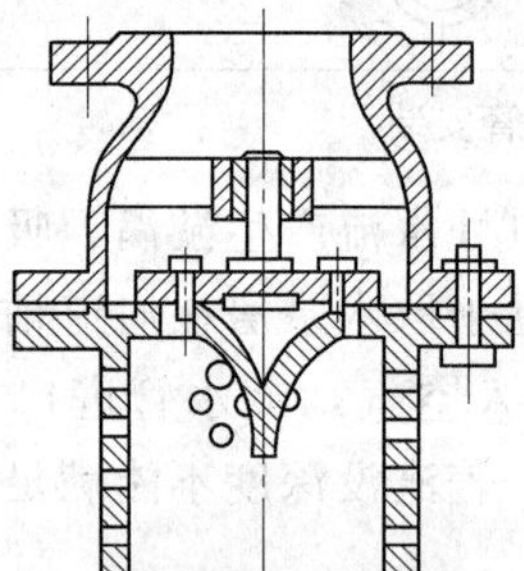
图 8-23　铸铁底阀

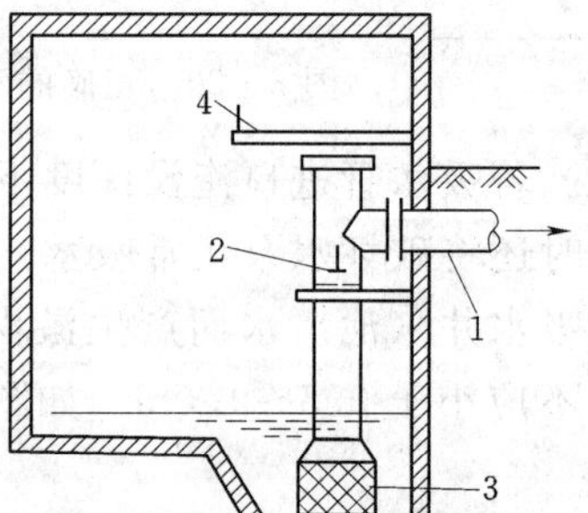

图 8-24　水上式底阀

1—吸水管；2—底阀；3—滤罩；4—工作台

为了改进这一缺点，试验成功了水上式底阀，如图 8-24 所示。由于水上式底阀具有使用效果良好、安装检修方便等优点，因而在设计中采用者日益增多。水上式底阀使用的条件之一是吸水管路水平段应有足够的长度，以保证水泵充水启动后，管路中能产生足够的真空值。

吸水管中的设计流速建议采用以下数值：管径小于 250mm 时，为 1.0～1.2m/s；管径在 250～1000mm 时，为 1.2～1.6m/s；管径大于 1000mm 时，为 1.5～2.0m/s。

在吸水管路不长且地形吸水高度不是很大的情况下，可采用比上述数值大些的流速。如果水泵为自灌式工作，则吸水管中流速可适当放大。

**二、对压水管路的要求**

泵站内的压水管路经常承受高压（尤其在发生水锤时），所以要求其坚固而不漏水。通常泵站内的压水管路采用钢管，并尽量采用焊接接口，但为便于拆装与检修，在适当地点可设法兰接口。此外，为了安装方便和避免管路上的应力（如由于自重、受温度变化或水锤作用所产生的应力）传至水泵，一般在吸水管路和压水管路上需设置伸缩节或可曲挠的橡胶接头（见图8-25）。管道伸缩节有多种形式可供选用。为了承受管路中内压力所造成的推力，在一定的部位上（如弯头、三通等处）应设置专门的支墩或拉杆。

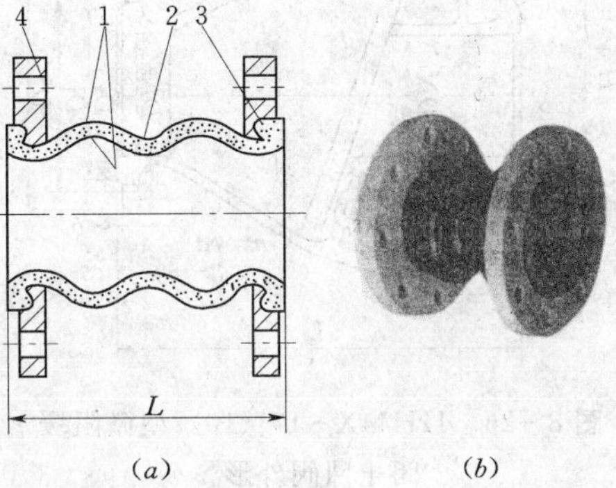


图 8-25　可曲挠双球体橡胶接头
(a) 剖面图；(b) 外形
1—主体；2—内衬；3—骨架；4—法兰

在不允许水倒流的给水系统中，应在水泵压水管上设置止回阀。一般在以下情况应设置止回阀：

(1) 井群给水系统。

(2) 输水管路较长，突然停电后无法立即关闭操作闸阀的送水泵站（或取水泵站）。

(3) 吸入式启动的泵站，管道放空后再抽真空比较困难。

(4) 遥控泵站无法关闸。

(5) 多水源、多泵站系统。

(6) 管网布置位置高于泵站。若无止回阀，在管网内可能出现负压。

止回阀通常装于水泵与压水闸阀之间，因为止回阀经常损坏，所以当需要检修、更换止回阀时，可用闸阀把它与压水管路隔开，以免水倒灌入泵站内。这样装止回阀的另一优点是，水泵每次启动时，阀板两边受力均衡便于开启。但其缺点是压水闸阀要检修时，必须将压水管路中的水放空，造成浪费。因此，有的泵站将止回阀放在压水闸阀的后面，这样布置的缺点是当止回阀外壳因发生水锤而损坏时，水流迅速倒灌入泵站，有可能使泵站被淹。所以，只有水锤现象不严重且为地面式泵站时，才允许这样布置，或者将止回阀装设于泵站外特设的切换井中。目前，已有许多不同形式的止回阀在工程中可供选用，图8-26所示为法兰连接的微阻缓闭止回阀。

压水管路上的闸阀，因为承受高压，所以启闭都比较困难。当直径 $D \geqslant 400$mm 时，大都采用电动或水力闸阀。

泵站内压水管路采用的设计流速可比吸水管路大些，因为压水管路允许的水头损失较大。而且，压水管路上管件较多，减少了管件的直径，就可减小它们的重量、降低造价并缩小泵房的建筑面积。压水管路的设计流速通常采用值如下：管径小于 250mm 时，为1.5～2.0m/s；管径为 250～1000mm 时，为 2.0～2.5m/s；管径大于 1000mm 时，为2.0～3.0m/s。

上述设计流速取值比给水管网设计中的平均流速要大，因为泵站内压水管路不长，流

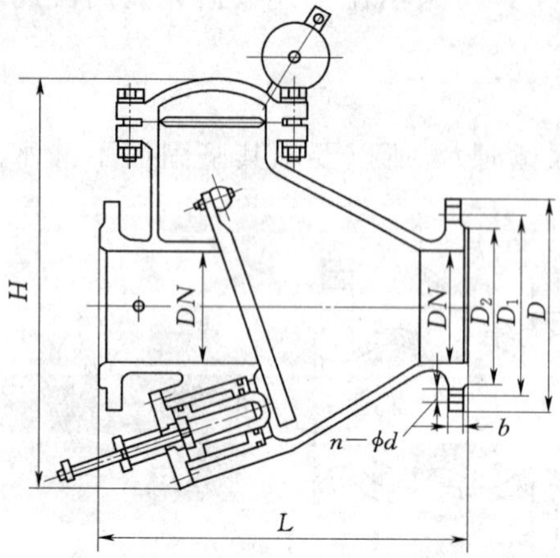


图 8-26 HH44X-10（16）型微阻缓闭止回阀外形

速取大一点，水头损失增加不多，却可减小管道和配件的直径，从而降低泵房造价。

## 三、吸水管路与压水管路的布置

水泵吸水侧通常设置吸水井，吸水管一般没有连通管。如果因为某种原因，必须减少水泵吸水管的条数而设置连通管时，则在吸水管上应设置必要数量的闸阀，以保证泵站的正常工作。但是这种情况应尽量避免，因为在水泵为吸入式工作时，管路上设置的闸阀越多，漏气的可能性就越大。

图 8-27（*a*）所示为三台水泵（其中一台备用）各设一条吸水管路的情况。水泵轴线高于吸水井中最高水位，所以吸水管路上不设闸阀。

图 8-27（*b*）所示为三台水泵（其中一台备用）采用两条吸水管路的布置。在每条吸水管路上装设一个闸阀 1，在公共吸水管上装设两个闸阀 2，在每台水泵附近装设一个闸阀 3。当两个闸阀 2 都关闭时，水分别由两条吸水管路引向水泵 $H_1$ 和 $H_3$。其他情况运转时（$H_1$ 和 $H_2$ 或 $H_2$ 和 $H_3$），需开启两个闸阀 2 中的一个。如果闸阀 1 中有一个要修理，则一条吸水管将供应两台水泵吸水。

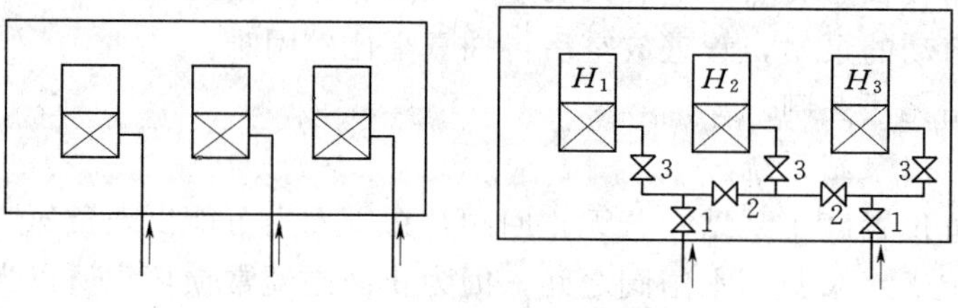


图 8-27 吸水管路的布置

（*a*）三台水泵各设一条吸水管路；（*b*）三台泵用两条吸水管路

1～3—闸阀

设置公共的吸水管路，虽然缩短了管线的总长度，但却增加了闸阀的数量和横连通管，所以它只适用于吸水管路很长而又没有条件设吸水井的情况。

一般情况下，为了保证安全供水，输水干管通常设置两条（在给水系统中有较大容积的高地水池时，也可只设一条），而泵站内水泵台数常在 2～3 台以上。为此，就必须考虑到当一条输水干管发生故障需要修复或工作水泵发生故障改用备用水泵送水时，均能将水送往用户。

供水安全要求较高的泵站，在布置压水管路时必须满足以下条件：

（1）能使任何一台水泵及闸阀停用检修而不影响其他水泵的工作。

（2）每台水泵能输水至任何一条输水管。

送水泵站通常在站外输水管路上设一检修闸阀，或每台水泵均加设一检修闸阀（即每台泵出口设有两个闸阀)。检修闸阀经常是开启状态的，只有当修理水泵或水管上的闸阀时才关闭。这样布置可大大减少压水总连通管上的大闸阀个数，因此是较安全且经济的办法。

检修闸阀和连通管路上的闸阀，因使用机会很少而不易损坏，一般不再考虑修理时的备用问题，但是，所有常开闸阀也应定期进行开闭的操作和加油保护，以保持其工作的可靠性。

压水管路及管路上闸阀布置方式的不同，与泵站的节能效果和供水安全性均有紧密联系。从图 8-28 所示的三台泵（“两用一备”）两条输水管的两种不同布置方式中可看出，这两种布置共同的特点是，当压水管上任一闸阀 1 需要检修时，允许有一台泵及一条输水管停用，两台泵的流量由一条输水管送出。当修理任一闸阀 2 时，将停用两台泵及一条输水管。这两种方式布置的不同点在于，图 8-28（*a*）的布置可节省两个 90°弯头的配件，并且泵Ⅰ、泵Ⅱ作为经常工作泵，水头损失甚小（水流通过三通时其阻力系数 $\xi=0.1$），它与图 8-28（*b*）的布置相比较具有明显的节能效果。

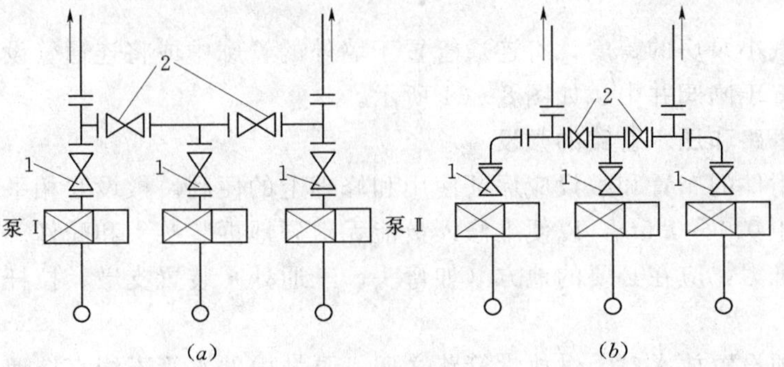


图 8-28　输水管不同布置方式比较

（*a*）输水管间距较大；（*b*）输水管间距较小

1、2—闸阀

对于图 8-29（*a*）中的情况，如果必须保证有两台泵向一条输水管送水时，则应在总连通 *ab* 上增设两个双闸阀，如图 8-29（*b*）所示。有时为了缩小泵房的跨度，可将闸阀 1 装在总连通管 *ab* 的延长线上，如图 8-29（*c*）所示。由此可见，压水管上闸阀的设

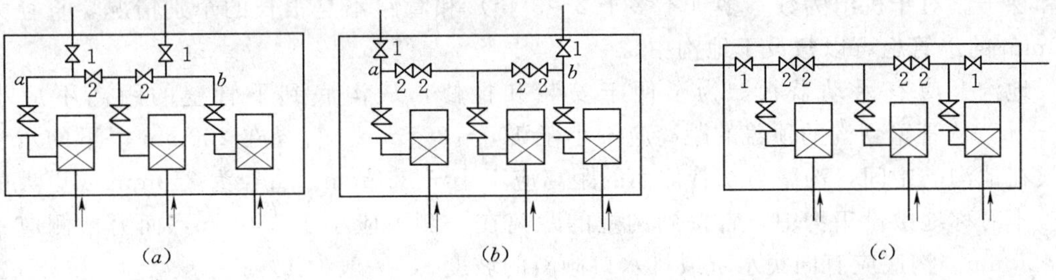


图 8-29　三台水泵时压水管路的布置

（*a*）设一个双闸时；（*b*）设两个双闸时；（*c*）设两个双闸，需缩小泵房跨度时

1、2—闸阀

置主要取决于供水对象对于供水安全性的要求，不同要求应有不同的布置方式。

图 8－30 所示为四台水泵向两条总输水管供水的布置图，其中一台备用。若一个闸阀 2 要修理，泵站还有两台水泵及一条总输水管可供水，水量下降不多。假设只装一个闸阀 2，则当修理它时，整个泵站将停止工作。

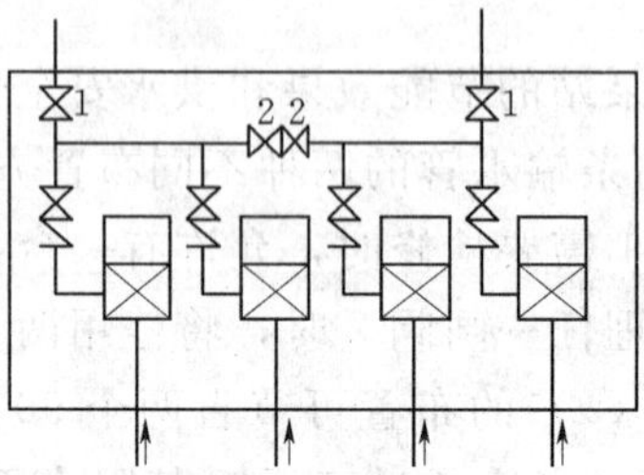


图 8－30　四台水泵的压水管路布置

1、2—闸阀

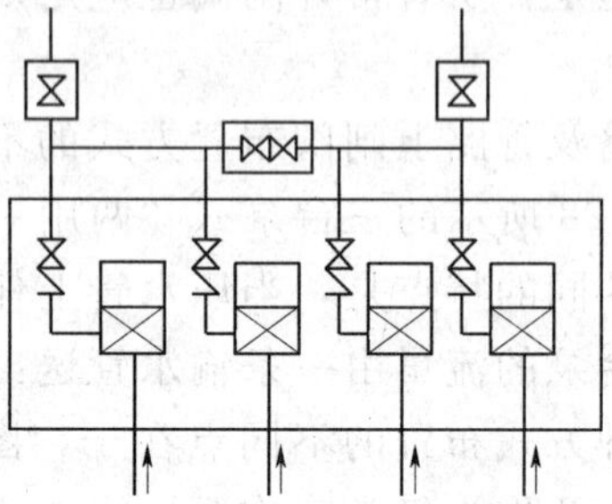

图 8－31　连通管在站外的压水管路布置

通常为了减小泵房的跨度，将连通管置于墙外的管廊中或将连通管设在站外，而把连通管上的闸阀置于闸阀井中，如图 8－31 所示。

**四、吸水管路和压水管路的敷设**

管路及其附件的布置和敷设应保证使用和修理上的便利。敷设互相平行的管路时，应使管道外壁相距 0.4～0.5m，以便维修人员能无阻碍地拆装接头和配件。为了承受管路中压力所造成的推力，应在必要的地方（如弯头、三通处）装置支墩、拉杆等，以避免这些推力传给水泵。

管路上必须设置放水口，供放空管路之用。泵站内的水管不能直接埋于土中，视具体情况可以敷设于砖、混凝土或钢筋混凝土的地沟中，机器间下面的地下室中，以及泵站地板上。

如果吸、压水管直径在 500mm 以下，建议敷设在地沟中或将两者之一敷设在地沟中，以利泵站内的交通。直径大于 500mm 的水管，因不适于安装过多的弯头，宜直进直出，可连同水泵一起安装在泵站机器间的地板上，水泵吸、压水管安装呈一直线，不设弯头，可降低电耗。当水管敷设在泵站地板上时，应修建跨过管道并能走近机组和闸阀的便桥和梯子。对于机组为数不多（不多于 2～3 套）和管路不是很长的个别情况，直径大于 500mm 的水管也可以敷设于地沟中。

地沟上应有活动盖板，为了便于安装和检修，从沟底到下管壁的距离不应小于 350mm，从管壁到沟的顶盖的距离应不小于 100～200mm。直径在 200mm 以下的水管应敷设在地沟的中间，沟壁与水管侧面的距离应不小于 350mm。直径为 250mm 或更大的水管应不对称地敷设于沟中，管壁到沟壁的距离在一侧不应小于 350mm，而另一侧应不小于 450mm。沟底应有向集水坑或排水口倾斜的坡度 $i$，一般为 1%。

地下式水泵站所在地的地下水位较高时，不宜采用能通行的管沟或地下室，否则会大大增加泵站的造价。

吸、压水管在引出泵房之后，必须埋设在冰冻线以下，并应有必要的防腐防震措施。

如果管道位于泵站施工工作坑范围内，则管道底部应作基础处理，以免回填土发生过大的沉陷。

泵站内管道一般不宜架空安装。但地下深度较大的泵房，为了与室外管路连接，有时不得不作架空管道。管道架空安装时，应作好支架或支柱，但不应阻碍通行，更不能妨碍水泵机组的吊装及检修工作。不允许将管道架设在电气设备的下方，以免管道漏水或凝露时影响下面电气设备的安全工作。

## 第七节 泵站中的辅助设施

### 一、计量设施

为了有效地调度泵站的工作，并进行经济核算，泵站内必须设置计量设施。目前，水厂泵站中常用的计量设施有电磁流量计、超声波流量计、插入式涡轮流量计、插入式涡街流量计以及均速管流量计等。这些流量计的工作原理虽然各不相同，但它们基本上都是由变送器（传感元件）和转换器（放大器）两部分组成。传感元件在管流中所产生的微电信号或非电信号通过变送、转换放大为电信号在液晶显示仪上显示或记录。一般而言，上述代表现代型的各种流量计较之过去在水厂中使用的诸如孔板流量计、文氏管流量计等压差式流量仪表，具有水头损失小、节能及易于远传、显示等优点。

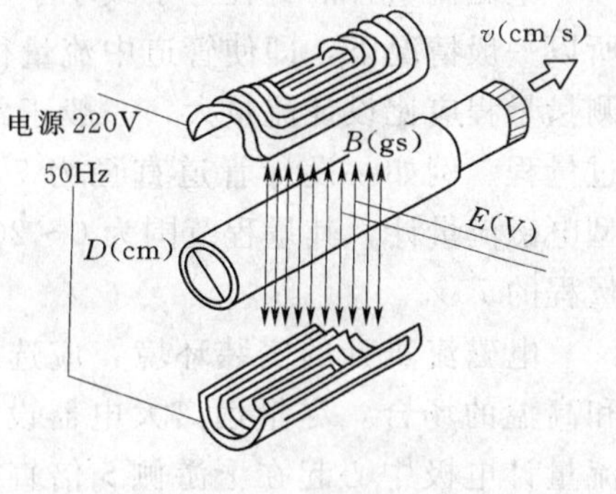

图 8-32 电磁流量计

（一）电磁流量计

电磁流量计是利用电磁感应定律制成的流量计，如图 8-32 所示，当被测的导电液体在导管内以平均速度 $v$ 切割磁力线时，便产生感应电势。感应电势的大小与磁力线密度和导体运动速度成正比，即

$$E=BvD\times10^{-8}$$

而流量为

$$Q=\frac{\pi}{4}D^2v$$

可得

$$Q=\frac{\pi}{4}\frac{E}{B}D\times10^{8} \qquad (8-10)$$

式中：$E$ 为产生的电动势，V；$B$ 为磁力线密度，gs；$Q$ 为导管内通过的流量，$cm^3/s$；$D$ 为管径，cm；$v$ 为导体通过导管的平均流速，cm/s。

因此，当磁力线密度一定时，流量将与产生的电动势成正比。测出电动势，即可算出流量。

电磁流量计由电磁流量变送器和电磁流量转换器（放大器）组成。变送器安装在管道上，把管道内通过的流量变换为交流毫伏级的信号；转换器则把信号放大，并转换成 0～10mA 直流电信号输出，与其他电动仪表配套，进行记录指示、调节控制等。

电磁流量计有如下特点：

（1）其变送器结构简单，工作可靠。

（2）水头损失小，且不易堵塞，电耗少。

（3）无机械惯性，反应灵敏，可以测量脉动流量，流量测量范围大，低负荷亦可测量；而且输出信号与流量成线性关系，计量方便（这是其最主要的优点）；测量精度约为 ±1.5%。

（4）安装方便。

（5）重量轻，体积小，占地少。

（6）价格较高，怕潮、怕水浸。

电磁流量计的直径等于或小于工艺管道直径（由于电磁流量计具有很大的测量范围，所以一般情况下，即使管道中流量很大，也不必选用比管道直径大的流量计），流量计的测量量程应比设计流量大，一般正常工作流量为量程的 65%～80%，而最大流量仍不超过量程。例如，设计管道直径为 700mm，设计流量为 1500$m^3$/h，就可以选用 LD—600 型电磁流量计，其量程范围为 0～2000$m^3$/h。在这种情况下，正常工作时最大流量为最大量程的 75%。

电磁流量计的安装环境，应选择周围环境温度为 0～40℃，并应尽量避免阳光直射和高温的场合，尽量远离大电器设备（如电动机、变压器等）。为了保证测量精度，从流量计电极中心起在上游侧 5 倍直径的范围内，不要安装影响管内流速的设备配件（如闸阀等）。对于埋地的管道，电磁流量计的变送器应装在钢筋混凝土水表井内。井内有泄水管，井上有盖板，防止雨水的浸淹。电磁流量计的电源线和信号线应穿在金属管套内（最好是电源线和信号线分别穿在两根管子内）敷设，以免损坏电线，同时可以减少干扰，提高仪表的可靠性和稳定性。在流量计的下游侧安装伸缩接头，以便于仪表的拆装。

（二）*超声波流量计*

超声波流量计是利用超声波在流体中的传播速度随着流体的流速变化这一原理设计的，这种方法一般称为速度差法。目前，世界各国所用的超声波流量计大部分属于这种类型。在速度差法中，根据接收和计算模式的不同，先后又有采用时差法、频差法及时频法等多种类型的超声波流量计。从超声波流量计发展历史来看，首先出现的是时差法，但由于当时超声测流理论认为时差法量测精度受液体温度变化影响较大，而且当时采用的转换方式使时差法误差较大、分辨率不高，所以到 20 世纪 70 年代后，被新兴起的频差法取代。由于数字电路技术的发展，频率数的量测精度和分辨率均有所提高，所以频差法超声波流量计在国际上大批生产并推广使用。图 8-33 所示为国产超声波流量计的安装示意。由该图可见，它是由 2 个探头（超声波发生及接收元件）及主机两部分组成。其优点是水头损失极小，电耗很少，量测精度一般在±2%范围内，使用中可以计瞬时流量，也可计累积流量。安装时探头的安装部位要求上游直管段长度不小于 10 倍管径，下游直管段长度不小于 5 倍管径。目前，国产的超声波流量计已可测量管径 100～2000mm 之间的任何直径管道，信号传送一般为 30～50m 以内。

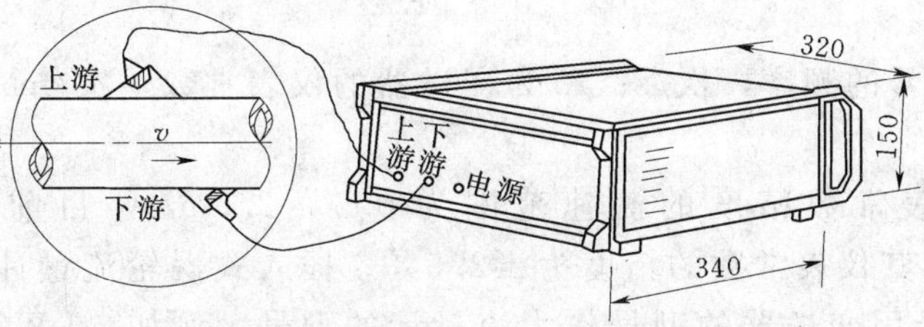


图 8-33　超声波流量计安装示意图

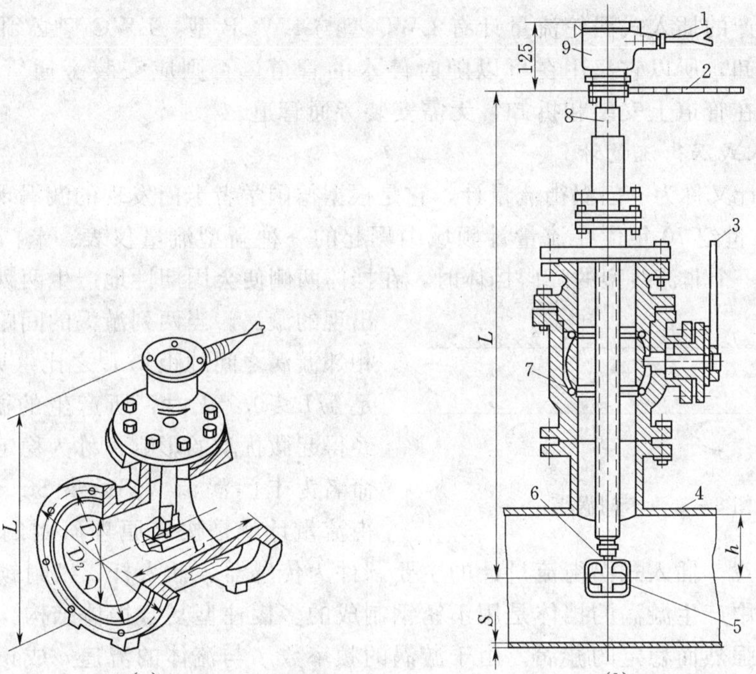


(a)　　(b)

图 8-34　插入式涡轮流量计

(a) 局部剖；(b) 正剖

1—信号传输线；2—定位杆；3—阀门；4—被测管道；5—涡轮头；

6—检测线圈；7—球阀；8—插入杆；9—放大器

（三）插入式涡轮流量计

插入式涡轮流量计主要由变送器和显示仪表两个部分组成，其测量原理如图 8-34 所示。利用变送器的插入杆将一个小尺寸的涡轮头插到被测管道的某一深处，当流体流过管道时，推动涡轮头中的叶轮旋转，在较宽的流量范围内，叶轮的旋转速度与流量成正比。利用磁阻式传感器的检测线圈内的磁通量发生周期性变化，在检测线圈的两端发生电脉冲信号，测出涡轮叶片的转数并测得流量。试验证明，在较宽的流量范围内，变送器发出的电脉冲流量信号的频率与流体流过管道的体积流量成正比，其关系可用式（8-11）表

示，即

$$Q=\frac{f}{K} \tag{8-11}$$

式中：$f$ 为流量信号的频率，次/s；$K$ 为变送器的仪表常数，次/$m^3$；$Q$ 为流过的流量，$m^3/s$。

一般保证仪表常数精度的流速范围为 0.5～2.5m/s。目前，用于管径 200～1000mm 的管道，其仪表常数的精度为±2.5%。插入式涡轮流量计目前还没有专门的型号命名，一般沿用变送器的型号作为流量计的型号。例如，LWCB 型插入式涡轮流量变送器与任何一种型号的显示仪配套组成的插入式涡轮流量计，就称为 LWCB 型插入式涡轮流量计。

目前，国产的插入式涡轮流量计有 LWC 型与 LWCB 型。LWC 型必须断流才可在管道上安装和拆卸，所以它只用在可以随时停水的管道，否则应安装旁通管道。而 LWCB 型可不断流即在管道上安装和拆卸，无需安装旁通管道。

（四）插入式涡街流量计

涡街流量计又称为卡门涡街流量计，它是根据德国学者卡门发现的漩涡现象而研制的测流装置，是 20 世纪 70 年代在流量计领域中崛起的一种新型流量仪表。卡门的漩涡现象认为：液流通过一个非流线型的障碍挡体时，在挡体两侧便会周期性地产生两列内漩的、交替出现的漩涡。当两列漩涡的间距 $h$ 与同列两个相邻漩涡之间的距离 $L$ 之比（见图 8-35）满足 $h/L \leqslant 0.281$ 时，所产生的漩涡是稳定的，经得起微扰动的影响，称为稳定涡街，因而被命名为卡门涡街（Vortex Street）。插入式涡街流量计就是按该原理研制的，图 8-36 所示为其安装示意。插入式涡街流量计的主要部件为传感器、插入杆、密封锁紧装置及放大器等。传感器中产生漩涡的挡体是用不锈钢制成的多棱柱型复合挡体结构，这种复合挡体结构可以产生强烈而稳定的漩涡。由于漩涡的频率数 $f$ 与流体的流速 $v$ 成正比，与挡体的特征宽度 $d$ 成反比，因此可写出式（8-12），即

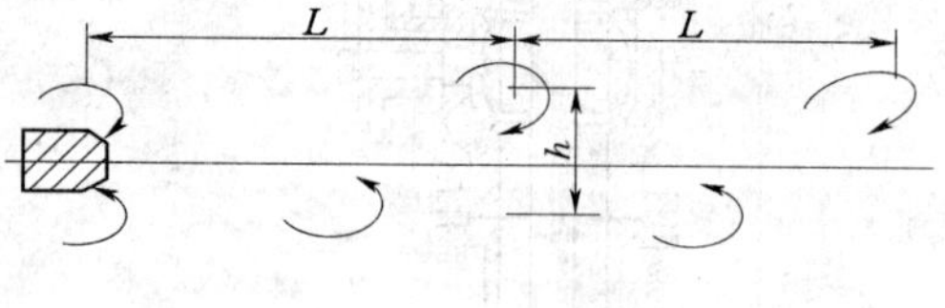

图 8-35　卡门涡街

$$f=ST\frac{v}{d} \tag{8-12}$$

式中：$ST$ 为比例关系数，称为斯特路哈尔数（STROUHAL），它是雷诺数的函数。

又因 $Q=vA$，所以可得

$$f=ST\frac{Q}{Ad}$$

令

$$K=\frac{ST}{Ad}$$

则得

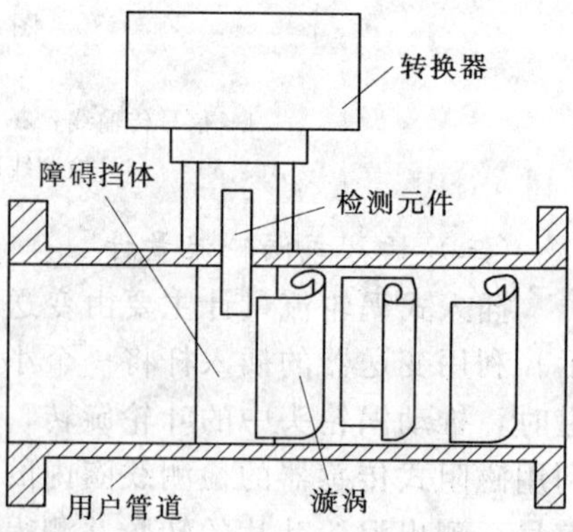

图 8-36　插入式涡街流量计

$$f=KQ \tag{8-13}$$

式中：$K$ 为流量计的仪表常数。

式（8－13）表明，管道中通过的流量与漩涡频率成正比。

涡街流量计无可动件、结构简单、安装维护方便、价格低廉，但它尚属于发展中的流量计，无论其理论基础还是实践经验均尚不足，目前较多用于 $DN$300 以下管道。涡街流量计的仪表口径及规格需根据工艺参数严格计算后选定，安装地点也需严格审定。

（五）均速管流量计

均速管流量计是基于早期毕托管测速原理而来的一种新型流量计。其研究始于 20 世纪 60 年代末期，国外将其称为“阿纽巴”（ANNUBAR）流量计。它主要由双法兰短管、测量体铜棒、导压管及差压变送器、开方积算器及流量显示、记录仪表等组合而成，其结构示意如图8－37所示。其工作原理是根据流体的动、势能转换原理，综合了毕托管和绕流圆柱体的应用技术制成的。在管道内插入一根扁平光滑的铜棒作为测量体，在其水流方向沿纵向轴线上按一定间距钻有两对或两对以上的测压孔，各测压孔是相通的，传到测量体铜棒中各点的压力值经平均后由总压引出管经传压细管引入差压变送器的高压腔内，在铜棒背向流体流向一侧中央开设有一个测压孔（该测压孔与逆流正面的各测压孔在中空铜棒中间是隔开的），它所测得的值代表整个管道截面上的静压。试验资料表明，测得的静压值比实际静压要低 50％左右，因而可给出比正常值大得多的差压值。该静压也用传压细管引入差压变送器的低压腔。这样，差压计所测得的差压平方根即反映了测量截面上平均流速的大小。平均流速又与流量成正比，从而可得出：

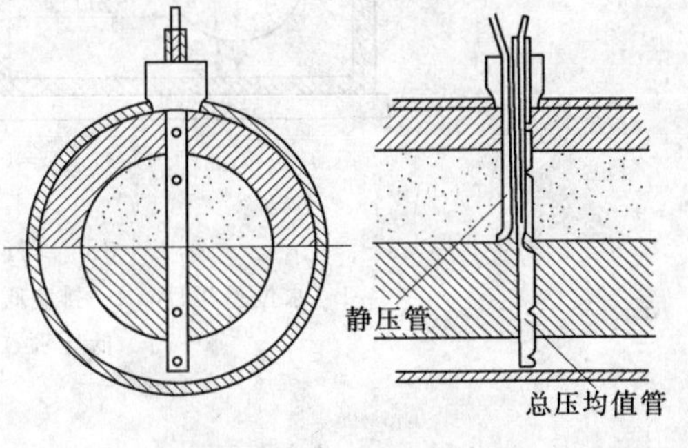

图 8－37　均速管流量计

$$Q=\mu\sqrt{h} \tag{8-14}$$

式中：$h$ 为均速毕托管测量压差，m；$\mu$ 为流量系数，出厂前由厂方标定；$Q$ 为流量，$m^3/h$。

图 8－38 所示为均速管流量计安装示意图。

## 二、引水设施

水泵的工作方式有自灌式和吸入式两种。装有大型水泵、自动化程度高、供水安全要求高的泵站，宜采用自灌式工作方式。自灌式工作的水泵泵壳顶点应低于吸水池的最低水位。当水泵采用吸入式方式工作时，在启动前必须引水。引水方法因吸水管带有底阀和不带底阀而不同。

（一）吸水管带有底阀的引水方法

1. 人工灌水

将水从泵顶的引水孔灌入泵内，同时打开排气阀。人工灌水引水方法只适用于临时性供水且为小泵的情况。

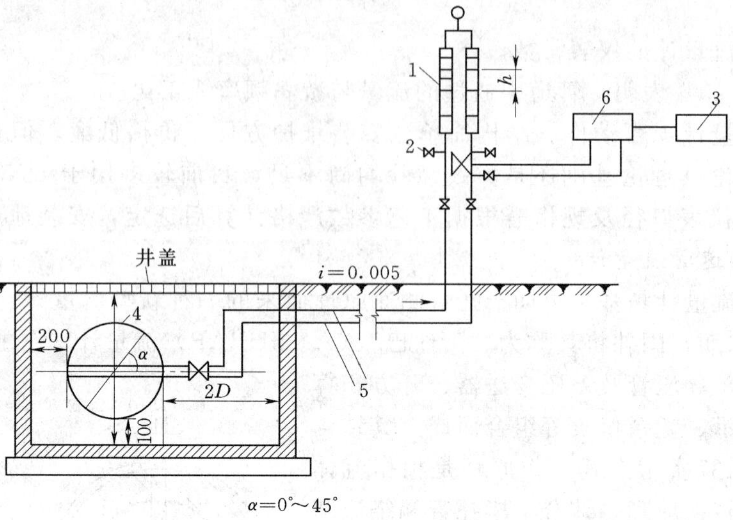


图 8－38　均速管流量计安装示意图

1—水位差压计；2—排空阀门；3—开方积算器；4—输水管 $D$；

5—高、低压管（白铁管）；6—差压变送器

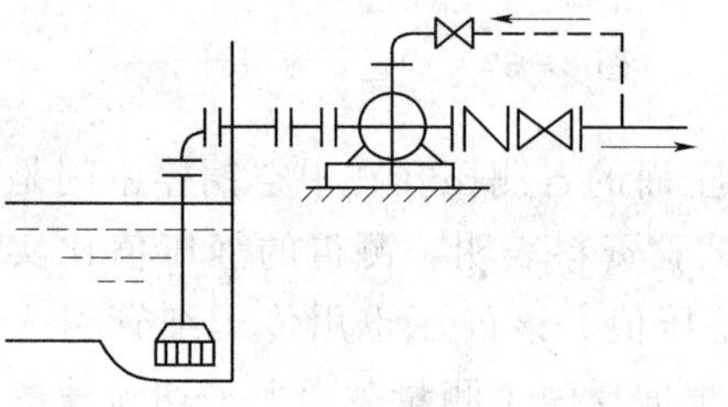

图 8－39　水泵从压水管引水

2. 用压水管中的水倒灌引水

当压水管内经常有水且水压不大而无止回阀时，直接打开压水管上的闸阀，将水倒灌入泵内。若压水管中的水压较大且在泵后装有止回阀，则不能采用直接打开送水闸阀的方法引水，而需在送水闸阀后装设一旁通管引水入泵壳内，如图 8－39 所示。旁通管上设有闸阀，引水时开启闸阀，水充满泵后关闭闸阀。该方法使用设备简单，一般中、小型水泵（吸水管直径在 300mm 以内时）大多采用。

（二）吸水管上不装底阀的水泵引水方法

1. 真空泵直接抽气引水

真空泵直接抽气引水法在泵站中应用较为普遍，其优点是水泵启动快，运行可靠，易于实现自动化。目前使用最多的是水环式真空泵，其型号有 SZB 型、SZ 型及 S 型三种。水环式真空泵的构造和工作原理如图 8－40 所示。

以图 8－40 为例，叶轮偏心地装置于泵壳内，启动前向泵壳内灌满水，叶轮旋转时由于离心作用，将水甩至四周而形成旋转水环，水环上部的内表面与轮壳相切。沿箭头方向旋转的叶轮，在前半转（图中右半部）的过程中，水环的内表面渐渐与轮壳离开，各叶片间形成的空间渐渐增大，压力随之降低，空气就从进气管和进气口吸入；在后半转（图中左半部）的过程中，水环的内表面渐渐与泵壳接近，各叶片间的空间渐渐缩小，压力随之升高，空气便从排气口和排气管排出。叶轮不断地旋转，水环式真空泵就不断地抽走气体。

真空泵的排气量可近似地按下式计算：

$$Q_v = K\frac{(W_p + W_s)H_a}{T(H_a - Z_s)} \qquad (8-15)$$

式中：$Q_v$ 为真空泵的排气量，$m^3/h$；$W_p$ 为泵站中最大一台水泵泵壳内空气容积，$m^3$，相当于水泵吸入口面积乘以吸入口到出水闸阀间的距离；$W_s$ 为从吸水井最低水位算起的吸水管中空气容积，$m^3$，根据吸水管直径和长度计算，一般可查表 8-3 求得；$H_a$ 为大气压的水柱高度，取 10.33m；$Z_s$ 为离心泵的安装高度，m；$T$ 为水泵引水时间，h，一般应小于 5min，消防水泵不得超过 3min；$K$ 为漏气系数，一般取 1.05～1.10。

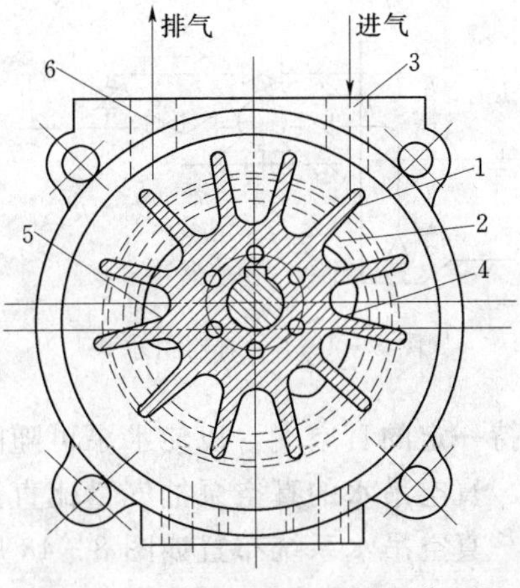


图 8-40　水环式真空泵的工作原理

1—叶轮；2—旋转水环；3—进气管；4—进气口；5—排气口；6—排气管

最大真空值 $H_{vmax}$ 可由吸水井最低水位到水泵最高点间的垂直距离计算。例如该距离为 4m，则

$$H_{vmax} = 4\times\frac{10.33\times10^5}{10.33} = 4\times10^5\,\mathrm{Pa} = 400\mathrm{kPa}$$

**表 8-3　　水管直径与空气容积的关系**

| $D$（mm） | 100 | 125 | 150 | 200 | 250 | 300 | 350 | 400 | 450 | 500 | 600 | 700 | 800 | 900 | 1000 |
|---|---|---|---|---|---|---|---|---|---|---|---|---|---|---|---|
| $W_s$（$m^3/m$） | 0.008 | 0.012 | 0.018 | 0.031 | 0.071 | 0.092 | 0.096 | 0.120 | 0.159 | 0.196 | 0.282 | 0.385 | 0.503 | 0.636 | 0.785 |

根据 $Q_v$ 和 $H_{vmax}$ 查真空泵产品规格便可选择真空泵。

泵站内真空泵的管路布置如图 8-41 所示。该图中气水分离器的作用是为了避免水泵中的水和杂质进入真空泵内，影响真空泵的正常工作。对于输送清水的泵站也可以不用气水分离器。水环式真空泵在运行时应有少量的水流不断地循环，以保持一定容积的水环及时带走由于叶轮旋转而产生的热量，避免真空泵因温升过高而损坏，为此在管路上装设了循环水箱。但是，真空泵运行时，吸入的水量不宜过多，否则将影响其容积效率，减少排气量。

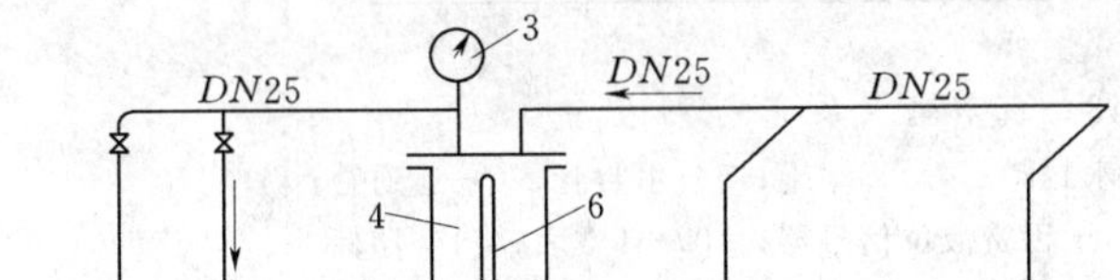


图 8-41　泵站内真空泵管路布置

1—水泵；2—水环式真空泵；3—真空表；4—气水分离器；5—循环水箱；6—玻璃水位计

根据水泵大小，真空管路直径可采用 $d=25\sim50$mm。泵站内真空泵通常设置两台，一台工作一台备用。两台真空泵可共用一个气水分离器。

2. 水射器引水

图 8-42 所示为用水射器引水的装置。水射器引水是利用压力水通过水射器喷嘴处产生高速水流而使喉管进口处形成真空的原理将水泵内的气体抽走。因此，为使水射器工作，必

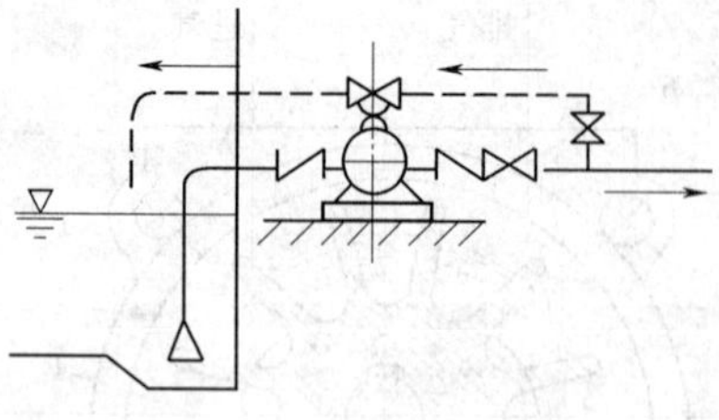

图 8－42　水射器引水

须供给压力水作为动力。水射器应连接于水泵的最高点处，在开动水射器前，要把水泵压水管上的闸阀关闭，水射器开始带出吸水池的水时，就可启动水泵。水射器具有结构简单、占地少、安装容易、工作可靠、维护方便等优点，是一种常用的引水设备。其缺点是效率低，需供给大量的高压水。

3. 真空吊水

真空吊水是在水泵和真空泵间设真空罐，并经常保持一定的真空度，以使水泵可随时直接启动。真空泵则根据真空罐内液位自动启停。

真空吊水的真空泵抽气量比直接真空泵抽气引水小。

真空吊水系统布置如图 8－43 所示。

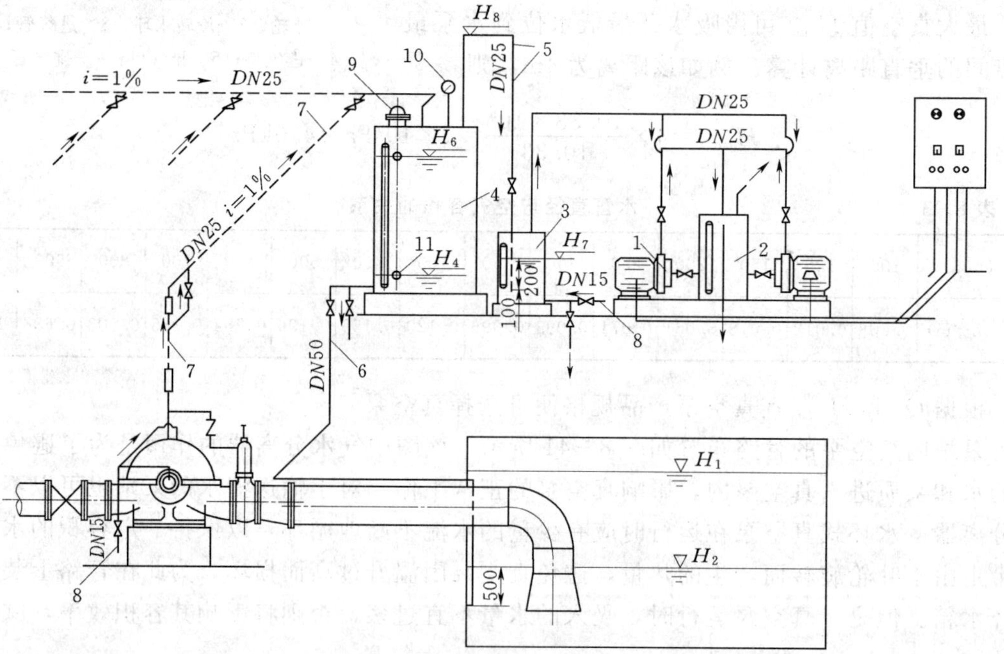


图 8－43　真空吊水系统

1—真空泵；2—气水分离箱；3—水封罐；4—真空罐；5—水封管；6—连通管；7—真空吊水管；8—给水管；9—干舌簧液位信号器；10—真空表；11—浮标

(1) 真空罐及真空泵：在初始或大修结束后，先启动真空泵，通过所有接入真空罐的水泵抽气管将水泵及吸水管路内的空气抽出，使罐内真空度达到一定值，水位相应上升到 $H_6$，经干舌簧液位信号器自动关停真空泵。

真空系统、水泵填料函、吸水管道等处漏入的气体，以及水泵在负压情况下析出的气体不断进入真空罐，使罐内水位下降到 $H_4$，此时液位信号器自动使真空泵开启，直至罐内水位重新上升到 $H_6$，这样始终保持整个管路及水泵处于充水状态。真空罐容积主要取决于设备漏气及负压情况下水中溢出的气体量。真空泵容量主要考虑抽出真空罐内漏入和水中溢出气体的量，容量较小，但初次抽气时间很长，需要提前开泵。

真空罐容积及泵型的选择如表 8-4 所示。

表 8-4　　真空罐容积及泵型选择

| 使用范围 | | | 真空泵 | | | 真空吊水罐[①] | | 备注 |
|---|---|---|---|---|---|---|---|---|
| 台数 | 水泵吸水管口径 (mm) | 吸上高度 (m) | 型号 | 流量 (L/s) | 真空值 (mmHg)[②] | 有效容积 ($m^3$) | 直径 (mm) | |
| ≤6 | 300 | ≤3 | SZZ—4 | 0～33 | 650～440 | 0.5 | 700 | |
| ≤4 | 350 | ≤3 | | | | 0.5 | 700 | 真空泵开停时间间隔一般为 1～2h |
| >6 | 300 | >3 | SZZ—8 | 0～66 | 650～440 | 1.0 | 1000 | |
| >4 | 350 | >3 | | | | 1.0 | 1000 | |

① 真空吊水罐的管道直径采用 *DN*25mm。

② 1mmHg=133.32Pa。

(2) 水封罐及高程：为防止真空泵停运时空气从气水分离箱倒进真空泵而窜入真空罐，破坏整个真空吊水系统，需要设置水封罐（见图 8-43）。

1) 水封水位 $H_7$ 应满足下列关系：

$$H_8 - H_7 > H_6 - H_2 \quad (8-16)$$

$$H_8 > H_1 \quad (8-17)$$

式中：$H_1$ 为吸水井（池）内高水位；$H_2$ 为吸水井（池）内低水位；$H_6$ 为真空罐内高水位；$H_7$ 为水封罐内水封水位；$H_8$ 为水封管安装高度。

2) 真空吊水罐内低水位 $H_4$ 应高于泵壳顶 0.4m 以上。水封抽气管的管口应经常在水面 $H_7$ 以下，不露出水面。

(3) 自动排气阀（见图 8-44）：为使吸水管及水泵排气充水、真空常吊，而引水又不致进入真空罐，必须设置安装于泵顶的自动排气阀。自动排气阀的作用是只允许气体通过，而不让水流通过。

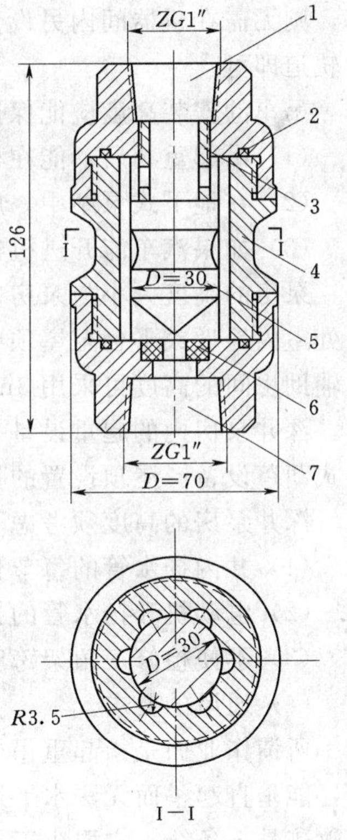


图 8-44　自动排气阀

1—阀上盖；2—阀封圈；3—导气管；4—阀体；5—阀芯；6—密封垫；7—阀下盖

ZG1″表示椎管螺纹是 1in，其中 1in=2.54cm

### 三、起重设备

(一) 起重设备的选择

泵房中必须设置起重设备以满足机泵安装与维修需要。它的服务对象主要是水泵、电机、阀门及管道。选择什么起重设备取决于这些对象的重量。

常用的起重设备有移动吊架、单轨吊车梁和桥式行车（包括悬挂起重机）三种。除吊架为手动外，其余两种既可手动，也可电动。

表 8-5 为起重量与可采用的起重设备参照类型，可作为设计时的基本依据。泵房中的设备一般都应整体吊装，

因此，起重量应以最重设备并加上起重葫芦吊钩重量为标准。选择起重设备时，应考虑远期机泵的起重量。但是，如果是大型泵站，当设备重量大到一定程度时，就应考虑解体吊装，一般以10t为限。凡是采取解体吊装的设备，应取得生产厂方的同意，并在操作规程中说明；同时，在吊装时注明起重量，防止发生超载吊装事故。

表 8-5 起重设备选择

| 起重量（t） | 起重设备类型 | 起重量（t） | 起重设备类型 |
|---|---|---|---|
| ＜0.5 | 移动吊架或固定吊钩 | ＞3.0 | 电动起重设备 |
| 0.5～3.0 | 手动或电动起重设备 | ＞5.0 | 宜用电动单梁或双梁起重机 |

（二）起重设备布置

起重设备布置主要考虑起重机的设置高度和作业面两个问题。设置高度从泵房顶板至吊车最上部分应不小于0.1m，从泵房的墙壁至吊车的突出部分应不小于0.1m。

桥式吊车轨道一般安设在壁柱上或钢筋混凝土牛腿上。如果采用手动单轨悬挂式吊车，则无需在机器间内另设壁柱或牛腿，可利用厂房的屋架，在其下面装上两条工字钢作为轨道即可。

吊车的安装高度应能保证在下列情况下无阻地进行吊运工作：

（1）吊起重物后，能在机器间内的最高机组或设备顶上越过。

（2）在地下式泵站中，应能将重物吊至运出口。

（3）如果汽车能开进机器间中，则应能将重物吊到汽车上。

泵房的高度大小与泵房内有无起重设备有关。当无起重设备时，应不小于3m（指进口处室内地坪或平台至屋顶梁底的距离）；当有起重设备时，其高度应通过计算确定。其他辅助房间的高度可采用3m。

深井泵房内的起重设备一般用可拆卸的屋顶式三角架，检修时装于屋顶，适用于手拉链式葫芦设备。屋顶设置的检修孔一般为1.0m×1.0m。

深井泵房的高度须考虑下列因素：

（1）井内扬水管的每节长度。

（2）电动机和扬水管的提取高度。

（3）不使检修三角架跨度过大。

（4）通风的要求。

所谓作业面是指起重吊钩服务的范围。它取决于所用的起重设备。固定吊钩配置葫芦，能垂直起举而无法水平运移，只能为一台机组服务，即作业面为一点。单轨吊车的运动轨迹是一条线，它取决于吊车梁的布置：横向排列的水泵机组，对应于机组轴线的上空设置单轨吊车梁；纵向排列机组，则将吊车梁设于水泵和电机之间。进出设备的大门，一般都按单轨梁居中设置。若有大门平台，应按吊钩的工作点和最大设备的尺寸来计算平台的大小，并且要考虑承受最重设备的荷载。在条件允许的情况下，为了扩大单轨吊车梁的服务范围，可以采用如图8-45所示的U形布置方式。轨道转弯半径可按起重量决定，并与电动葫芦型号有关，如表8-6所示。

表 8-6　　按起重量确定的转弯半径

| 电动葫芦起重量（$CD_1$ 型、$MD_1$ 型）(t) | 最小转弯半径 $R$ (m) | 电动葫芦起重量（$CD_1$ 型、$MD_1$ 型）(t) | 最小转弯半径 $R$ (m) |
|---|---|---|---|
| ≤0.5 | 1.0 | 3 | 2.5 |
| 1～2 | 1.5 | 5 | 4 |

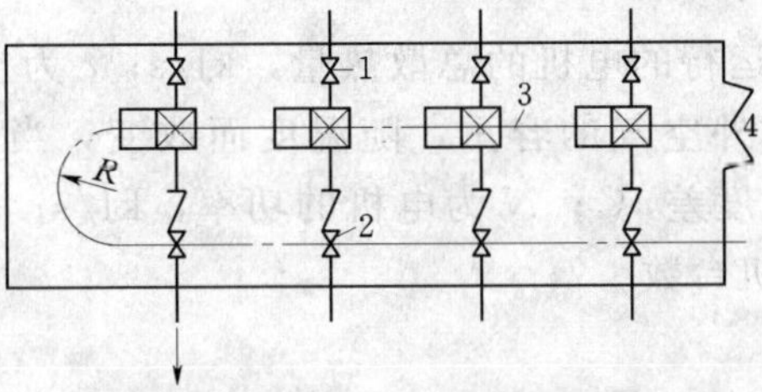


图 8-45　U形单轨吊车梁布置图
1—进水阀门；2—出水阀门；
3—单轨吊车梁；4—大门

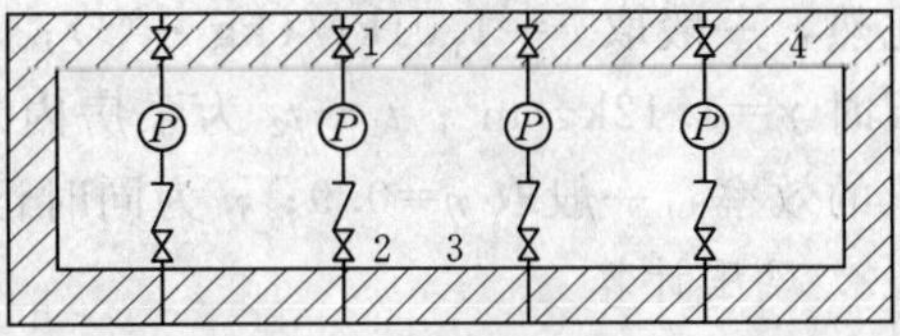


图 8-46　桥式行车工作范围
1—进水阀门；2—出水阀门；3—吊车边缘
工作点轨迹；4—死角区

U 形轨的布置具有选择性。因水泵出水阀门在每次启动与停车过程中是必定要操作的，故又称为操作阀门。它容易损坏，检修机会多，所以一般选择出水阀门为吊运对象，使单轨弯向出水闸阀，因而出水闸阀布置在一条直线上较好。同时，在吊轨转弯处与墙壁或电气设备之间要注意保持一定的距离，以利安全。

桥式行车具有纵向移动和横向移动的功能，它的服务范围为一个面。但吊钩落点离泵房墙壁有一定距离，故沿壁四周形成一个环状区域（见图 8-46），属于行车工作的死角区。一般在闸阀布置中，吸水闸阀平时极少启闭，不易损坏，允许放在死角区。当泵房为半地下式时，可以利用死角区修筑平台或走道。为使设备能起吊，应向前延伸足够的尺寸，以便将设备直接置于汽车上。对于圆形泵房，死角区的大小通常与桥式行车的布置有关。

## 四、通风与采暖设施

泵房内一般采用自然通风。地面式泵房为了改善自然通风条件，往往设有高低窗，并且保证具有足够的开窗面积。当泵房为地下式或电动机功率较大而自然通风不够时，特别是在夏季气温较高的南方地区，为使室内温度不超过 35℃，以保证工人有良好的工作环境，并改善电动机的工作条件，宜采用机械通风。

机械通风分抽风式与排风式。前者是将风机放在泵房上层窗户顶上，通过接到电动机排风口的风道将热风抽出室外，冷空气自然补充；后者是在泵房内电动机附近安装风机，将电动机散发的热气，通过风道排出室外，冷空气也是自然补进。

对于埋入地下很深的泵房，当机组容量大、散热较多时，若采取排出热空气、自然补充冷空气的方法而其运行效果不够理想，可采用进、出两套机械通风系统。

泵房通风设计主要是布置风道系统与选择风机。选择风机的依据是风量和风压。

1. 风量计算

风量计算有以下几种方法：

(1) 按泵房每小时换气 8～10 次所需通风空气量计算：为此需求出泵房的总建筑容积。设泵房总建筑容积为 $V$ ($m^3$)，则风机的排风量应为 (8～10) $V$ ($m^3/h$)。

(2) 按消除室内余热的通风空气量计算：

$$L=\frac{Q}{c\gamma(t_1-t_2)} \tag{8-18}$$

其中

$$Q=nN(1-\eta) \tag{8-19}$$

式中：$L$ 为通风空气量，$m^3/h$；$Q$ 为泵房内同时运行的电机的总散热量，kJ/s；$c$ 为空气的比热，一般取 $c=1.01kJ/(kg\cdot℃)$；$\gamma$ 为泵房外空气的容重，随温度而改变，当 $t=30℃$ 时 $\gamma=1.12kg/m^3$；$t_1-t_2$ 为泵房内外空气温度差，℃；$N$ 为电机的功率，kJ/s；$\eta$ 为电机的效率，一般取 $\eta=0.9$；$n$ 为同时运行的电机台数。

2. 风压计算

风压包括沿程损失和局部损失两部分。

(1) 沿程损失计算：

$$h_f=il(mmH_2O) \tag{8-20}$$

式中：$l$ 为风管的长度，m；$i$ 为每米风管的沿程损失，根据管道内通过的风量和风速，可从《工业通风设计手册》或《空气调节设计手册》中查得。

(2) 局部损失计算：

$$h_j=\sum\xi\frac{v^2\gamma}{2g}(mmH_2O) \tag{8-21}$$

式中：$\xi$ 为局部阻力系数，查《工业通风设计手册》或《空气调节设计手册》求得；$v$ 为风速，m/ s；$\gamma$ 为空气的容重，当 $t=30℃$ 时 $\gamma=1.12kg/m^3$。

因此，风管中的全部阻力损失为

$$H=h_f+h_j \tag{8-22}$$

通风机根据所产生的风压大小，分为低压风机（全风压在 $100mmH_2O$ 以下）、中压风机（全风压在 $100\sim300mmH_2O$ 之间）和高压风机（全风压在 $300mmH_2O$ 以上）。

泵房通风一般要求的风压不大，故大多采用低压风机。

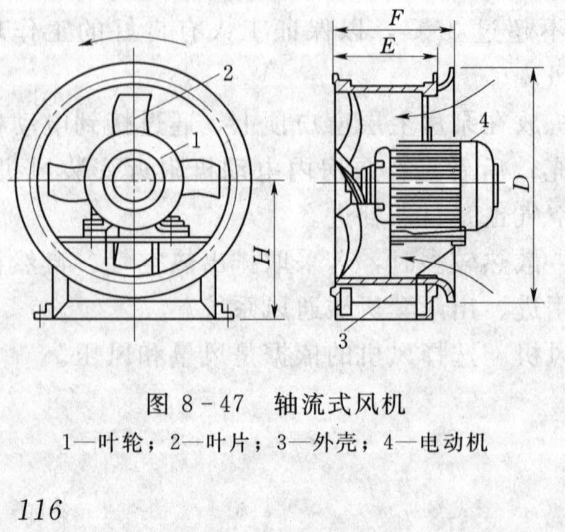


图 8-47 轴流式风机

1—叶轮；2—叶片；3—外壳；4—电动机

风机按作用原理和构造上的特点分为离心式和轴流式两种，泵房中一般采用轴流式风机。轴流式风机（见图 8-47）由叶轮或轴套、装在叶轮上并与轴成一定角度的叶片及圆筒形外壳组成。当风机叶轮转动时，气流沿轴向流过风机。

一般说来，轴流式风机应装在圆筒形外壳内，并且轮叶的末端与机壳内表面之间的空隙不得大于轮叶长度的 1.5%。如果吸气侧没有风管，则须在圆筒形外壳的进风口处装置边缘平滑的喇叭口。

在寒冷地区，泵房应考虑采暖设备。泵房采暖温度对于自动化泵站机器间为5℃，对于非自动化泵站机器间为16℃。在计算大型泵房采暖时，应考虑电动机所散发的热量，但也应考虑冬季天冷停机时可能出现的低温。辅助房间室内温度在18℃以上。小型泵站可用火炉取暖，我国南方地区多用这种方法；大中型泵站中亦可考虑采取集中采暖方法。

**五、其他设施**

（一）排水设施

泵房内由于水泵填料盒滴水、闸阀和管道接口的漏水、拆修设备时泄放的存水以及地沟渗水等，常须设置排水设备，以保持泵房环境整洁和运行安全（尤其是电缆沟不允许积水）。地下式或半地下式泵房，一般设置手摇泵、电动排水泵或水射器等用于排除积水。地面式泵房的积水就可以自流入室外下水道。此外，无论是自流或提升排水，在泵房内地面上均需设置地沟集水（或将水引出）。排水泵也可采用液位控制自动启闭。

（二）通信设施

泵站内的通信十分重要，一般是在值班室内安装电话机，供生产调度和通信使用。电话间应具有隔声效果，以免噪声干扰。

（三）防火与安全设施

泵房的防火主要是防止用电起火以及雷击起火两种。起火的原因可能是用电设备超负荷运行、导线接头接触不良、电阻过大发热使导线的绝缘物或沉积在电气设备上的粉尘自燃、短路的电弧使充油设备爆炸等。在江河边的取水泵房，设置区雷电较多，泵房上如果没有可靠的防雷保护设施，也有可能因雷击而起火。

雷电是一种大气放电现象，它是由带有不同电荷的云层放电所产生的。在放电过程中伴随着强烈的电光和巨响，产生强大的电流和电压。电压可达几十万至几百万伏，电流可达几千安。雷电流的电磁作用对电气设备和电力系统的绝缘物质影响很大。泵站中常用的防雷保护设施有避雷针、避雷线及避雷器三种。

避雷针是由镀锌铁针、电杆、连接线和接地装置所组成（见图8-48）。落雷时，由于避雷针高于被保护的各种设备，它把雷电流引向自身，承受雷电流的袭击，于是雷电先落在避雷针上，然后通过针上的连接线流入大地使设备免受雷电流的侵袭，起到保护作用。

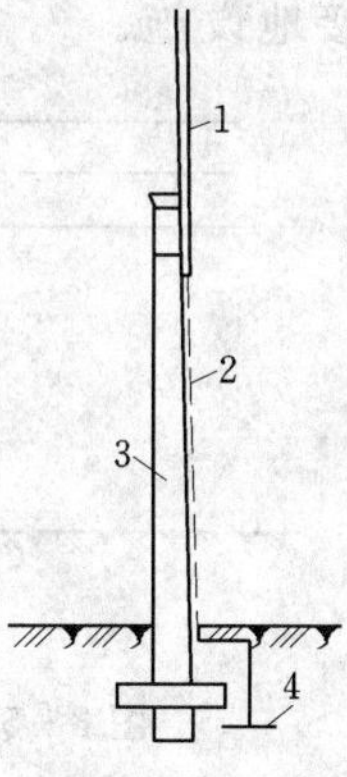

图8-48　避雷针
1—镀锌铁针；2—连接线；3—电杆；4—接地装置

避雷线作用类同于避雷针，避雷针用以保护各种电气设备，而避雷线则用在35kV以上的高压输电架空线路上，如图8-49所示。

避雷器的作用不同于避雷针（线），它是防止设备受到雷电的电磁作用而产生感应过电压的保护装置。如图8-50所示为阀型避雷器外形。其主要有两部分组成：一部分是由若干放电间隙串联而成的放电间隙部分，通常称为火花间隙；另一部分是用特种碳化硅做成的阀电阻元件，外部用瓷质外壳加以保护，外壳上部有引出的接线端头，用来连接线路。避雷器一般是专为保护变压器和变电所的电气设备而设置的。

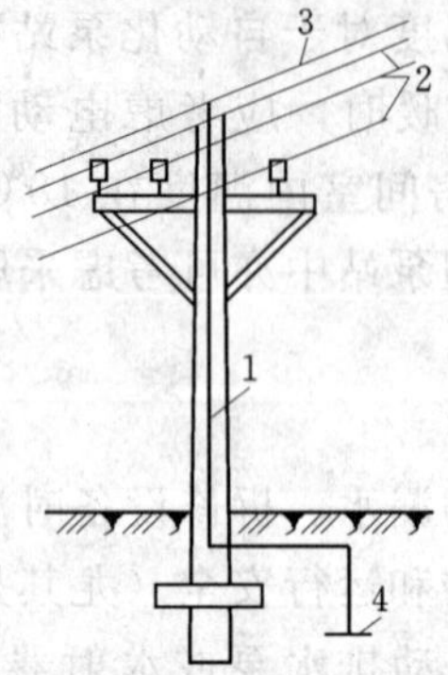


图 8-49　避雷线

1—避雷线；2—高压线；3—连接线；4—接地装置

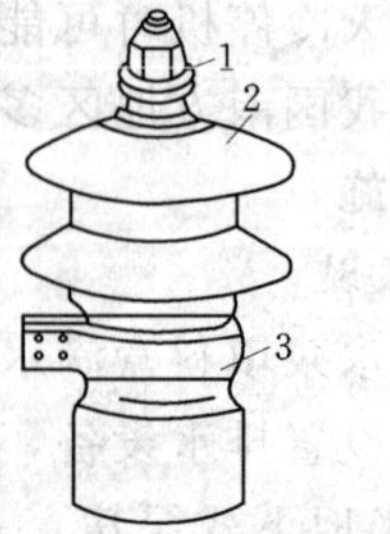


图 8-50　阀型避雷器

1—接线端头；2—瓷质外壳；3—支持夹

泵站安全设施中除了防雷保护外，还有接地保护和灭火器材的使用。

接地保护是接地线和接地体的总称。当电线设备绝缘破损，外壳接触漏电后，接地线便把电流导入大地，从而消除危险、保证安全（见图 8-51）。图 8-52 所示为电器的保护接零。它是指电气设备带有中性零线的装置，把中性零线与设备外壳用金属线与接地体连接起来。它可以防止发生变压器高低压线圈间的绝缘破坏而引起高压电加于用电设备及危害人身安全。380V/200V 或 220V/127V 中性线直接接地的三相四线制系统中的设备外壳均应采用保护接零。三相三线制系统中的电气设备外壳也均应采用保护接地设施。

图 8-51　保护接地

1—接地线；2—电动机外壳

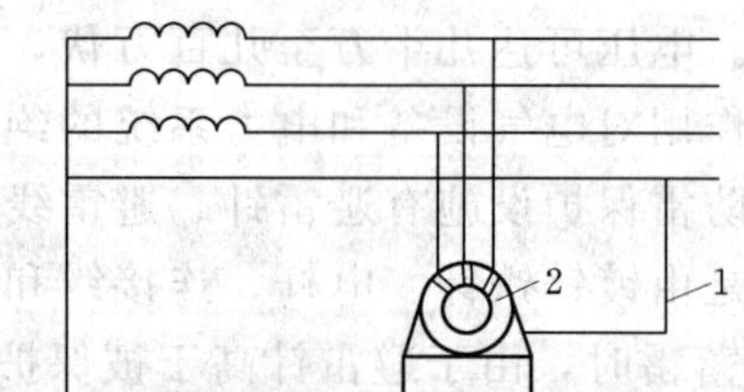


图 8-52　保护接零

1—零线；2—设备外壳

泵站中常用的灭火器材有四氯化碳灭火机、二氧化碳灭火机、干式灭火机等。

## 第八节　给水泵站的土建要求

### 一、一级泵站

如前所述，地面水源取水泵站往往建成地下式的。地下式一级泵站由于"临水深埋"，在结构上要求承受土压和水压，泵房筒体和底板要求不透水，并且有一定的自重以抵抗浮力，这就大大增加了基建投资。因此，对于地下式泵房应尽可能缩小其平面尺寸，以降低其工程造价。在地质条件允许时，一级泵房多采用沉井法施工，所以大都采用圆形结构。其缺点是布置机组及其他设备时，不能充分利用建筑面积，此外，安设吊车也有一定困难。因此，有时泵房地下部分是椭圆形，而地上部分做成矩形。泵房筒体的水下部分用钢筋混凝土结构，水上部分可用砖砌。泵房底板一般采取整体浇筑的混凝土或钢筋混凝土底板，并与水泵机组的基础浇成一体。为了减小平面尺寸有时也采用立式水泵。配电设备一般放在上层以充分利用泵房内空间。压水管路上的附件，例如止回阀、闸阀、水锤消除器及流量计等，一般设在泵房外的闸阀井（或称为切换井）。这样，不仅可以减小泵房建筑面积，而且当压水管道损坏时，水流不致向泵房内倒灌而淹没泵房。泵站与切换井间的管道应敷设于支墩或钢筋混凝土垫板上，以免不均匀沉陷。泵站与吸水井分建时，吸水管常放在钢筋混凝土暗沟内，暗沟上应留出入用的人孔。暗沟的尺寸应保证工人可以进入检查、处理漏水漏气事故；当需要换管子时，可以通过人孔把管子取出来。暗沟与泵房连接处应设沉降缝，以防不均匀沉降而导致管道破裂。泵房内壁四周应有排水沟，水汇集到水坑中，然后用排水泵抽走。排水泵的流量可选用 10～30L/s，其扬程由计算确定。

由于一级泵站抽取的是未经处理的浑水，因此，一般需要另外接入自来水作为水泵机组的水封用水。

地下式泵站中，上下垂直交通可设 0.8～1.2m 宽、坡度为 1：1 或稍小于该坡度的扶梯，每两个中间平台之间不应超过 20 级踏步。站内一般不设卫生间和储藏室，但应设电话与各种指示信号，以便调度联系。为防止火灾，泵站内外要考虑设置灭火设备。

地下式一级泵站扩建时有一定困难，所以在第一次修建时就应考虑将来的扩建问题。通常泵房一次建成，设备分期安装。泵站内机器间的电力照明按每 $1m^2$ 地板面积 20～25W 计算。

泵站的大门应比最大设备外形尺寸大 0.25m。对于特别笨重的设备应预先留出安装孔。为了保证泵房内具有良好的照明，应在泵房的纵墙方向开窗，窗户面积通常应大于地板面积的 1/6～1/7，最好为 1/4。

若泵房附近没有修理厂，应在泵房内留出 6～$10m^2$ 的面积，作为修理和放置备用零件的场地。

图 8-53 所示为某化工厂地下式取水泵房实例（该图中高程单位为 m，尺寸单位为 mm）。泵房内设 14Sh—13A 型水泵四台（三台工作，一台备用），由于河中最低水位低于水泵轴线标高，但常水位却高于水泵轴线标高，故仅设 SZ—2 型真空泵两台（一台工作，一台备用），作为最不利情况下启动水泵之用。因泵房较深，仅筒体高度即达 13m，为了改善工人工作环境和电动机工作条件，设置 4—72—11No. 4.5A 风机一台。为便于安装和检修机组及各种设备，安设起重量为 2t、跨度为 9m 的手动单轨吊车一台。此外，为排除机器间内积水，设置 2BA—6A 型排水泵一台。沿泵房内壁设宽 1.2m 的扶梯，以便值班人员上下。

图 8-54 所示为某电厂采用立式水泵的地下式取水泵站实例（该图中高程单位为 m，尺寸单位为 mm）。泵站由泵房本体、栈桥、护岸、切换井四部分构成。泵房为箱形结构，纵向间隔为进水间、转动格网间、机器间。机器间沿竖向布置有操作层、电动机层、水泵

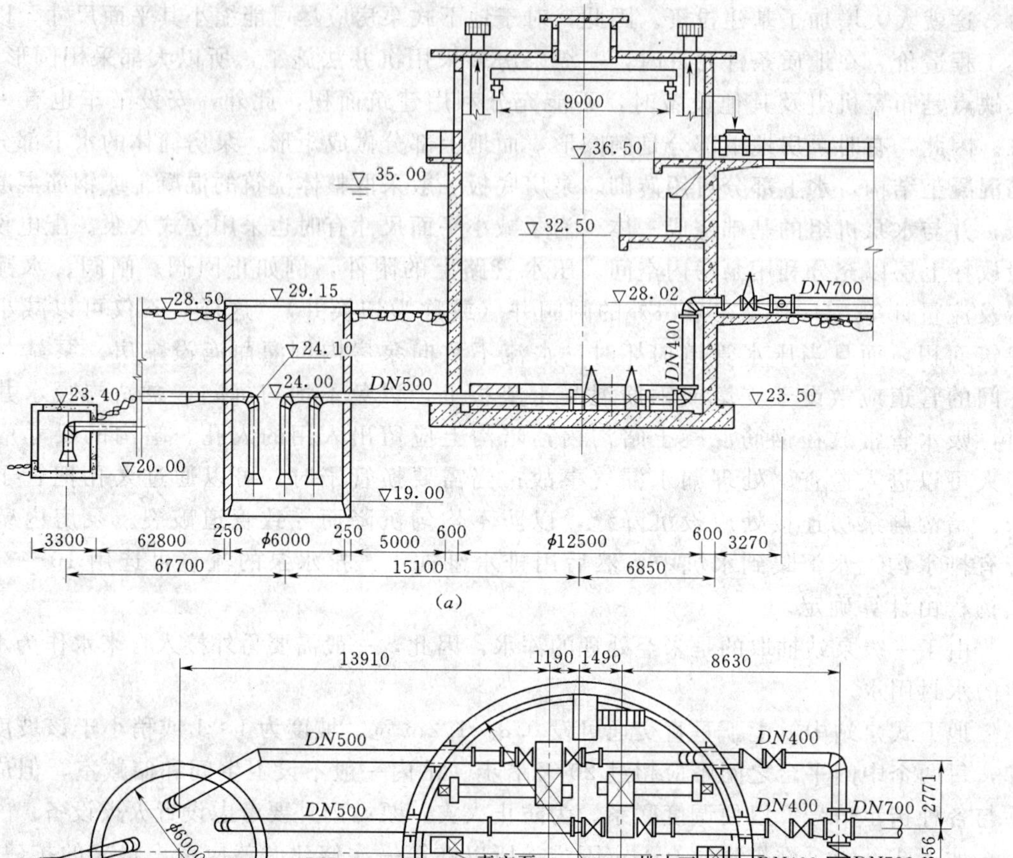


图 8-53　地下式取水泵房

(a) Ⅰ-Ⅰ剖面；(b) 平面；(c) 枢组布置

层。在操作层地板上开有吊装孔，平时用钢筋混凝土板或钢板盖住。四台沅江 36—23 型水泵（三台工作，一台备用）取水能力为 $7m^3/s$，装机总容量为 3200kW。通风为抽风式，泵室设吸风口抽风，电机室风管与电动机壳连接密闭抽风。设有起重量为 10t、起吊高度 16m 的电动桥式吊车一台。水泵压水管上设两道闸阀，止回阀设于切换井内。

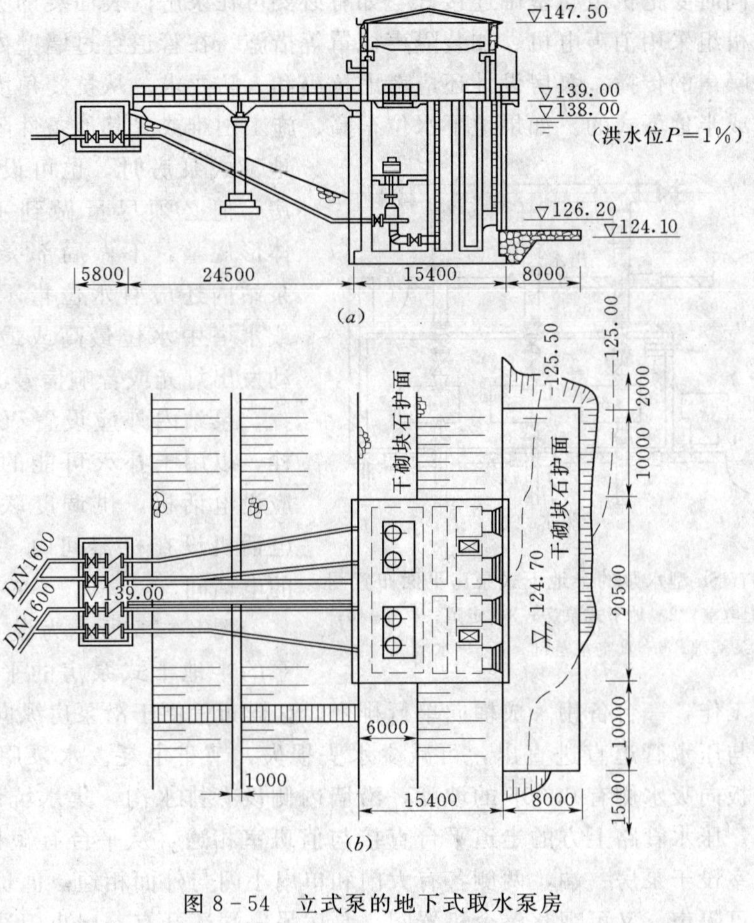


图 8-54　立式泵的地下式取水泵房

（a）剖面；（b）平面

## 二、二级泵站

二级泵站的工艺特点是水泵机组较多，占地面积较大，但吸水条件较好。因此，大多数二级泵站建成地面式或半地下式。

地面式二级泵站的优点是施工方便、造价较低和运行条件较好。在半地下式的泵站内，启动水泵比较方便。

若泵房地坪标高低于室外排水管标高，则应设置排水设备。

二级泵站由于机组台数较多，因而附属的电气设备及电缆线也较多。在进行工艺设计时，应结合土建与供电要求一并考虑。但是二级泵站的土建造价相对比经常电能耗费少，因此，在设计二级泵站时，要着重注意工艺上的要求和布置，土建结构应保证满足工艺布置的要求。

二级泵房属于一般的工业建筑，常用的是柱墩式基础，墙壁用砖砌筑于地基梁上，外墙可以是一砖、一砖半或二砖厚，应根据当地气候的寒暖而定。为了防潮，墙身用防水砂浆与基础隔开。对于装有桥式吊车的泵房，墙内须设置壁柱。

机组运行时，由于震动而发生很大噪声会影响职工身心健康，为此，首先应保证机组安装的质量，同时要把机组与基础连接好，如有必要可在泵房内表面装饰吸声材料、悬挂空间吸声体或机组采用消声电机、加装隔声机罩等措施。在管道穿过墙壁处采用柔性穿墙套管也可减少噪声的传播。泵房设计还应考虑抗震和人防要求。从抗震角度出发，泵房最好建成地下式或半地下式的。如果地下水位很高、施工困难或受其他条件限制而不能修建地下式泵房时，也可设计成地面式泵房，但必须尽量做到平、立面简单，体形规整，不做局部突出的建筑。水泵站内还应有水位指示器，当清水池或水塔中水位最高或最低时，便可自动发出灯光或音响信号。

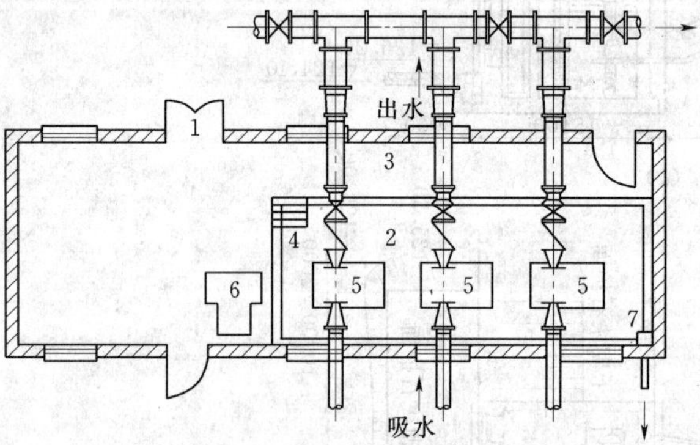

图 8-55　设有 Sh 型水泵的半地下式泵房平面布置图
1—操作室与配电室；2—地下式泵房；3—走道；4—短梯；5—水泵基础；6—真空泵基础；7—集水坑

泵站内外应设置灭火设施或消火栓，以用于扑灭可能的火灾。泵站内应设电话机，供调度联络使用，如果电话机设在机器间内，则应做成隔声的电话间。

图 8-55 所示为设有三台 Sh 型水泵的半地下式泵房的平面布置图。三台水泵（两台工作，一台备用）成横向单行排列。这样布置便于沿泵房纵向设置单梁式吊车，吸水管道与压水管道直进直出，可减少水头损失，节省电耗。水泵用真空泵引水启动。机器间地板向吸水侧有 0.005 的坡度，沿墙内侧设有排水沟，集水坑设于泵房一角，用手摇泵排水。压水管路上方的走道平台直接与值班室相通，从平台有短梯通向机器间。值班室和配电室设于泵房一端，两侧各有大门和单扇小门与外面相通。值班室隔墙上设双层玻璃窗，既可隔声，又可观察整个机器间。泵房另一端还开有一扇小门通向室外。

**三、循环水泵站**

循环水泵站具有以下三个显著特点：

（1）泵站的流量和扬程比较稳定，一般可选用同型号的水泵机组并联工作。

（2）对供水的安全性要求较高，特别是一些大型的冶金厂和电厂，即使极短时间内中断供水也是不允许的。

（3）站内常装有热水泵，为改善水泵的吸水条件，常采用自灌式工作，所以泵站埋深较大。

因此，在选泵和布置机组时，必须考虑有必要的备用率和安全供水措施。

循环水泵站中有时设有冷、热水两种水泵机组。当条件允许时，应尽量利用废热水本身的余压直接送到冷却构筑物上去冷却，这样，便可省去一组热水泵机组，只需设置冷水泵机组，因而使泵站布置大为简化。

设有冷水及热水泵机组的循环水泵房，在平面上常有以下几种布置形式：

(1) 机组横向双行交错排列布置，如图8-56 (*a*) 所示。这种布置形式适用于机组较多、水泵都是相同转向的情况下。其优点是布置紧凑，泵房跨度较小；缺点是吸水管与压水管均须横向穿过泵房，需增加管沟或管桥设施。

(2) 图8-56 (*b*) 与图4-56 (*a*) 所示的布置基本相同。其特点是冷、热水泵都有正、反两种转向，冷、热水吸水池可以设在泵房的同一侧。

(3) 机组纵向双行排列布置，如图8-56 (*c*) 所示。这种布置形式适用于机组较多的情况。其特点是管道布置在泵房两侧，不需横穿泵房，因此，通道比较宽敞，便于操作检修；缺点是泵房跨度较大。

(4) 机组纵向单行排列布置，如图8-56 (*d*) 所示。这种布置形式适用于机组较少的情况。冷水池与热水池可以布置在泵房的同一侧或者分开布置在泵房的两侧；亦可采取水泵机组轴线位于同一直线的单行顺列，则管道的水力条件较好，但泵房长度较大。

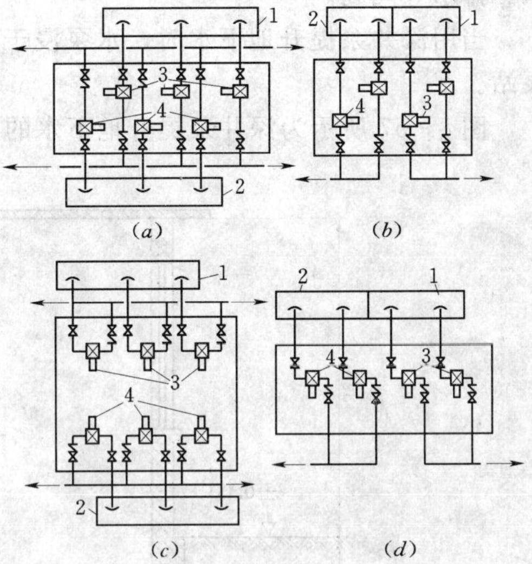

图8-56 循环水泵房布置
(*a*) 机组交错布置，水泵转向相同；(*b*) 机组交错布置，水泵转向不同；(*c*) 机组双排布置；(*d*) 机组单排单列布置
1—热水池；2—冷水池；3—热水泵组；4—冷水泵组

有些大型工厂的循环水泵站，水泵机组多达十几台、几十台，往往采用几种形式综合布置。这需要根据生产工艺流程的布局、对泵站的要求以及地形、地质条件等具体情况，经多方案的技术经济比较后确定。

**四、深井泵站**

深井泵站通常由泵房与变电所组成。深井泵房的形式有地面式、半地下式和地下式三种。不同结构形式的泵房各有其优缺点。地面式泵房的造价最低，建成投产迅速；通风条件好，室温一般比半下地式的低5～6℃；操作管理与检修方便；室内排水容易；水泵电动机运行噪声扩散快，音量小；但出水管弯头配件多，不便于工艺布置，且水头损失较大。半地下式泵房比地面式泵房造价高；出水管可不用弯头配件，便于工艺布置；水力条件好，可稍节省电耗及经常运行费用；人防条件较好；但通风条件较差，夏季室温高；室内需有楼梯，有效面积缩小；操作管理、检修人员上下、机器设备上下搬运均较不便；室内地坪低，不利排水；水泵电动机运转时，声音不易扩散，音量大；地下部分土建施工困难。地下式泵房的造价最高，施工困难最多，防水处理复杂；室内排水困难；操作管理、检修工作不便；但人防条件好，抗震条件好；因不受阳光照射，故夏季室温较低。

实践表明：地面式和半地下式泵房的运行情况较好。

深井泵房平面尺寸一般均很紧凑，因此选用尺寸较小的设备对缩小平面尺寸具有很大意义。设计时应与机电密切配合，选择效率高、尺寸小、占地少的机电设备。

此外，深井泵房设计还应注意泵房屋顶的处理、屋顶检修孔的设置、以及泵房的通风、排水等问题。

当用深井泵提升地下水时，水泵浸于水中，电动机设于井上，一台水泵即为一个独立泵站。

图 8－57 所示为深井泵提升地下水的半地下式深井泵房。水泵压水管直接接出，无弯

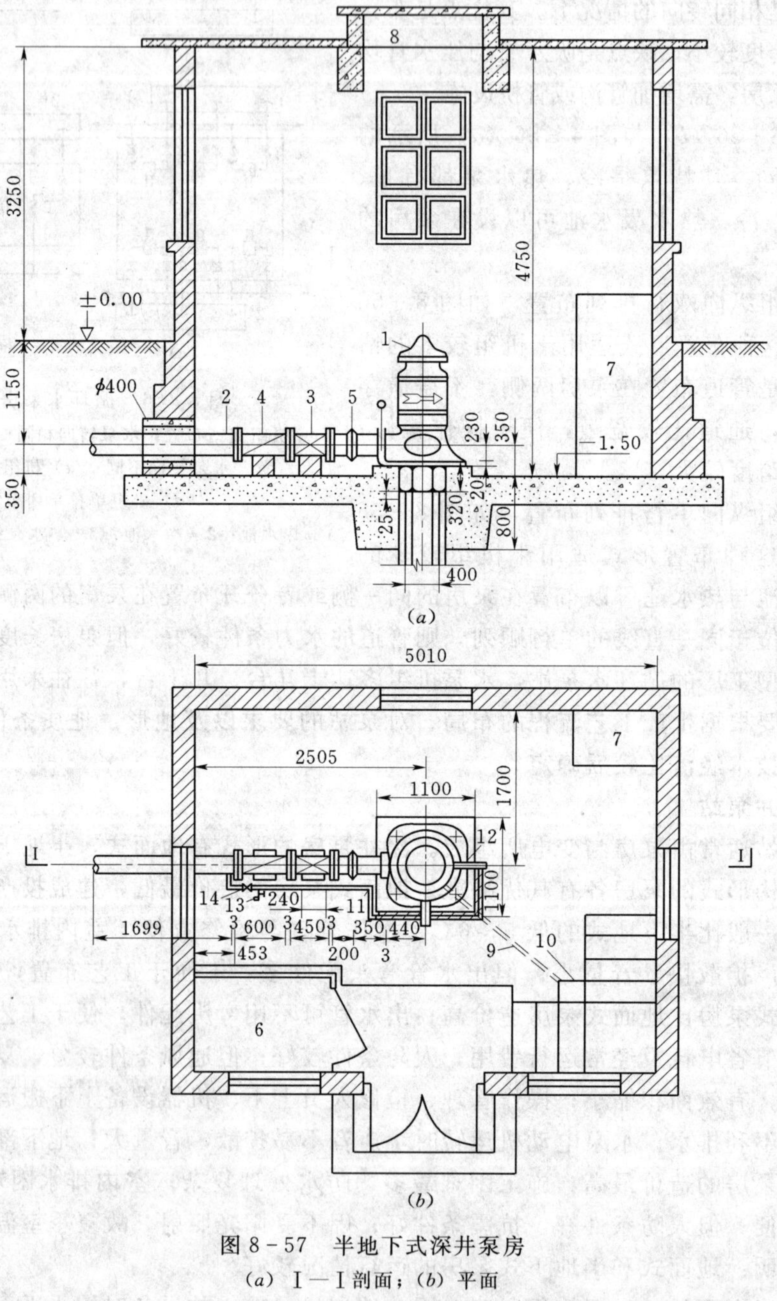


图 8－57　半地下式深井泵房

(a) Ⅰ—Ⅰ剖面；(b) 平面

1—立式电动机；2—压水管；3—闸阀；4—止回阀；5—伸缩接头；6—消毒间；7—低压配电盘；8—吊装孔；9—排水管；10—集水坑；11—预润水管；12—预润水管阀门；13—放水嘴；14—检修闸阀

头配件，故水力条件较好。该泵房的立式电动机装在井口的机座上，水泵将井水抽送到水塔或清水池以便供给用户。在水泵压水管路上，除了设置闸阀和止回阀外，为了便于施工及检修，还安装了一个伸缩接头。

泵房进口左侧为消毒间，消毒间靠近窗户，以利通风。泵站内的墙角处设置配电用的低压配电盘，配电盘应远离窗户，以防雨水淋入。

泵房屋顶开有安装水泵机组和修理泵机用的吊装孔，当进行修理工作时，在吊装孔上可装设起重设备。

深井泵填料函的排出水经 *DN*25 排水管流至集水坑，然后用手摇泵排除。

从止回阀后的压水管路上，引出一根预润水管与深井水泵的预润孔相接。当管井中水位较低，井水位以上露出的深井泵主轴轴承较多，且深井泵停止运转 30min 后启动时，可将预润水管阀门打开，以便在水泵启动前引压水管内的水润滑主轴轴承。预润水管上有供取水样和放空管内存水的放水嘴及供修理水泵和放水嘴时使用的检修闸阀。

为了测量井中水位，还要装设水位计。由于小型深井泵站系“一井一泵”，设置分散、管理不便，所以一般应设置中心调度室实行集中遥控。当用潜水泵取集地下水时，由于电动机和水泵一起浸在水下，在井口上仅有出水弯管，因此无需每井单独设立泵房，而可以在地下蓄水池附近设一集中控制间来管理很多向该蓄水池供水的潜水泵。这时配电设备及启动开关均可设在控制间内。潜水泵要求在井下挂得直，在泵壳外壁和井筒之间要有 5mm 以上的空隙。

当地下水源岩性很好、储量充沛、涌水量大但埋藏较深时，或在山区河流取集地面水时，可以采取“一井多泵”的方法，即在一个大口径钢筋混凝土井筒内设置若干台深井泵或潜水泵取水。我国西南地区一些水厂和工厂自备水源就采用这种方式取水，取得了一定效果。

# 第九章 给水水质处理

送入城市给水管网的水，除要满足水量、水压要求外，还必须满足水质要求。为此，必须对原水进行水质处理，水质合格后方可送入管网。

## 第一节 原水中的杂质

### 一、杂质分类

无论原水是地表水还是地下水，都不同程度地含有各种杂质。这些杂质可分为有机物、无机物和微生物等。从给水处理的角度，这些杂质按尺寸的大小可分为悬浮物、胶体和溶解物。

悬浮物在重力的作用下，在水中易下沉或上浮，其尺寸较大，若以球形颗粒计，粒径一般大于 $1\mu m$。粒径较小的悬浮物要通过显微镜才能观察到，它们使水产生浑浊。一般粒径大于 $100\mu m$ 时，肉眼才可见到。易于下沉的悬浮物一般是密度大于 1 的大颗粒泥沙及矿物质废渣等，易于上浮的悬浮物一般是密度小于 1 而体积较大的某些有机物或油类物质。

胶体颗粒尺寸很小，一般为几纳米到 100nm，要通过超显微镜才能观察到，它们使水产生浑浊，在水中长期静置也难以下沉。原水中存在的胶体物质主要有黏土、腐殖质及蛋白质、某些细菌、病毒及一些高分子有机物等。

溶解物质尺寸很小，一般小于 1nm，通过电子显微镜才能观察到，它们与水构成均相体系，水的外观透明。

溶解物质包括无机物和有机物两类。无机溶解物是指水中所含的无机低分子和离子。低分子主要为溶解于水中的气体，如氧、氮、二氧化碳等。天然水中含有的离子主要为 $Ca^{2+}$、$Mg^{2+}$、$Na^{+}$ 和 $HCO_3^{-}$、$SO_4^{2-}$、$Cl^{-}$，此外也有少量的 $K^{+}$、$Fe^{2+}$、$Mn^{2+}$、$Cu^{2+}$ 等阳离子及 $HSiO_3^{-}$、$CO_3^{2-}$、$NO_3^{-}$ 等阴离子。溶解性有机物有天然存在的（如腐殖质等），但主要来源于工业及其他废水对水源的污染。由于有机物的种类很多，危害很大，因此去除有机物是当前饮用水处理的主要任务之一。

上述三种杂质颗粒尺寸的界限只是一个大概的范围，不是绝对的，例如粒径在 $100nm \sim 1\mu m$ 之间为胶体和悬浮物的过渡阶段，而且小颗粒悬浮物也具有胶体的性质。

### 二、天然水源的水质特点

天然水源主要指未受污染的自然环境下的各种水源，它们的主要水质特点如下。

（一）地下水

水在地层渗滤过程中，悬浮物和胶体已基本或大部分被截留去除，故地下水水质清澈，浊度很低，且不易受外界污染和气温影响，因而水质、水温较稳定。但地下水在流经岩层时，有很多可溶性物质溶于其中，因而含盐量和硬度通常高于地表水（海水除外）。

有些地区的地下水还含有铁和锰。

未受污染的地下水一般应优先作为饮用水水源，也可作为工业冷却用水的水源。

（二）地表水

1. 江河水

江河水中悬浮物和胶体含量较多，浊度高于地下水，但夏季和冬季的浊度相差较大。江河水的含盐量和硬度一般较地下水低，但各地区有一定的差别。总体来说，我国江河水的硬度和含盐量基本符合生活饮用水卫生标准。江河水的另一特点是水量一般较大。

江河水的最大缺点是易受外界各种人为因素的污染，污染后其色、嗅、味及水中溶解性杂质的种类和数量随污染物的性质而变化；其温度也易受气温影响，一年四季变化较大。

2. 湖泊及水库水

湖泊及水库水主要由河水和降水供给，其水质与江河水类似。但由于其流动性小、储存时间长，因而浊度较低，只有下暴雨时，因湖底沉积污泥泛起，水才变得浑浊。水的流动性小导致湖水一般含藻类较多。

湖水的含盐量一般较江河水高，按含盐量可分为淡水湖、微咸水湖和咸水湖。咸水湖一般不宜作为生活饮用水的水源。

3. 海水

海水的含盐量很高，其中氯化物含量约占总含盐量的 89%。海水一般不作为生活饮用水和其他用水的水源，但在缺水地区，海水经淡化处理后可供饮用和其他用途。海水淡化处理技术已很成熟，世界上及我国已有不少海水淡化处理厂，但处理成本较高。

## 第二节　水质标准

水质标准是国家或部门根据不同的用水目的（如饮用、工业和农业用水等）而制定的各项水质参数应达到的指标和限值。在制定水质标准时，还要考虑当前的水处理技术及检测水平。用水目的不同，水质标准也不同。随着水源污染的日益严重、人们对水质要求的不断提高及水处理技术和检测水平的不断进步，水质标准也在不断修改和补充，并不断有新标准面世。

### 一、饮用水水质标准

饮用水的水质与人体健康密切相关。世界上很多国家和地区根据各自的经济状况、自然环境和技术水平制定了不同的饮用水标准，其中最有代表性和权威性的是世界卫生组织（WHO）水质准则，它是世界各国制定本国饮用水水质标准的基础和依据。此外，影响较大的还有欧盟的生活饮用水水质条例（又称为饮用水指令）和美国饮用水水质标准。世界卫生组织、欧盟和美国的生活饮用水水质标准的更新速度是比较快的。其他国家和地区基本以上述三种标准为基础，结合各国或地区的实际情况，制定本国或本地区的饮用水水质标准。

我国自 2007 年 7 月 1 日后开始实施新的国家《生活饮用水卫生标准》（GB 5749—2006）。该标准与 1986 年实施的旧标准相比，水质指标增加了很多，旧标准共 35 项，新标准共106项，其中常规检测项目42项（见表9-1和表9-2）、非常规检测项目64项（见表9-3）。新标准中增加了新的细菌学指标、消毒副产物指标及有机物指标等，且一些常规检测项目指标制定得更加严格，例如饮用水的浊度由3NTU降为1NTU。《生活饮用水卫生标准》（GB 5749—2006）的实施，将对保证我国生活饮用水的卫生质量和保护人民的身体健康起到巨大作用，同时对给水处理技术提出了新的更高的要求。

**表9-1　《生活饮用水卫生标准》（GB 5749—2006）水质常规检测指标及限值**

| 指　　标 | 限　　值 |
|---|---|
| 1. 微生物指标① | |
| 总大肠菌群（MPN/100mL或CFU/100mL） | 不得检出 |
| 耐热大肠菌群（MPN/100mL或CFU/100mL） | 不得检出 |
| 大肠埃希氏菌（MPN/100mL或CFU/100mL） | 不得检出 |
| 菌落总数（CFU/mL） | 100 |
| 2. 毒理指标 | |
| 砷（mg/L） | 0.01 |
| 镉（mg/L） | 0.005 |
| 铬（六价，mg/L） | 0.05 |
| 铅（mg/L） | 0.01 |
| 汞（mg/L） | 0.001 |
| 硒（mg/L） | 0.01 |
| 氰化物（mg/L） | 0.05 |
| 氟化物（mg/L） | 1.0 |
| 硝酸盐（以N计，mg/L） | 10<br>地下水源限制时为20 |
| 三氯甲烷（mg/L） | 0.06 |
| 四氯化碳（mg/L） | 0.002 |
| 溴酸盐（使用臭氧时，mg/L） | 0.01 |
| 甲醛（使用臭氧时，mg/L） | 0.9 |
| 亚氯酸盐（使用二氧化氯消毒时，mg/L） | 0.7 |
| 氯酸盐（使用复合二氧化氯消毒时，mg/L） | 0.7 |
| 3. 感官性状和一般化学指标 | |
| 色度（铂钴色度单位） | 15 |
| 浑浊度（NTU，散射浊度单位） | 1<br>水源与净水技术条件限制时为3 |
| 臭和味 | 无异臭、异味 |
| 肉眼可见物 | 无 |
| pH（pH单位） | 不小于6.5且不大于8.5 |
| 铝（mg/L） | 0.2 |

续表

| 指标 | 限值 |
|---|---|
| 铁（mg/L） | 0.3 |
| 锰（mg/L） | 0.1 |
| 铜（mg/L） | 1.0 |
| 锌（mg/L） | 1.0 |
| 氯化物（mg/L） | 250 |
| 硫酸盐（mg/L） | 250 |
| 溶解性总固体（mg/L） | 1000 |
| 总硬度（以 $CaCO_3$ 计，mg/L） | 450 |
| 耗氧量（$COD_{Mn}$法，以 $O_2$ 计，mg/L） | 3<br>水源限制，原水耗氧量大于6mg/L时为5 |
| 挥发酚类（以苯酚计，mg/L） | 0.002 |
| 阴离子合成洗涤剂（mg/L） | 0.3 |
| 4. 放射性指标② | 指导值 |
| 总 α 放射性（Bq/L） | 0.5 |
| 总 β 放射性（Bq/L） | 1 |

① MPN 表示最可能数；CFU 表示菌落形成单位。当水样检出总大肠菌群时，应进一步检验大肠埃希氏菌或耐热大肠菌群；水样未检出总大肠菌群，不必检验大肠埃希氏菌或耐热大肠菌群。

② 放射性指标超过指导值，应进行核素分析和评价，判定能否饮用。

**表 9-2 《生活饮用水卫生标准》(GB 5749—2006) 饮用水中消毒剂常规检测指标及要求**

| 消毒剂名称 | 与水接触时间 | 出厂水中限值 | 出厂水中余量 | 管网末梢水中余量 |
|---|---|---|---|---|
| 氯气及游离氯制剂（游离氯，mg/L） | 至少 30min | 4 | ≥0.3 | ≥0.05 |
| 一氯胺（总氯，mg/L） | 至少 120min | 3 | ≥0.5 | ≥0.05 |
| 臭氧（$O_3$，mg/L） | 至少 12min | 0.3 | | 0.02<br>如加氯，总氯≥0.05 |
| 二氧化氯（$ClO_2$，mg/L） | 至少 30min | 0.8 | ≥0.1 | ≥0.02 |

**表 9-3 《生活饮用水卫生标准》(GB 5749—2006) 水质非常规检测指标及限值**

| 指标 | 限值 | 指标 | 限值 |
|---|---|---|---|
| 1. 微生物指标 | | 硼（mg/L） | 0.5 |
| 贾第鞭毛虫（个/10L） | <1 | 钼（mg/L） | 0.07 |
| 隐孢子虫（个/10L） | <1 | 镍（mg/L） | 0.02 |
| 2. 毒理指标 | | 银（mg/L） | 0.05 |
| 锑（mg/L） | 0.005 | 铊（mg/L） | 0.0001 |
| 钡（mg/L） | 0.7 | 氯化氰（以 $CN^-$ 计，mg/L） | 0.07 |
| 铍（mg/L） | 0.002 | 三溴甲烷（mg/L） | 0.1 |

续表

| 指　标 | 限　值 | 指　标 | 限　值 |
|---|---|---|---|
| 七氯（mg/L） | 0.0004 | 三卤甲烷（三氯甲烷、一氯二溴甲烷、二氯一溴甲烷、三溴甲烷的总和） | 该类化合物中各种化合物的实测浓度与其各自限值的比值之和不超过1 |
| 马拉硫磷（mg/L） | 0.25 | | |
| 五氯酚（mg/L） | 0.009 | | |
| 六六六（总量，mg/L） | 0.005 | 1，1，1-三氯乙烷（mg/L） | 2 |
| 六氯苯（mg/L） | 0.001 | 三氯乙酸（mg/L） | 0.1 |
| 乐果（mg/L） | 0.08 | 三氯乙醛（mg/L） | 0.01 |
| 对硫磷（mg/L） | 0.003 | 2，4，6-三氯酚（mg/L） | 0.2 |
| 灭草松（mg/L） | 0.3 | 1，2-二氯乙烯（mg/L） | 0.05 |
| 甲基对硫磷（mg/L） | 0.02 | 1，2-二氯苯（mg/L） | 1 |
| 百菌清（mg/L） | 0.01 | 1，4-二氯苯（mg/L） | 0.3 |
| 呋喃丹（mg/L） | 0.007 | 三氯乙烯（mg/L） | 0.07 |
| 林丹（mg/L） | 0.002 | 三氯苯（总量，mg/L） | 0.02 |
| 毒死蜱（mg/L） | 0.03 | 六氯丁二烯（mg/L） | 0.0006 |
| 草甘膦（mg/L） | 0.7 | 丙烯酰胺（mg/L） | 0.0005 |
| 敌敌畏（mg/L） | 0.001 | 四氯乙烯（mg/L） | 0.04 |
| 莠去津（mg/L） | 0.002 | 甲苯（mg/L） | 0.7 |
| 溴氰菊酯（mg/L） | 0.02 | 邻苯二甲酸二(2-乙基己基)酯(mg/L) | 0.008 |
| 2，4-滴（mg/L） | 0.03 | 环氧氯丙烷（mg/L） | 0.0004 |
| 滴滴涕（mg/L） | 0.001 | 苯（mg/L） | 0.01 |
| 乙苯（mg/L） | 0.3 | 苯乙烯（mg/L） | 0.02 |
| 二甲苯（mg/L） | 0.5 | 苯并（a）芘（mg/L） | 0.00001 |
| 1，1-二氯乙烯（mg/L） | 0.03 | 氯乙烯（mg/L） | 0.005 |
| 一氯二溴甲烷（mg/L） | 0.1 | 氯苯（mg/L） | 0.3 |
| 二氯一溴甲烷（mg/L） | 0.06 | 微囊藻毒素-LR（mg/L） | 0.001 |
| 二氯乙酸（mg/L） | 0.05 | 3. 感官性状和一般化学指标 | |
| 1，2-二氯乙烷（mg/L） | 0.03 | 氨氮（以N计，mg/L） | 0.5 |
| 二氯甲烷（mg/L） | 0.02 | 硫化物（mg/L） | 0.02 |
| | | 钠（mg/L） | 200 |

随着饮用水净化技术的发展和人民生活质量的不断提高，对优质饮用水的需求量也越来越大，有些城市和居住小区已经建设了直饮水供应系统。为规范优质饮用水供应市场，保证优质饮用水质量，直饮水和罐装水质量应符合原建设部（现更名为住房和城乡建设部）颁布的《饮用净水水质标准》(CJ 94—2005)。

## 二、工业用水水质标准

工业用水种类繁多，水质要求与生产的产品及工艺过程有关，因而水质标准差异较大。各种工业用水水质标准由有关工业部门制定。

食品、饮料及酿造工业的原料用水，水质要求应等同于或高于生活饮用水水质要求。

纺织、印染和造纸等工业用水，对铁、锰等易于在产品上产生斑点的杂质含量要求很严格。

锅炉补给水对水的硬度、含氧量及pH值的要求较高，且水质要求随锅炉的种类和压力而变。锅炉压力越高，水质要求越严格。

在电子工业中，特别是在半导体器件及大规模集成电路的生产过程中，每道工序均须用纯水或高纯水进行清洗，因此对水的溶解性总固体及电阻率有很严格的要求。

在工业生产过程中，大量使用的冷却水对水温、悬浮物、藻类及微生物等有一定的要求，且在循环冷却水系统中，还应控制由水质引起的积垢、腐蚀及微生物繁殖等问题，但是对其他指标要求较低。

除工业用水外，还有农业灌溉用水、渔业用水等水质标准，具体标准详见有关书籍。

## 第三节　给水处理的基本方法

给水处理的任务是通过必要的处理方法和工艺流程，使处理后的水符合生活饮用水或其他用水的水质要求。给水处理的基本方法概述如下。

### 一、去除悬浮物与胶体

无论是生活饮用水还是各种工业用水，都应去除悬浮物和胶体，其方法是混凝、沉淀和过滤。

除粒径大于0.1mm的泥沙颗粒可在水中快速自行下沉外，粒径较小的悬浮物和胶体无法在重力作用下自行下沉，因此必须投加混凝剂，使细小的悬浮物和胶体相互凝聚成尺寸较大的絮体颗粒，这一过程称为混凝。大颗粒絮体形成后，在沉淀池中沉淀下来，一些不能沉淀的细小颗粒随水带出，进入装有细孔性填料的滤池，在滤池中被截留去除，出水得到澄清。按照《生活饮用水卫生标准》（GB 5749—2006）的要求，滤池出水的浊度应小于1NTU。在上述水处理的过程中，一些附着在悬浮物和胶体上的细菌、病毒和有机物也被去除。

若原水浊度较低，可采用直接过滤的方式，即加入了混凝剂的原水经简单混凝后直接进入滤池。在处理高浊度水时，往往在混凝前设置泥沙预沉池或沉沙池。若某种工业用水对浊度要求不高，可以只经混凝和沉淀处理，不设滤池。

### 二、消毒

消毒的目的是灭活水中致病的微生物，通常在过滤以后进行。我国目前普遍采用的消毒方法是液氯消毒。在一些小型水厂或临时供水时也有采用漂白粉、次氯酸钠和二氧化氯消毒的。由于氯消毒的一些消毒副产物会带来致突变或致癌作用，因此氯的投加量应加以限制，并尽量不采用在水处理前就投氯消毒的预氯化方式。为避免氯消毒带来的问题，一些欧洲国家采用臭氧消毒。此外，大型紫外线消毒器用于水厂消毒的研究和开发工作也在进行中。根据情况，也可采用臭氧与氯、紫外线与氯共同消毒的方法。我国《生活饮用水卫生标准》（GB 5749—2006）中规定可采用氯、氯胺、臭氧和二氧化氯消毒。

### 三、除铁、除锰与除氟

地表水中铁、锰含量一般是不超标的，但某些地区的地下水中铁、锰含量有可能超过饮用水卫生标准。地下水中的铁、锰一般以 $Fe^{2+}$、$Mn^{2+}$ 的形式存在，其去除的方法是将其氧化为三价铁和四价锰的沉淀物而去除。具体办法可以采用曝气充氧—氧化反应—滤池过滤，也可采用药剂氧化或离子交换法等。

当水中的氟含量超标时，应进行除氟处理，目前一般采用活性氧化铝吸附、骨炭吸附、反渗透、纳滤膜除氟等方法。

**四、去除有机物**

受到工业废水污染的水源往往含有种类繁多的有机物，去除有机物可采用氧化法（化学氧化法、生物氧化法等）和活性炭吸附法等。

**五、除臭与除味**

《生活饮用水卫生标准》（GB 5749—2006）中要求饮用水不得有异臭、异味，因此，当原水经澄清、消毒处理后仍有异臭、异味时，就应进行除臭、除味处理。产生异臭、异味的原因很多，除臭、除味的方法取决于异臭、异味的来源。如果异臭、异味由水中有机物产生，可采用活性炭吸附法；如果由溶解性气体或挥发性有机物产生，可采用曝气法；如果由水中藻类产生，应进行除藻处理；如果由水中某些溶解性盐类产生，应采用适当的除盐措施。

**六、软化**

锅炉用水一般需要进行软化处理，即去除水中的钙、镁离子，降低水的硬度。软化方法主要有采用阳离子交换树脂的离子交换软化法和投加石灰的化学药剂软化法。

**七、淡化与除盐**

淡化与除盐的目的是去除水中的溶解性盐类，包括阳离子和阴离子。淡化一般是指将含盐量很高的苦咸水及海水经过处理达到生活饮用水或某些工业用水水质标准的处理过程。除盐则指制取纯水及高纯水的过程。淡化和除盐的主要方法有离子交换法（需要阳离子和阴离子两种离子交换树脂）、蒸馏法、电渗析法及反渗透法等。

**八、水的冷却**

工业生产过程中要使用大量的冷却水，这部分水在使用过程中一般只是温度升高，而没有受到其他污染，因此一般经冷却降温后循环使用。水的冷却一般采用冷却塔，也可采用喷水冷却池或水面冷却池。

**九、控制水的腐蚀与结垢**

金属管道和容器易产生腐蚀和结垢现象，导致使用寿命缩短，水流阻力增大，这个问题在循环冷却水系统中尤其突出，因此应进行水质调理。当水质有腐蚀倾向时，应投加缓蚀剂；水质有结垢倾向时，投加阻垢剂；此外，还应控制污垢和微生物的大量繁殖，如投加杀菌剂等。

除上述方法外，根据水质情况，还可能向水中加入某种水中缺乏但必须含有的成分。

## 第四节　给水处理的常用工艺流程

根据原水水质和使用要求，往往将几种水处理方法联合使用，构成一个处理流程，以使水厂出水达到相应的水质标准。

## 一、生活饮用水的常规处理流程

把未受污染的地表水处理成生活饮用水，其去除对象主要为悬浮物、胶体和致病微生物，一般采用如下的常规处理流程：原水→混凝→沉淀→过滤→消毒→管网。

以未受污染的地下水为水源时，生活饮用水常规处理流程是：地下水→消毒→管网。

若水的硬度、溶解性总固体、铁、锰等含量超标，应在消毒前进行相应的软化、淡化、除铁、除锰等处理。

## 二、微污染饮用水源的水处理流程

由于工业废水的大量排放，水体受到了不同程度的污染，水中污染物的种类较多，性质较复杂。污染物含量比较低微的水源，常称为微污染水源。尽管污染物浓度较低，但常含有有毒、有害物质，尤其是那些难降解的、具有生物积累性以及致癌、致畸、致突变性的有机污染物，对人体健康的危害性更大。将微污染水作为饮用水源时，仅依靠常规处理流程很难去除掉这些有机污染物，因此，在常规处理的基础上，增加预处理或深度处理，即

预处理＋常规处理

常规处理＋深度处理

预处理与深度处理的去除对象主要是有机污染物。

预处理技术包括生物氧化法（生物接触氧化池、生物流化床、塔式生物滤池、淹没式生物粒状滤料滤池等）、化学氧化剂法（臭氧、高锰酸钾等）、吸附剂吸附法（粉末活性炭、活化黏土等）等。这些预处理技术与常规处理技术的串联使用，有的仍处于试验中，有的已在生产中投入使用。我国第一座生产性生物预处理装置（陶粒填料生物接触氧化池）于1993年在蚌埠市自来水公司建成投产。海宁市第二水厂采用以天然蒙脱石为原料的净水剂吸附氧化水中有机物的预处理工程也于1999年投产。

深度处理技术包括粒状活性炭吸附法、臭氧-活性炭法（生物活性炭法）、光化学氧化法（含光激发氧化法和光催化氧化法）、膜过滤法、活性炭-硅藻土过滤法等。粒状活性炭吸附法、生物活性炭法已在生产中使用。

对污染较严重的水，也可采用预处理→常规处理→深度处理工艺，例如平湖市自来水厂目前就采用这种流程。

## 三、管道直饮水处理流程

管道直饮水是以自来水或符合生活饮用水水质标准的水为原水，经深度净化后，通过直饮水管道系统供给用户直接饮用的纯净水，是最近几年发展起来的，并有进一步扩大之势。管道直饮水一般是由自来水经反渗透处理后得到的，水质应符合《饮用净水水质标准》（CJ 94—2005）。

## 四、工业用水处理流程

工业用水种类较多，处理流程也不尽相同。例如，锅炉用水可在自来水的基础上再进行软化处理，电子工业用水则应进行除盐处理。

# 中篇　建筑给水排水工程

## 第十章　建筑内部给水系统

建筑内部给水系统是将城镇给水管网或自备水源给水管网的水引入室内，经配水管送至生活、生产和消防用水设备，并满足用水点对水量、水压和水质的要求的冷水供应系统。

### 第一节　建筑内部给水系统的分类和组成

**一、建筑内部给水系统的分类**

根据用户对水质、水压、水量和水温的要求，并结合外部给水系统情况，建筑内部给水系统可划分为生活给水系统、生产给水系统和消防给水系统三种最基本的给水系统。合并共用这三种最基本的给水系统，可以组成组合给水系统。

（一）生活给水系统

生活给水系统供给人们在日常生活中饮用、烹饪、盥洗、沐浴、洗涤衣物、冲厕、清洗地面和其他生活用途的用水。它又可按直接进入人体及与人体接触或用于洗涤衣物、冲厕等分为两类，前者水质应满足生活饮用水卫生标准，后者水质要求满足杂用水水质标准，在一般情况下两者共用给水管网，而在缺水地区分为生活饮用水和杂用水两类管网。近年来，由于生活饮用水管网的水质不符合要求或在输配水过程中受到一定污染，在某些城市、地区或高档住宅小区、综合楼等实施分质供水，纯净水管道进入住宅。

（二）生产给水系统

生产给水系统供给生产过程中产品工艺用水、清洗用水、生产空调用水、稀释用水、除尘用水和锅炉用水等用途的用水。由于工艺过程和生产设备的不同，这类用水的水质要求有较大的差异，有的低于生活用水标准，有的远远高于生活饮用水标准。

（三）消防给水系统

消防给水系统供给消防灭火设施用水，主要包括消火栓、消防软管卷盘和自动喷水灭火系统喷头等设施的用水。消防用水用于灭火和控火，即扑灭火灾和控制火势蔓延。

（四）组合给水系统

上述三种基本给水系统可根据具体情况合并共用。例如，生活-生产给水系统、生活-消防给水系统、生产-消防给水系统、生活-生产-消防给水系统。

**二、建筑内部给水系统的组成**

建筑内部给水系统一般由引入管、给水管网、给水附件、给水设备、配水设施和计量仪表等组成。

（一）引入管

引入管（又称为进户管）是从室外给水管网的接管点引至建筑物内的管段，引入管上一般设有水表和阀门等附件。

（二）给水管网

给水管网是由干管、立管、支管和分支管等组成的管道系统，用于输送和分配用水。

干管（又称为总干管）是将水从引入管输送至建筑物各区域的管段。

立管（又称为竖管）是将水从干管沿垂直方向输送至各楼层、各不同标高处的管段。

支管（又称为分配管）是将水从支管输送至各用水点的管段。

（三）给水附件

给水附件包括各种阀门、水垢消除器、过滤器和减压孔板等管路附件，其作用是控制、调节水流。消防给水系统的附件主要有水泵接合器、报警阀组、水流指示器、信号阀门和末端试水装置等。

（四）给水设备

给水设备主要包括升压和储水设备。例如水箱、水泵、储水池、吸水井和气压给水设备等。

（五）配水设施

生活、生产和消防给水系统及其管网的终端为配水设施，即用水设施或用水点。生活给水系统的配水设施主要指卫生器具的给水配件，生产给水系统的配水设施主要指用水设备，消防给水系统的配水设施主要指室内消火栓、消防软管卷盘、自动喷水灭火系统中的各种喷头。

（六）计量仪表

计量仪表包括水量、流量、压力、温度和水位的专用仪表。例如水表、流量表、压力计、真空计、温度计和水位计等。

在引入管上应装设水表，在其前后装设阀门、旁通管和泄水阀门等管路附件，并设置在水表井内用于计量建筑物的总用水量。

## 第二节　常见给水方式及特点

### 一、给水方式划分原则

给水方式划分原则如下：

(1) 尽量利用外部给水管网的水压直接供水。若外部管网水压和流量不能满足整个建筑物用水要求，则建筑物下层应利用外网水压直接供水，上层可设置加压和流量调节装置供水。

(2) 除高层建筑和消防要求较高的大型公共建筑和工业建筑外，一般情况下消防给水系统应与生活或生产给水系统共用一个供水系统，但应注意生活给水管道不能被污染。

(3) 生活给水系统中，卫生器具给水配件承受处的最大工作压力不得大于 0.60MPa。一般最低处卫生器具给水配件的静水压力应控制在以下数值范围：

1）旅馆、招待所、宾馆、住宅和医院等晚间有人住宿和停留的建筑，按 0.30～0.35MPa 分区。

2）办公楼等晚间无人住宿和停留的建筑，按 0.35～0.45MPa 分区。

（4）生产给水系统的最大静水压力，应根据工艺要求、用水设备、管道材料、管道配件、附件和仪表等的工作压力确定。

（5）消火栓给水系统最低处消火栓的最大静水压力不应大于 1.0MPa，对出水压力超过 0.50MPa 的消火栓应采取减压措施。

（6）自动喷水灭火系统管网的工作压力不应大于 1.20MPa，最低喷头处的最大静水压力不应大于 1.0MPa，其竖向分区按最低喷头处最大静水压力不大于 0.80MPa 进行控制，若超过 0.80MPa，应采取减压限流装置。

**二、常见给水方式及特点**

给水方式是建筑内部给水系统的供水方案。合理的供水方案应包括供水可靠性、安全性、节水节能效果以及投资、年经常费用等方面的内容。现就常见给水方式及特点分述如下。

（一）直接给水方式

直接给水方式是指建筑物外部给水管网的水压、水量可满足建筑内部各用水点的要求，不需设增压、调节设施，建筑物外部给水管网与建筑内部管网直接相连的供水形式。

直接给水方式的优点是供水可靠、系统简单、投资省、安装和维护简单、节约能源；缺点是建筑物内部无调节、储备水量，外部给水管网停水时，内部给水系统也随之无水。

直接给水方式的几种形式如图 10－1 所示。

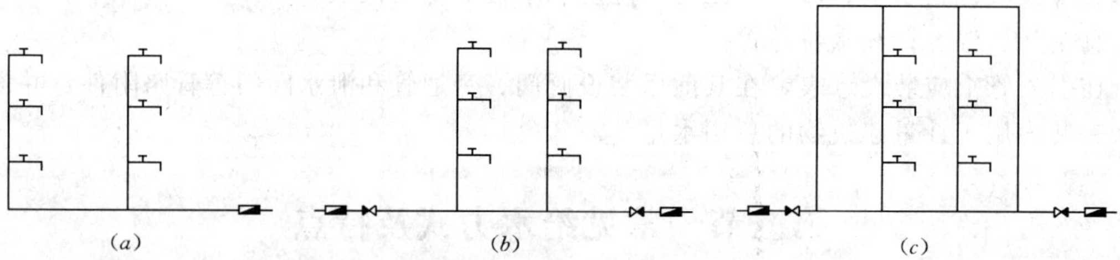

图 10－1　直接给水方式

（*a*）枝状；（*b*）贯通枝状；（*c*）环状

（二）单设水箱给水方式

在建筑物外部给水管网的水压昼夜周期性不足，即白天用水峰值时水压不足，夜间用水低谷时水压能满足用水点要求的情况下，采用单设水箱给水方式。在建筑物内部设置高位水箱，夜间可利用外部给水管网的水压向水箱供水，白天水箱向内部给水管网用水点供水。高位水箱又称为夜间水箱，用于调节水量和压力。

单设水箱给水方式的优点是供水可靠、系统简单、投资较省、安装和维护较简单、可充分利用外部给水管网水压、节省能源和增压设施；缺点是需设置高位水箱、增加结构荷载。

单设水箱给水方式按水箱进出水管的布置分为单管式和双管式，如图 10－2 所示。采用单管式布置，水箱进水管和出水管合一，其存在的问题是高位水箱有滞水区；同时，当引入管的止回阀不严密时，水箱内的水有可能返流回外部给水管网，造成水量损失，影响内部用水的保证，同时也造成回流污染。

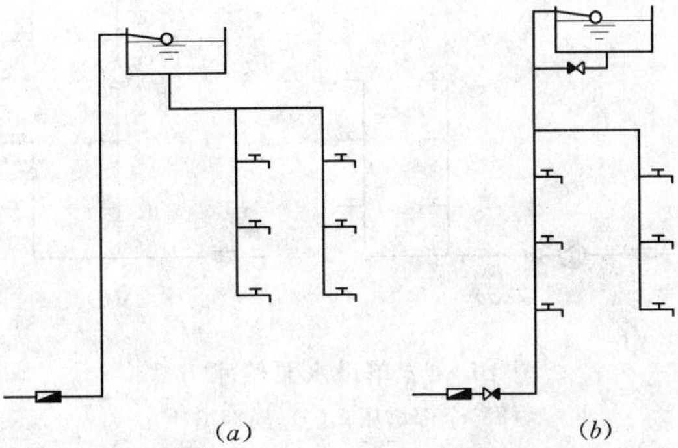

图 10－2　单设水箱给水方式
(*a*) 双管式；(*b*) 单管式

采用双管式布置则可避免以上问题，但当水箱容积不足时，整个供水范围同时停水，而单管式下层还是有水可供的。

单设水箱给水方式正常运行的关键在于水箱的容积是否足够和外部给水管网水压充足的时间段内能否将水箱充满水，如果不能保证，则有可能造成供水的不正常。

（三）直接给水与单设水箱组合的给水方式

结合直接给水和单设水箱两种给水方式，将下层采用直接给水方式，上层采用单设水箱给水方式，即两种给水方式组合的给水方式如图 10－3 所示。这种给水方式适用于外部给水管网周期性不足，允许设置高位水箱，而又需增强下层用水可靠性的场所。其优、缺点如前所述。

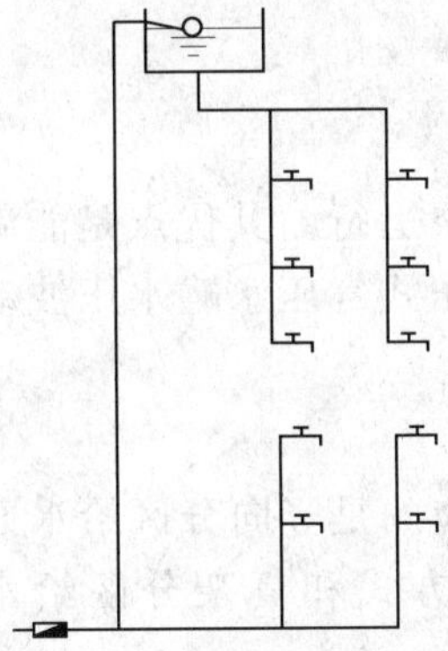

图 10－3　直接给水与单设水箱组合的给水方式

（四）单设水泵给水方式

若外部给水管网不能满足内部用水点的水压要求，使水压经常不足，可采用单设水泵给水方式。单设水泵给水方式常用于需增压而又用水较均匀、不宜或无法设置高位水箱的场合。

目前，由于可采用各种水泵调速技术，单设水泵给水方式也可用于增压供水，如用水量有变化、不宜或无法设置高位水箱的场合。

单设水泵给水方式既指普通水泵、恒速水泵，也指调速水泵；既指整个供水范围增压供水，也指局部范围增压供水；既指普通水泵增压供水，也指管道泵增压供水。现在，由于恒压泵的研制成功，单设水泵给水方式将会有广泛的应用。

单设水泵给水方式的优点是供水可靠、系统简单、无高位水箱荷载、维护和管理也较简单、投资尚可；缺点是无调节水量，对动力保证要求较高，消耗能源多；当采用变频调速技术时，费用较高，维护也相对复杂。

单设水泵给水方式如图 10－4 所示。

水泵从外部给水管网吸水可有以下多种方式：

(1) 直接从外部给水管网吸水。

(2) 从水池或吸水井吸水。

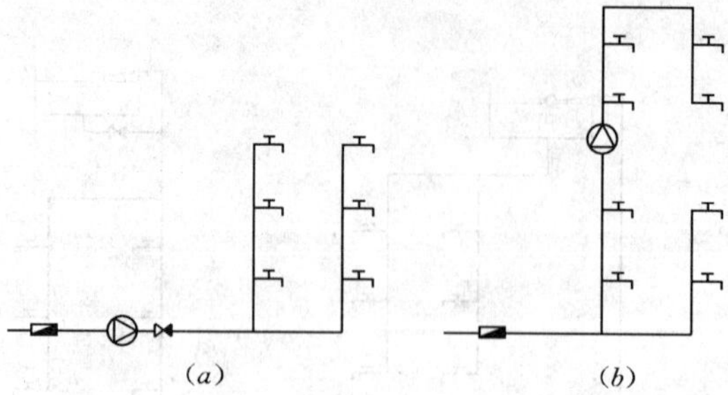

图 10-4　单设水泵给水方式
(a) 全部增压；(b) 局部增压

(3) 从水箱吸水。

(4) 从储水罐吸水。

直接吸水可充分利用外部给水管网水压，不需设置吸水构筑物；从水池吸水可防止回流污染和水泵启动时对给水管网水压下降的影响；从储水罐吸水可减少水池吸水的二次污染。不同吸水方式如图 10-5 所示，可根据不同具体情况选用。

（五）气压给水方式

外部给水管网不能满足内部用水点水压要求，水压经常不足，且用水量不均匀而又不宜或无法设置高位水箱的场合，可采用气压给水方式。

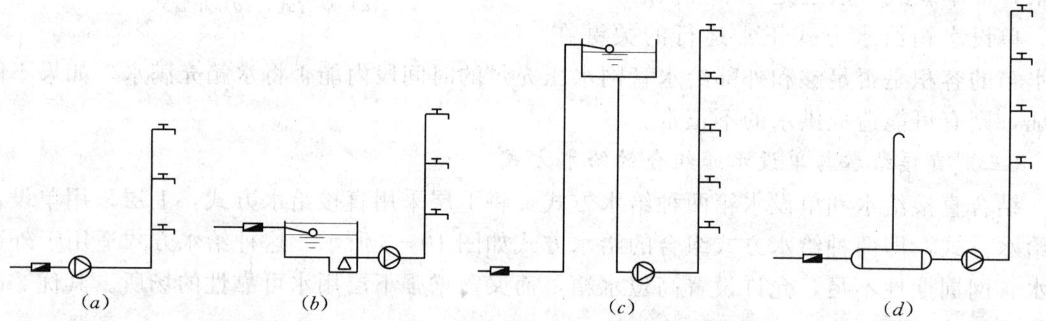

图 10-5　水泵的吸水方式
(a) 从外网直吸；(b) 从水池吸水；(c) 从水箱吸水；(d) 从储水罐吸水

气压给水方式利用水泵增压，利用气压水罐调节水量和控制水泵运行。其优点是能满足用水点水压要求，不需设高位水箱，供水可靠、卫生；缺点是变压式气压水罐水压波动大、水泵平均效率低、能耗多、钢材耗用量大。

（六）分区给水方式

以上所述给水方式均属于在竖向不分区的给水方式，与之相对应的是竖向分区给水方式，简称为分区给水方式。分区给水方式又可分为简单分区给水方式和复杂分区给水方式。

简单分区给水方式是下部采用直接给水方式，上部采用增压给水的给水方式；复杂分区给水方式是指上部或整个建筑有两个或两个以上，经增压的给水分区的给水方式。下面对这两种给水方式分别叙述。

1. 水泵-水箱联合给水方式

水泵-水箱联合给水方式是在建筑物上部设高位水箱，水箱进水用水泵增压，水箱储存足够水量，停水停电时，还可延时供水，供水较可靠。这种方式的缺点是与单设水箱给水方式相比，增加了水泵投资，带来水泵的振动和噪声；与单设水泵给水方式相比，增加了水箱投资和结构荷载，安装和维护也相对复杂。

水泵-水箱联合给水方式的常见形式如图 10－6 所示。与单设水箱给水方式相似，水泵-水箱联合给水方式也有单管式和双管式的区别。

建筑物下层供水，可以通过水箱供水，也可以从外部给水管网直接供水，如图 10－7 所示。当建筑物外部给水管网水压周期性不足时，也可绕水泵设旁通管，在水压不足时由水泵增压；当水压能满足内部给水管网用水要求时，可从外部给水管网直接供水，如图 10－8 所示。

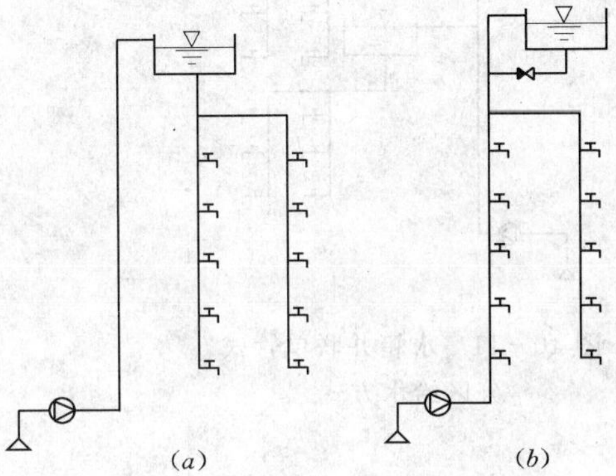
(a)　(b)

图 10－6　常见的水泵-水箱联合给水方式
(a) 双管式；(b) 单管式

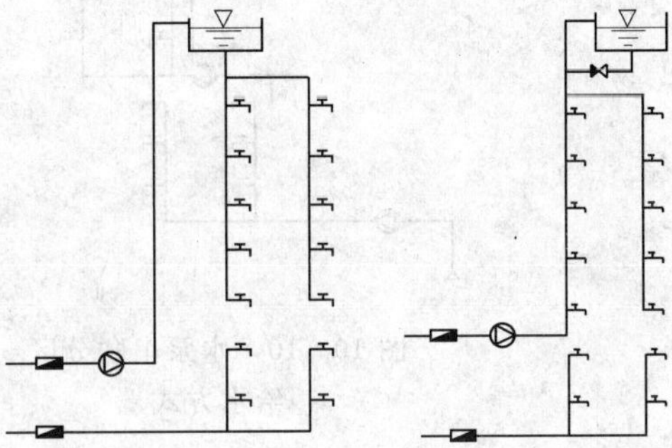
(a)　(b)

图 10－7　低层外网直供的水泵-水箱联合给水方式
(a) 双管式；(b) 单管式

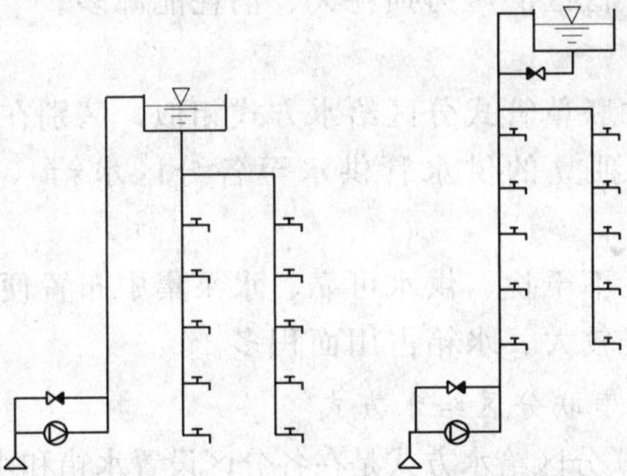
(a)　(b)

图 10－8　设旁通管的水泵-水箱联合给水方式
(a) 双管式；(b) 单管式

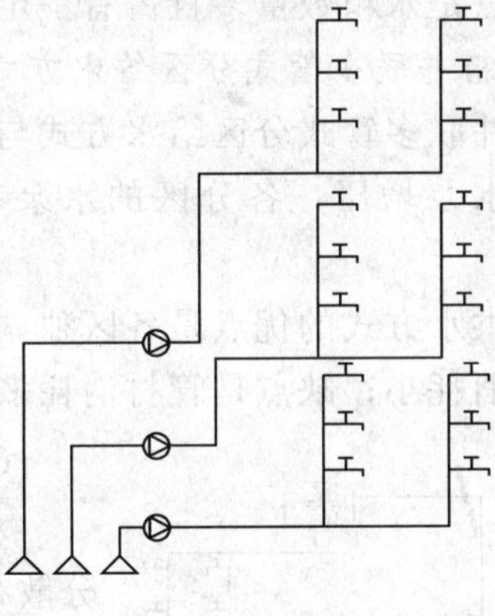

图 10－9　水泵并联分区给水方式

2. 水泵并联分区给水方式

水泵并联分区给水方式是由各分区各自设置水泵或调速水泵，各分区水泵采用并联方式供水，如图 10－9 所示。其优点是供水可靠、设备布置集中、便于维护和管理、不占用水箱使用面积、能源消耗较少；缺点是水泵数量多、扬程各不相同。

3. 水泵串联分区给水方式

水泵串联分区给水方式是由各分区各自设置水泵或调速水泵，各分区水泵采用串联方式供水，如图 10－10 所示。其优点是供水可靠、不占用水箱使用面积、能源消耗较少；缺点是水泵数量多、设置布置不集中、维护和管理不便。在使用时，水泵启动顺序为自下而上，各区水泵的能力应匹配。

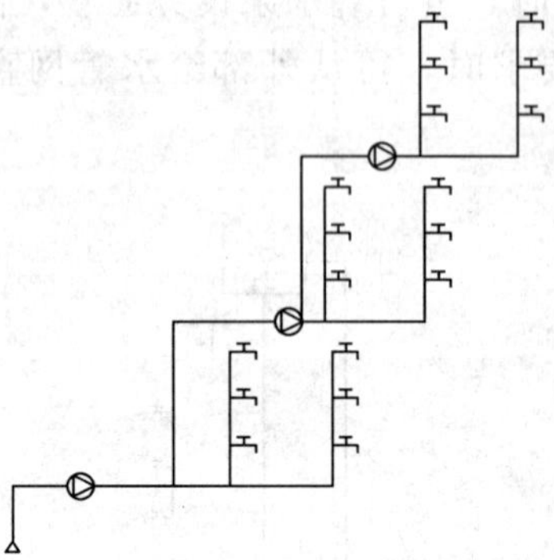

图 10-10　水泵串联分区给水方式

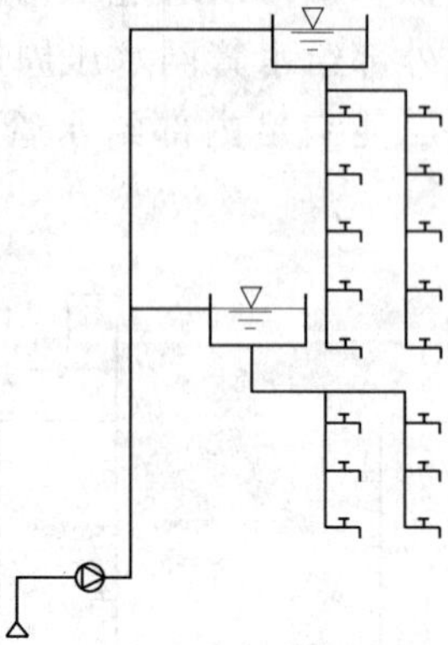

图 10-11　水箱并联单管式分区给水方式

4. 水箱并联单管式分区给水方式

水箱并联单管式分区给水方式是在各分区设高位水箱，集中统一加压，单管输水至各分区水箱，如图 10-11 所示。其优点是供水可靠、管道设备数量少、投资省、维护管理简单；缺点是水箱数量多且占有一定面积、低区的压力损耗大、消耗能源多。

5. 水箱并联多管式分区给水方式

水箱并联多管式分区给水方式与水箱并联单管式分区给水方式相似，区别在于各分区有各自的水泵增压，各分区的水泵有各自独立的供水管供水至各分区水箱（见图 10-12）。

这种供水方式的优点是各区独立运行互不干扰、供水可靠、水泵集中布置便于维护管理、能源消耗小；缺点是管材消耗多、投资较大、水箱占用面积多。

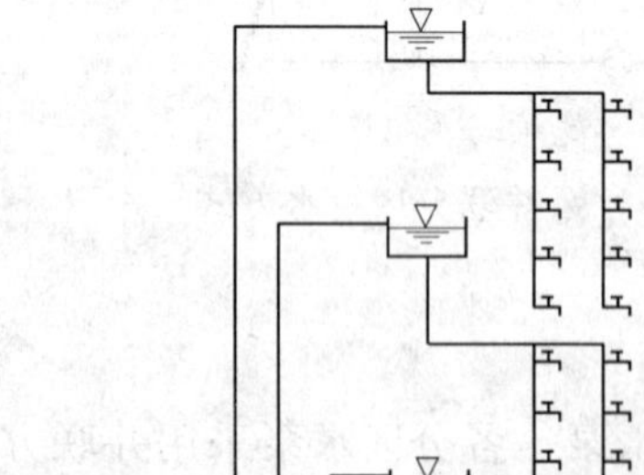

图 10-12　水箱并联多管式分区给水方式

6. 水箱串联分区给水方式

水箱串联分区给水方式是在各分区设置水箱和水泵，水泵分散布置，自下区水箱抽水供上区用水，如图 10-13 所示。

该供水方式的优点是：供水可靠、投资省、能源消耗较少；缺点是：水泵设在上部因而振动和噪声干扰大，占用建筑面积多，设备分散，维护和管理不便，上区供水受下区限制。

7. 水箱减压分区给水方式

水箱减压分区给水方式是在各分区设置水箱，水泵统一加压，利用水箱减压，上区供下区用水如图 10-14 所示。其优点是供水可靠、设备管道较简单、投资较节省、设备布置较集中、维护管理较方便，缺点是下区供水受上区限制、能源消耗大。

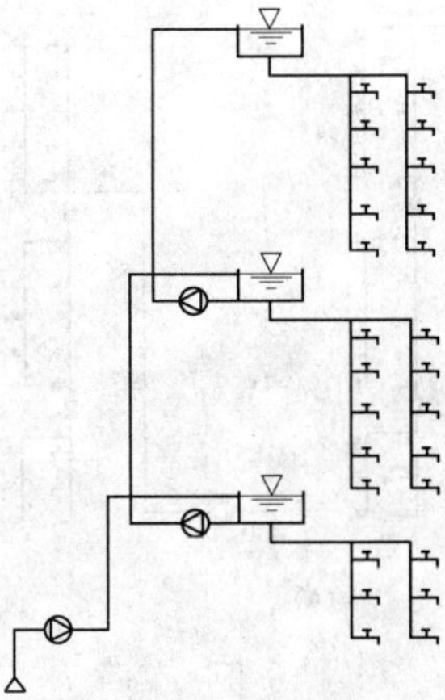

图 10-13　水箱串联分区给水方式

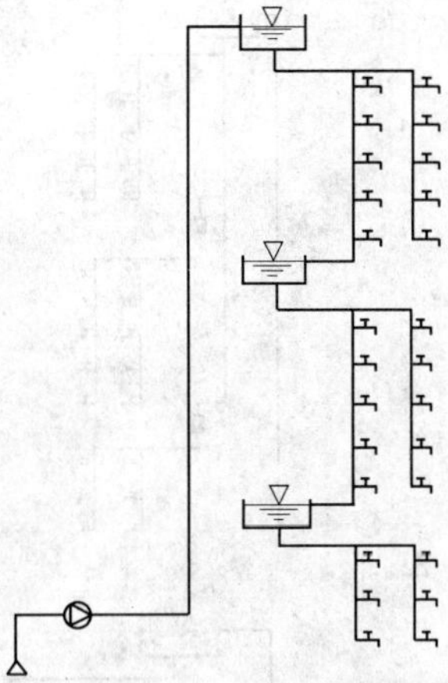

图 10-14　水箱减压分区给水方式

8. 水箱供水减压阀减压分区给水方式

水箱供水减压阀减压分区给水方式是在建筑物上部设高位水箱，各分区减压采用减压阀减压分区供水，如图 10-15 所示。其优点是供水可靠、设备与管材少、投资省、设备布置集中、少占用水箱使用面积；缺点是下区水压损失大、能源消耗多。

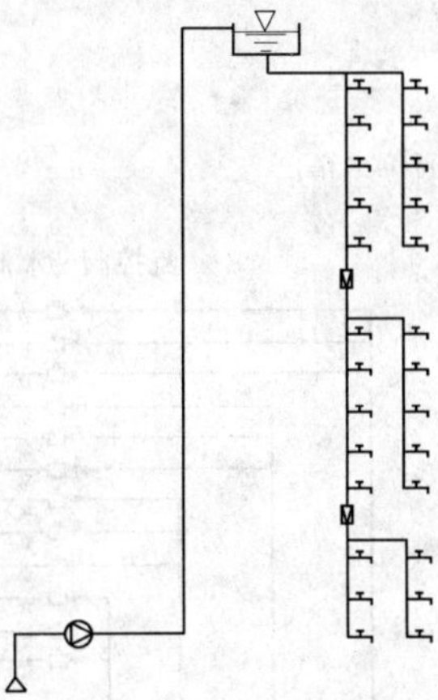

图 10-15　水箱供水减压阀减压分区给水方式

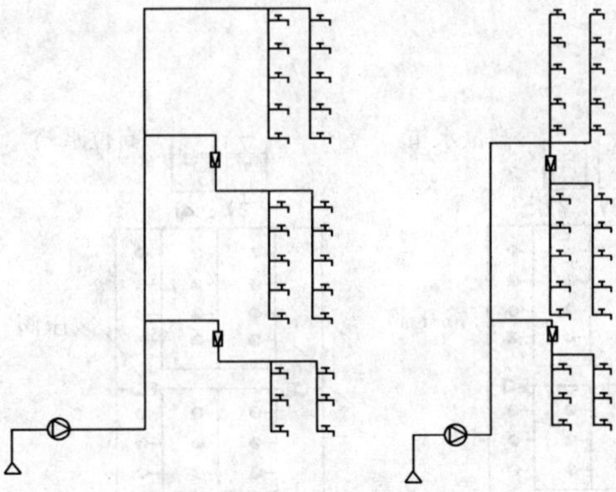

图 10-16　水泵供水减压阀减压分区给水方式

9. 水泵供水减压阀减压分区给水方式

水泵供水减压阀减压分区给水方式与水箱供水减压阀减压分区给水方式相似，区别在于不设高位水箱（见图 10-16）。其优点是供水可靠、设备与管材少、投资省、设备布置集中、不占用水箱使用面积；缺点是下区水压损失大、能源消耗多。

10. 水箱供水或水泵供水采用减压阀减压分区给水方式

当水箱供水或水泵供水采用减压阀减压分区给水方式时，也可将图 10-15 和图 10-16 作相应的变动，如图 10-17 (*a*)、(*b*) 所示。

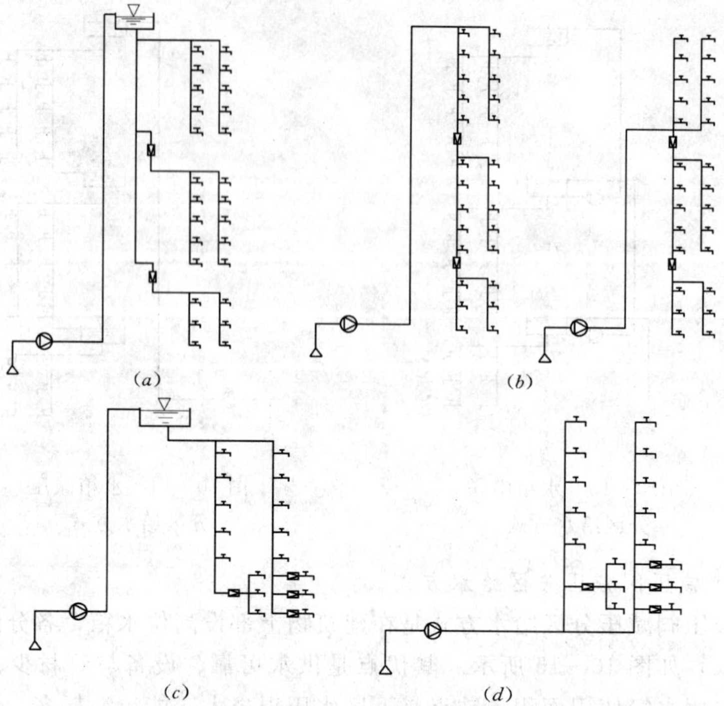


图 10-17　减压阀减压分区给水方式

(a) 方式 1；(b) 方式 2；(c) 方式 3；(d) 方式 4

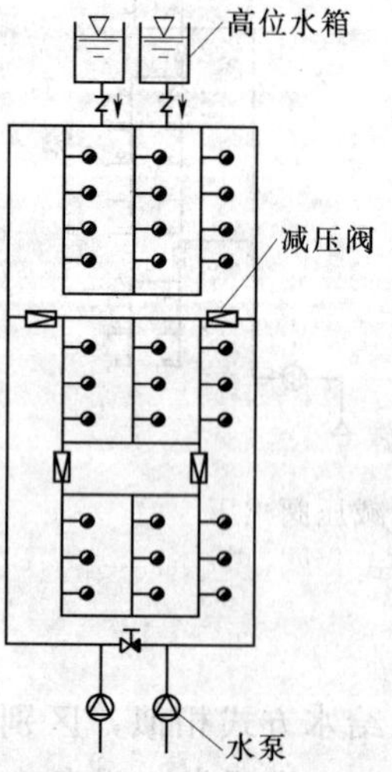


图 10-18　消火栓系统减压阀串联给水方式

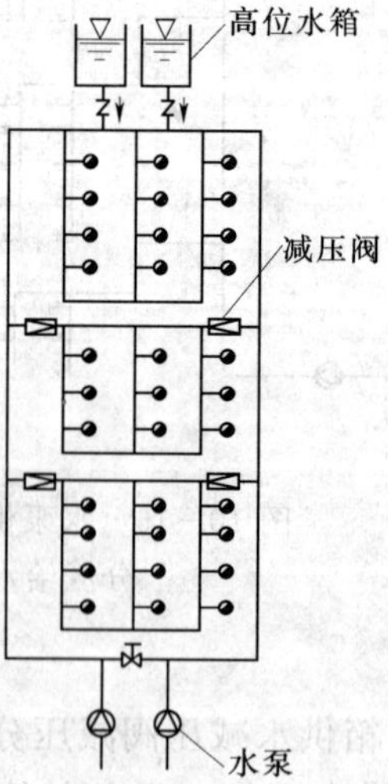


图 10-19　消火栓系统减压阀并联给水方式

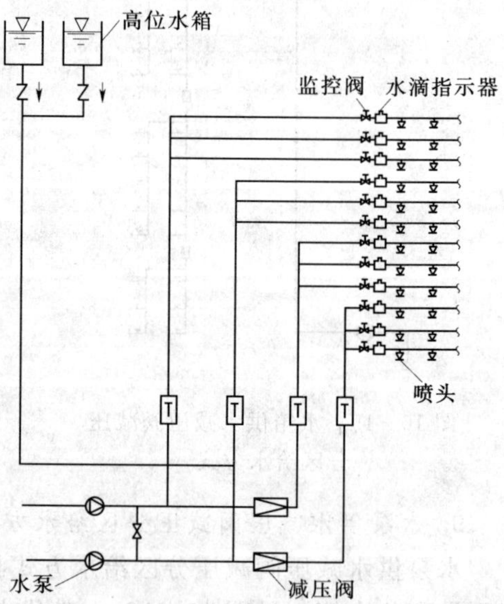


图 10-20　自动喷水灭火系统减压阀并联给水方式

减压阀减压分区给水方式还有一种图式，即将减压阀不设于干管或立管上，而是设置在分支管或支管上，如图 10-17 (c) 和图 10-17 (d) 所示。

11. 消防给水系统减压阀减压分区给水方式

消防给水系统要求环网供水，自动喷水灭火系统与消火栓给水系统又有所不同，图10-18、图10-19和10-20分别表示减压阀串联设置时消火栓给水系统给水方式、减压阀并联设置时消火栓给水系统给水方式和自动喷水灭火系统的减压阀减压分区给水方式。

## 第三节　给水管道的布置与敷设

### 一、管网的布置方式

各种给水系统按照水平干管的敷设位置，可以布置成下行上给式、上行下给式、中分式和环状式四种管网布置方式，其特征和使用范围以及优、缺点如表10-1所示。

表10-1　　管网的布置方式

| 名　称 | 特征及使用范围 | 优、缺点 |
|---|---|---|
| 下行上给式 | 水平配水干管敷设在底层（明装、埋设或沟敷）或地下室顶棚下。<br>住宅、公共建筑和工业建筑，在利用外网水压直接供水时多采用这种方式 | 图式简单，明装时便于安装维修。<br>与上行下给式布置相比，最高层配水点流出水头较低，埋地管道检修不便 |
| 上行下给式 | 水平配水干管敷设在顶层顶棚下或吊顶之内，在非冰冻地区，也有敷设在屋顶上的，对于高层建筑也可设在技术夹层内。<br>设有高位水箱的住宅、公共建筑、机械设备或地下管线较多的工业厂房多采用这种方式 | 与下行上给式布置相比，最高层配水点流出水头稍高。<br>安装在吊顶内的配水干管可能因漏水或结露而损坏吊顶和墙面，要求外网水压稍高一些，管材消耗也比较多些 |
| 中分式 | 水平干管敷设在中间技术层内或某中间吊顶内，向上下两个方向供水。<br>屋顶用作露天茶座、舞厅或设有中间技术层的高层建筑多采用这种方式 | 管道安装在技术层内便于安装维修，有利于管道排气，不影响屋顶多功能使用。<br>需要设置技术层或增加某中间层的层高 |
| 环状式 | 水平配水干管或配水立管互相连接成环，形成水平环状干管或环状立管，在有两个引入管时，也可将两引入管通过配水立管和水平配水干管相连通，形成贯穿枝状管网。<br>高层建筑、大型公共建筑和工艺要求不间断供水的工业建筑常采用这种方式，消防管网均采用环状式 | 任何管段发生事故时，可用阀门关闭事故管段而不中断供水，水流通畅，水头损失小，水质不易因滞流而变质。<br>管网造价较高 |

### 二、给水管道的布置与敷设

给水管道布置与敷设应满足以下要求：

（1）给水管道应力求短而直，给水平管宜靠近用水量最大处或不允许间断供水处。

（2）刚性管道应尽量沿墙、柱、梁、板直线敷设；柔性管道在暗设时，允许弯曲敷设。

（3）对美观要求较高的建筑，给水管道可暗设，暗设既指管道井、吊顶的管网敷设，也指管槽内敷设。柔性管道宜暗设。

(4) 为便于检修，管道井每层设检修门；暗设在吊顶或管槽内的管道，在阀门处应留有检修门。建筑内部管道安装位置应有足够的空间以利检修。

(5) 给水引入管宜有0.002～0.005的坡度坡向外部给水管网或阀门井、水表井的泄水装置，以便检修时排水，也便于冬季工程已经验收而尚未交付使用时泄水防冻。

(6) 满足生产和使用安全。给水管道的布置不得妨碍生产操作、交通运输和建筑物的使用。给水管道不得布置在遇水能引起燃烧、爆炸或损坏原料、产品和设备的上方，并应尽量避免在生产设备上方通过。

给水管道不宜穿过橱窗、民用建筑的木装修壁柜等位置。

对不允许间断供水的建筑，给水引入管应设两条，在建筑物内部连成环状或贯通枝状双向供水。设置两条引入管时，应从外部环状给水管网的不同侧面引入，如果不可能且又不允许间断供水，应采取下列安全供水措施之一：

1) 设储水池或储水箱。

2) 有条件时，利用循环给水系统。

3) 增设第二水源。

4) 由环网的同侧引入，但两引入管的间距不得小于10m，在连接点间的外部给水管道上设置阀门。

(7) 保护管道不受损坏。

1) 给水埋地管道应避免布置在可能被重物压坏处。管道不得穿越生产设备基础。在特殊情况下必须穿越时，应与有关专业协商处理。

2) 给水管道不得敷设在烟道、通风道内，不得敷设在排水沟内，也不得穿过大便槽和小便槽。

3) 建筑物内给水管和排水管之间的最小净距，平行敷设时为0.5m，交叉埋设时为0.15m，且给水管宜在排水管的上方。

4) 给水管道穿楼板时宜预留孔洞，孔洞尺寸宜比管径大50～100mm，管道通过楼板处应设套管。

5) 给水管道穿过承重墙或基础处应预留洞口，且管顶上部净空不得小于建筑物的沉降量，一般不小于0.1m。

6) 通过铁路或地下构筑物下面的给水管宜敷设在套管内。

7) 给水管不宜穿过伸缩缝、沉降缝和抗震缝，必须穿过时应采取有效措施。

(8) 保护水质不被污染或不影响使用。

1) 生活给水引入管与生活排水排出管管外壁的水平净距不宜小于1.0m。

2) 给水管道宜敷设在不结冻的房间内，如果敷设在有可能结冻的地方，应采取防冻措施。

3) 给水管道外表面如有可能结露，应根据建筑物的性质和使用要求，采取防结露措施。

4) 给水管道与其他管道同沟或共架敷设时，宜敷设在排水管、冷冻管的上方或热水管、蒸汽管的下方。给水管不宜与输送易燃、可燃或有害的液体或气体的管道同沟敷设。

(9) 柔性管道的敷设。

1）设分水器。每一用水点从分水器直接接出，优点是减少接口数量、减少配件、减少漏水、减少卫生器具使用时相互间的影响，便于管道的检修和更换；缺点是管道重复多，管材消耗多。

在分水器与管道连接处应设置阀门以便检修。

2）套管敷设。管道可直接敷设在套管内，套管为塑料波纹管。套管敷设便于更换和检修管道。

（10）管道的明装和暗装。管道敷设有明装和暗装两种方式。明装的优点是便于安装、修理、造价低；缺点是破坏了房屋的美观，影响环境条件，也容易冰冻和损坏。暗装可以避免明装的缺点，既考虑了房屋的美观，也保持了建筑内部的卫生条件，但管道安装复杂，造价增加，修理维护困难，一般在建筑标准、卫生要求较高的场所使用（如宾馆、医院等）。

此外，考虑到管道的刚度因素（即柔性管的应用）、管道固定、管道伸缩等具体情况，一般推荐暗装。

## 第四节　水质防护措施及方法

不同的给水系统均有一定的水质要求，水在加工过程中达到一定的水质要求才能进入输配水管网，水质受到污染就会直接影响使用。对于生活饮用水管道来说，这一点尤为重要。因此，应采取一系列防水质污染措施。

### 一、防腐蚀污染水质

管道、水箱和气压水罐等输水、储水设备器材，不少采用金属材质，由于水中氧的释放、不同金属材料的电位差、金属材料本身的纯度不够和铁细菌的作用等原因产生氧化腐蚀现象，造成对水体的污染，使管网水的浊度、色度、含铁量和含锰量等高于自来水出厂水。当水中铁离子浓度大于0.3mg/L时，水质发浑，带有铁腥味，给饮用及生活带来不便，对印染、纺织和食品加工等对水质要求高的工业产生不良影响，所以应采取措施防止腐蚀以保证水质。可采用的主要措施有以下几种：

（1）采用耐腐蚀材料的管道，水箱、气压水罐可采用耐腐蚀材料或衬砌、涂刷耐腐蚀材料或涂料。

（2）采取除氧措施，减少水体的溶解氧。

（3）采用水质稳定处理方法防止腐蚀，例如采用难溶性复合聚磷酸盐（又称为归丽晶，是无机聚磷酸盐和硅酸盐经高温熔炼工艺而制成的玻璃质球体）。

### 二、防管道和储水构筑物渗漏污染水质

给水管道和储水构筑物渗漏也是影响水质的重要原因。在管道和构筑物出现渗漏、排气阀损坏、连接处止回阀失灵以及利用建筑物自身底部结构作为水池池壁、水箱箱壁等情况下，当给水管和储水构筑物附近的排水管和化粪池损坏时，尤其是排水管和化粪池离给水管距离较近且位于给水管和储水构筑物上方时，情况更加严重。一旦管道降压或失压，污、废水连同各种病菌自渗漏部位进入给水管和储水构筑物而造成水质污染，应采取的防治措施如下：

(1) 采用接口方式严密的给水管材，采用接口方式严密和基础设施稳妥的排水管材。

(2) 适当拉开给水管与排水管、储水池与化粪池的间距。有关规范要求：生活给水引入管与污水排出管管外壁的水平净距不宜小于1.0m；建筑物内给水管与排水管之间的最小净距，平行埋设时应为0.5m，交叉埋设时应为0.15m；埋地式生活饮用水储水池与化粪池的净距不得小于10m。

(3) 提高生活饮用水储水池的标高，使之高于化粪池。设置在建筑内部的生活饮用水储水池与化粪池在空间上用墙体隔开，防止空气污染。化粪池池壁材料采用钢筋混凝土或玻璃钢等防渗材料。

(4) 生活用水与其他用水合用的水池、水箱的池（箱）体采用独立结构形式，不得利用建筑物的本体结构作为水池池壁和水箱箱壁（当结构计算已考虑水工结构特点时例外）。

(5) 在管理上加强管网的检漏工作，检查出的破损冒水管段和磨损的阀门配件应及时更换修复。防止出现给水水表井、给水阀门井和管沟长期积水的现象，井室和管沟应及时排水或采取自行排水设施。

(6) 不得在有毒物质及污水处理构筑物的污染区域内敷设生活饮用水管道。当受条件限制不能避开时，应采取防护措施。

(7) 生活给水管不得穿过大便槽、小便槽和污水沟。

**三、防水体滞留变质**

管网末端的水停留时间过长，水箱、水池容积过大或有死水区，消防给水和生活、生产给水管道共用，以及消防给水管段内的水长期滞留不用，都将对水质造成污染。季节性使用的水池和水箱会造成另一种情况的污染：在使用期后，水池内或水箱内的水往往要到次年的用水高峰时才开始动用，储水停留时间过长，必然使余氯量不足、微生物滋生、管道腐蚀加剧，水质污染情况恶化。对于分质供水的饮水管道，这个问题尤应重视。应采取的防治措施如下：

(1) 管网应尽量为环状管网，有条件时，末端用水部位设回水管路。

(2) 合理确定水池、水箱容积，不盲目扩大容积。

(3) 采取进出水管对置布置，水箱采用双管式，水池设导流墙、导流板，减少水池和水箱内底的加强型钢，减少储水构筑物内死水和滞水区。

(4) 季节性使用的储水池和水箱，在使用期后应完全泄空并关紧阀门，再次使用前，应认真清洗后再储存用水。

(5) 管理上，应利用排水口对管网进行定期冲洗排污，以保证管网水质。

(6) 储水池和水箱中的消防用水容积过大，仅靠生活用水达不到更新要求时，应采用补充加氯和其他灭菌措施。

(7) 生活和消防共用给水系统的独立的消防立管应考虑定期排空措施。

**四、防直接混接污染**

生活饮用水管道与非饮用水管道或设备直接连接时，生活饮用水水质有被污染的可能，称为直接混接污染。有关规范规定，生活饮用水管道不得与非饮用水管道连接；在特殊情况下，若必须以饮用水作为工业备用水源时，两种管道的连接处应采取断流或其他防止水质污染的措施。在连接处，生活饮用水的水压必须经常大于其他水管的水压。直接混接污染又称为多水源造成的水质污染，一般出现在自备水源和城市生活饮用水管道连接或非饮用水管道（生产给水管网、消防给水管网、建筑中水管网、循环冷却水管网、海水给水管网等）误接时。除以上措施外，还可采用以下办法防止直接混接污染：

（1）提高非饮用水水质标准，采用统一水质标准。

（2）在非饮用水管道外壁涂明显色彩；在其阀门、水表和水龙头上挂注明显标志；在其工程验收时，逐段进行检查，防止误接。

（3）在城市给水管网向建筑物供水的引入管上、在生活与消防给水共用给水管网的消防管道接出管起点设回流防止器。

**五、防间接混接污染**

输送饮用水的给水管配水口，因安装不妥或使用不当低于受水容器最高溢水位而潜藏着水质被污染可能的现象称为间接混接污染。对于防间接混接污染，有关规范要求如下：

（1）给水管配水出口不得被任何液体或杂质所淹没。

（2）给水管配水出口高出用水设备溢水位的最小空气间隙，不得小于配水出口处给水管管径的 2.5 倍。

（3）特殊器具和生产用水设备不可能设置最小空气间隙时，应设置防污隔断器或采取其他有效的隔断措施。

（4）严禁生活饮用水管道与大便器（槽）直接连接。

**六、防回流污染**

给水管道内因水压降低而使受水容器中的水在负压作用下，被吸回给水管道内的现象，称为回流。由于回流而造成的污染称为回流污染。

锅炉、水加热器和气压水罐等有压容器的进水管上应设倒回流防止器；水池、水箱的进水管从上部淹没连接，且水池、水箱水在重力作有下会倒流的进水管上应设倒回流防止器等；在另一些管段上，可设真空破坏器防止回流污染，例如给水配件上连接有软管的管段上、医院倒便器的进水管上等。

**七、防二次污染**

城市供水情况严峻，水量不足、管径偏小、水压偏低，供需矛盾突出，特别是在夏季用水高峰时尤为严重。为缓解这一矛盾，屋顶水箱在调节水量方面发挥了重要作用。

屋顶水箱作为调节储存用水量、缓解城市高峰供水的供水技术，具有供水安全可靠性好、系统简单、安装维护方便等优点，目前已被广泛应用于建筑上；尤其是钢筋混凝土水箱，由于其造价低，在我国许多地区的多层及高层建筑上被大量采用。

但是，屋顶水箱作为二次供水装置在水质达标上存在不少问题。经水质抽样检验，浑浊度、细菌总数和大肠菌群指标严重超过《生活饮用水卫生标准》（GB 5749—2006）的限值，往往水箱在水面有漂浮物，水中存有水生物，水箱底部积存污物。造成水箱二次污染的原因如下：

（1）水箱无盖或破损，大气中尘土进入水箱。

（2）水箱盖未加锁而造成的人为污染。

（3）水箱溢流管未加保护装置，雀、鼠类小生物在配管或水箱内栖息或溺毙。

（4）水箱容积不当，储水停留时间长。

(5) 水箱未能定期洗清，水生物繁衍导致水质超标。

(6) 水箱铁爬梯长期浸泡在水中、锈蚀腐烂等。

可采取的防治措施如下：

(1) 水箱应加密封盖、加锁，并采取不受污染的防护措施。

(2) 水箱溢流管加网罩。

(3) 水箱进水管淹没出流时，设真空破坏装置。

(4) 水箱采用进、出水管分别设置的接管方式。

(5) 减少水箱内滞水区。

(6) 水箱材质、衬砌材料和内壁涂料应采用对水质无污染的材料。

(7) 正确选定给水方式，若城市给水管网水压能满足要求，采用直接供水方式；若城市给水管网水压不能满足要求，采用水泵供水方式。

(8) 定期清洗水箱；在有条件时，水箱出水应设消毒装置。

### 八、其他防水质污染措施

其他防水质污染的措施如下：

(1) 生活饮用水水箱溢流管的排水不得排入生活饮用水储水池。

(2) 消防水泵检验时的排水不得排入生活饮用水储水池。

(3) 加强给水管网的施工管理，不使泥土、污水和污物进入管道；在管道试压合格、竣工验收后，进行浸泡消毒，清洗干净后再投入使用。

(4) 若储水池的溢流排污管只能排入市政排水系统，在接入检查井前，设有空气隔断及防止倒灌的措施。

在产生倒灌时，水池及水箱的溢流排污管应与排水系统设计成断流排水方式。

## 第五节 水　　表

### 一、水表的分类

#### (一) 按计量元件运动原理分类

按计量元件运动原理分类，水表可分为以下两类：

(1) 容积式水表：计量元件是“标准容器”。

(2) 速度式水表：计量元件是转动的叶（翼）轮，转动速度与通过水表的水流量成正比。

速度式水表分为旋翼式和螺翼式两类。旋翼式水表又可分为单流束和多流束两种；螺翼式水表则又可分为水平螺翼式和垂直螺翼式两种。

#### (二) 按读数机构的位置分类

按读数机构的位置分类，水表可分为以下三类：

(1) 现场指示型：计数器读数机构不分离，与水表为一体。

(2) 远传型：计数器示值远离水表安装现场，分无线和有线两种。

(3) 远传、现场组合型：既可在现场读取示值，又可在远离现场处读取示值。

### （三）按水温度分类

按水温度分类，水表可分为以下两类：

（1）冷水表：被测水温不大于40℃。

（2）热水表：被测水温不大于100℃。

### （四）按计数器的工作现状分类

按计数器的工作现状分类，水表可分为以下三类：

（1）湿式水表：计数器浸没在被测水中。

（2）干式水表：计数器与被测水隔离开，表盘和指针是“干”的。

（3）液封式水表：计数器中的读数部分用特殊液体与被测水隔离。

### （五）按被测水压力分类

按被测水压力分类，水表可分为以下两类：

（1）普通型水表：水表公称压力不大于1.0MPa。

（2）高压型水表：水表公称压力为1.6MPa、2.0MPa。

## 二、水表的性能比较

### （一）速度式水表与容积式水表比较

速度式水表与容积式水表的比较如表10-2所示。

**表10-2　速度式水表与容积式水表的比较**

| 比较项目 \ 水表类型 | 速度式水表 | 容积式水表 | 比较项目 \ 水表类型 | 速度式水表 | 容积式水表 |
|---|---|---|---|---|---|
| （1）整机机械结构 | 比较简单 | 较复杂 | （4）灵敏性能 | 较好 | 优良 |
| （2）零件制造精度 | 较低 | 要求高 | （5）整机调校 | 较易 | 较难 |
| （3）制造成本 | 较低 | 较高 | （6）使用维修 | 方便 | 较困难 |

### （二）多流束水表与单流束水表比较

多流束水表与单流束水表的比较如表10-3所示。

**表10-3　多流束水表与单流束水表的比较**

| 比较项目 \ 水表类型 | 多流束水表 | 单流束水表 |
|---|---|---|
| （1）整机机械结构 | 较复杂 | 简单 |
| （2）制造成本 | 较高 | 低 |
| （3）灵敏性能 | 优良 | 差 |
| （4）易损件使用情况 | 叶轮、顶尖单边磨损轻 | 叶轮、顶尖单边磨损重 |
| （5）正常工作周期 | 较长 | 较短 |
| （6）压力损失 | 较大 | 较小 |

### （三）湿式水表与干式水表比较

湿式水表与干式水表的比较如表10-4所示。

表 10-4　　湿式水表与干式水表的比较

| 比较项目＼水表类型 | 湿式水表 | 干式水表 |
|---|---|---|
| (1) 整机机械结构 | 较简单 | 较复杂（增加密封机构） |
| (2) 制造成本 | 较便宜 | 较高（计数器分为两层，零件多） |
| (3) 对被测水质要求 | 较高（否则表盘易污染） | 不高 |
| (4) 灵敏性能 | 好 | 较差 |

由上述比较可知，速度式湿式多流束水表既具有较好的计量性能，又具有较好的实用经济性。

## 三、水表的系列型谱

### （一）水表系列和品种

水表作为流量仪表的一类，包括旋翼式系列和螺翼式系列两个系列。两个系列产品的表头基本形式是积算型的，并且都可以在积算功能的基础上，附加上具有定量控制功能的附加装置。水表系列和品种如表 10-5 所示。

表 10-5　　水表系列和品种

| 系列 | 表头种类 | |
|---|---|---|
| | 积算型 | 附加定量控制装置 |
| 旋翼式 | ○ | ○ |
| 螺翼式 | ○ | ○ |

注　"○"表示有。

### （二）水表口径

水表口径如表 10-6 所示。

表 10-6　　水表口径分布

| 系列 | 水表口径 (mm) | | | | | | | | | | | | |
|---|---|---|---|---|---|---|---|---|---|---|---|---|---|
| | 15 | 20 | 25 | (32) | 40 | 50 | 80 | 100 | 150 | 200 | 250 | 300 | 400 |
| 旋翼式 | ○ | ○ | ○ | ○ | ○ | ○ | ○ | ○ | ○ | | | | |
| 螺翼式 | | | | | ○ | ○ | ○ | ○ | ○ | ○ | ○ | ○ | ○ |

注　"○"表示有。

旋翼式和螺翼式两个系列水表共有 13 种口径。其中 32mm 是为特殊需要而设立的，通常尽可能不选用。旋翼式水表包括 15～150mm 共 9 个规格，螺翼式水表包括 40～400mm 共 9 个规格。从水表口径分布总表（见表 10-6）也可看出，小口径水表适宜做成旋翼式，而大口径水表则适宜做成螺翼式。

### （三）水表的工作压力和工作介质温度

水表的工作压力和工作介质温度如表 10-7 所示。

表 10－7　　水表工作压力和工作介质温度

| 系　列 | | 旋　翼　式 | | | | | 螺　翼　式 | | | | | 表头 |
|---|---|---|---|---|---|---|---|---|---|---|---|---|
| | | | | | | | 水平螺翼 | | | 垂直螺翼 | | |
| 工作介质温度（℃） | | 0～40 | | ≤100 | | | 0～40 | ≤100 | | ≤100 | | |
| 最大工作压力（MPa） | | 0.6 | 1.0 | 1.0 | 1.6 | 2.0 | 1.0 | 1.6 | 2.0 | 1.6 | 2.0 | |
| 水表口径（mm） | 15 | | ○ | ○ | ○ | | | | | | | 积算定量电信号（远传现场指示） |
| | 20 | | ○ | ○ | | | | | | | | |
| | 25 | | ○ | ○ | ○ | ○ | | | | | | |
| | (32) | | ○ | | | | | | | | | |
| | 40 | | ○ | ○ | | | ○ | | | ○ | ○ | |
| | 50 | | ○ | | | | ○ | | | ○ | ○ | |
| | 80 | ○ | ○ | | | | ○ | ○ | | ○ | ○ | |
| | 100 | ○ | ○ | | | | ○ | ○ | ○ | | | |
| | 150 | ○ | ○ | | | | ○ | ○ | | | | |
| | 200 | | | | | | ○ | | | | | |
| | 250 | | | | | | ○ | | | | | |
| | 300 | | | | | | ○ | | | | | |
| | 400 | | | | | | ○ | | | | | |

注　“○”表示有。

水表工作介质温度为 0～40℃者是冷水水表，而 40℃$<T\leqslant$100℃者是热水水表。冷水水表是供水计量水表，因此，它包括旋翼式系列和水平螺翼式系列两种。

水表最大工作压力不大于 1.0MPa 者称为普压水表，而最大工作压力为 1.6～2.0MPa 者称为高压水表。供水计量中只使用普压水表。当前市场供应的旋翼式冷水水表中，*DN*15～50 是最大工作压力为 1.0MPa 的产品，而 *DN*80～150 是最大工作压力为 0.6MPa 的产品。螺翼式水表包括普压水表和高压水表两类。

## 四、水表的规格型号

### （一）产品型号的组成

水表产品型号由两节组成：

第一节有 3～4 位，均用大写的汉语拼音字母表示。

第二节有 2～4 位，均用阿拉伯数字表示。

节与节之间用“-”短线隔开。各节的位数根据需要确定，一般不超过 4 位。

产品设计改进时，允许在第二节的最后添加一位大写汉语拼音字母代号作为区别，如图 10－21 所示。

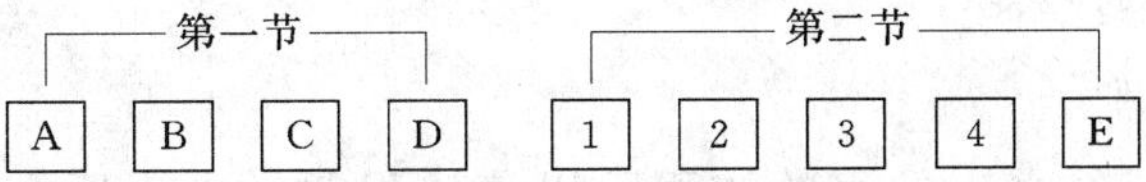


图 10－21　水表型号编号图示

### （二）第一节字母的含义

第一位：用字母“L”，表示“流量仪表”，用汉语拼音“流”（LIU）的第一个字母表示。

第二位：用字母“X”，表示“水表”。

第三位：表示水表分类，使用的字母如下：

S——旋翼式水表。

L——水平螺翼式水表。

R——垂直螺翼式水表。

F——复式水表。

D——定量水表。

B——船舶供水用表。

H——旋转活塞式水表。

第四位：表示水表结构特点与用途，使用的字母如下：

R——热水水表。

L——立式水表。

N——正逆流水表。

G——干式水表，高压水表。

Y——液封水表。

Z——装配式水表。

C——磁传式或插入式（大口径插入式）水表。

D——定量式水表。

（三）第二节各位的含义

1. 阿拉伯数字的含义

阿拉伯数字表示水表的口径。例如，15 表示水表口径 $DN=15$mm；200 表示水表口径 $DN=200$mm；15/20 表示水表口径 $DN=15$mm 或 $DN=20$mm。

2. 第二节末尾字母的含义

A——整体叶轮，七位指针。

B——组合叶轮，八位指针。

C——整体叶轮，矩形孔叶轮盒，八位指针。

D——单流式。

E——整体叶轮，矩形孔叶轮盒字轮指针组合式计数器。

F——液封式字轮计数器。

S——电子数控式。

（四）旋翼式水表的性能

1. 水表的常用术语

（1）水表流量：流经水表的水的体积除以该体积通过水表所需时间所得的商，常以 $m^3/h$ 表示。

（2）过载流量（$Q_{max}$）：水表在规定误差限内使用的上限流量。在过载流量时，水表只能短时间使用而不损坏。

(3) 常用流量（$Q_n$）：水表在规定误差限内允许长期工作的流量，其数值为过载流量（$Q_{max}$）的1/2。

(4) 分界流量（$Q_t$）：水表误差限改变时的流量，其数值为常用流量的函数。

(5) 最小流量（$Q_{min}$）：水表在规定误差限内使用的下限流量，其数值为常用流量的函数。

(6) 始动流量（$Q_s$）：水表开始连续指示时的流量，此时水表不计示值误差。

(7) 流量范围：由过载流量和最小流量所限定的范围。流量范围分为两个区间，这两个区间的误差限各不相同。

(8) 公称压力：水表的最大允许工作压力，以MPa表示。

(9) 压力损失：水流经水表所引起的压力降低。

(10) 示值误差：水表的示值和被测的水量的真值之间的差值。

(11) 示值误差限：技术标准给定的水表所允许的误差极限值，亦称为最大允许误差。

2. 主要技术指标

(1) 水温：水表所测量的水温不超过40℃。

(2) 公称压力：水表的公称压力为1.0MPa。

(3) 压力损失：在最大流量时，水表的压力损失不应超过0.1MPa。

(4) 示值误差限：应符合下列规定。

1) 从包括最小流量（$Q_{min}$）至不包括分界流量（$Q_t$）的低区为±5%（即当$Q_{min} \leqslant Q < Q_t$时，为±5%）。

2) 从包括分界流量（$Q_t$）至包括过载流量（$Q_{max}$）的高区为±2%（即当$Q_t \leqslant Q \leqslant Q_{min}$时，为±2%）。

(5) 计量等级：水表按始动流量、最小流量和分界流量分为A、B两个计量等级，如表10-8所示。

**表10-8　水表性能参数**

| 水表口径(mm) | 计量等级 | 常用流量$Q_n$ ($m^3/h$) | 始动流量$Q_s$ ($m^3/h$) | | 最小流量$Q_{min}$ ($m^3/h$) | 分界流量$Q_t$ ($m^3/h$) |
|---|---|---|---|---|---|---|
| | | | 湿式、液封式 | 干式 | | |
| 15 | A | 1.5 | ≤0.014 | ≤0.016 | $\leqslant 0.03Q_n$ | $\leqslant 0.10Q_n$ |
| | B | | ≤0.010 | ≤0.012 | $\leqslant 0.02Q_n$ | $\leqslant 0.08Q_n$ |
| 20 | A | 2.5 | ≤0.019 | ≤0.020 | $\leqslant 0.03Q_n$ | $\leqslant 0.10Q_n$ |
| | B | | ≤0.014 | ≤0.016 | $\leqslant 0.02Q_n$ | $\leqslant 0.08Q_n$ |
| 25 | A | 3.5 | ≤0.023 | ≤0.025 | $\leqslant 0.03Q_n$ | $\leqslant 0.10Q_n$ |
| | B | | ≤0.017 | ≤0.020 | $\leqslant 0.02Q_n$ | $\leqslant 0.08Q_n$ |
| 32 | A | 6 | ≤0.032 | ≤0.035 | $\leqslant 0.03Q_n$ | $\leqslant 0.10Q_n$ |
| | B | | ≤0.027 | ≤0.030 | $\leqslant 0.02Q_n$ | $\leqslant 0.08Q_n$ |
| 40 | A | 10 | ≤0.055 | ≤0.060 | $\leqslant 0.03Q_n$ | $\leqslant 0.10Q_n$ |
| | B | | ≤0.046 | ≤0.050 | $\leqslant 0.02Q_n$ | $\leqslant 0.08Q_n$ |

续表

| 水表口径（mm） | 计量等级 | 常用流量 $Q_n$（$m^3/h$） | 始动流量 $Q_s$（$m^3/h$） | | 最小流量 $Q_{min}$（$m^3/h$） | 分界流量 $Q_t$（$m^3/h$） |
|---|---|---|---|---|---|---|
| | | | 湿式、液封式 | 干式 | | |
| 50 | A | 15 | ≤0.090 | | ≤0.03$Q_n$ | ≤0.10$Q_n$ |
| | B | | | | ≤0.02$Q_n$ | ≤0.08$Q_n$ |
| 80 | A | 30 | ≤0.300 | | ≤0.03$Q_n$ | ≤0.10$Q_n$ |
| | B | | | | ≤0.02$Q_n$ | ≤0.08$Q_n$ |
| 100 | A | 50 | ≤0.400 | | ≤0.03$Q_n$ | ≤0.10$Q_n$ |
| | B | | | | ≤0.02$Q_n$ | ≤0.08$Q_n$ |
| 150 | A | 100 | ≤0.550 | | ≤0.03$Q_n$ | ≤0.10$Q_n$ |
| | B | | | | ≤0.02$Q_n$ | ≤0.08$Q_n$ |

3. LXS旋翼湿式水表规格

LXS旋翼湿式水表规格如表10-9所示。

**表10-9　LXS旋翼湿式水表规格**

| 型号 | 水表口径（mm） | 计量等级 | 过载流量（$m^3/h$） | 常用流量（$m^3/h$） | 分界流量（$m^3/h$） | 最小流量（$m^3/h$） | 工作条件 | | 重量（kg） | 主要生产厂 |
|---|---|---|---|---|---|---|---|---|---|---|
| | | | | | | | 水温（℃） | 水压（MPa） | | |
| LXS | 15 | A | 3 | 1.5 | 0.15 | 0.06 | ≤40 | ≤1 | 1.41 | 天津仪表集团 |
| | | B | | | 0.12 | 0.03 | | | | |
| | | C | | | 0.0225 | 0.015 | | | | |
| | 20 | A | 5 | 2.5 | 0.25 | 0.1 | | | 1.7 | |
| | | B | | | 0.2 | 0.05 | | | | |
| | | C | | | 0.0375 | 0.025 | | | | |
| | 25 | A | 7 | 3.5 | 0.35 | 0.14 | | | 2.7 | |
| | | B | | | 0.28 | 0.07 | | | | |
| | 32 | A | 12 | 6 | 0.6 | 0.24 | | | | |
| | | B | | | 0.48 | 0.12 | | | | |
| | 40 | A | 20 | 10 | 1.0 | 0.4 | | | 5.7 | |
| | | B | | | 0.8 | 0.2 | | | | |
| | 50 | A | 30 | 15 | 1.5 | 0.6 | | | 16.6 | |
| | | B | | | 1.2 | 0.3 | | | | |

（五）螺翼式水表性能

常见螺翼式水表有以下两种类型：

（1）水平螺翼式水表：螺翼的轴平行于管道轴线。水平螺翼式水表体积小、重量轻、流通能力大、规格较多。

（2）垂直螺翼式水表：螺翼的轴垂直于管道的轴线。垂直螺翼式水表耐久性好、工作可靠、流量下限低，但体积大、较笨重、水头损失较大、规格较少。建筑内部给水系统中很少使用这类水表。

1. 常用术语

水平螺翼式水表的术语大多数与旋翼式水表的术语相同，所不同的有以下两点：

（1）水平螺翼式水表没有始动流量。

（2）水平螺翼式水表定义为利用水的流速对螺翼（螺翼轴平行于管道轴线）的作用，以连续确定流经自来水管道的水体积总量的流量测量仪表。

2. 主要技术指标

（1）水温：水的温度不超过40℃。

（2）公称压力：水表的公称压力为1.0MPa。

（3）压力损失：水表在通过过载流量时，压力损失不应超过0.01MPa。

（4）示值误差限：应符合下列规定。

1）从包括最小流量（$Q_{min}$）至不包括分界流量（$Q_t$）的低区为±5%。

2）从包括分界流量（$Q_t$）至包括过载流量（$Q_{max}$）的高区为±2%。

（5）计量等级：水平螺翼式水表按最小流量和分界流量分为A、B两个计量等级，如表10-10所示。

**表10-10　　水平螺翼式水表性能参数**

| 水表口径（mm） | 计量等级 | 常用流量 $Q_n$（$m^3/h$） | 最小流量 $Q_{min}$（$m^3/h$） | 分界流量 $Q_t$（$m^3/h$） |
|---|---|---|---|---|
| 50 | A | 15 | $\leqslant 0.08Q_n$ | $\leqslant 0.30Q_n$ |
| | B | | $\leqslant 0.03Q_n$ | $\leqslant 0.20Q_n$ |
| 80 | A | 40 | $\leqslant 0.08Q_n$ | $\leqslant 0.30Q_n$ |
| | B | | $\leqslant 0.03Q_n$ | $\leqslant 0.20Q_n$ |
| 100 | A | 60 | $\leqslant 0.08Q_n$ | $\leqslant 0.30Q_n$ |
| | B | | $\leqslant 0.03Q_n$ | $\leqslant 0.20Q_n$ |
| 150 | A | 150 | $\leqslant 0.08Q_n$ | $\leqslant 0.30Q_n$ |
| | B | | $\leqslant 0.03Q_n$ | $\leqslant 0.20Q_n$ |
| 200 | A | 250 | $\leqslant 0.08Q_n$ | $\leqslant 0.30Q_n$ |
| | B | | $\leqslant 0.03Q_n$ | $\leqslant 0.20Q_n$ |
| 250 | A | 400 | $\leqslant 0.08Q_n$ | $\leqslant 0.30Q_n$ |
| | B | | $\leqslant 0.03Q_n$ | $\leqslant 0.20Q_n$ |
| 300 | A | 600 | $\leqslant 0.08Q_n$ | $\leqslant 0.30Q_n$ |
| | B | | $\leqslant 0.03Q_n$ | $\leqslant 0.20Q_n$ |
| 400 | A | 1000 | $\leqslant 0.08Q_n$ | $\leqslant 0.30Q_n$ |
| | B | | $\leqslant 0.03Q_n$ | $\leqslant 0.20Q_n$ |

（六）旋翼干式远传水表

旋翼干式远传水表是由LXSY—15E～50E发讯表（一次表）和XS—15～50（或

XS—15A～50A 带两只一次表显示器）液晶显示器（二次表）两部分组成。它适用于记录流经管道内的自来水量，如果用户需要也可改制用于计量热水（水温小于 90℃），但不能用于污水及有腐蚀性液体。

旋翼干式远传水表的性能规格如表 10－11 所示，外形尺寸如图 10－22 、表 10－12 所示。

**表 10－11　　旋翼干式远传水表的性能规格**

| 型　号 | 水表口径 (mm) | 过载流量 ($m^3/h$) | 常用流量 ($m^3/h$) | 分界流量 ($m^3/h$) | 最小流量 ($m^3/h$) | 重量 (kg) | 主要生产厂 |
|---|---|---|---|---|---|---|---|
| LXSG—15Y | 5 | 3 | 1.5 | 0.15 | 0.045 | 1.6 | 天津仪表集团 |
| LXSG—20Y | 20 | 5 | 2.5 | 0.25 | 0.075 | 2.1 | |
| LXSG—25Y | 25 | 7 | 3.5 | 0.35 | 0.105 | 2.6 | |
| LXSG—32Y | 32 | 12 | 6 | 0.60 | 0.180 | 3.1 | |
| LXSG—40Y | 40 | 20 | 10 | 1.00 | 0.300 | 4.5 | |
| LXSG—50Y | 50 | 30 | 15 | 3.00 | 0.450 | 7.0 | |

**表 10－12　　旋翼干式远传水表的外形尺寸**

| 型　号 | 外形尺寸 (mm) | | | 型　号 | 外形尺寸 (mm) | | |
|---|---|---|---|---|---|---|---|
| | *L* | *B* | *H* | | *L* | *B* | *H* |
| LXSG—15Y | 165 | 99 | 124 | LXSG—32Y | 230 | 104 | 137 |
| LXSG—20Y | 195 | 99 | 124 | LXSG—40Y | 245 | 125 | 167 |
| LXSG—25Y | 225 | 104 | 132 | LXSG—50Y | 280 | 125 | 167 |

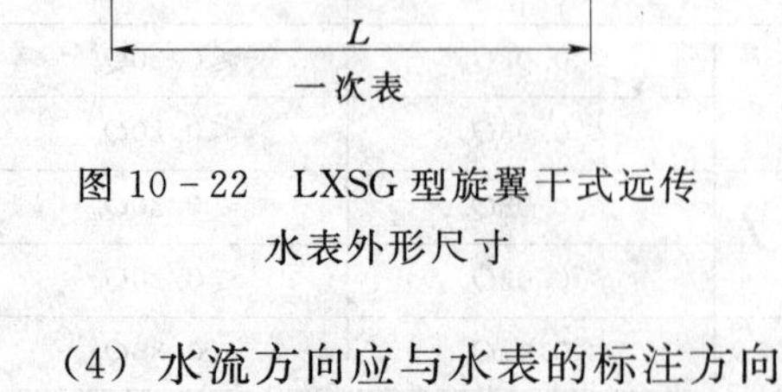


图 10－22　LXSG 型旋翼干式远传水表外形尺寸

## 五、水表的安装及维护

（一）水表的安装

（1）水表应安装在便于检修和读数以及不受曝晒、冻结、污染和机械损伤的地方。

（2）水表不应承受由管子和管件引起的过度应力，必要时，水表应装在底座或托架上，并在水表前加装柔性接头。此外，水表的上游和下游应适当地固紧，以保证在一侧拆开或卸下水表时，不至由于水的冲击使设施零件移动。

（3）水表应防止发生因水和周围空气的极限温度引起损坏的危险。

（4）水流方向应与水表的标注方向一致。

（5）避免接近水表处流量截面的突然变化。

（6）水表前后均应装设检修阀门，水表与表后阀门间应装设泄水装置，为减少水头损失并保证表前管内水流的直线流动，表前检修阀门宜采用闸阀。住宅中的分户水表可不设表后检修阀及专用泄水装置。

(7) 当水表可能发生反转而影响计量或损坏水表时，应在水表后设止回阀，特别是进加热设备的冷水表后应设止回阀。

(8) 敷设的管道位置要正确，避免水表两侧的管道不同轴，否则会出现过大的扭力而损坏水表。在可能的情况下，宜使用与水表等长的短管临时代替待装的水表随同待装的管道同时安装就位，这样既可以避免管道不同轴，又可以防止安装水表的空位预留长度过大或过小。

(9) 连接水表的管道必须定位牢固，水表管道悬空部分要加支墩，以避免工程结束后出现管道移位，造成水表损坏。

(10) 新埋设安装的管道，应该经过冲洗方能使水表安装就位投入运行，否则管道内可能存在污物会使水表受损坏或失准。

(11) 水表前与阀门之间应有 8～10 倍水表直径的直线长度。

(12) 水表前宜设过滤器。

(13) 安装前，应冲洗给水管，如果装有过滤器也应加以清洗。

(14) 液晶显示远传水表的安装应注意以下几点。

1) 传感计量器：①安装位置要避免污染和水淹；②新装管道务必把管内石子、泥沙和麻丝等杂物冲洗干净，再装传感计量器；③传感计量器安装方法与普通同口径水表相同，由它引出一条三芯信号导线与显示屏相连。

2) 集中显示屏：显示屏箱体一般采用嵌墙式，固定在管理室或公共场所的墙上，箱体安装高度离地面约1.5m。

(二) 水表的维护

水表修理是与周期检定或故障换表同时进行的，通常周期换回的水表需修理后经检定合格再使用。

水表维护的顺序如下：①卸水表；②清洗壳体和机芯；③检查出明显磨损或损坏的零件；④更换零件；⑤完成装机；⑥检定和调试性能；⑦压力试验、加封套。

水表的维护必须由有关部门的专业人员完成，一般人员不能拆卸和维修水表，如果发现水表有问题，只能更换相同规格型号的水表。

## 第六节　节水型水龙头及卫生器具

随着生活水平的不断提高和住房条件的改善，居室内用水点、用水设备增多，在满足用水基本功能要求之后，人们开始追求多样性、舒适性和美观性等多方面的要求。而我国水资源日益短缺，已成为制约社会经济可持续发展的重要影响因素，建筑节水已引起各级有关部门的重视，近些年已开始开发和推广使用节水型水龙头和卫生器具。

### 一、节水型水龙头

节水型水龙头主要从以下几个方面加以改进，以达到节水目的。

(一) 密封材料

传统水龙头中的密封材料一般为橡胶制品，在使用中易老化、变形，使水龙头不能完全关闭，造成漏水。目前，节水型水龙头多采用价格适中、效果好的陶瓷片作为密封材料。用陶瓷片组成阀芯是美国标准公司1968年研制成功的产品。陶瓷片阀芯具有硬度高、耐磨、密闭性好、启闭迅速、不受温度高低影响、不受水中颗粒影响等特点，近几年在我国已得到广泛应用。陶瓷阀片面可保证上万次不漏水，使用寿命长。当陶瓷阀片磨损漏水时，可以很方便地更换阀片或阀芯。陶瓷阀芯中陶瓷阀片的过水断面积较小，且出水口一般设有网板，故其局部水头损失较大。有资料表明，当阀前压力为0.02MPa时，其出水量比传统螺旋升降式水龙头出水量可减少36%。

（二）延时自闭式水龙头（或阀门）

延时自闭式水龙头（或阀门）是利用阀体内设置的弹簧和阻尼部件使水龙头或阀门在出水后一定时间自动关闭的特性避免长流水现象的。阻尼大小可在一定范围内调节，以满足不同用水点对水量的要求。

（三）光电控制式水龙头（或阀门）

延时自闭式水龙头（或阀门）的缺点是一旦阻尼调节固定后，阀门的出水时间也就固定，不易满足不同使用对象的要求。而光电控制式水龙头（或阀门）就可以满足这方面的要求。其原理是在水龙头上或卫生器具附近安装红外线探测装置，当探测到人体或红外线被阻断后就打开电磁阀水龙头出水，而人离开后探测器又可发出信号关闭电磁阀水龙头停止出水。整个工作过程不需要人触摸操作，尤其适合于公共场所的用水点。

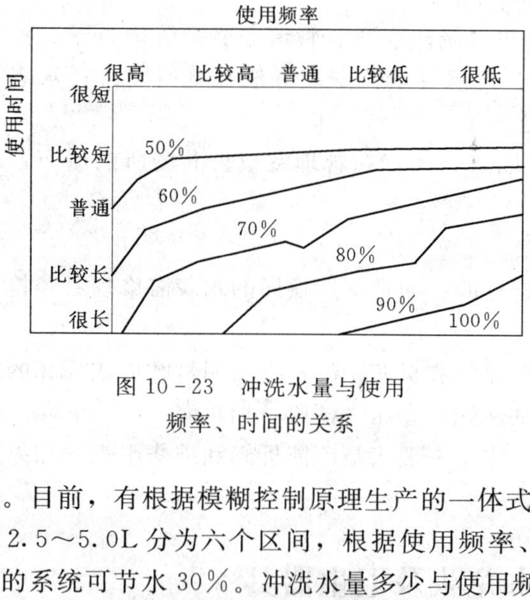


图10-23　冲洗水量与使用频率、时间的关系

红外线探测装置可与水龙头组成一体，也可以独立安装，独立安装的红外线探测装置应用范围更广，可用于控制多个小便器、大便器或大便槽等卫生设备的冲洗水，供电方式有交流电和直流电两种方式。目前，有根据模糊控制原理生产的一体式小便器冲洗设备，其工作原理是将冲洗水量从2.5～5.0L分为六个区间，根据使用频率、使用时间自动判断需要的冲洗水量，比以往的系统可节水30%。冲洗水量多少与使用频率、使用时间的关系如图10-23所示。

（四）恒温式冷、热水混合龙头

冷、热水混合方式有双阀门式、混合龙头式和恒温龙头式，前两种混合方式需一边调节一边试水温，存在浪费水量大的问题，但其构造简单、价格低。恒温式冷、热水混合龙头的原理是通过水龙头内装的感温体的伸缩，自动调节冷、热水的混合比例，使出水温度达到温度调节旋钮所指示的温度，这种水龙头既可节水又能保证所要求的水温具有稳定性和舒适性。

## 二、节水型卫生器具

住宅中冲厕用水量约占总用水量的30%，因此如何减少大便器冲洗水量，是卫生器具节水中很重要的研究内容。

（一）改进大便器构造

衡量大便器性能一般可从冲洗能力、积水面积、排污道口径、水封深度、冲洗噪声和冲洗用水量等六个方面进行评价。大便器的结构主要有漩涡虹吸式、喷射虹吸式、虹吸式、喷射式和冲落式等五种形式。

（1）漩涡虹吸式：利用漩流和虹吸作用提高冲洗和排出能力，水箱与大便器合为一体，冲洗时几乎没有空气混入。其特点是噪声小、积水面积大、污物不易沾附、臭气很少扩散。

（2）喷射虹吸式：利用喷射孔中喷出的水在排水管内强制形成虹吸，将污物抽吸排出。

（3）虹吸式：放水后在弯曲的排水管中充满水形成虹吸作用，将污物吸出排走。

（4）喷射式：冲洗水从喷水孔中喷出，利用水流及冲力将污物排出。其特点是积水面宽、基本不发生污物沾附和臭气散发现象，但冲洗时噪声大。这种形式的大便器适用于办公楼等排水口穿墙、连接多个大便器的场合，冲洗装置上安装连管式冲水阀门。

（5）冲落式：依靠冲洗水落差产生的动能将污物排走，是简单的结构形式。

结构形式不同所需冲洗水量也不同，目前最好的结构形式是漩涡虹吸式。

（二）减小水箱冲洗水量

1. 减少一次出水量

大便器水箱冲洗水量的多少，一般可通过调节水箱内浮球阀高低或进水阀门出水口压力的大小来实现。过去水箱一次冲洗水量可超过 12L，现在随大便器几何构造的改进，水箱一次冲洗水量可小于 9L，目前正大力推广使用 6L 水箱的节水型大便器。通过对大便器构造的不断改进，现已有 4.5L 甚至更少出水量水箱的大便器问世。但是如果不对大便器几何构造进行改进，而一味地减小水箱出水量，虽然可以达到节水的目的，但会带来其他方面的问题，例如排水管道堵塞、冲洗不净、水封水更新率低等。

2. 组合出水量

组合出水量水箱是冲洗小便时，顺时针搬动手柄，冲水量为 4L（或更少），瞬时流量大，效果好；冲洗大便时逆时针搬动手柄，冲水量为 9L（或更少），比单一出水量水箱可节约水量 55%。

3. 带洗手水管的水箱

水箱盖做成洗手盆式，并从其上接出洗手水管，洗手的水可回流到水箱内被二次利用，减少自来水补入量，达到节水目的。带洗手水管的水箱示意如图 10－24 所示。这种形式的低水箱配件的进水阀需带有防虹吸装置，防止虹吸造成给水管道内的水质污染，且不能以中水作为水源。

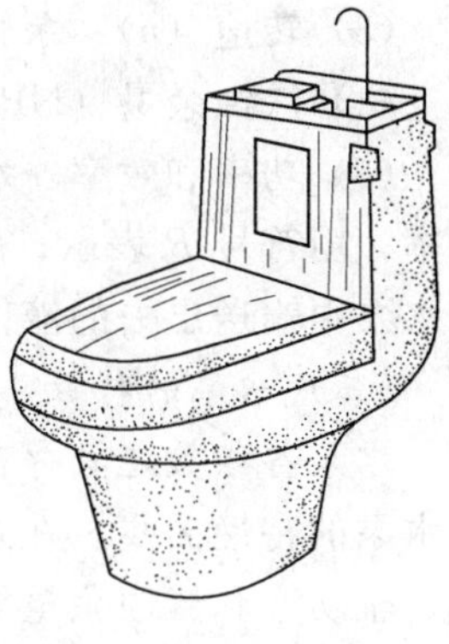

图 10－24　带洗手水管水箱

4. 有压水箱

有压水箱采用密闭水箱，利用管路中自来水的压力将密闭水箱中的空气压缩，使水箱内的水具有一定压力。冲洗时水可高速冲洗大便器，冲洗清洁度比常压水箱高 40%，每次只需 3.5L 冲洗水量。

# 第十一章　增压、储水设备

当建筑外部给水管网的水压或水量不能满足建筑内部用水要求时，需设置给水增压设备和水量调节装置。

常用的增压设备有水泵、变频调速给水设备、气压给水设备。

常用的水量调节装置有储水池、吸水池（井）、水箱。

## 第一节　水　泵

### 一、概述

（一）水泵的分类

水泵根据作用原理分为叶片式泵、容积式泵以及其他类型泵等。

建筑给水主要采用叶片式泵，其分类如图 11－1 所示。

- 叶片式泵
  - 按泵轴方向
    - 卧式泵
    - 立式泵
  - 按叶轮种类
    - 离心式叶轮
    - 混流式叶轮
    - 轴流式叶轮
  - 按吸入方式
    - 单吸式
    - 双吸式
  - 按级数
    - 单级
    - 双级

图 11－1　叶片式泵分类

（二）水泵的基本参数

水泵的基本参数如下。

（1）流量（$Q$）：水泵在单位时间内输送出的液体量，单位为 $m^3/s$、$m^3/h$ 或 L/s。

（2）扬程（$H$）：水泵所抽送的单位重量液体从水泵进口处到水泵出口处能量的增值，单位为 N·m/N＝m，即水泵抽送液体的水柱高度，习惯上简称为米（m）。

（3）转速（$n$）：泵轴单位时间的转数，单位为 r/min。

（4）汽蚀余量（NPSH）：表示汽蚀性能的主要参数。

（5）功率和效率：水泵的功率一般指输入功率，即电机传到泵轴上的功率，又称为轴功率，用符号 $P$ 表示；水泵的有效功率又称为输出功率，用符号 $P_e$ 表示，指单位时间内从水泵中输送出去的液体在水泵中获得的有效能量。

（三）水泵的特性曲线

水泵各参数之间存在着一定的关系，用曲线形式表示出水泵性能参数之间的关系，称为水泵的特性曲线。在水泵的特性曲线中，一般横坐标表示流量，纵坐标表示扬程、效率、轴功率和气蚀余量等，如图 11－2 所示。

水泵的特性曲线可以很直观地反映出水泵的性能，根据特性曲线可以很容易地选择出符合要求的水泵。水泵特性曲线大致可分为三种形式，如图 11－3 所示。

（四）水泵的工作范围

水泵特性曲线的每一点都对应一个工况，而水泵在最高效率点工况下工作是最理想的，但实际上难以使每个工程的使用要求都在水泵的最高效率点运行，因为水泵的规格不

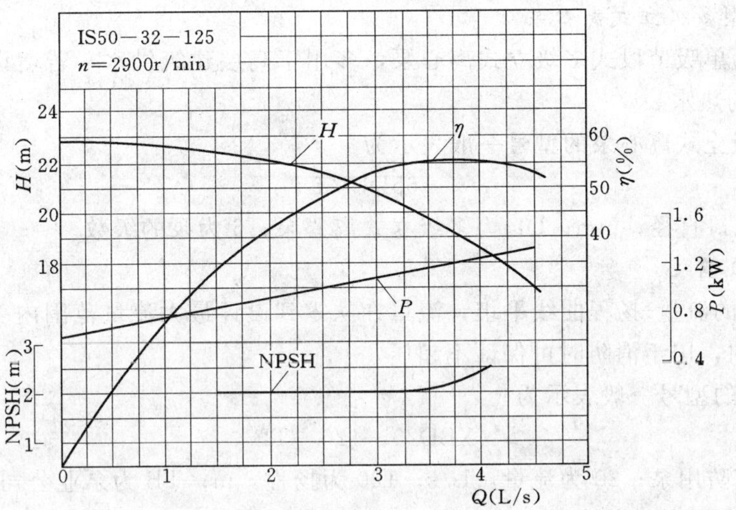


图 11-2　水泵的特性曲线

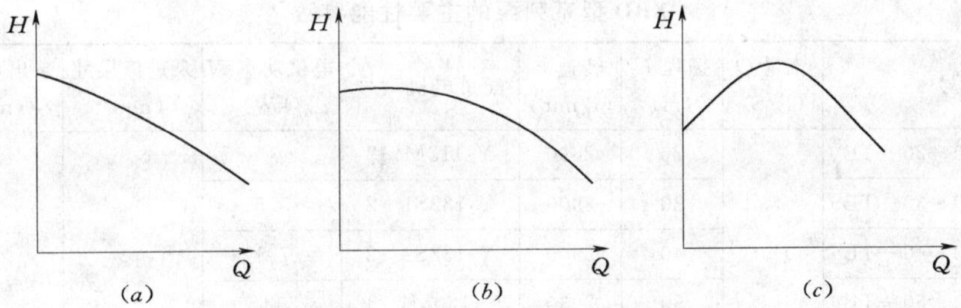


图 11-3　水泵特性曲线（$H-Q$）的形式

（$a$）单调下降曲线；（$b$）平坦曲线；（$c$）驼峰曲线

可能非常多。为此，规定一个范围，以效率下降 5%～8%为界定范围，水泵在该范围内运行，称为水泵的工作范围，该范围内水泵的效率下降不致太大。

## 二、常用水泵

### （一）IS 单级单吸清水泵

IS 单级单吸清水泵可输送清水或物理和化学性质类似于清水的其他液体，温度不高于 80℃。

### （二）BA 型端级离心泵

BA 型端级离心泵是多用途水泵，不但可输送清水，还可输送泥浆、纸浆及其原料。

### （三）D、DG 型多级卧式离心泵

D 型泵为单吸节段式多级卧式离心泵，供输送 80℃以下的清水或物理和化学性质类似于清水的其他液体。DG 型泵输送介质温度小于 105℃，可用于锅炉给水。

D、DG 型多级卧式离心泵的型号一般表示为

$$D155—30\times6$$

其中 D 为多级卧式离心泵；155 为流量，$m^3/h$；30 为单级扬程，m；6 为泵的级数。

(四) DL 型多级立式离心泵

DL 型泵为单吸节段式多级立式离心泵，多用于高层建筑供水，若增设冷却部件可抽送低于 120℃的热水。

DL 型多级立式离心泵的型号一般表示为

$$65DL\times5$$

其中 65 为泵入口直径，mm；DL 为多级立式离心泵；6 为泵的级数。

(五) XBD 型泵

XBD 型泵的流量-扬程曲线平坦，流量在从零到设计最大流量范围内变化时，扬程的变化在 5%以内，用于消防时可保证不超压。

XBD 型泵的型号一般表示为

XBD20—120—TB

其中 XBD 为消防用泵；20 为流量，L/s；120 为扬程，m；TB 为泵业公司代号。

XBD 型系列泵的性能参数如表 11－1 所示，泵外形尺寸如图 11－4 所示，安装尺寸如表 11－2 所示。

**表 11－1　　XBD 型系列泵的主要性能参数**

| 型号 | | 流量 $Q$ (L/S) | 扬程 $H$ (m) | 转速 $n$ (r/min) | 配带电机型号 | 电机功率 $N$ (kW) | 泵进口尺寸 (mm) | 泵出口尺寸 (mm) | 重量 (kg) |
|---|---|---|---|---|---|---|---|---|---|
| 第一系列 | XBD10—20—TB | 0～10 | 20 | 2890 | $Y_2$112M—2 | 4 | 65 | 50 | 82 |
| | XBD10—30—TB | | 30 | 2900 | $Y_2$132S1—2 | 5.5 | | | 110 |
| | XBD10—40—TB | | 40 | 2900 | $Y_2$132S2—2 | 7.1 | | | 115 |
| | XBD10—50—TB | | 50 | 2930 | $Y_2$160M1—2 | 11 | | | 150 |
| | XBD10—60—TB | | 60 | 2930 | $Y_2$160M1—2 | 11 | | | 152 |
| | XBD10—70—TB | | 70 | 2930 | $Y_2$160M2—2 | 15 | | | 160 |
| | XBD10—80—TB | | 80 | 2930 | $Y_2$160L—2 | 18.5 | | | 205 |
| | XBD10—90—TB | | 90 | 2950 | $Y_2$200L1—2 | 30 | | | 270 |
| | XBD10—100—TB | | 100 | 2950 | $Y_2$200L1—2 | 30 | | | 375 |
| 第二系列 | XBD15—20—TB | 0～15 | 20 | 2900 | $Y_2$132S1—2 | 5.5 | 80 | 65 | 120 |
| | XBD15—30—TB | | 30 | 2900 | $Y_2$132S2—2 | 7.5 | | | 125 |
| | XBD15—40—TB | | 40 | 2930 | $Y_2$160M1—2 | 11 | | | 158 |
| | XBD15—50—TB | | 50 | 2930 | $Y_2$160M2—2 | 15 | | | 170 |
| | XBD15—60—TB | | 60 | 2930 | $Y_2$160M2—2 | 15 | | | 170 |
| | XBD15—70—TB | | 70 | 2940 | $Y_2$180M—2 | 22 | | | 215 |
| | XBD15—80—TB | | 80 | 2950 | $Y_2$200L1—2 | 30 | | | 235 |
| | XBD15—90—TB | | 90 | 2950 | $Y_2$200L1—2 | 30 | | | 300 |
| | XBD15—100—TB | | 100 | 2950 | $Y_2$200L2—2 | 37 | | | 315 |
| | XBD15—110—TB | | 110 | 2970 | $Y_2$225M—2 | 45 | | | 455 |
| | XBD15—120—TB | | 120 | 2970 | $Y_2$250M—2 | 55 | | | 475 |

续表

| | 型 号 | 流量 Q (L/S) | 扬程 H (m) | 转速 n (r/min) | 配带电机型号 | 电机功率 N (kW) | 泵进口尺寸 (mm) | 泵出口尺寸 (mm) | 重量 (kg) |
|---|---|---|---|---|---|---|---|---|---|
| 第三系列 | XBD20—30—TB | 0～20 | 30 | 2930 | $Y_2$160M1—2 | 11 | 80 | 65 | 155 |
| | XBD20—40—TB | | 40 | 2930 | $Y_2$160M2—2 | 15 | | | 170 |
| | XBD20—50—TB | | 50 | 2930 | $Y_2$160L—2 | 18.5 | | | 300 |
| | XBD20—60—TB | | 60 | 2940 | $Y_2$180M—2 | 22 | | | 350 |
| | XBD20—70—TB | | 70 | 2940 | $Y_2$180M—2 | 22 | | | 350 |
| | XBD20—80—TB | | 80 | 2950 | $Y_2$200L1—2 | 30 | | | 380 |
| | XBD20—90—TB | | 90 | 2950 | $Y_2$200L2—2 | 37 | | | 400 |
| | XBD20—100—TB | | 100 | 2950 | $Y_2$200L2—2 | 37 | | | 400 |
| | XBD20—110—TB | | 110 | 4500 | $Y_2$200L2—2 | 37 | | | 450 |
| | XBD20—120—TB | | 120 | 4500 | $Y_2$200L2—2 | 37 | | | 450 |
| | XBD20—130—TB | | 130 | 4500 | $Y_2$225M—2 | 45 | | | 510 |
| | XBD20—140—TB | | 140 | 4500 | $Y_2$225M—2 | 45 | | | 510 |
| | XBD20—150—TB | | 150 | 4500 | $Y_2$250M—2 | 55 | | | 570 |
| | XBD20—160—TB | | 160 | 4500 | $Y_2$250M—2 | 55 | | | 570 |
| | XBD20—170—TB | | 170 | 4500 | $Y_2$280S—2 | 75 | | | 700 |
| | XBD20—180—TB | | 180 | 4500 | $Y_2$280S—2 | 75 | | | 700 |
| | XBD20—190—TB | | 190 | 4500 | $Y_2$280M—2 | 90 | | | 750 |
| | XBD20—200—TB | | 200 | 4500 | $Y_2$280M—2 | 90 | | | 750 |
| | XBD20—210—TB | | 210 | 4500 | $Y_2$315S—2 | 110 | | | 1130 |
| | XBD20—220—TB | | 220 | 4500 | $Y_2$315S—2 | 110 | | | 1130 |
| 第四系列 | XBD30—30—TB | 0～30 | 30 | 2940 | $Y_2$180M—2 | 22 | 100 | 80 | 235 |
| | XBD30—40—TB | | 40 | 2950 | $Y_2$200L1—2 | 30 | | | 400 |
| | XBD30—50—TB | | 50 | 2950 | $Y_2$200L1—2 | 30 | | | 400 |
| | XBD30—60—TB | | 60 | 2950 | $Y_2$200L2—2 | 37 | | | 420 |
| | XBD30—70—TB | | 70 | 2950 | $Y_2$200L2—2 | 37 | | | 420 |
| | XBD30—80—TB | | 80 | 2970 | $Y_2$225M—2 | 45 | | | 460 |
| | XBD30—90—TB | | 90 | 2970 | $Y_2$225M—2 | 45 | | | 460 |
| | XBD30—100—TB | | 100 | 2970 | $Y_2$250M—2 | 55 | | | 480 |
| | XBD30—110—TB | | 110 | 2970 | $Y_2$250M—2 | 55 | | | 480 |
| | XBD30—120—TB | | 120 | 2970 | $Y_2$280S—2 | 75 | | | 680 |
| | XBD30—130—TB | | 130 | 2970 | $Y_2$280S—2 | 75 | | | 680 |
| | XBD30—140—TB | | 140 | 2970 | $Y_2$280S—2 | 75 | | | 680 |
| | XBD30—150—TB | | 150 | 2970 | $Y_2$280S—2 | 75 | | | 680 |
| | XBD30—160—TB | | 160 | 4500 | $Y_2$280S—2 | 75 | | | 720 |

续表

| | 型　号 | 流量 $Q$ (L/S) | 扬程 $H$ (m) | 转速 $n$ (r/min) | 配带电机型号 | 电机功率 $N$ (kW) | 泵进口尺寸 (mm) | 泵出口尺寸 (mm) | 重量 (kg) |
|---|---|---|---|---|---|---|---|---|---|
| 第四系列 | XBD30—170—TB | 0～20 | 170 | 4500 | $Y_2$280M—2 | 90 | 100 | 80 | 750 |
| | XBD30—180—TB | | 180 | 4500 | $Y_2$280M—2 | 90 | | | 750 |
| | XBD30—190—TB | | 190 | 4500 | $Y_2$315S—2 | 110 | | | 1140 |
| | XBD30—200—TB | | 200 | 4500 | $Y_2$315S—2 | 110 | | | 1140 |
| | XBD30—210—TB | | 210 | 5000 | $Y_2$315S—2 | 110 | | | 1140 |
| | XBD30—220—TB | | 220 | 5000 | $Y_2$315S—2 | 110 | | | 1140 |
| | XBD30—230—TB | | 230 | 5000 | $Y_2$315M—2 | 132 | | | 1250 |
| | XBD30—240—TB | | 240 | 5000 | $Y_2$315M—2 | 132 | | | 1250 |
| | XBD30—250—TB | | 250 | 5000 | $Y_2$315L1—2 | 160 | | | 1300 |
| | XBD30—260—TB | | 260 | 5000 | $Y_2$315L1—2 | 160 | | | 1300 |
| 第五系列 | XBD40—30—TB | 0～40 | 30 | 1470 | $Y_2$180L—4 | 22 | 125 | 100 | 370 |
| | XBD40—40—TB | | 40 | 1470 | $Y_2$200L—4 | 30 | | | 400 |
| | XBD40—50—TB | | 50 | 2970 | $Y_2$225M—2 | 45 | | | 450 |
| | XBD40—60—TB | | 60 | 2970 | $Y_2$225M—2 | 45 | | | 470 |
| | XBD40—70—TB | | 70 | 2970 | $Y_2$250M—2 | 55 | | | 570 |
| | XBD40—80—TB | | 80 | 2970 | $Y_2$280M—2 | 75 | | | 680 |
| | XBD40—90—TB | | 90 | 2970 | $Y_2$280S—2 | 75 | | | 680 |
| | XBD40—100—TB | | 100 | 2970 | $Y_2$280S—2 | 75 | | | 680 |
| | XBD40—110—TB | | 110 | 2970 | $Y_2$280S—2 | 75 | | | 680 |
| | XBD40—120—TB | | 120 | 2970 | $Y_2$280M—2 | 90 | | | 720 |
| | XBD40—130—TB | | 130 | 2970 | $Y_2$280M—2 | 90 | | | 720 |
| | XBD40—140—TB | | 140 | 4500 | $Y_2$280M—2 | 90 | | | 760 |
| | XBD40—150—TB | | 150 | 4500 | $Y_2$315S—2 | 110 | | | 1150 |
| | XBD40—160—TB | | 160 | 4500 | $Y_2$315S—2 | 110 | | | 1150 |
| | XBD40—170—TB | | 170 | 4500 | $Y_2$315S—2 | 110 | | | 1160 |
| | XBD40—180—TB | | 180 | 4500 | $Y_2$315S—2 | 110 | | | 1160 |
| | XBD40—190—TB | | 190 | 4500 | $Y_2$315M—2 | 132 | | | 1250 |
| | XBD40—200—TB | | 200 | 4500 | $Y_2$315M—2 | 132 | | | 1250 |
| | XBD40—210—TB | | 210 | 4500 | $Y_2$315L1—2 | 160 | | | 1300 |
| | XBD40—220—TB | | 220 | 4500 | $Y_2$315L1—2 | 160 | | | 1300 |
| | XBD40—230—TB | | 230 | 4500 | $Y_2$315L2—2 | 200 | | | 1440 |
| | XBD40—240—TB | | 240 | 4500 | $Y_2$315L2—2 | 200 | | | 1440 |
| | XBD40—250—TB | | 250 | 4500 | $Y_2$315L2—2 | 200 | | | 1450 |
| | XBD40—260—TB | | 260 | 4500 | $Y_2$315L2—2 | 200 | | | 1460 |

续表

| | 型 号 | 流量 $Q$ (L/S) | 扬程 $H$ (m) | 转速 $n$ (r/min) | 配带电机型号 | 电机功率 $N$ (kW) | 泵进口尺寸 (mm) | 泵出口尺寸 (mm) | 重量 (kg) |
|---|---|---|---|---|---|---|---|---|---|
| 第六系列 | XBD50—30—TB | 0～50 | 30 | 1470 | $Y_2$200L—4 | 30 | 125 | 100 | 350 |
| | XBD50—40—TB | | 40 | 1480 | $Y_2$225S—4 | 37 | | | 450 |
| | XBD50—50—TB | | 50 | 2970 | $Y_2$250M—4 | 55 | | | 550 |
| | XBD50—60—TB | | 60 | 2970 | $Y_2$280S—2 | 75 | | | 700 |
| | XBD50—70—TB | | 70 | 2970 | $Y_2$280S—2 | 75 | | | 700 |
| | XBD50—80—TB | | 80 | 2970 | $Y_2$280S—2 | 75 | | | 700 |
| | XBD50—90—TB | | 90 | 2970 | $Y_2$280M—2 | 90 | | | 750 |
| | XBD50—100—TB | | 100 | 2970 | $Y_2$280M—2 | 90 | | | 750 |
| | XBD50—110—TB | | 110 | 2980 | $Y_2$315S—2 | 110 | | | 1130 |
| | XBD50—120—TB | | 120 | 2980 | $Y_2$315S—2 | 110 | | | 1130 |
| | XBD50—130—TB | | 130 | 2980 | $Y_2$315S—2 | 110 | | | 1130 |
| | XBD50—140—TB | | 140 | 2980 | $Y_2$315M—2 | 132 | | | 1200 |
| | XBD50—150—TB | | 150 | 2980 | $Y_2$315M—2 | 132 | | | 1200 |
| | XBD50—160—TB | | 160 | 2980 | $Y_2$315L1—2 | 160 | | | 1250 |
| | XBD50—170—TB | | 170 | 2980 | $Y_2$315L1—2 | 160 | | | 1250 |
| | XBD50—180—TB | | 180 | 4500 | $Y_2$315L1—2 | 160 | | | 1300 |
| | XBD50—190—TB | | 190 | 4500 | $Y_2$315L2—2 | 200 | | | 1440 |
| | XBD50—200—TB | | 200 | 4500 | $Y_2$315L2—2 | 200 | | | 1440 |
| | XBD50—210—TB | | 210 | 4500 | $Y_2$315L2—2 | 200 | | | 1440 |
| | XBD50—220—TB | | 220 | 4500 | $Y_2$315L2—2 | 200 | | | 1440 |
| | XBD50—230—TB | | 230 | 4500 | $Y_2$315L2—2 | 200 | | | 1440 |
| | XBD50—240—TB | | 240 | 4500 | $Y_2$355M—2 | 250 | | | 2000 |
| | XBD50—250—TB | | 250 | 4500 | $Y_2$355M—2 | 250 | | | 2000 |
| | XBD50—260—TB | | 260 | 4500 | $Y_2$355M—2 | 250 | | | 2000 |
| 第七系列 | XBD60—30—TB | 0～60 | 30 | 1480 | $Y_2$225S—4 | 37 | 150 | 125 | 450 |
| | XBD60—40—TB | | 40 | 1480 | $Y_2$225M—4 | 45 | | | 470 |
| | XBD60—50—TB | | 50 | 1480 | $Y_2$225M—4 | 55 | | | 570 |
| | XBD60—60—TB | | 60 | 1480 | $Y_2$280S—4 | 75 | | | 700 |
| | XBD60—70—TB | | 70 | 2970 | $Y_2$280M—2 | 90 | 125 | 100 | 770 |
| | XBD60—80—TB | | 80 | 2970 | $Y_2$280M—2 | 90 | | | 770 |
| | XBD60—90—TB | | 90 | 2980 | $Y_2$315S—2 | 110 | | | 1150 |
| | XBD60—100—TB | | 100 | 2980 | $Y_2$315S—2 | 110 | | | 1150 |
| | XBD60—110—TB | | 110 | 2980 | $Y_2$315M—2 | 132 | | | 1240 |
| | XBD60—120—TB | | 120 | 2980 | $Y_2$315M—2 | 132 | | | 1240 |

续表

| | 型　号 | 流量 $Q$ (L/S) | 扬程 $H$ (m) | 转速 $n$ (r/min) | 配带电机型号 | 电机功率 $N$ (kW) | 泵进口尺寸 (mm) | 泵出口尺寸 (mm) | 重量 (kg) |
|---|---|---|---|---|---|---|---|---|---|
| | XBD60—130—TB | | 130 | 2980 | $Y_2$315L1—2 | 160 | | | 1280 |
| | XBD60—140—TB | | 140 | 2980 | $Y_2$315L1—2 | 160 | | | 1280 |
| | XBD60—150—TB | | 150 | 2980 | $Y_2$315L1—2 | 160 | | | 1280 |
| | XBD60—160—TB | | 160 | 2980 | $Y_2$315L2—2 | 200 | | | 1390 |
| | XBD60—170—TB | | 170 | 2980 | $Y_2$315L2—2 | 200 | | | 1390 |
| | XBD60—180—TB | | 180 | 2980 | $Y_2$315L2—2 | 200 | | | 1390 |
| 第七系列 | XBD60—190—TB | 0～60 | 190 | 2980 | $Y_2$355M—2 | 250 | 125 | 100 | 1960 |
| | XBD60—200—TB | | 200 | 4500 | $Y_2$355M—2 | 250 | | | 2000 |
| | XBD60—210—TB | | 210 | 4500 | $Y_2$355M—2 | 250 | | | 2000 |
| | XBD60—220—TB | | 220 | 4500 | $Y_2$355M—2 | 250 | | | 2000 |
| | XBD60—230—TB | | 230 | 4500 | $Y_2$355M—2 | 250 | | | 2000 |
| | XBD60—240—TB | | 240 | 4500 | $Y_2$355L—2 | 315 | | | 2100 |
| | XBD60—250—TB | | 250 | 4500 | $Y_2$355L—2 | 315 | | | 2100 |
| | XBD60—260—TB | | 260 | 4500 | $Y_2$355L—2 | 315 | | | 2100 |
| | XBD70—30—TB | | 30 | 1480 | $Y_2$225M—4 | 45 | | | 470 |
| | XBD70—40—TB | | 40 | 1480 | $Y_2$250M—4 | 55 | | | 570 |
| | XBD70—50—TB | | 50 | 1480 | $Y_2$280S—4 | 75 | 150 | 125 | 710 |
| | XBD70—60—TB | | 60 | 1480 | $Y_2$280S—4 | 75 | | | 710 |
| | XBD70—70—TB | | 70 | 1490 | $Y_2$280M—4 | 90 | | | 810 |
| | XBD70—80—TB | | 80 | 1490 | $Y_2$315S—4 | 110 | | | 1140 |
| | XBD70—90—TB | | 90 | 2980 | $Y_2$315M—2 | 132 | | | 1280 |
| | XBD70—100—TB | | 100 | 2980 | $Y_2$315M—2 | 132 | | | 1280 |
| | XBD70—110—TB | | 110 | 2980 | $Y_2$315L1—2 | 160 | | | 1300 |
| 第八系列 | XBD70—120—TB | 0～70 | 120 | 2980 | $Y_2$315L1—2 | 160 | | | 1300 |
| | XBD70—130—TB | | 130 | 2980 | $Y_2$315L1—2 | 160 | | | 1300 |
| | XBD70—140—TB | | 140 | 2980 | $Y_2$315L2—2 | 200 | | | 1400 |
| | XBD70—150—TB | | 150 | 2980 | $Y_2$315L2—2 | 200 | 125 | 100 | 1400 |
| | XBD70—160—TB | | 160 | 2980 | $Y_2$315L2—2 | 200 | | | 1400 |
| | XBD70—170—TB | | 170 | 2980 | $Y_2$315L2—2 | 200 | | | 1400 |
| | XBD70—180—TB | | 180 | 2980 | $Y_2$355M—2 | 250 | | | 1980 |
| | XBD70—190—TB | | 190 | 2980 | $Y_2$355M—2 | 250 | | | 1980 |
| | XBD70—200—TB | | 200 | 2980 | $Y_2$355M—2 | 250 | | | 1980 |
| | XBD70—210—TB | | 210 | 2980 | $Y_2$355L—2 | 315 | | | 2010 |
| | XBD70—220—TB | | 220 | 2980 | $Y_2$355L—2 | 315 | | | 2010 |

续表

| 型　号 | | 流量 $Q$ (L/S) | 扬程 $H$ (m) | 转速 $n$ (r/min) | 配带电机型号 | 电机功率 $N$ (kW) | 泵进口尺寸 (mm) | 泵出口尺寸 (mm) | 重量 (kg) |
|---|---|---|---|---|---|---|---|---|---|
| 第八系列 | XBD70—230—TB | 0～70 | 230 | 4500 | $Y_2$355L—2 | 315 | 125 | 100 | 2050 |
| | XBD70—240—TB | | 240 | 4500 | $Y_2$355L—2 | 315 | | | 2050 |
| | XBD70—250—TB | | 250 | 4500 | $Y_2$355L—2 | 315 | | | 2050 |
| | XBD70—260—TB | | 260 | 4500 | $Y_2$355L—2 | 315 | | | 2050 |

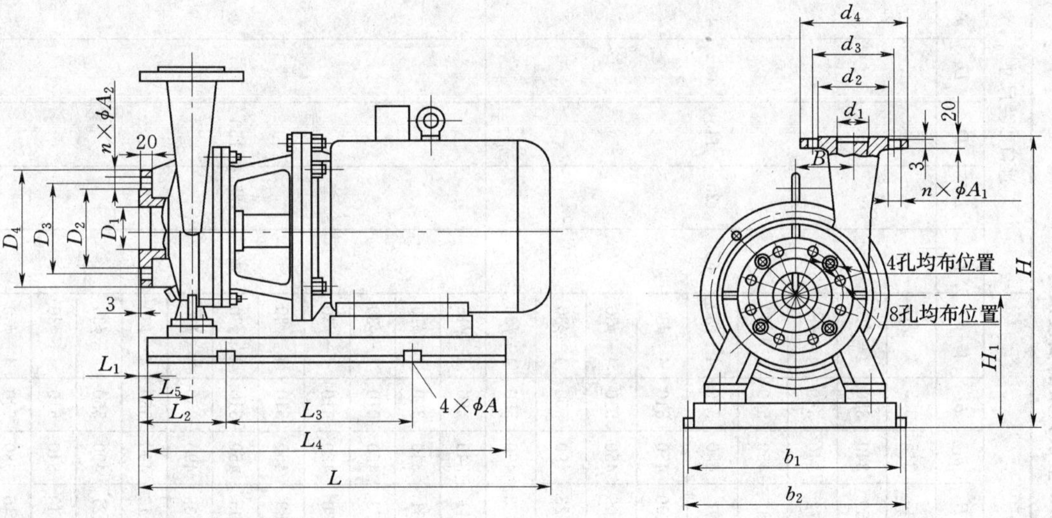


(*a*)

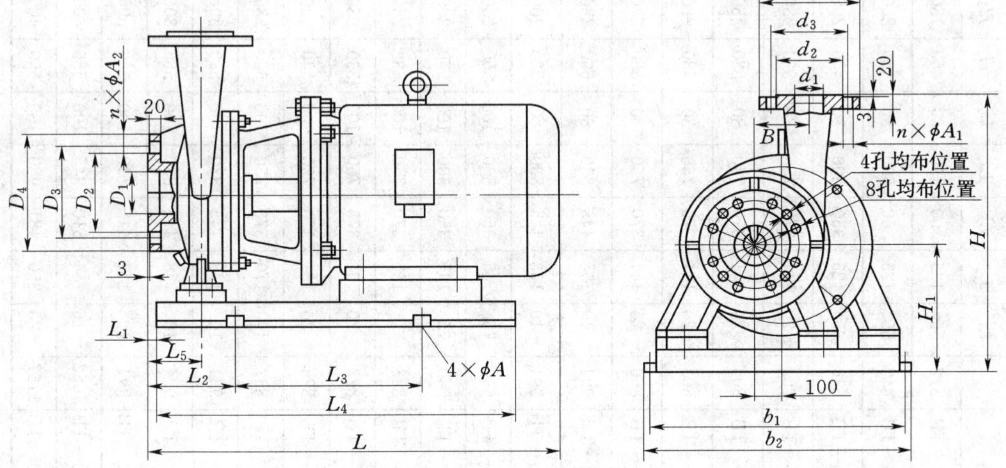


(*b*)

图 11-4　XBD 型系列泵的外形尺寸

(*a*) 不带增速箱的 XBD 型系列泵外形图；(*b*) 带增速箱的 XBD 型系列泵外形图

($n$=4500～500r/min)

表 11-2　　**XBD型系列泵的安装尺寸**　　单位：mm

| 型号 | | 外形安装尺寸 | | | | | | | | | | | | 进口法兰尺寸 | | | | | 出口法兰尺寸 | | | | |
|---|---|---|---|---|---|---|---|---|---|---|---|---|---|---|---|---|---|---|---|---|---|---|---|
| | | $L$ | $L_1$ | $L_2$ | $L_3$ | $L_4$ | $L_5$ | $H$ | $H_1$ | $B$ | $b_1$ | $b_2$ | 4—$\phi A$ | $D_1$ | $D_2$ | $D_3$ | $D_4$ | $n$—$\phi A_2$ | $d_1$ | $d_2$ | $d_3$ | $d_4$ | $n$—$\phi A_1$ |
| 第一系列 | XBD10—20—TB | 572 | 55 | 125 | 300 | 450 | 80 | 450 | 180 | 45 | 315 | 355 | 4—$\phi$16 | | | | | | | | | | |
| | XBD10—30—TB | 640 | 55 | 125 | 350 | 500 | 80 | 450 | 200 | 59 | 340 | 380 | 4—$\phi$16 | | | | | | | | | | |
| | XBD10—40—TB | 640 | 55 | 125 | 350 | 500 | 80 | 450 | 200 | 72 | 340 | 380 | 4—$\phi$16 | | | | | | | | | | |
| | XBD10—50—TB | 803 | −20 | 141 | 370 | 750 | 80 | 530 | 280 | 82 | 450 | 510 | 4—$\phi$30 | | | | | | | | | | |
| | XBD10—60—TB | 803 | −20 | 141 | 370 | 750 | 80 | 530 | 280 | 92 | 450 | 510 | 4—$\phi$30 | 65 | 125 | 145 | 185 | 4—$\phi$18 | 50 | 105 | 125 | 165 | 4—$\phi$18 |
| | XBD10—70—TB | 803 | −20 | 141 | 370 | 750 | 80 | 530 | 280 | 100 | 450 | 510 | 4—$\phi$30 | | | | | | | | | | |
| | XBD10—80—TB | 860 | −25 | 141 | 370 | 750 | 80 | 530 | 280 | 109 | 450 | 510 | 4—$\phi$30 | | | | | | | | | | |
| | XBD10—90—TB | 994 | −10 | 158 | 445 | 830 | 80 | 530 | 280 | 123 | 490 | 550 | 4—$\phi$30 | | | | | | | | | | |
| | XBD10—100—TB | 994 | −10 | 158 | 445 | 830 | 80 | 530 | 200 | 123 | 490 | 550 | 4—$\phi$30 | | | | | | | | | | |
| 第二系列 | XBD15—20—TB | 640 | 75 | 145 | 350 | 500 | 100 | 550 | 200 | 41 | 340 | 380 | 4—$\phi$16 | | | | | | | | | | |
| | XBD15—30—TB | 640 | 75 | 145 | 350 | 500 | 100 | 550 | 200 | 61 | 340 | 380 | 4—$\phi$16 | | | | | | | | | | |
| | XBD15—40—TB | 823 | 0 | 161 | 370 | 750 | 100 | 530 | 280 | 73 | 450 | 510 | 4—$\phi$30 | | | | | | | | | | |
| | XBD15—50—TB | 823 | −20 | 161 | 370 | 750 | 100 | 530 | 280 | 80 | 450 | 510 | 4—$\phi$30 | | | | | | | | | | |
| | XBD15—60—TB | 823 | −20 | 161 | 370 | 750 | 100 | 530 | 280 | 89 | 450 | 510 | 4—$\phi$30 | | | | | | | | | | |
| | XBD15—70—TB | 887 | 10 | 170 | 370 | 750 | 100 | 530 | 280 | 95 | 450 | 510 | 4—$\phi$30 | 80 | 125 | 150 | 185 | 4—$\phi$18 | 65 | 125 | 145 | 185 | 4—$\phi$18 |
| | XBD15—80—TB | 994 | 10 | 178 | 445 | 830 | 100 | 550 | 300 | 105 | 490 | 550 | 4—$\phi$30 | | | | | | | | | | |
| | XBD15—90—TB | 994 | 10 | 178 | 445 | 830 | 100 | 550 | 300 | 113 | 490 | 550 | 4—$\phi$30 | | | | | | | | | | |
| | XBD15—100—TB | 994 | 10 | 178 | 445 | 830 | 100 | 550 | 300 | 121 | 490 | 550 | 4—$\phi$30 | | | | | | | | | | |
| | XBD15—110—TB | 1082 | −16 | 254 | 510 | 945 | 100 | 655 | 405 | 140 | 540 | 610 | 4—$\phi$30 | | | | | | | | | | |
| | XBD15—120—TB | 1167 | −25 | 250 | 481 | 980 | 100 | 650 | 400 | 140 | 580 | 640 | 4—$\phi$30 | | | | | | | | | | |

续表

| | 型号 | 外形安装尺寸 | | | | | | | | | | | | 进口法兰尺寸 | | | | | 出口法兰尺寸 | | | | |
|---|---|---|---|---|---|---|---|---|---|---|---|---|---|---|---|---|---|---|---|---|---|---|---|
| | | $L$ | $L_1$ | $L_2$ | $L_3$ | $L_4$ | $L_5$ | $H$ | $H_1$ | $B$ | $b_1$ | $b_2$ | $4-\phi A$ | $D_1$ | $D_2$ | $D_3$ | $D_4$ | $n-\phi A_2$ | $d_1$ | $d_2$ | $d_3$ | $d_4$ | $n-\phi A_1$ |
| 第三系列 | XBD20—30—TB | 823 | 10 | 166 | 370 | 750 | 125 | 560 | 280 | 76 | 450 | 510 | $4-\phi30$ | 80 | 125 | 150 | 185 | $4-\phi18$ | 65 | 125 | 145 | 185 | $4-\phi18$ |
| | XBD20—40—TB | 880 | 35 | 200 | 370 | 750 | 125 | 560 | 280 | 76 | 450 | 510 | | | | | | | | | | | |
| | XBD20—50—TB | 880 | 35 | 200 | 370 | 750 | 125 | 560 | 280 | 76 | 450 | 510 | | | | | | | | | | | |
| | XBD20—60—TB | 905 | 35 | 200 | 370 | 750 | 125 | 580 | 300 | 94 | 450 | 510 | | | | | | | | | | | |
| | XBD20—70—TB | 905 | 35 | 200 | 370 | 750 | 125 | 580 | 300 | 94 | 450 | 510 | | | | | | | | | | | |
| | XBD20—80—TB | 1012 | 35 | 200 | 445 | 827 | 125 | 580 | 300 | 115 | 490 | 550 | | | | | | | | | | | |
| | XBD20—90—TB | 1012 | 35 | 200 | 445 | 827 | 125 | 580 | 300 | 115 | 490 | 550 | | | | | | | | | | | |
| | XBD20—100—TB | 1012 | 35 | 200 | 445 | 827 | 125 | 580 | 300 | 115 | 490 | 550 | | | | | | | | | | | |
| | XBD20—110—TB | 1365 | 0 | 250 | 710 | 1190 | 125 | 580 | 300 | 84 | 600 | 660 | | | | | | | | | | | |
| | XBD20—120—TB | 1365 | 0 | 250 | 710 | 1190 | 125 | 580 | 300 | 84 | 600 | 660 | | | | | | | | | | | |
| | XBD20—130—TB | 1400 | 0 | 250 | 750 | 1230 | 125 | 645 | 405 | 92.5 | 630 | 690 | | | | | | | | | | | |
| | XBD20—140—TB | 1400 | 0 | 250 | 750 | 1230 | 125 | 645 | 405 | 92.5 | 630 | 690 | | | | | | | | | | | |
| | XBD20—150—TB | 1505 | 0 | 250 | 865 | 1345 | 125 | 690 | 410 | 94 | 670 | 730 | | | | | | | | | | | |
| | XBD20—160—TB | 1505 | 0 | 250 | 865 | 1345 | 125 | 690 | 410 | 97 | 670 | 730 | | | | | | | | | | | |
| | XBD20—170—TB | 1580 | 0 | 250 | 950 | 1430 | 125 | 720 | 440 | 101 | 670 | 730 | | | | | | | | | | | |
| | XBD20—180—TB | 1580 | 0 | 250 | 950 | 1430 | 125 | 720 | 440 | 104 | 670 | 730 | | | | | | | | | | | |
| | XBD20—190—TB | 1630 | 0 | 250 | 950 | 1430 | 125 | 720 | 440 | 111 | 670 | 730 | | | | | | | | | | | |
| | XBD20—200—TB | 1630 | 0 | 250 | 950 | 1430 | 125 | 720 | 440 | 111 | 670 | 730 | | | | | | | | | | | |
| | XBD20—210—TB | 1735 | 0 | 250 | 1000 | 1530 | 125 | 755 | 475 | 118 | 770 | 830 | | | | | | | | | | | |
| | XBD20—220—TB | 1735 | 0 | 250 | 1000 | 1530 | 125 | 755 | 475 | 118 | 770 | 830 | | | | | | | | | | | |

续表

| 型号 | | 外形安装尺寸 | | | | | | | | | | | | 进口法兰尺寸 | | | | | 出口法兰尺寸 | | | | |
|---|---|---|---|---|---|---|---|---|---|---|---|---|---|---|---|---|---|---|---|---|---|---|---|
| | | $L$ | $L_1$ | $L_2$ | $L_3$ | $L_4$ | $L_5$ | $H$ | $H_1$ | $B$ | $b_1$ | $b_2$ | $4-\phi A$ | $D_1$ | $D_2$ | $D_3$ | $D_4$ | $n-\phi A_2$ | $d_1$ | $d_2$ | $d_3$ | $d_4$ | $n-\phi A_1$ |
| | XBD30—30—TB | 945 | 35 | 200 | 370 | 750 | 125 | 600 | 300 | 82 | 450 | 510 | | | | | | | | | | | |
| | XBD30—40—TB | 1015 | 35 | 200 | 445 | 827 | 125 | 600 | 300 | 82 | 490 | 550 | | | | | | | | | | | |
| | XBD30—50—TB | 1015 | 35 | 200 | 445 | 827 | 125 | 600 | 300 | 82 | 490 | 550 | | | | | | | | | | | |
| | XBD30—60—TB | 1040 | 53 | 216 | 445 | 827 | 125 | 600 | 300 | 97 | 490 | 550 | | | | | | | | | | | |
| | XBD30—70—TB | 1040 | 53 | 216 | 445 | 827 | 125 | 600 | 300 | 97 | 490 | 550 | | | | | | | | | | | |
| | XBD30—80—TB | 1107 | 9 | 279 | 510 | 945 | 125 | 705 | 405 | 97 | 540 | 610 | | | | | | | | | | | |
| | XBD30—90—TB | 1107 | 9 | 279 | 510 | 945 | 125 | 705 | 405 | 115 | 540 | 610 | $4-\phi 30$ | 100 | 145 | 170 | 205 | $4-\phi 18$ | 80 | 135 | 160 | 195 | $8-\phi 18$ |
| | XBD30—100—TB | 1192 | 27 | 275 | 481 | 980 | 125 | 700 | 400 | 115 | 580 | 640 | | | | | | | | | | | |
| | XBD30—110—TB | 1195 | 27 | 275 | 481 | 980 | 125 | 700 | 400 | 127 | 580 | 640 | | | | | | | | | | | |
| | XBD30—120—TB | 1267 | 6 | 276 | 660 | 1124 | 125 | 760 | 460 | 127 | 640 | 710 | | | | | | | | | | | |
| | XBD30—130—TB | 1318 | 6 | 276 | 660 | 1124 | 125 | 760 | 460 | 140 | 640 | 710 | | | | | | | | | | | |
| 第四系列 | XBD30—140—TB | 1318 | 6 | 276 | 660 | 1124 | 125 | 760 | 460 | 140 | 640 | 710 | | | | | | | | | | | |
| | XBD30—150—TB | 1318 | 6 | 276 | 660 | 1124 | 125 | 760 | 460 | 140 | 640 | 710 | | | | | | | | | | | |
| | XBD30—160—TB | 1580 | 0 | 250 | 950 | 1430 | 125 | 740 | 440 | 91.5 | 670 | 730 | | | | | | | | | | | |
| | XBD30—170—TB | 1630 | 0 | 250 | 950 | 1430 | 125 | 740 | 440 | 101 | 670 | 730 | | | | | | | | | | | |
| | XBD30—180—TB | 1630 | 0 | 250 | 950 | 1430 | 125 | 740 | 440 | 101 | 670 | 730 | | | | | | | | | | | |
| | XBD30—190—TB | 1735 | 0 | 250 | 1000 | 1530 | 125 | 775 | 475 | 107.5 | 770 | 830 | | | | | | | | | | | |
| | XBD30—200—TB | 1735 | 0 | 250 | 1000 | 1530 | 125 | 775 | 475 | 107.5 | 770 | 830 | | | | | | | | | | | |
| | XBD30—210—TB | 1735 | 0 | 250 | 1000 | 1530 | 125 | 745 | 475 | 101 | 770 | 830 | $4-\phi 30$ | 100 | 156 | 180 | 220 | $8-\phi 18$ | 80 | 132 | 160 | 200 | $8-\phi 18$ |
| | XBD30—220—TB | 1735 | 0 | 250 | 1000 | 1530 | 125 | 745 | 475 | 105 | 770 | 830 | | | | | | | | | | | |
| | XBD30—230—TB | 1780 | 0 | 250 | 1000 | 1530 | 125 | 745 | 475 | 107 | 770 | 830 | | | | | | | | | | | |
| | XBD30—240—TB | 1780 | 0 | 250 | 1000 | 1530 | 125 | 745 | 475 | 110.5 | 770 | 830 | | | | | | | | | | | |
| | XBD30—250—TB | 1830 | 0 | 250 | 1000 | 1530 | 125 | 745 | 475 | 113.5 | 770 | 830 | | | | | | | | | | | |
| | XBD30—260—TB | 1830 | 0 | 250 | 1000 | 1530 | 125 | 745 | 475 | 116.5 | 770 | 830 | | | | | | | | | | | |

续表

| 型号 | | 外形安装尺寸 | | | | | | | | | | | 进口法兰尺寸 | | | | | | 出口法兰尺寸 | | | | |
|---|---|---|---|---|---|---|---|---|---|---|---|---|---|---|---|---|---|---|---|---|---|---|---|
| | | $L$ | $L_1$ | $L_2$ | $L_3$ | $L_4$ | $L_5$ | $H$ | $H_1$ | $B$ | $b_1$ | $b_2$ | $4-\phi A$ | $D_1$ | $D_2$ | $D_3$ | $D_4$ | $n-\phi A_2$ | $d_1$ | $d_2$ | $d_3$ | $d_4$ | $n-\phi A_1$ |
| | XBD40—30—TB | 960 | 38 | 203 | 370 | 750 | 125 | 770 | 300 | 133.5 | 450 | 510 | | | | | | | | | | | |
| | XBD40—40—TB | 1020 | 38 | 203 | 445 | 827 | 125 | 730 | 300 | 159.5 | 490 | 550 | | | | | | | | | | | |
| | XBD40—50—TB | 1115 | 17 | 287 | 510 | 945 | 125 | 750 | 405 | 86 | 540 | 610 | | | | | | | | | | | |
| | XBD40—60—TB | 1115 | 17 | 275 | 510 | 945 | 125 | 750 | 405 | 86 | 540 | 610 | | | | | | | | | | | |
| | XBD40—70—TB | 1192 | 27 | 280 | 481 | 980 | 125 | 700 | 400 | 97.5 | 580 | 640 | | | | | | | | | | | |
| | XBD40—80—TB | 1272 | 10 | 280 | 660 | 1124 | 125 | 790 | 460 | 103 | 640 | 710 | 4—$\phi$30 | 125 | 175 | 200 | 235 | 8—$\phi$18 | 100 | 155 | 180 | 215 | 8—$\phi$18 |
| | XBD40—90—TB | 1272 | 10 | 280 | 660 | 1124 | 125 | 790 | 460 | 103 | 640 | 710 | | | | | | | | | | | |
| | XBD40—100—TB | 1272 | 10 | 280 | 660 | 1124 | 125 | 790 | 460 | 117 | 640 | 710 | | | | | | | | | | | |
| | XBD40—110—TB | 1272 | 10 | 280 | 660 | 1124 | 125 | 790 | 460 | 117 | 640 | 710 | | | | | | | | | | | |
| | XBD40—120—TB | 1318 | 10 | 280 | 660 | 1124 | 125 | 790 | 460 | 130 | 640 | 710 | | | | | | | | | | | |
| | XBD40—130—TB | 1318 | 10 | 280 | 660 | 1124 | 125 | 790 | 460 | 130 | 640 | 710 | | | | | | | | | | | |
| 第五 | XBD40—140—TB | 1630 | 0 | 250 | 950 | 1430 | 125 | 720 | 440 | 82.5 | 670 | 830 | | | | | | | | | | | |
| 系列 | XBD40—150—TB | 1735 | 0 | 250 | 1000 | 1530 | 125 | 805 | 475 | 88.8 | 770 | 830 | | | | | | | | | | | |
| | XBD40—160—TB | 1735 | 0 | 250 | 1000 | 1530 | 125 | 805 | 475 | 88.8 | 770 | 830 | | | | | | | | | | | |
| | XBD40—170—TB | 1735 | 0 | 250 | 1000 | 1530 | 125 | 805 | 475 | 98.5 | 770 | 830 | | | | | | | | | | | |
| | XBD40—180—TB | 1735 | 0 | 250 | 1000 | 1530 | 125 | 805 | 475 | 98.5 | 770 | 830 | | | | | | | | | | | |
| | XBD40—190—TB | 1790 | 0 | 250 | 1000 | 1530 | 125 | 805 | 475 | 105 | 770 | 830 | | | | | | | | | | | |
| | XBD40—200—TB | 1790 | 0 | 250 | 1000 | 1530 | 125 | 805 | 475 | 105 | 770 | 830 | | | | | | | | | | | |
| | XBD40—210—TB | 1790 | 0 | 250 | 1000 | 1530 | 125 | 805 | 475 | 112.5 | 770 | 830 | 4—$\phi$30 | 125 | 184 | 210 | 250 | 8—$\phi$18 | 100 | 156 | 190 | 235 | 8—$\phi$22 |
| | XBD40—220—TB | 1790 | 0 | 250 | 1000 | 1530 | 125 | 805 | 475 | 112.5 | 770 | 830 | | | | | | | | | | | |
| | XBD40—230—TB | 1875 | 0 | 250 | 1000 | 1630 | 125 | 805 | 475 | 118.4 | 770 | 830 | | | | | | | | | | | |
| | XBD40—240—TB | 1875 | 0 | 250 | 1000 | 1630 | 125 | 805 | 475 | 118.4 | 770 | 830 | | | | | | | | | | | |
| | XBD40—250—TB | 1875 | 0 | 250 | 1000 | 1630 | 125 | 805 | 475 | 124.3 | 770 | 830 | | | | | | | | | | | |
| | XBD40—260—TB | 1875 | 0 | 250 | 1000 | 1630 | 125 | 805 | 475 | 124.3 | 770 | 830 | | | | | | | | | | | |

续表

| | 型　号 | 外形安装尺寸 | | | | | | | | | | | | 进口法兰尺寸 | | | | | 出口法兰尺寸 | | | | |
|---|---|---|---|---|---|---|---|---|---|---|---|---|---|---|---|---|---|---|---|---|---|---|---|
| | | $L$ | $L_1$ | $L_2$ | $L_3$ | $L_4$ | $L_5$ | $H$ | $H_1$ | $B$ | $b_1$ | $b_2$ | $4-\phi A$ | $D_1$ | $D_2$ | $D_3$ | $D_4$ | $n-\phi A_2$ | $d_1$ | $d_2$ | $d_3$ | $d_4$ | $n-\phi A_1$ |
| 第六系列 | XBD50—30—TB | 1032 | 65 | 228 | 445 | 827 | 125 | 800 | 300 | 155 | 490 | 550 | $4-\phi30$ | 125 | 184 | 210 | 250 | $8-\phi18$ | 100 | 156 | 190 | 235 | $8-\phi22$ |
| | XBD50—40—TB | 1032 | 65 | 228 | 445 | 827 | 125 | 800 | 300 | 155 | 490 | 550 | | | | | | | | | | | |
| | XBD50—50—TB | 1120 | 22 | 228 | 481 | 980 | 125 | 745 | 400 | 86 | 580 | 640 | | | | | | | | | | | |
| | XBD50—60—TB | 1280 | 18 | 228 | 660 | 1124 | 125 | 860 | 460 | 101.5 | 640 | 710 | | | | | | | | | | | |
| | XBD50—70—TB | 1280 | 18 | 228 | 660 | 1124 | 125 | 860 | 460 | 101.5 | 640 | 710 | | | | | | | | | | | |
| | XBD50—80—TB | 1280 | 18 | 228 | 660 | 1124 | 125 | 860 | 460 | 101.5 | 640 | 710 | | | | | | | | | | | |
| | XBD50—90—TB | 1326 | 18 | 228 | 660 | 1124 | 125 | 860 | 460 | 116.5 | 640 | 710 | | | | | | | | | | | |
| | XBD50—100—TB | 1326 | 18 | 228 | 660 | 1124 | 125 | 860 | 460 | 116.5 | 640 | 710 | | | | | | | | | | | |
| | XBD50—110—TB | 1448 | 18 | 228 | 740 | 1230 | 125 | 830 | 455 | 129 | 720 | 790 | | | | | | | | | | | |
| | XBD50—120—TB | 1448 | 18 | 228 | 740 | 1230 | 125 | 830 | 455 | 129 | 720 | 790 | | | | | | | | | | | |
| | XBD50—130—TB | 1483 | 18 | 228 | 800 | 1290 | 125 | 830 | 455 | 146 | 720 | 790 | | | | | | | | | | | |
| | XBD50—140—TB | 1483 | 18 | 228 | 800 | 1290 | 125 | 830 | 455 | 146 | 720 | 790 | | | | | | | | | | | |
| | XBD50—150—TB | 1483 | 18 | 228 | 850 | 1340 | 125 | 830 | 455 | 157.5 | 720 | 790 | | | | | | | | | | | |
| | XBD50—160—TB | 1483 | 18 | 228 | 850 | 1340 | 125 | 830 | 455 | 157.5 | 720 | 790 | | | | | | | | | | | |
| | XBD50—170—TB | 1795 | 0 | 258 | 1140 | 1650 | 125 | 800 | 455 | 102.5 | 720 | 790 | | | | | | | | | | | |
| | XBD50—180—TB | 1795 | 0 | 258 | 1140 | 1650 | 125 | 800 | 455 | 102.5 | 720 | 790 | | | | | | | | | | | |
| | XBD50—190—TB | 1795 | 0 | 258 | 1140 | 1650 | 125 | 800 | 455 | 113 | 720 | 790 | | | | | | | | | | | |
| | XBD50—200—TB | 1795 | 0 | 258 | 1140 | 1650 | 125 | 800 | 455 | 113 | 720 | 790 | | | | | | | | | | | |
| | XBD50—210—TB | 1795 | 0 | 258 | 1140 | 1650 | 125 | 800 | 455 | 116.5 | 720 | 790 | | | | | | | | | | | |
| | XBD50—220—TB | 1795 | 0 | 258 | 1140 | 1650 | 125 | 800 | 455 | 116.5 | 720 | 790 | | | | | | | | | | | |
| | XBD50—230—TB | 2095 | 0 | 258 | 1300 | 1780 | 125 | 850 | 500 | 124 | 850 | 890 | | | | | | | | | | | |
| | XBD50—240—TB | 2095 | 0 | 258 | 1300 | 1780 | 125 | 850 | 500 | 124 | 850 | 890 | | | | | | | | | | | |
| | XBD50—250—TB | 2095 | 0 | 258 | 1300 | 1780 | 125 | 850 | 500 | 129.5 | 850 | 890 | | | | | | | | | | | |
| | XBD50—260—TB | 2095 | 0 | 258 | 1300 | 1780 | 125 | 850 | 500 | 129.5 | 850 | 890 | | | | | | | | | | | |

续表

| 型号 | | 外形安装尺寸 | | | | | | | | | | | | 进口法兰尺寸 | | | | | 出口法兰尺寸 | | | | |
|---|---|---|---|---|---|---|---|---|---|---|---|---|---|---|---|---|---|---|---|---|---|---|---|
| | | $L$ | $L_1$ | $L_2$ | $L_3$ | $L_4$ | $L_5$ | $H$ | $H_1$ | $B$ | $b_1$ | $b_2$ | $4-\phi A$ | $D_1$ | $D_2$ | $D_3$ | $D_4$ | $n-\phi A_2$ | $d_1$ | $d_2$ | $d_3$ | $d_4$ | $n-\phi A_1$ |
| 第七系列 | XBD60—30—TB | 1207 | 42 | 290 | 481 | 980 | 125 | 930 | 400 | 177.5 | 580 | 640 | | | | | | | | | | | |
| | XBD60—40—TB | 1207 | 42 | 290 | 481 | 980 | 125 | 930 | 400 | 177.5 | 580 | 640 | 4—$\phi$30 | 150 | 211 | 240 | 285 | 8—$\phi$22 | 125 | 184 | 210 | 250 | 8—$\phi$18 |
| | XBD60—50—TB | 1207 | 42 | 290 | 481 | 980 | 125 | 930 | 400 | 177.5 | 580 | 640 | | | | | | | | | | | |
| | XBD60—60—TB | 1326 | 15 | 288 | 660 | 1124 | 125 | 900 | 460 | 104 | 640 | 710 | | | | | | | | | | | |
| | XBD60—70—TB | 1326 | 15 | 288 | 660 | 1124 | 125 | 900 | 460 | 104 | 640 | 710 | | | | | | | | | | | |
| | XBD60—80—TB | 1326 | 15 | 288 | 660 | 1124 | 125 | 900 | 460 | 104 | 640 | 710 | | | | | | | | | | | |
| | XBD60—90—TB | 1455 | 15 | 295 | 740 | 1230 | 125 | 875 | 450 | 119 | 720 | 790 | | | | | | | | | | | |
| | XBD60—100—TB | 1455 | 15 | 295 | 740 | 1230 | 125 | 875 | 450 | 119 | 720 | 790 | 4—$\phi$30 | 125 | 184 | 210 | 250 | 8—$\phi$18 | 100 | 156 | 180 | 220 | 8—$\phi$18 |
| | XBD60—110—TB | 1490 | 15 | 295 | 800 | 1290 | 125 | 875 | 450 | 133 | 720 | 790 | | | | | | | | | | | |
| | XBD60—120—TB | 1490 | 15 | 295 | 800 | 1290 | 125 | 875 | 450 | 133 | 720 | 790 | | | | | | | | | | | |
| | XBD60—130—TB | 1490 | 15 | 295 | 850 | 1340 | 125 | 855 | 450 | 146 | 720 | 790 | | | | | | | | | | | |
| | XBD60—140—TB | 1490 | 15 | 295 | 850 | 1340 | 125 | 855 | 450 | 146 | 720 | 790 | | | | | | | | | | | |
| | XBD60—150—TB | 1490 | 15 | 295 | 850 | 1340 | 125 | 855 | 450 | 158 | 720 | 790 | | | | | | | | | | | |
| | XBD60—160—TB | 1490 | 15 | 295 | 850 | 1340 | 125 | 855 | 455 | 158 | 720 | 790 | | | | | | | | | | | |
| | XBD60—170—TB | 1490 | 15 | 295 | 850 | 1340 | 125 | 855 | 455 | 170.5 | 720 | 790 | | | | | | | | | | | |
| | XBD60—180—TB | 1490 | 15 | 295 | 850 | 1340 | 125 | 855 | 455 | 170.5 | 720 | 790 | | | | | | | | | | | |
| | XBD60—190—TB | 2100 | 0 | 263 | 1300 | 1780 | 125 | 870 | 500 | 111.5 | 850 | 890 | | | | | | | | | | | |
| | XBD60—200—TB | 2100 | 0 | 263 | 1300 | 1780 | 125 | 870 | 500 | 11.5 | 850 | 890 | | | | | | | | | | | |
| | XBD60—210—TB | 2100 | 0 | 263 | 1300 | 1780 | 125 | 870 | 500 | 119 | 850 | 890 | 4—$\phi$30 | 125 | 184 | 210 | 250 | 8—$\phi$18 | 100 | 156 | 190 | 235 | 8—$\phi$22 |
| | XBD60—220—TB | 2100 | 0 | 263 | 1300 | 1780 | 125 | 870 | 500 | 119 | 850 | 890 | | | | | | | | | | | |
| | XBD60—230—TB | 2095 | 0 | 263 | 1300 | 1780 | 125 | 850 | 500 | 125 | 850 | 890 | | | | | | | | | | | |
| | XBD60—240—TB | 2095 | 0 | 263 | 1300 | 1780 | 125 | 850 | 500 | 125 | 850 | 890 | | | | | | | | | | | |
| | XBD60—250—TB | 2095 | 0 | 263 | 1300 | 1780 | 125 | 850 | 500 | 131 | 850 | 890 | | | | | | | | | | | |
| | XBD60—260—TB | 2095 | 0 | 263 | 1300 | 1780 | 125 | 850 | 500 | 131 | 850 | 890 | | | | | | | | | | | |

续表

| 型号 | | 外形安装尺寸 | | | | | | | | | | | | 进口法兰尺寸 | | | | | 出口法兰尺寸 | | | | |
|---|---|---|---|---|---|---|---|---|---|---|---|---|---|---|---|---|---|---|---|---|---|---|---|
| | | $L$ | $L_1$ | $L_2$ | $L_3$ | $L_4$ | $L_5$ | $H$ | $H_1$ | $B$ | $b_1$ | $b_2$ | $4-\phi A$ | $D_1$ | $D_2$ | $D_3$ | $D_4$ | $n-\phi A_2$ | $d_1$ | $d_2$ | $d_3$ | $d_4$ | $n-\phi A_1$ |
| 第八系列 | XBD70—30—TB | 1192 | 22 | 275 | 481 | 980 | 125 | 960 | 390 | 158.5 | 580 | 640 | $4-\phi30$ | 150 | 211 | 240 | 285 | $8-\phi22$ | 125 | 184 | 210 | 250 | $8-\phi18$ |
| | XBD70—40—TB | 1192 | 22 | 275 | 481 | 980 | 125 | 960 | 390 | 158.5 | 580 | 640 | | | | | | | | | | | |
| | XBD70—50—TB | 1267 | 22 | 276 | 660 | 1124 | 125 | 970 | 420 | 198 | 640 | 710 | | | | | | | | | | | |
| | XBD70—60—TB | 1267 | 22 | 276 | 660 | 1124 | 125 | 970 | 420 | 198 | 640 | 710 | | | | | | | | | | | |
| | XBD70—70—TB | 1558 | 22 | 290 | 770 | 1260 | 125 | 990 | 455 | 229.5 | 720 | 790 | | | | | | | | | | | |
| | XBD70—80—TB | 1558 | 22 | 290 | 770 | 1260 | 125 | 990 | 455 | 229.5 | 720 | 790 | | | | | | | | | | | |
| | XBD70—90—TB | 1500 | 22 | 297 | 800 | 1290 | 125 | 920 | 455 | 116.5 | 720 | 790 | $4-\phi30$ | 125 | 184 | 210 | 250 | $8-\phi18$ | 100 | 156 | 180 | 220 | $8-\phi18$ |
| | XBD70—100—TB | 1500 | 22 | 297 | 800 | 1290 | 125 | 920 | 455 | 116.5 | 720 | 790 | | | | | | | | | | | |
| | XBD70—110—TB | 1500 | 22 | 297 | 850 | 1340 | 125 | 900 | 455 | 129 | 720 | 790 | | | | | | | | | | | |
| | XBD70—120—TB | 1500 | 22 | 297 | 850 | 1340 | 125 | 900 | 455 | 129 | 720 | 790 | | | | | | | | | | | |
| | XBD70—130—TB | 1500 | 22 | 297 | 850 | 1340 | 125 | 900 | 455 | 142.5 | 720 | 790 | | | | | | | | | | | |
| | XBD70—140—TB | 1500 | 22 | 297 | 850 | 1340 | 125 | 900 | 455 | 142.5 | 720 | 790 | | | | | | | | | | | |
| | XBD70—150—TB | 1500 | 22 | 297 | 850 | 1340 | 125 | 900 | 455 | 156 | 720 | 790 | | | | | | | | | | | |
| | XBD70—160—TB | 1500 | 22 | 297 | 850 | 1340 | 125 | 900 | 455 | 156 | 720 | 790 | $4-\phi30$ | 125 | 184 | 210 | 250 | $8-\phi18$ | 100 | 156 | 190 | 235 | $8-\phi22$ |
| | XBD70—170—TB | 1790 | 22 | 287 | 1000 | 1472 | 125 | 920 | 500 | 165.5 | 850 | 890 | | | | | | | | | | | |
| | XBD70—180—TB | 1790 | 22 | 287 | 1000 | 1472 | 125 | 920 | 500 | 165.5 | 850 | 890 | | | | | | | | | | | |
| | XBD70—190—TB | 1790 | 22 | 287 | 1000 | 1472 | 125 | 920 | 500 | 176.5 | 850 | 890 | | | | | | | | | | | |
| | XBD70—200—TB | 1790 | 22 | 287 | 1000 | 1472 | 125 | 920 | 500 | 176.5 | 850 | 890 | | | | | | | | | | | |
| | XBD70—210—TB | 1783 | 22 | 290 | 1000 | 1472 | 125 | 920 | 500 | 187 | 850 | 890 | | | | | | | | | | | |
| | XBD70—220—TB | 1783 | 22 | 290 | 1000 | 1472 | 125 | 920 | 500 | 187 | 850 | 890 | | | | | | | | | | | |
| | XBD70—230—TB | 2103 | 0 | 258 | 1300 | 1780 | 125 | 880 | 500 | 121.5 | 850 | 890 | | | | | | | | | | | |
| | XBD70—240—TB | 2103 | 0 | 258 | 1300 | 1780 | 125 | 880 | 500 | 121.5 | 850 | 890 | | | | | | | | | | | |
| | XBD70—250—TB | 2103 | 0 | 258 | 1300 | 1780 | 125 | 870 | 500 | 127 | 850 | 890 | | | | | | | | | | | |
| | XBD70—260—TB | 2103 | 0 | 258 | 1300 | 1780 | 125 | 870 | 500 | 127 | 850 | 890 | | | | | | | | | | | |

## 三、水泵设置与安装

### （一）水泵设置要点

水泵设置要点如下：

(1) 水泵宜设计成自动控制运行方式，间接抽水时应尽可能采用自灌式（特别是消防水泵）。当泵中心线高出吸水井或储水池水位时，需设引水装置，以保证水泵能正常启动。

(2) 每台水泵宜设单独的吸水管（特别是消防水泵），若水泵为自灌式或从外网直抽水式，吸水管上必须设阀门。

(3) 每台泵出水管上应装设闸阀、止回阀和压力表。消防水泵的出水管应不少于2条。

(4) 吸上式水泵吸水管应有向水泵方向上扬且大于0.005的坡度，如吸水管水平管变径时，应采用偏心异径管。

### （二）水泵机组的安装步骤

水泵机组的安装步骤如下：

(1) 设备开箱检查规格、型号及完好性并作记录。

(2) 水泵就位前的复查：

1) 基础尺寸、平面位置和标高应符合设计要求。

2) 水泵进出管口检查。

3) 盘车应灵活，无阻滞、卡住现象，无异常声音。

4) 检查填料函：卸开填料函压盖螺丝，取出压盖和填料，用苯油清洗填料函，然后用塞尺检查各部的间隙。填料挡套与轴套之间的间隙为0.3～0.5mm；填料压盖外壁与填料函内壁之间的间隙应为0.5mm；水封环应与泵轴同心，整个圆周向的间隙应为0.25～0.35mm。

5) 出厂时已装配、调试完善的部分不应随意拆卸。

(3) 电机安装前的检查。

### （三）离心泵机组的安装步骤

离心泵机组的安装步骤如下：

(1) 安装底座。

(2) 水泵和电动机的吊装。

(3) 水泵找平。

(4) 水泵找正。

水泵安装应符合以下要求：

(1) 泵体必须放平找正，直接传动的水泵与电动机连接部位的中心必须对正，其允许偏差为0.1mm，两个联轴器之间的间隙以2～3mm为宜。

(2) 用手转动联轴器，应轻便、灵活，不得有卡紧或摩擦现象。

(3) 与泵连接的管道，不得用泵体作为支承，并应考虑维修时便于拆装。

(4) 润滑部件加注油脂的规格和数量应符合说明书的规定。

(5) 水泵安装允许偏差应符合有关规定；水泵安装基准线与建筑轴线、设备平面位置及标高的允许误差和检验方法也应符合有关规定。

## 四、水泵的隔振

为减少水泵运转时对周围环境的影响，应对水泵进行隔振处理。采取的隔振措施应使水泵运行振动频率和固有频率之比$\lambda=f/f_n>2$（一般以2～5为好），这样可具有较好的隔振效率（80%～90%）并防止共振效果。

### （一）水泵机组隔振的主要方式

（1）综合治理：水泵机组的振动和噪声是由多种因素造成的，需要综合治理才能有效地降低振动产生的影响。

（2）区分主次：隔振以振源的选择和控制为主，以防治为辅；以机组隔振为主，以隔声吸声为辅。隔振技术以设备隔振为主，以管道和支架隔振为辅。

（3）技术配套：水泵机组隔振包括机组隔振、管道安装可曲挠接头、管道支架采用弹性吊架及管道穿墙处的隔振等方式。

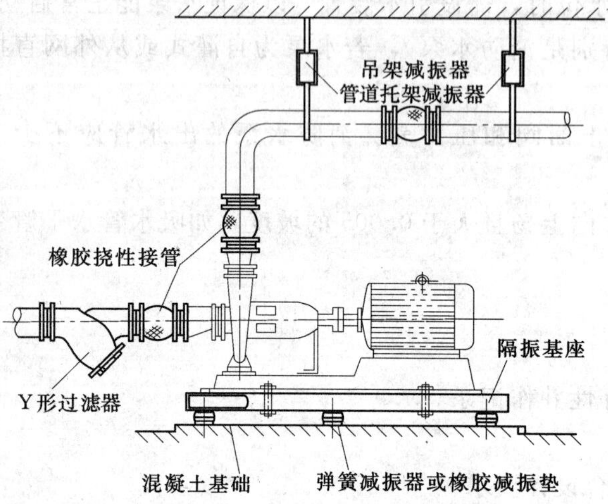


图11-5　卧式水泵减振方法

### （二）水泵机组隔振

（1）选用低噪声和高品质的水泵，这是降低噪声和控制振源的最好办法。

（2）水泵机组的隔振主要由隔振基座（惰性块）、隔振垫（隔振器）及固定螺栓等组成，卧式水泵、立式水泵减振方法分别如图11-5和图11-6所示。

（3）卧式水泵隔振宜加设隔振垫或隔振器，设隔振基座。弹簧隔振器应采用阻尼弹簧隔振器，橡胶隔振器应采用剪力型，隔振垫应采用双向剪力型。隔振垫放在隔振基座和混凝土基础之间，且应用钢板分隔开。

（4）立式水泵隔振应优先选用阻尼弹簧隔振器，其上端用螺栓与隔振基座和钢垫板固定，其下端用螺栓与混凝土基础固定。

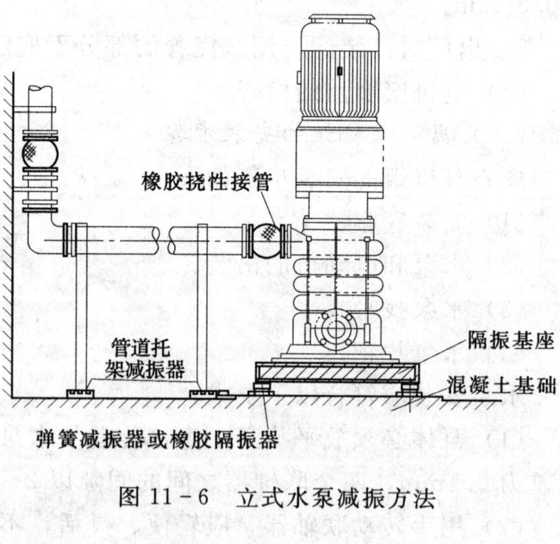


图11-6　立式水泵减振方法

小型立式水泵或细长比小于3的立式水泵，可采用硬度为40的橡胶隔振垫，隔振垫与水泵机组底座、钢垫和地面均不粘接，但隔振基座与水泵底座间应用螺栓固定。

### （三）隔振垫

目前常见的SD型橡胶隔振垫（见图11-7）可按全国通用建筑标准图集《卧式水泵隔振及其安装》（98S102）、《立式水泵隔振及其安装》（95 SS103）选用。

隔振垫的安装要求如下：

(1) 按水泵机组的中轴线对称布置。

(2) 设六个支撑点时，其中四个应设在混凝土惰性块或型钢机座四角，另外两个设在边线上，并调整其位置，使隔振元件的压缩变形量尽可能保持一致。

(3) 隔振垫的边线不得超过混凝土惰性块的边线，型钢机座的支承面积应不小于隔振元件顶部的支承面积。

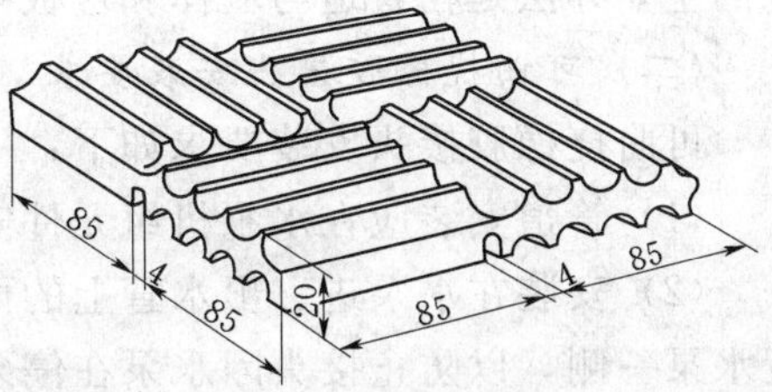

图 11-7　SD 型橡胶隔振垫

(4) 如果隔振垫单层布置不能满足要求，可采用多层叠放，但不宜多于 5 层，且型号、块数、面积和硬度等应一致。

(5) 橡胶隔振垫多层串联设置时，每层隔振垫之间用厚度不小于 4mm 的镀锌钢板隔开，钢板应平整。隔振垫与钢板应用氯丁-酚醛型或丁腈型黏合剂粘接，粘接后加压固化 24h。镀锌钢板的平面尺寸应比橡胶隔振垫各个端部大 10mm。镀锌钢板上、下层粘接的橡胶隔振垫应交错设置。

(6) 同一台水泵机组的各个支承点的隔振元件，其型号、规格和性能应一致。支承点应为偶数，且不少于 4 个。

(7) 施工安装前应及时检查隔振元件，安装时应使隔振元件的静态压缩变形量不得超过最大允许值。

(8) 水泵机组隔振元件应避免与酸、碱和有机溶剂等物质接触。

(9) 水泵机组安装时，安装水泵机组的支承地面要平整，且应具备足够的承载能力。

### (四) 隔振器

目前广泛使用的隔振器有橡胶隔振器、阻尼弹簧隔振器等。

橡胶隔振器是由金属框架和外包橡胶复合而成的隔振器，能耐油、海水、盐雾和日照等；具有承受垂直力、剪力的功能。其阻尼比 $D$ 约为 0.08，额定荷载下的静变形小于 5mm。

阻尼弹簧隔振器是由金属弹簧隔振器外包橡胶复合而成，具有钢弹簧隔振器的低频率和橡胶隔振器的大阻尼的双重优点。它能消除弹簧隔振器存在的共振时振幅激增的现象，并能解决橡胶隔振器固有频率较高而应用范围狭窄的问题，是较好的隔振器。其阻尼比 $D$ 约为 0.07，工作温度为 $-30\sim+100$℃，固有频率为 2.0～5.0Hz，荷载范围为 110～35000N。

## 五、管道及管道支架隔振

### (一) 管道隔振的基本要求

管道隔振的基本要求如下：

(1) 当水泵机组采取隔振措施时，水泵吸水管和出水管上均应采取管道隔振元件。

(2) 管道隔振元件应具有隔振和位移补偿双重功能。一般宜采用以橡胶为原料的可曲挠管道配件。

(3) 当水泵机组采取隔振措施时，在管道穿墙和楼板处均应采取防固体传声措施。采取的主要办法是在管道与墙体和楼板处填充或缠绕弹性材料。

（二）可曲挠橡胶接头安装要求

可曲挠橡胶接头安装要求如下：

（1）管道安装应在水泵机组元件安装24h后进行。

（2）安装在水泵进、出水管上的可曲挠橡胶接头，必须设在阀门和止回阀的内侧且靠近水泵一侧，以防止接头因水泵在停泵时产生的水锤压力而破坏（在吸水管上的可曲挠橡胶接头应便于检修和更换）。

（3）可曲挠橡胶管道配件应在不受力的自然状态下进行安装，严禁使其处于极限偏差状态。

与可曲挠橡胶管道配件连接的管道均应固定在支架、吊架、托架或锚架上，以避免管道的重量由可曲挠橡胶管道配件承担。

（4）法兰连接的可曲挠橡胶配件的特制法兰与普通法兰连接时，螺栓的螺杆应朝向普通法兰一侧。每一端面的螺栓应对称逐步均匀加压拧紧，所有螺栓的松紧程度应保持一致。

（5）法兰连接的可曲挠橡胶管道配件串联安装时，在两个可曲挠橡胶管道配件的松套法兰中间应加设一个用于连接的平焊钢法兰，以平焊钢法兰为支柱体，同时使橡胶管道配件的橡胶端部压在平焊钢法兰面上，做到接口处严密。

（6）当对可曲挠橡胶管道配件的压缩或伸长的位移量有控制时，应在可曲挠橡胶管道配件的两个法兰间设限位控制杆。

（7）可曲挠橡胶管道配件应保持清洁和干燥，避免阳光直射和雨雪浸淋。

（8）可曲挠橡胶管道配件应避免与酸、碱、油类和有机溶剂接触，外表禁刷油漆。

（9）当管道需要保温时，保温做法应不影响可曲挠橡胶管道配件的位移补偿和隔振要求。

（三）管道穿墙的隔振

管道穿墙处应留有孔洞，可采用在管道外包隔振橡胶带或在孔洞内填充柔性填料。

（四）管道支架的隔振

当水泵机组的基础和管道采取隔振措施时，管道支架也应采用弹性支架。弹性支架具有固定架设管道和隔振双重作用。国内已有系列产品的是框架式弹性吊架、弹簧式弹性吊架（见图11－8）、橡胶垫式弹性吊架（见图11－9）。

弹性吊架应布置均匀，其安装间距可参考表11－3。

**表11－3　　弹性吊架安装间距**

| 序号 | 公称通径 $DN$ (mm) | 安装间距 (m) | 序号 | 公称通径 $DN$ (mm) | 安装间距 (m) | 序号 | 公称通径 $DN$ (mm) | 安装间距 (m) |
|---|---|---|---|---|---|---|---|---|
| 1 | 25 | 2～3 | 3 | 80 | 3～4 | 5 | 125 | 7～8 |
| 2 | 50 | 2.5～3.5 | 4 | 100 | 5～6 | 6 | 150 | 8～10 |

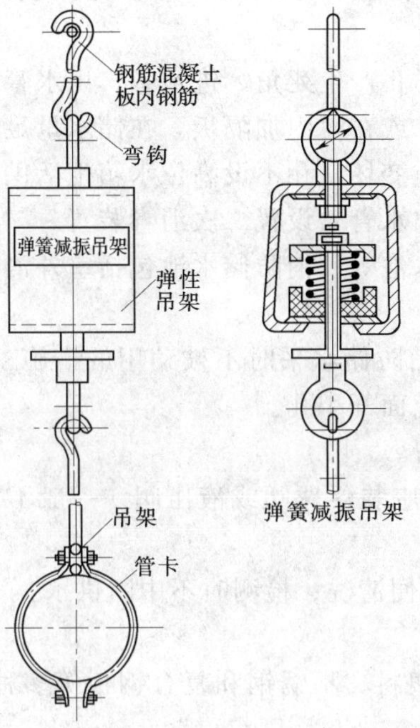


图 11-8　弹簧式弹性吊架

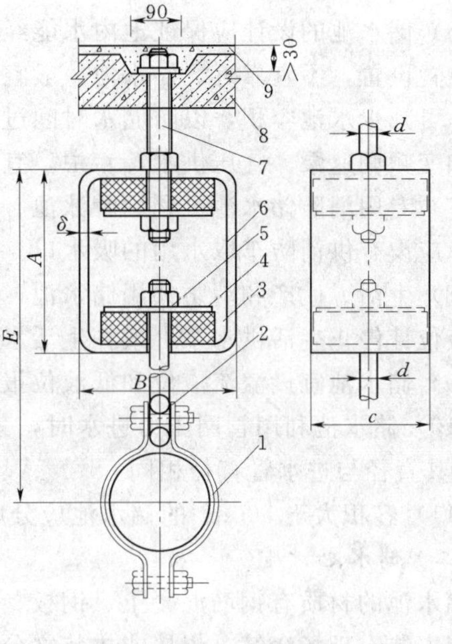


图 11-9　橡胶垫式弹性吊架

1—管卡；2—吊架；3—橡胶隔振器；4—钢垫片；
5—螺母；6—框架；7—螺栓；8—钢筋混凝土板；
9—预留洞填水泥砂浆

## 第二节　储　水　设　备

当市政供水管网水压不足而设置水泵升压供水时，往往需要设置水池和水箱。

设在地下式设备层的储水池有储存、调节水量以及作为水泵吸水井的作用。其有效容积应根据生活（生产）调节水量、消防储备水量和生产事故备用水量确定。

### 一、储水池

#### （一）储水池设置要求

储水池设置要求如下：

（1）在室外供水管网能满足建筑物用水量要求时，可不设储水池，只设置吸水池（井）。

（2）储水池总容积包括有效容积、被结构体（梁、柱、隔墙）所占用的容积及水面以上空间的容积。

（3）储水池所用材料不得对其储水水质造成任何污染。为防止池内壁对水质造成污染，常采用喷刷无毒瓷釉涂料、饮用水用油漆以及贴食品级玻璃钢和贴瓷砖等方法。

（4）储水池应设置在远离可能对其造成污染的地方。储水池应设进水管、出水管、通气管、溢流管、泄水管（有可能时）、人孔（应加盖加锁）、爬梯和液位计。溢流管排水应有断流措施和防虫网，溢流管口径应比进水管大一级。

(5) 储水池内宜作吸水坑（井），以充分利用其有效容积。吸水坑深度不宜小于0.8m。

(6) 储水池的设计应保证池内水能经常流动，防止产生死角。进水管、出水管宜在相对的位置设置，不宜靠近。储水池一般宜分成两格，或在池内加隔板。在储水量足够的前提下，可减少水池容积，以防储水时间过长而使水质变坏。在不设高位水箱生活供水的系统（如变频调速泵、气压供水等）中，宜在储水池出水管上设置二次消毒装置。

(7) 专用消防储水池可利用游泳池、水景喷泉水池等。消防储水池包括室外消防储水量时，应设有供消防车取水用的吸水口。

(8) 生活、生产和消防共用储水池，应有保证消防储水平时不被动用的措施。例如，设置液位计停止生活供水泵，或在生活水泵吸水管上面开小孔。

(9) 储水池宜设溢流液位和低液位报警信号装置。

(10) 储水池利用管网压力进水时，其进水管上应装浮球阀或液压阀，一般不宜少于2个，其直径与进水管直径相同。

(11) 容积大于500$m^3$的储水池应分成两格，以便清洗、检测时不中断供水。

(二) 储水池材质

储水池的材质有钢筋混凝土、钢板、玻璃钢、塑料、不锈钢和复合钢板等多种型式。其施工安装有现场浇筑、焊接或拼装之分。

如果储水池用于储存生活用水，则必须设有相应的措施保证所用材质或池内壁涂料无毒或达到食品级要求。

(三) 储水池的施工及满水试验

混凝土、钢筋混凝土或石砌筑的水池施工完毕后，必须进行满水试验。钢板水箱、塑料水箱、不锈钢水箱等现场焊接或拼装的水箱不应出现渗透现象。

在满水试验中应进行外观检查，不得有漏水现象。水池渗水量按池壁和池底的浸湿总面积计算，钢筋混凝土水池不得超过2L/($m^2$·d)，砖石砌体水池不能超过3L/($m^2$·d)。

## 二、吸水池（井）

(一) 吸水池（井）的设置要求

当室外供水管网能满足建筑内所需水量，而供水部门不允许水泵直接从外网抽水时，需设置水泵吸水池（井）。

水泵吸水池（井）有效容积不小于最大一台水泵或多台同时工作的水泵3min的出水量；对于小型水泵，吸水池（井）的容积可适当放大，应按水泵出水量5～10min的出水量计算确定。

(二) 吸水池（井）的布置

吸水池（井）的布置要求如下：

(1) 吸水池（井）的进水量应大于水泵的抽水量。

(2) 吸水管与吸水池（井）池壁间距、吸水管间的间距，应根据吸水管的数量、管径、管材、接口方式、布置、安装、检测和水泵正常工作的要求确定。

(3) 吸水池（井）应设计成自灌式吸水方式。

(4) 生活给水用吸水池（井）的内壁材料不应对水质有任何污染。

(5) 吸水池（井）吸水管布置最小尺寸如图 11－10 所示。

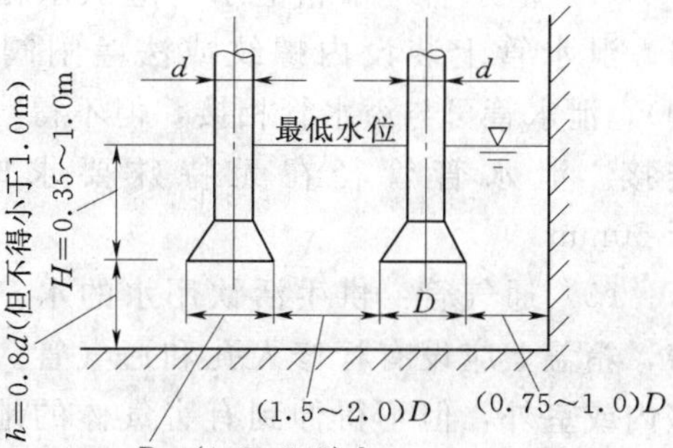


图 11－10 吸水管在吸水池（井）中布置的最小尺寸

### 三、水箱

#### （一）水箱形式及构造

水箱根据其用途分为高位水箱、减压水箱、冲洗水箱和断流水箱等。水箱的形状以矩形或圆形为主。

水箱有常压式和有压式之分，一般选用常压式水箱。

#### （二）水箱配管及附件安装要求

水箱配管及附件如图 11－11 所示。

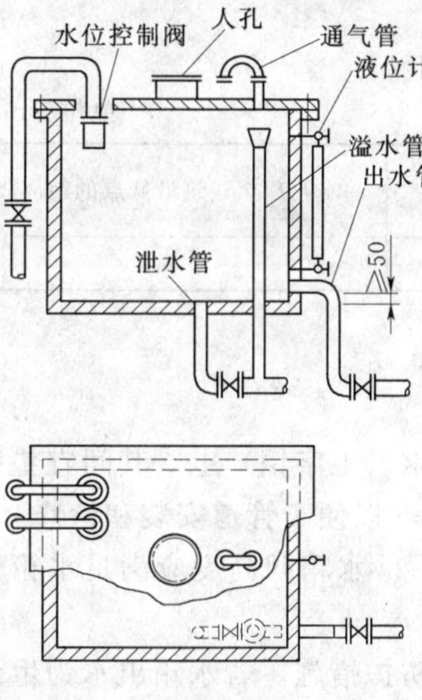


图 11－11 水相配管及附件示意图

1. 水箱配管及附件安装

(1) 进水管及水位控制阀：进水管一般从水箱侧壁接入。若水箱利用外网压力进水，进水管入口应装水位控制阀或浮球阀，水位控制阀应由顶部接入水箱，当管径不小于 50mm 时，其数量一般不少于 2 个，每个水位控制阀前应装有检修阀门。

当水箱利用加压泵压力进水并利用水位升降自动控制加压泵运行时，水箱进水管上不装水位控制阀。

(2) 出水管：水箱出水管可从水箱的侧壁或底部接出。出水管内底（侧壁接出）或管口顶面（底部接出）应高出水箱内底不少于 50mm。出水管上应设置内螺纹（小口径）或法兰（大口径）闸阀，不允许安装阻力较大的截止阀。当需要加装止回阀时，应采用阻力较小的旋启式代替升降式，止回阀标高应低于水箱最低水位 1m 以上。生活用水与消防用水合用一个水箱时，消防出水管上的止回阀应低于生活出水虹吸管顶（低于该管顶时，生活出水虹吸管真空破坏，只保证消防出水管有水流出）2m 以上，使其具有一定的压力推动止回阀，在火灾发生时，消防储备水量才能真正发挥作用。

生活用水和消防用水合用的水箱，除了采用确保消防储备水量不作他用的技术措施之外，还应尽量避免产生死水区，例如可采取生活出水管采用虹吸管顶钻孔（孔径为管径的 0.1 倍）等措施，如图 11－12 所示。

(3) 溢水管：水箱溢水管可从水箱的侧壁或底部接出。其管径宜比进水管大 1～2 号，但在水箱 1m 以下的管段可变径成等于进水管管径。溢水管上不得装设阀门。

溢水管不得与排水系统直接连接，必须采用间接排水。溢水管上应采取防止尘土、昆虫和蚊蝇等进入的措施，如设置水封、滤网等。

(4) 泄水管：水箱泄水管应从水箱底部最低处接出。泄水管上装设内螺纹或法兰闸阀（不应装截止阀）。泄水管可与溢水管相接，但不得与排水系统直接连接。泄水管管径在无特殊要求时，一般不小于 50mm。

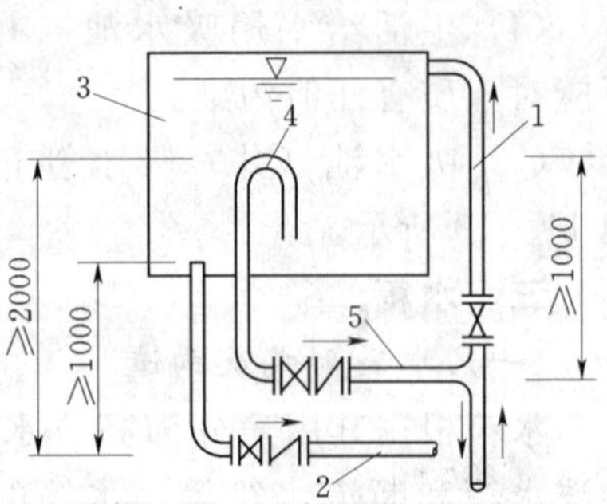

图 11-12　生活和消防共用水箱

1—进水管；2—消防出水管；3—水箱；4—虹吸管顶钻孔；5—生活出水管

(5) 通气管：供生活饮用水的水箱应设有密封箱盖，箱盖上应设有检修人孔和通气管。通气管可伸至室内或室外，但不得伸到有害气体的地方，管口应有防止灰尘、昆虫和蚊蝇进入的滤网，一般应将管口朝下设置。通气管上不得装设阀门、水封等妨碍通气的装置。通气管不得与排水通气系统和通风道连接。通气管管径一般不小于 50mm。

(6) 液位计：一般应该在水箱侧壁上安装玻璃液位计，以便于就地指示水位。

2. 水箱设置

水箱布置间距如表 11-4 所示。

**表 11-4　　水箱布置间距**　　单位：m

| 水箱外壁至墙面的距离 | | 水箱之间的距离 | 水箱顶至建筑最低点的距离 |
|---|---|---|---|
| 有阀（管道）一侧 | 无阀（管道）一侧 | | |
| 1.0 | 0.7 | 0.7 | 0.8 |

注　1. 水箱旁连接管道时，表中所规定的距离应从管道外表面算起。
2. 当布置有困难时，允许水箱之间或水箱与墙壁之间的一面不留检查通道。
3. 表中有阀或无阀指有无液压水位控制阀或浮球阀。

(1) 非钢筋混凝土水箱应放置在混凝土、砖的支墩或槽钢（工字钢）上，其间宜垫以石棉橡胶板、塑料板等绝缘材料。支墩高度不宜小于 600mm，以便于管道安装和检修。

(2) 水箱间应具有良好的通风条件，室内气温应大于 5℃。水箱间高度应满足水箱顶距梁下不小于 600mm 的距离。

(3) 水箱应设人孔密封盖，并应设保护水箱不受污染的防护措施。若水箱出水为生活饮用水，应加设二次消毒措施（如设置臭氧消毒、加氯消毒、加次氯酸钠发生器消毒、加二氧化氯发生器消毒、紫外线消毒等），并应在水箱间为这类设备留出放置和检修的位置。

(4) 储存生活饮用水时，水箱内壁材质不应对水质造成污染，可以考虑采取衬砌或涂刷涂料等措施，例如喷涂瓷釉涂料、食品级玻璃钢面层、无毒的饮用水油漆以及贴瓷砖等，并应取得当地卫生防疫站批准。

## 第三节　常用增压设备和水量调节装置

### 一、升压供水设备

(一) 气压给水设备

气压给水设备又称为气压供水装置、无塔供水设备、储能器等。它兼有升压、调节、储水、蓄能和控制水泵启动与停止等功能。

气压给水设备的工作原理是：当水泵工作时，水被送至给水管网的同时，多余的水进入密闭容器（气压水罐），水量增大并将罐内的气体压缩，气量缩小造成罐内压力随之升高；当压力升至设定压力时，水泵停转，并依据罐内被压缩气体的压力将罐内储存的水送入管网，水量容积不断缩小，气量容积不断扩大，罐内压力随之下降；当压力降至某一设定压力时，水泵重新启动，如此周而复始，不断运行。气压给水设备具有水塔和高位水箱的功能。

气压给水设备根据出水压力情况可分为变压式和定压式两类，按气压水罐内水气接触方式可分为补气式和隔膜式两类。

气压给水设备一般由气压水罐、水泵机组、管路系统、电控系统和自动控制柜等组成。

### （二）变频调速给水设备

变频调速给水是国内近十几年发展起来的新型给水方式，已被广泛应用于居住区、高层大厦、工矿企业、农村、城镇的生活给水以及一些生产工艺有特殊要求的生产给水系统。它有明显的节能效果。凡需增压的给水系统，为了节能均可采用变频调速给水系统。随着我国科技发展和生产能力的提高，变频调速给水控制方式也从一般逻辑电子电路控制方式发展到可编程序控制器控制方式，从一台泵固定变频的方式发展到按可编程序自动切换变频的方式，使其运行更可靠、更合理、更加节能。

#### 1. 变频调速的特点

变频调速的特点如下：

（1）设备时刻监测供水量。在变压（或恒压）给水条件下，通过微机控制水泵机组的工作状态和转速，使之处于高效节能的运行状态，避免了电能的浪费。水泵在微机和变频控制器的控制下软启动，启动电流小（一般不超过额定工作电流的110%），能耗少。与常规继电接触器控制相比，节电约10%～30%。

（2）以微机控制水泵运行，调整速度快，控制精度高。一般恒压给水系统给水压力误差为±0.02MPa。

（3）水泵的软启动降低了对电网供电容量的要求，减少了水泵机组的机械冲击和磨损及水泵切换时的振荡现象，因而延长了设备的使用寿命。

（4）设备一般均具有变频自动、工频自动和手动三种操作方式，且以微机控制运行，使之管理简便、运行可靠。

（5）变频给水具有软启动功能，有过载、短路、过压、欠压、缺相、过热和失速保护等功能，以及在异常情况下的声、光信号报警功能，还具有自检、故障判断功能，使设备运行更加安全、可靠。

（6）设备一般均为一体化装置，体积小，占地少。

#### 2. 组成

变频调速给水设备一般由主工作泵、辅助工作泵、气压罐（可取消）、压力开关安全阀、变频控制柜和管道等组成。图11－13为自动补气式变频调速给水装置，图11－14为隔膜式变频调速给水装置。

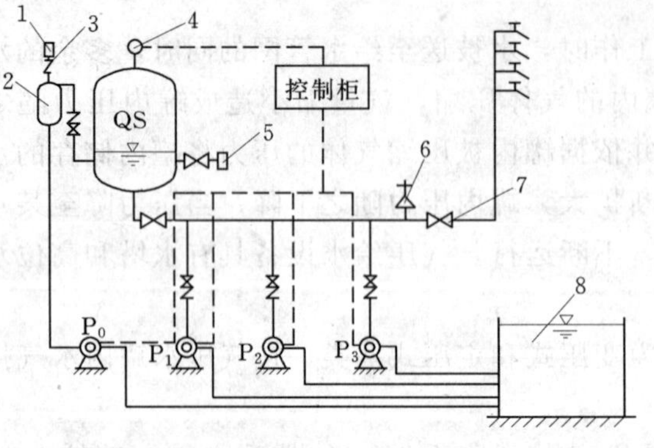


图 11－13　自动补气式变频调速给水装置

1—吸气阀；2—补气罐；3—止回阀；4—压力开关；
5—自动排气阀；6—安全阀；7—闸阀；8—储水池；
$P_0$—辅助泵；$P_1$～$P_3$—主水泵

3. 设备附件

变频调速泵机组附件主要有止回阀、阀门、气压罐、安全阀、压力表、压力控制器、管道和底座。一般组装式设备均由厂家组装好供货。

压力控制器一般有两个触点，可根据具体压力进行调整。恒压变量机组给水压力误差宜在±0.02MPa 左右。压力开关可设在供水机房或管网末端，在选择量程段时宜按压力值在表盘中间部位确定。

安全阀按设计工作压力加上 0.05～0.8MPa 来调定其释放压力，同时应把泄水排至机房排水沟。

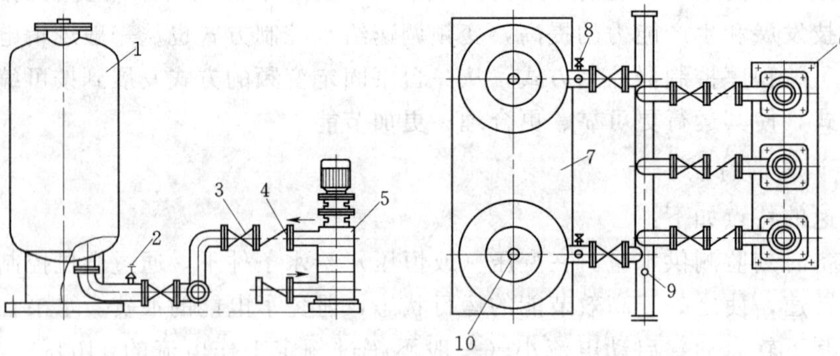


图 11－14　隔膜式变频调速给水装置

1—隔膜式气压罐；2—安全阀；3—阀门；4—止回阀；5—水泵；6—泵基座；
7—气压罐基座；8—放水阀；9—压力开关；10—补气阀

（三）管网叠压供水设备

管网叠压供水设备是近几年出现的一种可从自来水管网直接吸水的升压给水方式，但需要设置特殊装置保证自来水管网压力不低于规定的压力。管网叠压供水设备的基本组成如图 11－15 所示。设备主要由稳流调节罐、真空抑制器（吸排气阀）、压力传感器、变频水泵和控制柜组成。稳流调节罐与自来水管道相连接，起储水和稳压作用；真空抑制器通过吸气可保证稳流调节罐内的压力不产生负压，通过排气可将稳流调节罐内的空气排出罐外，以保证在正压时罐内是单一的液相水。

管网叠压供水设备与传统水池-水泵给水设备的性能比较如表 11－5 所示。

## 二、常用的增压和水量调节装置的组成及适用范围

建筑给水常用的增压和水量调节装置的组成及适用范围如表 11－6 所示。

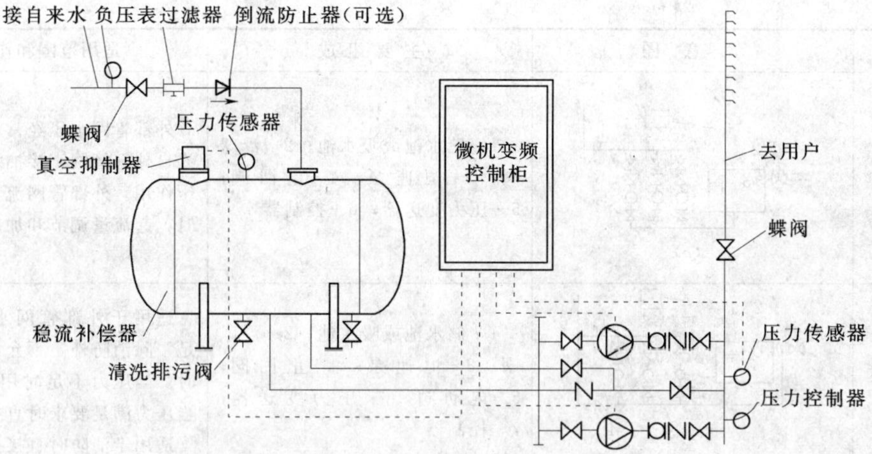


图 11-15 管网叠压供水设备

**表 11-5** 两种给水设备的性能比较

| 项目 | 管网叠压供水设备 | 传统水池-水泵给水设备 |
|---|---|---|
| 连接方式 | 通过稳流调节罐串联于自来水管道加压供水 | 自来水先进水池再用水泵加压供水 |
| 水质 | 水质好 | 水池内的水易被污染 |
| 安装运行 | 成套设备安装方便、运行维护简单 | 工程量大，维护费用高 |
| 节水方面 | 全密封结构 | 水池需定期清洗 |
| 投资 | 无水池、机房占地小、无消毒设备，综合投资小 | 水池占地大、需设消毒设备，综合投资大 |
| 运行费 | 可充分利用自来水管网的压力，电耗较小，停电时仍可用自来水管网的压力供低区用水 | 水泵不能利用自来水管网的压力，停电时系统无水可用 |

**表 11-6** 常用给水增压和水量调节装置

| 名称 | | 示意图 | 主要组成 | 适用范围和作用 |
|---|---|---|---|---|
| 单设高位水箱的装置 | 进出水管合用 | 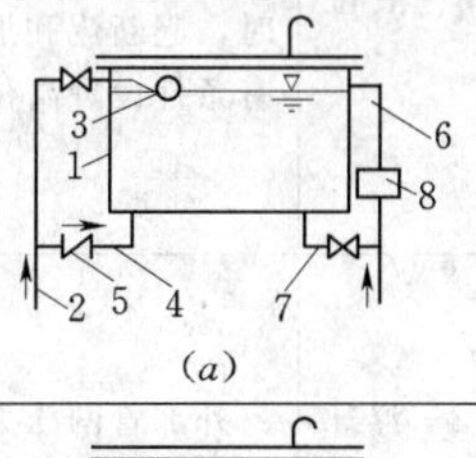 (a) | 1—高位水箱或水塔；2—进水管；3—浮球阀；4—出水管；5—止回阀；6—溢流管；7—泄水管；8—受水器 | 外部管网水压或流量间断性不足时，起流量调节作用 |
| | 进出水管分开 | 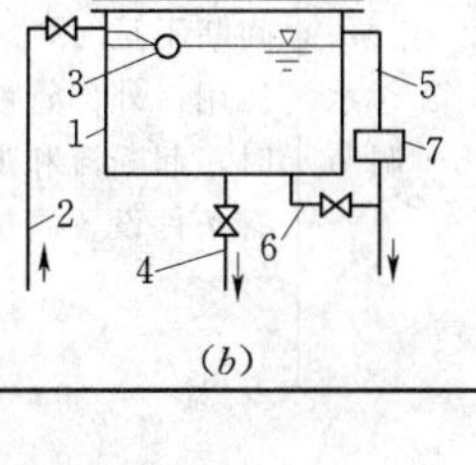 (b) | 1—高位水箱或水塔；2—进水管；3—浮球阀；4—出水管；5—溢流管；6—泄水管；7—受水器 | 外部管网水压或流量间断性不足时，起流量调节作用。外部管网水压过高或压力波动过大时，起减、调压作用。可能造成回流污染时，起断流作用 |

| 名称 | | 示 意 图 | 主 要 组 成 | 适用范围和作用 |
|---|---|---|---|---|
| 单设水泵的装置 | 恒速泵间接抽水 | 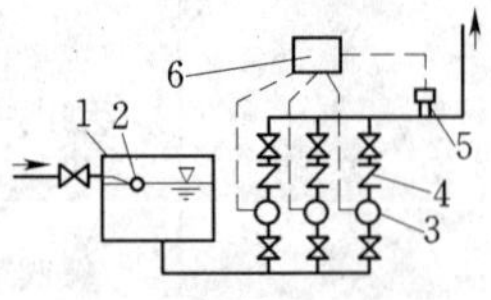(c) | 1—储水池或吸水池；2—浮球阀；3—恒速泵；4—止回阀；5—压力变送器；6—控制器 | 外部管网水压经常不足，不允许自外部管网直接抽水时，起加压作用。外部管网流量间断不足时，起流量调节和加压作用 |
| | 恒速泵与直供结合 | 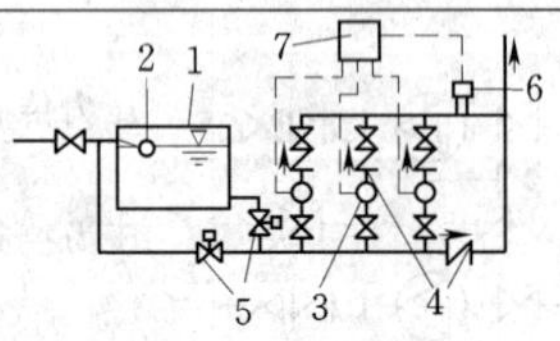(d) | 1—储水池或吸水池；2—浮球阀；3—恒速泵；4—止回阀；5—电动阀；6—压力变送器；7—控制器 | 适用于外部管网水压间断不足，除消防外，不允许直接抽水时。当压力不足时用水泵加压，当压力满足要求时直接供水。<br>适用于消防时直接抽水 |
| | 变速泵出口压力控制 | 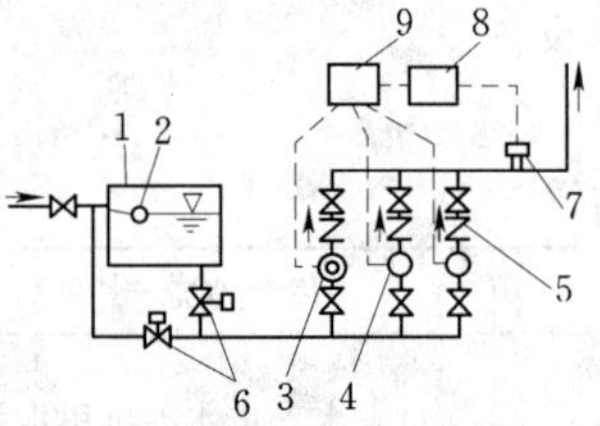(e) | 1—储水池或吸水池；2—浮球阀；3—变速泵；4—恒速泵；5—止回阀；6—电动阀；7—压力变送器；8—调节器；9—控制器 | 外部管网水压经常不足时，起加压和流量调节作用。适用于内部管网较短、压力损失相对较小，仅需控制水泵出口压力时 |
| | 变速泵用水点压力控制 | 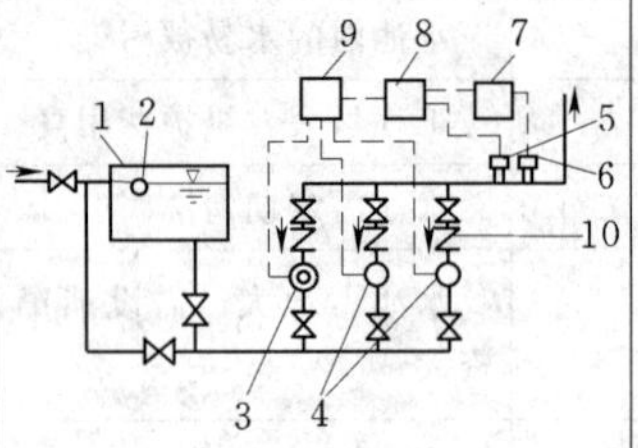(f) | 1—储水池或吸水池；2—浮球阀；3—变速泵；4—恒速泵；5—压力变送器；6—流量变送器；7—演算器；8—调节器；9—控制器；10—止回阀 | 外部管网压力经常不足时，起加压和流量调节作用。适用于内部管网较长、因流量不同管道压力损失变化较大、要求控制用水点处压力时 |
| 水泵与水箱结合的装置 | 恒速泵间接抽水 | 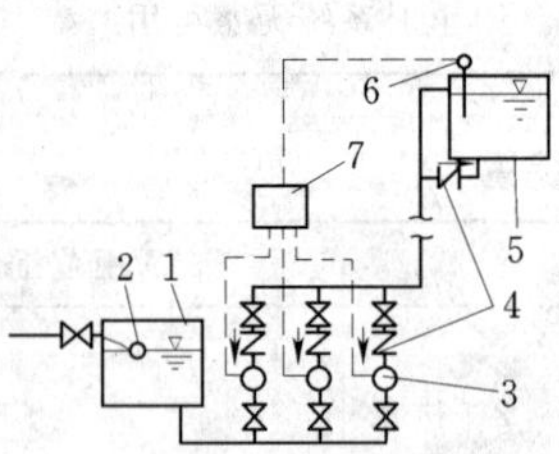(g) | 1—储水池或吸水池；2—浮球阀；3—恒速泵；4—止回阀；5—高位水箱（水塔）；6—液位信号器；7—控制器 | 外部管网压力经常不足或流量间断不足时，起调节流量和加压作用。外部管网不允许直接抽水时，起断流和加压作用。适用于有条件设置高位水箱的建筑物 |
| | 变速泵间接抽水 | 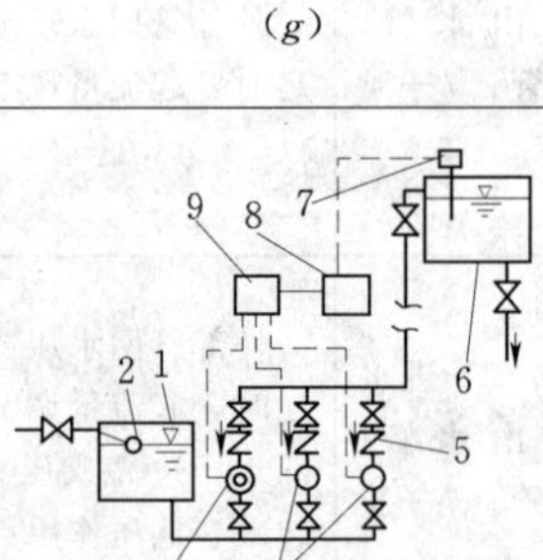(h) | 1—储水池或吸水池；2—浮球阀；3—变速泵；4—恒速泵；5—止回阀；6—高位水箱（水塔）；7—液位信号器；8—调节器；9—控制器 | 外部管网压力经常不足或流量间断不足时，起流量调节和加压作用。外部管网不允许直接抽水时，起断流和加压作用。适用于有条件设置高位水箱的建筑物 |

| 名称 | | 示意图 | 主要组成 | 适用范围和作用 |
|---|---|---|---|---|
| 水泵与水箱结合的装置 | 恒速泵间接抽水与直供相结合 | 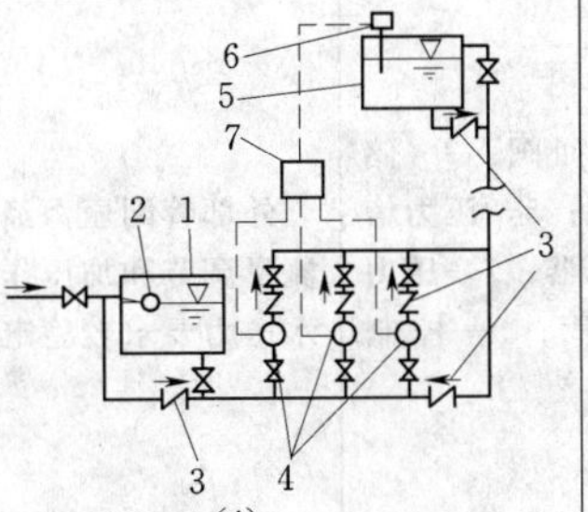 (*i*) | 1—储水池或吸水池；2—浮球阀；3—止回阀；4—恒速泵；5—高位水箱或水塔；6—液位信号器；7—控制器 | 外部管网压力或流量间断不足时，起流量调节和加压作用。适用于有条件设置高位水箱的建筑物 |
| 气压给水装置 | 单罐变压式 | 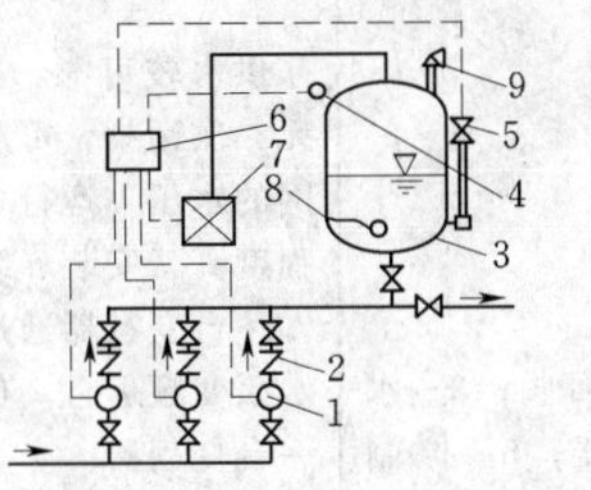 (*j*) | 1—水泵；2—止回阀；3—气压水罐；4—压力信号器；5—液位信号器；6—控制器；7—补气装置；8—排气阀；9—安全阀 | 外部管网压力经常不足时，起流量调节和加压作用。适用于用水压力允许有一定波动时 |
| | 双罐变压式 | 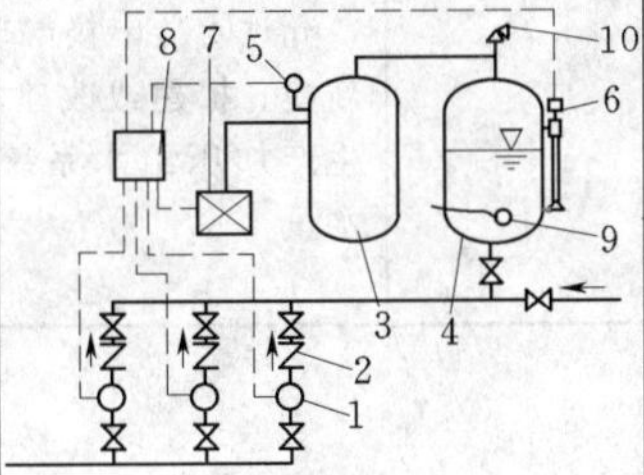 (*k*) | 1—水泵；2—止回阀；3—储气罐；4—气压水罐；5—压力信号器；6—液位信号器；7—补气装置；8—控制器；9—排气阀；10—安全阀 | 外部管网压力经常不足时，起流量调节和加压作用。适用于用水压力允许有一定波动时 |
| | 单罐隔膜式 | 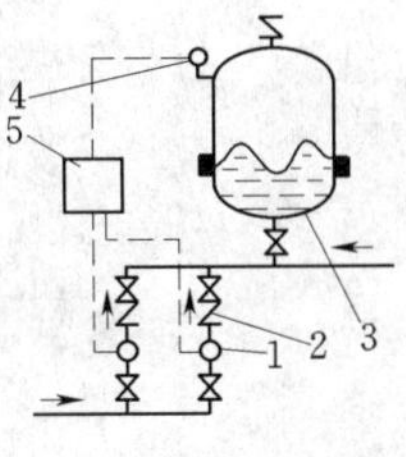 (*m*) | 1—水泵；2—止回阀；3—隔膜式气压水罐；4—压力信号器；5—控制器 | 外部管网压力经常不足时，起流量调节和加压作用。适用于用水压力允许有一定波动时 |
| | 单罐恒压式 | 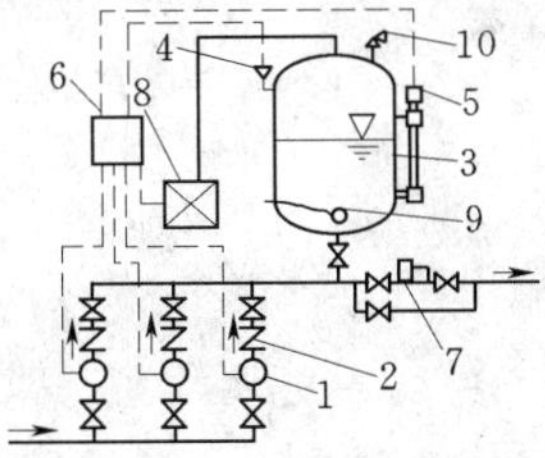 (*n*) | 1—水泵；2—止回阀；3—气压水罐；4—压力信号器；5—液位信号器；6—控制器；7—压力调节阀；8—补气装置；9—排气阀；10—安全阀 | 外部管网压力经常不足时，起流量调节和加压作用。适用于用水压力要求较稳定的建筑物 |

续表

| 名称 | | 示 意 图 | 主 要 组 成 | 适用范围和作用 |
|---|---|---|---|---|
| 气压给水装置 | 双罐恒压式 | 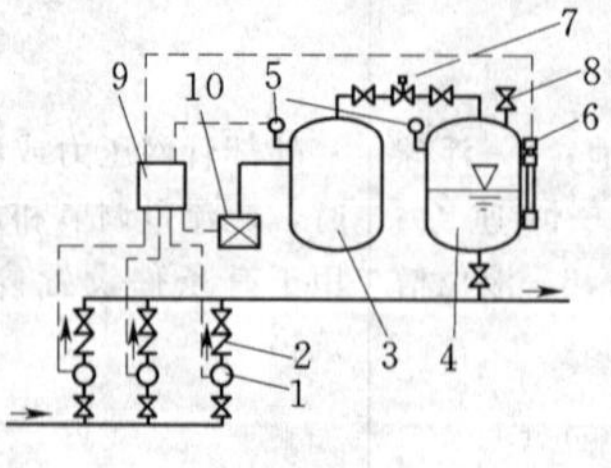(*o*) | 1—水泵；2—止回阀；3—储气罐；4—气压水罐；5—压力信号器；6—液位信号器；7—压力调节器；8—排气阀；9—控制器；10—补气装置 | 外部管网压力经常不足时，起流量调节和加压作用。适用于用水压力要求较稳定的建筑物 |
| 无负压给水方式 | | 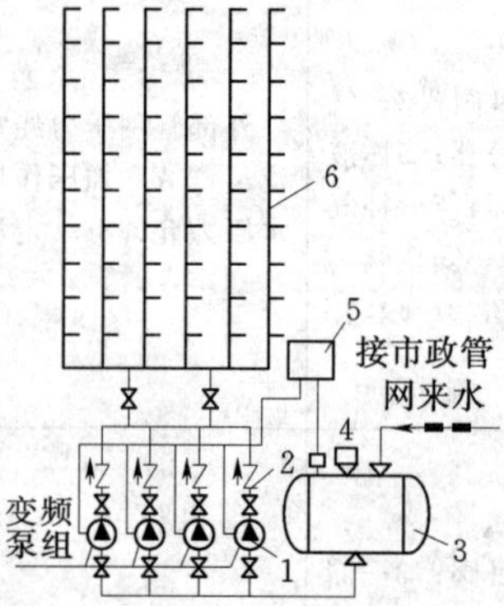(*p*) | 1—水泵；2—止回阀；3—水罐；4—真空抑制器；5—控制柜；6—管网 | 供水较可靠，水质安全卫生，无二次污染，可利用市政供水管网的水压，运行费用低，自动化程度高，安装、维护方便。<br>一台变频器通过微机控制多台水泵变频运行，也可一台水泵配一台变频器。<br>需增设一台气压水罐调节瞬间流量、压力波动<br>允许直接串接市政供水管网的新建、扩建或改建的各类生活、生产加压给水系统，但无储备水量 |

**注** 气压水罐和储气罐，根据具体情况可以设计成立式或卧式。

# 第十二章　给水系统水力计算

## 第一节　给水管道设计秒流量

给水系统中把用水点最不利组合出水时的流量（最大瞬时用水量）称为设计秒流量。

建筑给水管道设计秒流量的计算方法主要有经验法、平方根法和概率法。

### 一、经验法

经验法早期在英国用于仅有少数卫生器具的私用住宅和公用建筑中，它是根据经验制定出几种卫生器具（浴盆、洗涤盆、洗脸盆、淋浴莲蓬头）的大致出水量，将它们相加得到给水管道设计流量。对有少数住户的住宅建筑中的各种卫生器具，设定同时使用系数确定管中的出水量。经验法具有简捷、方便的优点，但精确度不高。

### 二、平方根法

平方根法曾在德国、前苏联用于计算确定建筑给水管道的设计流量。其基本形式为

$$q_g = b\,N_g^{1/2}$$

式中：$q_g$ 为计算管段的给水设计秒流量，L/s；$N_g$ 为计算管段上的给水计算当量总数；$b$ 为与建筑物性质有关的系数。

### 三、概率法

1924 年，美国国家标准局亨特（Hunter）提出运用数学概率理论确定建筑给水管道的设计流量。其基本论点是：影响建筑给水流量的主要参数即任意一座建筑的给水系统中的卫生器具总数量（$n$）和放水使用概率（$p$），在一定条件下有多少个卫生器具同时使用，应遵循概率随机事件数量规律性。由于 $n$ 为正整数，放水使用概率 $p$ 满足 $0<p<1$ 的条件，因此给水流量的概率分布符合二项分布规律，即概率方程为

$$P_r^n = \binom{n}{r} p^r (1-p)^{n-r} \qquad (12-1)$$

其中

$$\binom{n}{r} = \frac{n!}{r!\,(n-r)!}$$

式中：$\binom{n}{r}$ 为 $n$ 个卫生器具中，一次使用 $r$ 个；$p$ 为卫生器具一次使用概率；$1-p$ 为不使用概率。

为使式（12-1）能具体确定管中设计流量，亨特选用和设定了下述两项条件：

（1）选用住宅、旅馆中影响其高峰用水负荷最大的自闭式冲洗阀大便器、冲洗水箱大便器和浴盆三种卫生器具所记录的最大瞬时用水量工况，开启一次出水时间 $t$ 和这次开启

出水到下次开启出水间隔时间 $T$，确定每种卫生器具的使用状态。制定出每种卫生器具的 $t/T$ 值（一个卫生器具概率）。

（2）提出建筑给水设计流量计算应满足的“使用要求”是：当一座建筑的给水系统具有 $n$ 个卫生器具，而同时使用 $m$ 个卫生器具时，若多于 $m$ 个器具同时使用次数不超过 0.01，则其概率方程为

$$\sum_{r=m+1}^{n}\binom{n}{r}p^{r}(1-p)^{n-r}\leqslant 0.01 \qquad (12-2a)$$

$$\sum_{r=0}^{n=m}\binom{n}{r}p^{r}(1-p)^{n-r}\geqslant 0.99 \qquad (12-2b)$$

式中：符号同式（12-1）。

具体计算方法和步骤是按给水系统中假定只有一种类型的卫生器具到具有多种类型的卫生器具混用的实际系统。

当给水系统仅使用一种类型的卫生器具时，若同时使用 $m$ 个卫生器具，在已知 $p=t/T$、$n$ 值和该种卫生器具平均给水流率 $q$ 的条件下，可求得该给水系统管中设计流量（设计秒流量 $q_g$），其计算式为

$$q_g=mq \qquad (12-3)$$

当给水系统为多种类型卫生器具混用时，由于各种卫生器具间也存在同时使用的概率因素，其管道设计流量值不能按上述方法，把每种卫生器具设计流量值叠加后作为多种卫生器具混用给水系统管道的设计流量值。

对此，亨特用简化步骤的概率法计算同一个混用卫生器具给水系统，两者误差仅为 0.5%，但后者应用较方便。

采用简化步骤概率法确定多种类型卫生器具混用给水系统的管道设计流量，首先按单一卫生器具给水系统概率法的计算式计算并制定出各种卫生器具的“器具负荷单位”（$f$，即 fixture unit weights），以此来表示与其相对应的卫生器具的负荷效应。表12-1为亨

**表 12-1　三种卫生器具负荷单位**

| 流量（L/S） | 自闭式冲洗阀大便器 | | 冲洗水箱大便器 | | 浴盆 | |
|---|---|---|---|---|---|---|
| | 器具数 $n$ | 负荷单位 $f_n$ | 器具数 $n$ | 负荷单位 $f_n$ | 器具数 $n$ | 负荷单位 $f_n$ |
| 9.5 | 57 | 10 | 133 | 4.29 | 164 | 3.48 |
| 12.6 | 97 | 10 | 187 | 5.19 | 234 | 4.15 |
| 15.8 | 13.8 | 10 | 245 | 5.63 | 310 | 4.45 |
| 19 | 178 | 10 | 307 | 5.80 | 393 | 4.53 |
| 平均负荷单位 | | 10 | | 5.25 | | 4.15 |
| 负荷单位选定值 | | 10 | | 5 | | 4 |

注　假定自闭式冲洗阀大便器的负荷单位为10。

特提供的三种卫生器具负荷单位。然后根据 $f$ 按式（12－2$a$）或式（12－2$b$）计算出设计流量与各种卫生器具数量和负荷单位总数（见表 12－2），并给出三种卫生器具负荷单位总数和设计流量关系曲线（见图 12－1）。从该图中看出，冲洗水箱大便器的 $q$ 与 $f_n$ 关系曲线与浴盆的 $q$ 与 $f_n$ 关系曲线相近，取两者平均值作为冲洗水箱大便器和浴盆的共用曲线。最后再制定混合使用卫生器具给水系统的器具负荷单位总数与设计流量关系图（见图 12－2～图 12－4）。

**表 12－2　　流量与卫生器具数、负荷单位总数**

| 流量（L/S） | 自闭式冲洗阀大便器 | | 冲洗水箱大便器 | | 浴　盆 | |
|---|---|---|---|---|---|---|
| | 器具数 $n$ | 负荷单位 $f_n$ | 器具数 $n$ | 负荷单位 $f_n$ | 器具数 $n$ | 负荷单位 $f_n$ |
| 9.5 | 57 | 570 | 133 | 665 | 164 | 656 |
| 12.6 | 97 | 970 | 187 | 935 | 234 | 936 |
| 15.8 | 138 | 1380 | 245 | 1225 | 310 | 1240 |
| 19 | 173 | 1780 | 307 | 1535 | 393 | 1572 |

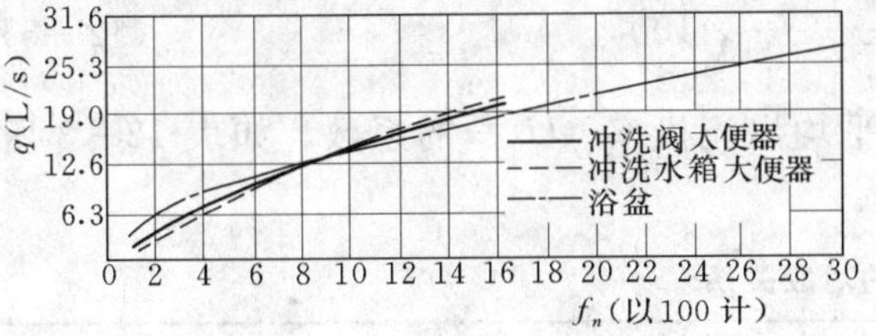


图 12－1　卫生器具负荷单位总数与流量的关系

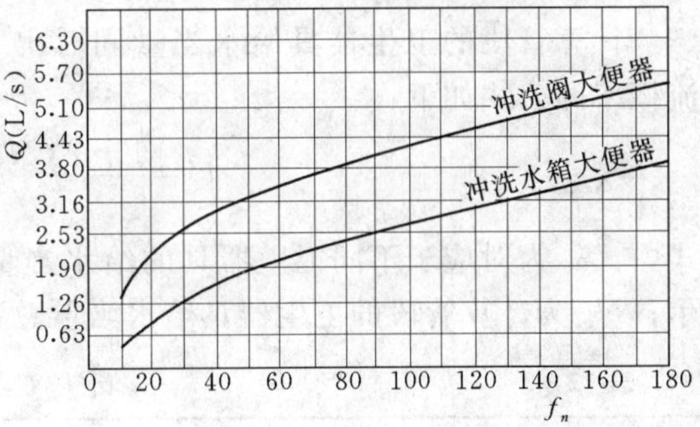


图 12－2　混合卫生器具系统 $f_n$（10～180）与流量的关系

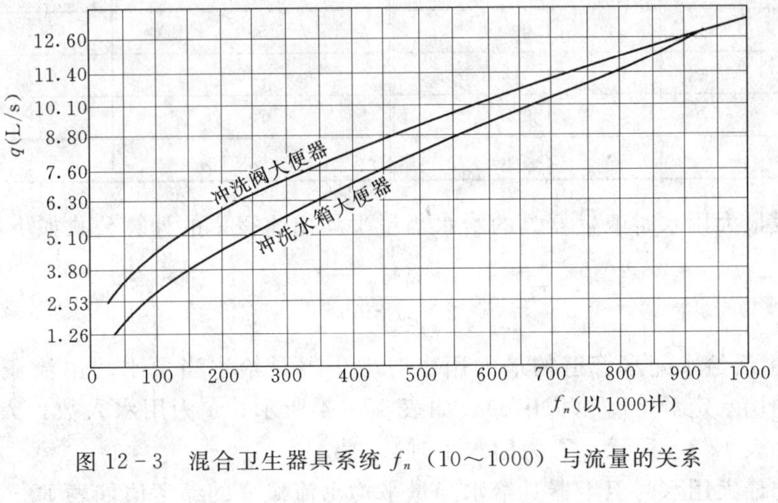


图 12－3　混合卫生器具系统 $f_n$（10～1000）与流量的关系

## 四、我国目前推荐使用的设计秒流量计算公式

（1）住宅生活给水管道设计秒流量计算公式为

$$q_g = 0.2UN_g \tag{12-4}$$

式中：$q_g$ 为计算管段的给水设计秒流量，L/s；$U$ 为计算管段的卫生器具给水当量同时出流概率，%；$N_g$ 为计算管段的卫生器具给水当量总数；0.2 为 1 个卫生器具给水当量的额定流量，L/s。

设计秒流量是根据建筑物配置的卫生器具给水当量和管段的卫生器具给水当量同时出流概率确定的。管段的卫生器具给水当量同时出流概率和卫生器具的给水当量数与其平均出流概率（$U_0$）有关。

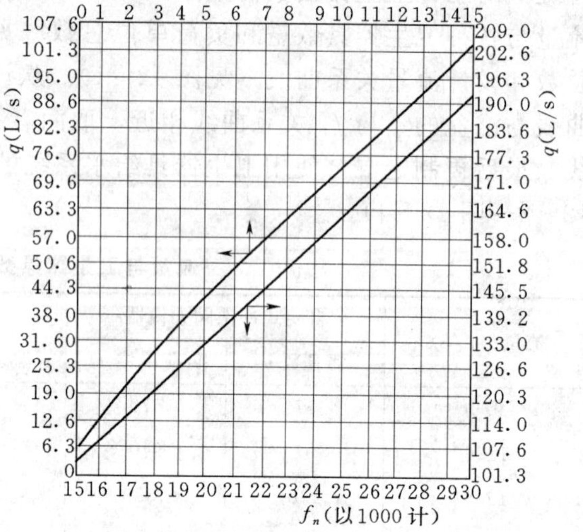


图 12-4 混合卫生器具系统 $f_n$（1000～30000）与流量的关系

计算管段的卫生器具给水当量同时出流概率的公式如下：

$$U = \frac{1 + \alpha_c (N_g - 1)^{0.49}}{\sqrt{N_g}} \times 100\% \tag{12-5}$$

式中：$\alpha_c$ 为对应于不同卫生器具的给水当量平均出流概率（$U_0$）的系数，如表 12-3 所示；$N_g$ 为计算管段的卫生器具给水当量总数。

表 12-3 $\alpha_c$ 与 $U_0$ 的对应关系

| $U_0$ (%) | $\alpha_c \times 10^{-2}$ | $U_0$ (%) | $\alpha_c \times 10^{-2}$ |
|---|---|---|---|
| 1.0 | 0.323 | 4.0 | 2.816 |
| 1.5 | 0.697 | 4.5 | 3.263 |
| 2.0 | 1.097 | 5.0 | 3.715 |
| 2.5 | 1.512 | 6.0 | 4.629 |
| 3.0 | 1.939 | 7.0 | 5.555 |
| 3.5 | 2.374 | 8.0 | 6.489 |

计算管段最大用水时卫生器具的给水当量平均出流概率的计算公式如下：

$$U_0 = \frac{q_0 m K_h}{0.2 N_g T 3600} \times 100\% \tag{12-6}$$

式中：$U_0$ 为生活给水配水管道的最大用水时卫生器具给水当量平均出流概率，%；$q_0$ 为最高用水日的用水定额，L/（人·d），如表 12-4 所示；$m$ 为用水人数，人；$K_h$ 为小时变化系数，如表 12-4 所示；$T$ 为用水小时数，h。

建筑物的最大用水时卫生器具给水当量平均出流概率的参考值如表 12-5 所示。

表 12-4　　住宅最高日生活用水定额及小时变化系数

| 住宅类型 | | 卫生器具设置标准 | 最高日用水定额 [L/(人·d)] | 小时变化系数 | 使用时间 (h) |
|---|---|---|---|---|---|
| 普通住宅 | Ⅰ | 有大便器、洗涤盆 | 85～150 | 3.0～2.5 | 24 |
| | Ⅱ | 有大便器、洗脸盆、洗涤盆、洗衣机、热水器和沐浴设备 | 130～300 | 2.8～2.3 | 24 |
| | Ⅲ | 有大便器、洗脸盆、洗涤盆、洗衣机、家用热水机组或集中热水供应和沐浴设备 | 180～320 | 2.5～2.0 | 24 |
| 高级住宅别墅 | | 有大便器、洗脸盆、洗涤盆、洗衣机、家用热水机组或集中热水供应和沐浴设备、洒水栓 | 200～350 (300～400) | 2.3～1.8 | 24 |

注　1. 直辖市、经济特区、省会、首府及广东、福建、浙江、江苏、湖南、湖北、四川、安徽、江西、海南、云南、贵州等省及广西壮族自治区的特大城市（市区和近郊区非农业人口100万及以上的城市）可取上限；其他地区可取中、下限。

2. 当地主管部门对住宅生活用水标准有规定的，按当地规定执行。

3. 别墅用水定额中含庭院绿化用水、汽车抹车水。

4. 表中用水量为全部用水量，当采用分质供水时，有直饮水系统的，应扣除直饮水用水定额；有杂用水系统的，应扣除杂用水定额。

5. 括号内数字为参考数。

表 12-5　　最大用水时卫生器具给水当量平均出流概率参考值

| 建筑物性质 | $U_0$ 参考值 | 建筑物性质 | $U_0$ 参考值 |
|---|---|---|---|
| 普通住宅Ⅰ型 | 3.4～4.5 | 普通住宅Ⅲ型 | 1.5～2.5 |
| 普通住宅Ⅱ型 | 2.0～3.5 | 别墅 | 1.5～2.0 |

应用上述公式时应注意以下问题：

1）当计算管段上的卫生器具给水当量总数超过有关设定条件时，其流量应取最大用水时平均秒流量，即 $q_g=0.2U_0N_g$。

2）有两条或两条以上具有不同最大时卫生器具给水当量平均出流概率的给水支管的给水干管，该管段的最大时卫生器具给水当量平均出流概率应取加权平均值，即

$$\overline{U}_0=\frac{\sum U_{0i}N_{gi}}{\sum N_{gi}} \tag{12-7}$$

式中：$\overline{U}_0$ 为给水干管的最大时卫生器具给水当量平均出流概率；$U_{0i}$ 为给水支管的最大时卫生器具给水当量平均出流概率；$N_{gi}$ 为相应支管的卫生器具给水当量总数。

（2）宿舍（Ⅰ、Ⅱ类）、旅馆、宾馆、酒店式公寓、医院、疗养院、幼儿园、养老院、办公楼、商场、图书馆、书店、客运站、航站楼、会展中心、中小学教学楼、公共厕所等建筑的生活给水设计秒流量计算公式为

$$q_g=0.2\alpha\sqrt{N_g} \tag{12-8}$$

式中：$\alpha$ 为根据建筑物用途确定的系数，如表 12-6 所示；$N_g$ 符号含义同前。

**表 12-6　根据建筑物用途而确定的系数 $\alpha$ 值**

| 建筑物名称 | $\alpha$ 值 | 建筑物名称 | $\alpha$ 值 |
|---|---|---|---|
| 幼儿园、托儿所、养老院 | 1.2 | 学校 | 1.8 |
| 门诊部、诊疗所 | 1.4 | 医院、疗养院、休养所 | 2.0 |
| 办公楼、商场 | 1.5 | 酒店式公寓 | 2.2 |
| 图书馆 | 1.6 | 宿舍（Ⅰ、Ⅱ类）、旅馆、招待所、宾馆 | 2.5 |
| 书店 | 1.7 | 客运站、航站楼、会展中心、公共厕所 | 3.0 |

使用式（12-8）时应注意以下问题：

1）如果计算值小于该管段上一个最大卫生器具给水额定流量，应采用一个最大的卫生器具给水额定流量作为设计秒流量。

2）如果计算值大于该管段上按卫生器具给水额定流量累加所得流量值，应按卫生器具给水额定流量累加所得流量值采用。

3）设有大便器延时自闭式冲洗阀的给水管段，大便器延时自闭式冲洗阀的给水当量均以 0.5 计，计算得到 $q_g$ 附加 1.10L/s 的流量后，为该管段的给水设计秒流量。

4）综合性建筑的 $\alpha_z$ 值应按下式计算：

$$\alpha_z=\frac{\alpha_1 N_{g1}+\alpha_2 N_{g2}+\cdots+\alpha_n N_{gn}}{N_{g1}+N_{g2}+\cdots+N_{gn}} \tag{12-9}$$

式中：$\alpha_z$ 为综合性建筑总的秒流量系数；$N_{g1}$、$N_{g2}$、…、$N_{gn}$ 为综合性建筑内各类建筑物的卫生器具的给水当量数；$\alpha_1$、$\alpha_2$、…、$\alpha_n$ 为相当于 $N_{g1}$、$N_{g2}$、…、$N_{gn}$ 时的设计秒流量系数。

（3）宿舍（Ⅲ、Ⅳ类）、工业企业的生活间、公共浴室、职工食堂或营业餐馆的厨房、体育场馆、剧院、普通理化实验室等建筑的生活给水管道的设计秒流量计算公式为

$$q_g=\sum q_0 n_0 b \tag{12-10}$$

式中：$q_g$ 为计算管段的给水设计秒流量，L/s；$q_0$ 为同类型的一个卫生器具给水额定流量，L/s，如表 12-7 所示；$n_0$ 为同类型卫生器具数；$b$ 为卫生器具的同时给水百分数，%，如表 12-8～表 12-10 所示。

使用式（12-10）时应注意以下问题：

1）如果计算值小于管段上一个最大卫生器具给水额定流量，应采用一个最大的卫生器具给水额定流量作为设计秒流量。

2）大便器延时自闭式冲洗阀应单列计算，当单列计算值小于 1.2L/s 时，以 1.2L/s 计；当单列计算值大于 1.2L/s 时，以计算值计。

3）仅对有可能同时使用的设备进行叠加。

**表 12-7　　卫生器具的给水额定流量、当量、连接管公称管径和最低工作压力**

| 序号 | 给水配件名称 | | 额定流量 (L/s) | 当　量 | 公称管径 (mm) | 最低工作压力 (MPa) |
|---|---|---|---|---|---|---|
| 1 | 洗涤盆、拖布盆、盥洗槽 | 单阀水嘴 | 0.15～0.20 | 0.75～1.00 | 15 | 0.050 |
| | | 单阀水嘴 | 0.30～0.40 | 1.5～2.00 | 20 | |
| | | 混合水嘴 | 0.15～0.20（0.14） | 0.75～1.00（0.70） | 15 | |
| 2 | 洗脸盆 | 单阀水嘴 | 0.15 | 0.75 | 15 | 0.050 |
| | | 混合水嘴 | 0.15（0.10） | 0.75（0.5） | 15 | |
| 3 | 洗手盆 | 单阀水嘴 | 0.10 | 0.5 | 15 | 0.050 |
| | | 混合水嘴 | 0.15（0.10） | 0.75（0.5） | 15 | |
| 4 | 浴盆 | 单阀水嘴 | 0.20 | 1.0 | 15 | 0.050 |
| | | 混合水嘴（含带淋浴转换器） | 0.24（0.20） | 1.2（1.0） | 15 | 0.050～0.070 |
| 5 | 淋浴器 | 混合阀 | 0.15（0.10） | 0.75（0.5） | 15 | 0.050～0.100 |
| 6 | 大便器 | 冲洗水箱浮球阀 | 0.10 | 0.50 | 15 | 0.020 |
| | | 延时自闭式冲洗阀 | 1.20 | 0.60 | 25 | 0.100～0.150 |
| 7 | 小便器 | 手动或自动自闭式冲洗阀 | 0.10 | 0.50 | 15 | 0.050 |
| | | 自动冲洗水箱进水阀 | 0.10 | 0.50 | 15 | 0.020 |
| 8 | 小便槽穿孔冲洗管（每米长） | | 0.05 | 0.25 | 15～20 | 0.015 |
| 9 | 净身盆冲洗水嘴 | | 0.10（0.07） | 0.50（0.35） | 15 | 0.050 |
| 10 | 医院倒便器 | | 0.20 | 1.00 | 15 | 0.050 |
| 11 | 实验室化验水嘴（鹅颈） | 单联 | 0.07 | 0.35 | 15 | 0.020 |
| | | 双联 | 0.15 | 0.75 | 15 | 0.020 |
| | | 三联 | 0.20 | 1.00 | 15 | 0.020 |
| 12 | 饮水器喷嘴 | | 0.05 | 0.25 | 15 | 0.050 |
| 13 | 洒水栓 | | 0.40<br>0.70 | 2.00<br>3.50 | 20<br>25 | 0.050～0.100<br>0.050～0.100 |
| 14 | 室内地面冲洗水嘴 | | 0.20 | 1.00 | 15 | 0.050 |
| 15 | 家用洗衣机水嘴 | | 0.20 | 1.00 | 15 | 0.050 |
| 16 | 器皿洗涤机 | | 0.20 | 1.0 | 注 7 | 注 7 |
| 17 | 土豆剥皮机 | | 0.20 | 1.0 | 15 | 注 7 |
| 18 | 土豆清洗机 | | 0.20 | 1.0 | 15 | 注 7 |
| 19 | 蒸锅及煮锅 | | 0.20 | 1.0 | 注 7 | 注 7 |

**注**　1. 表中括号内的数值系在有热水供应时，单独计算冷水或热水时使用。

2. 当浴盆上附设淋浴器时，或混合水嘴有淋浴器转换开关时，其额定流量和当量只计水嘴，不计淋浴器，但水压应按淋浴器计。

3. 家用燃气热水器，所需水压按产品要求和热水供应系统最不利配水点所需工作压力确定。

4. 绿地的自动喷灌应按产品要求设计。

5. 如果是充气龙头，其额定流量为表中同类配件额定流量的 0.7 倍。

6. 卫生器具给水配件所需流出水头，如有特殊要求时，其数值按产品要求确定。

7. 所需的最低工作压力及所配管径均按产品要求确定。

表 12-8　宿舍（Ⅲ、Ⅳ类）、工业企业生活间、公共浴室、影剧院、体育场馆等卫生器具同时给水百分数　%

| 卫生器具名称 | 宿舍(Ⅲ、Ⅳ类) | 工业企业生活间 | 公共浴室 | 影剧院 | 体育场馆 |
|---|---|---|---|---|---|
| 洗涤盆（池） | 30 | 33 | 15 | 15 | 15 |
| 洗手盆 | — | 50 | 50 | 50 | 70（50） |
| 洗脸盆、盥洗槽水嘴 | 60～100 | 60～100 | 60～100 | 50 | 80 |
| 浴盆 | — | — | 50 | — | — |
| 无间隔淋浴器 | 100 | 100 | 100 | — | 100 |
| 有间隔淋浴器 | 80 | 80 | 60～80 | （60～80） | （60～100） |
| 大便器冲洗水箱 | 70 | 30 | 20 | 50（20） | 70（20） |
| 大便槽自动冲洗水箱 | 100 | 100 | — | 100 | 100 |
| 大便器自闭式冲洗阀 | 2 | 2 | 2 | 10（2） | 15（2） |
| 小便器自闭式冲洗阀 | 10 | 10 | 10 | 50（10） | 70（10） |
| 小便器（槽）自动冲洗水箱 | — | 100 | 100 | 100 | 100 |
| 净身盆 | — | 33 | — | — | — |
| 饮水器 | — | 30～60 | 30 | 30 | 30 |
| 小卖部洗涤盆 | — | — | 50 | 50 | 50 |

注　1. 表中括号内的数值系电影院、剧院的化妆间以及体育场馆的运动员休息室使用。
　　2. 健身中心的卫生间可采用本表体育场馆运动员休息室的同时给水百分率。

表 12-9　职工食堂、营业餐馆厨房设备同时给水百分数　%

| 厨房设备名称 | 同时给水百分数 | 厨房设备名称 | 同时给水百分数 |
|---|---|---|---|
| 污水盆（池） | 50 | 器皿洗涤机 | 90 |
| 洗涤盆（池） | 70 | 开水器 | 50 |
| 煮锅 | 60 | 蒸汽发生器 | 100 |
| 生产性洗涤机 | 40 | 灶台水嘴 | 30 |

注　职工或学生饭堂的洗碗台水嘴按100%同时给水，但不与厨房用水叠加。

表 12-10　实验室化验水嘴同时给水百分数　%

| 化验水嘴名称 | 同时给水百分数 | |
|---|---|---|
| | 科研教学实验室 | 生产实验室 |
| 单联化验水嘴 | 20 | 30 |
| 双联或三联化验水嘴 | 30 | 50 |

# 第二节　给水管道水力计算方法

给水管道水力计算的目的是合理确定管径及系统所需水压。

## 一、确定给水管径

确定给水管径的计算式为

$$d=\sqrt{\frac{4q}{\pi v}} \tag{12-11}$$

式中：$q$ 为设计秒流量，$m^3/s$；$d$ 为管道计算内径，m；$v$ 为管道内水流速，m/s。

由式（12－11）可知，只有合理给出流速，才能计算出管径。一般情况下流速的选取范围如表 12－11 所示。

**表 12－11　　不同材质管径流速控制范围**

| 材质 | 管径（mm） | 流速（m/s） | 材质 | 管径（mm） | 流速（m/s） |
|---|---|---|---|---|---|
| 铜管 | $DN\leqslant 25$ | 0.6～0.8 | 钢管 | 15～20 | ≤1.0 |
| | $DN>25$ | 0.8～1.5 | | | |
| 薄壁不锈钢管 | ≤25 | 0.8～1.0 | | 25～40 | ≤1.2 |
| | >25 | 1.0～1.5 | | 50～70 | ≤1.5 |
| PP—R | | 1.0～1.5 | | | |
| PVC | ≤32 | ≤1.2 | | ≥80 | ≤1.8 |
| | 40～75 | ≤1.5 | 复合管 | 参照其内衬材料的管道流速要求 | |
| | ≥90 | ≤2.0 | | | |

消火栓灭火系统给水管道的流速小于 2.5m/s。

自动喷水灭火系统给水管道的流速不大于 5.0m/s，但在个别情况下其配水支管的流速可控制在 10m/s 以内，并应符合国家现行有关规范。

## 二、确定给水系统所需水压

给水系统所需水压为

$$H=H_1+H_2+H_3+H_4 \tag{12-12}$$

式中：$H$ 为给水系统所需水压，kPa；$H_1$ 为室内管网中最不利配水点与给水外网管道间的静压差，kPa；$H_2$ 为计算管路的沿程和局部水头损失之和，kPa；$H_3$ 为计算管路中水表的水头损失，kPa；$H_4$ 为最不利配水点所需的最小工作压力，kPa。

## 三、管道水头损失计算

（一）沿程水头损失

沿程水头损失为

$$h_i=iL \tag{12-13}$$

其中

$$i=105C_h^{-1.85}d_j^{-4.87}q_g^{1.85} \tag{12-14}$$

式中：$h_i$ 为沿程水头损失，kPa；$L$ 为管道计算长度，m；$i$ 为管道单位长度水头损失，kPa/m；$d_j$ 为管道计算内径，m；$q_g$ 为给水设计秒流量，$m^3/s$；$C_h$ 为海曾-威廉系数，对于塑料管、内衬（涂）塑管取 $C_h=140$，对于铜管、不锈钢管取 $C_h=130$，对于衬水泥、树脂的铸铁管取 $C_h=130$，对于普通钢管、铸铁管取 $C_h=100$。

此外，设计计算时，也可直接使用由上述公式编制的水力计算表，根据管段的设计秒

流量 $q_g$，并控制流速 $v$ 在正常范围内，查出管径和单位长度的水头损失 $i$。"给水钢管水力计算表"、"给水铸铁管水力计算表"以及"给水塑料管水力计算表"分别见本书附录一、附录二和附录三。

（二）管段的局部水头损失

管段的局部水头损失的计算公式为

$$h_j = \sum \zeta \frac{v^2}{2g} \tag{12-15}$$

式中：$h_j$ 为管段局部水头损失之和，kPa；$\zeta$ 为管段局部阻力系数；$v$ 为沿水流方向局部管件下游的流速，m/s；$g$ 为重力加速度，m/s$^2$。

由于给水管网中局部管件（如弯头、三通等）甚多，随着构造不同其 $\zeta$ 值也不尽相同，因此详细计算较为烦锁。在实际工程中，给水管网的局部水头损失计算，可采用管（配）件当量长度计算法和按管网沿程水头损失百分数计的估算法。

1. 管（配）件当量长度计算法

根据管道的连接方式，可采用管（配）件当量长度计算法计算给水管网的局部水头损失。管（配）件当量长度的含义是：管（配）件产生的局部水头损失大小与同管径某一长度管道产生的沿程水头损失相等，则该长度即为该管（配）件的当量长度。螺纹接口的阀门及管件的摩阻损失当量长度如表 12-12 所示。

**表 12-12　螺纹接口的阀门及管件的摩阻损失当量长度**

| 管件内径（mm） | 各种管件的折算管道长度（m） | | | | | | |
|---|---|---|---|---|---|---|---|
| | 90°标准弯头 | 45°标准弯头 | 标准三通 90°转角流 | 三通直向流 | 闸板阀 | 球阀 | 角阀 |
| 9.5 | 0.3 | 0.2 | 0.5 | 0.1 | 0.1 | 2.4 | 1.2 |
| 12.7 | 0.6 | 0.4 | 0.9 | 0.2 | 0.1 | 4.6 | 2.4 |
| 19.1 | 0.8 | 0.5 | 1.2 | 0.2 | 0.2 | 6.1 | 3.6 |
| 25.4 | 0.9 | 0.5 | 1.5 | 0.3 | 0.2 | 7.6 | 4.6 |
| 31.8 | 1.2 | 0.7 | 1.8 | 0.4 | 0.2 | 10.6 | 5.5 |
| 38.1 | 1.5 | 0.9 | 2.1 | 0.5 | 0.3 | 13.7 | 6.7 |
| 50.8 | 2.1 | 1.2 | 3 | 0.6 | 0.4 | 16.7 | 8.5 |
| 63.5 | 2.4 | 1.5 | 3.6 | 0.8 | 0.5 | 19.8 | 10.3 |
| 76.2 | 3 | 1.8 | 4.6 | 0.9 | 0.6 | 24.3 | 12.2 |
| 101.6 | 4.3 | 2.4 | 6.4 | 1.2 | 0.8 | 38 | 16.7 |
| 127 | 5.2 | 3 | 7.6 | 1.5 | 1 | 42.6 | 21.3 |
| 152.4 | 6.1 | 3.6 | 9.1 | 1.8 | 1.2 | 50.2 | 24.3 |

注　表中的螺纹接口是指管件无凹口的螺纹，即管件与管道在连接点内径有突变，管件内径大于管道内径。当管件为凹口螺纹或管件与管道为等径焊接时，其折算补偿长度取表值的 1/2。

2. 按管网沿程水头损失百分数计的估算法

不同材质管道以及三通分水与分水器分水管内径大小的局部水头损失占沿程水头损失百分数的经验取值，分别如表 12-13 和表 12-14 所示。

**表 12-13　　不同材质管道的局部水头损失估算值**

<table>
<tr><th colspan="3">管　材　质</th><th>局部损失占沿程损失的百分数（%）</th></tr>
<tr><td colspan="3">PVC—U</td><td rowspan="4">25～30</td></tr>
<tr><td colspan="3">PP—R</td></tr>
<tr><td colspan="3">PVC—C</td></tr>
<tr><td colspan="3">铜管</td></tr>
<tr><td colspan="3">PEX</td><td>25～45</td></tr>
<tr><td rowspan="2">PVP</td><td colspan="2">三通配水</td><td>50～60</td></tr>
<tr><td colspan="2">分水器配水</td><td>30</td></tr>
<tr><td rowspan="3">钢塑复合管</td><td rowspan="2">螺纹连接内衬塑铸铁管件的管道</td><td>生活给水系统</td><td>30～40</td></tr>
<tr><td>生活-生产给水系统</td><td>25～30</td></tr>
<tr><td colspan="2">法兰、沟槽式连接内涂塑钢管件的管道</td><td>10～20</td></tr>
<tr><td rowspan="5">热镀锌钢管</td><td colspan="2">生活给水管道</td><td>25～30</td></tr>
<tr><td colspan="2">生产-消防给水管道</td><td>15</td></tr>
<tr><td colspan="2">其他生活、生产、消防共用系统管道</td><td>20</td></tr>
<tr><td colspan="2">自动喷水管道</td><td>20</td></tr>
<tr><td colspan="2">消火栓管道</td><td>10</td></tr>
</table>

**表 12-14　　三通分水与分水器分水的局部水头损失估算值**

<table>
<tr><th rowspan="2">管件内径特点</th><th colspan="2">局部损失占沿程损失的百分数（%）</th></tr>
<tr><th>三通分水</th><th>分水器分水</th></tr>
<tr><td>管件内径与管道内径一致</td><td>25～30</td><td>15～20</td></tr>
<tr><td>管件内径略大于管道内径</td><td>50～60</td><td>30～35</td></tr>
<tr><td>管件内径略小于管道内径</td><td>70～80</td><td>35～40</td></tr>
</table>

## 四、水力计算步骤

（一）枝状管网计算步骤

枝状管网计算步骤如下：

（1）通过计算确定出最不利点和计算管路。

（2）从最不利点开始对计算管路的节点编号。

（3）选用合理的设计秒流量公式计算出各管段的设计秒流量。

（4）根据流速控制范围选定流速后计算（或查水力计算表）出管径和单位长度水头损失。

(5) 求计算管路的水头损失（即 $H_2+H_3$）。

(6) 确定给水管网所需压力（即 $H=H_1+H_2+H_3+H_4$）。

根据外网给水管道水压与室内给水系统所需压力的比较，确定出合理的给水方式。

（二）环状管网计算步骤

环状管网由于整个建筑用水点的随机性和不确定性，会有很多种用水工况，很难针对每一用水工况进行水力计算，而且在工程中也是不需要的。因此，在工程中，对环状管网一般采用假想断开处理法，即把环状管网用管路上的阀门假想为关断而形成枝状管网，再对形成的枝状管网进行水力计算，通过比较几种工况后即可确定出给水系统所需水压。

# 第十三章　建筑消防系统

消防系统根据使用灭火剂的种类和灭火方式可分为消火栓灭火系统、自动喷水灭火系统、其他非水灭火剂的灭火系统三种灭火系统。消防给水系统是指以水为主要灭火剂的消防系统，具有使用方便、灭火效果好、价格便宜等优点，因此在国内外建筑中得到了广泛的应用。

## 第一节　消火栓灭火系统

消火栓灭火系统是把室外给水系统提供的水量，经过加压（外网压力不足时）输送到固定灭火设备，是建筑物中最基本的灭火系统。该系统包括水源、供水设备、增压设备、管网及消火栓灭火设施。

消火栓灭火系统可分为以下几类。

（1）全自动干式系统：平时系统管道内充满压缩空气，设有类似的干式报警阀装置。

（2）全自动湿式系统：平时系统管道内充满水。

（3）半自动干式系统：干式管道系统上设有像雨淋阀一样的装置，在每一个消火栓处都设有一个遥控装置。

（4）手动干式系统：系统管道为干式，且无永久给水设备，消防用水来自消防车的消防泵。

（5）手动湿式系统：系统管道内充水，且有一个维持系统内水压的供水装置，但系统中无永久给水设备，消防用水来自消防车的消防泵。

我国目前主要采用的是全自动湿式系统。

建筑高度等于或少于 9 层的住宅、建筑高度等于或小于 24m 的公共建筑以及建筑高度小于 24m 的单层工业建筑属于低层建筑，相应的消防灭火系统称为低层建筑消防灭火系统。

建筑高度等于或多于 10 层的住宅、建筑高度大于 24m 的公共建筑以及建筑高度大于 24m 且建筑层数不少于 2 层的工业建筑属于高层建筑，相应的消防灭火系统称为高层建筑消防灭火系统。

### 一、消火栓给水系统的组成

#### （一）消火栓灭火设备

消火栓灭火设备由水枪、水带和消火栓组成，通常安装于消火栓箱内。

1. 水枪

水枪有直流水枪、开花多用水枪和开关直流水枪等类型。

直流水枪是消火栓设备最常采用的水枪类型，与水带连接可喷射密集充实水流，其技术性能如表 13－1 所示。

表 13-1　直流水枪的技术参数

| 型号 | 进水口径（mm） | 出水口径（mm） | 进水口压力（MPa） | 射程（m） | 外径×长度（mm×mm） |
|---|---|---|---|---|---|
| QZ16 | 50 | 16 | 0.35 | 25 | 98×290 |
| QZ19 | 65 | 19 | 0.35 | 28 | 110×317 |
| QZ19A | 65 | 19 | 0.35 | 28 | 110×520 |

开花多用水枪具有喷雾、直流和关闭等多种用途，可防辐射热，适用于扑救一般火灾，其技术性能如表 13-2 所示。

表 13-2　开花多用水枪的技术参数

| 型号 | 进水口径（mm） | 额定压力（MPa） | 公称压力（MPa） | 额定流量（L/min） | | 直流射程（m） | 最大喷雾角度 | 外径×长度（mm×mm） |
|---|---|---|---|---|---|---|---|---|
| | | | | 直流 | 喷雾 | | | |
| QLD50 | 50 | 0.35 | 0.2～0.7 | 250 | 600 | ≥25 | 120° | 98×385 |
| QLD65 | 65 | | | | | | | 111×385 |

开关直流水枪带有开关，由消防员自行控制水流，其技术性能如表 13-3 所示。

表 13-3　开关直流水枪的技术参数

| 型号 | 进水口径（mm） | 出水口径（mm） | 公称压力（MPa） | 射程（m） | 外径×长度（mm×mm） |
|---|---|---|---|---|---|
| QZG16 | 50 | 16 | 0.35 | ≥25 | 440×98 |
| QZG19 | 65 | 19 | | ≥28 | 465×111 |

建筑内部一般多采用直流水枪。直流水枪配 50mm 或 65mm 的水带，喷嘴口径一般为 13mm、16mm 和 19mm。喷嘴口径为 13mm 的水枪配 50mm 的水带，喷嘴口径为 16mm 的水枪配 50mm 或 65mm 的水带，喷嘴口径为 19mm 的水枪配 65mm 的水带。水枪规格及选用如表 13-4 所示。在一座建筑物内应采用同一规格的水枪、水带和消火栓。

表 13-4　水枪规格及选用

| 建筑物类别 | 每支水枪最小流量（L/s） | 水枪喷嘴口径（mm） |
|---|---|---|
| 低层和多层建筑 | ≥2.5 | 16（个别情况可用 13） |
| | ≥5 | 19 |
| 高层民用建筑 | ≥5 | ≥19 |

2. 水带

水带口径有多种规格，常用的为 50mm 和 65mm 两种，长度有 15m、20m、25m 和 30m 四种规格。消防电梯前室消火栓处应配较短水带，民用建筑中配备的水带长度不得超过 25m。

根据使用要求的不同，可选用不同材质和性质的水带。

(1) 聚氨酯（PU）水带：水带薄、软、轻、耐压，重量约为橡胶水带的60%，其技术性能如表13-5所示。

**表13-5　　PU水带的技术参数**

| 型　号 | 规　格 | 重　量 (g/m) | 工作压力 (MPa) | 爆破压力 (MPa) | 最大长度 (m) |
|---|---|---|---|---|---|
| 13 | 25 | 110 | 1.3 | 3.9 | 100 |
| | 40 | 130 | | | |
| | 50 | 190 | | | |
| | 65 | 250 | | | |
| | 80 | 320 | | | |
| 16 | 25 | 120 | 1.6 | 4.8 | |
| | 40 | 160 | | | |
| | 50 | 210 | | | |
| | 65 | 270 | | | |
| | 80 | 350 | | | |
| 20 | 65 | 300 | 2.0 | 6.0 | |
| | 80 | 380 | | | |
| 25 | 65 | 320 | 2.5 | 7.5 | |
| | 80 | 420 | | | |
| 40 | 25 | 200 | 4.0 | 8.0 | |
| | 40 | 280 | | | |

(2) 衬胶水带：水流阻力较小，是最常用的一种水带，其技术性能如表13-6所示。

**表13-6　　衬胶水带的技术参数**

| 型　号 | 规　格 | 重　量 (g/m) | 工作压力 (MPa) | 爆破压力 (MPa) | 长　度 (m) |
|---|---|---|---|---|---|
| C8 | 40 | 240 | 0.8 | ≥2.4 | 10～30 |
| | 50 | 320 | | | |
| | 65 | 420 | | | |
| C10 | 40 | 250 | 1.0 | ≥3.0 | |
| | 50 | 350 | | | |
| | 65 | 450 | | | |
| | 80 | 550 | | | |
| C13 | 40 | 280 | 1.3 | ≥3.9 | |
| | 50 | 380 | | | |
| | 65 | 480 | | | |
| | 80 | 600 | | | |
| | 100 | 900 | | | |
| | 150 | 1800 | | | |

表 13-7 喷洒水带的技术参数

| 规　格 | 重　量<br>(g/m) | 喷洒高度<br>(m) | 长　度<br>(m) |
|---|---|---|---|
| 50 | 380 | | |
| 65 | 480 | 8、10 | 15、20、30 |
| 80 | 600 | | |

(3) 喷洒水带：水带上每隔一定距离开一个小孔，通水后可形成一定高度的水墙，可分离火焰、降低热辐射，以保证消防人员的安全，其技术性能如表 13-7 所示。

(4) 表面经特殊处理的水带：如阻燃水带、防静电水带、彩色水带。

(5) 橡胶软管：用于消防卷盘、消防车和水泵等连接，其特点是卷伸性能好，无死折，使用方便。消防卷盘的技术性能如表 13-8 所示。

表 13-8 消防卷盘的技术参数

| 消火栓口直径<br>(mm) | 水枪喷嘴直径<br>(mm) | 压　力<br>(MPa) | 有效射程<br>(m) | 流　量<br>(L/s) | 橡　胶　软　管 | | | | | |
|---|---|---|---|---|---|---|---|---|---|---|
| | | | | | 口径<br>(mm) | 长　度<br>(m) | | | 工作压力<br>(MPa) | 爆破压力<br>(MPa) |
| 25 | 6 | 0.1～1 | 6.75～15.3 | 0.2～0.86 | 19 | 20 | 25 | 30 | 1 | 3 |
| 25 | 7 | 0.1～1 | 6.75～16.2 | 0.25～1.06 | 19 | 20 | 25 | 30 | 1 | 3 |
| 25 | 8 | 0.1～1 | 6.75～17.1 | 0.30～1.26 | 19 | 20 | 25 | 30 | 1 | 3 |

3. 消火栓

消火栓均为内相式接口，有单出口和双出口之分。单出口消火栓口径有 50mm 和 65mm 两种。双出口消火栓口径为 65mm，使用时应采用双阀双口式。当水枪最小出流量小于 5L/s 时宜选用口径为 50mm 的消火栓。

4. 消火栓箱

消火栓箱有明装和暗装两种形式。根据消火栓出口数量可分为单阀单口消火栓箱和双阀双口消火栓箱。如果消火栓箱中同时还放置消防卷盘则称为共用消火栓箱。

5. 消防卷盘

消防卷盘又称为消防水喉设备，是一种小口径自救式灭火设备，操作简便、机动灵活，供一般扑火人员扑灭初期火灾时使用。消防卷盘的设置条件及位置如表 13-9 所示。

表 13-9 消防卷盘的设置条件及位置

| 项　目 | | 技　术　要　求 |
|---|---|---|
| 设置条件 | 多层建筑 | 设有空调系统的旅馆、办公楼 |
| | | 超过 1500 个座位的剧院、会堂和其闷顶内安装有面灯部位的马道处 |
| | 高层民用建筑 | 高级旅馆 |
| | | 重要办公楼 |
| | | 一类建筑的商业楼、展览楼、综合楼 |
| | | 高度超过 100m 时均应增设 |
| 设置位置 | | 走道、楼梯附近 |
| | | 明显易于取用的地点 |
| | | 有管理人员值班的服务台 |

（二）水泵接合器

建筑消防给水系统中均应设置水泵接合器。水泵接合器属于临时供水设施，是连接消防车向室内消防给水系统加压供水的装置。水泵接合器的形式有地上式、地下式和墙壁式三种。

（三）消防管道

建筑内部的消防管道在低层建筑中可以独立设置，也可以与其他给水系统合并，但在高层建筑中应独立设置。在消防、生活共用给水系统中，管材应满足生活给水的要求。

（四）消防水箱

消防水箱对扑救初期火灾起着重要的作用，临时高压消防给水系统中必须设消防水箱，以保证火灾初期 10min 的消防水量。

（五）消防水池

消防水池的作用是储水和供消防水泵吸水。应根据室外给水管网的条件以及火灾持续时间内室内、室外消防用水量综合确定其储水容积；如果消防水池与其他储水池合用，必须设有保证消防水量不被动用的技术措施。

**二、消火栓给水系统的给水方式**

（一）直接给水方式

直接给水方式属于高压给水系统应用形式，消火栓给水系统与室外给水管网直接相连，利用室外给水管网水压直接供水（见图 13-1）。还有一种形式是消防管道与生活给水和生产管网共用，系统简单、经济，但随着人们对给水水质要求不断的提高，生活、消防共用系统中，在消防立管内长期滞留的死水对生活用水的影响已不容忽视，在住宅设计中宜分开单独设置。

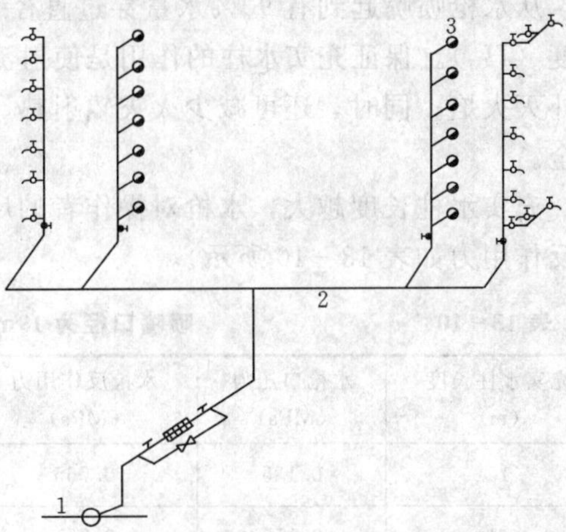


图 13-1　利用室外给水管网水压直接供水的给水方式

1—室外给水管网；2—室内管网；3—消火栓及立管；4—给水立管及支管

（二）水泵-水箱给水方式

水泵-水箱给水方式是临时高压给水系统中应用的一种形式，当室外给水管网的压力不能满足建筑内部消防所需压力时可用该形式。水箱的作用是保证 10min 的消防水量和维持一定水压，水箱水量可由生活用水泵补充。消防水泵有两种吸水形式，即与外网管道直连和从储水池吸水。当采用与外网管道直连的吸水形式时，须征得当地有关主管部门的同意。

（三）水泵-稳压装置给水方式

水泵-稳压装置给水方式用于临时高压给水系统中，在给水系统中设置专用的稳压泵或气压水罐装置。平时由稳压设施保持系统中的压力，灭火时由压力联动启动消防水泵工作，如图 13-2 所示。

**三、消火栓系统计算**

（一）消火栓口所需压力

消火栓口所需压力由三部分组成，即水龙带水头损失、消火栓口局部水头损失以及水

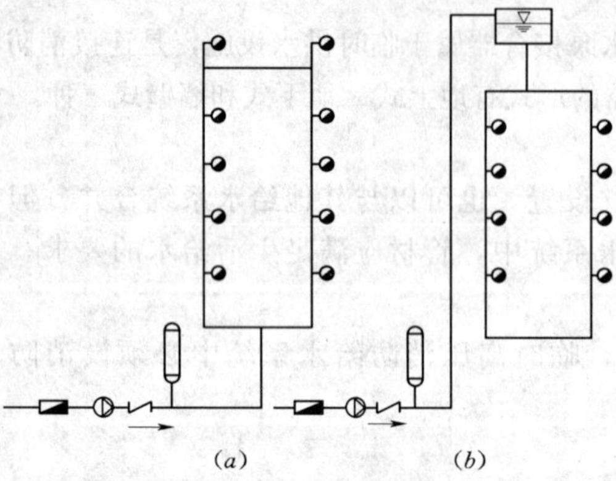

图 13-2　水泵-稳压装置的给水方式

(a) 无水箱；(b) 有水箱

枪喷嘴处为形成一定长度的充实水柱所需要的压力，其相互关系见下列公式：

$$H_{xh}=H_q+h_d+H_k \quad (13-1)$$

$$h_d=10A_zL_dq_{xh}^2 \quad (13-2)$$

$$q_{xh}=(BH_q)^{1/2} \quad (13-3)$$

式中：$H_{xh}$ 为消火栓口处的水压，kPa；$h_d$ 为水带的水头损失，kPa；$H_q$ 为水枪喷嘴处的水压，kPa；$q_{xh}$ 为水枪射出水量，L/s，按所需充实水柱计算；$A_z$ 为水带比阻；$L_d$ 为水带长度，m；$B$ 为水流特性系数；$H_k$ 为消火栓栓口局部水头损失，kPa，一般可按 20kPa 计算。

### （二）充实水柱长度

从水枪喷嘴起到有 90％水量穿过直径 380mm 圆环处的射流水柱长度，称为充实水柱长度（$H_m$）。保证充实水柱的作用是使射流水柱具有一定长度和冲击力，以便有效地射到并扑灭火焰；同时，还可减少火灾辐射热、烤灼等对消防人员的影响，以保护消防人员的安全。

充实水柱长度越大，水枪对操作者的反作用力也越大。当水枪喷嘴口径为 19mm 时，其反作用力如表 13-10 所示。

**表 13-10　喷嘴口径为 19mm 的水枪的反作用力**

| 充实水柱长度（m） | 水枪口压力（MPa） | 水枪反作用力（MPa） | 充实水柱长度（m） | 水枪口压力（MPa） | 水枪反作用力（MPa） |
|---|---|---|---|---|---|
| 10 | 0.135 | 0.765 | 15 | 0.270 | 1.531 |
| 11 | 0.150 | 0.851 | 16 | 0.325 | 1.842 |
| 12 | 0.170 | 0.963 | 17 | 0.355 | 2.013 |
| 13 | 0.205 | 1.162 | 18 | 0.433 | 2.438 |
| 14 | 0.245 | 1.380 | | | |

**注**　经过训练的人能承受的水枪最大反作用力不应超过 2.0MPa，一般不宜超过 1.5MPa。

但充实水柱长度不能过小，否则不能有效扑灭火焰。水枪的充实水柱长度不应小于有关规定。

充实水柱长度与水枪口径、水枪实际射流量和水枪口处压力的关系如表 13-11 所示。该表中所列数值是在无风状态下的计算值。但火场往往是有风的，而且燃烧区热空气上升、冷空气补入，形成空气对流。在较大火场，对流形成的风速一般不小于 3m/s，风能使直流水枪的密集射流体分散，减小充实水柱作用半径。根据试验和火场灭火实践，充实水柱长度、水枪口径、水枪实际射流量和水枪口处压力应按表 13-12 选用。

**表 13-11　　直流水枪的 $H_m-q_{xh}-H_q$ 关系**

| 充实水柱长度(m) | 不同喷嘴口径的压力和流量 | | | | | |
|---|---|---|---|---|---|---|
| | 13mm | | 16mm | | 19mm | |
| | 压力(kPa) | 流量(L/s) | 压力(kPa) | 流量(L/s) | 压力(kPa) | 流量(L/s) |
| 7 | 96 | 1.8 | 90 | 2.7 | 90 | 3.8 |
| 8 | 112 | 2.0 | 108 | 2.9 | 105 | 4.1 |
| 9 | 130 | 2.1 | 125 | 3.1 | 120 | 4.4 |
| 10 | 150 | 2.3 | 141 | 3.3 | 135 | 4.6 |
| 11 | 169 | 2.4 | 158 | 3.5 | 152 | 4.9 |
| 12 | 190 | 2.6 | 177 | 3.7 | 168 | 5.2 |
| 13 | 213 | 2.7 | 190 | 3.9 | 186 | 5.4 |
| 14 | 238 | 2.8 | 217 | 4.1 | 205 | 5.7 |
| 15 | 265 | 3.0 | 240 | 4.4 | 225 | 6.0 |
| 16 | 295 | 3.2 | 264 | 4.6 | 246 | 6.2 |
| 17 | 329 | 3.4 | 291 | 4.8 | 270 | 6.5 |

**注**　表中数值为理论计算值。

**表 13-12　　直流水枪 $H_m-q_{xh}-H_q$ 关系**

| 充实水柱长(m) | 不同喷嘴口径的压力和流量 | | | | | |
|---|---|---|---|---|---|---|
| | 13mm | | 16mm | | 19mm | |
| | 压力(kPa) | 流量(L/s) | 压力(kPa) | 流量(L/s) | 压力(kPa) | 流量(L/s) |
| 7 | 96 | 1.8 | 92 | 2.7 | 90 | 3.8 |
| 8 | 112 | 2.0 | 105 | 2.9 | 105 | 4.1 |
| 9 | 130 | 2.1 | 125 | 3.1 | 120 | 4.3 |
| 10 | 150 | 2.3 | 140 | 3.3 | 135 | 4.6 |
| 11 | 170 | 2.4 | 160 | 3.5 | 150 | 4.9 |
| 12 | 190 | 2.6 | 175 | 3.8 | 170 | 5.2 |
| 13 | 240 | 2.9 | 220 | 4.2 | 205 | 5.7 |
| 14 | 296 | 3.2 | 265 | 4.6 | 245 | 6.2 |
| 15 | 330 | 3.4 | 290 | 4.8 | 270 | 6.5 |
| 16 | 415 | 3.8 | 355 | 5.3 | 325 | 7.1 |
| 17 | 470 | 4.0 | 395 | 5.6 | 335 | 7.5 |

**注**　表中数值为考虑风速（3m/s）后的计算值。

（三）消防水池、水箱的储存容积

1. 消防水池的容积

消防水池的容积按下式计算：

$$V_f=3.6(Q_f-Q_L)T_f \tag{13-4}$$

式中：$V_f$ 为消防水池储水量，$m^3$；$Q_f$ 为室内消防用水量与室外给水管网不能保证的室外消防用水量之和，L/s；$Q_L$ 为市政管网可连续补充的水量，L/s；$T_f$ 为火灾延续时间，h，按有关规定选取。

2. 高位消防水箱容积

高位消防水箱中应储存10min室内消防用水量，其计算公式为

$$V_x = 0.6Q_x \tag{13-5}$$

式中：$V_x$ 为消防水箱储存容积，$m^3$；$Q_x$ 为室内消防用水总量，L/s。

为避免水箱容积过大，《高层民用建筑设计防火规范》（GB 50045—2005）规定：一类公共建筑的水箱容积不小于18 $m^3$；二类公共建筑（住宅除外）和一类居住建筑的水箱容积不小于12 $m^3$；二类居住建筑的水箱容积不小于6 $m^3$。

（四）消防管网水力计算

消防管网水力计算的目的是确定消防给水管网中管道的直径及水头损失，以便计算或校核消防水箱的设置高度及选择消防水泵（包括稳压设备）。

根据有关防火规范规定的室内消防用水量进行流量分配，在确定管网中各管段的流量后，以流速为控制条件即可计算出管径和单位管长沿程水头损失值；再根据局部水头损失占沿程水头损失的百分数确定出局部水头损失值，则可计算出管网系统的总水头损失。若资料充足，局部水头损失可按管（配）件当量长度法计算。

消防管道内流速一般控制在1.4～1.8m/s，不宜大于2.5m/s。沿程水头损失的计算方法同给水管道。

局部水头损失可按沿程水头损失的百分数确定：

（1）金属管道：

1）消火栓系统给水管网为10%。

2）生产、消防共用给水管网为15%。

3）生活、消防或生活、消防和生产共用给水管网为20%。

（2）钢塑复合管：消火栓消防给水管道为30%。

## 四、灭火设施及设备

（一）减压消火栓

以往为解决消火栓口静压力过高的问题，常采用减压孔板的方法，这种方法计算和施工安装都较繁琐。现在已研制出减压稳压消火栓，其工作原理是采用栓口前取样技术，使其具有自动辨别栓口前压力变化的能力，并快速根据栓口前压力变化来控制其内部减压稳压装置工作，保持栓后出口压力的稳定。减压稳压消火栓如图13-3所示。

图13-3　减压稳压消火栓

当减压稳压消火栓进水口压力为0.4～0.8MPa时，出水口压力为0.3MPa，稳压精度在±0.05MPa，出水流量不小于5L/s。在设有减压稳压消火栓的管道系统中，宜考虑在适当位置设置过滤器，以防异物堵塞泄水孔，在管材上宜选用镀锌钢管，如有条件可采用钢塑复合管。

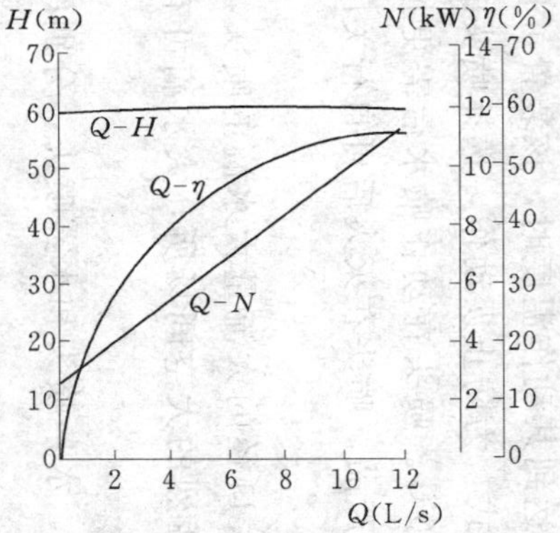


XBD10—60—HY 型泵性能曲线

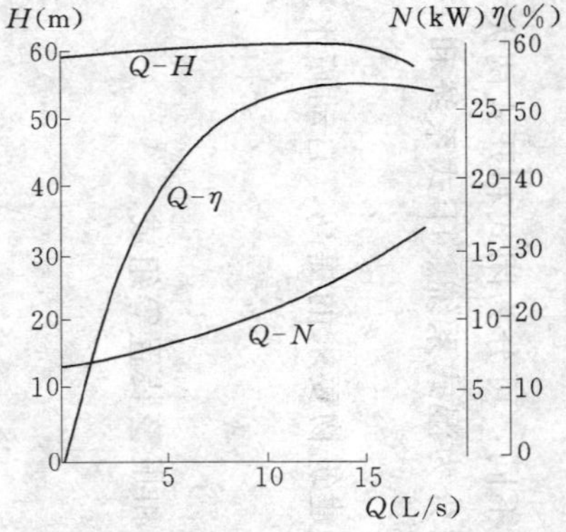


XBD15—60—HY 型泵性能曲线

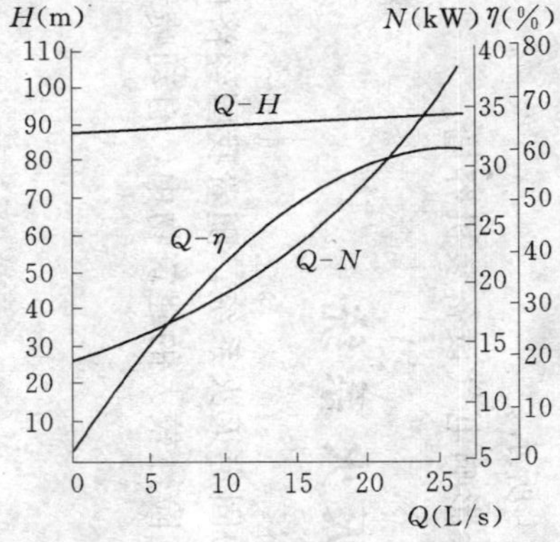


XBD20—90—HY 型泵性能曲线

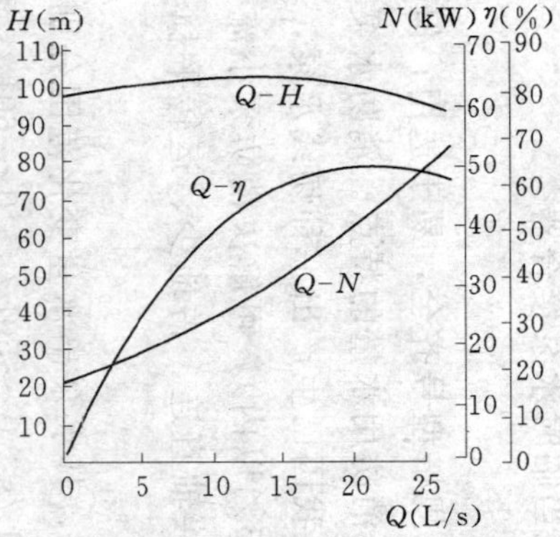


XBD30—100—HY 型泵性能曲线

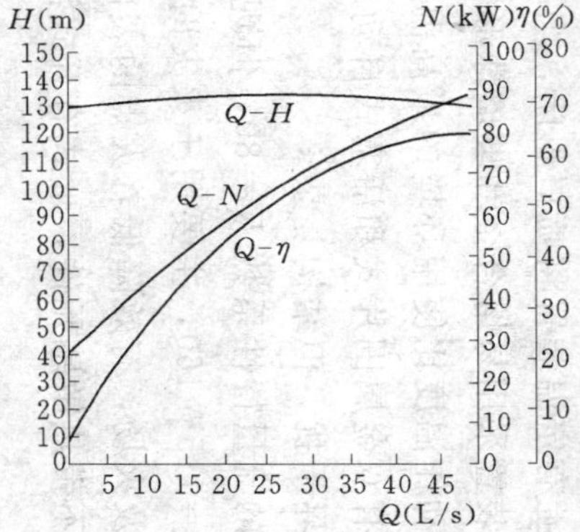


XBD40—130—HY 型泵性能曲线

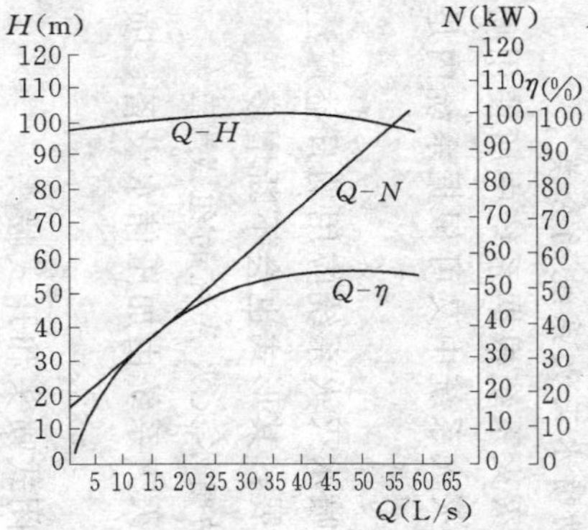


XBD50—100—HY 型泵性能曲线

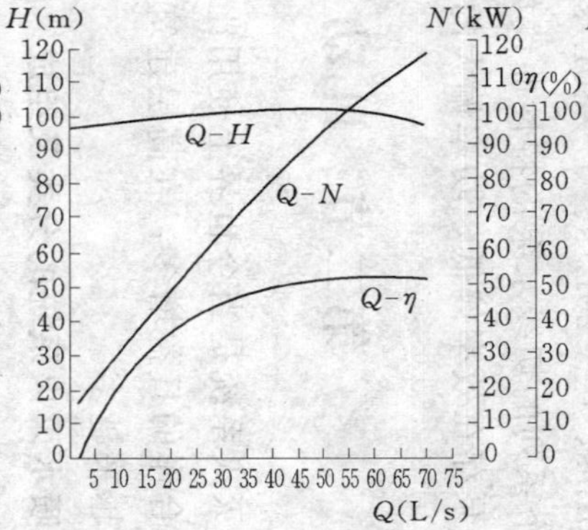


XBD60—100—HY 型泵性能曲线

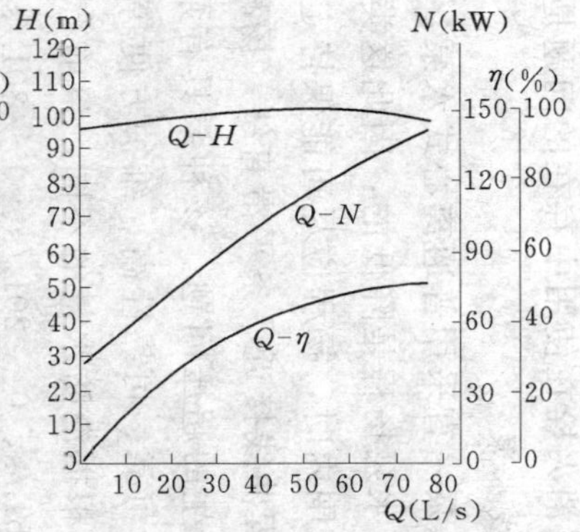


XBD70—100—HY 型泵性能曲线

图 13-4　切线泵特性曲线

减压稳压消火栓在使用中存在的问题是它不能充当临时水泵接合器。

（二）切线水泵

消防用水泵一直采用普通离心式水泵，其优势是规格型号齐全，易于选用；但随水泵出水量增大，水泵扬程是降低的，因此这类泵不符合消防用水量的特点。消防水泵要求出水量在一定范围内时，扬程应尽可能保持定值。现在我国已生产出一种切线水泵，其特性是：流量-扬程曲线接近一条平滑直线（扬程变化在5%以内），可解决消防泵小流量或零流量运转时产生的超压问题。该种泵具有泵与电机共轴直连、占地少、运转平稳、噪声小、机械密封可靠、可靠性高、维护方便等特点。

切线水泵根据消防水量的不同，目前有八个系列，其水泵出水量变化范围分别为0～10L/s、0～15L/s、0～20L/s、0～30L/s、0～40L/s、0～50L/s、0～60L/s和0～70L/s。这八个系列的切线水泵的特性曲线如图13-4所示。

但切线水泵存在效率偏低、功率偏大的缺点，会影响电气设备装机容量。

## 第二节 自动喷水灭火系统

自动喷水灭火系统是当今世界上使用比较普遍的固定灭火系统。随着我国经济的发展和国际交流与合作的日益增多，在高层建筑等火灾危险性较大的建筑物中，自动喷水灭火系统的应用也越来越多。

### 一、自动喷水灭火系统的分类及组成

（一）自动喷水灭火系统的分类

自动喷水灭火系统根据系统中所使用喷头的形式不同，可分为闭式和开式两大类。在闭式自动喷水灭火系统中又可根据系统内是否有水而分为湿式系统、干式系统和干式-湿式系统等。

随着自动喷水灭火系统应用的日益广泛及被保护建筑物要求的提高，自动喷水灭火系统也会不断发展，其形式也会不断增多。

（二）自动喷水灭火系统的组成

自动喷水灭火系统由加压储水设备、喷头、管网和报警装置等组成。

1. 喷头

喷头分为闭式喷头和开式喷头。

闭式喷头上有定温装置将喷口封闭，当环境温度达到其动作温度时，该装置可自动开启，一般定温装置采用易熔合金和玻璃球形等两种形式，为防止误动作，选择喷头时，要求喷头的公称动作温度比使用环境的最高温度要高30℃。喷头在动作喷水后需更换定温装置。现在已有双金属围片式和活塞式自动启闭喷头产品。喷头在灭火后可自行关闭，动作灵敏、抗外界干扰，但结构复杂。

一般喷头的流量特性系数$K=80$，但现在也有大口径的大流量大水滴的喷头，其流量特性系数$K=115\sim160$，主要用于火灾时燃烧较猛烈的大空间场所，大水滴可有效穿透火焰直接触及火场，有效降低着火点的表面温度。

开式喷头不带热敏感元件，形式有开式洒水喷头、水幕喷头和水雾喷头，分别用于雨

淋系统、水幕系统和水喷雾系统三种不同类型的喷水灭火系统。开式洒水喷头是不安装感温元件的闭式喷头。水幕喷头可喷出一定形状的幕帘，起到阻隔火焰穿透、吸热和隔烟等作用，不直接用于灭火。水雾喷头可使一定压力的水经过喷头后，形成雾状水滴并按一定的雾化角度喷向设定的保护对象以达到冷却、抑制、灭火等目的。两种常见的撞击式和离心式水雾喷头的规格及性能如表 13－13 所示。

**表 13－13　　　　水雾喷头的规格及性能**

| 喷头型式 | 型号规格 | 工作压力（MPa） | 流量（L/min） | 雾化角（°） | 流量特性系数 K |
|---|---|---|---|---|---|
| 离心式 | ZSTWB 22 60（90、120） | 0.35 | 22 | 60、90、120 | 11.8 |
| | ZSTWB—30—60（90、120） | | 30 | | 16 |
| | ZSTWB—40—60（90、120） | | 40 | | 21 |
| | ZSTWB—50—60（90、120） | | 50 | | 26.5 |
| | ZSTWB—63—60（90、120） | | 63 | | 34 |
| | ZSTWB—80—60（90、120） | | 80 | | 42 |
| | ZSTWB—100—60（90、120） | | 100 | | 53 |
| | ZSTWB—125—60（90、120） | | 125 | | 57 |
| 撞击式 | ZSTWC—40—60（90、120、150） | 0.35 | 40 | 60、90、120 | 21 |
| | ZSTWC—50—60（90、120、150） | | 50 | | 27 |
| | ZSTWC—63—60（90、120、150） | | 63 | | 34 |
| | ZSTWC—80—60（90、120、150） | | 80 | | 43 |
| | ZSTWC—100—60（90、120、150） | | 100 | | 53 |
| | ZSTWC—125—60（90、120、150） | | 125 | | 67 |
| | ZSTWC—160—60（90、120、150） | | 160 | | 86 |
| | ZSTWC—200—60（90、120、150） | | 200 | | 107 |

2. 报警阀

报警阀的作用是开启和关闭管网的水流，传递控制信号至控制系统并启动水力警铃直接报警。报警阀有湿式、干式、干-湿式和雨淋式四种类型。

3. 水流报警装置

水流报警装置有水力警铃、水流指示器和压力开关等形式。

4. 延迟器

延迟器为罐式容器，安装于报警阀与水力警铃（或压力开关）之间，其作用是防止误报警，一般延迟时间在 30s 左右。

5. 火灾探测器

火灾探测器是自动喷水灭火系统的重要组成部分，有感烟型、感温型、感光型等多种形式。电动的火灾探测器由电气自控专业设计。

6. 管道

自动喷水灭火系统的管材应使用热镀锌钢管或钢塑复合管。

7. 其他组件

自动喷水灭火系统中还应根据需要设置安全信号阀、节流装置和阀门等组件。

## 二、湿式自动喷水灭火系统

自动喷水灭火系统中约有70%是湿式自动喷水灭火系统。

表 13-14 民用建筑和工业厂房的系统设计基本参数

| 火灾危险等级 | | 喷水强度[L/(min·m²)] | 作用面积(m²) | 喷头工作压力(MPa) |
|---|---|---|---|---|
| 轻危险级 | | 4 | 160 | 0.10 |
| 中危险级 | Ⅰ级 | 6 | | |
| | Ⅱ级 | 8 | | |
| 严重危险级 | Ⅰ级 | 12 | 260 | |
| | Ⅱ级 | 16 | | |

注 系统最不利点处喷头的工作压力不应低于0.05MPa。

(一) 消防用水量和水压要求

湿式自动喷水灭火系统的消防用水量和水压要求如表13-14(该表中的规定值也适用于干式、预作用式灭火系统)所示。

水幕喷水系统作为保护设施或配合防火幕和防火卷帘进行防火隔断时，其用水量不应小于0.5L/(s·m)；用于舞台口、面积超过3m² 的洞口以及防火水幕带的水幕用水量不宜小于2L/(s·m)。开式自动喷水灭火系统中雨淋喷水灭火系统的消防用水量及水压应按严重危险级的标准确定。设计流量应为理论流量的1.15～1.30倍。

(二) 喷头的保护面积及布置间距

普通标准喷头的保护面积和间距要求如表13-15所示。

表 13-15 普通标准喷头的保护面积和间距要求

| 喷水强度[L/(min·m²)] | 正方形布置的边长(m) | 矩形或平行四边形布置的长边边长(m) | 一只喷头的最大保护面积(m²) | 喷头与端墙的最大距离(m) |
|---|---|---|---|---|
| 4 | 4.4 | 4.5 | 20.0 | 2.2 |
| 6 | 3.6 | 4.0 | 12.5 | 1.8 |
| 8 | 3.4 | 3.6 | 11.5 | 1.7 |
| 12～20 | 3.0 | 3.6 | 9.0 | 1.5 |

注 1. 仅在走道设置单排喷头的闭式系统，其喷头间距应按走道地面不留漏喷空白点确定。
2. 货架内喷头的间距不应小于2m，并应不大于3m。

边墙型喷头的保护面积和间距要求如表13-16所示。

表 13-16 边墙型喷头的保护面积和间距要求

| 设置场所火灾危险等级 | 轻危险级 | 中危险级(Ⅰ级) |
|---|---|---|
| 配水支管上喷头的最大间距(m) | 3.6 | 3.0 |
| 单排喷头的最大保护跨度(m) | 3.6 | 3.0 |
| 两排相对喷头的最大保护跨度(m) | 7.2 | 6.0 |

注 1. 两排相对喷头应交错布置。
2. 室内跨度大于两排相对喷头的最大保护跨度时，应在两排相对喷头中间增设一排喷头。

(三) 管网水力计算方法

水力计算的目的在于确定管网各管段的管径及系统所需水压力。目前，自动喷水灭火系统管道水力计算方法有以下两种。

1. 特性系数法

当喷头的形式和口径等确定以后，即可从系统设计最不利点的喷头开始，沿水流方向计算各喷头的压力、喷水量和管段的累积流量、水头损失，直至某管段的累积流量达到设计流量为止。此后的管段中流量不再变化，仅需计算其水头损失。最不利点处喷头的工作水压一般为0.10MPa，最小不应小于0.05MPa。

（1）喷头出流量和管段水头损失。

1）喷头出流量的计算公式为

$$q_0 = K(10P)^{1/2} \tag{13-6}$$

式中：$q_0$ 为喷头出水量，L/min；$P$ 为喷头处水压，MPa；$K$ 为喷头流量特性系数，当喷头直径为15mm时 $K=80$（不同形式的喷头，$K$ 值不同，应根据厂家提供的资料正确选取）。

2）管道单位长度水头损失计算公式为

$$i = 0.0000107 v^{1/2} / d_j^{1.3} \tag{13-7}$$

式中：$i$ 为管道的水力坡降，MPa/m；$v$ 为管道内平均水流速率，m/s；$d_j$ 为管道计算内径，m。

（2）局部水头损失。局部水头损失宜采用管（配）件当量长度法计算，如表13-17所示。如果该资料不足，可按管网沿程水头损失值的20%计算。

**表13-17　管（配）件当量长度**

| 管（配）件名称 | 管（配）件直径（mm） | | | | | | | | |
|---|---|---|---|---|---|---|---|---|---|
| | 25 | 32 | 40 | 50 | 70 | 80 | 100 | 125 | 150 |
| 45°弯头 | 0.3 | 0.3 | 0.6 | 0.6 | 0.9 | 0.9 | 1.2 | 1.5 | 2.1 |
| 90°弯头 | 0.6 | 0.9 | 1.2 | 1.5 | 1.8 | 2.1 | 3.1 | 3.7 | 4.3 |
| 三通或四通 | 1.5 | 1.8 | 2.4 | 3.1 | 3.7 | 4.6 | 6.1 | 7.6 | 9.2 |
| 蝶阀 | | | | 1.8 | 2.1 | 3.1 | 3.7 | 2.7 | 3.1 |
| 闸阀 | | | | 0.3 | 0.3 | 0.3 | 0.6 | 0.6 | 0.9 |
| 止回阀 | 1.5 | 2.1 | 2.7 | 3.4 | 4.3 | 4.9 | 6.7 | 8.3 | 9.8 |
| 异径接头 | *DN*32×25 | *DN*40×32 | *DN*50×40 | *DN*70×50 | *DN*80×70 | *DN*100×80 | *DN*125×100 | *DN*150×125 | *DN*200×150 |
| | 0.2 | 0.3 | 0.3 | 0.5 | 0.6 | 0.8 | 1.1 | 1.3 | 1.6 |

注　1. 过滤器当量长度的取值由生产厂提供。

2. 当异径接头的出口直径不变而入口直径提高1级时，其当量长度应增大0.5倍；提高2级或2级以上时，其当量长度应增大1.0倍。

2. 简化计算方法——作用面积法

特性系数法是逐点计算，除最不利点喷头以外的其他喷头的出水量均超过设计要求，系统设计偏于安全。该方法适用于燃烧物量大、火灾危险严重场所的管道计算及开式雨淋系统、水幕系统的管道水力计算。但是，该方法计算量大，较繁琐，因此，对于轻危级和中危级系统，可采用按作用面积法的简化计算方法。

作用面积法的计算前提是先根据配水管上安装喷头的数量确定出管径；然后再确定最不利作用面积（以 $F$ 表示）在管网中的位置，作用面积应设计成正方形或矩形。如果作用面积设计为矩形，其长边应平行于配水支管，长度宜为 $1.2F^{1/2}$。

计算喷头出水量时，仅包括选定的作用面积范围以内的喷头，且认为每个喷头出水量相等；但作用面积内的平均喷水强度不应小于表13-15中的规定值，且在作用面积中任选四个相邻喷头组成的保护面积内，平均喷水强度的偏差应在规定值的±20%范围以内。

当作用面积选定后，即可从最不利点喷头开始依次计算各管段的流量和沿程水头损失，直至作用面积内最末一个喷头为止。此后管段的流量不再增加，仅计算管道的水头损失。

## 三、其他自动喷水灭火系统

### （一）自动水喷雾灭火系统

1. 自动水喷雾灭火系统的适用条件

自动水喷雾灭火系统是在自动喷水灭火系统的基础上发展起来的，该系统的关键是采用特殊专用水雾喷头，可将水流分散为细小的水雾滴来灭火。其特点是水的利用率极大提高，细小的水雾滴几乎可完全汽化使冷却效果非常好，产生膨胀约1680倍的水蒸气可形成窒息的环境条件；电气绝缘性好，不仅可以扑救一般固体火灾、可燃液体火灾，还可扑救电气火灾，并可用于可燃气体和甲、乙两类液体的生产、储存装置或装卸设施的防护冷却。

但是，自动水喷雾灭火系统不能用于扑救遇水发生化学反应而造成燃烧、爆炸的火灾及水雾会对保护对象造成严重破坏的火灾。

2. 自动水喷雾灭火系统的组成

自动水喷雾灭火系统根据需要有固定式和移动式两种。移动式喷头可作为固定式装置的辅助喷头。固定式水喷雾灭火系统一般由火灾探测自控系统、高压给水设备、控制阀门、水雾喷头及管网等组成，如图13-5所示。

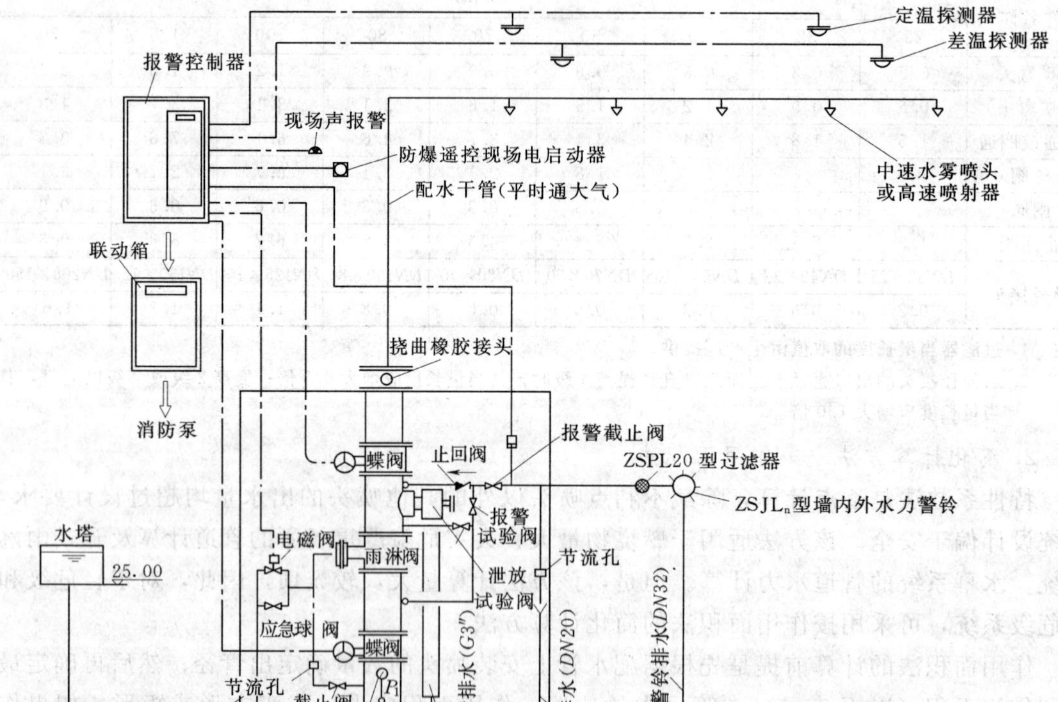


图13-5　自动水喷雾灭火系统

(1) 火灾探测自控系统。灭火系统应有自动控制、手动遥控和应急操作三种控制方式。火灾探测器常用的有缆式线型定温探测器、感光探测器、可燃气体浓度探测器等。

(2) 控制阀门。控制阀门分为雨淋阀和电动球阀。

1) 雨淋阀：雨淋阀的原理是雨淋阀上带有电磁阀、手动球阀、压力开关、水力警铃以及可接闭式喷头用作传动控制系统的传动管接口等，通过压力开关可自动启动供水泵等装置。

2) 电动球阀：可自动接通管路，但需注意防爆问题。

(3) 水雾喷头。专用的水雾喷头由锡青铜或不锈钢制成，在高压水的作用下可使水产生雾化，一般雾滴直径在0.2～0.8mm范围内，喷出的雾滴应能在2～3s内完全汽化。

(4) 管道及附件。自动水喷雾灭火系统中，在地上的管道应采用内外镀锌的钢管、镀锌无缝钢管或钢塑复合管，宜采用丝扣连接。室内水喷雾系统的管材也有采用氧化聚氨乙烯（CPVC）的。主管道和通向每个防护区的管道均应设管道过滤器和过滤器冲洗接头，雨淋阀、电磁阀之前也应设过滤器，过滤器滤网的孔径应小于喷头最小水流孔道的1/2。在必要的地方应设减压孔板和节流管。

3. 喷头的布置

喷头可布置为矩形或菱形。按矩形布置时，水雾喷头的间距不应大于1.4倍水雾喷头的水雾锥底圆半径；按菱形布置时，水雾喷头的间距不应大于1.7倍水雾喷头的水雾锥底圆半径。

4. 管道水头损失

管道水头损头包括沿程水头损失和局部水头损头。

(1) 沿程水头损失的计算方法同湿式自动喷水灭火系统的计算方法。

(2) 局部水头损失宜采用当量长度法，或按管道沿程水头损失的20%～30%计算。

(二) 蒸汽灭火系统

蒸汽灭火的原理是将惰性气体蒸汽释放到燃烧区后，使燃烧区内的含氧量降低，当降低至一定浓度以下时，燃烧不能继续而被熄灭。饱和蒸汽的灭火效果优于过热蒸汽，尤其是在扑灭高温设备的油气火灾时，不仅能迅速扑灭泄漏处的火灾，而且不会引起设备的损坏。该方法在石油化工企业内以及有蒸汽源的燃油锅炉房、油泵房、重油储罐区、火灾危险性较大的石油化工露天生产装置等场所，已得到了广泛使用。

1. 适用范围及特点

(1) 适用范围。蒸汽灭火系统的适用范围如下：

1) 操作温度等于或高于易燃及可燃液体闪点的泵房（体积一般不大于500m$^3$），操作温度接近或高于自燃点的热油泵、燃油或燃气的工业锅炉房。

2) 单台锅炉蒸发量超过2L/h的燃油、燃气的锅炉房。

3) 火柴厂的火柴生产联合机部位。

4) 污水处理厂的隔油池。

5) 使用蒸汽的甲、乙类厂房和操作温度等于或超过本身自燃点的丙类液体厂房。

(2) 特点。蒸汽灭火系统的设备简单，安装方便，使用灵活，维修容易并较经济。但它不能用于遇水蒸气会发生剧烈化学反应和爆炸等的生产工艺装置和设备；由于冷却作用不大，也不适用于体积大、面积大的火灾，且不宜用于扑救涉及电气设备、精密仪表、文物档案及贵重物品的火灾。

2. 蒸汽灭火系统的类型与组成

蒸汽灭火系统可分为固定式和半固定式两种。

(1) 固定式蒸汽灭火系统。固定式蒸汽灭火系统一般由蒸汽源、输汽管网、配汽管、蒸汽幕管等组成，如图 13-6 所示。

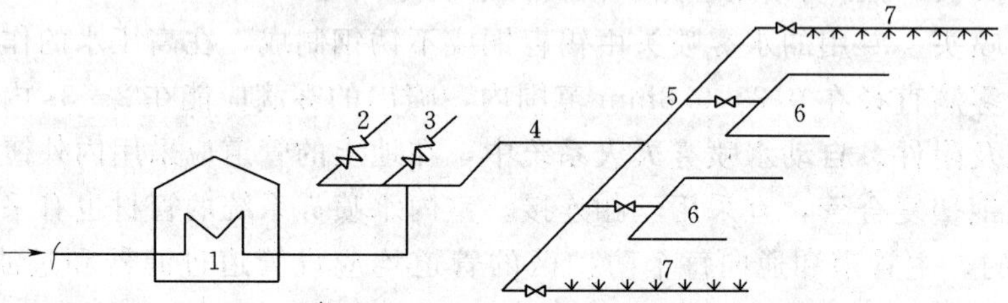


图 13-6 固定式蒸汽灭火系统

1—蒸汽锅炉房；2—生活蒸汽管线；3—生产蒸汽管线；4—输汽干管；5—配汽支管；6—配汽管；7—蒸汽幕（管道钻孔）

(2) 半固定式蒸汽灭火系统。半固定式蒸汽灭火系统用于扑救局部火灾，一般由蒸汽源、输汽管网、支管接口短管、蒸汽喷枪等组成，如图 13-7 所示。

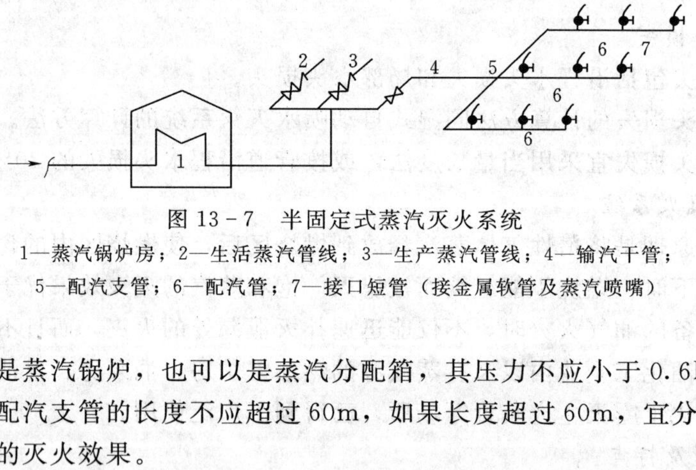


图 13-7 半固定式蒸汽灭火系统

1—蒸汽锅炉房；2—生活蒸汽管线；3—生产蒸汽管线；4—输汽干管；5—配汽支管；6—配汽管；7—接口短管（接金属软管及蒸汽喷嘴）

3. 其他要求

蒸汽源可以是蒸汽锅炉，也可以是蒸汽分配箱，其压力不应小于 0.6MPa。

输汽干管与配汽支管的长度不应超过 60m，如果长度超过 60m，宜分设灭火蒸汽分配箱，以保证蒸汽的灭火效果。

蒸汽管道应有不小于 0.003 的坡度，并在管道低处设放水阀。

配汽管距地高度一般为 200～300mm，配汽管上的排汽孔直径为 3～5mm，孔中心间距为 30～80mm。

（三）循环自动喷水灭火系统

循环自动喷水灭火系统是在预作用系统的基础上发展起来的。循环自动喷水灭火系统可用于生产车间、电缆间、集控室、计算机房、配电间、电缆隧道等地方，在灭火过程中可尽量降低水的破坏力。

1. 循环自动喷水灭火系统的特点

循环自动喷水灭火系统在灭火后能自动关闭，节省消防用水量，降低水渍损失；火灾后在系统处于工作状态下就可更换喷头；系统在备用电池用完前，可自动转为湿式系统形式，应用范围更广泛；但造价较高，目前只用在特殊场合。

2. 循环自动喷水灭火系统的组成及工作原理

循环自动喷水灭火系统不但能自动喷水灭火，而且当火灾扑灭后系统还能自动关闭。当火灾再次发生时，系统又能重新启动喷水灭火。

循环自动喷水灭火系统主要由火灾探测报警系统、供水设备、空气设备、水流控制阀、管阀、闭式喷头等组成，如图 13-8 所示。

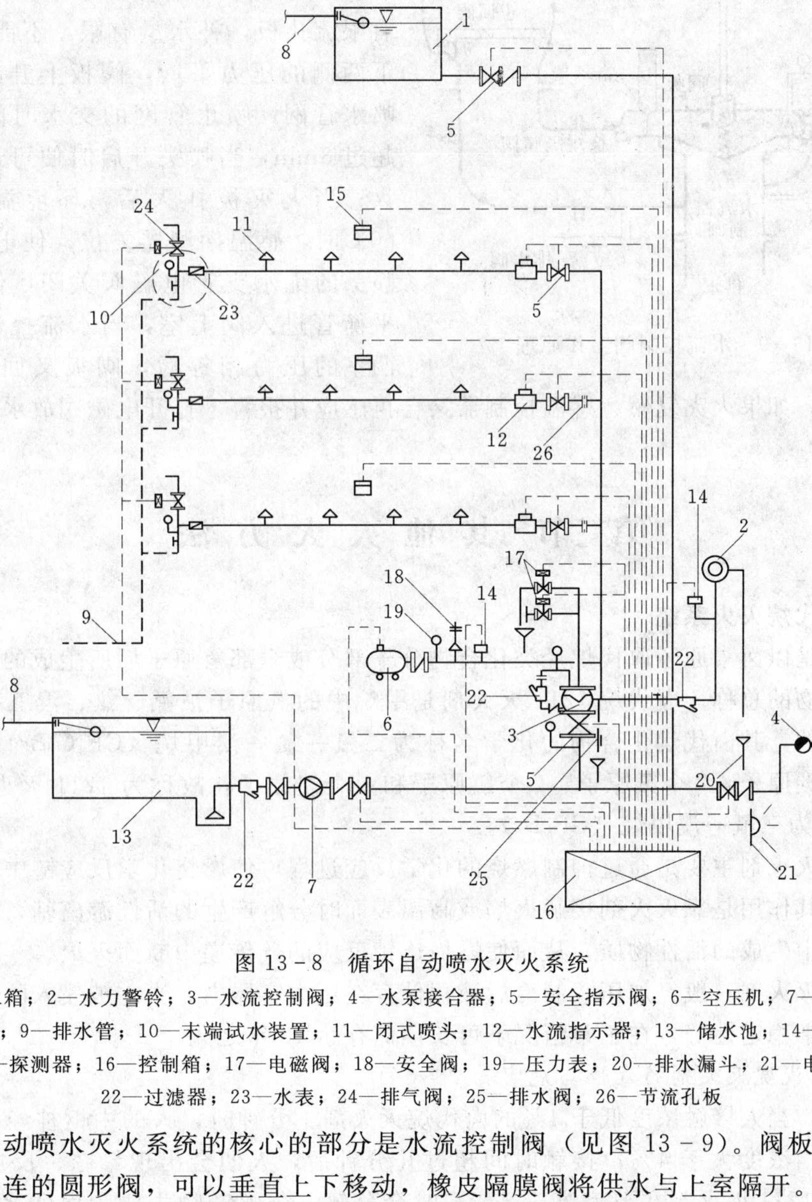


图 13-8　循环自动喷水灭火系统

1—高位水箱；2—水力警铃；3—水流控制阀；4—水泵接合器；5—安全指示阀；6—空压机；7—消防水泵；8—进水管；9—排水管；10—末端试水装置；11—闭式喷头；12—水流指示器；13—储水池；14—压力开关；15—探测器；16—控制箱；17—电磁阀；18—安全阀；19—压力表；20—排水漏斗；21—电铃；22—过滤器；23—水表；24—排气阀；25—排水阀；26—节流孔板

循环自动喷水灭火系统的核心的部分是水流控制阀（见图 13-9）。阀板是一个与橡皮隔膜阀相连的圆形阀，可以垂直上下移动，橡皮隔膜阀将供水与上室隔开。在阀板的下部供水端和阀板上室之间有一根管，称为压力平衡管。该管将上、下阀室相连通，当阀处

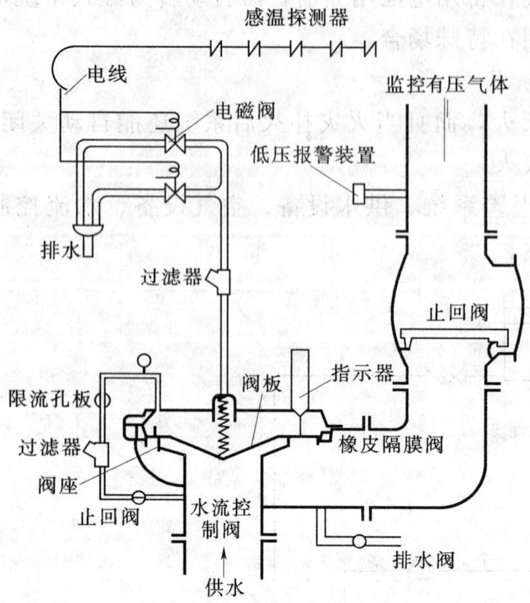


图 13-9　水流控制阀工作原理

于关闭状态时，使上、下阀室的水压相等。阀板的上部面积大于下部面积，阀板上室内还有一个小弹簧，加上阀板自重，只有当阀板上部水压降至下部水压的 1/3 时，阀板才会开启。

感温探测器在喷头开启之前感应到火情后自动报警并打开电磁阀，使水流控制阀上室外的水外排，由于压力平衡管上装有限流孔板，补水量有限，不能维持阀上、下两侧的压力平衡，阀板上升，供水进入喷水管网，喷水管网的交水时间一般不应超过 3min，当喷头开启时便可迅速出水灭火；当火灾被扑灭后，环境温度下降到 60℃时，感温探测器复位，使电磁阀关闭，喷头的配水支管电磁阀关闭，供水从压力平衡管进入阀上室，当水流控制阀上、下两室的压力相等后，阀板又回到阀座上，使关闭阀门。如果火灾复燃，感温控制器又会再感应并报警、打开电磁阀放水，喷头重新喷水灭火。

## 第三节　其他灭火方法

### 一、卤代烷灭火系统

卤代烷是以卤素原子取代烷烃类化合物分子部分或全部氢原子后所生成的物质，是一类有机化合物的总称。卤代烷 1211 灭火剂是甲烷中的氢原子被氟、氯、溴三种卤素原子取代后形成的，其卤代烷化合物的化学名称为二氟一氯一溴甲烷（$CF_2ClBr$），因化学式中含有 1 个碳原子、2 个氟原子、1 个氯原子和 1 个溴原子，故称为 1211 灭火剂。同理，1301 灭火剂为三氟一溴甲烷（$CF_3Br$）。

卤代烷灭火剂主要是通过抑制燃烧的化学反应过程，使燃烧化学反应链中断而达到灭火的目的；其作用是靠灭火剂接触火焰或高温表面时分解产生的活性游离基，夺取燃烧连锁反应过程中生成的活性物质，从而使燃烧连锁反应的链传递中断而灭火。

卤代烷灭火剂一般经加压或制冷后液化储存在压力容器内，当它被喷入防护区后迅速汽化，其化学稳定性好，在正常情况下可长期储存达 20 年之久。

#### （一）卤代烷灭火剂的毒性与危害

经试验，当人接触浓度低于 4%的卤代烷灭火剂 1 分钟时，人的中枢神经系统即开始出现反应；当浓度大于 4%，接触时间超过几分钟后，人便会出现晕眩、反应迟钝等现象。卤代烷 1211 灭火剂在温度高于 482℃时会分解，分解产物主要为卤酸（HF、HCl、HBr）和游离卤素（$Cl_2$、$Br_2$），并产生少量的卤代碳酸（$COF_2$、$COCl_2$、$COBr_2$）。

在有水分条件下，卤代烷灭火剂会发生水解，生成氢卤酸，会对金属造成腐蚀；当含水量在0.02%以下时，对钢、黄铜和铝没有腐蚀作用。

卤代烷灭火剂在使用后由于其产生的游离氯和溴会消耗地球上空10～20km处的臭氧保护层，使可被臭氧层吸收的太阳射线直接通过臭氧空洞射到地球表面，危及地上的生物。氟利昂制冷剂和卤代烷灭火剂对臭氧层的破坏程度可用臭氧耗减潜能值（即ODP系数）表示，如表13-18所示。2010年后我国将停止使用这类灭火剂。目前，世界上有近20种这类灭火剂的候选替代产品，如Halon 1301、FE13、Triodide、FE25、FE241、FM200、IG541、IG55、IG01等。

**表13-18　氟、氯、碳、化合物的ODP系数**

| 组　别 | 编　号 | ODP系数 |
|---|---|---|
| 第一组化合物（氟利昂） | CFC—11 | 1 |
| | CFC—11 | 1 |
| | CFC—11 | 0.8 |
| | CFC—11 | 1 |
| | CFC—11 | 0.6 |
| 第二组化合物（卤代烷） | Halon1301 | 10.0 |
| | Halon1211 | 3.0 |
| | Halon2402 | 未定 |

（二）卤代烷灭火剂的适用范围

卤代烷灭火剂可扑灭B类和C类火灾及A类的表面火灾、带电设备和电气线路火灾，但不能扑灭无空气仍能迅速氧化的化学物质火灾、化学性活泼的金属火灾、金属的氢化物火灾、强氧化剂火灾和能自燃的火灾。

（三）卤代烷灭火系统的组成及工作原理

卤代烷灭火系统可分为独立系统和组合分配系统。它们均由启动钢瓶、卤代烷储瓶、集流管、电磁阀、管网和喷嘴等组成。卤代烷灭火系统的工作原理框图如图13-10所示。

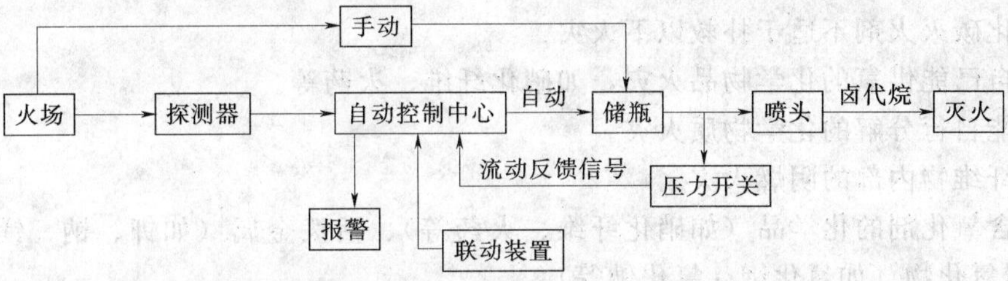


图13-10　卤代烷灭火系统的工作原理框图

## 二、二氧化碳自动灭火系统

1987年9月16日诞生了《关于消耗臭氧层物质的蒙特利尔议定书》，制定了限制生产并逐步淘汰卤代烷灭火剂的战略，在其后的修正案中要求发达国家到1995年底全部停止生产氯氟烃与卤代烷灭火剂，发展中国家到2010年以前停止生产。由此二氧化碳自动灭火系统就成了卤代烷灭火系统的替代方法之一。

$CO_2$是一种无色、无味、不导电的惰性气体，比空气略重。二氧化碳灭火剂来源广泛，具有价格低廉（仅为卤代烷1211灭火剂的1/50）、灭火性能好、热稳定性和化学稳定性好以及灭火后不污损保护物等优点。

（一）灭火原理

二氧化碳灭火剂在常温、常压下为三相，其临界温度为31.4℃，临界压力为2.4MPa；固-液-气三相共存温度为－56.6℃，该点压力为0.52MPa。二氧化碳灭火剂是在气-液两相状态下储存的。其储存状态分为高压储存和常温储存，温度容许在 0～60℃变化；低压储存可在－20～－18℃条件下储存。

二氧化碳的灭火原理有窒息作用和冷却作用两种：

(1) 窒息作用的原理是：二氧化碳灭火剂被喷放出来后，分布于燃烧物周围，稀释周围空气中的氧含量，使燃烧物产生的热量减小，当热量小于热散失率时燃烧就会停止。

(2) 冷却作用的原理是：二氧化碳灭火剂被喷放出来后由液相迅速变为气相，会吸收周围大量的热量，使周围温度急剧下降。

在这两种作用中，窒息作用是主要的，冷却作用是次要的。

(二) 适用条件

1. 适于扑救的火灾

二氧化碳灭火剂适于扑救气体火灾和甲、乙、丙类液体火灾以及一般固体物质火灾。用二氧化碳灭火时，不会污染火场环境，灭火后不留痕迹，不腐蚀设备。此外，由于二氧化碳不导电，所以可用来扑救带电设备的火灾。

二氧化碳灭火剂的扑救范围还包括以下几项：

(1) 油浸变压器室、充油高压电容器室、多油开关室和发电机房等。

(2) 通信机房、大中型电子计算机房、电视发射塔的微波室、精密仪器室和贵重设备室。

(3) 图书馆、档案库、文物资料室和图书馆的珍藏室等。

(4) 加油站、油泵间和化学实验室等。

2. 不适于扑救的火灾

二氧化碳灭火剂不适于扑救以下火灾：

(1) 自己能供氧的化学物品火灾，如硝化纤维、火药等。

(2) 能自行分解的化学物质火灾。

(3) 纤维物内部的阴燃火灾。

(4) 含氧化剂的化学品（如硝化纤维、火药等）、活泼金属（如钾、钠、镁、钛、锆等）、金属氧化物（如氰化钾、氰化钠等）。

(三) 二氧化碳灭火系统及工作原理

二氧化碳灭火系统根据储罐内压力不同分为低压二氧化碳灭火系统和高压二氧化碳灭火系统。两者的组成基本相同，但低压二氧化碳灭火系统中需要增加一套制冷系统，保证储罐内的二氧化碳的温度为－20～－18℃，压力为 2.0～2.14MPa，使储罐保持在一个安全的物理状态。

1. 高压二氧化碳灭火系统

高压二氧化碳灭火系统储存容器的储存压力为 5～17MPa。二氧化碳灭火系统有全淹没和局部应用两种形式，按使用方法不同又可分为组合分配系统（见图 13-11）和单元独立系统。

二氧化碳灭火系统由探测和报警控制装置、灭火装置、管网和喷嘴等组成。

(1) 探测和报警控制装置：主要作用包括探测、接收、确认、发出指令等，具有多种启动方式。

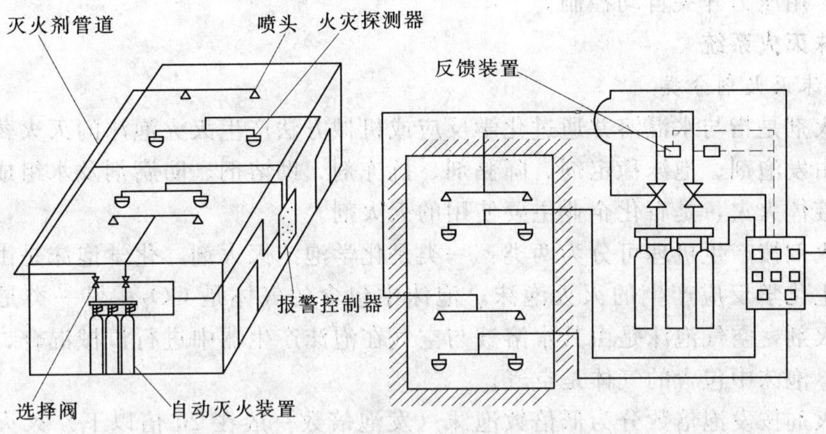


图 13-11　高压二氧化碳灭火组合分配系统控制示意

(2) 灭火装置：由储瓶装置、驱动装置、集流管、选择阀、压力信号器、安全泄放阀、单向阀和固定支架等组成。

1) 储存瓶：在高压下储存液态 $CO_2$ 的钢制压力容器，工作压力为 15MPa。

2) 驱动装置：包括驱动气瓶、驱动阀、电磁铁等。驱动气瓶内充装压力为 6MPa 的氮气，发生火警时，火灾报警控制器输出信号，启动电磁铁，闸刀割破密封膜片使容器内的氮气释放，经过控制管路，将选择阀和 $CO_2$ 储存瓶打开。紧急情况下也可拔出手动保险销，拍击手动按钮，即可使驱动阀动作。

3) 选择阀：其作用是当选择阀对应的防护区发生火警时，控制器输出信号打开选择阀对应的驱动瓶，驱动气体再把选择阀打开，保证 $CO_2$ 顺利通过。

4) 气体单向阀：用于组合分配系统，使气体打开相应的 $CO_2$ 储存瓶，而其他分路的选择阀和相应的 $CO_2$ 储存瓶不被打开，以达到组合分配的功能。

5) 液体单向阀：装于储存瓶与集流管之间，防止 $CO_2$ 灭火剂从集流管倒流回储存瓶。

6) Fex 信号发生器：显示系统是否启动成功。

7) 集流管：用于汇集储存瓶中的 $CO_2$ 向防护区施放，集流管上需设安全阀以防超压。其安全泄放压力为 15±0.75MPa。

8) 喷头：灭火系统的终端元件之一，喷头流量大小可以控制灭火剂的喷射速率。喷头的形式有全淹没型喷头、局部应用架空型喷头、墙边型喷头等。

(3) 工作原理：当防护区发生火灾时，探测器将信号传送到控制盘，控制盘接到信号后立即启动报警装置，发出声、光报警，同时发出联动指令关闭联动设备，经过一定的延时（不超过 30s）后发出灭火指令；而后打开驱动装置，启动灭火剂瓶组，灭火剂通过阀门、管道和喷嘴喷入防护区中进行灭火。

2. 低压二氧化碳灭火系统

低压二氧化碳灭火系统与高压二氧化碳灭火系统相比，主要是增加了一套冷却系统，其他部分基本相同。低压储存装置一般是在压力容器外包一个密封的金属壳，壳内有绝缘体，在储存容器一端安装一个制冷机装置，它的冷却蛇管装于储存容器内。低压储存装置以电力操纵，用压力开关自动控制。

## 三、泡沫灭火系统

### （一）泡沫灭火剂分类

泡沫灭火剂是指与水混溶并通过化学反应或机械方法产生灭火泡沫的灭火药剂。泡沫灭火剂一般由发泡剂、泡沫稳定剂、降黏剂、抗冻剂、助溶剂、防腐剂及水组成，主要用于扑救可燃液体火灾，是石化企业主要使用的灭火剂。

泡沫灭火剂按产生机理可分为两类：一类是化学泡沫灭火剂，化学泡沫是由两种药剂的水溶液发生化学反应产生的灭火泡沫，泡沫中包含的气体是 $CO_2$；另一类是空气（机械）泡沫灭火剂，空气泡沫是由其水溶液与空气在泡沫产生器中进行机械混合、搅拌生产的灭火泡沫，泡沫中包含的气体是空气。

泡沫灭火剂按发泡倍数分为低倍数泡沫（发泡倍数一般在 20 倍以下）灭火剂、中倍数泡沫（发泡倍数一般为 20～200 倍）灭火剂和高倍数泡沫（发泡倍数为 200～1000 倍）灭火剂。

化学泡沫灭火剂属于低倍数泡沫灭火剂，空气泡沫灭火剂绝大部分也是低倍数泡沫灭火剂。

泡沫灭火剂按用途分为普通泡沫灭火剂和抗溶泡沫灭火剂。普通泡沫灭火剂适用于扑救 A 类火灾和 B 类非极性液体火灾；抗溶泡沫灭火剂适用于扑救 A、B 类火灾，但目前仅用于扑救 B 类极性液体火灾。

### （二）泡沫灭火原理

泡沫是一种体积小、表面被液体包围的气泡群，发泡倍数为 2～1000 倍，密度为 $0.001 \sim 0.5 g/cm^3$。因为泡沫的密度远远小于一般可燃液体的密度，所以泡沫可以在液体表面形成一个由泡沫覆盖的漂浮层。同时，泡沫又具有一定黏度，又可以黏附于一般可燃固体的表面。因此，泡沫灭火剂的灭火原理主要有覆盖作用、冷却作用和稀释作用。

(1) 覆盖作用：使燃烧物表面与空气隔离，隔断火焰对燃烧物的热辐射，防止燃烧蒸发或热解挥发，使可燃气体难以进入燃烧区。

(2) 冷却作用：泡沫析出液体对燃烧表面有冷却作用。

(3) 稀释作用：泡沫受热产生的水蒸气可稀释燃烧区氧气浓度。

这三种作用中覆盖作用是泡沫的主要灭火原理。

### （三）泡沫灭火剂

1. 化学泡沫

化学泡沫灭火剂由发泡剂、泡沫稳定剂、添加剂和水组成，常用的有 YP 型、YPB 型和 YPD 型三种型号。

YP 型和 YPB 型灭火剂属于普通化学泡沫灭火剂。YP 型灭火剂的泡沫稳定性较好，但泡沫黏稠，流动性和自封性较差，灭火能力较低，并且易腐败变质，不易长期储存；YPB 型灭火剂的泡沫具有很好的流动性，且具有很好的疏热、抑制油品蒸发的能力，灭火能力比 YP 型灭火剂高出 1 倍以上，并且由于全部采用合成材料，储存期长。

YPD 型灭火剂属于抗溶泡沫灭火剂，不仅适用于扑救油品的火灾，而且适用于扑救水溶性可燃液体的火灾。

2. 泡沫液

泡沫液是液态形式的泡沫灭火剂，包括蛋白泡沫型、氟蛋白泡沫型、水成膜泡沫型、合成泡沫型和抗溶泡沫型。

(1) 蛋白泡沫灭火剂。蛋白泡沫灭火剂是由水解蛋白、稳定剂、无机盐、抗冻剂、防腐剂及水组成。水解蛋白是发泡剂，由天然动物性蛋白（动物的蹄、角、毛、血及家禽的羽毛等）或植物性蛋白（豆饼、豆皮、菜籽饼等）在碱液的作用下，经部分水解后加工浓缩而制成。某蛋白泡沫液的组成如表 13－19 所示。蛋白泡沫灭火剂质量分等技术要求如表 13－20 所示。

**表 13－19　　某蛋白泡沫液的组成**

| 组成＼类型 | 3%型 | 6%型 | 组成＼类型 | 3%型 | 6%型 | 组成＼类型 | 3%型 | 6%型 |
|---|---|---|---|---|---|---|---|---|
| 水解蛋白 | 48.0 | 38.0 | 二价铁盐 | 3.0 | 1.5 | 乙二醇 | 5.0 | |
| 皂角草素 | 3.0 | | 无机盐 | 8.0 | 5.8 | 溶剂 | 3.0 | |
| 表面活性剂 | 3.0 | | 防腐剂 | 0.5 | 0.6 | 水 | 26.5 | 54.1 |

**表 13－20　　蛋白泡沫灭火剂质量分等技术要求**

| 项目名称＼分等项目 | | 一等品 | 优等品 |
|---|---|---|---|
| 密度（20℃）（g/cm³） | | 1.10～1.20 | 1.10～1.20 |
| pH 值（20℃） | 泡沫原液 | 6.0～7.5 | 6.0～7.5 |
| | 海水混合液 | 6.0～7.5 | 6.0～7.5 |
| 黏度（20℃）（mPa·s） | 6%型 | ≤15（植物蛋白≤25） | ≤15（植物蛋白≤25） |
| | 3%型 | ≤50 | ≤50 |
| 流动点（℃） | | ≤－10（植物蛋白≤－5） | ≤－10（植物蛋白≤－5） |
| 沉降物（20℃）（%） | | ≤0.2 | ≤0.2 |
| 沉淀物（20℃）（%） | | ≤0.1 | ≤0.1 |

| 项目名称＼分等项目 | | 一等品 | 优等品 |
|---|---|---|---|
| 稳定性 | 沉降物（20℃）（%） | ≤0.2 | ≤0.2 |
| | 沉淀物（20℃）（%） | ≤0.1 | ≤0.1 |
| 腐蚀率［mg/(d·dm²)］ | | ≤15 | ≤15 |
| 发泡倍数（20℃） | | ≥7.0 | ≥7.0 |
| 25%析液时间（20℃）（min） | | ≥7.0 | ≥7.5 |
| 90%火焰控制时间（s） | | ≤65 | ≤50 |
| 灭火时间（s） | | ≤85 | ≤70 |
| 抗烧时间（min） | | ≥15.0 | ≥15.0 |

蛋白泡沫灭火剂适用于扑救 B 类火灾中的非水溶性可燃液体的火灾，也适用于扑救木材、纸张、棉麻和织物等一般固体物质的火灾。蛋白泡沫灭火剂不适用于扑救水溶性可燃液体的火灾、加醇汽油（含醇量在 10%以上）的火灾、遇水燃烧物质的火灾、电气设备火灾、气体火灾。此外，蛋白泡沫灭火剂不能采用液下喷射的方式扑救油罐火灾，也不能与一般干粉灭火剂同时使用。

(2) 氟蛋白泡沫灭火剂。氟蛋白泡沫灭火剂是加有氟碳表面活性剂的蛋白泡沫灭火剂，它是由水解蛋白、氟碳表面活性剂、碳氢表面活性剂、溶剂和抗冻剂等组成的。

氟碳表面活性剂是增效剂，常见的为阴离子型表面活性剂，其主要作用是进一步降低混合液表面张力，提高泡沫的流动性、疏油能力和抗干粉破坏能力。

碳氢表面活性剂的作用是进一步降低混合液与油类之间的界面张力，提高混合液对油品表面的乳化能力，改善泡沫的流动性能。它一般也是阴离子型表面活性剂。

氟蛋白泡沫灭火剂由于有氟碳表面活性剂的作用，其灭火性能大大优于蛋白泡沫灭火剂，其控制火势和灭火的时间都比蛋白泡沫灭火剂短（试验表明可缩短 1/3 以上）。氟蛋白泡沫灭火剂质量分等技术要求如表 13－21 所示。

**表 13－21　　氟蛋白泡沫灭火剂质量分等技术要求**

| 项目名称＼分等项目 | | 一等品 | 优等品 | 项目名称＼分等项目 | | 一等品 | 优等品 |
|---|---|---|---|---|---|---|---|
| 密度（20℃）（g/cm³） | | 1.10～1.20 | 1.10～1.20 | 稳定性 | 沉降物(20℃)(%) | ≤0.2 | ≤0.2 |
| pH 值（20℃） | 泡沫原液 | 6.0～7.5 | 6.0～7.5 | | 沉淀物(20℃)(%) | ≤0.1 | ≤0.1 |
| | 海水混合液 | 6.0～7.5 | 6.0～7.5 | 腐蚀率［mg/(d·dm²)］ | | ≤15 | ≤15 |
| 黏度(20℃)（mPa·s） | 6%型 | ≤15 | ≤15 | 发泡倍数（20℃） | | ≥6.5 | ≥6.5 |
| | 3%型 | ≤50 | ≤50 | 25%析液时间（20℃）（min） | | ≥6.5 | ≥7.5 |
| 流动点（℃） | | ≤－10 | ≤－10 | 90%火焰控制时间（s） | | ≤45 | ≤30 |
| 沉降物（20℃）（%） | | ≤0.2 | ≤0.2 | 灭火时间（s） | | ≤65 | ≤50 |
| 沉淀物（20℃）（%） | | ≤0.1 | ≤0.1 | 抗烧时间（min） | | ≥15.0 | ≥15.0 |

（3）水成膜泡沫灭火剂。水成膜泡沫灭火剂又称为轻水泡沫灭火剂或氟化学泡沫灭火剂。它是由氟碳表面活性剂、碳氢表面活性剂、稳定剂及其他添加剂和水组成。

水成膜泡沫灭火剂是靠泡沫和水膜双重作用灭火的。当把水成膜泡沫灭火剂喷射到油表面时，泡沫沿油品表面向四周扩散；同时，由泡沫中析出的液体在泡沫和油品之间的界面处形成一层水膜。随泡沫中液体的不断析出，水膜沿油品表面向泡沫覆盖区域以外方向扩散，成为泡沫层向外扩散的先导和润滑剂。由于氟碳表面活性剂分布在油品表面以及水膜之间的定向排列，形成了一个抑制油品蒸发和阻止蒸汽穿过的屏障，所以灭火效率很高。水成膜泡沫灭火剂的灭火效力约为蛋白泡沫灭火剂的 3 倍。但其稳定性和热稳定性较差，因此，防止复燃和隔离热液面的性能不如蛋白泡沫灭火剂和氟蛋白泡沫灭火剂。水成膜泡沫灭火剂的主要性能如表 13－22 所示。

**表 13－22　　水成膜泡沫灭火剂的主要性能**

| 项　目 | | 1 号轻水 | 5 号轻水 | 项　目 | 1 号轻水 | 5 号轻水 |
|---|---|---|---|---|---|---|
| 密度（20℃）（g/cm³） | | 0.99 | 0.99 | 6%的混合液的表面张力（20℃）（$10^{-3}$Pa·s） | 16.0 | 14.9 |
| 黏度（20℃）（$10^{-3}$Pa·s） | | 4.8 | 4.8 | | | |
| pH 值（20℃） | | 8.4 | 8.4 | 发泡倍数 | 7.5 | 7.0 |
| 凝固点（℃） | | －3 | －3 | 25%析液时间（20℃）（min） | 3.0 | 3.0 |
| 沉降物（20℃）（%） | | 0.2 | 0.2 | 90%火焰控制时间（s） | 25 | 24.5 |
| 沉淀物（20℃）（%） | | 0.1 | 0.1 | | | |
| 稳定性 | 沉降物（20℃）（%） | 0.24 | 0.24 | 灭火时间（s） | 40 | 36 |
| | 沉淀物（20℃）（%） | 0.1 | 0.1 | 抗烧时间（min） | 75 | 75 |

（4）抗溶泡沫灭火剂。由于极性液体的分子极性很强，能大量吸收泡沫液中的水分，

使泡沫很快被破坏，因此，在水溶性液体发生火灾时，必须使用抗溶泡沫灭火剂。

抗溶泡沫灭火剂一般分为以下三种类型：

1）金属皂型：由发泡剂和金属的络合物组成，通过沉积于泡沫上的金属皂来达到抗溶目的。

2）凝胶型：以合成表面活性剂为发泡剂，以触变性或非触变性高分子化合物为抗溶添加剂，当添加剂的水溶液遇到水溶液体时，可形成不溶性凝胶膜，抵抗水溶性液体对泡沫的破坏作用。

3）氟蛋白型：一种是添加氟碳表面活性剂和多价金属盐的抗溶泡沫灭火剂，另一种是添加多糖的改性水解蛋白抗溶泡沫灭火剂。

金属皂型抗溶泡沫灭火剂与水混合后，其中的锌胺络合物被破坏，生成不溶性辛酸锌沉淀，所以不能以预混液的形式储存。

凝胶型抗溶泡沫灭火剂可以与水预先混合。

氟蛋白型抗溶泡沫灭火剂兼有抗溶泡沫和氟蛋白泡沫的灭火功能，可以与水预先混合，适用于各种低倍数泡沫灭火设备。

(5) 高倍数泡沫灭火剂。高倍数泡沫灭火剂的基料是合成表面活性剂，所以又称为合成泡沫灭火剂，其发泡倍数为200～1000倍。按配制混合液时使用水的类型，高倍数泡沫灭火剂分为淡水型和海水型两种，淡水型仅适用于淡水，海水型既适用于海水也适用于淡水。

高倍数泡沫灭火剂具有以下几个特点：

1）发泡量大，泡沫直径一般在100mm以上，可迅速充满燃烧空间，将火焰熄灭。

2）易运输，流动性好，可以把泡沫输送到一定高度或一定距离的地方灭火。

3）隔热作用良好。

4）泡沫中含水量比低倍数泡沫灭火剂少，水渍损失小。

高倍数泡沫灭火剂适用于A类火灾和B类火灾中非水溶性液体火灾，但不适用于扑救油罐火灾、遇水燃烧物质火灾、气体火灾和带电设备火灾。高倍数泡沫灭火剂的主要性能如表13-23所示。

**表13-23　高倍数泡沫灭火剂的主要性能**

| 项目 | | 标准规定 | 产品规格 | | | | | | |
|---|---|---|---|---|---|---|---|---|---|
| | | | YEGZ3A | YEGZ6A | YEGZ3D | YEGZ6D | YEGD6 | YEGD3 | YEGH6 |
| 密度(20℃)(g/cm³) | | 0.9～1.2 | 1.05 | 1.03 | 1.00～1.10 | 1.00～1.05 | 1.029 | 1.030 | 1.031 |
| pH值(20℃) | | 6.0～9.5 | 7～7.5 | 7～7.5 | 6.5～8.0 | 6.5～8.0 | 7.5 | 7.5 | 7.5 |
| 流动点(℃) | 普通型 | ≤-7.5 | ≤-7.5 | ≤-7.5 | ≤-7.5 | ≤-7.5 | | ≤-7.5 | ≤-7.5 |
| | 耐寒型 | ≤-12.5 | ≤-12.5 | | | | ≤-12.5 | | |
| | 超耐寒型 | ≤-22.5 | | | | | | | |
| 黏度($10^{-3}$Pa·s) | 20℃ | ≤20 | ≤15 | ≤10 | ≤20 | ≤15 | 14.5 | 14 | 18.5 |
| | 0℃ | ≤40 | | | ≤35 | ≤30 | | | |
| | 使用温度下限 | ≤200 | ≤60 | ≤50 | ≤60 | ≤50 | 108 | 70 | 67.5 |
| 腐蚀率[mg/(d·20cm²)] | | ≤3 | ≤3 | ≤3 | ≤1 | ≤1.5 | 0.87 | 1.09 | 1.14 |

续表

| 项目 | | 标准规定 | 产品规格 | | | | | | |
|---|---|---|---|---|---|---|---|---|---|
| | | | YEGZ3A | YEGZ6A | YEGZ3D | YEGZ6D | YEGD6 | YEGD3 | YEGH6 |
| 沉降物（%） | 老化前 | 0.25；沉淀物能通过 180μm 筛 | 微量 | 微量 | ≤0.1 | ≤0.1 | 痕迹量 | 痕迹量 | 痕迹量 |
| | 老化后 | 1.0；沉淀物能通过 180μm 筛 | 微量 | 微量 | ≤0.2 | ≤0.2 | 痕迹量 | 痕迹量 | 痕迹量 |
| 闪点（℃） | | | | | ≥62 | ≥62 | >80 | >80 | >80 |
| 混合比（%） | | 3 或 6 | 3 | 6 | 3 | 6 | 6 | 3 | 6 |
| 水质 | | 淡水、海水 | 淡水 | 淡水 | 海水 | 海水 | 淡水 | 淡水 | 海水 |
| 发泡倍数 | | ≥500 | 600～700 | | 590～770 | 670～880 | 665 | 660 | 510 |
| 25%析液时间（min） | | ≥3 | ≥3 | ≥6 | 14.5 | 14.0 | 7.0 | 5.5 | 6.6 |
| 灭火时间（min） | | A 类标准火 | 5 | 5 | 5 | 5 | | 5 | 5 |
| | | B 类标准火 | 0.53 | 1.0 | 1.03 | 1.00 | | 0.20 | 0.22 |

### （四）泡沫灭火系统

泡沫灭火系统根据发泡性能、喷射方式、设备与管道的安装方式可组成多种灭火形式。

1. 低倍数泡沫灭火系统

（1）固定式泡沫灭火系统。该系统主要用于扑救原油、汽油、煤油、柴油、甲醇、乙醇、丙酮等 B 类火灾，适用于煤油厂、化工厂、油田、油库、飞机库、机场和燃油锅炉房等。固定式泡沫灭火系统一般由水池、固定泡沫泵站（泡沫液泵、泡沫液储罐及比例混合器等）、泡沫混合液的输送管道、阀门及泡沫产生器（或液下喷射泡沫产生器、泡沫管道）等组成。

（2）半固定式泡沫灭火系统。该系统有两种形式：一种形式是由固定安装的泡沫产生器、泡沫混合液管道及闸门配件组成，这部分与固定式是一样的，只是设有固定泵站，其泡沫混合液由泡沫消防车提供，在大型石化企业、炼油厂中采用较多；另一种形式是由固定消防泵站、相应管道和移动的泡沫产生装置用水带连接组成。

（3）移动式泡沫灭火系统。该系统一般由水源、泡沫消防车、水带、泡沫液等组成，不会遭到初期燃烧爆炸的破坏，使用机动灵活，但往往受风力等因素的影响，泡沫损失量大，系统操作比较复杂，火灾扑救的速度不如固定式和半固定式系统。

2. 中倍数泡沫灭火系统

该系统可分为局部应用式和移动式，由泡沫混合液泵或水泵及泡沫液泵、水池、泡沫液罐、管道过滤器、闸门和管道等组成。移动式中倍数泡沫灭火系统一般由水罐消防车或手抬机动泵、比例混合器或泡沫消防车、手提式或车载式泡沫发生器、泡沫液桶、水带及附件等组成。

3. 高倍数泡沫灭火系统

高倍数泡沫灭火系统不仅可扑救 A 类、B 类火灾，而且还具有消烟、排除有毒气体和形成防火隔离带等多种用途。该系统在国内外得到了广泛的重视，其应用范围越来越广，是一种比较有前途的灭火形式。但该系统不适用于硝化纤维、炸药、钾、钠、镁、钛和五氧化二磷（$P_2O_5$）等活泼金属和化学物质、未封闭的带电设备等的火灾扑救，也不适用于立式油罐内的火灾扑救。

该系统有以下三种应用形式：

(1) 全淹没式：泡沫充满整个保护空间，如图 13-12 所示。

(2) 局部应用式：泡沫充满大范围内的某局部封闭空间。

(3) 移动式：设备可以移动，如图 13-13 所示。

4. 泡沫喷淋灭火系统

泡沫喷淋灭火系统是由消防泵、泡沫比例混合器、泡沫液储罐、单向阀、闸阀、过滤器、泡沫混合液管线和泡沫喷头等组成的。闭式泡沫喷淋灭火系统如图 13-14 所示。当采用泡沫-水两用喷头时，可组成自动泡沫-水两用灭火系统。该系统主要适用于与易燃或可燃液体可能发生流淌的场所。

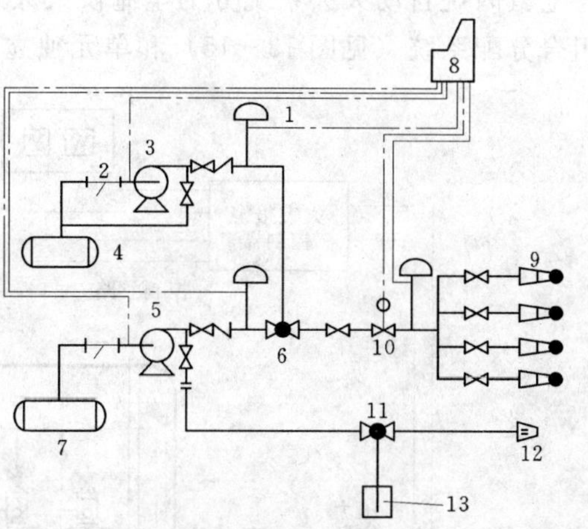


图 13-12 全淹没式高倍数泡沫灭火系统

1—压力开关；2—过滤器；3—泡沫液泵；4—泡沫液储罐；5—水泵；6—比例混合器；7—水罐；8—控制箱；9—高倍数泡沫发生器；10—电磁阀；11—PHF 型负压比例混合器；12—中倍数泡沫发生器；13—泡沫液罐

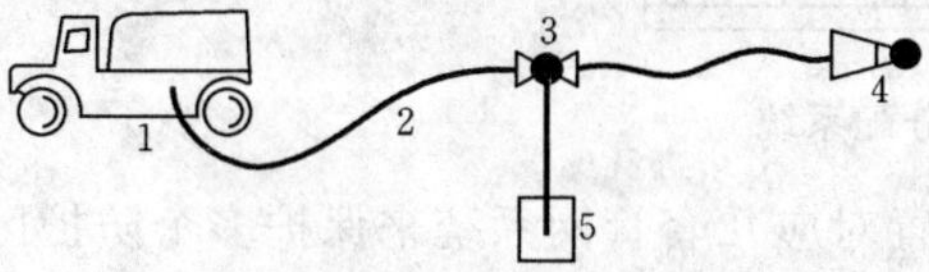


图 13-13 移动式高倍数泡沫灭火系统

1—水罐消防车；2—水带；3—PHF 型负压比例混合器；4—高倍数泡沫发生器；5—高倍数泡沫液桶

## 四、七氟丙烷自动灭火系统

七氟丙烷是一种采用化学灭火方式的灭火剂，其分子式为 $CF_3CHFCF_3$。七氟丙烷的灭火原理是灭火剂喷洒在土墙周围时，因化学作用惰化火焰中的活性自由基，使氧化燃烧的链式反应中断从而达到灭火目的。它具有无色、无味、不导电、无污染的特点。七氟丙烷灭火剂对臭氧层的耗损潜能值（ODP）为零，其毒副作用比卤代烷灭火剂更小，是卤代烷灭火剂的替代物之一。七氟丙烷灭火剂效能高、速度快，对设备无污损。

七氟丙烷自动灭火系统适用于计算机房、配电房、电信中心、图书馆、档案馆、珍品库、地下工程等 A 类表面火灾，B、C 类火灾，以及电器设备火灾。

（一）灭火系统的组成

七氟丙烷自动灭火系统主要由储气瓶、瓶头阀、启动气瓶、启动瓶阀、液体单向阀、气体单向阀、安全阀、压力信号器、喷嘴和管道系统等组成。

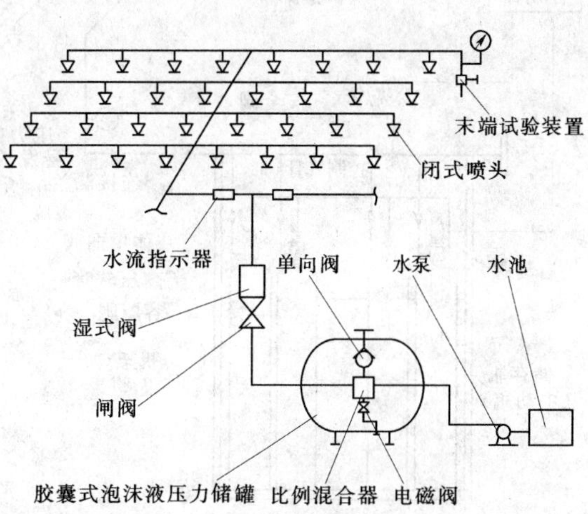


图 13-14 闭式泡沫喷淋灭火系统

七氟丙烷自动灭火系统分为全淹没灭火系统和无管网灭火系统。全淹没灭火系统又分为组合分配系统（见图 13－15）和单元独立系统（见图 13－16）。

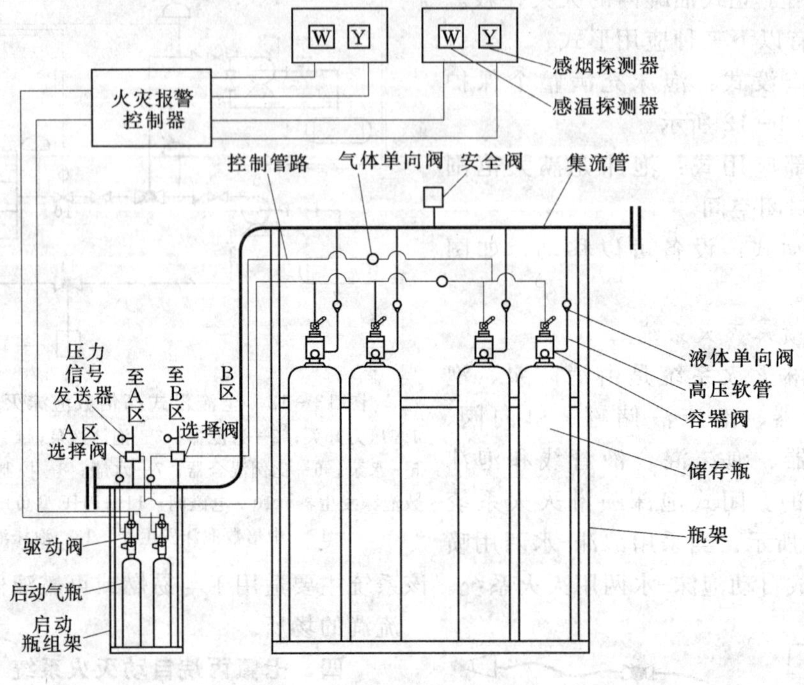


图 13－15　组合分配系统

组合分配系统是由一套公用的灭火剂储存装置对应几套管网系统来保护多个防护区域的形式。单元独立系统是由一套灭火剂储存装置对应一套管网系统而仅保护一个防护区域的形式，有单瓶和多瓶两种形式。

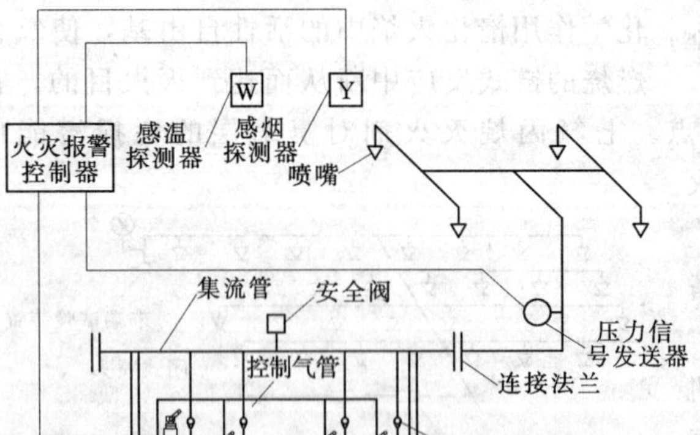


图 13－16　单元独立系统

无管网系统不设瓶站，储气瓶及整个系统均设置在保护区内，不需要输送管道，启动后灭火剂通过很短的管道后经喷嘴直接喷洒向保护区，适用于较小空间的保护。

（二）灭火系统工作原理

七氟丙烷自动灭火系统的启动方式有气动启动、电动启动和应急机械手动启动三种，这三种启动方式可组合应用。现以气动启动方式为例，简述其工作原理。七氟丙烷自动灭火系统的气动启动示意如图 13－17 所示。

（1）当 $A$ 区两火灾探测器同时发出

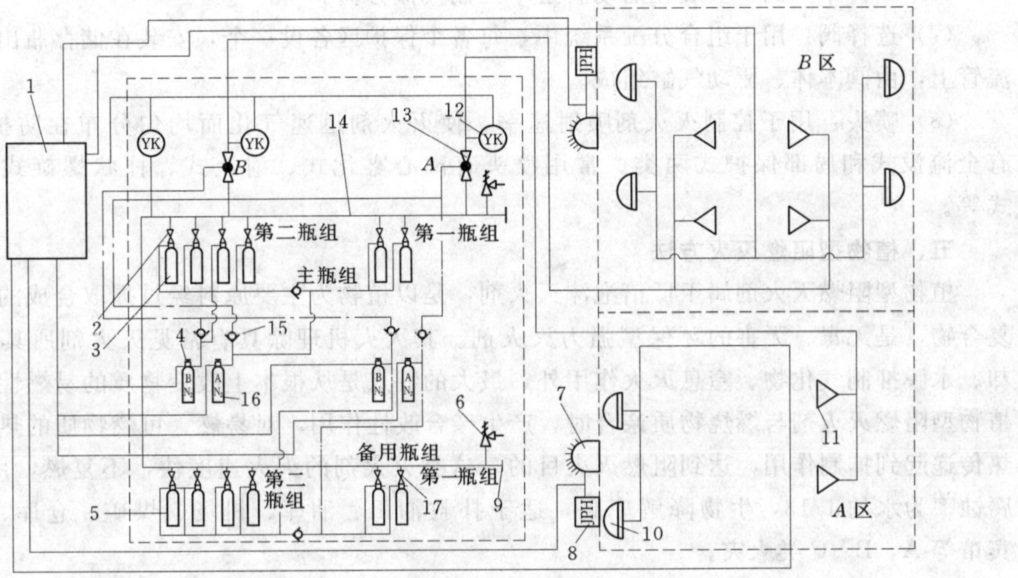


—— 灭火管网；— — 电路信号；—·— 区域边界；—··— 启动气路

图 13-17　七氟丙烷自动灭火系统的气动启动示意

1—自动灭火控制器（JZ 型）；2—瓶头阀；3—主灭火剂储瓶；4—启动瓶阀；5—备用灭火剂储瓶；6—溢流安全阀；7—门灯；8—紧急启动切断盒；9—法兰堵板；10—火灾探测器；11—喷头；12—压力反馈装置；13—选择阀；14—汇集管；15—气体单向阀；16—启动钢瓶；17—单向阀

火灾信号时，自动灭火控制器延迟 0～30s 后发出信号指令，打开 $A$ 区启动钢瓶，瓶中高压 $N_2$ 分两路输送，一路经气路单向阀打开 $A$ 区选择阀，一路直接打开灭火剂瓶组（第一瓶组）施行 $A$ 区灭火。

（2）当 $B$ 区两火灾探测器同时发出火灾信号时，自动灭火控制器延迟 0～30s 后发出信号指令，打开 $B$ 区启动钢瓶，瓶中高压 $N_2$ 也分两路输送，一路经气路单向阀打开 $B$ 区选择阀，一路直接通向灭火剂储瓶组打开全部两组储瓶组，施行 $B$ 区灭火。

（3）备用启动钢瓶与备用灭火剂储瓶组的气动启动原理与上述介绍相同，主、备用钢瓶组的切换在灭火控制器上进行。

（三）系统部件作用

（1）储瓶组：其中的储存瓶用于储存七氟丙烷，容积为 20～120L，有多种规格，充装压力为 2.5MPa 和 4.2MPa。

（2）启动钢瓶：用于启动灭火系统，内装有压力为 5.7～5.2MPa 的 $N_2$，当发生火警时，自动灭火控制器输出电信号启动电磁铁，闸刀刺破密封膜片，$N_2$ 被释放，经控制管路后将选择阀和七氟丙烷储存瓶打开。

（3）瓶头阀：安装在储存瓶口上，具有封存、释放、充装、超压排放等功能。

（4）启动瓶阀：安装在启动钢瓶上以实现手动或气动打开启动瓶阀，由阀本体、活塞、动作机构组成。使用启动瓶阀时需先拔出保险销。

（5）液体单向阀：安装在储存瓶出流的集流管上，防止液体倒流。

（6）气体单向阀：安装在启动管道中控制气流方向。

（7）选择阀：用于组合分配系统中，每各个保护区各设一个，安装在储存瓶出流的集流管上，由阀本体、驱动气缸组成。

（8）喷头：用于控制灭火剂喷射速率，使灭火剂迅速气化而均匀分布在防护区内，有全淹没式和局部保护式两类。常用喷头有离心雾化式、射流式、柱状螺旋式、挡板式等。

**五、植物型阻燃灭火方法**

植物型阻燃灭火剂属于低倍泡沫灭火剂，是以植物为主要原料经过提取合成的水溶性复合物，是无毒、无害的环保型强力灭火剂。其灭火机理除具有常见灭火剂所具有的冷却、水膜抑制气化物、窒息灭火作用外，最大的特点是从根本上改变物质的易燃性质。当植物型阻燃灭火剂与燃烧物质亲合时，产生亲合改性作用，对易燃、可燃物质的热挥发和热传递起到抑制作用，达到阻燃灭火目的。这类灭火剂的灭火速度快，不复燃，用量小，腐蚀率为水的1/13，生物降解率高，适于扑救油田、油库、机场、煤矿、仓库、船舶、宾馆等A、B、C类火灾。

植物型阻燃灭火剂的使用主要有两种形式：一种形式是灭火器专用型，用于手推车式、手提式、简易式灭火器；另一种形式与水按一定比例（3%、6%）混合后，可用于各类低倍数泡沫固定式、移动式和自动喷淋式系统以及泡沫消防车、船等。

低倍泡沫液和泡沫溶液的物理、化学、泡沫性能如表13－24所示。

**表13－24　　低倍泡沫液和泡沫溶液的物理、化学、泡沫性能**

| 项目 | 样品状态 | 要求 | 不合格类型 | 备注 |
|---|---|---|---|---|
| 凝固点 | 温度处理前 | 在特征前$_{-4}^{0}$之内 | C | |
| 抗冻结、融化性 | 温度处理前、后 | 无可见分层和非均相 | B | |
| 沉淀物（体积分数）（%） | 老化前 | ≤0.25；沉淀物能通过180μm筛 | C | 蛋白型 |
| | 老化后 | ≤1.0；沉淀物能通过180μm筛 | C | |
| 比流动性 | 温度处理前、后 | 泡沫液流量不小于标准参比液的流量或泡沫液的黏度值不大于标准参比液的黏度值 | C | |
| pH值 | 温度处理前、后 | 6.0～9.5 | C | |
| 表面张力（mN/m） | 温度处理前 | 与特征值的偏差①不大于10% | C | 成膜型 |
| 界面张力（mN/m） | 温度处理前 | 与特征值的偏差不大于1.0mN/m或不大于特征值的10%，按上述两个差值中较大者判定 | C | 成膜型 |
| 扩散系数（mN/m） | 温度处理前、后 | 正值 | B | 成膜型 |
| 腐蚀率［mg/（d·dm$^2$）］ | 温度处理前 | $Q_{235}$钢片：≤15.0<br>$LF_{21}$铝片：≤15.0 | B | |
| 发泡倍数 | 温度处理前、后 | 与特征值的偏差不大于1.0或不大于特征值的20%，按上述两个差值中较大者判定 | B | |
| 25%析液时间（min） | 温度处理前、后 | 与特征值的偏差不大于20% | B | |

① 此处的偏差是指两者差值的绝对值。

## 六、固定式 EBM 气溶胶灭火方法

EBM 灭火装置采用不含破坏臭氧层物质的灭火剂，实现了生态安全和高效灭火的结合。该灭火装置在设计上采用燃烧化学、空气动力学等的原理，可在无管网、常压状态下实现单具或多具联动的高速、高效自动灭火。

EBM 气溶胶灭火机理的核心是中断燃烧反应链，利用高分散度、高密度、直径小于 1μm 的气溶胶微粒与燃烧连锁反应中的游离基作用，很快降低燃烧的反应速率，从而终止燃烧反应。EBM 灭火装置的灭火剂以固体形态储存，不需高压容器，安全可靠，储运方便，灭火装置既可靠墙摆放也可悬挂于墙上，用导线与控制系统相连，施工方便，灭火效率高。

EBM 气溶胶灭火系统由探测器、启动器、EBM 灭火装置、急启和急停按钮及气体释放灯等。EBM 单区系统控制示意如图 13－18 所示。

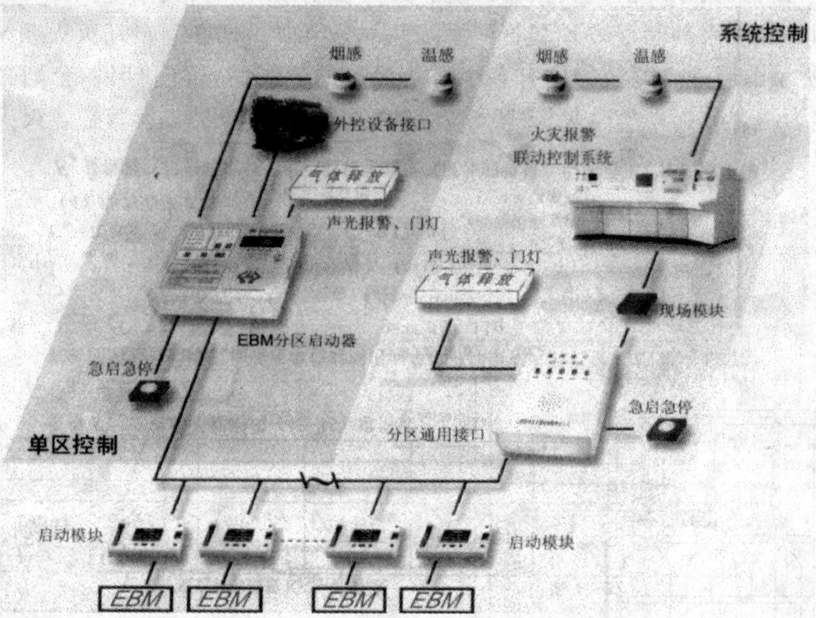


图 13－18　EBM 单区系统控制示意

## 七、烟必静自动灭火系统

（一）烟必静灭火的原理

烟必静自动灭火系统是全淹没灭火系统，其灭火机理是将燃烧区中氧的浓度降低到维持燃烧所需最低氧浓度值以下，实现窒息灭火，是纯物理作用。烟必静自动灭火系统按保护区域可以分为单元独立系统和组合分配系统。这类系统的适用范围为 A 类表面火灾、B 类和 C 类火灾以及电器设备火灾，但不适用于扑救自身含氧化剂的化学制品火灾、活泼金属火灾及强氢化物火灾。

烟必静灭火剂是由氮气、氩气和二氧化碳按一定比例混合而成的，是纯天然的洁净气体灭火剂。烟必静灭火剂的气体组成如表 13－25 所示。该灭火剂具有以下特点：

（1）不污染被保护对象。

（2）不破坏大气臭氧层（即 ODP 值为零）。

（3）对人本身及动植物无不良影响。

（4）电绝缘性好。

（5）无色、无味、无毒、无害。

**表 13-25　　烟必静灭火剂的气体组成**

| 成　分 | 氩（Ar） | 氮（$N_2$） | 二氧化碳（$CO_2$） | 成　分 | 氩（Ar） | 氮（$N_2$） | 二氧化碳（$CO_2$） |
|---|---|---|---|---|---|---|---|
| 纯度（%） | ＞99.97 | ＞99.99 | ＞99.5 | 氧（ppm） | ＜3 | ＜3 | ＜10 |
| 含水量（ppm） | ＜4 | ＜5 | ＜10 | 其他成分（ppm） | ＜20 | | |

**注**　$1ppm=10^{-6}$。

（二）烟必静自动灭火系统组成

烟必静自动灭火系统由火灾报警系统、灭火控制系统和灭火系统三部分组成，而灭火系统又由烟必静灭火剂储存装置和管网系统两部分组成。烟必静自动灭火系统组成示意如图 13-19 所示。当一个建筑物内有多个需要保护的区域时，可共用一套烟必静灭火剂储存装置的称为组合分配系统（见图 13-20）；每个保护区单设一套烟必静灭火剂储存装置的则称为单元独立系统（见图 13-21）。

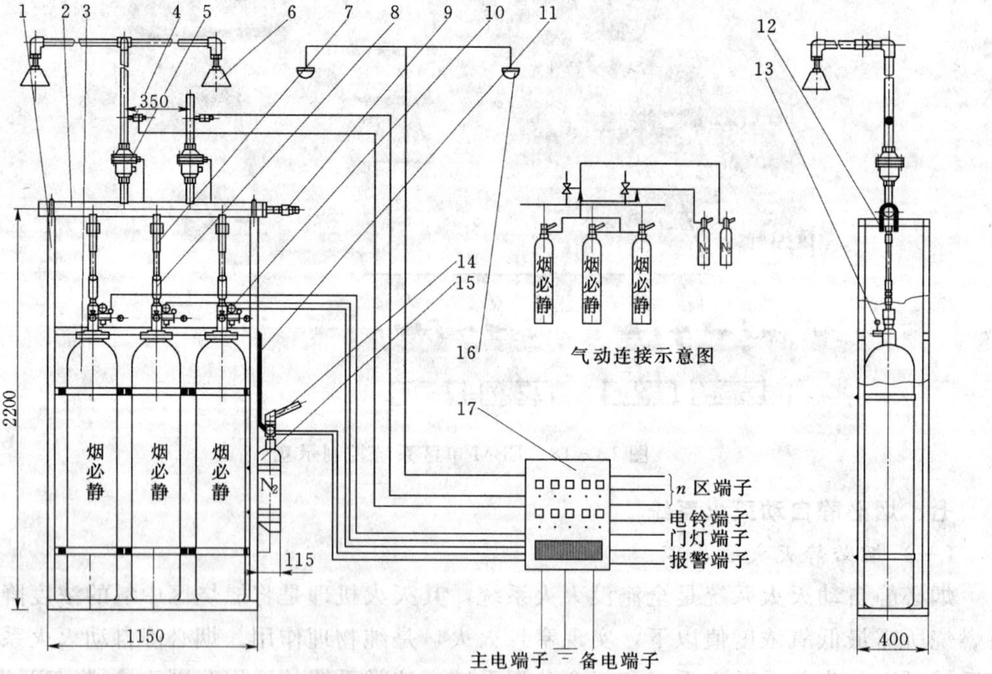


图 13-19　烟必静自动灭火系统组成示意（以三瓶组为例）

1—瓶组架；2—汇集管；3—烟必静灭火剂储瓶；4—压力反馈装置；5—选择阀；6—喷头；7—挠性接头；8—单向阀；9—安全阀；10—容器阀（瓶头阀）；11—气动管路；12—汇集管固定夹；13—压力表；14—瓶头阀；15—启动钢瓶；16—感温、感烟探测器；17—自动灭火控制器

烟必静自动灭火系统的启动方式有气动启动、电启动、电-气手动启动和应急机械手动启动四种。系统可采取其中的任意两种或两种以上的启动方式。

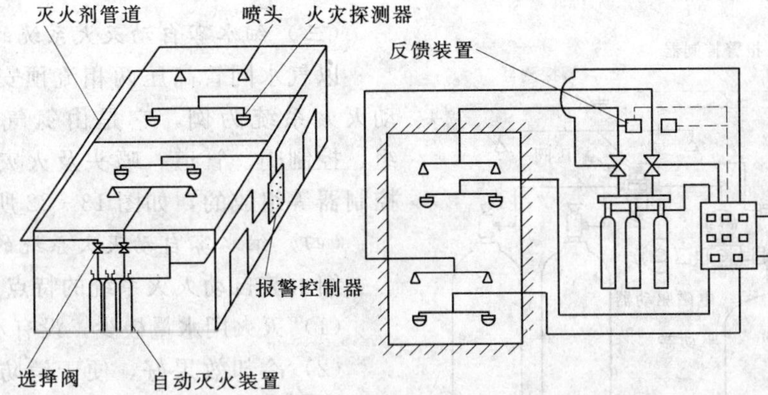


图 13-20 烟必静组合分配系统示意

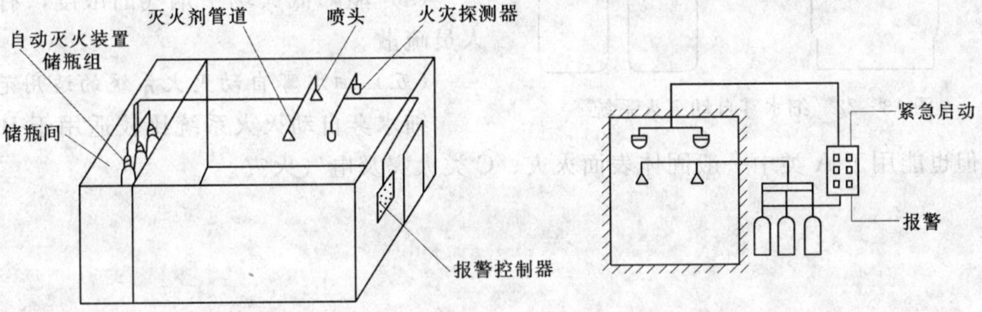


图 13-21 烟必静单元独立系统示意

烟必静灭火剂喷射压力较高，需采用专用的烟必静喷头。

## 八、细水雾自动灭火系统

细水雾自动灭火方法是 20 世纪 20 年代末在美国海军用于扑救潜艇舱室火灾方法的基础上发展起来的。细水雾自动灭火方法水雾的平均滴径为 0.05～0.3mm，我国现在生产的细水雾自动灭火系统中的雾滴平均滴径可达到 0.04～0.2mm。

细水雾自动灭火系统一般可按工作压力、流相、应用方式、操作方式和安装方式分为五大类。我国目前应用的主要是气水同管高压两相流预安装细水雾灭火系统。

### （一）细水雾灭火机理

由于细水雾滴径很小，当它被喷射到火场后可长时间悬浮在空气中，靠火焰上升气流的卷吸作用进入火焰锋面，吸收火场热量蒸发，并覆盖火场上空，阻止外界氧气的补入，使火场内的氧气浓度迅速降至燃点以下，从而使火焰熄灭。其特点是灭火时间短、灭火水量少。但其实现条件是，水雾滴径足够小，并保证在进入火焰前坠落损失很少。

### （二）细水雾的产生

特制专用喷头是由喷头体、滤网等八个零件组装而成，当具有一定压力的水、氮气两相流通过滤网进入喷嘴后，在压力的作用下两相流沿弹簧、喷嘴和喷嘴芯围成的螺旋空间产生高速旋转，气水两相流运动到喷嘴小孔后水被空气击碎（雾化），沿喷嘴出口锥面射出，形成极微小的雾滴。

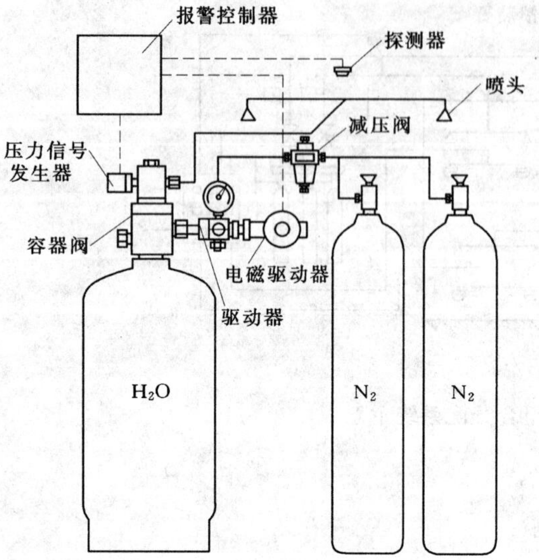

图 13－22　细水雾自动灭火系统

（三）细水雾自动灭火系统的组成

以气水同管高压两相流预安装细水雾自动灭火系统为例，它是由氮气瓶、储水瓶组、控制阀、管道、喷头及火灾探测、报警控制器等组成的，如图 13－22 所示。

（四）细水雾自动灭火系统的特点

细水雾自动灭火系统的特点如下：

（1）灭火用水量极少，没有水渍损失。

（2）冷却效果好，便于消防队员灭火和抢救。

（3）灭火过程中对人体、环境无污染。

（4）能降低火场中烟气的浓度，有利于人员疏散。

（五）细水雾自动灭火系统的适用范围

细水雾自动灭火系统比较适用于 B 类火灾，但也能用于 A 类中一般固体表面火灾、C 类火灾及电气火灾。

# 第十四章 热水供应系统

## 第一节 热水供应系统的分类、组成及其供水方式

### 一、热水供应系统的分类

（一）按热水供应范围分类

(1) 局部热水供应系统：采用各种小型加热器在用水场所就地加热，供局部范围内的一个或几个用水点使用。其优点是：设备、系统简单，造价低；维护管理容易、灵活；热损失较小；改装、增设较容易。其缺点是：一般加热设备热效率较低，热水成本较高；使用不够方便舒适；占用建筑面积较大。

(2) 集中热水供应系统：在锅炉房、热交换站或加热间将水集中加热，通过热水管网输送至整栋或几栋建筑。其优点是：设备集中便于管理，加热设备热效率较高，热水成本较低。其缺点是：设备、系统较复杂，建筑投资较大，需有专门维护管理人员。

(3) 区域热水供应系统：水在热电厂、区域锅炉房或热交换站集中加热，通过市政热水管网输送至整个建筑群、居民区、城市街坊或整个工业企业。其优点是：便于统一维护管理和热能的综合利用；有利于减少环境污染，设备热效率和自动化程度高，制热水成本低。其缺点是：设备、系统复杂、投资高，需有较高维护管理技术水平的专门人员。

（二）按热水管网的循环方式分类

(1) 全循环热水供应系统：所有配水干管、立管和分支管都设有相应的用水管道，可保证配水管网中的任意用水点的水温，适于对水温有较高要求的建筑。

(2) 半循环热水供应系统：热水干管设有回水管道，只能保证干管中的设计温度，适于对水温要求不高的建筑。

(3) 不循环热水供应系统：无循环管道，适用于连续用水的建筑。

（三）按热水管网的运行方式分类

(1) 全日循环热水供应系统：全天任何时刻，管网中都维持有不低于循环流量的流量。

(2) 定时循环热水供应系统：在集中用热水之前，利用水泵和用水管道使管网中已经冷却的水强制循环加热，在热水管道中的热水达到规定的温度后再使用。

（四）按热水管网循环动力分类

(1) 自然循环方式：利用热水管网中配水管和回水管内的温度差所形成的压力差，使管网内维护一定的循环流量。

因一般配水管与回水管内的水温差仅为 10～15℃，自然循环的作用水头很小，在实际工程中已很少采用。

(2) 机械循环方式：利用水泵强制水在热水管网内循环流动补偿管网热损失，以维持

一定水温。

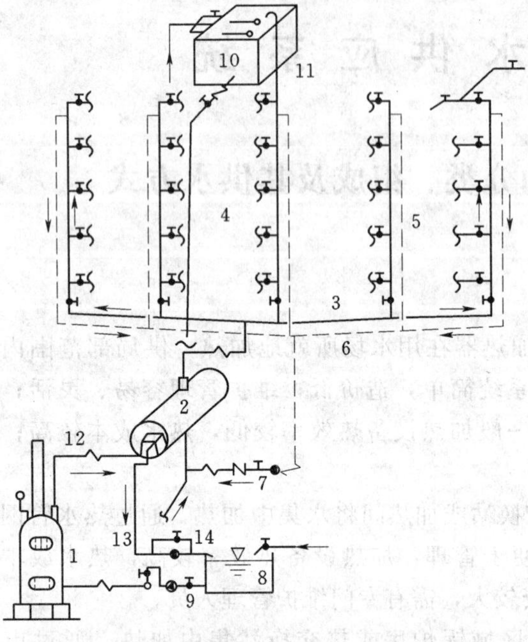


图 14-1 热媒为蒸汽的集中热水供应系统
1—锅炉；2—水加热器；3—配水干管；4—配水立管；5—回水立管；6—回水干管；7—循环泵；8—凝结水池；9—冷凝水泵；10—给水水箱；11—膨胀管；12—热媒蒸汽管；13—凝水管；14—疏水器

（五）按热水供应系统是否敞开分类

（1）闭式热水供应系统：当配水点关闭后，整个系统与大气隔绝，水质不易受污染。但系统中必须设温度或压力安全阀。

（2）开式热水供应系统：当配水点关闭后，系统内的水仍与大气相通。系统中需设高位热水箱、开式膨胀水箱或膨胀管，无需设安全阀。

此外，按热水管网布置方式分类（与给水管网相似），热水供应系统可分为上行下给式、下行上给式、分区供水式。

## 二、热水供应系统的组成

建筑内部热水供应系统主要由下列各部分组成，如图 14-1 所示。

（1）热媒系统（第一循环系统）：由热源、水加热器和热媒管网组成。

（2）热水供水系统（第二循环系统）：由热水配水管网和回水管网组成。

## 三、热水供应系统的供水方式

常用热水供应系统图式及特点如表 14-1 所示。

**表 14-1　常用热水供应系统的特点**

| 名称 | 图式 | 优、缺点 | 适用条件 |
|---|---|---|---|
| 局部热水供应系统 | 采用小型加热器在用水场所就地加热，供局部范围内一个或几个用水点使用 | （1）各户按需加热水，避免集中式热水供应盲目储备热水。<br>（2）系统简单，造价低，维护管理容易。<br>（3）热水管道短，热损失小。<br>（4）不需建造锅炉房、加热设备、管道系统和聘用专职司炉工人。<br>（5）热媒系统设施投资增大。<br>（6）小型加热器效率低，热水成本增高 | （1）热水用水量小且分散的建筑，如饮食店、理发店、门诊所、办公楼等。<br>（2）住宅建筑。<br>（3）旧建筑增设热水供应 |
| 集中热水供应系统 | 在锅炉房或热交换站将水集中加热；通过热水管道将热水输送到一栋或几栋建筑 | （1）加热设备集中，管理方便。<br>（2）考虑热水用水设备的同时使用率，加热设备的总热负荷可减小。<br>（3）大型锅炉热效率高，可使用煤等廉价的燃料。<br>（4）使用热水方便舒适。<br>（5）设备系统复杂，建设投资较高。<br>（6）管道热损失大。<br>（7）需要专门的管理操作维修工人。<br>（8）改建、扩建困难，大修复杂 | 热水用水量大、用水点多且较集中的建筑，如旅馆、医院、住宅、公共浴室等 |

续表

| 名称 | 图　式 | 优、缺 点 | 适用条件 |
|---|---|---|---|
| 区域热水供应系统 | 水在热电厂或区域性锅炉或区域热交换站加热，通过室外热水管网将热水输送至城市街坊、住宅小区各建筑中 | (1) 便于集中统一维护管理和热能综合利用。<br>(2) 大型锅炉房的热效率和操作管理的自动化程度高。<br>(3) 消除分散的小型锅炉房，减少环境污染。<br>(4) 设备、系统复杂，需敷设室外供水和回水管道，基建投资甚高。<br>(5) 需专门的管理技术人员 | 要求热水供应的建筑甚多且较集中的城镇住宅区和大型工业企业 |
| 开式热水供应系统 | 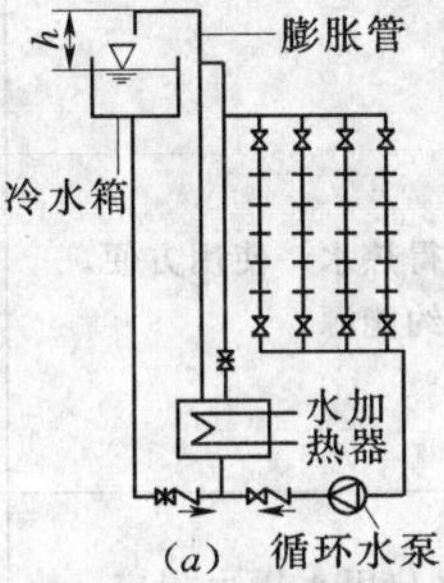<br>(*a*)<br>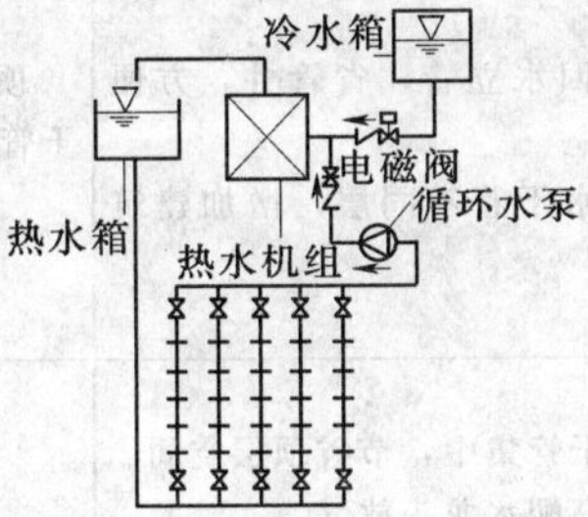<br>(*b*) | 1. 设膨胀管的系统［见图（*a*）］<br>(1) 不需设安全阀或膨胀罐，运行较安全。<br>(2) 供水压力较平稳。<br>(3) 须设高位冷水箱和膨胀管或高位开式加热水箱，且膨胀管高出水箱水面 *h* 较高，当高位水箱位于室内时布置较困难。<br>(4) 一个加热器一根膨胀管。当加热器多时，膨胀管多。<br>(5) 水质易受污染。<br>2. 设高位热水箱系统［见图（*b*）］<br>(1) 不需设安全阀或膨胀罐，运行较安全。<br>(2) 供水压力较平稳。<br>(3) 屋顶须有设备“冷热水箱”、热水机组等全套设备的地方（含面积与高度） | (1) 屋顶设露天高位冷水箱的系统。<br>(2) 采用间接式水加热器的系统。<br>(3) 采用直接供应热水的热水机组的系统 |
| 闭式热水供应系统 | 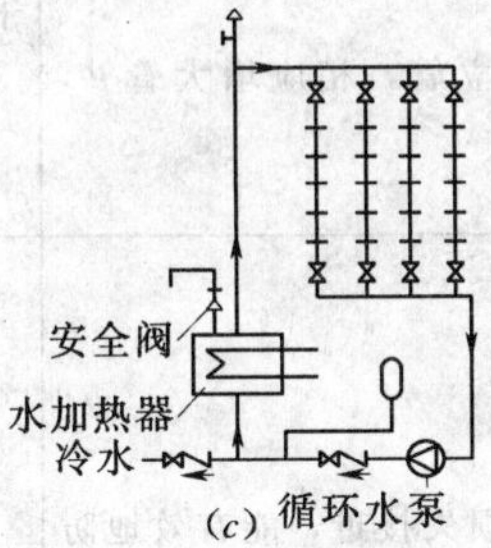<br>(*c*)<br>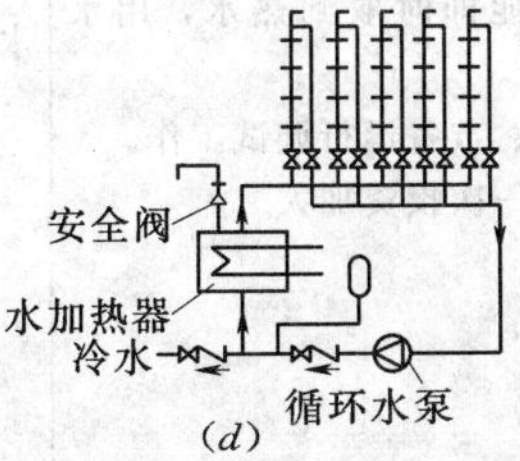<br>(*d*) | (1) 冷水可接自高位水箱，也可由水加压装置直供。<br>(2) 管路较开式系统相对简单。<br>(3) 水质不易受污染。<br>(4) 需设安全阀或膨胀水罐。<br>(5) 安全阀易失灵、需加强维护 | (1) 屋顶水箱设在室内的系统。<br>(2) 变频调速或气压供水系统 |

续表

| 名称 | 图　式 | 优、缺　点 | 适用条件 |
| --- | --- | --- | --- |
| 半循环（干管循环）热水供应系统 | 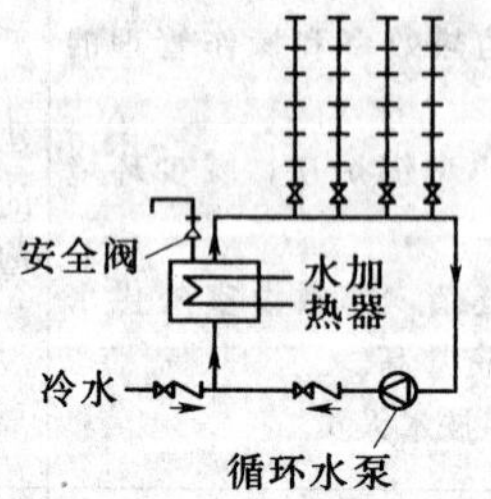(*e*) | (1) 使用前管系中冷水放水量减少，放水等待时间缩短。<br>(2) 简化循环管路，节省一次投资。<br>(3) 使用前需放走一部分冷水，浪费水，使用不便 | (1) 标准低的小型热水系统。<br>(2) 中、大型集中浴室供水系统 |
| 全循环热水供水系统 | (*a*) ～ (*d*) | (1) 可随时迅速获得热水，使用方便。<br>(2) 节约用水，节约能源。<br>(3) 一次投资较大 | (1) 中型以上集中热水供应系统。<br>(2) 要求较高的小型热水供应系统 |
| 上行下给式循环热水供应系统 | (*a*)、(*c*) | (1) 供水压力变化与用水压力相应，使用条件好、节能。<br>(2) 节省一根回水立管，省管井，方便管路布置。<br>(3) 供水、回水干管不同层，增加建筑装饰要求 | 顶层有条件敷设干管的建筑 |
| 下行上给式循环热水供应系统 | (*d*) | (1) 供、回水干管集中，节省顶层空间。<br>(2) 可利用最高配水龙头放气。<br>(3) 供水压力的变化与用水压力相逆，使用条件较差。<br>(4) 多一根回水立管，相应增大管井，管路布置较复杂 | 顶层无条件敷设干管的建筑 |
| 同程式循环热水供应系统 | 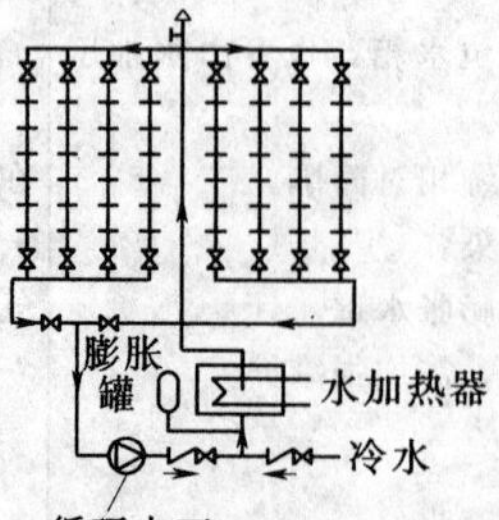(*f*)<br>注：(*a*) ～ (*d*) 亦为同程 | (1) 各环路阻力损失接近，能有效地防止循环短路现象，能即时取到热水，用水方便。<br>(2) 节能、节水、节省运行调试工作。<br>(3) 管路稍增，一次投资加大 | (1) 中、大型热水供应系统。<br>(2) 标准高的小型热水供应系统 |

续表

| 名称 | 图　式 | 优、缺　点 | 适用条件 |
|---|---|---|---|
| 用减压阀分区、每区分设水加热器的系统 | 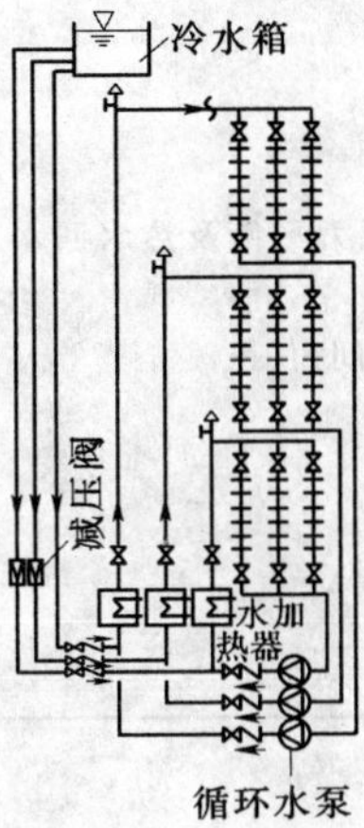(*g*) | (1) 设备集中，便于维护管理。<br>(2) 可使用地下室或底层辅助建筑。<br>(3) 有利于热水回水的循环。<br>(4) 各区分设加热设备，设备数量多，管路较复杂。<br>(5) 高区加热设备承压高。<br>(6) 须用质量可靠的减压阀 | 适用于高区的水加热设备承压小于1.6MPa的高层建筑 |
| 支管设减压阀的分区供水系统 | 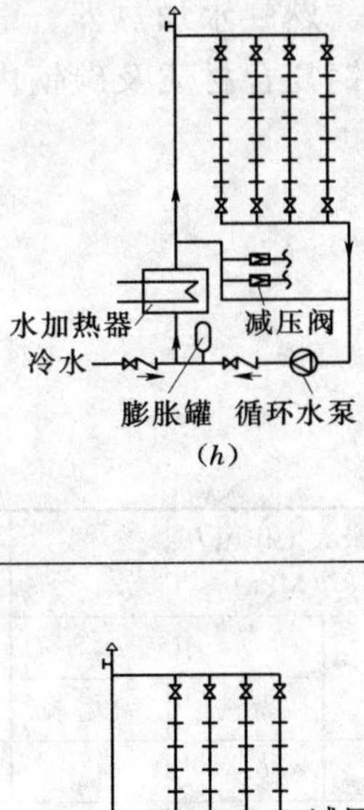(*h*) | (1) 设备集中，便于维护管理。<br>(2) 系统简单，节省一次投资。<br>(3) 低区支管上设减压阀后的管段内热水不能循环。<br>(4) 须用质量可靠的减压阀 | (1) 适用于高区为客房、公寓等带小卫生间、低区为不带淋浴的厨房等服务性配套用房的高层建筑。<br>(2) 建筑高度小于60m的高层建筑 |
| 用减压阀分区、水加热器不分区的热水供应系统 | 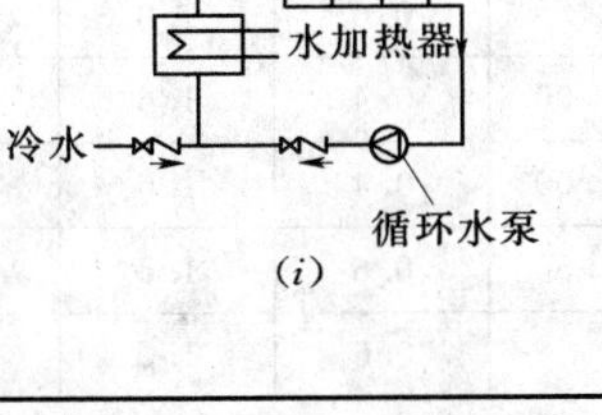(*i*) | (1) 系统简单。<br>(2) 有利于冷热水压力平衡。<br>(3) 循环泵的扬程需加上减压阀减掉的压力值，耗能多。<br>(4) 须选用质量可靠的减压阀 | (1) 适用于建筑高度低于60m的高层住宅。<br>(2) 宜单级减压，不宜串联几级减压 |

续表

| 名称 | 图式 | 优、缺点 | 适用条件 |
|---|---|---|---|
| 用高位水箱分区供水的热水供应系统 | 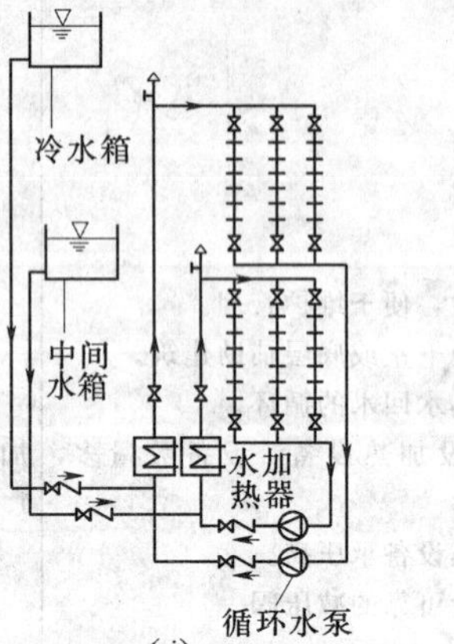<br>(*j*) | (1) 系统安全可靠。<br>(2) 有利于冷热水压力平衡及热水回水的循环。<br>(3) 中间水箱占用空间大。<br>(4) 管路较复杂 | 适用于要求供水安全可靠的高层建筑 |

# 第二节　水加热设备

常用水加热设备的种类有容积式水加热器、半容积式水加热器、快速水加热器（包括快速式、半即热式、板式和螺旋管式水加热器）、燃油、燃气水加热器、电热水加热器、太阳能水加热器。罐体从材质上分有碳钢、不锈钢-碳钢复合材质及碳钢内衬铜或喷铜、喷铝等材质。

加热盘管有碳钢、铜和不锈钢等材质。

## 一、容积式水加热器

### （一）容积式水加热器

容积式水加热器常用形式如表 14－2 所示。

**表 14－2　　　　容积式水加热器常用形式**

| 种类 | 型式 | 总容积 ($m^3$) | 公称直径 (mm) | 最大工作压力 (MPa) 壳程 | 最大工作压力 (MPa) 管程 蒸汽 | 最大工作压力 (MPa) 管程 高温水 | 换热面积 ($m^2$) |
|---|---|---|---|---|---|---|---|
| 卧式 | 单盘管 | 0.5～16.0 | 600～2200 | 0.60 | 0.4 | | 0.86～11.91 |
| | 双盘管 | 5.00～15.00 | 1400～2200 | 0.60 | 0.4 | | 10.62～38.96 |
| | 浮动盘管 | 1.0～12.0 | 1000～2000 | 0.6～1.20 | 0.4 | 1.5 | 4.00～39.00 |
| | 弹性管束 | 2.00～8.00 | 1200～2000 | 1.00 | 0.6 | 1.0 | |
| 立式 | 单盘管 | 1.50～10.00 | 1200～2000 | 0.60～1.00 | 0.4 | 1.6 | 2.11～22.90 |
| | 双盘管 | 3.0～8.0 | 1200～2000 | 0.60～1.00 | 0.4 | 1.6 | 5.90～36.40 |
| | 浮动盘管 | 0.8～10.0 | 900～2000 | 0.60～1.50 | 0.6 | 1.5 | 4.10～49.00 |
| | 弹性管束 | 2.00～8.00 | 1200～2000 | 1.00 | 0.6 | 1.0 | |

容积式水加热器的主要热力性能参数如表 14－3 所示。

**表 14－3　　容积式水加热器的主要热力性能参数**

| 型号 | 热　媒 | 传热系数 $K$ W/($m^2$·K)[kcal/($m^2$·h·℃)] | | 热媒出口温度 $t_{mz}$ (℃) | 热媒阻力损失 $\Delta h_1$ (MPa) | 被加热水水头损失 $\Delta h_2$ (MPa) | 被加热水温升 $\Delta t$ (℃) |
|---|---|---|---|---|---|---|---|
| | | 钢盘管 | 铜盘管 | | | | |
| 国际系列 | 0.1～0.4MPa 的饱和蒸汽 | 640～756 (550～650) | 756～872 (650～750) | >100 | ≈0.1 | ≤0.003 | |
| | 70～150℃ 软化热水 | 326～349 (280～300) | 384～407 (330～350) | 60～130 | ≈0.01 | ≤0.003 | 20～40 |
| RV 系列（导流型） | 0.1～0.4MPa 的饱和蒸汽 | 791～1093 (750～940) | 872～1204 (750～1035) | 40～70 | 0.1～0.2 | ≤0.003 | |
| | 70～150℃ 软化热水 | 616～954 (530～820) | 680～1047 (585～900) | 50～80 | 0.01～0.03 | ≤0.003 | ≥35 |

注　1. 表中所列“RV”系列容积式水加热器即导流型容积式水加热器。

2. 表中 RV 系列的 $K$ 与 $t_{mz}$、$\Delta h_1$ 为对应值。当蒸汽为热媒时，$t_{mz}=40$℃、70℃，相应的 $K=\frac{791\sim1093(\text{钢})}{872\sim1204(\text{铜})}$ [W/($m^2$·K)]；当软化热水为热媒时，$\Delta h_1=0.01$MPa、0.03MPa，相应的 $K=\frac{616\sim954(\text{钢})}{680\sim1047(\text{铜})}$ [W/($m^2$·K)]；$t_{mz}=40\sim70$℃与 $\Delta h_1=0.01\sim0.03$MPa 之间的值可用插入法求得。

### （二）半容积式水加热器

半容积式水加热器是带有适量储存与调节容积的内藏容积式水加热器，罐内设内置快速式换热器，水可被迅速加热，故储存容积可以减小。

半容积式水加热器的主要热力性能参数如表 14－4 所示。

**表 14－4　　半容积式水加热器的主要热力性能参数**

| 热　媒 | 传热系数 $K$ W/($m^2$·K)[kcal/($m^2$·h·℃)] | | 凝结水出水温度 $t_{mz}$ (℃) | 热媒阻力损失 $\Delta h_1$ (m) | 被加热水水头损失 $\Delta h_2$ (m) | 被加热水温升 $\Delta t$ (℃) |
|---|---|---|---|---|---|---|
| | 钢盘管 | 铜盘管 | | | | |
| 0.1～0.4MPa 的饱和蒸汽 | 1047～1465 (900～1260) | 1163～1628 (1000～1426) | 70～80 | 0.1～0.2 | ≤0.005 | |
| 70～150℃ 软化热水 | 733～924 (630～810) | 814～1047 (700～900) | — | 0.02～0.04 | ≤0.005 | ≥35 |

注　表中 $K$ 与 $t_{mz}$、$\Delta h_1$ 为对应值。当蒸汽为热媒时，$t_{mz}=70$℃、80℃，相应的 $K=\frac{1047\sim1465(\text{钢})}{1163\sim1628(\text{铜})}$ [W/($m^2$·K)]；当软化热水为热媒时，$\Delta h_1=0.02$MPa、0.04MPa，相应的 $K=\frac{733\sim942(\text{钢})}{814\sim1047(\text{铜})}$ [W/($m^2$·K)]；$t_{mz}=70\sim80$℃与 $\Delta h_1=0.02\sim0.04$MPa 之间的值可用插入法求得。

半容积式水加热器有卧式和立式两种。卧式半容积式水加热器外形如图 14－2 所示，主要参数如表 14－5 所示；立式半容积式水加热器外形如图 14－3 所示，主要参数如表 14－6所示。

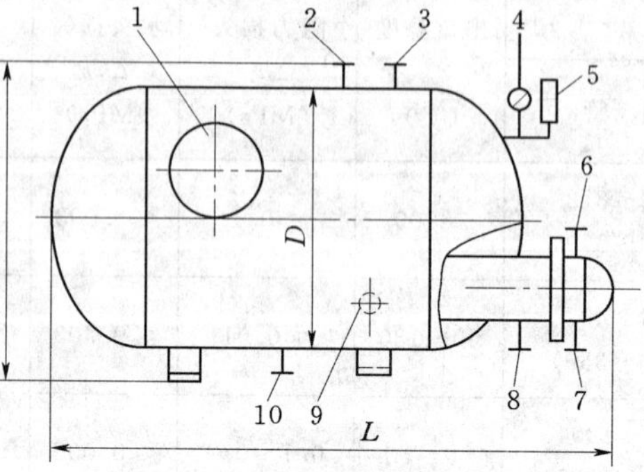


图 14-2　HRV—01 卧式半容积式水加热器外形图

1—人孔；2—安全阀口；3—热水出口；4—压力表；5—温度计；6—热媒进口；7—热媒出口；8—冷水进口；9—温包接口；10—排污管

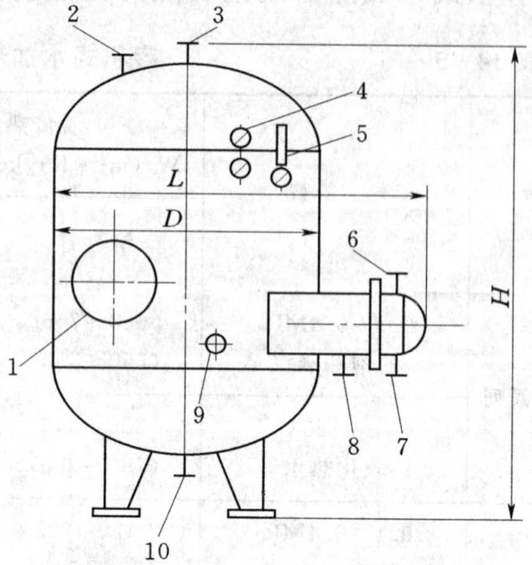


图 14-3　HRV—02 立式半容积式水加热器外形图

1—人孔；2—安全阀口；3—热水出口；4—压力表；5—温度计；6—热媒进口；7—热媒出口；8—冷水进口；9—温包接口；10—排污管

**表 14-5　HRV—01 卧式半容积式水加热器主要参数**

| 型号 | 容积 $V$ ($m^3$) | 总长 $L$ (mm) | 直径 $D$ (mm) | 总高 $H$ (mm) | 干重 $G$ (kg) | 换热面积 $F$ ($m^2$) | 备　注 |
|---|---|---|---|---|---|---|---|
| HRV—01—0.5 | 0.5 | 1927 | 700 | 1016 | 531<br>602 | 3.0<br>4.2 | (1) 传热系数 $K$、阻力损失 $\Delta h$ 等见表 14-4。<br>(2) 主要生产厂家如下：<br>北京万泉压力容器厂、河南郑州压力容器厂、北京丰台区锅炉辅机厂、北京石景山压力容器厂、江苏江阴市金属容器制造有限公司。<br>(3) 干重有两个参数，分别为表壳程压力 0.6MPa、1.0MPa 的容器自重 |
| HRV—01—0.8 | 0.8 | 2707 | | | 703<br>801 | 4.8<br>6.8 | |
| HRV—01—1.0 | 1.0 | 2297 | 900 | 1216 | 796<br>992 | 6.2<br>8.0 | |
| HRV—01—1.2 | 1.2 | 2597 | | | 844<br>1070 | 7.3<br>9.5 | |
| HRV—01—1.5 | 1.5 | 2132 | 1200 | 1520 | 1150<br>1395 | 8.4<br>13.0 | |
| HRV—01—2.0 | 2.0 | 2562 | | | 1355<br>1618 | 10.8<br>16.7 | |
| HRV—01—2.5 | 2.5 | 2982 | | | 1570<br>1860 | 13.0<br>20.4 | |
| HRV—01—3.0 | 3.0 | 2786 | 1400 | 1724 | 1639<br>2017 | 11.4<br>17.7 | |
| HRV—01—3.5 | 3.5 | 3086 | | | 1781<br>2210 | 13.0<br>20.4 | |
| HRV—01—4.0 | 4.0 | 3386 | | | 1937<br>2405 | 14.7<br>23.1 | |
| HRV—01—4.5 | 4.5 | 3162 | 1600 | 1974 | 2473<br>2910 | 18.8<br>28.2 | |
| HRV—01—5.0 | 5.0 | 3412 | | | 2644<br>3101 | 20.7<br>31.0 | |

表 14-6　　**HRV—02 立式半容积式水加热器主要参数**

| 型号 | 容积 $V$ ($m^3$) | 总长 $L$ (mm) | 直径 $D$ (mm) | 总高 $H$ (mm) | 干重 $G$ (kg) | 换热面积 $F$ ($m^2$) | 备　注 |
|---|---|---|---|---|---|---|---|
| HRV—02—0.8 | 0.8 | 1752 | 900 | 1551 | 630<br>726 | 3.6<br>5.1 | (1) 传热系数 $K$、阻力损失 $\Delta h$ 等见表 14-4。<br>(2) 相同 $D$ 的 $F$ 可任选。<br>(3) 干重有两个参数，分别为表壳程压力 0.6MPa、1.0MPa 的容器自重。<br>(4) 主要生产厂家如下：<br>北京万泉压力容器厂、北京石景山压力容器厂、浙江上虞联丰压力容器厂、河南郑州压力容器厂、北京丰台区锅炉辅机厂、江苏江阴市金属容器制造有限公司 |
| HRV—02—1.0 | 1.0 | 2052 | | | 670<br>780 | | |
| HRV—02—1.2 | 1.2 | 2352 | | | 710<br>834 | | |
| HRV—02—1.5 | 1.5 | 1914 | 1200 | 1914 | 1032<br>1248 | 8.0<br>12.2 | |
| HRV—02—2.0 | 2.0 | 2314 | | | 1076<br>1367 | | |
| HRV—02—2.5 | 2.5 | 2764 | | | 1183<br>1501 | | |
| HRV—02—3.0 | 3.0 | 2119 | 1600 | 2338 | 1483<br>1832 | 10.0<br>15.5 | |
| HRV—02—3.5 | 3.5 | 2369 | | | 1583<br>1941 | | |
| HRV—02—4.0 | 4.0 | 2619 | | | 1682<br>2061 | | |
| HRV—02—4.5 | 4.5 | 2452 | 1800 | 2617 | 2041<br>2605 | 14.90<br>23.00 | |
| HRV—02—5.0 | 5.0 | 2652 | | | 2130<br>2730 | | |

## 二、快速式水加热器

### （一）螺旋管式水加热器

该加热器（见图 14-4）是在一个或几个筒体内敷设换热管，以螺旋槽管代替光滑管束，管内流体因管外流体螺旋线流动而受到周期性扰动产生湍流脉动运动，减小了管内传热边界层厚度，强化了传热效果。管内流体由于螺旋槽管作用形成螺旋线运动而提高了传热效率，传热系数提高较大，可减少传热面积，但螺旋板易结垢且不易清洗。

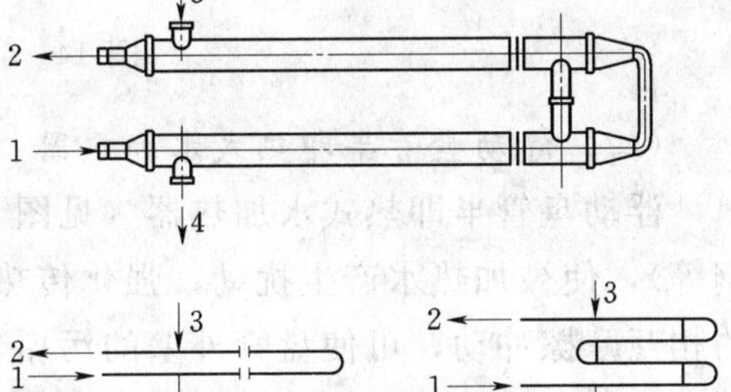


图 14-4　螺旋管（单管）式水加热器

(a) 并联；(b) 串联

1—冷水；2—热水；3—蒸汽；4—凝结水

### （二）板式水加热器

板式水加热器（见图 14-5）是由不同规格

的定型板经叠压而成，板片表面成波纹状，水紊动性好，可提高换热效率，但板间水垢不易清除，且水头损失较大。

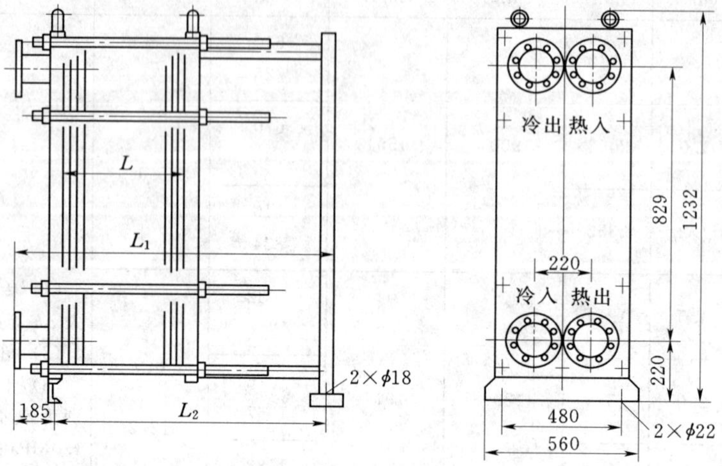


图 14-5　板式水加热器

（三）螺旋板式水加热器

螺旋板式水加热器（见图 14-6）的加热器换热板为螺旋形，在板内外各通过不同的流体，换热效果较好，体积较小，故节省空间，但螺旋板间距较小，结垢后不易清洗。

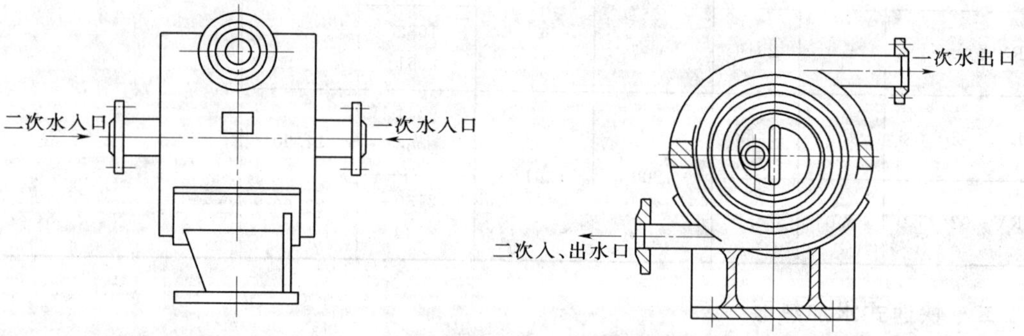


图 14-6　螺旋板式水加热器

（四）浮动盘管半即热式水加热器

浮动盘管半即热式水加热器（见图 14-7）的换热管采用浮动盘管（材质有铜、不锈钢等），使被加热水产生扰动，强化传热效果，由于盘管可以上下浮动，再加上盘管壁间的相互摩擦冲动，可使盘管外壁的污垢自行脱落，具有一定的自动除垢功能。其凝结水温度在 50～60℃，体积小，占地面积小，只有较少的储存水量。浮动盘管半即热式水加热器的主要参数如表 14-7 所示。

## 三、燃油、燃气热水机组

燃油、燃气热水机组是一种新型无压热水锅炉，有两种加热水的方式：一种方式是炉内火焰烟气通过水管壁加热水直接供给生活热水，其供水是无压的，需设高位储热水箱或采

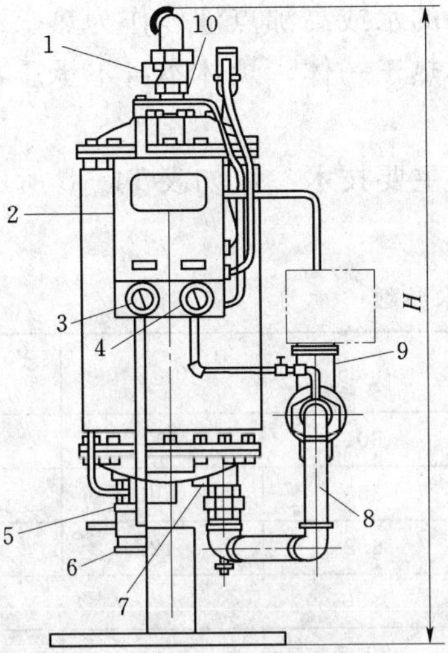


图 14-7　半即热式水加热器

1—安全阀；2—控制盘；3—温度计；4—压力表；
5—冷水进口；6—排污口；7—热媒出口；8—热媒进口；
9—温度控制阀；10—热水出水口

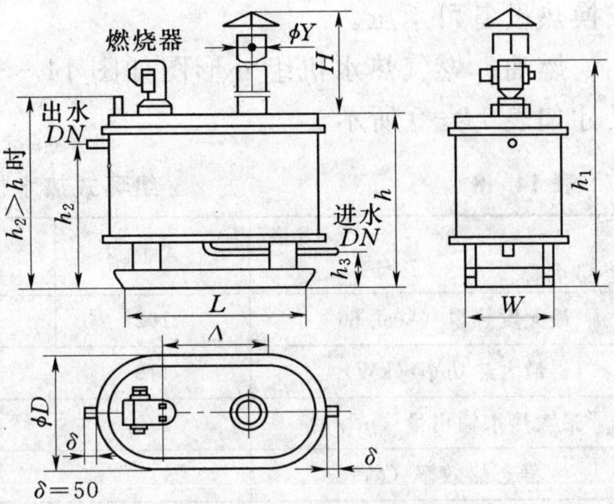


图 14-8　组环式燃油、燃气热水机组

$DN$—进、出水管管径

**表 14-7　　热高（AERCO）牌半即热式水加热器主要参数**

| 型号 | 盘管数 | 换热面积 $F$ ($m^2$) | 总高 $H$ (mm) | 直径 $D$ | 重量 $G$ (kg) 干重 | 重量 $G$ (kg) 湿重 | 备注 |
|---|---|---|---|---|---|---|---|
| W1B+03 | 3 | 1.39 | 1397 | 430 | 209 | 272 | |
| W1B+05 | 5 | 2.32 | 1626 | | 250 | 322 | |
| W1B+07 | 7 | 3.25 | 1854 | | 277 | 372 | |
| W1B+09 | 9 | 4.18 | 2083 | | 309 | 415 | |
| W1B+11 | 11 | 5.11 | 2311 | | 336 | 483 | |
| W1B+13 | 13 | 6.04 | 2540 | | 368 | 508 | |
| W1B+15 | 15 | 6.97 | 2769 | | 395 | 554 | |
| WW3E+03/04 | 3，4 | 2.09<br>2.79 | 1645 | 410 | 377 | 467 | |
| WW3E+05/06 | 5，6 | 3.48<br>4.18 | 1870 | | 415 | 533 | |
| WW3E+07/08 | 7，8 | 4.88<br>5.57 | 2091 | | 454 | 599 | |
| WW3E+09/10 | 9，10 | 6.27<br>6.97 | 2321 | | 492 | 665 | |
| WW3E+11/12 | 11，12 | 7.66<br>8.36 | 2546 | | 531 | 731 | |
| WW3E+13/13 | 13，14 | 9.06<br>9.75 | 2772 | | 570 | 799 | |
| WW3E+15/16 | 15，16 | 10.45<br>11.15 | 2998 | | 608 | 864 | |
| WW3E+17/18 | 17，18 | 11.85<br>12.45 | 3223 | | 647 | 930 | |
| WW3E+19/20 | 19，20 | 13.24<br>13.94 | 3448 | | 685 | 996 | |

备注：

(1) 型号的符号说明：

S　W　1　B　＋　$m$
(W)　　(3) (E)

$m$—盘管组数
B (E)—整体组装型
1 (3)—产品设计号
W—水
S (W)—热媒为蒸汽（热水）

(2) 生产厂家：河北保定太行热高工程有限公司

用水泵加压供水；另一种方式是锅炉内火焰烟气加热的水或高沸点液体作为热媒通过炉内设置的排管或小型换热设备二次加热，即集加热、换热于一体，炉体本身不承压，但排管或换热设备可承压。

燃油、燃气热水机组外形图如图 14－8 所示，其主要技术参数如表 14－8 所示，外形尺寸如表 14－9 所示。

**表 14－8　　　　组环式热水机组主要技术参数**

| 参数名称＼规格 | 0.12 | 0.21 | 0.35 | 0.70 | 1.07 |
|---|---|---|---|---|---|
| 最大发热量（kcal/h）① | 102 | 176 | 301 | 602 | 918 |
| 最大热功率（kW） | 119 | 205 | 350 | 700 | 1067 |
| 最大热水输出量（$m^3$/h） | 2.0 | 3.5 | 6.2 | 12 | 19 |
| 静态热效率（%） | ＞90 | | | | |
| 最大耗油率（0 号柴油）（kg/h） | 10 | 17 | 29.5 | 59 | 90 |
| 耗气量（人工煤气）（$m^3$/h） | ～28.3 | ～49 | ～84 | ～168 | ～256 |
| 装机电容量（kVA） | ＜1.0 | ＜1.25 | ＜1.75 | ＜2.25 | ＜4.0 |
| 运行重量（kg） | ≤300 | ≤450 | ≤730 | ≤1000 | ≤1900 |

注　1. 最大热水输出量是指进出水温升差为 45℃时（如进水 15℃、出水 60℃）的热水输出量。
2. 运行重量指炉体装满水后的总重量。
3. 人工煤气热值按每标准立方米 15MJ 计。
4. 燃料的消耗量是指燃烧器喷嘴和油（气）压按最大配置时，连续燃烧时的燃料耗用量。

① 1cal＝4.1868J。

**表 14－9　　　　组环式热水机组外形尺寸**

| 尺寸＼规格 | 0.12 | | 0.21 | | 0.35 | | 0.70 | | 1.07 | |
|---|---|---|---|---|---|---|---|---|---|---|
| | A | B、C | A | B、C | A | B | A | B、C | A | B、C |
| $h$（mm） | 760 | 960 | 960 | 1160 | 1160 | 1360 | 1460 | 1660 | 1600 | 1800 |
| $h_1$（mm） | 1064 | 1264 | 1440 | 1640 | 1660 | 1860 | 2080 | 2280 | 2220 | 2420 |
| $h_2$（mm） | 800 | 1000 | 1000 | 1250 | 1020 | 1120 | 1300 | 1500 | 1500 | 1650 |
| $h_3$（mm） | 150 | 150 | 150 | 150 | 150 | 150 | 200 | 200 | 200 | 200 |
| $\phi D$（mm） | 770 | 800 | 790 | 930 | 900 | 1150 | 1150 | 1400 | 1250 | 1550 |
| $\Delta$（mm） | 0 | 0 | 240 | 0 | 300 | 0 | 350 | 0 | 400 | 0 |
| $L$（mm） | 700 | 700 | 600 | 700 | 1000 | 1050 | 1100 | 1150 | 1200 | 1250 |
| $W$（mm） | 700 | 700 | 480 | 550 | 600 | 800 | 800 | 850 | 900 | 950 |
| $\phi Y$（mm） | 110 | 110 | 190 | 190 | 190 | 190 | 220 | 220 | 250 | 250 |
| $DN$（mm） | 50 | | 65 | | 80 | | 100 | | 125 | |
| $H$（m） | 3～6 | | | | 4～8 | | 6～10 | | | |

## 四、电热水加热器

电热水加热器分为两类：一类是快速式电热水加热器，其特点是无储存容积，按通水、电后即产生热水，使用方便，但电耗较大；另一类是容积式电热水加热器（见图 14－9），其特点是具有一定的储水容积（10～500L），但使用前需预先通电加热，达到所需水温后才可使用，在使用中不断通入冷水把热水顶出来，其体积较大但电功率小。“恒热”电热水器技术参数及外形尺寸如表 14－10 所示。

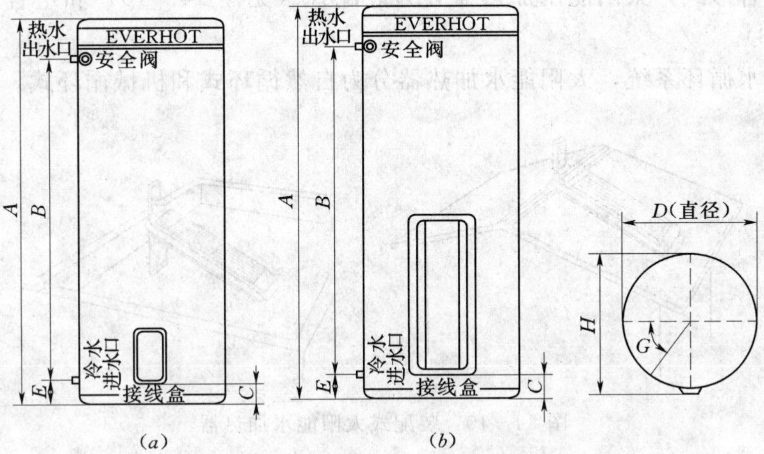


图 14－9　容积式电热水加热器外形图
(a) 家用型；(b) 商用型

电热水器设置应注意：要有可靠的接地措施、有过热保护措施、有压力安全措施并有必要的指示信号。

表 14－10　“恒热”电热水器技术参数与外形尺寸

| 电热水器 | | 家用型 | | | | | 商用型 |
|---|---|---|---|---|---|---|---|
| 型号 | 落地式 | CSFL060 | CSFL090 | CSFL120 | CSFL150 | CSFL320 | CSFL320—308 |
| | 壁挂式 | CSFL060—G | CSFL090—G | CSFL120—G | | | CSFL320—608 |
| 额定容积（L） | | 60 | 90 | 120 | 150 | 320 | 320 |
| A（mm） | | 614 | 864 | 1114 | 1364 | 1759 | 1759 |
| B（mm） | | 380 | 630 | 880 | 1130 | 1480 | 1480 |
| C（mm） | | 114 | 114 | 114 | 114 | 145 | 145 |
| D（mm） | | 458 | 458 | 458 | 458 | 569 | 569 |
| E（mm） | | 68 | 68 | 68 | 68 | 68 | 68 |
| G（°） | | 22 | 22 | 22 | 22 | 29 | 29 |
| H（mm） | | 492 | 492 | 492 | 492 | 603 | 603 |
| 净重（kg） | | 27 | 34 | 42 | 49 | 79 | 79 |
| 水温调节范围（℃） | | 50～70（出厂设定在 65℃） | | | | | |
| 安全阀设定压力（kPa） | | 850 | | | | | |
| 最大供水压力（kPa） | | 680 | | | | | |
| 安全阀接头尺寸 | | RP3/4in/20 | | | | | |
| 冷热水接头尺寸 | | RP3/4in/20 | | | | | RP11/4in/32 |
| 功率（kW） | | 1.2，1.5，2.4，3.6，4.8 | | | | | 14.4，28.8 |

注　1in＝2.54cm。

## 五、太阳能水加热器

### （一）太阳能水加热器分类

（1）按组合形式，太阳能水加热器分为装配式（见图 14－10）和组合式（见图 14－11～图 14－13）。

（2）按热水循环系统，太阳能水加热器分为自然循环式和机械循环式。

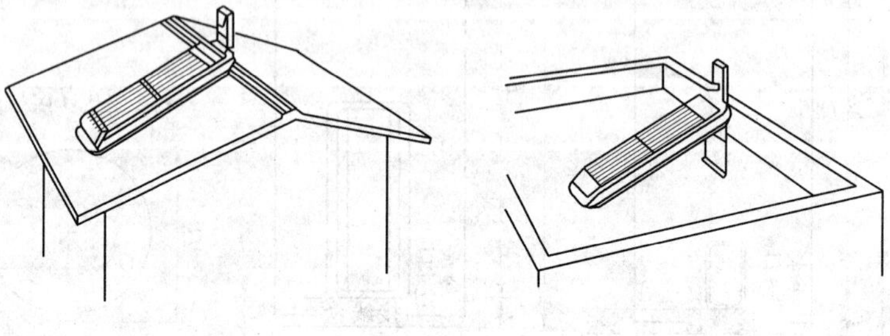

图 14－10　装配式太阳能水加热器

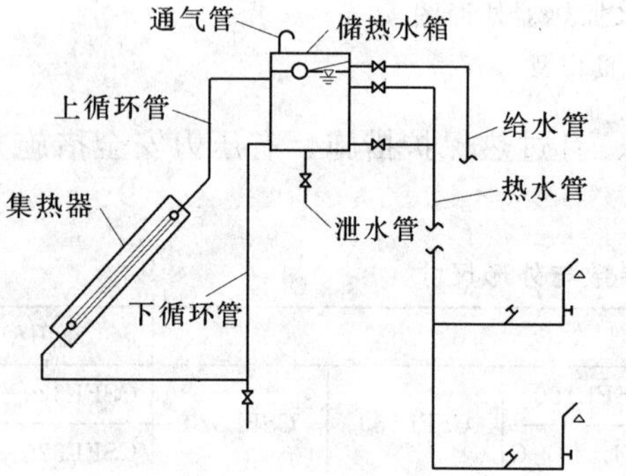


图 14－11　自然循环组合式太阳能水加热器

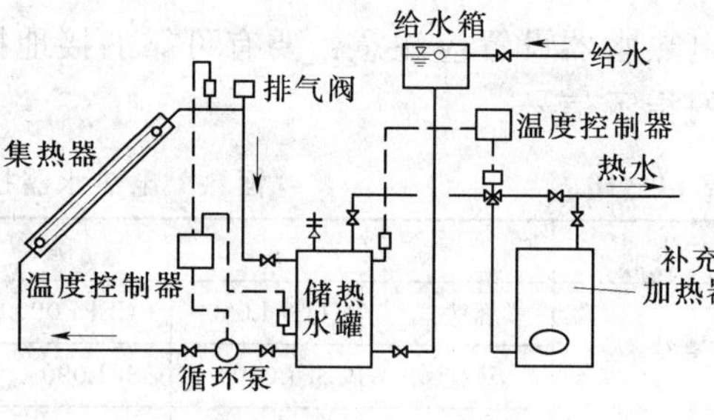


图 14－12　直接加热组合式太阳能水加热器

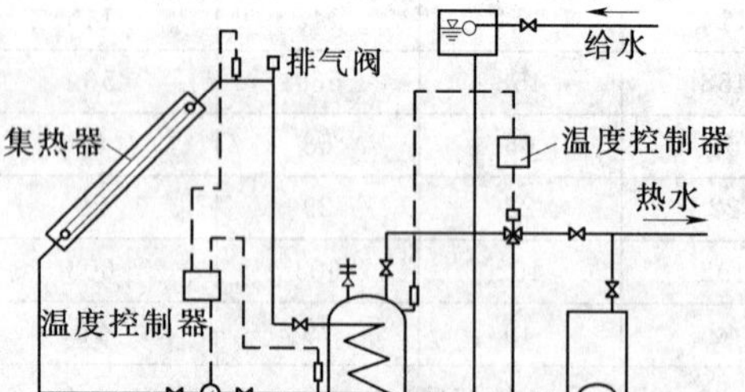


图 14－13　间接加热组合式太阳能水加热器

### （二）太阳能水加热器的系统组成和设置

1. 集热器

集热器是太阳能水加热器主体，它由集热管、集热板、外壳、保温层、透明罩板等组成。集热管常用材料有铜管、不锈钢管、塑料管、铜铝复合管。集热板是主要的集热组件，应有良好的导热性，且不易锈蚀。常用材料有不锈钢板、铝板、钢板等。外壳材料常用钢板、铝板、塑料、玻璃钢等。保温材料常用玻璃棉、泡沫塑料、岩棉等。多台集热器应并联设置，不应串联设置。

2. 储热水箱

（1）自然循环用储热水箱：为储存吸收的热量，便于产生自然循环和稳定水压，设置储热水箱是必要的。常用材料有塑料、ABS、玻璃钢、不锈钢板等。

储热水箱的设计要点如下：

1）储热水箱底部应高于集热器顶部200～400mm。

2）水箱应设置给水管、循环水管、热水管、泄水管、通气管。给水管应从水箱底部引入，或采取补给水箱配水及漏斗配水方式，如图14－14所示。

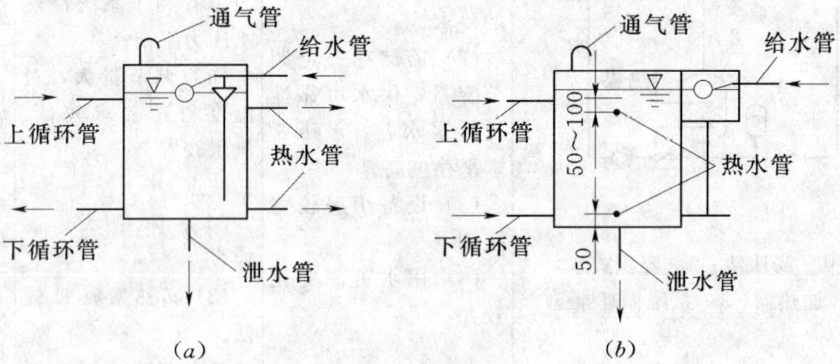


图14－14　储热水箱

(a)漏斗配水式；(b)补给水箱配水式

3）热水管应从水箱上部流出，接管高度一般比上循环管低50～100mm。为保障水箱内的水能全部被利用，应同时从水箱底部接出水热水管与上部热水管相接。

4）上循环管接至水箱上部，一般比水箱顶低200mm左右，但要保证正常循环时淹没在水面以下。

5）下循环管自水箱底部接出，出水管宜高出底部50mm以上。

6）水箱应尽量靠近集热器，尽量缩短上循环管的长度。

7）水箱宜装温度计、水位计及其他信号和控制仪表。

8）上下循环管应有大于0.01的坡度，坡向水箱。

(2)机械循环用储热水箱：储热水箱与一般给水用水箱相同，可以放置在任何部位。

3. 循环水泵

机械循环系统应设置循环水泵。循环水泵的流量，一般按集热器面积每平方米0.015～0.02L/s计。循环水泵宜安装在室内，安装在室外时应有防护措施。水泵的扬程应计算确定，水泵宜采用热水泵。常用泵为管道泵、立式泵等。

4. 管路

太阳能水加热系统管材常用不锈钢管、ABS管、塑料管、铜管等。管路应设置必要的阀门、排气阀、止回阀及自动控制所需的感温元件和电磁阀等。

5. 系统的自动控制

为实现自动控制，机械循环的加热系统中应装设感温元件和电磁阀及控制箱，如图14－12、图14－13所示。

感温元件宜装在集热器上集水管出口处，并与水泵运行连锁。

所有设备、阀门等应能承受系统的工作压力和温度要求。

**六、常用水加热设备特点**

常用水加热设备的名称、图式及特点如表14－11所示。

**表 14-11　　集中热水供应系统常用的水加热设备特点**

| 设备名称 | 图　式 | 适用条件 | 优、缺点 | 备注 |
|---|---|---|---|---|
| 容积式水加热器 | 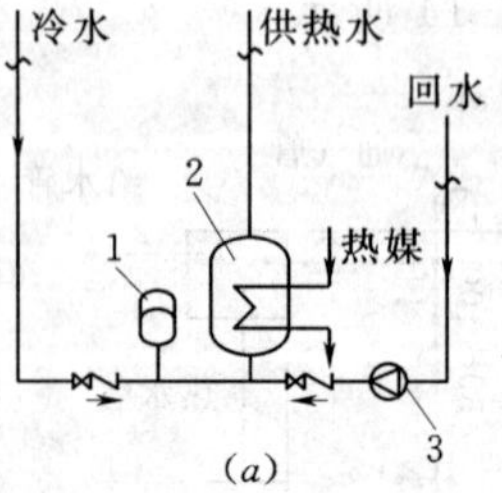<br>(*a*)<br>1—膨胀罐；2—容积式水加热器；3—系统循环泵 | （1）热源供应不能满足最大小时耗热量的要求。<br>（2）需储存一定调节容量，供水可靠性及供水水温、水压要求平稳度高。<br>（3）设备用房较宽裕。<br>（4）用水负荷变化较大 | 优点：<br>（1）要求热媒负荷较低。<br>（2）被加热水侧阻力小有利于系统冷热水压力平衡。<br>（3）调节量大，对温度自控要求较低、供水较安全。<br>缺点：<br>（1）体型大，占地多。<br>（2）传热系数 $K$ 较低。<br>（3）有冷水区和低温水区 | （1）传统的国标86S170容积式水加热器传热系数低、换热不充分且有20%～25%的冷水区易滋生军团菌等，故不宜推荐使用。<br>（2）推荐采用换热充分、节能、$K$ 值较高、带导流装置、冷水区小的以RV系列产品为代表的导流型容积式水加热器 |
| 半容积式水加热器 | 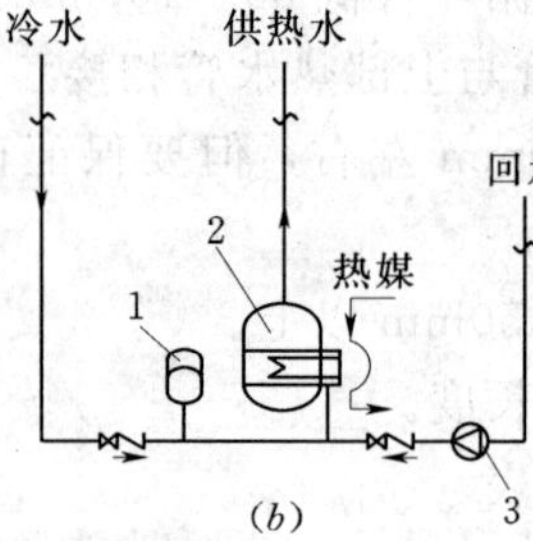<br>(*b*)<br>1—膨胀罐；2—容积式水加热器；3—系统循环泵 | （1）热源供给能满足最大小时耗热量的要求。<br>（2）供水水温、水压要求平稳度较高。<br>（3）设备用房面积较小。<br>（4）设有机械循环的热水系统 | 优点：<br>（1）换热充分，传热系数 $K$ 较高，故在相同换热量下，设备体型可比容积式的小1/2～2/3。<br>（2）能适量调节容积、被加热水侧阻力小，有利于冷热水压力平衡，供水安全、稳定。<br>缺点：<br>热媒负荷要求比容积式的高 | 该产品有以下系列：<br>（1）以HRV为代表的系列，特点是本身不带内循环泵。<br>（2）引进国外带内循环泵的产品，该泵是加热器的关键部分，选用时须特别注意。<br>（3）罐体内设置半封闭的加热装置，加热和储存不完全分开 |
| 半即热式水加热器 | 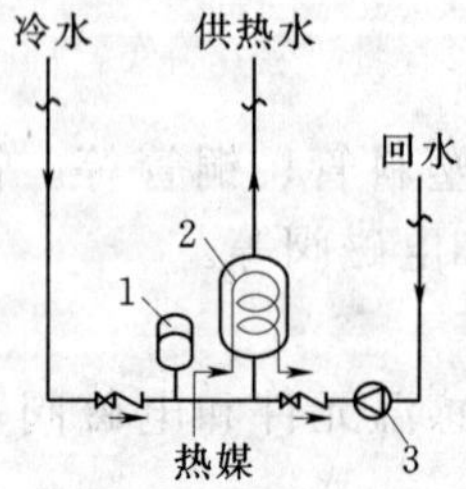<br>(*c*)<br>1—膨胀罐；2—快速或半即热水加热器；3—系统循环泵 | （1）热源供给能满足设计秒流量所需耗热量的要求。<br>（2）热源为蒸汽时，其最低工作压力不小于0.05MPa。<br>（3）设备用房面积小。<br>（4）加热器须配控温度、控流量（或压力）的双控自动调节阀及超温超压安全装置。<br>（5）用水负荷较均匀 | 优点：<br>（1）换热充分，传热系数 $K$ 高。<br>（2）体型小，占地面积约为“容积式”的1/10。<br>缺点：<br>（1）要求热媒负荷为“容积式”的2～4倍。<br>（2）被加热水侧阻力损失 $h$=1～2m，对系统冷热水压力平衡有一定影响 | 该加热器及系统调节容积很小，因此，温控与安全要求很严，选用时应充分考虑 |

| 设备名称 | 图　式 | 适用条件 | 优、缺点 | 备注 |
|---|---|---|---|---|
| 快速或半即热式水加热器加储热水箱 | 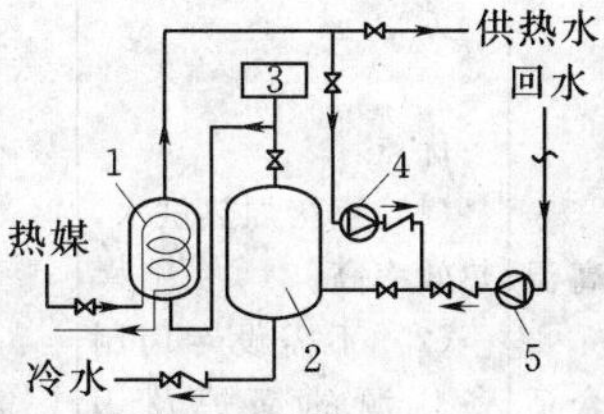<br><br>(*d*)<br>1—快速或半即热式水加热器；2—储热罐；3—膨胀水箱；4—内循环泵；5—管网循环泵 | (1) 热源供给不能满足设计秒流量所需耗热量的要求。<br>(2) 温控、安全装置达不到上述单设半即热式水加热器的要求。<br>(3) 用水负荷变化较大 | 与上述单设半即热式水加热器相比，其优点如下：<br>(1) 热源负荷较低，其要求同半容积式的。<br>(2) 温控、安全要求可低些。<br>缺点：<br>(1) 增加储热罐，占地增大。<br>(2) 被加热水侧有约 2m 的阻力损失 | (1) 储热罐的容积可按半容积式的考虑，即按 15min 的设计小时耗热量考虑。<br>(2) 当用快速水加热器时，原水水质硬度宜小于 144mg/L |
| 太阳能集热器 | 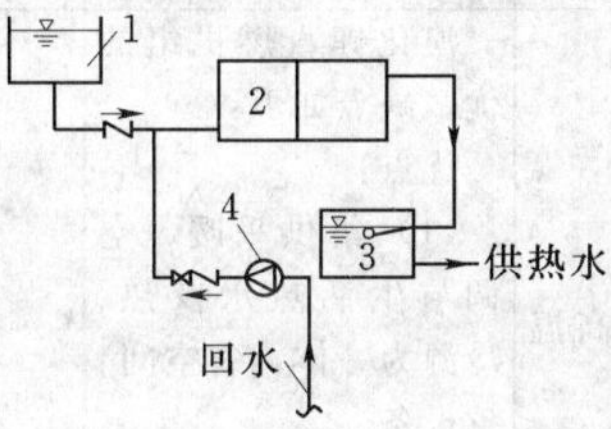<br><br>(*e*)<br>1—冷水补水箱；2—太阳能热水器；3—热水箱；4—循环泵 | (1) 太阳能较充足的地方。<br>(2) 有足够的地方设置集热器。<br>(3) 定时供应热水以及热水供应要求不高的地方。<br>(4) 耗热量不大于 70 万 kJ/h 的小系统 | 优点：<br>充分利用自然能源、节能、不污染环境。<br>缺点：<br>(1) 换热效率低，集热器多，一次投资与维修费大。<br>(2) 受气候条件限制 | 集热器是核心部分，宜选用真空管和热管式高效产品 |
| 太阳能热水器加辅助热源 | 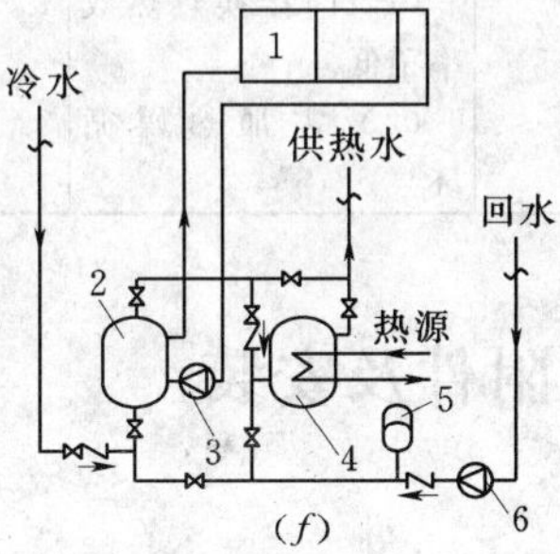<br><br>(*f*)<br>1—太阳能热水器；2—预热水罐；3—预热罐循环泵；4—辅助加热罐；5—膨胀罐；6—系统循环泵<br>注：预热水罐和辅助加热罐亦可合为一体 | (1) 太阳能较充足的地方。<br>(2) 有足够的地方设置集热器。<br>(3) 有合适的辅助热源供给 | 与不加辅助热源比较的太阳能热水器，其优点：可全日供热水，不受气候条件限制。<br>缺点：需加辅助热源，需两套加热设备 | 辅助热源在当地电力供应允许的条件下，宜采用电加热的方式 |

| 设备名称 | 图　式 | 适用条件 | 优、缺点 | 备注 |
| --- | --- | --- | --- | --- |
| 燃油、燃气热水机组（直接供水） | 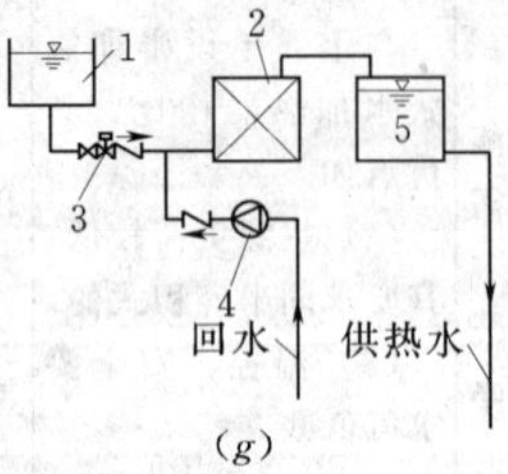<br>(*g*)<br>1—冷水补水箱；2—燃油、燃气热水机组；3—电磁阀；4—系统循环泵；5—热水箱<br>注：电磁阀系通过热水箱水位控制燃油、燃气热水机组补水用 | （1）无蒸汽、高温热水等可用热源。<br>（2）屋顶层有合适的位置设置热水机组、冷热水箱等。<br>（3）冷水水质硬度宜不大于144mg/L | 优点：<br>（1）直接加热供水，热效率高。<br>（2）不需设专用制备热源的锅炉及锅炉房。<br>缺点：<br>（1）要求冷水硬度低。<br>（2）“水管式”机组水侧阻力大 | 需根据机组水侧阻力情况考虑冷水补水箱设置高度 |
| 燃油、燃气热水机组或溴化锂直燃机组（间接供水） | 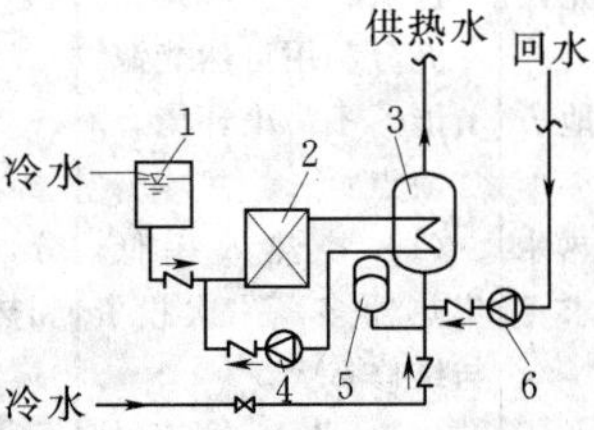<br>(*h*)<br>1—冷水补水箱；2—溴化锂直燃机组或燃油、燃气热水机组；3—容积式或半容积式水加热器；4—热源循环泵；5—膨胀罐；6—系统循环泵 | （1）无蒸汽、高温热水等可用热源。<br>（2）采暖空调专业采用溴化锂直燃机组时。<br>（3）当采用间接供水型热水机组时，冷水硬度宜不大于144mg/L | 溴化锂直燃机组的优、缺点如下：<br>优点：<br>（1）集供采暖、空调与生活热水及热、冷源为一体，省空间、省设备。<br>（2）设备间位置较灵活。<br>（3）可利用同区给水系统的压力，有利于系统的冷热水压力平衡。<br>缺点：<br>（1）间接换热热效率稍低。<br>（2）需加热媒循环泵 | 水加热器容积可按导流型容积式水加热器或半容积式水加热器采用 |

## 第三节　热水用管材、附件及安装

### 一、管材

热水供应管道系统可使用热冷镀锌钢管、钢塑管、铝塑管（PAP、XPAP）、聚丁烯管（PB）、聚丙烯管（PP—R）、交联聚乙烯管（PEX）、铜管、不锈钢等管材。

### 二、附件

热水供应系统中除装置必要的检修、调节阀门外，还需要根据热水系统的组成安装不同的附件，以便控制水温、水压、排气、管道伸缩等问题，保证整个热水供应系统安全可靠地运行。

（一）温度自动调节装置

1. 分类

（1）按控制因素，温度自动调节装置可分为单控温度自动调节阀、双控温度自动调节阀。

（2）按执行机构的动力，温度自动调节装置可分为自力式温度调节阀、电动式温度调节阀、电磁式温度调节阀。

2. 温度自动调节阀的安装

（1）安装前宜将温包放在热水中作静态试验。

（2）调节阀处应加旁通管，旁通管及调节阀前后应设阀门，调节阀前宜设截污器。

（3）容积式水加热器的温包设在靠近加热盘管的上部。

3. 自力式温度调节阀

常见的自力式温度调节阀有以下两种：

（1）V230/V231 T06、V230/V231 T17 自力式温度调节阀：T06 的温包管外壁为光面；T17 的温包管外壁为螺纹。其外型如图 14－15 所示，主要技术参数如表 14－12 所示。

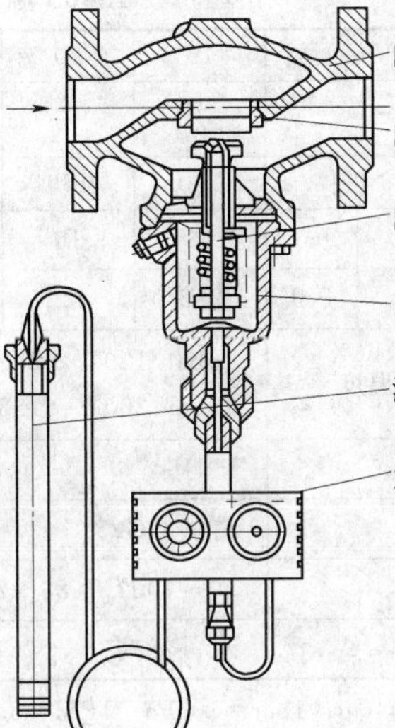


图 14－15　V230/V231 T06、V230/V231 T17 自力式温度调节阀外形图

表 14－12　**V230/V231 控制阀的主要技术参数**

| 公称通径（mm） | | 15 | 20 | 25 | 32 | 40 | 50 | 65 | 80 | 100 | 125 | 150 |
|---|---|---|---|---|---|---|---|---|---|---|---|---|
| 流量系数 $K_{vs}$（$m^3/h$） | | 3.2 | 5 | 8 | 12.5 | 20 | 32 | 50 | 80 | 125 | 160 | 280 |
| $Z$ 值① | | 0.6 | 0.6 | 0.6 | 0.55 | 0.55 | 0.5 | 0.5 | 0.45 | 0.4 | 0.35 | 0.3 |
| 最大允许压差 $\Delta P$（MPa） | PN16 | 1.6 | 1.6 | 1.6 | 1.6 | 1.6 | 1.6 | 1.6 | 1.6 | 1.5 | 1.5 | 0.5 |
| | PN40 | 2.0 | 2.0 | 2.0 | 2.0 | 2.0 | 2.0 | 2.0 | 2.0 | 1.5 | 1.5 | 0.5 |
| 行程（mm） | | 6 | 6 | 6 | 8 | 10 | 12 | 12 | 18 | 18 | 20 | 20 |
| 最大工作温度 | V230 | 200℃（带附件 DT 可达 350℃） | | | | | | | | | | 140℃② |
| | V231 | 140℃ | | | | | | | | | | |
| 允许泄漏量（规定试验条件下） | V230 | 4×10⁻⁴×阀额定容量 | | | | | | | | | | |
| | V231 | 10 气泡/min | | | | | | 20 气泡/min | | | | 40 气泡/min |
| 平衡元件 | | 波纹管 | | | | | | | | | | 滚动膜片③ |
| 公称压力 | | PN16（1.6MPa）；PN40（4.0MPa） | | | | | | | | | | |
| 阀体材质④ | | PN16 铸铁(工作温度不高于 200℃)PN40 铸钢 9（工作温度不高于 350℃） | | | | | | | | | | |
| 阀芯材质 | | 不锈钢 | | | | | | | | | | |
| 最大工作压力 | | 公称压力（高于 1.4MPa 带附件 DH） | | | | | | | | | | |

① 噪声衡量系数，大于该值将产生明显噪声。详细计算见自力式调节阀选择指南。

② *DN*150 带加长件可使用于 300℃的条件下。

③ 滚动膜片材质分 EPDM 或 FKM 两种，EPDM 适用于水、蒸汽及气体介质，FKM 适用于油、水、蒸汽及气体介质，订货时应注明介质种类（是否需要耐油）。

④ 阀体材料可提供不锈钢材质。

（2）霍尼威尔自力式温控阀：霍尼威尔自力式温控阀由恒温器 T445 及阀体 V5 组成（见图 14－16），其技术参数如表 14－13 所示。

**表 14－13　TS465 温控阀阀体尺寸及技术参数**

| 公称直径 $DN$ | | 15 | 20 | 25 | 32 | 40 | 50 | 65 | 80 | 100 |
|---|---|---|---|---|---|---|---|---|---|---|
| 连接口（in） | | $\frac{1}{2}$ | $\frac{3}{4}$ | 1 | $1\frac{1}{4}$ | $1\frac{1}{2}$ | 2 | $2\frac{1}{2}$ | 3 | 4 |
| 长度 $L$ | | 130 | 150 | 160 | 180 | 200 | 230 | 290 | 310 | 350 |
| 最大工作压力 | bar | 16 | 16 | 16 | 16 | 16 | 16 | 16 | 16 | 16 |
| | PSI | 232 | 232 | 232 | 232 | 232 | 232 | 232 | 232 | 232 |
| 最大工作压力/温度 | | 16bar/120℃（232PSI/248°F）<br>13bar/200℃（188PSI/392°F） | | | | | | | | |
| 额定压力 | | PN16 | | | | | | | | |
| 阀体材料 | | 铸铁 GG25 | | | | | | | | |
| 温控范围 | | 30～100℃（86～212°F） | | | | | | | | |
| 应用范围 | | 水、蒸汽 | | | | | | | | |

**注**　表中 1in＝2.54cm；1bar＝$10^5$Pa；1PSI＝6.895kPa。

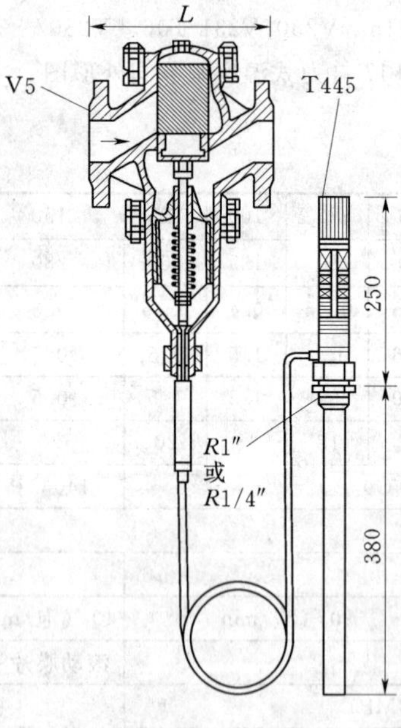


图 14－16　霍尼威尔自力式温控阀

1″＝1in＝2.54cm

霍尼威尔自力式温控阀的安装要点如下：

1）调温阀的介质流动方向应为阀体上箭头所指方向。

2）调温阀应垂直倒立安装在热媒管道上，即使执行器朝下安装。

3）温包可以任意安装在被加热水中，但为减少控制误差，浸入被加热水体内的长度不得小于温包总长的 4/5。

4）调温阀前装过滤器，并设旁通管，以防管路内杂质堵塞阀芯和方便检修。

5）毛细管的曲率半径应大于 50mm，并且应避免距毛细管两端 50mm 处产生弯曲，阀体安装完毕后，应将毛细管固定在适当位置。

6）为使阀体动作灵敏，可在温包套管中注入无腐蚀性油，以保证热传递效果。

（二）安全装置

闭式热水供应系统中，热媒为蒸汽或大于 90℃的高温热水时，水加热设备除安装安全阀外，系统中还宜设膨胀罐或膨胀管；开式热水供应系统的水加热器可不装安全阀（劳动保护部分有要求者除外）。

1. 安全阀

水加热器宜采用微启式弹簧安全阀，安全阀应设防止随意调整螺丝的铅封装置。安全阀的开启压力一般为水加热器处工作压力的 1.1 倍，但不得大于水加热器处本体的设计压力（一般为 0.50MPa、0.98MPa 和 1.57MPa 三种规格）。

安全阀的直径应比计算值大一级，一般可取安全阀阀座内径比水加热器热水出水管管径小一号，安全阀应直立安装在水加热器的顶部，其排除口应设导管将热水引至安全地点。在安全阀与设备之间不得装吸水管、引气管或阀门。

2. 膨胀管

膨胀管是一种吸收热水系统内热水升温膨胀量及防止设备和管网超压的简易装置，适用于有地方设置膨胀水箱、建筑物顶层设有中水箱、消防水箱等非生活饮用水箱的热水系统。引入管应从上接入，入口与水箱最高水位之间应留有5～10cm的空气间隙。

膨胀管上严禁设阀门，如果有可能冻结时膨胀管需做保温。膨胀管最小管径如表14-14所示。多台水加热器宜分别设置各自的膨胀管。

表 14-14　膨胀管最小管径

| 锅炉或水加热器的传热面积（$m^2$） | <10 | 10～15 | 15～20 | >20 |
|---|---|---|---|---|
| 膨胀管最小管径（mm） | 25 | 32 | 40 | 50 |

3. 膨胀罐

闭式热水供应系统中宜设膨胀罐以吸收加热储热设备及管道内水升温时的膨胀量。膨胀罐有隔膜式压力膨胀罐和胶囊式压力膨胀罐之分。膨胀罐可设在水加热器和止回阀之间的冷水进水管上或热水回水管的分支管上。

（三）管道伸缩、补偿装置

金属管道随热水温度升高将发生热伸长现象，如果这个热伸长量不能得到补偿，将会使管道承受很大的应力，管道会产生弯曲、位移、接头开裂等现象。因此，在较长的直线热水管路上，每隔一定距离需设置伸缩器。

管道伸缩器的形式有自然补偿、Ω形伸缩器、套管伸缩器、波纹管伸缩器和橡胶管接头补偿等。其特点如表14-15所示。

表 14-15　管道伸缩器简介

| 伸缩器类型 | 优点 | 缺点 | 适用条件 |
|---|---|---|---|
| 自然补偿 | 利用管路布置时形成的L形、Z形转向，可不装伸缩器 | 补偿能力小，伸缩时管道产生横向位移，使管道产生较大的应力 | 直线距离短、转向多、每段管长不超过20m（钢管）和10m（铜管）的室内管道 |
| Ω形伸缩器 | 用整条管道弯制，工作可靠，制造简易，严密性好，维护方便 | 安装占地大 | 如果有足够的装置空间，各种热力管道均可适用，但装在横管上要保持水平 |
| 套管伸缩器 | 伸缩量大，占地小，安装简单，流体阻力小 | 容易漏水，需经常检修更换填料，如果管道变形有横向位移时，易造成“卡住”现象 | 空间小的地方 |
| 波纹管伸缩器 | 重量轻，占地小，安装简单，流体阻力小 | 用不锈钢制造，造价高，单波补偿量小，有一定的伸缩寿命次数，产生伸缩疲劳断裂 | 空间小的地方 |
| 橡胶管接头补偿 | 占地小，安装简单，允许少量的横向位移和偏弯角度 | 伸缩量小 | 空间小的地方 |

（四）疏水器

用蒸汽作热媒间接加热的水加热器、开水器的凝结水管上应每台单独设疏水器，但能保证凝结水出水温度不大于80℃的设备可不装疏水器。

蒸汽管向下凹处的下部，蒸汽主管底部应设疏水器，以便及时排掉管中存留的凝结水。

疏水器前应设过渡器，疏水器处一般不设旁通阀。当疏水器后有背压、凝结水管抬高或不同压力的凝结水管接在同一根母管上时，在疏水器后应设止回阀。

（五）排气装置

在开式上行下给热水供应系统中，可在管网最高处装排气管，并向上伸出超过屋顶冷水箱的最高水位以上一定距离；在闭式上行下给热水供应系统中，可装自动排气阀；在下行上给式热水供应系统中，可利用立管上最高水龙头排气。

（六）温度计

温度计的刻度范围应为工作温度范围的2倍。

（七）压力表

压力表的精度不应低于2.5级，即允许误差为表刻度极限值的1.5%，表盘刻度极限值宜为工作压力的2倍，表盘直径不应小于100mm。

（八）阀门

根据使用要求和维修条件，在下列管段上应装阀门：

(1) 配水或回水环形管网的分干管上。

(2) 配水立管和回水立管上。

(3) 从立管接出的支管上。

(4) 配水点超过5个的支管上。

(5) 加热设备、储水器、自动温度调节器和疏水器等的进、出水管上。

(6) 配水干管上根据运行管理和执行要求应设置适当数量的阀门。

（九）止回阀

热水供应系统管道的下列管段上应设止回阀：

(1) 水加热器、储水器的冷水供水管上。

(2) 机械循环系统中热水回水管上。

(3) 加热水箱与冷水补水箱的连接管上。

(4) 混合器的冷、热水供水管上。

(5) 疏水器后有背压时。

(6) 循环水泵的出水管上。

（十）水表

为计量热水总用水量可在水加热设备的冷水供水管上装冷水表，对用水点可在热水供水管上设热水表。

## 三、热水管道的布置、安装及保温

（一）热水管道的布置和安装

热水管道的布置与给水管道基本相同。管道的布置应该在满足安装和维修管理的前提下，使管线短捷。热水管道通常为明装；当建筑物对美观有较高要求时，也可暗装。热水管道干管一般敷设在地沟内、地下室天棚下、建筑物最高层的棚顶之下或棚顶内。立管暗装时，一般敷设在预留的沟槽内或管道竖井中；明装时，可敷设在卫生间或非居住房间。管道穿墙或穿楼板时应加装套管，楼板套管应高出地面20～30mm，以防地面积水流入下层房间。

热水横管应有不小于0.003的坡度，为了便于排气和泄水，坡度方向与水流方向相反。在上分式系统配水干管的最高点应设排气装置，如自动排气阀、集气罐或膨胀水箱。在系统的最低点应设泄水装置或利用最低配水龙头泄水，泄水装置可为泄水阀或丝堵，其口径为管道直径的1/10～1/5。为了集存热水中析出的气体，防止其被循环水带走，下分式系统回水立管应在最高配水点以下0.5m处与配水立管连接。为避免干管伸缩时对立管的影响，热水立管与水平干管连接时，立管应加弯管。

热水管道应设固定支架和活动导向支架，固定支架的间距应满足管段的热伸长量不大于伸缩器所允许的补偿量，固定支架之间可设活动导向支架。

热水管道所用的阀门和龙头，为防止渗漏，不应采用容易受温度影响的皮革做密封圈，一般密封圈的材料为铜质。

容积式水加热器或热水储水器上接出的热水供水管应从设备顶部接出。当热水供应系统为自然循环时，其回水管一般在设备顶部以下1/4高度处接入；当为机械循环时，回水则从设备底部接入。热媒为热水时，进水管应在设备顶部以下1/4高度处接入，其回水管应在设备底部接入。

水加热器和储水器可以布置在锅炉房内，也可以设置在单独房间内。水加热器一侧应留有净距为0.7m的通道，以便于安装和维修；前端应有抽出加热排管的空间，最小不得小于1.2m。水加热器上部附件的最高点至建筑结构最低点净距应满足检修的要求，但不得小于0.2m；房间净高不得低于2.2m。

（二）热水管道的保温

热水配水管、回水管、加热器、储水器、热媒管道及阀门等附件应做保温处理，管道保温之前应先进行防腐处理。保温材料应与管道或设备的外壁紧密相贴，并在保温层外表面做保护层。如遇管道转弯处，其保温应做伸缩缝，缝内填柔性材料。

常用保温材料及性能如表14-16所示。

**表14-16　常用保温材料及性能**

| 序号 | 名　称 | 密度 (kg/m³) | 导热系数方程式 [W/(m·℃)] | 使用温度范围 (℃) |
|---|---|---|---|---|
| 1 | 岩棉制品 | 80～100 | 0.046 | -268～700 |
| 2 | 超细玻璃棉制品 | 40～60 | $0.03+0.00023t_p$ | ≤400 |
| 3 | 玻璃纤维制品 | 130～160 | $0.041+0.00017t_p$ | ≤350 |
| 4 | 矿渣棉制品 | 150～200 | $0.05+0.0002t_p$ | ≤350 |
| 5 | 硬聚氨酯泡沫塑料（自熄） | <45 | ≤0.04 | -150≤120 |
| 6 | 聚苯乙烯泡沫塑料（自熄） | 24 | $0.034+0.00014t_p$ | -60～70 |
| 7 | 软木制作 | 200～250 | 0.06 | -40～60 |
| 8 | 水泥珍珠岩制品 | ～350 | $0.058+0.00026t_p$ | ≤650 |
| 9 | 水泥蛭石制品 | ≤500 | $0.093+0.00025t_p$ | ≤800 |
| 10 | 泡沫混凝土制品 | ≤500 | $0.126+0.0003t_p$ | ≤300 |

续表

| 序号 | 名　称 | 密度（$kg/m^3$） | 导热系数方程式 [W/（m·℃）] | 使用温度范围（℃） |
|---|---|---|---|---|
| 11 | 硅藻土制品 | ≤450 | $0.104+0.00021t_p$ | ≤800 |
| 12 | 石棉硅藻土胶泥 | ≤660 | $0.151+0.00014t_p$ | ≤800 |
| 13 | 石棉灰胶泥 | ≤600 | 0.13 | ≤800 |
| 14 | 橡塑胶管壳（自熄） | 87 | 0.0381 | －40～105 |

**注**　$t_p$ 为保温层材料工作时的平均温度，℃。

## 第四节　热 水 防 垢 方 法

热水防垢方法主要有离子交换树脂软化方法、磁场处理方法、静电场处理方法、电子场处理方法、药剂法等。

### 一、离子交换树脂软化方法

离子交换树脂分阳离子型和阴离子型两大类。

阳离子型交换树脂又分为 H 型和 Na 型两类，当用于软化目的时一般采用阳离子型中的 Na 型树脂。硬水通过装有阳离子型（Na 型）交换树脂的交换器时，水中 $Ca^{2+}$、$Mg^{2+}$ 等离子与树脂中的 $Na^+$ 发生交换反应，出水中含有 $Na^+$ 的软水。当树脂中 $Na^+$ 全部被 $Ca^{2+}$、$Mg^{2+}$ 置换后，离子交换树脂失效，需要用盐水（NaCl）进行再生，以恢复离子交换树脂的软化工作能力，即 $Na^+$ 把树脂中的 $Ca^{2+}$、$Mg^{2+}$ 再置换出来。

离子交换软化常用的离子交换树脂为 001×7 型，其性能指标如表 14－17 所示。

实际应用中可利用的交换容量（工作交换容量）比全交换容量低，一般为全交换容量的 60%～70%。

### 二、磁场处理方法

磁场处理方法是在管道外管内装设永久磁铁。利用磁场效应对水进行处理称为水磁化处理。

**表 14－17　　001×7 型阳树脂的性能指标**

| 指标名称 | | 指标 优等品 | 一等品 | 二等品 |
|---|---|---|---|---|
| 含水量（%） | | 46～52 | 45～53 | |
| 质量全交换容量（mmol/g） | | ≥4.5 | ≥4.4 | ≥4.3 |
| 体积全交换容量（mmol/ml） | | ≥1.8 | ≥1.7 | |
| 湿视密度（g/ml） | | 0.77～0.87 | | |
| 湿真密度（g/ml） | | 1.24～1.28 | | |
| 粒度（%） | 0.315～1.25mm | ≥95 | | |
| | 小于 0.315mm | ≤1 | — | |
| 有效粒径（mm） | | 0.40～0.60 | | |
| 均一系数 | | ≤1.7 | | |
| 磨后圆球率（%） | | ≥95 | ≥85 | ≥70 |

磁化水处理器采用高场稀土永磁体和壳体结构两部分组合而成，利用磁场的作用，使水的内能发生变化，即水分子、原子、离子和电子等的能量变化，从而使水的性质发生变

化，形成活化水，产生防垢作用。在水处理中，磁化一般作为简易的缓垢处理方法，水经磁化后形成细小的泥渣沉积物，可通过排污排掉，因而在管壁表面不会产生黏结性的结垢物。因此，使用时应加强排污。

磁水器应用条件：原水为负硬度时，效果最好；总硬度小于5mg/L、永硬度小于总硬度的1/3时，效果好；水流经磁水器的速度为1.2～1.8m/s；pH值应大于或等于7.0；水中铁、锰含量宜小于0.2mg/L；水中SS含量应小于100mg/L；水加热温度不宜大于70℃。

**三、静电场处理方法**

静电场处理方法是一种物理防垢和除垢方法，采用设备为静电水处理器，又称为静电除垢器。水处理器壳体为阴板，壳体中心装有阳板，阳板是一个芯棒，外套有聚四氟乙烯管，可保证良好的绝缘性。所用电源为高压直流电，小型静电除垢器的最佳工作电压范围为2.5～3.0kV，大型的则为18～20kV。

**四、电子场处理方法**

电子场处理方法与静电场处理方法相似，但采用低压直流电源（又称为电子电源）。所用设备称电子水处理器（见图14-17）。它与静电除垢器的不同点是其阳板为一条金属电板，与水直接接触。它与静电除垢器相比具有效果好、电耗低、较安全等优点。

电子场处理方法的工作原理是：当水流经电子水处理器时，在低电压、微电流的作用下，水分子中的电子被激励，从低能阶轨道跃迁至高能阶轨道，引起水分子的电位能损失，使其电位下降，使水分子与接触器壁的电位差减小，甚至有可能消除它们之间的电位差，使之趋于零，可防止水垢生成。

**五、高频电磁场处理方法**

高频电磁场处理方法是通过向水中施以高频电磁场对水进行物理处理的方法，可起到防垢、除垢和缓蚀的作用。其原理是：常态下水的分子结构是由范德华力和氢键缔合而成的大分子，经高频电场的反复极化和高频磁场的反复扭曲后解离成单个水分子，因而可达到处理目的。

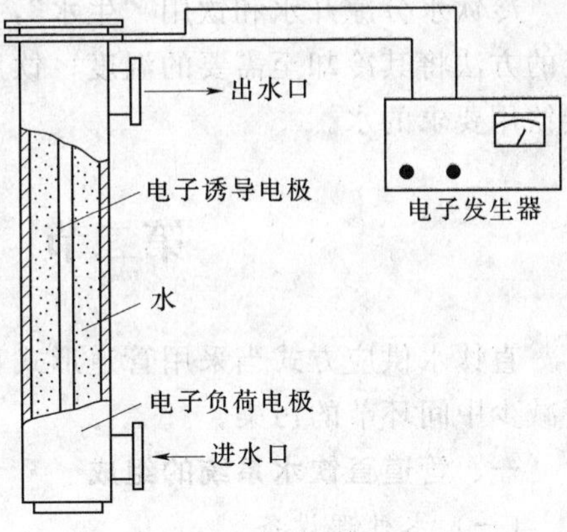

图14-17　电子水处理器

**六、药剂法——归丽晶**

归丽晶是由聚磷酸盐和硅酸盐经高温熔炼而成的类似晶体玻璃球的难溶性复合聚磷酸盐。

聚磷酸盐与$Ca^{2+}$、$Mg^{2+}$可生成螯合物，部分沉淀在金属表面上，形成阴板保护膜而减缓腐蚀；硅酸盐在水中呈带电荷的胶体微粒，与管道上腐蚀下来的$Fe^{2+}$形成凝胶，覆盖在金属表面，阻止进一步的腐蚀。归丽晶是一种沉淀膜型缓蚀剂。

归丽晶的适用范围如下：

(1) 水中碳酸盐硬度不超过360mg/L。

(2) 处理前水质应符合生活饮用水水质标准，暂时硬度应大于4mmol/L。

(3) 加热水温低于80℃。

# 第十五章 饮 水 供 应

饮水供应无论采用何种形式和方法，其水质必须符合有关饮用水的卫生标准。

## 第一节 饮水供应系统及制备方法

### 一、饮水供应系统

饮水供应系统分开水供应系统、冷饮水供应系统和优质饮水供应系统等。办公楼、旅馆、学校公寓和军营多采用开水供应系统；高档办公楼、写字楼、宾馆、高级公寓多采用优质饮水供应系统；体育馆、大型公共建筑等公共场所及工厂热车间等多采用冷饮水供应系统。

### 二、饮用水制备方法

（一）集中制备开水

在集中制备开水的过程，热源可采用燃气、燃油、电、蒸汽等；开水可分散取用，也可采用管道输送至用户。

（二）冷饮水的制备

冷饮水分凉开水和饮用“生水”，其中凉开水是指把自来水加热至水开后，再采取一定的方法将其冷却至需要的温度；饮用“生水”是指把自来水经过适当的处理后达到可直接饮用要求的水。

## 第二节 管道直饮水系统

直饮水供应方式当采用管道形式直接输送至用户时，称为管道直饮水。这种供水方式可减少中间环节的污染。

### 一、管道直饮水系统的组成

（一）水处理设备

制水设备即为深度处理设备。常用制水设备主要包括活性炭过滤装置、微滤（MF）净水装置、超滤（UF）净水装置、纳滤（NF）净水装置及反渗透（RO）净水装置。

（二）供水设备

管道直饮水系统为密闭循环系统，采用不锈钢变频调速水泵供水。

（三）输配水管网及回水管网

为避免水流滞留影响水质，管道直饮水系统均设回水管，并对回水进行处理。直饮水管道应采用铜管、不锈钢管、不锈钢衬塑管，也可按表 15－1 选用塑料管。其配件材料与管材相同，保证管材及配件不对饮用水水质产生不良影响。

表 15-1　　管道直饮水常用塑料管材性能

| 材料名称 | 特　点 | 工作压力（MPa） | 使用温度 | 膨胀系数 |
|---|---|---|---|---|
| 高密度聚乙烯管（HDPE） | 韧性好，具有良好的抗疲劳强度，耐温性能较好，质轻，可熔接或机械连接 | 1.0（热水）<br>1.6（冷水） | ≤60℃ | $22\times10^{-5}$ |
| PEX 交联聚乙烯管 | 耐温性能好，抗蠕变性能好，只能用金属管件连接 | 1.0（95℃）<br>1.6（常温） | ≤90℃ | $15\times10^{-5}$ |
| PB 聚丁烯管 | 耐温性能好，具有良好的抗拉、抗压强度和耐冲击、低蠕变、高柔韧性，价格高 | 1.6～2.5（冷水）<br>1.6（常温） | ≤90℃ | $13\times10^{-5}$ |
| PP—R 改性聚丙烯管 | 耐温性能好，熔接安装较方便，不得使用裸铜管件 | 2.0（常温）<br>1.6（冷水） | ≤60℃ | $11\times10^{-5}$ |
| 铝塑复合管 PEX—AL—PEX | 易弯曲成型，完全消除氧渗透，膨胀系数小，但管壁厚薄不均匀 | 1.0<br>1.0 | ≤60℃ | $2.5\times10^{-5}$ |

（四）管道直饮水系统组成

管道直饮水系统的组成如图 15-1 所示。

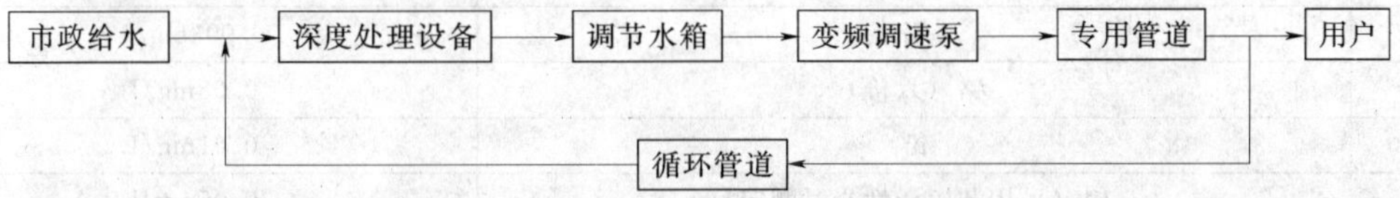


图 15-1　管道直饮水系统

## 二、直饮水水质标准

直饮水水质标准如下：

（1）饮用水水质应满足国家《生活饮用水卫生标准》（GB 5749—2006）的规定，如表 9-1～表 9-3 所示。

（2）直饮水在符合国家《生活饮用水卫生标准》（GB 5749—2006）的基础上还应进行深度处理，其水质应满足《饮用净水水质标准》（CJ 94—2005）如表 15-2 所示。

表 15-2　　饮用净水水质标准（CJ 94—2005）

| 编　号 | 项　目 | 标　准 |
|---|---|---|
| | 感官性状指标 | |
| 1 | 色度 | 5 度 |
| 2 | 浑浊度 | 0.5NUT |
| 3 | 臭和味 | 无 |
| 4 | 肉眼可见物 | 无 |
| | 一般化学指标 | |
| 5 | pH | 6.0～8.5 |
| 6 | 总硬度（以碳酸钙计） | 300mg/L |
| 7 | 铁 | 0.20mg/L |
| 8 | 锰 | 0.05mg/L |
| 9 | 铜 | 1.0mg/L |

续表

| 编号 | 项目 | 标准 |
| --- | --- | --- |
| 10 | 锌 | 1.0mg/L |
| 11 | 铝 | 0.2mg/L |
| 12 | 挥发酚类（以苯酚计） | 0.002mg/L |
| 13 | 阴离子合成洗涤剂 | 0.20mg/L |
| 14 | 硫酸盐 | 100mg/L |
| 15 | 氯化物 | 100mg/L |
| 16 | 溶解性总固体 | 500mg/L |
| 17 | 高锰酸钾消耗量（$COD_{Mn}$以氧计） | 2.0mg/L |
| 毒理学指标 | | |
| 18 | 氟化物 | 1.0mg/L |
| 19 | 硝酸盐氮（以N计） | 10mg/L |
| 20 | 砷 | 0.01mg/L |
| 21 | 硒 | 0.01mg/L |
| 22 | 汞 | 0.001mg/L |
| 23 | 镉 | 0.003mg/L |
| 24 | 铬（六价） | 0.05mg/L |
| 25 | 铅 | 0.01mg/L |
| 26 | 银（采用载银活性炭时测定） | 0.05mg/L |
| 27 | 氯仿 | 0.03mg/L |
| 28 | 四氯化碳 | 0.002mg/L |
| 29 | 亚氯酸盐（采用 $ClO_2$ 消毒时测定） | 0.70mg/L |
| 30 | 氯酸盐（采用 $ClO_2$ 消毒时测定） | 0.70mg/L |
| 31 | 溴酸盐（采用 $O_3$ 消毒时测定） | 0.01mg/L |
| | 甲醛（采用细菌学指标消毒时测定） | 0.90mg/L |
| 32 | 细菌总数 | 50cfu/mL |
| 33 | 总大肠菌群 | 每100mL水样中不得检出 |
| 34 | 粪大肠菌群 | 每100mL水样中不得检出 |
| 35 | 游离余氯管网末梢水（如用其他消毒方法则可不列入） | 0.01mg/L（管网末梢水） |
| 36 | 臭氧（采用 $O_3$ 消毒时测定） | 0.01mg/L（管网末梢水） |
| 37 | 三氧化氯（采用 $ClO_2$ 消毒时测定） | 0.01mg/L（管网末梢化）或采氯 0.01mg/L（管网末梢水） |

## 三、直饮水的深度处理

目前，直饮水深度处理常用的方法有活性炭吸附过滤法和膜分离法。

### （一）活性炭吸附过滤法

1. 活性炭的净化作用

活性炭是一种以含碳为主的物质作原料，经过高温炭化制成，具有发达孔隙结构和良好吸附性能的疏水性吸附剂。活性炭具有极性，对水中非极性或极性较弱的物质具有较大的亲合力。此外，活性炭还是一种良好的催化剂，具有催化氧化及催化还原作用，可使水中金属离子如二价铁氧化成三价铁、二价汞还原成三价汞而被吸附去除。

活性炭在水处理中具有以下功能：

（1）除臭：去除酚类、油类、植物腐烂和氯杀菌所导致的异臭。

（2）脱色：去除铁、锰等重金属的氧化物和有机物所产生的色度。

（3）除有机物：去除腐质酸类、蛋白质、洗涤剂、杀虫剂等天然的或人工合成的有机物质，降低水中的耗氧量（BOD、COD）。

（4）除氯：去除水中游离氯、氯酚、氯胺等。

（5）除重金属：去除汞（Hg）、铬（Cr）、砷（As）、锡（Sn）、锑（Sb）等有毒有害的重金属。

2. 活性炭的品种与特性

活性炭有粉状活性炭（粉末炭）和粒状活性炭（粒状炭）两大类。

粒状活性炭分为气相炭、液相炭和水处理用炭等。它们的微孔孔径及其分布、炭表面物质的性质和适用条件等均有所区别。适用于水处理的国产粒状活性炭的一般性能如表15－3所示。

3. 活性炭的选择

应根据给定条件下活性炭的吸附容量评价活性炭的吸附效果，选择活性炭品种。

**表 15－3　国产粒状活性炭特性**

| | | | |
|---|---|---|---|
| 粒　径 | 0.4～3mm | 长　度 | 0.4～6mm |
| 总表面积 | 500～1500m²/g | 总孔容 | 0.7～1.0cm³/g |
| 碘值 | 700～1300mg/g | 亚甲蓝值 | 100～150mg/g |
| 半脱氯值 | 5cm | 真密度 | 2～2.2g/cm³ |
| 堆积容量 | 0.35～0.5g/cm | 机械强度 | 80%～95% |

（二）膜分离法

1. 膜分离处理工艺分类

直饮水处理中膜分离处理工艺通常分为微滤、超滤、纳滤和反渗透四类，其装置、处理流程设计较成熟。

（1）微滤（MF）。微滤又称为精密过滤，孔径为 0.05～15$\mu$m。工作压力为 0.01～0.2MPa。与常规的过滤介质相比，微孔过滤膜具有孔径均匀、孔隙率高、滤膜薄与整体性强等结构优势而使得微孔过滤精度高、过滤速度快、水头损失小、对截留物的吸附量少及无介质脱落等优点。

由于孔径均匀，膜的质地薄，易被粒径与孔径相近的颗粒堵塞。因此，进入微滤装置的水质应有一定的要求，尤其是浊度不应大于5NUT。

微滤能有效截留分离超微悬浮物、乳液、溶胶、有机物和微生物等杂质，小孔径的微滤膜还能过滤部分细菌。

（2）超滤（UF）。超滤的工作原理与微滤相似，所不同的就是两者的孔径或者说截留物的尺寸不同。超滤膜的孔径约为 0.05～1$\mu$m。由于材料的不同导致了结构的不同，微孔滤膜通常为均质膜，而超滤膜为非均质膜；微孔过滤为简单的机械截留，而超滤膜除具有机械截留作用外，物质与膜材料本身的相互作用还可产生吸附作用。此外，两者的工作方式也不同。微孔过滤是一种静态截留的不断进行，被截留物不断的积累，最后导致水头损失不断增加，透水速率不断下降，直至微孔全部堵塞，水的通流量为零，之后停机清洗。超滤则是一种动态截留过程，在超滤过程中实际上进行着两种流动：一种流动是在膜两侧的压差作用下，沿膜面的法线方向，水分子通过超滤膜与被截留物分开；另一种流动则是在膜前（膜的截留侧）超滤器进口和浓缩液出口的压差作用下，滤前液沿膜面的切相将被截留物带走，以保证过滤过程的持续进行。

超滤膜可以去除分离超微悬浮物、浮液、溶胶、高分子有机物、动物胶、果胶、色素、酶、细菌、热源，以及致癌、致畸、致突变物、过滤性病毒和其他剧毒物。

(3) 纳滤（NF）。纳滤膜因其表层孔径处于纳米级范围（$10^{-9}$m）而得名。由于其特殊的孔径范围和制备时的特殊处理（如复合化、荷电化），使得纳滤膜具有了较特殊的截留性能。纳滤膜主要是去除直径为1～5nm左右的溶质粒子，它的特征是膜本身带电荷性（膜内有氨基和羧基两种正负基团），使它在单纯的孔径截留基础上附加了电性作用，这种电性作用往往大于膜孔径的作用。纳滤膜可以去除水中的三卤甲烷中间体、异味、色度、农药、合成洗涤剂、可溶性有机物及$Ca^{2+}$、$Mg^{2+}$离子等硬度成分以及蒸发残留物质。试验表明，纳滤对总有机碳TOC的去除率为85%，三卤甲烷THMS的去除率为95%，色度的去除率为97%。

纳滤膜在使用中最大的问题是膜污染。所谓膜污染是指被截留的污染物质没有从膜表面被切向水流带走，而是沉积在膜的表面，致使水流透过膜的水头损失增加，出水量及出水水质下降。

可以采用化学清洗的方法来解决或预防污染。先用NaOH清洗积累在膜内的有机物，需要寻找妥善的方法给预处理。

(4) 反渗透（RO）。在所有的膜中，反渗透膜RO具有最高的截留率，该膜能从水中分离出0.3～1.2nm的溶质分子，完全去除各种细菌、病毒，可以得到无色、无味、无菌、无盐、无金属离子的超纯水。由于RO具有最高的截留性能，可将绝大多数的无机离子（包括对人体有益的）从水中除去，长期饮用会影响人体健康。

2. 膜的选用

(1) 膜的选用原则是：单位面积通量大，截留量高，理化性能好，工作压力低，抗污染性能好。

(2) 膜的选用类型如表15-4所示。

（三）直饮水的消毒

选择直饮水消毒工艺应考虑四个因素：一是杀菌效果与持续能力，二是残余药剂的可变毒理，三是直饮水的口感，四是运行费用。目前常用的消毒方法有氯气（$Cl_2$）、氯化物（$ClO_2$、$NH_2Cl$）、臭氧（$O_3$）与紫外线（UV）。

根据杀菌能力、稳定性、持续能力、THMS生成势的高低、口感和运行中的经常费用，各种消毒工艺排序如下：

(1) 生物学杀菌能力排序：$O_3 > ClO_2 > Cl_2 > NH_2Cl$。

(2) 稳定性和持续能力排序：$NH_2Cl > ClO_2 > Cl_2 > O_3 > UV$。

**表 15-4　　　　　　　　　　膜的选用类型**

| 膜类型 | 反渗透 | 纳滤（松散反渗透） | 超　滤 | 微　滤 |
|---|---|---|---|---|
| 预处理 | 可作超纯水的预处理 | 不适用 | 可作超纯水的后处理 | 适用 |
| 饮料浓缩 | （管式）适用 | 一般不适用 | 采用PS材质为宜 | 预处理 |
| 饮料分级 | 不适用 | 不适用 | 采用相应切割分子量的膜 | 预处理 |
| 矿泉水 | 不适用 | 不适用 | 适用 | 适用 |
| 地下水净化 | 不适用 | 不适用 | 适用 | 适用 |
| 地表水净化 | 适用 | 适用 | 适用 | 适用 |
| 海水、苦咸水淡化 | 适用 | 不适用 | 不适用 | 不适用 |
| 纯净水 | 二级反渗透 | 不适用 | 不适用 | 不适用 |
| 管道直饮水 | 适用 | 适用 | 适用 | 适用 |

(3) 按 THMS 和总有机卤化物生成势高低排序：$UV < O_3 \approx ClO_2 < NH_2Cl$。

(4) 按直饮水口感排序：UV（无影响）$> O_3 > Cl_2 \approx NH_2Cl < ClO_2$。

(5) 按运行费用排序：$UV > O_3 >$ 消毒剂。

（四）管道直饮水工艺流程图

直饮水的处理工艺应根据原水的水质条件以及设计直饮水的水质要求，通过技术经济比较确定，图 15-2 为某小区直饮水处理工艺流程。

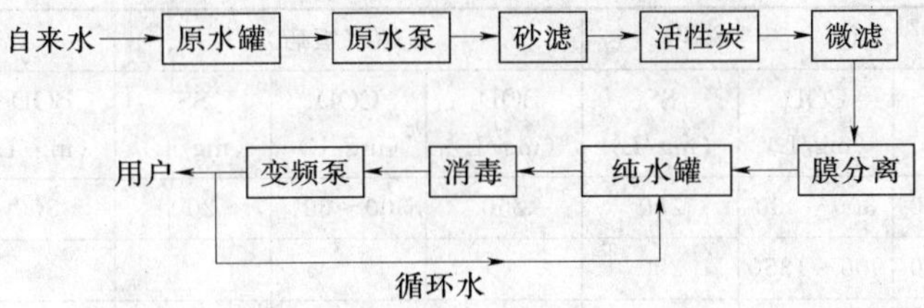


图 15-2　直饮水处理工艺流程图

# 第十六章　建筑内部排水系统

## 第一节　排水系统的分类与组成

### 一、排水水质及特点

（一）污水的划分

建筑排水可分为生活污水、工业废水、降水三类。其中生活污水可分为粪便污水和洗涤废水；工业废水可分为生产污水和生产废水；降水可分为雨水和冰雪融化水。

（二）水质特点

（1）粪便污水是指冲洗便器的污水，含有大量粪便、纸屑、病原虫等杂质，SS＝100～350mg/L，$BOD_5$＝100～400mg/L。

（2）洗涤废水是指浴室、盥洗室、厨房、食堂和洗衣房等处排出的水，含有肥皂、合成洗涤剂、有机物等。住宅、宾馆、办公楼生活污水水质如表16－1所示。

表16－1　住宅、宾馆、办公楼生活污水水质

| 类别 | 住宅 | | | 宾馆（饭店） | | | 办公楼 | | |
|---|---|---|---|---|---|---|---|---|---|
| | $BOD_5$（mg/L） | COD（mg/L） | SS（mg/L） | $BOD_5$（mg/L） | COD（mg/L） | SS（mg/L） | $BOD_5$（mg/L） | COD（mg/L） | SS（mg/L） |
| 厕所 | 200～260 | 300～360 | 250 | 250 | 300～600 | 200 | 300 | 360～480 | 250 |
| 厨房 | 500～800 | 900～1350 | 250 | | | | | | |
| 淋浴 | 50～60 | 120～135 | 100 | 40～50 | 120～150 | 80 | | | |
| 盥洗 | 60～70 | 90～120 | 200 | 70 | 50～180 | 150 | 70～80 | 120～150 | 200 |

（3）生产污水是指在生产过程中受到较严重污染的水，这类水多具有危害性，且不易处理。

（4）生产废水是指在生产过程中受到轻度沾污或水温升高的水，通常经简单处理后可在生产中重复使用。

（5）降水主要是指雨水，雨水利用的可行性受到越来越多的重视，尤其是在严重缺水地区或城市，但初次降雨和初期雨水挟带着大量地面和屋面上的污染物，使其受到较为严重的污染。北京某高校对同一地点两次降雨（间隔时间约1个月）取样分析结果如图16－1和图16－2所示。由该图可知，第一次降雨$COD_{Cr}$最高达1716mg/L，第二次降雨$COD_{Cr}$最高为660mg/L。如果将雨水回用，需根据不同目的进行适当处理方可使用。

（三）民用建筑内部污水分类及特点

排水系统可分雨水、工业废水和生活污水三种类型，其中一般雨水单独排放；工业废水应根据水质特点（酸碱性、易燃性、易爆性、污染物污染程度及可回收性等）采用不同

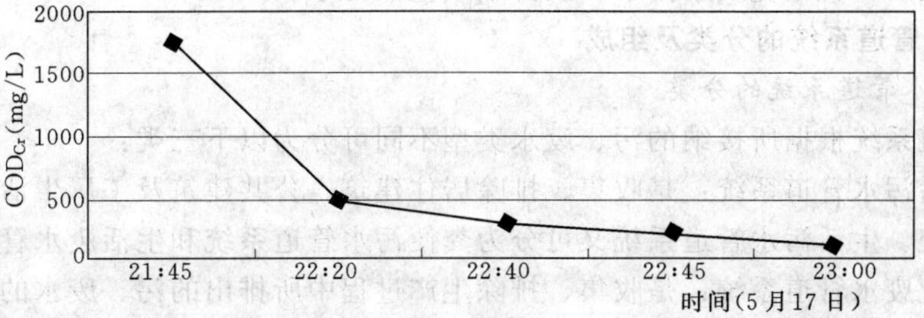


图 16-1　第一次降雨水质分析曲线

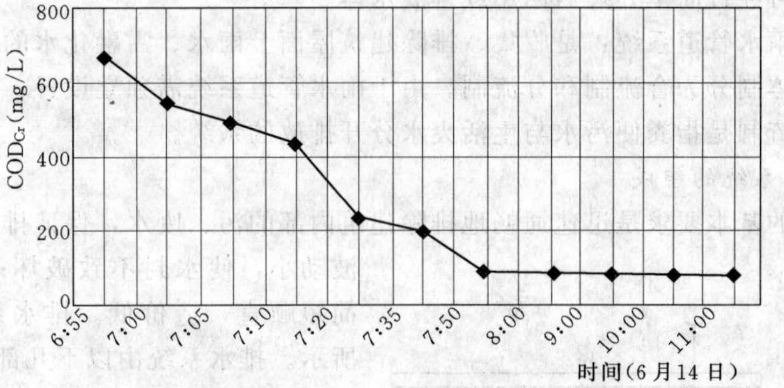


图 16-2　第二次降雨水质分析曲线

的管道收集、转输不同性质的污水，因此，这里仅介绍民用建筑生活污水。民用建筑内部排水水质根据污染程度可分为六类，如表16-2所示。

**表16-2　民用建筑内部排水分类及特点**

| 序号 | 名称 | 来　源 | 特　点 |
|---|---|---|---|
| 1 | 冷却水 | 空调机房冷却循环水中排放的部分废水 | 水温较高，污染较轻 |
| 2 | 沐浴排水 | 淋浴和浴盆排放的废水 | 有机物浓度、悬浮物较低，但皂液含量高 |
| 3 | 盥洗排水 | 洗脸盆、洗手盆和盥洗槽排放的废水 | 有机物浓度较低，悬浮物浓度较高 |
| 4 | 洗衣排水 | 洗衣房、洗衣机排水 | 洗涤剂含量高，其余同3 |
| 5 | 厨房排水 | 厨房、食堂、餐厅等排放的废水 | 有机物浓度高，浊度高，油脂含量高 |
| 6 | 厕所排水 | 大便器、小便器排水 | 有机物浓度、悬浮物浓度和细菌含量高 |

根据污水水质的不同特点，上述污、废水可有三种组合形式：

(1) 优质杂排水：包括冷却水、沐浴排水、盥洗排水和洗衣机排水。其特点是有机物浓度和SS较低，水质好、易处理。

(2) 杂排水：包括优质杂排水和厨房排水。其特点是有机物浓度和SS较高，水质较好，处理成本高于优质杂排水。

(3) 生活污水：包括杂排水和厕所排水。其特点是有机物浓度和SS很高，水质差，处理工艺复杂，处理成本高。

根据污、废水回用目的、水量大小，经水量平衡计算，可确定采用一种或两种排水管道系统分别收集、转输优质杂排水、杂排水或生活污水。

## 二、排水管道系统的分类及组成

### （一）排水管道系统的分类

排水管道系统根据所接纳的污、废水类型不同可分为以下三类：

（1）生活污水管道系统：是收集、排除居住建筑、公共建筑及工厂生活间内的生活污水的管道系统。生活污水管道系统又可分为粪便污水管道系统和生活废水管道系统。

（2）工业废水管道系统：是收集、排除生产过程中所排出的污、废水的管道系统。为便于污、废水的处理和综合利用，按污染程度可分为生产污水排水系统和生产废水排水系统。生产污水污染较重，需经过处理达到排放标准后排放；生产废水污染较轻，可作为杂用水水源，也可经过简单处理后回用或排放水体。

（3）屋面雨水管道系统：是收集、排除建筑屋面上雨水、雪融化水的管道系统。

建筑排水体制分为合流制和分流制。由于雨水管道系统需独立设置，因此对住宅排水系统而言，分流制是指粪便污水与生活废水分开排放的系统。

### （二）排水系统的组成

排水系统的基本要求是迅速通畅地排除建筑内部的污、废水，保证排水管道系统气压波动小，使水封不致破坏；管线布置力求简短顺直，造价低。排水系统如图 16－3 所示。排水系统由以下几部分组成：

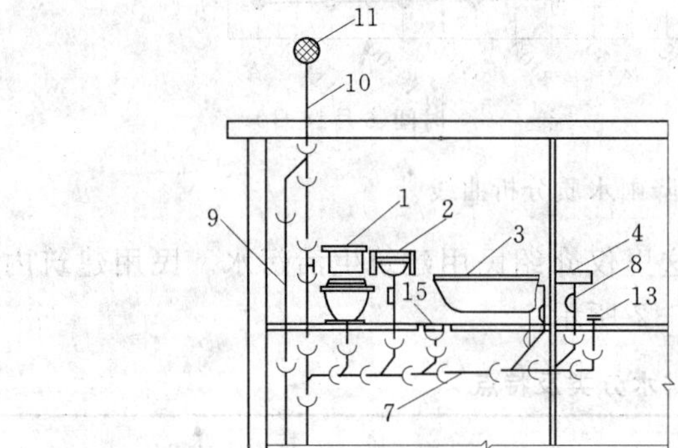


图 16－3　多层住宅排水系统图示

1—坐便器冲洗水箱；2—洗脸盆；3—浴盆；4—厨房洗盆；5—排水出户管；6—排水立管；7—排水横支管；8—排水支管；9—专用通气管；10—伸顶通气管；11—通气帽；12—检查口；13—清通口；14—排水检查井；15—地漏

（1）卫生器具或生产设备受水器：既是建筑内部给水终端，也是排水系统的起点，除大便器外，其他卫生器具均应在排水口处设置格栅。

（2）存水弯：为防止排水管内腐臭、有害气体、虫类等通过排水管进入室内，每个卫生器具上必须装设存水弯，一般设在卫生器具的排水口下方，但也有的直接设在卫生器具内部。

（3）排水管道系统：由排水横支管、立管、埋地干管和排出管组成。管材主要有铸铁管、塑料管、钢管和带釉陶土管，室外可采用混凝土管，工业废水根据废水性质可用陶瓷管、玻璃钢管或玻璃管。

（4）通气系统：由于建筑内部排水管内是水气两相流，为保证管道排水畅通、存水弯内的水封不被破坏，需设通气系统。

（5）清通设备：为疏通排水管道，保障排水畅通，需设清通设备。横支管上应设清扫口或带清通门的 90°弯头、三通；在立管上设检查口（住宅宜每层设）；在室内埋地横干管上设检查井，井内管道上设带检查口的短管，为密封形式，防止管内气体外逸。

（6）局部处理构筑物：当污水未经处理不能直接排入市政下水道或天然水体时，需设污水局部处理构筑物，如化粪池、隔油池、降温池等。

（7）提升设备：对于不能靠重力排入室外检查井的污废水，需设提升设备。

## 第二节　排水管道内水气流动特点

良好的排水系统应具有管道短而直、通水能力大、管内气压波动小和易清通等特点。

### 一、排水管道中的水流特点

生活污水管道是非满流，污水中含有固形物，管道内水流是水、气、固三相的复杂运动。粪便污水中含固体物最多，但该部分排水量较小，为简化分析，可认为管内为水、气两相流。

#### （一）建筑内部排水系统的特点

建筑内部排水系统与室外排水系统相比，具有以下几个特点：

（1）水量变化大。排水管道内接纳的排水量少，不均匀，但卫生器具排水历时短、瞬间流量大，高峰流量可能充满整个管道断面，而在绝大部分时间里，管道内只有很小流量或处于无水状态。

（2）气压变化幅度大。在卫生器具不排水时，排水管道中的气体通过通气管与大气相通；当卫生器具排水时，管内气压会有较大幅度波动。

（3）流速变化大。建筑内部排水系统的特点是立体交汇，很多层的排水横管都与同一根排水立管相连接，使得卫生器具排水由横管进入立管时，水流方向改变，在重力作用下加速下落，水气混合。当水流由立管进入底部横干管后，水流方向又改变，流速骤然降低，水气分离。

（4）事故危害性大。当排水管道排水不畅或堵塞后，污水会通过卫生器具或地漏外溢到室内而损坏物品；或气压波动大，水封被破坏，有害气体进入室内，危及人体健康。

#### （二）排水横管水流状态

1. 排水横支管

（1）能量变化关系。卫生器具排水口通过一短直管与横支管相连，当卫生器具排水时，污水下落的速度较快，动能较大，由于存水弯的作用，使出口管的水流基本为单相，以淹没管口出流冲入横管形成八字形水流，在与横管连接处发生能量转换，大量能量被消耗，只有一部分能量转化成具有一定水深、一定流速的位能和动能，其能量转换可由下式表示：

$$\frac{v_0^2}{2g}=h_e+\frac{v^2}{2g}+h_j \tag{16-1}$$

式中：$v_0$ 为竖短管进入横支管处的水流速度，m/s；$g$ 为重力加速度，m/s$^2$；$h_e$ 为横支管内水深，m；$v$ 为横支管内水深为 $h_e$ 时的流速，m/s；$h_j$ 为竖管与横支管处的局部水头损失，m。

横支管内断面水深和流速的大小与管道坡度、管径、单位时间卫生器具排水量、持续时间、排放点高度及卫生器具出水口形式等因素有关。

（2）排水横支管水流流态。横支管内压力变化以连接 3 个坐式大便器的横管为例进行分析（见图 16-4）。

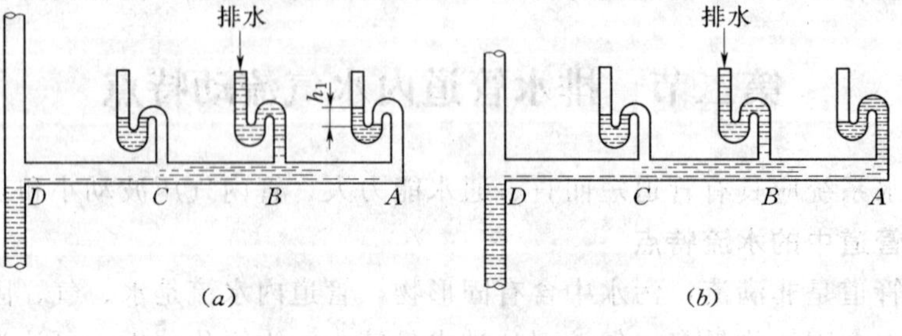


图 16-4　排水横支管内压力变化示意

(a) 排水初期；(b) 排水后期

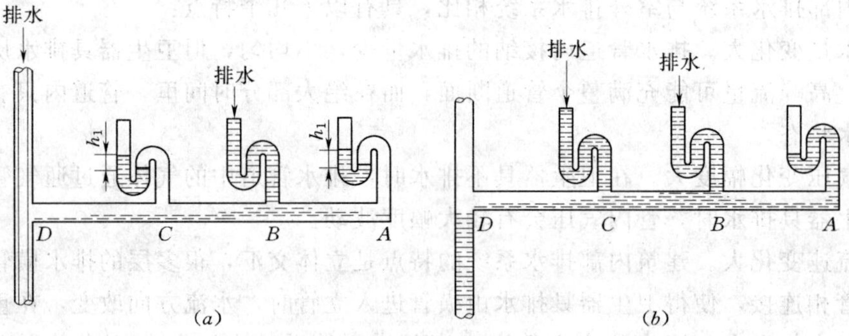


图 16-5　卫生设备排水时横支管内压力变化示意

(a) 单卫设备排水；(b) 双卫设备排水

当中间卫生器具 $B$ 排水时，在与卫生器具连接处的排水横支管内，水流呈八字形双向流动，在其前后管内形成水跃。$AB$ 段内气体不能自由流动形成正压，使 $A$ 存水弯中的水面上升随着 $B$ 点排水量的减少，在横支管坡度作用下，水流向 $D$ 点作单向运动，$A$ 点形成负压抽吸，存水弯内水面下降。如果在中间卫生器具排水的同时，立管中有大量水下落，把 $D$ 点封闭，则 $AB$ 段和 $BC$ 段内的气体均不能自由流动，使 $A$ 和 $C$ 两个存水弯内的水面都上升［见图 16-5（$a$）］；随 $B$ 出流量减少，水位向 $D$ 点作单向运动，$AB$ 段和 $BC$ 段因得不到空气的补充又形成负压抽吸现象，使 $A$、$C$ 存水弯内的水形成惯性晃动，损失部分水量，水封高度降低。由于卫生器具出水口距横支管的高差较小，水流动能小，形成的水跃低，横支管内压力波动不大。但有试验表明，如果横管上有几个坐式大便器同时放水，例如 $B$、$C$ 两个坐式大便器同时放水，$B$、$C$ 两处均呈八字形双向流，$C$ 点的水流对 $B$ 点向 $D$ 点流动的水流产生阻隔作用，水面形成阶梯状［见图 16-5（$b$）］，使 $C$ 点以上的水位迅速增加，$CB$ 段几乎为满流，而 $BA$ 段的水位也升高较多，管内压力变化比一个卫生器具放水时要大，且横支管内的正、负压力均较大，对水封可能产生破坏作用。两个卫生器具和三个卫生器具排水时横管最大流量分别是一个卫生器具排水量的 1.33～

1.67倍和1.87倍，且持续时间较长，对卫生器具的水封产生较大影响；此外，水流进入立管处的水舌延续时间长，对立管内压力影响较大。

2. 排水横干管

立管下降的水流速度很大，且为水气两相流，当到达立管下端后，高速冲入横干管，产生强烈的冲激流，由于空气流动受到限制，使其压力骤然升高，形成立管下部和横干管始端的正压区。横管中形成急流段、水跃及跃后段和逐渐衰减段。急流段起端水流速度大，管内水深较浅，冲刷力强；末端由于管道阻力使流速减小，水深增加，水中气体向管顶部上升，形成水跃，动能进一步减小，能量不断被消耗，水深逐渐减小，最后趋于均匀流。

（三）排水立管水流状态

1. 排水立管水流特点

排水立管中的水流具有以下特点：

（1）断续非均匀流：在卫生器具不排水时，立管为通大气的空管，当卫生器具排水时，横支管进入立管的水量由小到大，又由大到小，流量变化且不均匀。

（2）水气两相流：由于排水立管在不同高度上连接有排水横支管，所以排水立管是非满流，且管内气压波动不能太大，以防水封被破坏。横支管排水为间歇性，立管水流是水、气、固三相介质的复杂运动，因固体影响不大，可以忽略，则立管流动介质为水和气。水流在下落过程中会挟带气体一起流动，气水间界限不十分明显，水中有气，气中有水滴，是水气两相流。

2. 排水立管压力变化

单一横支管排放的污水进入立管后，在垂直下落过程中会挟带一部分气体一起向下运动，若管内气体不能及时得到补充，则在立管中会出现负压。最大负压发生在出流横管以下立管的某一部位。图16-6为普通伸顶通气排水立管系统的压力分布示意。最大负压值与排水横支管的高度、出流量、通气量有关。横支管距立管底部越大，排水量越大，通气量越小，则立管中形成的负压就越大。横支管不同出流量时立管压力变化如图16-7所示。

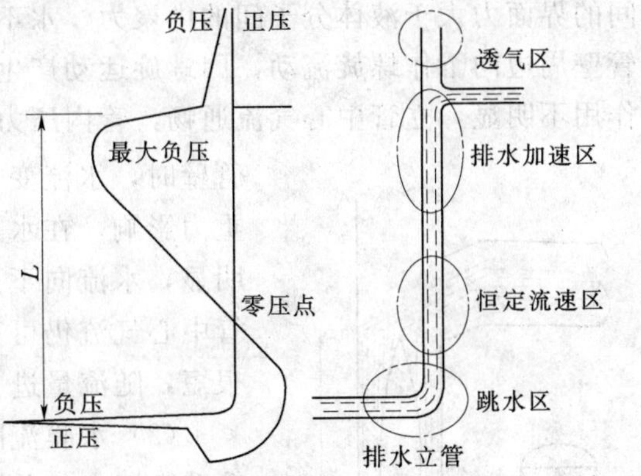


图16-6　排水立管内压力分布曲线

立管中挟气水流进入横干管后，因流速降低，形成水跃，水流充满横干管断面，气体从水中分离出来不能及时排走，形成一定长度、一定高度内的正压区。

3. 立管水流流态

排水立管设计为非满流，但当横支管排水量大、持续时间长时，会在立管的某段处形成水塞，充满立管截面。

水流运动状态与管壁粗糙度、横支管与立管连接处的几何形状、排水量大小和同时排水的横支管数量等因素有关。当管径一定时，影响水流运动状态的主要因素是排水量。

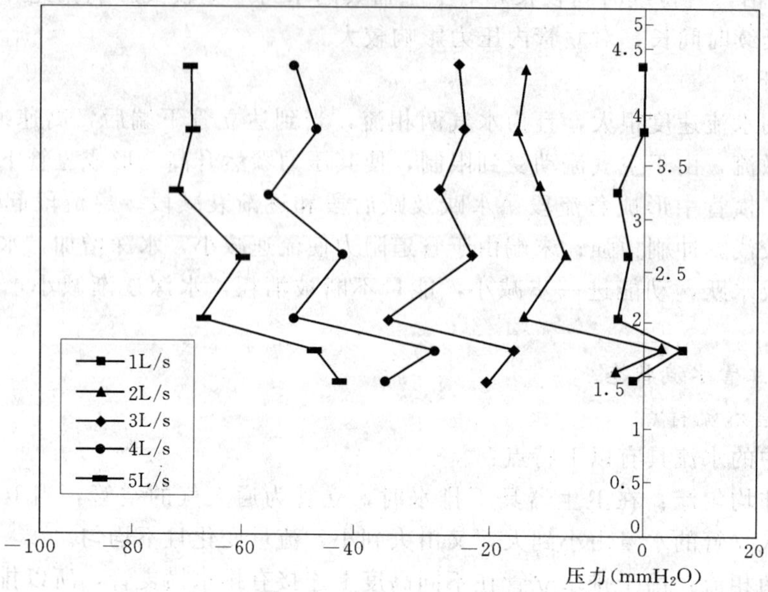


图 16-7　横支管不同出流量时立管压力变化曲线

现以单一横支管出流，立管上端通大气、下端经横干管排至室外检查井通大气的情况进行分析，当排水量不断增加时，立管中水流流态变化有以下三个阶段：

(1) 附壁螺旋流阶段。当排水量较小时，由于排水立管内壁粗糙，管内壁与污水两相间的界面力大于液体分子间的内聚力，水不能以水团形式脱离管壁在管中心坠落，而是沿管壁周边向下作螺旋流动，因螺旋运动产生离心力使水流密实，气液界面清晰，水流挟气作用不明显，立管中心气流通畅，管内压力稳定。随排水量的增加，当水量足够覆盖整个管壁时，水流变为附于管壁的向下流动，因没有离心力，只受重力影响，在水与管壁间只有界面力，这时气、液两相界面不明显，水流向下运动时产生挟气作用。因为此时排水量较小，管中心气流仍可正常流动，所以气压较稳定。但这种状态历时很短，随流量进一步增加，很快过渡到下一个阶段。

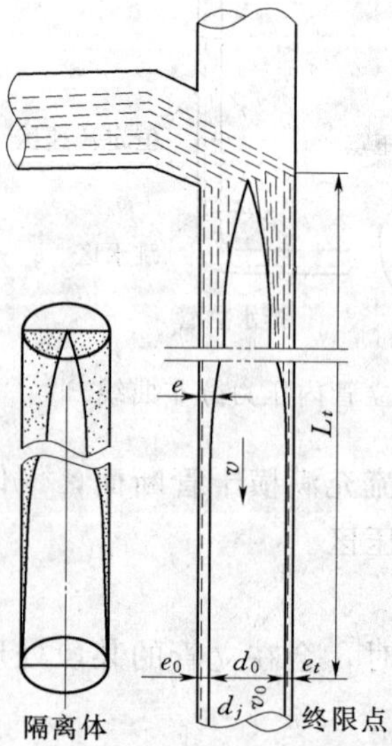


图 16-8　终限流速和终限长度

(2) 水膜流阶段。当入流量进一步增加，由于空气阻力和管壁摩擦力的共同作用，水流沿管壁作下落运动，形成有一定厚度的带有横向隔膜的附壁环状水膜流。附壁环状水膜流与其上部的横向隔膜一起向下运动，但两者的运动方式不同。环状水膜形成后比较稳定，向下作加速运动，水膜下降速度与水膜厚度近似成正比，当水膜所受向上的管壁摩擦力与向下的重力达到平衡时，水膜的下降速度和水膜厚度不再变化，这时的流速称为终限流速（$v_t$）；从排水横支管水流入口处至终限流速形成处的长度称为终限长度（$L_t$）（见图 16-8）。横向隔膜在向下运动过程中是不稳定的，由于水膜流时的排水量不是很大，形成的横向隔膜厚度较薄，随隔膜向下运动，隔膜下部管内气压增加，达到一定压力后，可将隔膜冲破，使管内压力又恢复通大气状态。在继续下降过程中，隔膜的形成、破坏交替进行，直至到达立管底部。该阶段立管内压力在一定范围内波动，但其大小还不至破坏水封。

(3) 水塞流阶段。随排水量继续增大，水膜厚度和隔膜厚度不断增加，当隔膜下部气体压力不能再冲破隔膜时，即形成了较稳定的水塞流。水塞向下运动过程中，管内气压波动剧烈，如果立管上部补气不足，下部排气不畅，则可破坏水封，排水系统不能正常使用。

上述三种流态实际上与水流充满立管断面的大小有关，一般用水流断面积（$w_t$）与立管断面积（$w_j$）的比值 $\alpha$ 来表示。研究表明，在伸顶通气排水立管系统中，当 $\alpha<1/4$ 时为附壁螺旋流，当 $1/4\leqslant\alpha<1/3$ 时为水膜流，当 $\alpha\geqslant 1/3$ 时为水塞流。为保证排水系统的运行安全和经济合理，排水立管内的水流流态应在附壁螺旋流和水膜流两个阶段内。

### （四）立管水膜流运动的力学分析

在水膜流状态时，水沿管壁呈环形水膜状垂直向下运动，水膜和中心气核间无明显的界限，水膜内所含气体量从管壁向管中心逐渐增多，气核中也会有散落的水滴。在水膜区是以水为主的两相流，在气核区是以气为主的两相流。为便于分析，认为水膜区和气核区分别为水和气的单相流。

1. 力学分析

在立管水膜区取一段高度为 $\Delta L$ 的隔离体，如图 16-9 所示。环状水膜体在下落过程中受两个力的作用，即向下的重力（$W$）和向上的管壁摩擦力（$P$）。由牛顿第二定律，有

$$\Delta F=\Delta ma=\Delta m\frac{\mathrm{d}v}{\mathrm{d}t}=\Delta W-\Delta P \qquad (16-2)$$

其中重力可写为

$$\Delta W=\Delta mg=\Delta Q\rho\Delta tg \qquad (16-3)$$

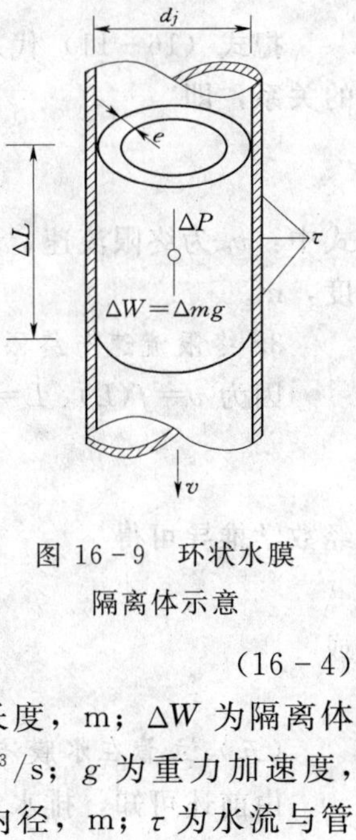

图 16-9 环状水膜隔离体示意

摩擦力可写为

$$\Delta P=\tau\pi d_j\Delta L \qquad (16-4)$$

式中：$\Delta m$ 为 $\Delta t$ 时间内通过断面水流的质量，kg；$\Delta L$ 为隔离体长度，m；$\Delta W$ 为隔离体的重力，N；$\Delta P$ 为隔离体表面摩擦力，N；$\Delta Q$ 为下落水量，$m^3/s$；$g$ 为重力加速度，$m/s^2$；$\rho$ 为水的密度，$kg/m^3$；$\Delta t$ 为时间间隔，s；$d_j$ 为排水管内径，m；$\tau$ 为水流与管壁之间的切应力，$N/m^2$。

在紊流状态下，有

$$\tau=\frac{\lambda}{8}\rho v^2 \qquad (16-5)$$

$$\lambda=0.1212\left(\frac{K_p}{e}\right)^{1/3} \qquad (16-6)$$

式中：$\lambda$ 为沿程阻力系数；$K_p$ 为管壁粗糙高度，m；$e$ 为水膜厚度，m；$v$ 为隔离体下降速度，m/s。

把式（16-3）～式（16-6）代入式（16-2）中，令 $\Delta L/\Delta t=v$，整理得

$$\frac{\Delta m}{\rho \Delta t}\frac{\mathrm{d}v}{\mathrm{d}t}=\Delta Qg-\frac{0.1212\pi}{8}\left(\frac{K_p}{e}\right)^{1/3}v^3 d_j \tag{16-7}$$

2. 终限流速与流量的关系

当下落体达到动态平衡时，即 $\mathrm{d}v/\mathrm{d}t=0$，下降速度为终限流速（$v_t$），水膜厚度为 $e_t$，流量为 $Q_t$。式（16－7）变为

$$v_t=\left[\frac{21Q_t g}{d_j}\left(\frac{e_t}{K_p}\right)^{1/3}\right]^{1/3} \tag{16-8}$$

此时的水量为

$$Q_t= v_t[d_j{}^2-(d_j-2e_t)^2]\frac{\pi}{4} \tag{16-9}$$

忽略 $e_t^2$，式（16－9）为

$$Q_t=\pi d_j e_t v_t \tag{16-10}$$

则有

$$e_t=\frac{Q_t}{\pi d_j v_t} \tag{16-11}$$

把式（16－11）代入式（16－8）可得出终限流速与流量、管径和管壁粗糙高度之间的关系，即

$$v_t=4.4\left(\frac{1}{K_p}\right)^{1/10}\left(\frac{Q_t}{d_j}\right)^{2/5} \tag{16-12}$$

式中：$v_t$ 为终限流速，m/s；$Q_t$ 为终限流量，$m^3/s$；$d_j$ 为管内径，m；$K_p$ 为管壁粗糙高度，m。

3. 终限流速与终限长度的关系

因为 $v=f(L)$、$L=f(t)$ 为复合函数，则

$$\frac{\mathrm{d}v}{\mathrm{d}t}=\frac{\mathrm{d}v}{\mathrm{d}L}\frac{\mathrm{d}L}{\mathrm{d}t}=v\,\frac{\mathrm{d}v}{\mathrm{d}L} \tag{16-13}$$

经数学推导可得

$$v_t=2.632\sqrt{L_t} \tag{16-14}$$

或

$$L_t=0.1443v_t{}^2 \tag{16-15}$$

（五）立管在水膜流阶段的通水能力

由前述可知，排水立管流量范围应在附壁螺旋流和水膜流范围内，此时的排水系统是安全的，因此，水膜流阶段的流量是排水立管允许通过流量的上限。

因为

$$Q_t=\omega_t v_t \tag{16-16}$$

式中：$Q_t$ 为排水量，$m^3/s$；$v_t$ 为终限流速，m/s；$\omega_t$ 为终限流速时过水断面面积，$m^2$。

又因为

$$\omega_t=\pi e_t(d_j-e_t) \tag{16-17}$$

把式（16－12）和式（16－17）代入式（16－16），有

$$Q_t=4.4\pi e_t(d_j-e_t)\left(\frac{1}{K_p}\right)^{1/10}\left(\frac{Q_t}{d_j}\right)^{2/5} \tag{16-18}$$

因为式（16-18）中的 $e_t$ 不易测定，所以用过水断面积与管道断面积比值 $\alpha$ 代换，令 $d_0=d_j-2e_t$，则

$$\alpha=\frac{\omega_t}{w_j}=1-\left(\frac{d_0}{d_j}\right)^2 \tag{16-19}$$

$$d_0=\sqrt{1-\alpha}d_j$$

把 $e_t=\frac{1}{2}d_j\ (1-\sqrt{1-\alpha})$ 代入式（16-18），有

$$Q_t= 7.9\left(\frac{1}{K_p}\right)^{1/6}\alpha^{5/3}d_j^{\ 8/3} \tag{16-20}$$

同理可得

$$v_t= 10\left(\frac{1}{K_p}\right)^{1/6}\alpha^{2/3}d_j^{\ 2/3} \tag{16-21}$$

$$L_t=14.43\left(\frac{1}{K_p}\right)^{1/3}\alpha^{4/3}d_j^{\ 4/3} \tag{16-22}$$

由于材料及制作技术不同，管道粗糙高度、形状及分布是不均匀的，为便于计算，引入"当量粗糙高度"概念。"当量粗糙高度"是指与实际管道沿程阻力系数 λ 值相等的同直径人工粗糙管的粗糙高度。常见管道当量粗糙高度 $K_p$ 值如表 16-3 所示。

在有专用通气管排水系统中，研究表明，水膜流态时，水流为充满整个管断面的 1/4～1/3，因此，以此为依据可求出不同管径时的水膜厚度如表 16-4 所示。由表 16-4 可知 $e_t : d_j=1 : (14.9\sim10.9)$。

**表 16-3　　管道当量粗糙高度 $K_p$**　　单位：mm

| 管材种类 | 当量粗糙高度 | 管材种类 | 当量粗糙高度 |
|---|---|---|---|
| 聚氯乙烯管 | 0.002～0.015 | 旧铸铁管 | 1.0～3.0 |
| 新铸铁管 | 0.15～0.50 | 轻度锈蚀钢管 | 0.25 |

**表 16-4　　水膜流状态时水膜厚度**　　单位：mm

| 管内径 | $\omega_t/\omega_i$ | | | 管内径 | $\omega_t/\omega_i$ | | |
|---|---|---|---|---|---|---|---|
| | 1/4 | 7/24 | 1/3 | | 1/4 | 7/24 | 1/3 |
| 50 | 3.3 | 4.0 | 4.6 | 125 | 8.4 | 9.9 | 11.5 |
| 75 | 5.0 | 5.9 | 6.9 | 150 | 10.0 | 11.9 | 13.8 |
| 100 | 6.7 | 7.9 | 9.2 | $e_t/d_j$ | 1/14.9 | 1/12.6 | 1/10.9 |

## 二、排水立管内压力波动的影响因素

排水系统的设计目的就是在保证水封不被破坏的前提下，尽可能发挥立管的通水能力。因此，找出影响立管内压力波动的原因，有针对性地采取措施，才能保证排水系统的安全与合理。

### （一）能量方程

假设为水膜流状态，横支管出流、立管上部通大气，当横支管出流时，在其下部某一

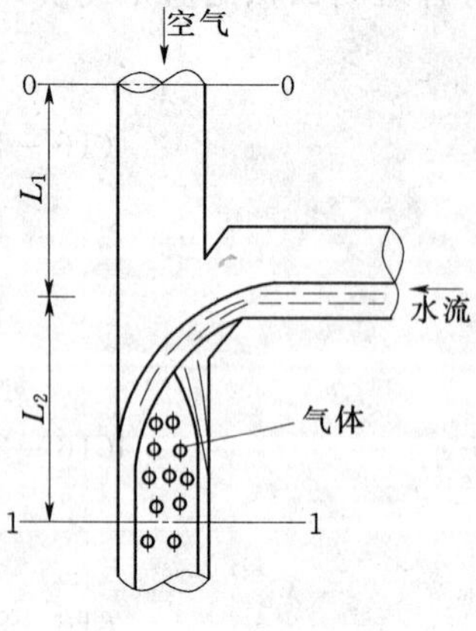


图 16－10　单立管排水气压变化分析

位置形成最大负压，现以空气为研究对象（见图 16－10），列该断面和通气管口处断面的能量方程如下：

$$L_{01}+\frac{v_0^2}{2g}+\frac{p_0}{\rho g}=\frac{v_1^2}{2g}+\frac{p_1}{\rho g}+h_y+h_j \tag{16-23}$$

式中：$L_{01}$ 为两断面之间高度差引起的气压差，m；$v_0$ 为断面 0—0 处空气流速，m/s；$v_1$ 为断面 1—1 处空气流速，m/s；$p_0$ 为断面 0—0 处空气相对压力，Pa；$p_1$ 为断面 1—1 处空气相对压力，Pa；$\rho$ 为空气密度，$kg/m^3$；$g$ 为重力加速度，$m/s^2$；$h_y$ 为两个断面之间空气沿程阻力，m；$h_j$ 为两个断面之间空气局部阻力，m。

（二）空气沿程阻力

空气沿程阻力按下式计算：

$$h_y=\lambda_1\frac{L_1}{d_j}\frac{v_a^2}{2g}+\lambda_2\frac{L_2}{d_0}\frac{v_b^2}{2g} \tag{16-24}$$

式中：$h_y$ 为空气沿程阻力；$\lambda_1$ 为管壁摩擦阻力系数；$L_1$ 为空气入口至水舌处距离；$d_j$ 为管道内径；$v_a$ 为空气在通气管内的流速；$\lambda_2$ 为气与水之间的摩擦系数；$L_2$ 为水舌处至断面 1—1 处的距离；$d_0$ 为气核体在管内的平均直径；$v_b$ 为气核体与水膜之间的相对运动速度；$g$ 为重力加速度。

由于气核与水膜之间的相对速度非常小，可认为是零，则式（16－24）可写为

$$h_y=\lambda_1\frac{L_1}{d_j}\frac{v_a^2}{2g} \tag{16-25}$$

（三）空气局部阻力

空气局部阻力按下式计算：

$$h_j=(\zeta+K)\frac{v_a^2}{2g} \tag{16-26}$$

式中：$h_j$ 为空气的局部阻力；$\zeta$ 为空气在通气管口处的局部阻力系数；$K$ 为水舌处空气的局部阻力系数；$v_a$ 为空气在通气管内的流速。

把式（16－25）和式（16－26）代入式（16－23），又 $v_0=0$，$p_0=0$，$L_{0-1}=0$，所以经整理可得

$$p_1=-\frac{\rho}{2}\left[v_1{}^2+v_a{}^2\left(\zeta+K+\lambda_1\frac{L_1}{d_j}\right)\right] \tag{16-27}$$

由于通气管内空气向下流动以补充挟气水流所造成的真空，所以可近似认为 $v_a=v_1$，则式（16－27）简化为

$$p_1=-\frac{1}{2}\rho v_1{}^2\left(1+\zeta+K+\lambda_1\frac{L_1}{d_j}\right) \tag{16-28}$$

又由于水膜流态时，水流达到终限流速，隔膜下部的气核压力也基本稳定，达到某一值时，气核下降速度与水膜终限流速相近，所以式（16－28）又可简化为

$$p_1 = -\frac{1}{2}\rho v_t^2\left(1+\zeta+K+\lambda_1\frac{L_1}{d_j}\right) \tag{16-29}$$

把式（16－12）代入上式，则有

$$p_1 = -9.69\left(1+\zeta+K+\lambda_1\frac{L_1}{d_j}\right)\left(\frac{1}{K_p}\right)^{1/5}\left(\frac{Q_t}{d_j}\right)^{4/5} \tag{16-30}$$

（四）影响因素

由式（16－29）和式（16－30）分析可知：

（1）$p_1$ 与排水立管内壁的沿程阻力系数 $\lambda_1$ 成正比。

（2）$p_1$ 与局部阻力系数 $\zeta$、$K$ 成正比。

（3）$p_1$ 与排水量 $Q_t$、终限流速 $v_t$ 成正比。

（4）$p_1$ 与排水管当量粗糙高度 $K_p$ 成反比。

当无通气管时，$\zeta\to\infty$，$p_1$ 值降低，水封极易被破坏；当有通气管时，水舌局部阻力系数 $K$ 的影响最为显著，$K$ 值大小与横支管与立管连接处的几何形状、水流大小等因素有关。

## 第三节　提高排水立管通水能力的方法和措施

排水立管水力条件的好坏，可由立管通水量、管内气体压力来判别。在一定压力波动范围内，通过的流量越大，排水系统越好，即达到经济与安全的目的。通过排水立管压力影响因素分析可知，当管径、管材一定后，水舌处空气的局部阻力系数 $K$ 和终限流速 $v_t$ 对管内压力 $p_1$ 影响最大，因此可从以下几个方面入手加以解决。

### 一、减小水流下降速度

减小水流下降速度并不是降低横支管出口出流量，而是在立管处采取有效措施：

（1）增加管材内壁的粗糙高度 $K_p$，提高水膜与管壁间的界面张力，减小水膜的下降加速度，在一定高度内可减小水流的下降速度。

（2）在立管上设消能管件，改变水流方向，消耗动能。一般每隔 5～6 层设一个乙字弯管，试验表明这可减小流速 50％左右。

### 二、增加三通处的局部阻力

在横支管与立管连接处增加局部阻力。用特殊构造的三通可大大降低立管入口处的水平流速，并使水产生溅水现象，水与空气混合形成密度小的水气混合体下降。例如，苏维脱排水系统（见图 16－11）、高奇马排水系统（见图 16－12）中应用的特殊接头即可起到上述作用。

### 三、减小水舌局部阻力系数

（1）降低横支管与立管连接处的水舌局部阻力系数，保证立管空气畅通。试验表明，正三通与在正三通内加设侧向挡板的正三通相比较，当排水量为 5L/s 时，内设侧向挡板正三通的最大压力比正三通最大压力下降了近 60％，抽吸气量减小近 68％。法国塞克斯蒂阿排水系统（见图 16－13）、韩国偏心三通管件（见图 16－14）排水系统等可有效地减小水舌处空气的局部阻力系数，同时还增加了进入立管水流的离心力。

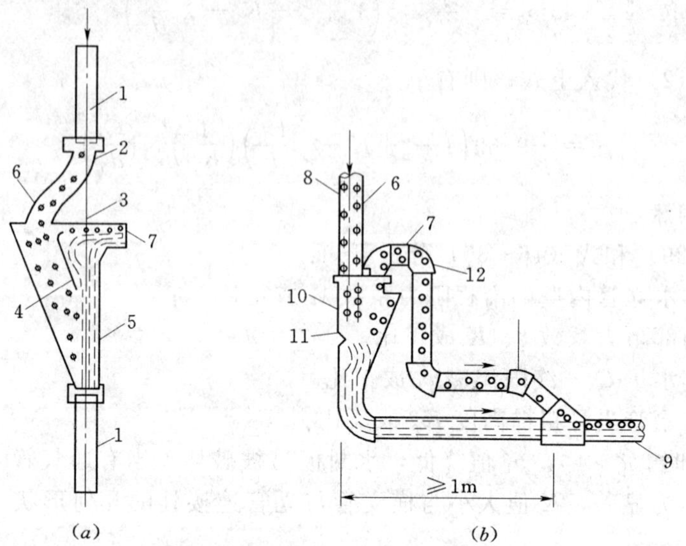


图 16-11　苏维脱排水系统

(a) 气水混合器；(b) 气水分离器

1—立管；2—乙字管；3—孔隙；4—隔板；5—混合室；6—气水混合物；7—空气；8—立管；9—横管；10—空气分离室；11—凸块；12—跑气管

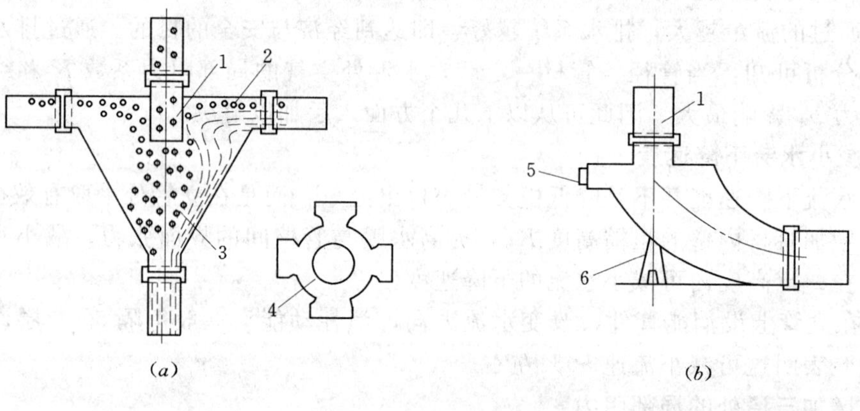


图 16-12　高奇马排水系统

(a) 环流器；(b) 角笛弯头

1—立管；2—空气；3—气水混合物；4—环形通路；5—检查口；6—支墩

(2) 结合偏心三通进水，在立管内壁设有一定凸起高度的导流螺旋线（见图 16-15），强化水的旋转下流；或在立管与横支管连接处管件下方设导流叶片（见图 16-16），使立管中心形成贯通的空气柱，气压稳定。试验表明，当流量为 5L/s 时，螺旋线管的最大负压是光滑内壁管最大负压的 37%，可显著提高通水能力。

(3) 增加空气的流通。在非满流前提下，如果能保证负压区空气的及时补给和正压区空气的及时排放，理论上立管的通水能力可极大提高。常见通气方式示意如图 16-17 所示。设置通气管具有如下作用：

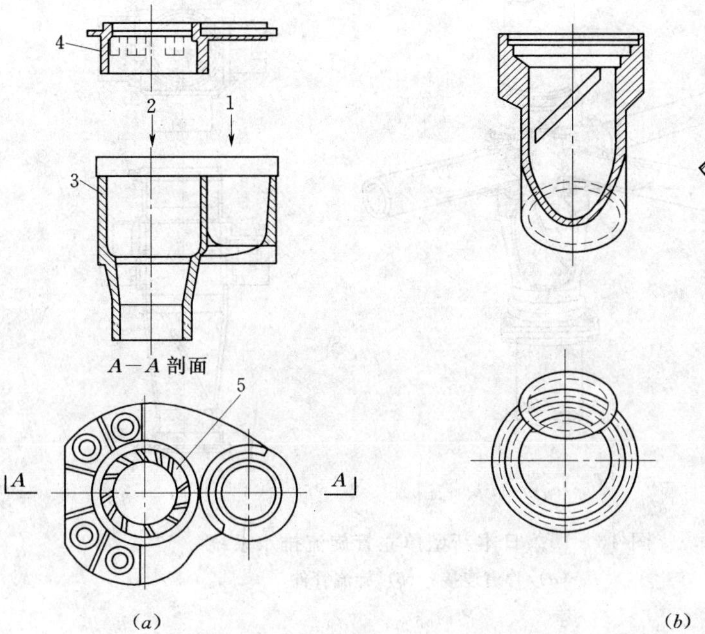


图 16-13　法国塞克斯蒂阿排水系统

(a) 旋流接头；(b) 特殊排水管弯头

1—接坐便器；2—接立管；3—底座；4—盖板；5—叶片

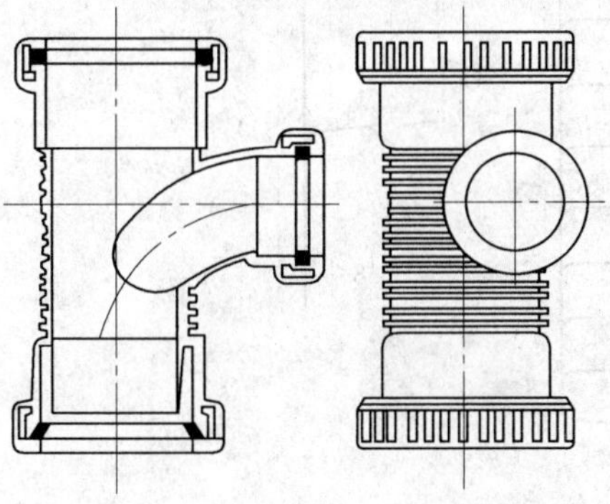

图 16-14　韩国偏心三通管件

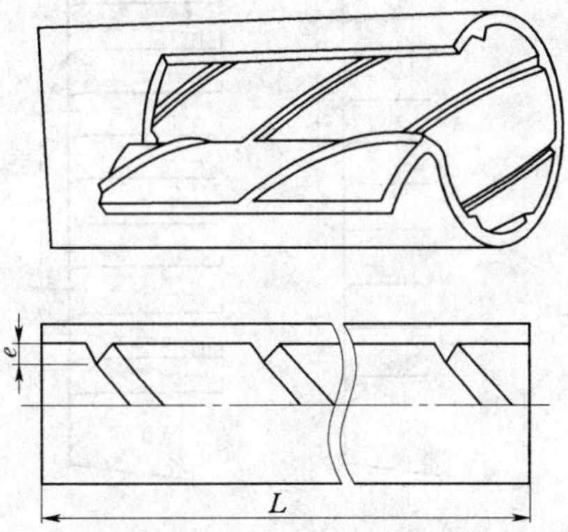


图 16-15　有螺旋线导流凸起的 PVC—U 管

1）设专用通气立管，立管内负压补气不再通过水舌，而是由结合通气管来补气，$K \rightarrow 0$。

2）在不设环形通气管和器具通气管的横支管上，加设单向吸气阀补气，可解决横支管内负压和立管负压过大现象，但单向吸气阀对正压无效，不能解决正压过大问题。

3）立管下部设通气管及时排放正压气体可有效避免立管下部正压区。

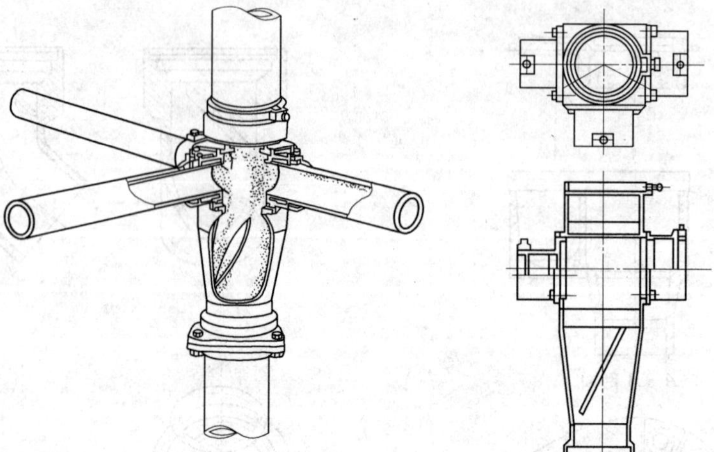


图 16-16　日本新型单立管旋流排水系统

(a) 管道连接；(b) 旋流管件

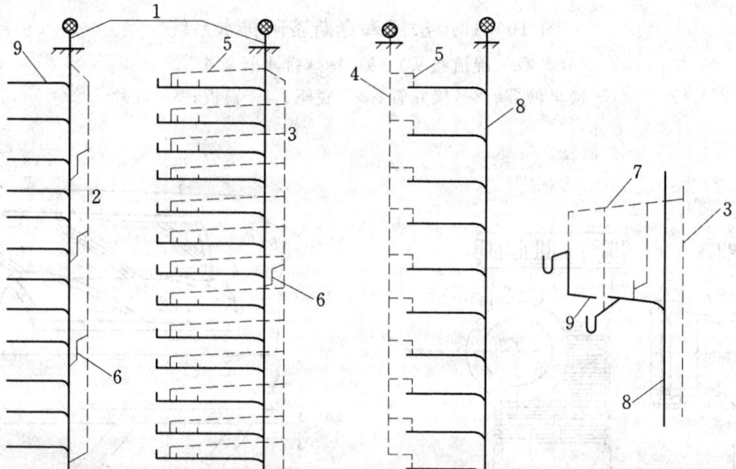


图 16-17　几种典型的通气方式

1—伸顶通气管；2—专用通气器；3—主通气管；4—副通气管；5—环形通气管；6—结合通气管；7—器具通气管；8—排水立管；9—排水横支管；10—排出管

## 第四节　排水管道的布置与敷设

### 一、排水管道布置与敷设的原则和技术要求

排水管道布置与敷设的原则和技术要求如表 16-5 所示。

**表 16－5　　排水管道布置与敷设**

<table>
<tr><th>原则</th><th>技 术 要 求</th></tr>
<tr><td>满足最佳水力条件</td><td>
(1) 卫生器具排水管与排水横支管可用90°斜三通连接。<br>
(2) 横管与横管（或立管）的连接，宜采用45°或90°斜三（四）通。<br>
(3) 排水立管不得不偏置时，宜采用乙字管或两个45°弯头。<br>
(4) 立管与排出管的连接，宜采用两个45°弯头或弯曲半径不小于4倍管径的90°弯头。<br>
(5) 排出管与室外排水管道连接时，前者管顶标高应大于后者；连接处的水流转角不得小于90°，若有大于0.3m的落差可不受角度的限制。<br>
(6) 排水立管仅设置伸顶通气管时，最低排水横支管与立管连接处距排水立管管底垂直距离按图（a）中数据选取<br>
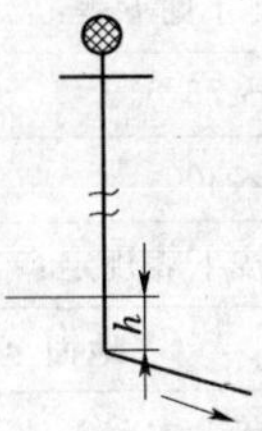

<table>
<tr><th>立管高（层数）</th><th>h（m）</th></tr>
<tr><td>≤4</td><td>0.45</td></tr>
<tr><td>5～6</td><td>0.75</td></tr>
<tr><td>7～12</td><td>1.20</td></tr>
<tr><td>13～19</td><td>3.0</td></tr>
<tr><td>≥20</td><td>3.0</td></tr>
</table>
(a)<br>
(7) 最低排水横支管直接连接在排水横干管（或排出管）上时，应符合图（b）中的规定。<br>
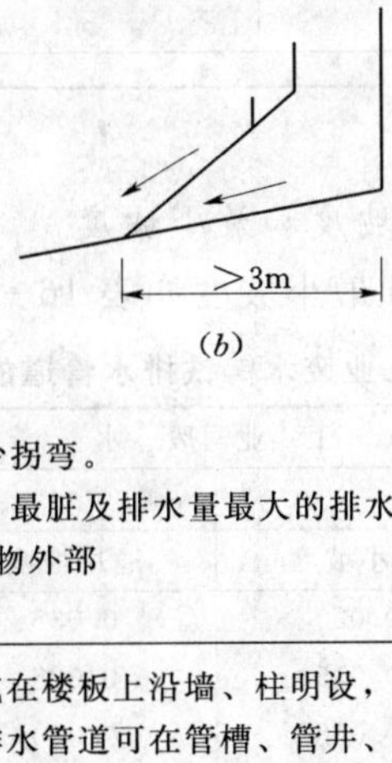

(b)<br>
(8) 排水横管应尽量作直线连接，少拐弯。<br>
(9) 排水立管应设在靠近杂质最多、最脏及排水量最大的排水点处。<br>
(10) 排出管宜以最短距离通至建筑物外部
</td></tr>
<tr><td>满足维修及美观要求</td><td>
(1) 排水管道一般应在地下埋设，或在楼板上沿墙、柱明设，或吊设于楼板下。<br>
(2) 当建筑或工艺有特殊要求时，排水管道可在管槽、管井、管沟及吊顶内暗设。<br>
(3) 为便于检修，必须在立管检查口设检修门，管井应每层设检修门与平台。<br>
(4) 架空管道应尽量避免通过民用建筑的大厅等建筑艺术和美观要求较高处
</td></tr>
<tr><td>保证生产及使用安全</td><td>
(1) 排水管道的位置不得妨碍生产操作、交通运输和建筑物的使用。<br>
(2) 排水管道不得布置在遇水能引起燃烧、爆炸或损坏的原料、产品与设备的上面。<br>
(3) 架空管道不得吊设在生产工艺或对卫生有特殊要求的生产厂房内。<br>
(4) 架空管道不得吊设在食品仓库、贵重商品仓库、通风小室以及配电间内。<br>
(5) 排水管应避免布置在饮食业厨房的主副食操作烹调的上方，不能避免时应采取防护措施。<br>
(6) 生活排水立管应尽量避免穿越卧室、病房等对卫生、安静要求较高的房间，并宜避免靠近与卧室相邻的内墙。<br>
(7) 排水管穿过地下室外墙或地下构筑物的墙壁处，应采取防水措施
</td></tr>
</table>

续表

<table>
<tr><th>原则</th><th>技术要求</th></tr>
<tr><td>保护管道不受破坏</td><td>
（1）排水埋地管道应避免布置在可能受到重物压坏处，管道不得穿越生产设备基础，在特殊情况下，应与有关专业协商处理。<br>
（2）排水管道不得穿过沉降缝、抗震缝、烟道和风道。<br>
（3）排水管道应避免穿过伸缩缝；若必须穿过时，应采取相应技术措施，不使管道直接承受拉伸与挤压。<br>
（4）铸铁排水管道在下列情况下应设置柔性接口：<br>
1）高耸构筑物和建筑高度超过100m的超高层建筑物内，排水立管应采用柔性接口。<br>
2）地震设防8度的地区，排水立管高度在50m以上时，立管上应每隔两层设置柔性接口；地震设防9度的地区，立管和横管均应设置柔性接口。<br>
（5）排水管道穿过承重墙或基础处应预留洞口，尺寸见下表：
<table>
<tr><td>管径（d）（mm）</td><td>50～75</td><td>>100</td></tr>
<tr><td>洞口尺寸（高×宽）（mm×mm）</td><td>300×300</td><td>（d＋300）×（d＋200）</td></tr>
</table>
（6）为防止管道受机械损坏，排水管最小埋深应按下表规定：
<table>
<tr><td rowspan="2">管材</td><td colspan="2">地面至管顶距离（m）</td></tr>
<tr><td>素土夯实、缸砖、木砖等地面</td><td>水泥、混凝土、沥青混凝土等地面</td></tr>
<tr><td>排水铸铁管</td><td>0.7</td><td>0.4</td></tr>
<tr><td>混凝土管</td><td>0.7</td><td>0.5</td></tr>
<tr><td>带釉陶土管</td><td rowspan="2">1.0</td><td rowspan="2">0.6</td></tr>
<tr><td>硬聚氯乙烯管</td></tr>
</table>
</td></tr>
</table>

## 二、排水管道坡度

### （一）铸铁排水管道的通用坡度和最小坡度

铸铁排水管道的通用坡度和最小坡度如表16－6所示。

**表16－6　生活排水和工业废水铸铁排水管道的通用坡度和最小坡度**

| 管径（mm） | 工业废水 | | | | 生活排水 | |
|---|---|---|---|---|---|---|
| | 生产废水 | | 生产污水 | | | |
| | 通用坡度 | 最小坡度 | 通用坡度 | 最小坡度 | 通用坡度 | 最小坡度 |
| 50 | 0.025 | 0.020 | 0.035 | 0.030 | 0.035 | 0.025 |
| 75 | 0.020 | 0.015 | 0.025 | 0.020 | 0.025 | 0.015 |
| 100 | 0.015 | 0.008 | 0.020 | 0.012 | 0.020 | 0.012 |
| 125 | 0.010 | 0.006 | 0.015 | 0.010 | 0.015 | 0.010 |
| 150 | 0.008 | 0.005 | 0.010 | 0.006 | 0.010 | 0.007 |
| 200 | 0.006 | 0.004 | 0.007 | 0.004 | 0.008 | 0.005 |
| 250 | 0.005 | 0.0035 | 0.006 | 0.0035 | 0.007 | 0.0045 |
| 300 | 0.004 | 0.003 | 0.005 | 0.030 | 0.006 | 0.004 |

注　1. 工业废水中含有铁屑或其他污物时，管道的最小坡度应按自清流速计算确定。
2. 成组洗脸盆至共用水封的排水管坡度为0.01。
3. 生活排水管道，宜按通用坡度采用。

### （二）PVC—U塑料排水管道的坡度

PVC—U塑料排水横支管道和排水横干管道的坡度分别如表16－7和表16－8所示。

表 16-7　PVC—U 塑料排水横支管道坡度

| 管径<br>(mm) | 通用坡度 | 最小坡度 |
| --- | --- | --- |
| 50 | 0.026 | 0.012 |
| 75 | 0.026 | 0.007 |
| 110 | 0.026 | 0.004 |
| 160 | 0.026 | 0.003 |

表 16-8　PVC—U 塑料排水横干管道坡度

| 管径<br>(mm) | 通用坡度 | 最小坡度 |
| --- | --- | --- |
| 110 | 0.004 | 0.5 |
| 125 | 0.0035 | 0.5 |
| 160 | 0.003 | 0.6 |
| 200 | 0.003 | 0.6 |

### 三、排水管道的最小埋深

排水管道的最小埋深如表 16-9 所示。

表 16-9　排水管道的最小埋深

| 管　材 | 地面至管顶的距离（m） | |
| --- | --- | --- |
| | 素土夯实、碎石、大卵石、缸砖、木砖地面 | 水泥、混凝土、沥青混凝土、菱苦土地面 |
| 排水铸铁管 | 0.7 | 0.4 |
| 混凝土管 | 0.7 | 0.5 |
| 陶瓷管 | 1.0 | 0.6 |

## 第五节　压力流排水系统介绍

### 一、室外压力流排水系统的开发

我国的排水管道系统几乎全是重力流系统，只有在污水不能靠重力自流进入城市排水管道时，才考虑采用局部抽升的压力流排水管道。但随着我国城镇的发展，排水管道系统普及率的提高，以及对建筑设备使用和安装施工等方面的更高要求，出现了一些在技术上难以采用重力流排水系统的场合，需要采用压力流排水系统，由此促进了压力流排水系统的研究。

压力流排水系统的研究是美国在 1954 年提出的，当时主要目的是想把合流制下水道改造为分流制下水道，在城市排水管网中设置压力流排水管，这样就可在不重复开挖市区道路的情况下，把合流制下水道改造为分流制下水道。20 世纪 70 年代，对 50 多户居民的住宅进行了实用性压力流排水管道的改造，经与重力流系统比较，其工程造价低，因此，又在 200 多处别墅和住宅推广实施室外压力流排水管道系统，室外压力流排水管道系统如图 16-18 所示。80 年代中期，前联邦德国、荷兰、日本等国家也开始了压力流排水系统的研究。

室外压力流排水管道系统与重力流排水管道系统相比，其特点如下：

（1）排水管管径变小，由于采用吸入口具有旋转刀片的污水泵，可破碎杂物，排水流速较大，管道不易堵塞。

（2）压力管道可沿地面坡度敷设，埋深减小，施工费用降低。

（3）施工量小，工期短。

（4）压力管道可避免管道外水的渗入，减小下游污水处理厂的处理水量。

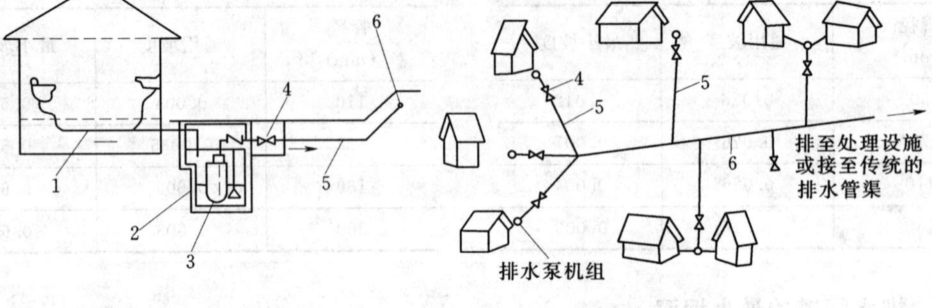


图 16－18　室外压力流排水管道系统示意图

1—室内排水设备；2—集水池；3—污水泵机组；4—截止阀；
5—压送支管；6—压送干管

(5) 造价低。压力流排水系统与重力流排水系统的费用比较如表 16－10 所示（以日本的工程实例为例），由该表可知压力流排水系统的总经费是重力流排水系统的 76％～91％。

**表 16－10　　压力流排水系统与重力流排水系统费用比较**

| 项　　目 | 工程实例 1 | | 工程实例 2 | |
|---|---|---|---|---|
| | 重力流 | 压力流 | 重力流 | 压力流 |
| 初期建设费（万日元/20 年） | 28626.0 | 18263.0 | 70317.0 | 37638.0 |
| 建设折旧费（万日元/20 年） | 53015.3 | 33823.0 | 130227.1 | 69705.5 |
| 维护管理费（万日元/20 年） | 14734.0 | 27842.0 | 27026.0 | 49026.0 |
| 总经费（万日元/20 年） | 67749.3 | 61665.0 | 157253.1 | 118731.5 |
| 所占比例（%） | 100 | 91 | 100 | 76 |

## 二、室内压力流排水系统

建筑内部压力流排水系统主要是指在卫生器具排水口下，装设微型污水泵加压排水，使卫生器具的排出管、排水横支管由重力流变成压力流排水管道。卫生间压力流排水管道如图 16－19 所示。强制排水坐式大便器如图 16－20 所示。

室内压力流排水管道的特点有以下几点：

(1) 排水管径小，管配件小，占用空间小。

(2) 无需坡度，易实现排水管道不出户连接。

(3) 管道布置不受限制。

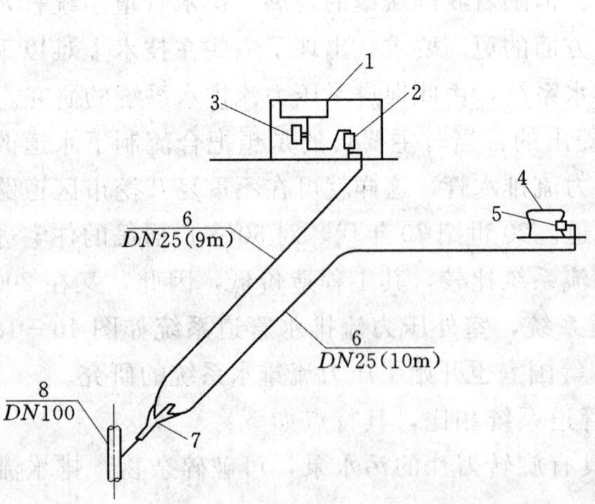


图 16－19　卫生间压力流排水管道示意图

1—洗涤池；2—排水泵；3—浮标式水位传感器；
4—坐便器；5—坐便器排水泵；6—排水横支管；
7—管接头（透明塑料管 DN30）；8—排水立管

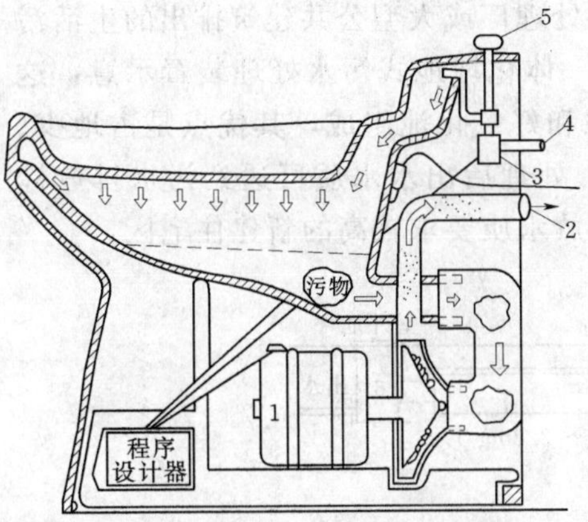


图 16-20　强制排水坐式大便器示意图

1—电动机；2—排水管；3—电磁阀；
4—给水管；5—喷射器

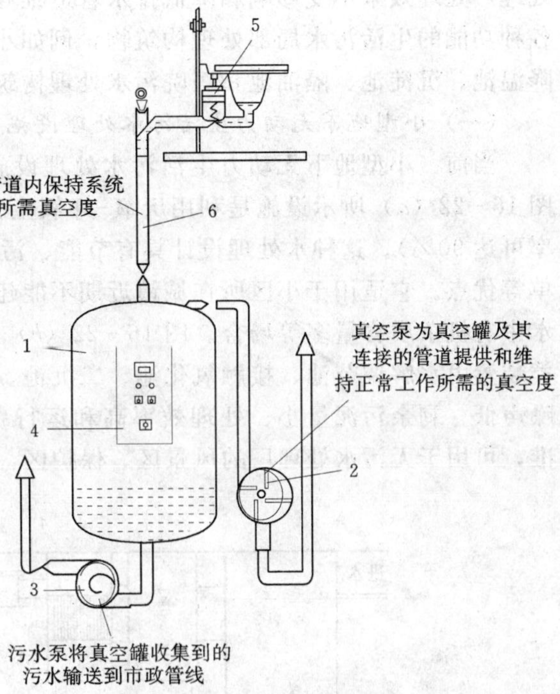


图 16-21　真空排水系统原理示意图

1—真空罐；2—真空泵；3—污水泵；
4—控制柜；5—传输装置；6—真空管道

(4) 卫生器具出口可不设水封，而改用机械式防臭阀。

(5) 水流自净能力较强，管道内不易粘污物、油脂等。

**三、压力流排水系统的设备和附件**

压力流排水系统运行效果好坏，关键设备是污水泵和微型污水泵。污水泵应具备不易坏、噪声低、体积小、排水迅速、维护更换方便等特点。

压力流排水系统的附件包括控制器、电磁阀、止回阀、防臭阀等。

**四、真空排水系统**

真空排水系统的工作原理是通过真空泵在真空罐及管道中形成负压，并通过管道末端的传输装置实现对污、废水的收集和传输。真空排水系统原理如图 16-21 所示。

真空排水系统主要应用于水资源有限地区、卫生设备使用频繁而消耗大量水的场所、建筑结构等原因很难使用重力排水的地方以及需要将污水输送的指定地点。其特点是节水、管径小、布置灵活、管道可上升、连接维修简单、无臭味散发、自净能力强、易实现分流排水、系统自控管理方便。

## 第六节　污水局部处理及抽升设备

**一、生活污水局部处理构筑物**

当生活污水中油脂、泥沙、病原菌、致病菌等含量较多或水温过高时，为使城市污水处理厂处理效果不受影响和降低排水管道维修工作量，应在建筑小区内或建筑物周边设置各种功能的生活污水局部处理构筑物，例如小型地下无动力生活污水处理设施、化粪池、降温池、沉淀池、隔油池和医院污水处理构筑物等。

（一）小型地下无动力生活污水处理设施

当前，小型地下无动力生活污水处理设施有两种类型，如16－22（*a*）、（*b*）所示。图16－22（*a*）所示设施是利用厌氧-好氧生化作用降解生活污水中有机物质含量（去除率可达90％）。这种水处理设计具有节能、污泥量少、埋于地下而不占地面空间、管理简单等优点。它适用于小区所在城镇近期不能建成污水处理厂或大型公共建筑排出的生活污水中有机杂质含量多等场合。图16－22（*b*）为小型一体化埋地式污水处理装置示意，这类装置由水解调节池、接触氧化池、二沉池、消毒池和好氧化池组成，其优点是占地少、噪声低、剩余污泥量小、处理效率高和运行费用低。处理后出水水质可达到污水排放标准，可用于无污水处理厂的风景区、保护区，或对排放水质要求较高的新建住宅区。

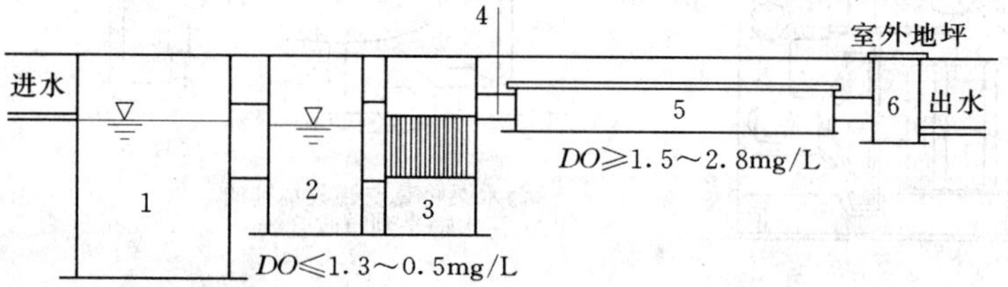


（*a*）

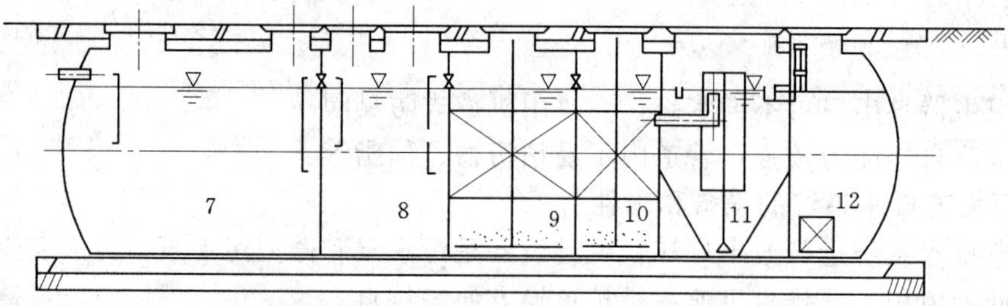


（*b*）

图16－22　小型地下无动力生活污水处理设施

（*a*）小型地下无动力生活污水处理设施；（*b*）小型一体化埋地式污水处理装置

1—沉淀池；2—厌氧消化池；3—厌氧生物滤池；4—抽风管；5—氧化沟；6—进气出水井；

7、8、11—沉淀室；9、10—接触氧化室；12—消毒室

（二）化粪池

化粪池的工作原理是把流入池中的污水杂质经沉淀和厌氧消化，沉降水中悬浮物和有机杂质含量，减少病菌、病毒，去除对水体的危害。它适用于建筑所在城镇地区未建生活污水处理厂或该地区生活污水处理已超负荷运行等情况。

化粪池的容积从上述工作原理可知，应为有效容积和余量容积之和，即

$$V = V_1 + V_2 + V_3 \tag{16-31a}$$

其中

$$V_1 = \frac{\alpha N q t}{24 \times 1000} \tag{16-31b}$$

$$V_2=\frac{\alpha NaT(1-b)Km}{(1-c)\times 1000} \qquad (16-31c)$$

$$V_3=HW \qquad (16-31d)$$

式中：$V$ 为化粪池总容积，$m^3$；$V_1$ 为污水在池中停留时间所需要的容积，$m^3$；$V_2$ 为池中沉积污泥发生厌气消化所需容积，$m^3$；$V_3$ 为污泥发酵后上浮池中所需容积，$m^3$；$N$ 为设计总人数、床位数或座位数；$\alpha$ 为化粪池实际使用人数占总人数的百分比，可按表16-11采用；$q$ 为每人每日污水量，可按表16-12选用；$a$ 为每人每日污泥量，按表16-12选用；$t$ 为污水在池内停留时间，一般取12～24h，医院污水处理采用化粪池为预处理构筑时应取36h；$T$ 为污泥清掏周期，应根据水温、当地气候条件和建筑物性质确定，一般为180d、360d；$K$ 为污泥发酵后体积缩减系数，可取0.8；$c$ 为化粪池内发酵浓缩后污泥含水率，可取0.9；$m$ 为清掏污泥后遗留池内熟污泥量容积系数，取1.2；$H$ 为考虑到池中水位、浮渣发生意外上涨与腐气通道所需高度，取0.25～0.45m；$W$ 为池平面净面积，$m^2$。

**表16-11　化粪池实际使用人数占总人数的百分数**

| 建筑物名称 | 百分数（%） |
|---|---|
| 医院、疗养院、养老院、幼儿园（有住宿） | 100 |
| 住宅、集体宿舍、旅馆 | 70 |
| 办公楼、教学楼、实验楼、工业企业生活间 | 40 |
| 职工食堂、餐饮业、电影院、体育场（馆）、商场和其他场所（按座位） | 5～10 |

**表16-12　化粪池每人每日计算污泥量**　单位：L

| 建筑物分类 | 生活污水与生活废水合流排入 | 生活污水单独排入 |
|---|---|---|
| 有住宿的建筑物 | 0.7 | 0.4 |
| 人员逗留时间大于4h并小于或等于10h的建筑物 | 0.3 | 0.2 |
| 人员逗留时间小于或等于4h的建筑物 | 0.1 | 0.07 |

将上述已知数据 $b$、$c$、$K$、$m$、$H$ 值代入公式，经整理得到化粪池总容积为

$$V=\alpha N\left(\frac{qt}{24}+0.48aT\right)\times 10^{-3}+(0.25\sim 0.45)W \qquad (16-32)$$

容积可做成矩形或圆形两种外形，为达到好的处理效果，池容应分格并贯通。对矩形化粪池，水面至池底深度不小于1.3m，宽度不小于0.75m，长度不小于1.0m；对圆形化粪池，其直径不小于1.0m。若日处理量不超过$10m^3$，可采用双格，其中第一格容积宜为计算总容积的75%；若日处理污水量大于$10m^3$，可采用三格，其中第一格容积占计算总容积的60%，第二、三格容积占总容积的20%。

化粪池均设在小区建筑排水接户管下游端且便于清掏污泥的位置。为避免侵害建筑基础，化粪池外壁距建筑外墙不小于5m。避免污染给水水质，化粪池距管井、储水池等取水构筑物边缘不小于30m。

## 二、其他局部处理构筑物

### （一）降温池

当排放的污、废水水温超过40℃时，如果不采取降温后排放，则会对水处理效果和

排水管道产生不利的影响。降温技术措施首先应考虑能利用余热，其次是水面散热和冷热水混合。

降温池容积由存放排污水容积、存放冷却水容积和保护容积三部分组成。降温池应设置在室外不影响通行的场地。

（二）沉淀池

汽车库、菜市场、小型生活污水处理装置等建筑和设备，须设置沉淀池，截留其污水中的较多固体颗粒杂质，以避免堵塞排水管道和提高水处理效率。沉淀池的池体容积主要由污水量、污水中泥沙含量、池中污水流速和在池中流行时间等参数确定。

（三）医院污水处理方法

各类医院排放的污水中一般均含有较多致病菌。因此，按我国水污染防治法规的规定："排放含有病原体的污水，必须经过消毒处理"。医院污水消毒后的水质还必须符合《医疗机构水污染物排放标准》（GB 18466—2005）要求，才允许排放到城镇污水管道或医院附近水体。

医院污水处理工艺因医院性质不同而有所差别，例如污水消毒处理、放射性污水处理、重金属污水处理、废弃药物污水处理和污泥处理等。其中污水消毒处理是最基本的。图 16－23（*a*）为医院污水处理总流程，根据污水水质差别，可组成各种不同处理流程。

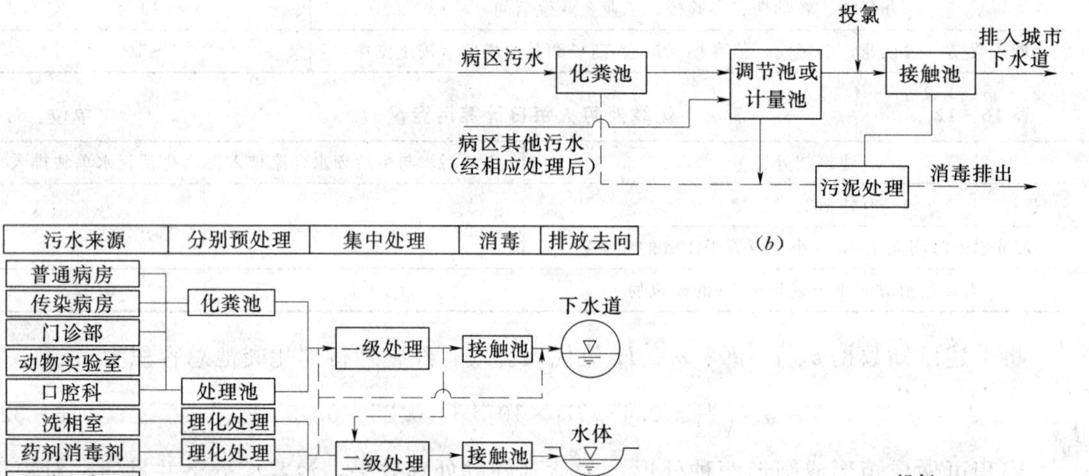


图 16－23　医院污水处理流程

（*a*）总流程；（*b*）一级处理流程；（*c*）二级处理流程

图 16-23 ($b$) 为一级处理流程，适用于排放到有污水处理厂的城市排水管道中。图 16-23 ($c$) 为二级处理流程，适用于排放到医院附近水体。

医院污水消毒目前主要采用氯消毒法和臭氧消毒法。前者采用的氯剂有液氯、漂白粉、漂白精、次氯酸钠等，比臭氧法消毒的费用低。液氯消毒管理和操作应注意安全。臭氧消毒法来菌迅速、比较全面（除来菌外，对色、臭、味、有机物等均有效果），但处理成本比氯化法高，处理设备易受到腐蚀。

医院污水处理过程中产生的污泥也必须采取消灭其含有大量病原体的技术措施。可采用的方法有加氯、加热、高温堆肥、干化或焚烧等。

（四）隔油池

厨房洗涤水中含油量约为 750mg/L。含油量过大的污水进入排水管道后，污水中挟带的油脂颗粒由于水温下降而凝固，黏附在管壁上，使管道过水断面减小，容易堵塞管道。因此职工食堂、营业餐厅和厨房的洗涤废水以及肉类、食品加工的排水，在排入城市排水管网前，应在隔油池去除其中的可浮油（占总含油量的 65%～70%）。

汽车洗车台、汽车库及其他场所排放的含有汽油、煤油和柴油等矿物油的污水，进入管道后挥发并聚集于检查井，达到一定浓度后会引起爆炸、火灾，所以也应设隔油池进行处理。

图 16-24 为隔油池构造图。隔油池的除油作用原理如下：含油污水进入隔油池后，由于过水断面增大，水平流速减小，污水中密度小的可浮油自然上浮至水面，收集后即可却除。

隔油池设计控制参数是污水在隔油池内停留时间 $t$ 和污水在隔油池内水平流速 $v$，可按下列公式进行设计计算：

$$V=60Q_{\max}t \tag{16-33}$$

$$A=\frac{Q_{\max}}{v} \tag{16-34}$$

$$L=\frac{V}{A} \tag{16-35}$$

$$b=\frac{A}{h} \tag{16-36}$$

$$V_1\geqslant 0.25V \tag{16-37}$$

式中：$V$ 为隔油池有效容积，$m^3$；$Q_{\max}$ 为含油污水设计流量，按设计秒流量计，$m^3/s$；$t$ 为污水在隔油池中停留时间，含食用油污水的停留时间为 2～10min，含矿物油污水的停留时间为 10min；$v$ 为污水在隔油池中的水平流速，含食用油污水的水平流速不得大于 0.005m/s，含汽油、煤油、柴油及其他油类污水的水平流速为 0.002～0.01m/s；$A$ 为隔油池中过水断面积，$m^2$；$b$ 为隔油池宽，m；$h$ 为隔油池有效水深，即隔油池出水管底至池底的高度，m，取大于 0.6m；$V_1$ 为存油部分容积，是指出水挡板的下端至水面油水分离室的容积，隔油池内存油部分的容积不得小于该池有效容积的 25%。

**三、污水提升**

居住小区或有地下室的建筑内的生活污水，不能以重力流排入城镇排水管道或室外排水检查井时，应设置集水池、污水泵设施，把污水集流、提升后排放。

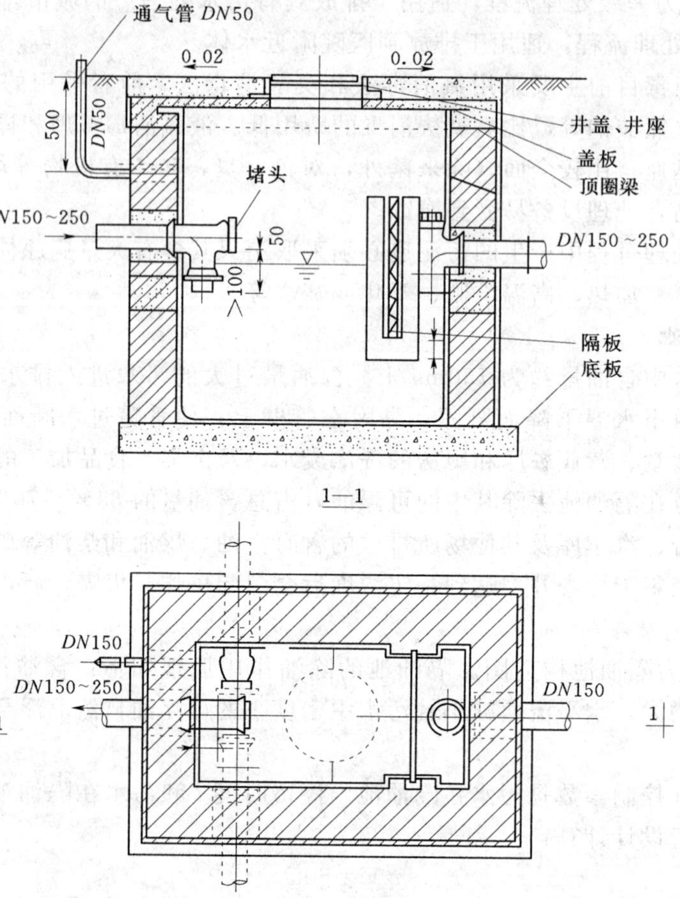


图 16-24　隔油池

（一）集水池

集水池净容积应按小区或建筑物地下室内污水量大小、污水泵启闭方式等因素确定。污水量大、采用自动启闭（不大于 6 次/h）时，可按污水泵中最大一台水泵 5min 出水量作为其净容积；采用人工启闭（不多于 3 次/h）时，可取 15～30min 最大小时污水量值，但所取小时数应保证污水不发生腐化。集水池总容积应为净容积、附加容积之和。附加容积为集水池内设置格栅、冲洗管、水位控制器等安装、检修所需容积，其值也可按超过有效容积最高水位 0.3～0.5m 估算。集水池平面尺寸及深度，可按所选污水泵类型、台数、吸水管布置确定。集水池底应有不小于 0.01 的坡度，坡向集水坑。

集水池底标高应根据污水提升高度确定。为避免生活污水散发有害气体或蒸汽，设于室内的集水池应与水泵房分隔或独立设置，应具有良好通风设施。在不结冰地区，集水池应置于室外。

（二）污水泵及污水泵房

污水泵优先选用潜水污水泵或液下污水泵，采用地面安装的主、卧式污水泵时应设计为自灌式。

污水泵选型采用的出水量：当排放建筑地下室污水时，水泵自动启闭工况，按污水设计秒流量值确定；水泵人工启闭工况，按最大时污水量确定；居住小区用污水泵按小区最大时生活污水量确定。污水泵扬程为污水提升高度、水泵管路水头损失、流出水头（2～3m）之和。

污水泵房应设不少于1台的备用泵。多台水泵应可并联运行，并优先采用自动控制运行装置。在集水池不能设置事故排出口时，水泵应设备用电源。在发生事故时能关闭集水池的污水进水管时，可不设置备用电源。

小区污水泵房应与住宅和公共建筑有一定距离。建筑物地下室泵房不得布置在要求安静的房间之下或相邻处。水泵机组和泵房还应有隔振、防噪声设施。

# 第十七章 建筑雨水排除

## 第一节 常见雨水排除方式

### 一、屋面雨水系统排水方式

屋面雨水系统分为外排水和内排水两种方式。根据屋面有无天沟，外排水又分为檐沟水落管外排水和天沟外排水两种形式。

(一) 外排水方式

(1) 檐沟水落管外排水：檐沟水落管外排水由檐沟和水落管组成。这种方式适用于普通住宅、一般公共建筑和小型单跨厂房。

(2) 天沟外排水：天沟外排水由天沟、雨水斗和排水立管等组成。这种方式适用于高度不超过 100m 的多跨建筑，天沟长度一般不超过 50m。

(二) 内排水方式

内排水是指屋面设雨水斗集流雨水，由设于建筑内部雨水管道系统排水。这种方式适用于跨度大、较长的多跨工业厂房，在屋面设天沟有困难的锯齿形、壳形屋面厂房或屋面有天窗的厂房，以及对建筑屋面要求较高的高层建筑、大屋面建筑及寒冷地区的建筑等。

内排水系统根据每根立管接纳雨水斗的个数，分为单斗雨水排水系统和多斗雨水排水系统两类。根据检查井是否与大气相通又可分为敞开式和密闭式雨水排水系统。内排水系统由雨水斗、连接管、悬吊管、立管、排出管、埋地管和检查井等组成。

### 二、雨水斗

雨水斗是整个雨水管道系统唯一的进水口，是屋面雨水排水系统的重要组成部分。雨水斗应有可拦截较大杂物、对进水具有整流和导流及减小掺气量等作用。试验表明：有雨水斗时，天沟水位稳定、水面漩涡较小，水位波动幅度约 1～2mm，掺气量较小；无雨水斗时，天沟水位不稳定，水位波动幅度为 5～10mm，掺气量较大。常见的雨水斗有 65 型和 79 型，其中 65 型为铸铁浇铸，79 型为钢板焊制。65 型雨水斗、79 型雨水斗分别如图 17－1 (*a*)、(*b*) 所示，两者水流特征如表 17－1 所示。在供人们活动的屋面上可设平箅式雨水斗（见图 17－2）。

**表 17－1** 雨水斗的水流特征

| 斗型 | 雨水斗规格 | 进水与出水断面比 | 斗前水位 | 掺气量 | 水流特征 |
|---|---|---|---|---|---|
| | 出口直径（mm） | | | | |
| 65 型 | 100 | 1.5∶1 | 较低 | 小 | 天沟水位较低、水流平稳、掺气量小 |
| 79 型 | 75、100、150、200 | 2∶1 | 较低 | 小 | 天沟水位低、水流平稳、掺气量小 |

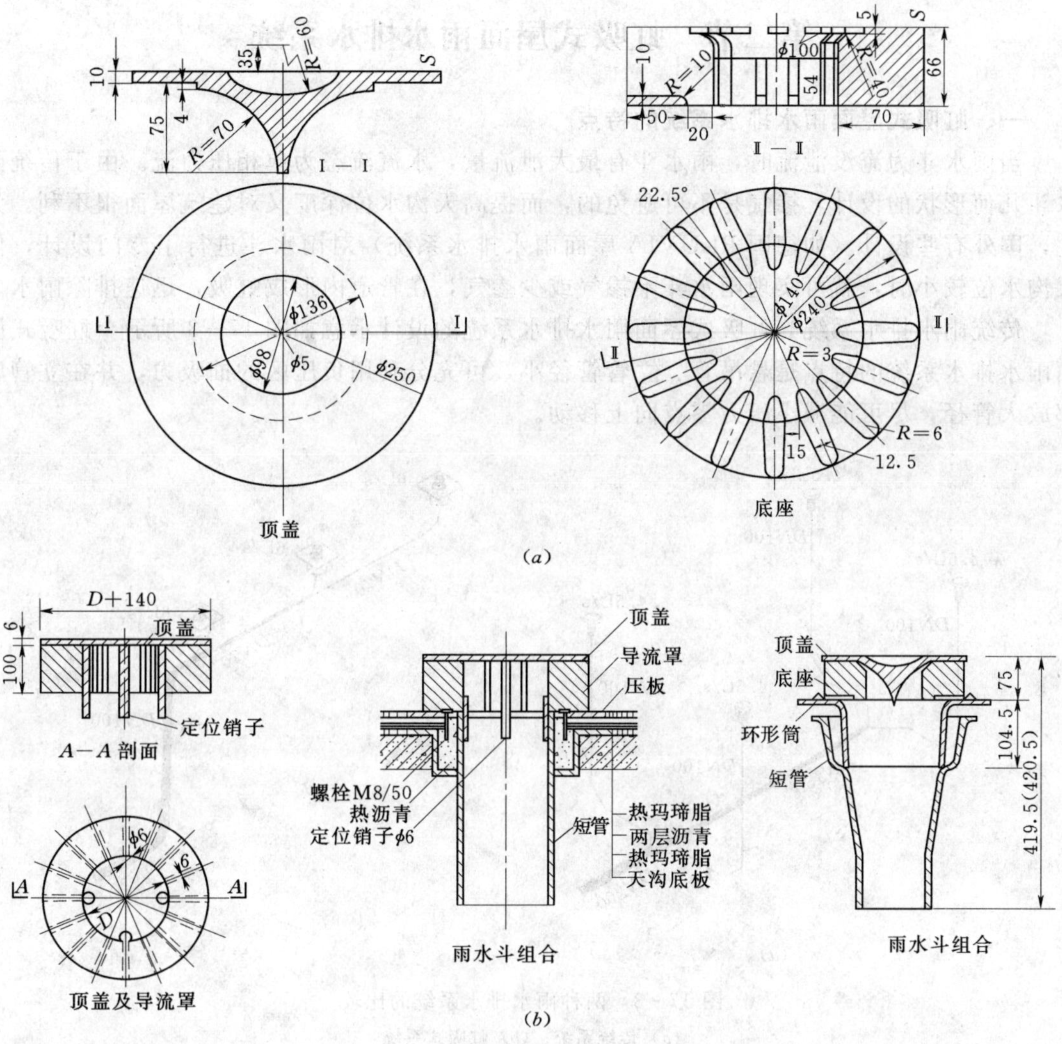


图 17-1 雨水斗

(a) 65 型雨水斗；(b) 79 型雨水斗

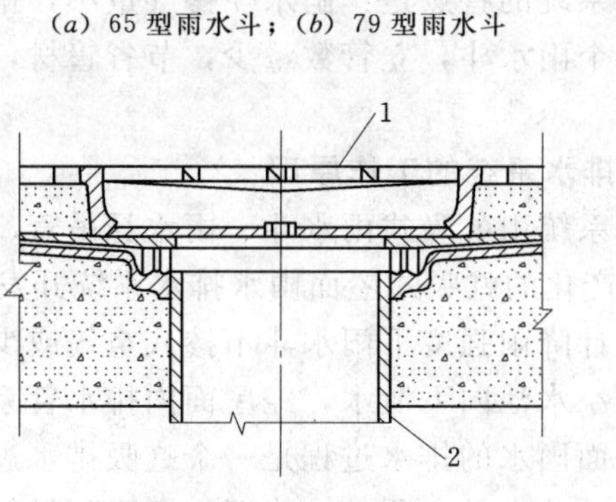


图 17-2 平算式雨水斗

1—铸铁算；2—连接管

## 第二节　虹吸式屋面雨水排水系统

### 一、虹吸式屋面雨水排水系统的特点

当雨水斗为淹没泄流时，雨水斗有最大泄流量，水流流态为单相压力流。由于传统雨水斗几何形状的设计，掺气是不可避免的，而提高天沟水位深度又对建筑屋面很不利。为此，国外有些设计（如德国 PLUVIA 屋面雨水排水系统）对雨水斗进行了专门设计，使天沟水位较小时，就可实现雨水斗不掺气或少掺气，在管道内形成虹吸，迅速排除雨水。

传统雨水排水系统与虹吸式屋面雨水排水系统的设计示意如图 17-3 所示。虹吸式屋面雨水排水系统的特点是悬吊管、立管管径小，可充分利用负压区的抽吸力，并在立管底部放大管径，尽可能减小压力零点向上移动。

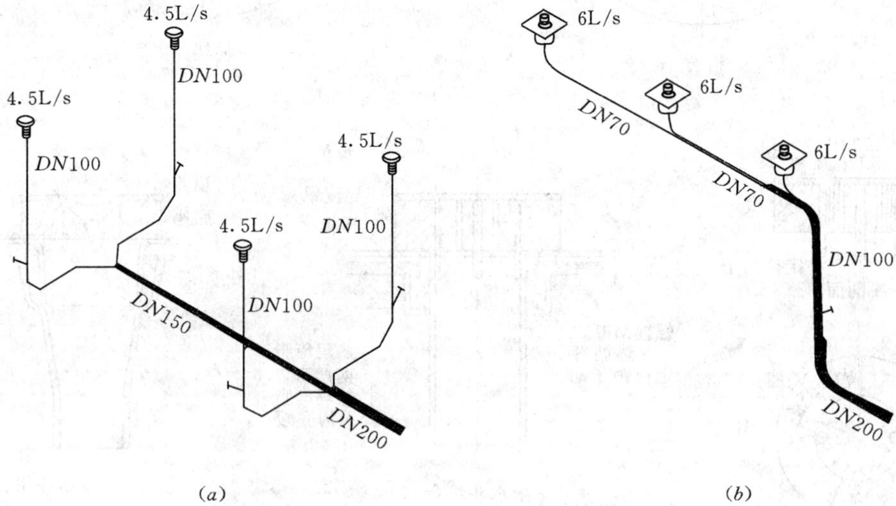


图 17-3　两种雨水排水系统的比较

(*a*) 传统系统；(*b*) 虹吸式系统

虹吸式屋面雨水排水系统的特点是：雨水斗掺气量小，排水能力大，悬吊横管可不设坡度，悬吊管上可连接多个雨水斗，立管数量少，节省管材，管内流速高，有利于提高自净能力。

### 二、虹吸式屋面雨水排水系统的工作原理

虹吸式屋面雨水排水系统由虹吸式雨水斗、雨水悬吊管、雨水立管、埋地管、雨水出户管（排出管）组成。国产化的虹吸式屋面雨水排水系统开发了具有良好整流功能的下沉式雨水斗系列产品，在设计降雨强度下雨水斗不掺入空气或少掺气，降雨过程中相当于从屋面上一个有稳定水面的小水池向下泄水，经屋面内排水管系，从排出管排出，管道中是全充满的压力流状态，屋面雨水的排水过程是一个虹吸排水过程。虹吸式屋面雨水排水系统内管道的压力和水的流动状态是变化的。降雨初期降雨量较小，悬吊管内是一有自由表面的波浪流，随着降雨量的增加，管内呈现脉动流、拉拔流，进而出现满管气泡流和满管气水乳化流，直至水的单相流状态。降雨末期，雨量减少，雨水斗淹没泄流的斗前水位降

低到某一定值，雨水斗开始有空气掺入，排水管内的真空被破坏，排水系统从虹吸流工况转向重力流。在降雨的全过程中，随降雨量的变化，悬吊管内的压力和水流状态会反复变化。与悬吊管的情况相似，在水量增加时，立管内水流会从附壁流向气塞流、气泡流、气水乳化流、水单向流过渡。

虹吸式雨水斗的特性如下：下沉式雨水斗置于屋面层中，上部盖有进水格栅。降雨过程中，通过格栅盖进入雨水斗的屋面雨水落入深斗内，斗内带孔隙的整流罩使处于涡流状态的雨水平稳地以淹没泄流进入排水管。下沉式雨水斗最大限度地减小了天沟的积水深度，使屋面承受的雨水荷载降至最小，同时使雨水斗的出口获得较大的淹没水深，消除了在设计流量下工作时的大量掺气现象，提高了雨水斗的额定流量。

**三、虹吸式屋面雨水排水系统的水力计算要点**

（一）水力计算要点

水力计算的目的是充分利用系统提供的可利用水头，减小管径，降低造价；使系统各节点由不同支路计算的压力差限定在一定的范围内；保证系统安全、可靠、正常地工作。

水力计算是在初步布置的管路系统上进行的，计算的成功要遵守水力计算的各项要求。因此，管路系统不同区段的管径、连接的配件，以至管路的布置都可能有所变动。水力计算的要点如下：

（1）管道的设计最小流速不小于1m/s，使管道具有良好的自净能力，这一要求适用于系统的所有管段；最大流速常发生在立管上，宜小于6m/s，以减小水流动时的噪声，最大不大于10m/s。系统底部的排出管的流速小于1.5m/s，以减少水流对排水井的冲击。

（2）排水管系统的总水头损失与排水管出口速度水头之和应小于雨水斗天沟底面与排水管出口的几何高差，其压力余量宜稍大于100mbar（1mbar＝100Pa）。

（3）虹吸式屋面雨水排水系统的最大负压值在悬吊管与总立管的交叉点。该点的负压值应根据不同的管材而有不同的限定值，以防止水的空化及对管道的破坏。对于使用铸铁管和钢管的排水系统应小于－900mbar；对于塑料管道，管径为50～160mm时应小于－800mbar，管径为200～300mm时应小于－700mbar。

（4）虹吸式屋面雨水排水系统各节点由不同支路计算得到的压力差不大于－150mbar。

（5）虹吸式屋面雨水排水系统使用内壁喷塑柔性排水铸铁管或铜管及高密度聚乙烯管等。

（6）虹吸式屋面雨水排水系统管道的局部阻力损失应仔细计算。可采用海曾-威廉公式计算管道的沿程阻力损失。

（二）设计步骤

虹吸式屋面雨水排水系统的水力计算步骤如下：

（1）计算屋面汇水面积。

（2）计算总的降雨量。

（3）布置雨水斗，组成屋面雨水排水管网。

（4）绘制水力计算草图，标注各管段的长度。

（5）估算管径：对水平悬吊管，采用悬吊管的总阻力损失值700mbar除以总等效长度，计算出单位管长的压力损失的估算值，以此选出各管段的管径。立管与排出管管径可采用相应的控制流速初选管径，一般立管可比悬吊管最大直径小一号。

(6) 进行第一次水力计算，计算结果若已满足要求，则可按计算结果绘成正式图纸。

(7) 若第一次计算不满足有关的要求，则应对系统中某些管段的管径进行调整，必要时有可能对系统重新布置，然后再次进行水力计算，直至满足为止，并按最后结果绘制图纸。

**四、管材的选用及安装敷设**

（一）管材

虹吸式雨水排水系统常用高密度聚乙烯管、喷（涂、衬）塑钢管和卡箍式离心排水铸铁管，重要的建筑可用不锈钢管。

在塑料管中推荐使用高密度聚乙烯管材，这种管材具有良好的物理和化学性能；掺有炭黑的管材显著地提高了防紫外线的能力；管材可热熔连接，方便牢固；异形管件可临时焊制。由于虹吸排水管系中既有正压也有负压，对管材就有一个限制负压下渗气量的问题，高密度聚乙烯管负压下的抗渗气性优于其他塑料管材。

钢管是雨水排水的传统使用管材，为加强钢管的防腐能力，可在管内喷（涂、衬）塑，采用沟槽式连接配件钢扣卡箍连接。

近年来，卡箍式离心排水铸铁管在建筑排水中获得广泛应用。管材采用离心铸造、组织致密、表面光滑，采用不锈钢卡箍柔性连接。使用这种管材要注意，*DN*200 以上的管件要单独订货，且比较粗重。

（二）安装敷设

平屋面排水应采用 *DN*50 虹吸式雨水斗。*DN*75、*DN*100 虹吸式雨水斗用于设有天沟的屋面排水。

雨水斗的安装见给水排水国家标准图集《雨水斗》(01S302—2001)。

雨水斗的间距应由汇水面积的计算并结合结构和柱网情况决定。一般雨水斗的间距可采用 12～24m。

同一虹吸式屋面雨水排水系统的雨水斗应该设在同一水平面上。

虹吸式屋面雨水排水系统的悬吊管不要求安装坡度。

雨水斗安装于金属屋面天沟内，*DN*50 雨水斗天沟宽度应大于 450mm，*DN*75 雨水斗天沟宽度应大于 500mm。

同一建筑物的雨水排水立管不少于 2 根。立管在±0.00 地面上 1m 处设检查口。

多雨水斗的排水系统，靠近主立管的雨水斗支管不可以直接与主立管相接，应接在水平悬吊管上。

出户管与排水井连接处必要时应做消能稳流处理。

# 第十八章　居住小区给水排水工程

## 第一节　居住小区给水排水工程

### 一、居住小区给水工程

居住小区是指含有教育、医疗、文体、经济、商业服务及其他公共建筑的城镇居民住宅建筑区。我国城镇居民居住用地组织的基础构成单元为三级，即居住组团、居住小区和居住区。居住小区给水工程包括生活给水工程、消防给水工程、中水工程，有时还包括优质饮用水工程。

#### （一）供水方式

居住小区供水方式应根据小区内建筑物的类型、建筑高度、市政给水管网的压力和水量等因素综合考虑来确定，做到技术先进合理、供水安全可靠、投资省、节能、便于管理。

7层及7层以下住宅建筑一般不设室内消防给水系统，由室外消火栓和消防车灭火，应采用生活和消防共用的给水系统。高层建筑居住小区宜采用生活和消防各自独立的给水系统。

对于严重缺水的地区，可采用生活用水和中水的分质供水方式，可以分成小区独立性系统和区域性系统两种形式。小区独立性系统的中水水源取自建筑小区内各建筑物用水后排放的污水。区域性系统中水水源来自小区外部，例如城镇污水处理厂、矿井废水、工业废水或海水等，这部分外部水源送达小区中水处理站，经进一步处理达到中水标准后，供小区冲厕、绿化等杂用。

无合格水源地区可考虑采用深度处理水（供饮用）和一般处理水（供洗涤、冲厕等）的分质供水方式。

#### （二）管道布置和敷设

居住小区给水管道有小区干管、小区支管和接户管三类，在布置小区给水管网时，应按干管、支管和接户管的顺序进行。

小区给水管道与其他管线和构筑物间的最小水平、垂直净距应满足有关要求。给水管道与建筑物基础的水平净距与管径有关，管径为100～150mm时，不宜小于1.5m；管径为50～75 mm时，不宜小于1.0m。

居住小区给水管道敷设应满足下列要求：

（1）应根据地形情况，在最高处设置排气阀，在最低处设置泄水阀或排泥阀。

（2）在垂直或水平方向转弯处应设置支墩，根据管径、转弯角度、试压标准及接口摩擦力等因素通过计算来确定支墩的大小、位置。

（3）应根据供水压力采取防止、消除或减轻水锤破坏作用的措施。

（4）敷设管道时其中心转折角大于2°时，应设置弯头或乙字管等管件。

（5）管道的埋深应根据土壤的冰冻深度、外部荷载、管道强度及与其他管线交叉等因素来确定。一般按冰冻线以下 200mm 敷设，但管顶覆土深度不小于 0.7m。露天敷设的管道应配有调节管道伸缩和防止接口脱落、被撞坏等设施，并根据需要采取防冰冻和保温措施。

（6）金属给水管一般不做基础，但对通过回填垃圾、建筑废料、流砂层、沼泽地以及不平整的岩石层等地段，应做垫层或基础。非金属给水管一般做垫层或基础。

（7）金属管道应有下列防腐措施：铸铁管外壁涂刷沥青保护层；钢管外壁缠包纤维布并涂刷沥青保护层；管道内水流的腐蚀性较强时，应用符合卫生标准要求的橡胶、塑料、水泥沙浆及防腐涂料等衬里。

（8）为了便于小区管网的调节与检修，应在与市政管网连接处的小区干管上、与小区干管连接处的小区支管上、与小区支管连接处的接户管上及环状管网需调节和检修处设置阀门。阀门应设在阀门井内。居住小区内市政消火栓保护不到的区域应设室外消火栓，设置数量和间距应按《建筑设计防火规范》（GB 50016—2006）和《高层民用建筑设计防火规范》（GB 50045—2005）执行。当居住小区绿地和道路需要洒水时，可设置洒水栓，其间距不宜大于 80m。

（三）管道综合时应遵守的规定

管道综合时应遵守下列规定：

（1）各种管道的平面排列不得重叠，并尽量减少和避免相互间的交叉。

（2）管道排列时，应注意其用途、相互关系及彼此间可能产生的影响。例如，污水管应远离生活饮用水管，直流电力电缆不应与其他金属管靠近以免增加后者腐蚀。

（3）干管应靠近主要使用单位及连接支管最多的一侧。

（4）架空管道不得影响运输、人行交通及建筑物的自然采光。

（四）管道排列及标高设计冲突时应遵守的规定

各种管线平面排列及标高设计相互发生冲突时，应按下列规定处理：

（1）小直径管道让大直径管道。

（2）可弯的管道让不能弯的管道。

（3）新设的管道让已建的管道。

（4）临时性的管道让永久性的管道。

（5）有压力的管道让自流的管道。

（五）管道排列顺序

居住区管道平面排列时，应按从建筑物向道路方向和由浅埋深至深埋深的顺序安排，一般常用的管道排列顺序如下：

（1）通信电缆或电力电缆。

（2）煤气管道。

（3）污水管道。

（4）给水管道。

（5）热力管道。

（6）雨水管道。

## 二、居住小区排水工程

### （一）排水体制

居住小区排水体制分合流制和分流制。合流制指生活污水与雨水合并收集转输排放的形式，分流制指生活污水分质分流与雨水分别收集、转输的排水形式。采用何种排水体制可根据城镇排水体制、环境保护要求等因素综合比较后确定。城镇排水系统为分流制（包括远期规划改造为分流制）、小区或小区附近有合适的雨水排放水体、小区远离城镇而设有独立的排水体系以及小区排水需中水回用时，应设分质分流排水系统。

### （二）管道布置与敷设

居住小区排水管道应根据小区的总体规划、地形、污废水去向等情况，按照管线短、埋深小、尽量自流排放的原则布置，并尽可能减少管线交叉。若交叉不可避免，应保证与其他管线水平、垂直的最小距离。排水管道与建筑物基础间的最小水平间距不小于 2.5m（当管道埋深小于建筑物基础时，不小于 1.5m）。此外，排水管尽可能沿道路外侧人行道之中，保证小区各类管道（如通信、电力电缆、燃气、给水、热力、排水等）平面和埋深设计合理。在小区内布置各类管道时，平面布置宜从建筑向道路按埋设由浅到深顺序排列为宜。

排水管道敷设在原则上应做到：便于施工和检修；当管道损坏而外泄污水时，不会冲刷和浸蚀建筑基础和给水管道；也不会因气温低而冻结管内污水。

### （三）排水管（渠）水力计算

排水定额、雨水及管（渠）排水设计流量的确定方法如下：

(1) 居住小区内生活排水、公共建筑生活排水定额、小时变化系数与工业企业建筑生活用水定额和小时变化系数相同。

(2) 居住小区内雨水设计流量与建筑屋面雨水设计流量相同。

设计雨水流量应按下式计算：

$$q_y = \frac{q_j \Psi F_w}{10000} \tag{18-1}$$

式中：$q_y$ 为设计雨水流量，L/s；$q_j$ 为设计暴雨强度，L/（s・hm$^2$），当采用天沟集水且沟沿溢水会流入室内时，设计暴雨强度应乘以系数 1.5；$\Psi$ 为径流系数；$F_w$ 为汇水面积，m$^2$。

但式中径流系数 $\Psi$ 应按表 18-1 选用，设计进对小区内不同种类汇水面积可取加权平均值计算，即

$$\Psi = \frac{\sum_1^n F_i \Psi_i}{\sum_1^l F_i} \tag{18-2}$$

式中：$F_i$ 为小区内相同种类的汇水面积，m$^2$；$\Psi_i$ 为相同种类汇水面积的径流系数。

如果资料不详，小区综合径流系数可按该小区建筑稠密度在 0.5～0.8 内选用。稠密度高时取大值。

表 18-1　　径　流　系　数

| 屋面、地面种类 | $\Psi$ | 屋面、地面种类 | $\Psi$ |
| --- | --- | --- | --- |
| 屋面 | 0.90～1.00 | 干砖及碎石路面 | 0.40 |
| 混凝土和沥青路面 | 0.90 | 非铺砌地面 | 0.30 |
| 块石路面 | 0.60 | 公园绿地 | 0.15 |
| 级配碎石路面 | 0.45 | | |

注　各种汇水面积的综合径流系数应加权平均计算。

雨水管（渠）的设计重现期（$P$），应根据小区性质（如广场、街坊、居住区等）、地形特点、汇水面大小和当地暴雨特性等因素确定，如表 18-2 所示。

表 18-2　　各种汇水区域的设计重现期

| 汇水区域名称 | | 设计重现期（年） |
| --- | --- | --- |
| 室外场地 | 居住小区 | 1～3 |
| | 车站、码头、机场的基地 | 2～5 |
| | 下沉式广场、地下车库坡道出入口 | 5～50 |
| 屋面 | 一般性建筑物屋面 | 2～5 |
| | 重要公共建筑屋面 | ≥10 |

注　1. 工业厂房屋面雨水排水设计重现期应由生产工艺、重要程度等因素确定。
2. 下沉式广场设计重现期应由广场的构造、重要程度、短期积水即能引起较严重后果等因素确定。

雨水管（渠）的设计降雨历时（$t$）按下式计算：

$$t=t_1+mt_2 \tag{18-3}$$

式中：$t_1$ 为地面集水时间，min，视距离长短、地形坡度和地面覆盖情况而定，一般选用 5～10min；$m$ 为折减系数，小区接户管和支管选 $m=1$，干管中的暗管 $m=2$，明渠 $m=1.2$；$t_2$ 为管（渠）内雨水流行时间，min。

（3）管（渠）的设计流量应按小区采用的排水体制分别计算。分流制中排水管（渠）设计流量应分别计算出生活排水设计流量和雨水设计流量。雨水设计流量计算方法同上。

生活排水设计流量（$Q_S$）应包括居民生活排水量（$Q_1$）和大型公共建筑集中排水量（$Q_2$），即

$$Q_S=Q_1+Q_2 \tag{18-4}$$

其中

$$Q_1=\frac{K_{h1}q_{d1}N_1}{3600\times 24} \tag{18-4a}$$

$$Q_2=\sum\frac{K_{h2}q_{d2}N_2}{3600\times T} \tag{18-4b}$$

式中：$K_{h1}$ 为小时变化系数；$q_{d1}$ 为每人每日最高排水量，L/（人·d）；$q_{d2}$ 为每日用水单位的排水量，L/（人·d）或 L/（床·d）；$N_1$ 为设计管（渠）段的设计人口数；$N_2$ 为设计使用人数或床位数；$T$ 为每日用水时间。

当小区管渠的服务人口数大于 1.3 万人时，应按《室外排水设计规范》（GB 50014—

2006）确定排水量。

合流制管（渠）中排水设计流量应为生活污水与雨水设计流量之和，但考虑到降雨时极少出现最大的生活排水量，所以生活污水排水量可取平均日污水量。降雨时泄流管渠中含有生活污水量，为使合流制管渠安全泄水，雨水量计算时设计重现期取值可高于同一情况下分流制雨水管（渠）设计重现期值。

对生产废水排水采用分流制雨水管（渠）时，应将生产废水流量计入雨水管（渠）的设计流量内。

（4）水力计算方法。

1）生活排水管道。生活排水管道的特点是非满流的重力流，其计算公式采用明渠均匀流计算式。为保证污水管道不沉积、易清通、小区污水管最小管径、最小设计坡度和最大设计充满度宜按表18-3选用。管中最小流速在设计充满度下为0.6m/s，最大流速金属管不大于10m/s，非金属管不大于5m/s。

**表18-3　　小区室外生活排水管道最小管径、最小设计坡度和最大设计充满度**

| 管　别 | 管　材 | 最小管径（mm） | 最小设计坡度 | 最大设计充满度 |
|---|---|---|---|---|
| 接户管 | 埋地塑料管 | 160 | 0.005 | 0.5 |
| 支管 | 埋地塑料管 | 160 | 0.005 | |
| 干管 | 埋地塑料管 | 200 | 0.004 | |

注　1. 接户管管径不得小于建筑物排出管管径。
2. 化粪池与其连接的第一个检查井的污水管最小设计坡度宜取值如下：管径150mm为0.010～0.012，管径200mm为0.010。

2）小区雨水管道管径计算。雨水管道按满流计算，其管道充满度取1.0。雨水管道最小管径和最小坡度如表18-4所示。

**表18-4　　雨水管道的最小管径和横管的最小设计坡度**

| 管　别 | 最小管径（mm） | 横管最小设计坡度 | |
|---|---|---|---|
| | | 铸铁管、钢管 | 塑料管 |
| 建筑外墙雨落水管 | 75（75） | — | — |
| 雨水排水立管 | 100（110） | — | — |
| 重力流排水悬吊管、埋地管 | 100（110） | 0.01 | 0.0050 |
| 满管压力流屋面排水悬吊管 | 50（50） | 0.00 | 0.000 |
| 小区建筑物周围雨水接户管 | 200（225） | — | 0.0030 |
| 小区道路下干管、支管 | 300（315） | — | 0.0015 |
| 13号沟头的雨水口的连接管 | 150（160） | — | 0.0100 |

注　表中铸铁管管径为公称直径，括号内数据为塑料管外径。

3）合流管道管径确定方法与小区雨水管道管径计算方法相同，但管段设计流量应按合流制管（渠）中排水设计流量计算。设计流量为雨水设计流量与生活排水流量之和，生活排水可取平均流量。雨水设计流量计算时，设计重现期宜高于同一情况下分流制雨水排水系统的设计重现期。

## 第二节　建筑中水工程

建筑中水是特指将污废水经过适当处理后，再输送、分配给建筑生活杂用的一种“回用水”。它的主要特征是其水质介于给水和排水之间。

随着城市建筑的发展，用水量急剧增加，大量污废水的排放严重污染了环境和水源，造成水资源的日益不足，水质日益恶化。新水源的开发任务又相当艰巨。面对这种情况，采用建筑中水工程是现实可行的有效措施。建筑中水工程既可以有效地利用和节约有限的、宝贵的淡水资源，又可以减少污废水排放量，减轻对水环境的污染，还可以缓解城市排水管网超负荷运行现象，具有明显的社会效益、环境效益和经济效益。

### 一、中水系统分类与组成

（一）中水系统分类

1. 建筑中水系统

建筑中水系统通常是指一栋建筑，特别是一栋高层建筑及其附属建筑构成的范围内，以其排出的生活废水或生活污水为水源，经适当处理，水质达到中水水质标准后，用专用管道回送到原建筑物及其附属建筑或邻近建筑作为低水质用水。这种系统一般以生活废水（洗浴废水、洗涤废水）以及空调排水为中水水源即可满足建筑的中水用水量要求，由于采用的是优质杂排水，其处理工艺简单、投资少，便于与建筑物的建设统一考虑，也能做到与建筑物的启用同步运行，因此是当前非常有现实意义的一种节水供水系统。

2. 小区中水系统

小区中水系统的中水原水取自居住小区内各建筑物排放的污废水。根据居住小区所在城市排水设施的完善程度，确定室内排水系统，但应使居住小区给水排水系统与建筑内部给水排水系统相配套。目前，居住小区内多为分流制，以杂排水为中水水源。居住小区和建筑内部供水管网分为生活饮用水和杂用水双管配水系统。该系统多适用于居住小区、机关大院和高等院校，尤其是新建小区，可以统一规划同步实施建设。

3. 城市中水系统

城市中水系统通常是以城市污水二级处理后的水为水源，再经深度处理后用专用管道送回城市使用。

（二）中水系统组成

中水系统由中水原水系统、中水处理设施和中水供水系统三部分组成。

中水原水系统是指收集、输送中水原水到中水处理设施的管道系统和一些附属构筑物。

中水处理设施的设置应根据中水原水水量、水质和中水使用要求等因素，通过技术经济比较后确定。一般将整个处理过程分为前处理、主要处理和后处理三个阶段。前处理用来截留大的漂浮物、悬浮物和杂物，包括格栅或滤网截留、油水分离、毛发截留、调节水量、调整 pH 值等。前处理主要处理去除水中的有机物、无机物等。按采用的处理工艺，构筑物有沉淀池、混凝池、生物处理设施等。后处理是对中水供水水质要求很高时进行的深度处理，可采用的方法有过滤、生物膜过滤、活性炭吸附等。

中水供水系统应单独设立，包括配水管网、中水高位水箱、中水泵站或中水气压给水设备。中水供水系统的管网类型、供水方式、系统组成、管道敷设及水力计算与给水系统基本相同，只是在供水范围、水质、使用等方面有些限定和特殊要求。

## 二、中水水源及水质

### （一）中水水源及其水质

中水水源是指建筑的原排水，包括建筑物内部的生活污水、生活废水和冷却水。生活污水是指厕所排水，生活废水含淋浴、盥洗、洗衣、厨房排水。生活污水和生活废水的数量、成分、污染物浓度与居民的生活习惯、建筑物的用途、卫生设备的完善程度、当地气候因素有关。建筑物排水污染物浓度见本书第十六章表16-1。各类建筑物生活用水量及所占百分率如表18-5所示。因为生活饮用、浇花、清扫等用水不能回收，所以建筑物生活排水量可按生活用水量的80%～90%计算。

**表18-5　各类建筑物生活给水量及百分率**

| 类别 | 住　宅 | | 宾馆（饭店） | | 办公楼 | | 附注 |
|---|---|---|---|---|---|---|---|
| | 水量［L/（人·d）］ | 百分率（%） | 水量［L/（人·d）］ | 百分率（%） | 水量［L/（人·d）］ | 百分率（%） | |
| 厕所 | 40～60 | 31～32 | 50～80 | 13～19 | 15～20 | 60～66 | |
| 厨房 | 30～40 | 23～21 | | | | | |
| 淋浴 | 40～60 | 31～32 | 300 | 79～71 | | | 盆浴及淋浴 |
| 盥洗 | 20～30 | 15 | 30～40 | 8～10 | 10 | 40～34 | |
| 总计 | 130～190 | 100 | 380～420 | 100 | 25～30 | 100 | |

**注**　洗衣服水量可根据实际使用情况而定。

### （二）中水水质

中水水质标准，主要由中水的用途决定，其标准的高低直接影响处理工艺的选择及工程投资，需充分考虑确定。对用于生活杂用的中水（不与人体接触的用水），应达到以下基本要求：

(1) 卫生上安全可靠，无有害物质，其主要衡量指标有大肠菌指数、细菌总数、余氯量、悬浮物量、生化需氧量及化学需氧量。

(2) 外观上无使人不快的感觉，其主要衡量指标有浊度、色度、表面活性剂和油指标等。

(3) 不引起管道、设备等严重腐蚀、结垢，不造成维修管理困难，其主要衡量指标有pH值、硬度、蒸发残留物及溶解物等。

我国于2002年颁发了适用于厕所便器冲洗、城市绿化、洗车和清扫的《城市污水再生利用 城市杂用水水质》（GB/T 18920—2002），如表18-6所示。用于水景和空调冷却水时，其水质应达到有关相应的水质标准。

表 18-6　　　　城市杂用水水质标准

| 序号 | 项目 | 冲厕 | 道路清扫、消防 | 城市绿化 | 车辆清洗 | 建筑施工 |
|---|---|---|---|---|---|---|
| 1 | pH | 6.0～9.0 | | | | |
| 2 | 色（度） | ≤30 | | | | |
| 3 | 嗅 | 无不快感 | | | | |
| 4 | 浊度（NTU） | ≤5 | ≤10 | ≤10 | ≤5 | ≤20 |
| 5 | 溶解性总固体（mg/L） | ≤1500 | ≤1500 | ≤1000 | ≤1000 | — |
| 6 | 五日生化需氧量（$BOD_5$）（mg/L） | ≤10 | ≤15 | ≤20 | ≤10 | ≤15 |
| 7 | 氨氮（mg/L） | ≤10 | ≤10 | ≤20 | ≤10 | ≤20 |
| 8 | 阴离子表面活性剂（mg/L） | 1.0 | 1.0 | 1.0 | 0.5 | 1.0 |
| 9 | 铁（mg/L） | ≤0.3 | — | — | ≤0.3 | — |
| 10 | 锰（mg/L） | ≤0.1 | — | — | ≤0.1 | — |
| 11 | 溶解氧（mg/L） | ≥1.0 | | | | |
| 12 | 总余氯（mg/L） | 接触30min后不少于1.0，管网末端不少于0.2 | | | | |
| 13 | 总大肠菌群（个/L） | ≤3 | | | | |

## 三、中水处理方法及系统设计

### （一）中水处理方法

1. 优质杂排水和杂排水为中水原水的处理方法

当以优质杂排水和杂排水为中水原水时，因水中有机物浓度较低，处理目的主要是去除原水中的悬浮物和少量有机物，降低水的浊度和色度，可采用以物理化学处理为主要工艺流程或采用生物处理和物化处理相结合的处理工艺。

2. 生活排水为中水原水的处理方法

当利用生活排水为中水原水时，因中水原水中有机物和悬浮物浓度都很高，中水处理的目的是同时去除水中的有机物和悬浮物，可采用二段生物处理或生物处理与物化处理相结合的处理工艺。

3. 污水厂二级生物处理出水为中水原水的处理方法

当利用污水处理厂二级生物处理出水作为中水原水时，处理目的主要是去除水中残留的悬浮物，降低水的浊度和色度，应选用物理化学处理（或三级处理）。

### （二）中水系统设计

1. 水量平衡

水量平衡是指中水原水水量、中水处理水量，中水用水量通过计算调整达到平衡一致。水量平衡计算是系统设计经济合理性、长期良好运转的前提。

2. 中水系统设计

一般污水处理设计原则也适用于中水处理，但参数、要求等不尽一致，概述如下。

(1) 格栅、格筛。

1) 格栅：用于截留原排水中较大的漂浮或悬浮性杂质，设置在进水管（渠）上或调节池进口处，倾角不小于 60°，设置一道格栅时，栅条间隙宽度应小于 10mm，设置粗细两道格栅时，粗格栅间隙为 10～20mm，细格栅间隙为 2.5mm。

2）格筛：一般设于格栅后面，进一步截留细小杂质，如毛发、线头等。对于洗浴废水筛条间隙为 0.25～2.5mm，如果在筛面上覆以不锈钢细网或尼龙网，孔眼根据水质情况而定，一般为 12～18 目。为防止在格栅或格筛上积聚生物黏质，可间断地在进水中投加杀菌消毒剂。为防止油脂的积聚，最好同时用热水或蒸汽进行冲洗，可按一天一次设计。

（2）调节池。调节池的作用是调节水量、均化水质，以保证后续处理设施能够稳定、高效地运行。

调节池的储存时间一般不超过 24h。为防止原排水在池内沉淀、腐化，一般应进行预曝气，同时还可有除臭、降温效果。

调节池曝气量为 $0.6\sim0.9m^3/(m^2\cdot h)$，可去除 15%～20%的 $BOD_5$，池深可取 1.5～2.0m，调节池容积可按日处理水量的 30%～40%计。厨房排水需经隔油后才可排入。在中小型中水处理工程中，调节池可以取代初次沉淀池。

（3）沉淀池。沉淀池设于物化处理的混凝沉淀或生物处理后的二次沉淀，其作用是进行泥水分离，使水澄清。建筑中水工程相对规模较小，多采用竖流式或斜板（管）沉淀池。

混凝处理是中水处理的重要方法之一，常用于主处理阶段，也用于后处理阶段。由于影响混凝和絮凝的因素很多，一般通过试验选择混凝剂种类和确定最佳投加量，中水处理中常用的混凝剂有石灰、铝盐、铁盐、高分子聚合物等。

（4）接触氧化池。接触氧化池实际是装有填料的曝气池，又称为淹没滤池，兼有活性污泥法和生物膜法两种作用。两者的优点是：抗冲击负荷能力强、泥量少，不产生污泥膨胀，不需回流污泥，便于管理。但易堵、布气不均匀是其缺点。工程实践证明，接触氧化池仍是建筑中水工程中比较适用的一种设施。

接触氧化池容积负荷一般为 $1.0\sim1.8kgBOD_5/(m^2\cdot d)$，水力停留时间为 2h，生活污水为 3h。

（5）生物转盘。生物转盘是生物膜法的一种，一般采用多级串联，依污水 $BOD_5$ 浓度和表面负荷计算需要的面积，计算需要的片数、级数。$BOD_5$ 面积负荷在 $10\sim20g/(m^2\cdot d)$，水力负荷为 $0.2m^3/(m^2\cdot d)$，一般应由试验或相似污水运行资料确定。

（6）过滤。过滤主要去除二级处理后水中残留悬浮物和胶体物质。一般可采用普通快滤池、压力式砂过滤器、纤维球过滤器、超滤膜过滤器等。目前，我国采用无烟煤、石英砂双层过滤深层滤池较多，其效果好、含污能力强、周期长等。反冲洗通常采用气水联合法，先用空气及水冲洗 3～5min，反冲强度为 $50\sim90m^3/(m^2\cdot h)$，空气压力为 0.035MPa，再用滤后水反冲洗 5～10min，反冲强度为 $25\sim50m^3/(m^2\cdot h)$。

当滤前水中主要含无机悬浮物时，可用直接过滤方式；当为有机悬浮物时，采用混凝过滤。滤速一般取 $25\sim50\ m^3/(m^2\cdot h)$。

（7）消毒。消毒是确保中水安全使用的重要手段，任何一种流程都必须有消毒步骤，以达到卫生学方面的中水标准。消毒剂有液氯、次氯酸钠、氯片、漂白粉、臭氧等，其中用液氯、次氯酸钠较多；液氯在人口密集场所，安全问题必须予以特别重视。次氯酸钠发生需要溶盐等，制备过程中易对设备产生腐蚀作用。臭氧氧化能力强、消毒效果好，但设备成本高，耗电量大，维护管理要求高，尚难广泛采用。

氯化消毒，加氯量一般有效氯应为5～8mg/L，接触时间不小于30min，余氯量0.5～1.0mg/L，管网末梢为0.2mg/L。

在小型中水处理系统中，也可将格栅（筛）、调节、沉淀、生物处理、二次沉淀、过滤、消毒等各处理单元组合成一体化的成套的中水处理设备。这些设备一般都设计布置紧凑、占地较小、有一定的灵活性，目前国内外都已有专用定型设备生产供应。

# 第十九章　其他形式给水排水系统

## 第一节　游　泳　池

在一些设计标准高的高层饭店、宾馆常附设游泳池，或设于室内或设于室外，游泳池水一般是经过处理和补充新水后循环使用。

**一、游泳池设计**

（一）游泳池的设计尺寸

游泳池的长度一般为12.5m的倍数，宽度由泳道的数量而决定，每条泳道的宽度一般为2.0～2.5m，边道另加0.25～0.5m，而大多数高层建筑游泳池的平面形状和尺寸是根据具体情况和要求来设计的，其水深不大于2m为宜。

（二）用水量

1. 充水和补水量

游泳池的初次充水时间，主要受游泳池的使用性质制约，其充水时间应短一些。如果充水影响到生活给水系统的正常供水，充水时间宜长一些。充水时间主要以池水因突然发生传染病菌等事故，池水泄空后再次充水所需的时间为主要依据。游泳池的初次充水时间一般宜采用24h，最长不宜超过48h。

游泳池运行后补充水量主要用于游泳池水面蒸发损失、排污损失、过滤设备反冲洗水量以及游泳者人体在池内排出去的水面溢流损失等。每天补充水量可按表19-1选用。

**表19-1　　游泳池和水上游乐池的补充水量**

| 序　号 | 池的类型和特征 | | 每日补充水量占池水容积的百分数（%） |
|---|---|---|---|
| 1 | 比赛池、训练池、跳水池 | 室内 | 3～5 |
| | | 室外 | 5～10 |
| 2 | 公共游泳池、水上游乐池 | 室内 | 5～10 |
| | | 室外 | 10～15 |
| 3 | 儿童游泳池、幼儿戏水池 | 室内 | ≥15 |
| | | 室外 | ≥20 |
| 4 | 家庭游泳池 | 室内 | 3 |
| | | 室外 | 5 |

**注**　游泳池和水上游乐池的最小补充水量应保证一个月内池水全部更新一次。

2. 其他用水量

游泳池内其他用水量，如淋浴、便器冲洗用水等，可按表19-2选用各项用水量。游泳池运行后，每天总用水量应为补充水量和其他用水量之和，但在选择给水设施时还应满足初次充水时的用水要求。

表 19-2　　游泳场其他用水量定额

| 项　目 | 单　位 | 定额 | 项　目 | 单　位 | 定额 |
|---|---|---|---|---|---|
| 强制淋浴 | L/（人·场） | 50 | 运动员饮用水 | L/（人·d） | 5 |
| 运动员淋浴 | L/（人·场） | 60 | 观众饮用水 | L/（人·d） | 3 |
| 入场前淋浴 | L/（人·场） | 20 | 大便器冲洗用水 | L/（h·个） | 30 |
| 工作人员用水 | L/（人·场） | 40 | 小便器冲洗用水 | L/（h·个） | 180 |
| 绿化和地面洒水 | L/（$m^2$·d） | 1.5 | 消防用水 | | 按有关消防规范确定 |
| 池岸和更衣室地面冲洗 | L/（$m^2$·d） | 1.0 | | | |

（三）水质标准

游泳池初次充水和正常使用过程中的补充水水质，应符合现行的《生活饮用水卫生标准》（GB 5749—2006）的要求。

游泳池池水与人的皮肤、眼、耳、口、鼻直接接触，池水水质的好坏直接关系到游泳者的健康。如果水质不卫生，它将会使流行性角膜炎、中耳炎、痢疾、伤寒、皮肤病以及其他较严重疾病迅速传播而造成严重后果。因此，游泳池水应符合《游泳池池水水质卫生标准》（CJ 244—2007），如表 19-3 所示。

表 19-3　　游泳池池水水质卫生标准

| 项　目 | 标　准 | 项　目 | 标　准 |
|---|---|---|---|
| 浊度 | ≤1NTU | 溶解性总固体 TDS | 原水 TDS+1500mg/L |
| pH 值 | 7.0～7.8 | 氧化还原电位 ORP | ≥650mV |
| 尿素 | ≤3.5mg/L | 氰尿酸 | ≤150mg/L |
| 菌落总数 | ≤200CFU/mL | 水温 | 23～30℃ |
| 总大肠菌群 | 每 100mL 不得检出 | 三卤甲烷 THMs | ≤200μg/L |
| 游离性余氯 | 2～1.0mg/L | 臭氧（采用时） | ≤0.2mg/$m^3$（池水水面上的空气中） |
| 化合性余氯 | ≤0.4mg/L | | |

（四）水温

游泳池的池水温度，可根据游泳池的用途，按表 19-4 选用。

## 二、游泳池循环系统的设计

（一）循环方式

游泳池池水的循环供水方式是保证池水水质卫生的重要因素，对循环供水方式应满足以下基本要求：配水均匀，不出现短流、涡流和死水域，以防止局部水质恶化，有利于池水的全部交换更新，也有利于施工安装、运行管理和卫生保持。

常用的循环方式有顺流式循环方式、逆流式循环方式和混合循环方式。

1. 顺流式循环方式

顺流式循环方式如图 19-1 所示，循环方式为两端对称进水，底部回水。这种方式能

表 19-4　　游泳池和水上游乐池的池水设计温度

| 序号 | 场所 | 池的类型 | 池的用途 | | 池水设计温度（℃） |
|---|---|---|---|---|---|
| 1 | 室内池 | 专用游泳池 | 比赛池、花样游泳池 | | 25～27 |
| 2 | | | 跳水池 | | 27～28 |
| 3 | | | 训练池 | | 25～27 |
| 4 | | 公共游泳池 | 成人池 | | 27～28 |
| 5 | | | 儿童池 | | 28～29 |
| 6 | | 水上游乐池 | 戏水池 | 成人池 | 27～28 |
| 7 | | | | 幼儿池 | 29～30 |
| 8 | | | 滑道跌落池 | | 27～28 |
| 9 | 室外池 | 有加热设备 | | | 26～28 |
| 10 | | 无加热设备 | | | ≥25 |

使每个给水口的流量和流速基本保持一致，有利于防止水波形成涡流和死水域，是目前国内普遍采用的水流组织方式之一。

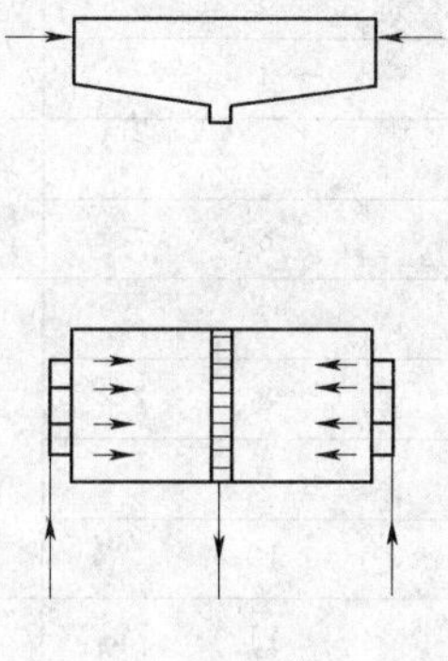

图 19-1　对称顺流式循环方式

2. 逆流式循环方式

逆流式循环方式如图 19-2 所示，在池底均匀地布置给水口，循环水从池底向上供给，周边溢流回水。这种循环方式具有配水较均匀、底部沉积污物少、有利于去除表面污物的优点，是目前国际泳联推荐的游泳池池水的循环方式。但这种循环方式存在基建投资费用较高的缺点。

3. 混合式循环方式

混合式循环方式如图 19-3 所示，循环水从游泳池底部和两端进水，从两侧溢流回水。这种循环方式具有水流较均匀、池底沉积物少和有利于表面排污的优点。

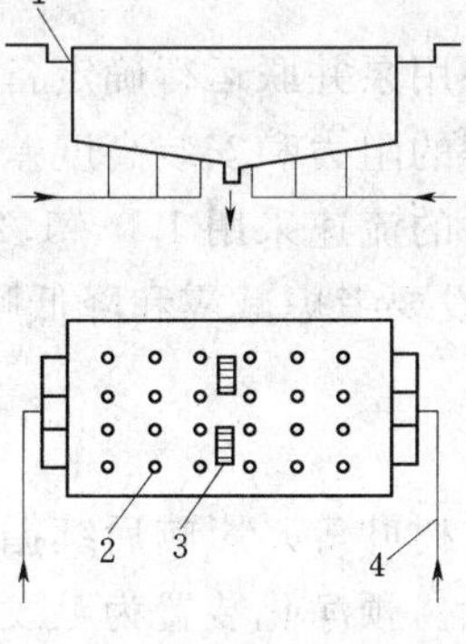


图 19-2　逆流式循环方式
1—溢流回水槽；2—给水口；3—泄水口；4—给水管道

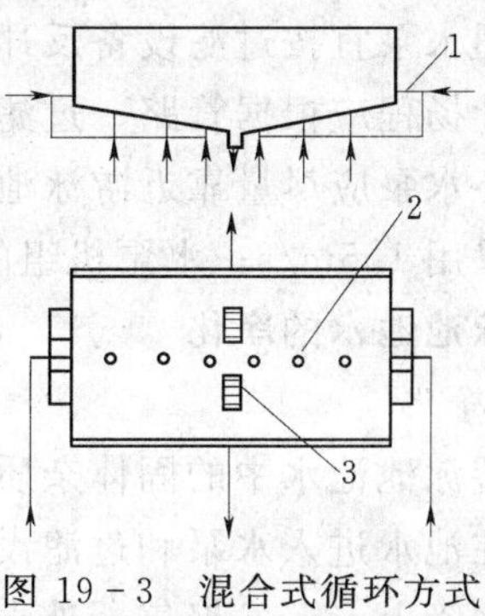


图 19-3　混合式循环方式
1—给水管道；2—给水口；3—泄水口

（二）循环流量

游泳池的循环流量是选用净化处理设备的主要依据，一般应按下式计算：

$$Q_x = aV/T \tag{19-1}$$

式中：$Q_x$ 为游泳池池水的循环流量，$m^3/h$；$a$ 为管道和过滤设备水容积附加系数，一般为 1.1～1.2；$V$ 为游泳池的水容积，$m^3$；$T$ 为游泳池水的循环周期，应根据游泳池的使用性质、游泳人数、池水容积、水面面积和池水净化设备运行时间等因素确定，一般可按表 19-5 选用，如果游泳池采用间歇式循环时应按游泳池开放前后将全部池水各循环一次计算。

**表 19-5　　游泳池和水上游乐池的循环周期**

| 序号 | 类型 | 用途 | | 循环周期（h） |
|---|---|---|---|---|
| 1 | 专用游泳池 | 比赛池 | | 4～5 |
| 2 | | 花样游泳池 | | 6～8 |
| 3 | | 跳水池 | | 8～10 |
| 4 | | 训练池 | | 4～6 |
| 5 | 公共游泳池 | 成人池 | | 4～6 |
| 6 | | 儿童池 | | 1～2 |
| 7 | 水上游乐池 | 戏水池 | 成人池 | 4 |
| 8 | | | 幼儿池 | <1 |
| 9 | | 造浪池 | | 2 |
| 10 | | 滑道跌落池 | | 6 |
| 11 | 家庭游泳池 | | | 6～8 |

**注**　池水的循环次数可按每日使用时间与循环周期的比值确定。

（三）循环水泵的选择

循环水泵可采用各种类型的离心清水泵，选择时应符合下述要求：

（1）水泵出水流量按式（19-1）计算。

（2）备用水泵宜按过滤设备反冲洗时，工作泵与备用泵并联运行确定备用泵的容量。

（3）设计扬程应根据管路、过滤设备、加热设备等的阻力和安装高度差计算确定。

（4）循环水泵应尽量靠近游泳池，水泵的吸水管内的流速采用 1.0～1.2m/s；出水管内的流速宜采用 1.5m/s；水泵机组的设置和管道的敷设要考虑减震和降低噪声措施。

## 三、游泳池池水的净化

（一）预净化

为防止游泳池池水中的固体杂质（如毛发、纤维、树叶等）影响后续循环和处理设备正常运行，在池水进入水泵和过滤设备前，应予以去除。预净化装置为毛发聚集器，安装在水泵的吸水管上。毛发聚集器外壳一般为铸铁，过滤网一般用不锈钢或铜丝。

在选择毛发聚集器时，应符合下列要求：

（1）结构紧凑，耐腐蚀，水流阻力小，便于清洗。

(2) 过滤网耐腐蚀并具有一定的强度，其孔眼直径应不大于3mm，总面积应为连接管截面面积的1.5～2.0倍。

(3) 毛发聚集器的过滤网应能经常清洗或更换。如果有两台循环水泵，宜采用交替运行的方式对滤网交替清洗或更换。

(二) 过滤

由于游泳池回水浊度不高且水质比较稳定，一般可采用接触过滤处理。常用的过滤设备有石英砂过滤器、双层滤料过滤器、硅藻土过滤器等。常用混凝剂和助凝剂有明矾、硫酸铜、碱、硫酸铝、硫酸亚铁、聚丙烯酰胺等。

滤速应根据不同功能泳池的水质标准，通过试验来确定。

(三) 消毒

由于游泳池池水直接与人体接触，为了防止疾病传播，保证游泳者的健康，必须对游泳池进行严格的消毒杀菌处理。

消毒剂及消毒方法的选择应符合下列要求：

(1) 杀菌能力强，不污染水质，并在水中有持续的杀菌功能。

(2) 设备简单，运行可靠安全，操作管理方便，建设和维护费用低。

娱乐性游泳池水宜采用氯消毒法，在有条件和需要时可采用臭氧、紫外线或其他消毒方法。采用氯消毒法时可以液氯、次氯酸钠或二氧化氯为消毒剂，小型专用游泳池可用氯片。氯消毒法具有杀菌能力强、投资低的优点，但它有气味，对人体有刺激，对池体、设备、管道有腐蚀作用。加氯量按池水中游离余氯量为0.4～0.6mg/L计算。

臭氧和紫外线消毒比氯具有更强的杀菌能力，并具有脱色去臭性能，对游泳者无刺激作用。

举办国家级或国际级比赛的游泳池宜优先采用臭氧消毒方法。

(四) 加热

为保持各类游泳池所需水温，延长使用时间，提高游泳池的利用率，游泳池的补给水和循环水均需进行加热。游泳池加热所需热量为池水面蒸发和传导损失的热量、池壁和池底、管道和设备等传导热损失及补给水加热耗热量之和。各种热损失或耗热量可按下列公式计算。

(1) 游泳池水表面蒸发损失的热量为

$$Q_z=\alpha\gamma A(P_b-P_q)(0.0174V_f+0.229)(760/B) \tag{19-2}$$

式中：$Q_z$ 为游泳池水表面蒸发损失的热量，kJ/h；$\alpha$ 为热量换算系数，$\alpha=4.1868$；$\gamma$ 为与游泳池水温相等的饱和蒸汽的蒸发汽化潜热，kJ/kg，可查表19-6；$P_b$ 为与游泳池水温相等的饱和空气的水蒸气分压，mmHg，可查表19-6；$P_q$ 为游泳池的环境空气的水蒸气分压力，mmHg，可查表19-7；$V_f$ 为游泳池水面上的风速，m/s，一般室内游泳池 $V_f=0.2\sim0.5$m/s，露天游泳池 $V_f=2\sim3$ m/s；$A$ 为游泳池水表面面积，$m^2$；$B$ 为当地的大气压力，mmHg[1]。

(2) 游泳池的水表面、池底、池壁、管道和设备等传导所损失的热量，应按游泳池水

[1] 相关的设计手册、规程中 $P_b$、$P_q$ 和 $B$ 的单位为 mmHg，本书对此不做改动。1mmHg=133.32Pa。

表面蒸发损失热量的20%计算确定。

(3) 补充水加热所需的热量按下式计算：

$$Q_b=\frac{\alpha q_b r\,(t_r-t_b)}{t} \tag{19-3}$$

式中：$Q_b$ 为游泳池补充水加热所需的热量，kJ/h；$\alpha$ 为热量换算系数，$\alpha=4.1868$；$q_b$ 为游泳池每日的补充水量，L；$r$ 为水的密度，kg/L；$t_r$ 为游泳池水的温度，℃，按表19-4确定；$t_b$ 为游泳池补充水水温，℃；$t$ 为加热时间，h。

常用的加热方式和加热设备与建筑内热水供应基本相同。

**表19-6　水温与相应的饱和蒸汽的蒸发汽化潜热和饱和空气的水蒸气分压**

| 水温(℃) | 蒸发汽化潜热(kJ/kg) | 水蒸气分压(mmHg) | 水温(℃) | 蒸发汽化潜热(kJ/kg) | 水蒸气分压(mmHg) |
|---|---|---|---|---|---|
| 18 | 587.1 | 15.5 | 25 | 583.1 | 23.8 |
| 19 | 586.6 | 16.5 | 26 | 582.5 | 25.2 |
| 20 | 586.0 | 17.5 | 27 | 581.9 | 26.7 |
| 21 | 585.4 | 18.7 | 28 | 581.4 | 28.3 |
| 22 | 584.9 | 19.8 | 29 | 580.8 | 30.0 |
| 23 | 584.3 | 21.1 | 30 | 580.4 | 31.8 |
| 24 | 583.6 | 22.4 | | | |

注　1mmHg=133.32Pa。

**表19-7　气温与相应的环境空气的水蒸气分压**

| 气温(℃) | 相对湿度(%) | 水蒸气分压(mmHg) | 气温(℃) | 相对湿度(%) | 水蒸气分压(mmHg) |
|---|---|---|---|---|---|
| 21 | 50 | 9.3 | 26 | 50 | 12.5 |
| | 55 | 10.2 | | 55 | 13.8 |
| | 60 | 11.1 | | 60 | 15.2 |
| 22 | 50 | 9.9 | 27 | 50 | 13.3 |
| | 55 | 10.9 | | 55 | 14.7 |
| | 60 | 11.9 | | 60 | 16.0 |
| 23 | 50 | 10.5 | 28 | 50 | 14.3 |
| | 55 | 11.5 | | 55 | 15.6 |
| | 60 | 12.6 | | 60 | 17.0 |
| 24 | 50 | 11.1 | 29 | 50 | 15.1 |
| | 55 | 12.3 | | 55 | 16.5 |
| | 60 | 13.4 | | 60 | 18.0 |
| 25 | 50 | 11.9 | 30 | 50 | 16.0 |
| | 55 | 13.0 | | 55 | 17.5 |
| | 60 | 14.2 | | 60 | 19.1 |

注　1mmHg=133.32Pa。

# 第二节　水疗给水排水技术

水疗是指利用水蒸气、水的冲击力或水中矿物质达到健身、康复理疗的方法，包括桑拿浴、蒸汽浴、水力按摩浴、多功能按摩淋浴、药浴等。这些设施一般由专业设计公司或设备承包商提供设计、设备安装及调试。本节只作简要介绍。

**一、水疗分类**

由于水疗是利用水的冲击力或蒸汽温度达到健身目的，因此一般是根据水的温度和是否有水力按摩来分类，常见水疗名称及水温范围如表 19－8 所示。

**表 19－8　　各类浴池水温和空气湿度**

| 浴池名称 | | 水温（℃） | 空气湿度（%） | 浴池名称 | | 水温（℃） | 空气湿度（%） |
|---|---|---|---|---|---|---|---|
| 桑拿浴 | 低温 | 70～80 | 100 | 蒸汽浴 | | 45～55 | 100 |
| 桑拿浴 | 高温 | 100～110 | 100 | 水力按摩浴池 | 冷水池 | 8～13 | — |
| 再生浴 | 低温 | 37～39 | 40～50 | 水力按摩浴池 | 温水池 | 35～40 | — |
| 再生浴 | 高温 | 55～65 | 40～50 | 水力按摩浴池 | 热水池 | 40～45 | — |
| | | | | 水力按摩浴池 | 中药池 | 依药液而定 | — |

**二、蒸汽浴**

（一）桑拿浴

桑拿浴（又称为干蒸）蒸汽是靠发生炉四周水槽和人工往发生炉上洒水产生。其浴房大小应根据设计使用人数、建筑面积等条件确定。给水排水设计时应注意以下几点：

（1）桑拿房内发热炉内宜有空气加湿水槽，水注入槽内可提高室内湿度，浴房周围应设方便的补水管道。

（2）如果设计自动喷水灭火系统，应选择 141℃的自动喷洒头。

（3）木地板下设排水地漏，直径不宜小于 *DN*50。

（二）再生浴

再生浴分为高温、低温两种，温度、湿度与桑拿浴有区别，浴房设计条件与桑拿浴房相同。发热炉和温控器应配套选用。

（三）蒸汽浴

蒸汽浴（又称为湿蒸）是把浴房外蒸汽发生器产生的蒸汽直接接入浴房内，浴房内不设蒸汽发生炉。给水排水设计时应注意以下几点：

（1）给水管道在进发生器之前应设过滤器和阀门，并安装信号阀，保证断水时及时切断电源。

（2）蒸汽管道为铜管，管道上应避免锐角，以免发出噪声，管道上不允许设阀门，长度宜小于 3m，如果大于 6m 或环境温度低于 4℃应有保温措施。

（3）发生器上的安全阀和排水口应将蒸汽和水接至安全地方，避免烫伤。

（4）地面设不小于 *DN*50 的排水地漏。

（5）浴室外宜设冷水喷嘴或浴室内设自动清洗器。

（6）可根据需要设淋浴器。

## 三、水力按摩浴

水力按摩浴近年来发展较快，一般分为成品浴盆和土建式温池两类。成品浴盆又可分为家庭浴盆和公共浴盆两种，池水容量为 0.9～3.5$m^3$，配套设备及性能分别如表 19－9 和表19－10所示。土建式温池也分为两种，即二温池（热水池、温水池）和三温池（热水池、温水池和冷水池），池水容量一般为 6～10$m^3$。

**表 19－9　　家用浴盆配套设备性能（不连续使用）**

| 设备性能 / 浴盆水容量 | 过滤罐直径 | 过滤水泵 | 按摩泵 | 热交换器 | 气泵 |
|---|---|---|---|---|---|
| 最大 1200L | $\phi$350mm<br>5000L/h | 1/3H. P<br>(0.25kW)<br>5000L/h | 1.0H. P<br>(0.75kW)<br>16000L/h | 6kW | 1.5H. P<br>(1.10kW)<br>100$m^3$/h |
| 最大 2200L | $\phi$500<br>9000L/h | 1/2h. P<br>(0.37kW)<br>9000L/h | 1.0H. P<br>(0.75kW)<br>16000L/h | 6kW | 1.5H. P<br>(1.10kW)<br>100$m^3$/h |

**表 19－10　　公共浴盆配套设备性能（连续使用）**

| 设备性能 / 浴盆水容量 | 过滤罐直径 | 过滤水泵 | 按摩泵 | 热交换器 | 气泵 |
|---|---|---|---|---|---|
| 最大 1200L | $\phi$450mm<br>8000L/h | 1/3H. P<br>(0.25kW)<br>8000L/h | 1.0H. P<br>(0.75kW)<br>16000L/h | 6kW | 1.5H. P<br>(1.10kW)<br>100$m^3$/h |
| 最大 2200L | $\phi$450mm<br>8000L/h | 1/2H. P<br>(0.37kW)<br>8000L/h | 1.0H. P<br>(0.75kw)<br>16000L/h | 6kW | 1.5H. P<br>(1.10kW)<br>150$m^3$/h |
| 最大 2500L | $\phi$650mm<br>1300L/h | 3/4H. P<br>(0.55kW)<br>13000L/h | 1.5H. P<br>(1.10kW)<br>21000L/h | 6kW | 1.5H. P<br>(1.10kW)<br>150$m^3$/h |

### （一）水力按摩浴盆组成

水力按摩浴盆一般由浴盆、循环水泵、气泵、水力按摩喷嘴、控制附件和给水排水管道等组成，有的产品中，利用水力按摩喷嘴处的负压抽取空气，而取消气泵（对气量无要求）。

水力按摩浴盆构成如图 19－4 所示。

### （二）水循环系统

水力按摩浴盆的水循环系统有两种形式：一种形式是单水泵循环形式（见图 19－5），

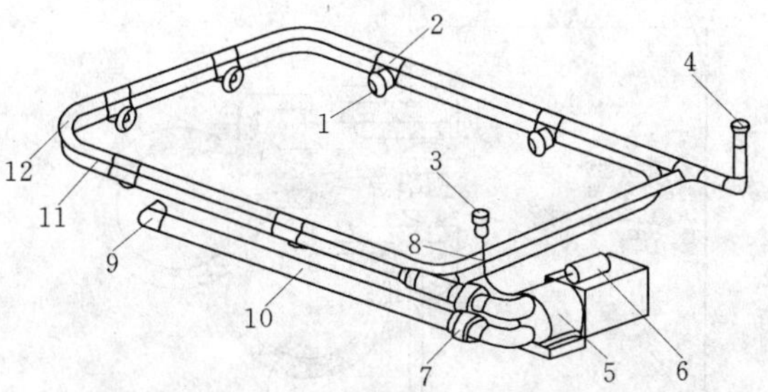


图 19-4　水力按摩浴盆管道配件图

1—水力按摩喷嘴；2—水力按摩喷嘴本体；3—空气开关按钮；4—无声空气控制器；5—按摩水泵；6—空气开关；7—连接件；8—空气传动管；9—吸水口管件；10—吸水口管（$DN50$）；11—供水管（$DN25$）；12—空气管（$DN25$）

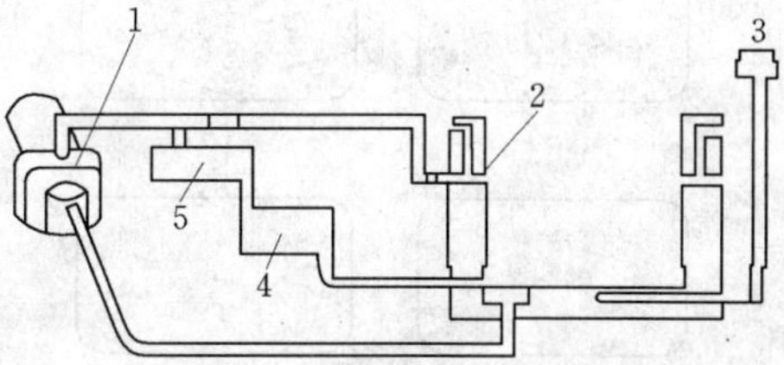


图 19-5　单水泵循环形式

1—单泵；2—喷嘴；3—气泵；4—加热器；5—过滤器

水循环和水过滤共用一台水泵，体积小、节省空间，但循环水量小，在家庭水力按摩浴盆中采用较多；另一种形式是双水泵循环形式（见图 19-6），水循环和水过滤由两台水泵分别完成，可根据各自要求，分别配套设备，调控容易，但占地大，多用于水容量较大的浴盆和土建式温池。

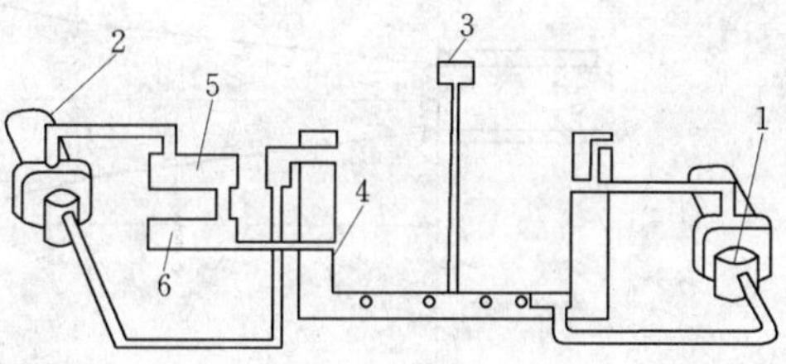


图 19-6　双水泵循环形式

1—按摩水泵；2—过滤水泵；3—气泵；4—撇沫器；5—过滤缸；6—热交换器

循环水泵的吸水口一般位于浴盆侧壁下方，管径不宜小于 $DN50$，压水管管径不宜小于 $DN25$，管道应对称布置成环，保证水力按摩喷头处的压力相近。不同孔径喷头的出水量如表 19-11 所示。循环水泵应根据喷头数量和喷头出水量确定，或根据配套水泵流量大小来配置合理的喷头数量。

**表 19-11　　不同孔径喷头的出水量**　　单位：$m^2/h$

| | 7mm | 8mm | 9mm | 10mm |
|---|---|---|---|---|
| 70kPa | 2.04 | 2.46 | 3.06 | 3.90 |

循环管道布置计算与水景中喷泉配水管有相似的要求；同时，为降低噪声，吸收水泵、气泵的振动，并易于拆装，循环管道的压力管路（水和气）宜采用软管。

（三）水力按摩喷头

水疗效果的好坏，取决于喷头喷出的水气流强度，即喷嘴的射流效果。喷头平面布置如图 19-7 所示，喷头喷射水流示意如图 19-8 所示。

（四）喷头射流的水力计算

1. 射流体的划分

喷头射流可按管嘴出流进行分析，射流可分为几个区段，如图 19-9 所示。

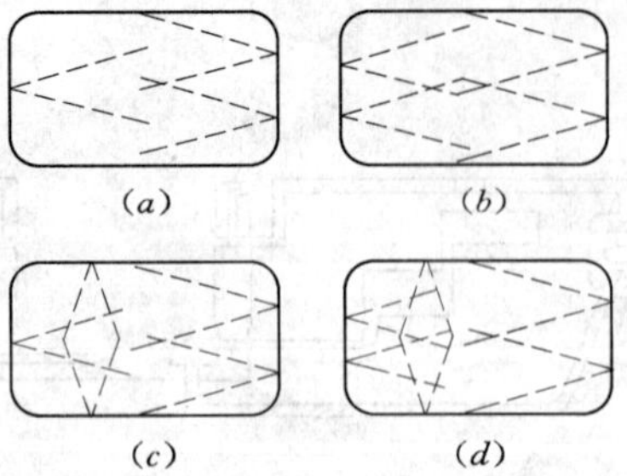


图 19-7　喷头平面布置示意图

(a) 3喷头；(b) 4喷头；

(c) 5喷头；(d) 6喷头

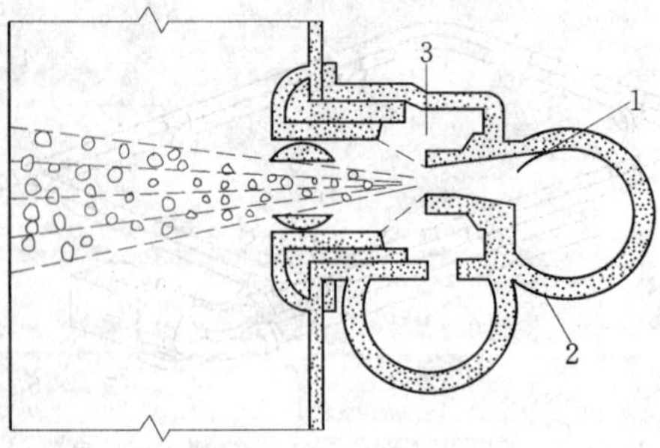


图 19-8　喷头喷射水流示意图

1—压力水；2—喷头；3—空气

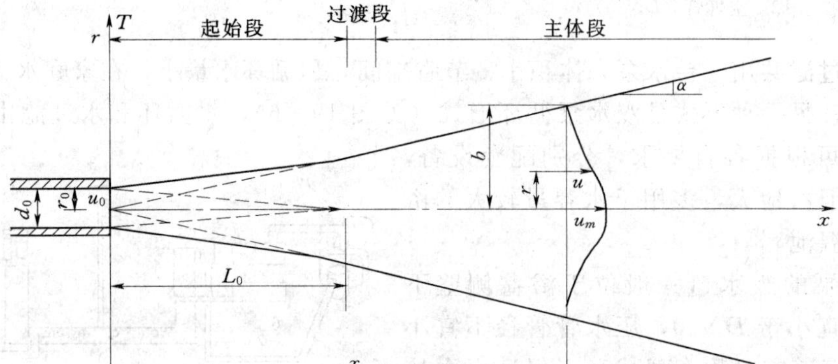


图 19-9　射流体分区示意图

(1) 射流边界层：从管嘴出口开始向内外扩展的混掺区域，它的外边界与静止流体相接触，内边界与射流的核心区相接触。

(2) 射流核心区：射流的中心区到末端断面之间的区段为射流起始段，起始段后整个射流为边界层区段（称为射流的主体段）。

在起始段与主体段之间有一过渡段，因其很短在分析时一般不予考虑。

2. 紊流淹没射流特征

喷头射流为淹没式射流，具有以下三个基本特征：

(1) 射流边界层的直线扩展性。主体段的扩展角和起始段的略有不同，外边界线与轴线所成的角度 $\alpha=b/x$ 为常数，其中 $b$ 为射流主体段距坐标原点距离 $x$ 处断面的半径（射流边界层厚度）。

(2) 射流断面上纵向流速分布的相似性。在射流主体段，各过流断面上纵向流速分布有明显的相似性（又称为自保性）。轴对称射流主体段不同断面上的流速分布如图 19-10 所示。由该图可见，随距离 $x$ 增加，轴线流速 $u_m$ 逐渐减小，流速分布曲线趋于平坦。对图 19-10 用无量纲分析，$k<u/u_m$ 为纵坐标（其中 $u$ 为径向坐标 $r$ 处的流速），$r/b_{0.5}$ 为横坐标（其中 $b_{0.5}$ 为流速等于 $0.5u_m$ 处的径向坐标），则断面上无量纲流速分布曲线基本上是相同的（见图 19-11）。

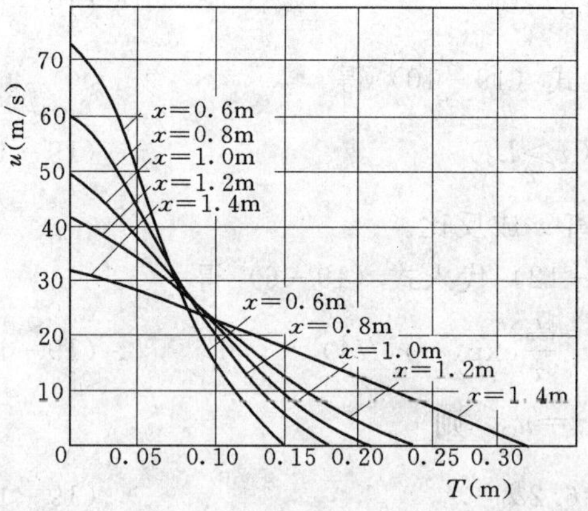


图 19-10　射流体不同断面上的流速分布

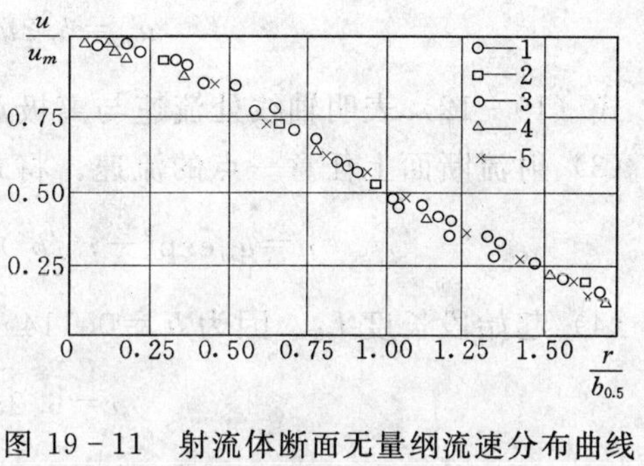


图 19-11　射流体断面无量纲流速分布曲线

1—$x=0.6$m　2—$x=1.0$m　3—$x=1.4$m

4—$x=0.8$m　5—$x=1.2$m

(3) 射流各断面上动量守恒。试验测定表明，射流内部的动压强与静压强分布差别不大，一般可按静压强分布分析。对主体段取一段射流体为隔离体，因沿流向 $x$ 轴上的外力之和为零，即动量守恒，则

$$\text{总动量} = \int_m u\,\mathrm{d}m = \int_A \rho u^2 \mathrm{d}A = \text{常数} \tag{19-4}$$

3. 淹没射流的流速

淹没射流如图 19-8 所示，假定射流出口断面上流速均为 $u_0$，出口断面半径为 $r_0$，按对称于射流纵轴的轴对称流动进行分析。

(1) 射流断面上的流速分布。因各断面流速分布有相似性，则

$$u/u_m = f(r/b) \tag{19-5}$$

射流主体段断面上的流速分布服从高斯正态分布：

$$u = u_m \exp(-r^2/b^2) \tag{19-6}$$

当 $r=b$ 时，$u/u_m = e^{-1}$，取射流断面特征半厚度 $b_e$ 为流速 $u=u_m/e$ 处到 $x$ 轴的距离，则

$$u = u_m \exp(-r^2/b_e^2) \tag{19-7}$$

(2) 射流轴线上流速变化。由射流各断面上的动量守恒，有

$$\left(\rho u_0 \frac{\pi d_0^2}{4}\right) u_0 = \int_0^\infty \rho u^2 2\pi r \mathrm{d}r = \text{常数} \tag{19-8}$$

将式 (19-6) 代入式 (19-8) 可得

$$\int_0^\infty \rho u^2 2\pi r \mathrm{d}r = \frac{\rho}{2}\pi u_m^2 b_e^2 \tag{19-9}$$

将式 (19-9) 代入式 (19-8) 可得

$$u_0^2 \frac{\pi d_0{}^2}{4} = \frac{\pi}{2} u_m^2 b_e^2 \tag{19-10}$$

因射流厚度接直线规律扩展，则

$$\frac{b_e}{x}=\varepsilon=\tan\alpha \tag{19-11}$$

由试验知 $\varepsilon=0.114$，把 $b_e=\varepsilon x=0.114x$ 代入式（19-10）得

$$u_m=6.2u_0\frac{d_0}{x}\quad(x>L_0) \tag{19-12}$$

式（19-12）表明轴线处流速与离极点 0 距离 $x$ 成反比。

（3）射流断面上任意一点的流速。将式（19-12）代入式（19-6）得

$$u=u_m\exp(-r^2/b^2)=6.2u_0\frac{d_0}{x}\exp(-r^2/b^2) \tag{19-13}$$

（4）起始段长度 $L_0$。因为 $b_e=0.114x$，令 $u_m=u_0$，则

$$x=6.2u_0\frac{d_0}{u_m}=6.2d_0 \tag{19-14}$$

由试验可知，出口断面到极点的距离为 $0.6d_0$，所以

$$L_0=6.2d_0+0.6d_0=6.8d_0$$

可知起始段长度 $L_0$ 较短。

（5）流量沿程变化。射流任意断面上的流量 $Q$ 为

$$Q=\int_0^\infty u2\pi r\mathrm{d}r=\pi u_m b_e^2 \tag{19-15}$$

因为

$$Q_0=u_0\frac{\pi}{4}d_0^2$$

所以有

$$\frac{Q}{Q_0}=\frac{4u_m b_e^2}{u_0 d_0^2} \tag{19-16}$$

将 $b_e=0.114x$ 和 $u_m/u_0=6.2d_0/x$ 代入式（19-16）得

$$Q=0.32(x/d_0)Q_0 \tag{19-17}$$

式（19-17）表明流量与极点距离 $x$ 成正比，即卷吸混掺流量随 $x$ 增加而增大。

4. 喷嘴处压力和出口流速关系

取喷嘴口内侧 0—0 断面和外侧 1—1 断面分析（见图 19-12），列能量方程有

$$\frac{p_0}{\rho g}+\frac{u_0^2}{2g}=\frac{p_1}{\rho g}+\frac{\overline{u}_1^2}{2g}+\sum h \tag{19-18}$$

式中：$p_0$ 为喷嘴口内侧静压，kPa；$p_1$ 为喷嘴口外侧静压近似为喷嘴淹没深度，kPa；$\rho$ 为液体密度，$kg/m^3$；$u_0$ 为喷嘴口内侧流速，m/s；$\overline{u}_1$ 为喷嘴口外侧射流断面上的平均流速，m/s；$\sum h$ 为两个断面之间的总水头损失（包括孔口和突然扩大两项局部损失）。

因为断面流量为

$$Q/Q_0=0.32(x/d_0)$$

所以

$$\overline{u}_1=0.08\frac{xd_0}{b_e^2}u_0$$

令$\frac{1}{A}=0.08\frac{xd_0}{b_e^2}$，则$\overline{u}_1=\frac{u_0}{A}$，$u_0=A\overline{u}_1$，可得

$$\frac{p_0}{\rho g}+\frac{u_0^2}{2g}=\frac{p_1}{\rho g}+\frac{\overline{u}_1^2}{2g}+\sum h$$

$$\frac{p_0}{\rho g}+\frac{(A\overline{u}_1)^2}{2g}=\frac{p_1}{\rho g}+\frac{\overline{u}_1^2}{2g}+\sum h$$

于是有

$$\overline{u}_1=\sqrt{\frac{2(p_0-p_1)-\rho\delta\sum h}{\rho_s(1-A^2)}} \tag{19-19}$$

式（19-19）表明：$\overline{u}_1$与喷嘴直径、出口压力，喷头淹没深度，射流断面宽度及断面与喷嘴口距离等因素有关。当对浴盆某点的射流强度（或射流流速）有要求时，可由上式求出喷嘴处所需水压，反之亦然。

当喷嘴射流时，在负压抽吸区通入空气后，单相射流变为二相射流，出口流体的密度小于水，可对方程右边密度进行修正，修正后仍可用上述方法分析。

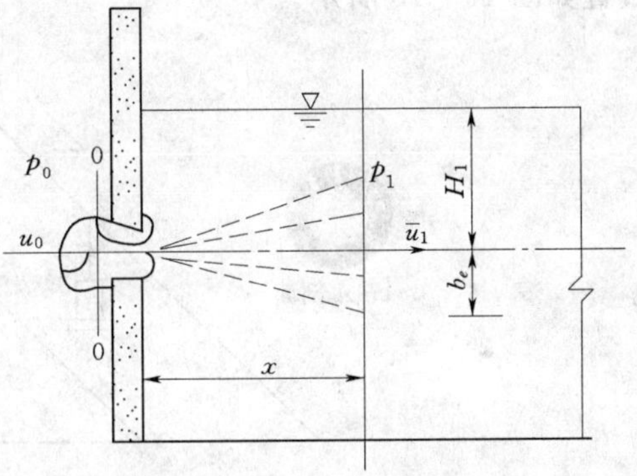

图 19-12　喷嘴射流能量分析图

**四、药浴**

药浴池主要是在一定体积的水池中，加入药材、药剂，达到辅助治疗的目的，一般分多人池和单人池（盆），设计上与浴盆、浴池相同，无特殊要求。

## 第三节　汽车冲洗设备

随着社会的发展和人们生活水平的提高，机动车数量越来越多，带来了洗车业的发展。目前，洗车方法主要有以下三种：

（1）人工擦洗：省水省地，但清洗不彻底，易划伤车身表面的漆，劳动强度大。

（2）高压水枪清洗：用水量小，工人劳动强度较小，清洗较干净。

（3）电脑洗车台：用水量较大，电脑程序全自动控制。

**一、高压水枪洗车**

高压水枪洗车因设备小巧，移动性强，价格低，一次洗车用水量不大，受到个体洗车业人员的欢迎，高压水枪冲洗设备如图 19-13 所示。使用者通过水枪把处的开关可控制水枪的出流。水枪喷头为缝隙式，出水呈扇面形状，利用水枪射出的高速水流，可把车身冲洗干净，但需人工往车身上打洗涤剂。

**二、小型电脑洗车台的组成及工作过程**

电脑洗车台一般由停车台、移动洗车架、水泵、气泵、电脑程序控制器等组成。

停车台下部有向上冲洗汽车底盘的喷水管网（见图 19-14），移动洗车架由拱型喷水

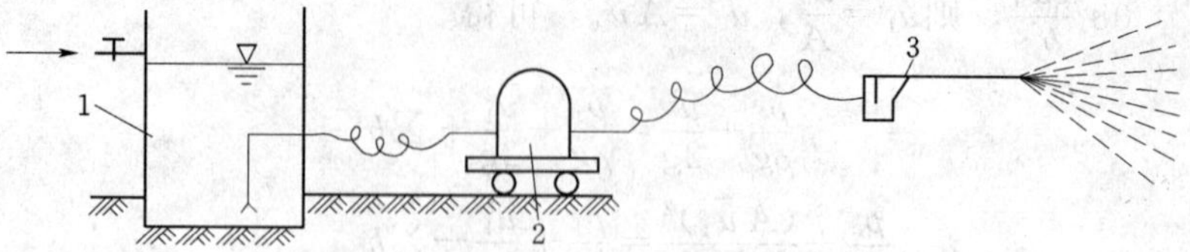


图 19－13　高压水枪冲洗设备

1—水箱；2—水泵；3—冲洗水枪

管道、喷皂液管道、空气吹干管道和机械转刷（水平向和竖向）等组成。门架型喷水管道布置如图 19－15 所示。

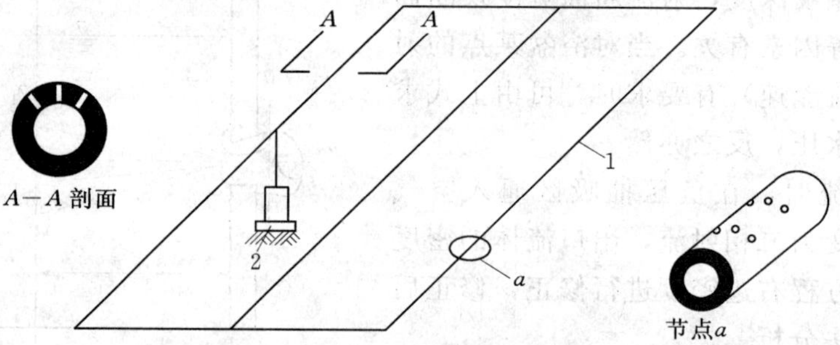


图 19－14　冲洗汽车底盘的喷水管网

1—喷水管；2—潜水泵

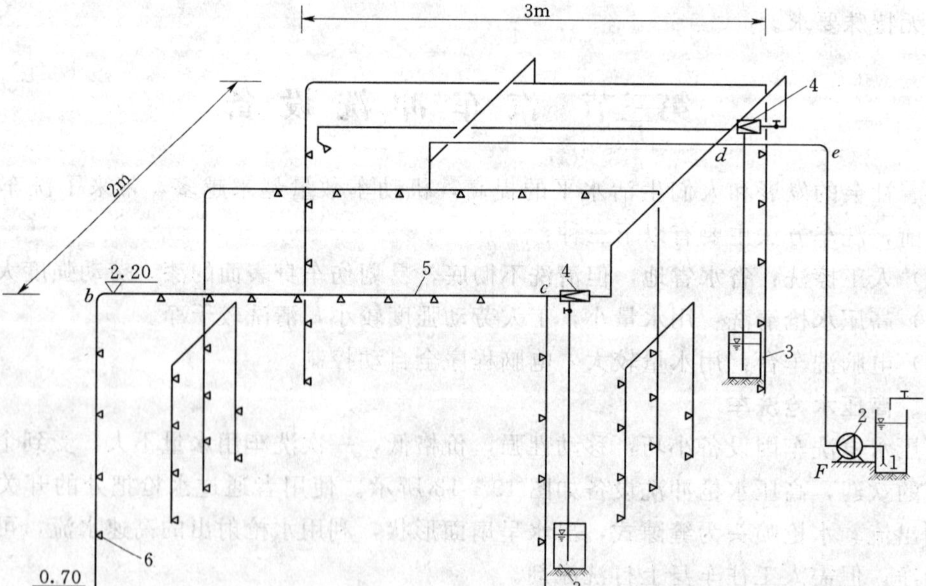


图 19－15　门架型喷水管道布置示意图

1—清水池；2—水泵；3—皂液箱或打蜡液；

4—水射器；5—喷水管道；6—喷头

洗车时，汽车停在停车台处，车身下部的喷水管网向上喷水冲洗底盘，拱型喷水管道由上部和两侧向车身喷水，机械转刷在车身两侧（竖向转刷）和车身上部（水平向转刷）表面旋转清洗。在清洗过程中，洗车架整体向车尾缓慢移动，到达车尾后停止喷水，然后又朝车头方向移动，在移动中喷皂液管向车身喷洒洗液，当到达车头后，停止喷洒洗液，拱型喷水管道又开始喷清水，移动架同时又向车尾移动，到达车尾时，车身已冲洗干净，喷水停止。之后移动架又往回移动，同时空气管道开始送风，吹干车身，移动洗车架到达车头后清洗过程全部结束。

**三、门架型喷水管道设计要点**

洗车用水量根据车型、冲洗强度、冲洗部位等的不同而不同，我国制定的冲洗汽车用水量标准如表 19－12 所示。

**表 19－12　　汽车冲洗用水量定额**　　单位：L/（辆·次）

| 冲洗方式 | 软管冲洗 | 高压水枪冲洗 | 循环用水冲洗 | 抹车 |
|---|---|---|---|---|
| 轿车 | 200～300 | 40～60 | 20～30 | 10～15 |
| 公共汽车<br>载重汽车 | 400～500 | 80～120 | 40～60 | 15～30 |

注　1. 同时冲洗汽车数量按洗车台数量确定。
2. 在水泥和沥青路面行驶的汽车，宜选用下限值；路面等级较低时，宜选用上限值。
3. 冲洗一辆车可按 10min 考虑。

现以图 19－15 所示小型电脑洗车台为例，对配水管水力计算要点进行分析。该门架型喷水管网有喷头 54 个。不同厂商所提供设备的喷头数略有不同，但基本在 50～70 个范围内，每个喷头出水量很小，约为 0.007～0.013L/s，因此立管通过的流量较小，喷水管管径一般为 *DN*15。

（一）门架型喷水管的布置形式

由于移动冲洗架小，管道通过流量小，空间有限，为便于安装、维修，通常采取树枝状的布置形式，可节省管材，减少与其他管道设备的交错。

（二）管径的确定

当门架型喷水管道布置后，即可按照管段所带喷头数量定出各管段的流量。由于每个喷头出水量很小，所以定管径时控制流速不大于 1 m/s 即可，以减少管径的变化及水头损失。

（三）管道水头损失计算

门架型喷水管道由于采用枝状布置，因此只需找出管道中最不利点喷头，从该喷头逆水流方向计算水头损失。

水头损失计算方法可近似按等间距、等出流量管道计算，可避免烦琐的计算过程。

1. 喷水管道

(1) 竖管水头损失。竖管沿程水头损失为

$$hy_{ab}=AL_{ab}Q_t^2 \qquad (19-20)$$

其中

$$Q_t=\sum q_0$$

式中：$hy_{ab}$ 为竖向 $ab$ 的沿程水头损失；$A$ 为管道比阻；$L_{ab}$ 为计算管段长度；$Q_t$ 为计算管

段总出水量；$q_0$ 为每个喷头的出水量。

由于 $Q_t$ 小，$L_{ab}$ 短，水头损失较小，水在 $b$ 点的势能可克服这部分的水头损失。因此，可不计算这部分水头损失。

(2) 横管水头损失。横管水头损失可按转输流量不为零时的沿途泄流量计算方法确定，即

$$hy_{b1}=AL_{b1}(Q_Z{}^2+Q_ZQ_t+\frac{1}{3}Q_t{}^2) \tag{19-21}$$

其中

$$Q_Z=\sum q_0$$

$$Q_t=\sum q_0$$

式中：$hy_{b1}$ 为横管 $b1$ 的沿程水头损失；$A$ 为管道比阻；$L_{b1}$ 为计算管段长度；$Q_Z$ 为计算管段转输流量；$Q_t$ 为计算管段总出水量。

因为 $Q_Z{}^2+Q_ZQ_t+\frac{1}{3}Q_t{}^2\approx (Q_Z+0.55\,Q_t)^2$，则

$$hy_{b1}\approx AL_{b1}(Q_Z+0.55\,Q_t)^2 \tag{19-22}$$

2. 转输管道

转输管道沿程水头损失为

$$h_y=\sum A_iL_i(\sum q_0)^2 \tag{19-23}$$

式中：$h_y$ 为管道沿程阻力；$A_i$ 为管道比阻；$L_i$ 为管道长度；$\sum q_0$ 为管道通过的流量；$q_0$ 为一个喷头出水量。

3. 局部水头损失

管道局部水头损失为

$$h_j=\sum\zeta_i\,\frac{1}{2g}\,v_i{}^2 \tag{19-24}$$

式中：$h_j$ 为管道局部阻力；$v_i$ 为管道流速；$g$ 为重力加速度；$\zeta_i$ 为管道局部阻力系数。

4. 喷口压力

喷口局部阻力与喷口形状、大小、长短等因素有关，应以厂家提供的资料为准。如果无资料，可参照喷泉设计中缝隙式喷头的计算公式，根据喷头出水量、射流高度和喷头几何参数等条件，求出喷口前所需的水压。

5. 水射器工作压力

皂液或打蜡液是利用水射器把其抽吸进管道，然后再由喷口喷出。水射器工作压力应根据产品样本确定。

6. 管道所需压力

对于小型管道，因流量小、管线短、几何形状简单，所以沿程水头损失和局部水头损失都很小，两项之和一般不超过 10～20kPa（1～2m$H_2O$）。管道所需压力可根据有水射器的管道所需压力确定。

管道所需压力为

$$H=Z_1+H_2+H_{射}$$

式中：$H$ 为管道所需压力；$Z_1$ 为最不利点喷头与水箱最低水位差；$H_2$ 为计算管路沿程和局部水头损失之和；$H_{射}$ 为水射器入口处与出口处压力差。

水射器出口压力与最不利点喷头所需压力和水射器与该喷头之间的总水头损失有关。

根据管道所需压力 $H$ 和总出水量 $Q_t$ 即可选择合适的水泵。

**四、汽车底盘冲洗管网**

汽车底盘冲洗管网（见图 19－14），宜布置成环状且管径不变。孔口压力可根据小孔出水量、流速、喷水高度等，近似按直流喷头设计计算。沿程阻力和局部阻力计算方法同上。如果管网较大，为布水均匀，可在管道中设两个进水口。

# 下篇 排 水 工 程

## 第二十章 排 水 工 程 概 论

### 第一节 概 述

#### 一、排水工程及任务

在人们生产和生活中产生的大量污水，例如从城镇住宅、工厂和各种公共建筑中不断排出的各种各样的污水和废弃物，需要及时妥善地排除、处理或利用。对这些污水如果不加控制，任意直接排入水体或土壤，使水体和土壤受到污染，将破坏原有的生态环境而引起各种环境问题。为保护生态环境，现代城镇就需要建设一整套的工程设施来收集、输送、处理和处置污水，这类工程设施就称为排水工程。

排水工程的基本任务是保护生态环境免受污染和污水资源化，以促进工农业生产的发展和保障人民的健康与正常生活。其主要包括以下内容：

(1) 收集各种污水并及时将其输送至适当地点。

(2) 将污水妥善处理后排放或再利用。

排水工程是城镇基础设施之一，在城镇建设中起着十分重要的作用。

一方面，排水工程的合理建设有助于保护和改善环境，消除污水的危害作用，对于保障人民的健康起着重要的作用。因此，随着现代工业的发展和城镇规模的扩大，污水量日益增加，污水成分也日趋复杂，城镇建设必须随时注意经济发展过程中造成的环境污染问题，并协调解决好污水的污染控制、处理及利用问题，以确保环境不受污染。

另一方面，排水工程作为国民经济的一个组成部分也具有重要意义。首先，水是非常宝贵的自然资源，它在人民日常生活和工农业生产中都是不可缺少的。虽然地球表面的70%以上被水所覆盖，但其中便于取用的淡水量仅为地球总水量的0.2%左右。许多河川的水都不同程度地被其上下游城镇重复使用着。如果水体受到污染，势必降低淡水水源的使用价值。排水工程正是保护水体免受污染，以充分发挥其经济效益的基本手段之一。同时，城镇污水资源化后，可重复用于城镇和工业，这是节约用水和解决淡水资源短缺的一种重要途径。其次，污泥的妥善处置以及雨雪水的及时排除和合理利用，是保证工农业生产正常运行的必要条件。此外，工业废水中有价值原料的回收，不仅消除了污染，而且可降低产品成本；将含有机物的污泥发酵，不仅可以获得高效能源，而且能更好地利用污泥做农肥、建筑材料或铺路材料等。

总之，在城镇建设中，排水工程对保护环境、促进工农业生产和保障人民的健康，具有巨大的现实意义和深远的影响。应当充分发挥排水工程在我国经济建设和社会可持续发展中的积极作用，使经济建设、城乡建设与环境建设同步规划、同步实施、同步发展，以达到经济效益、社会效益和环境效益的统一。就我国目前的发展现状而言，排水工程亟待解决的主要工作如下：加快城镇排水工程的建设和升级改造，特别是中小城镇及广大农村地区排水工程的建设；大力发展经济、高效、节能、技术先进的城镇污水处理新工艺和新技术；大力推广污水再生利用工程的实施；开展雨洪控制及利用的研究；加强水质监测新技术、新仪器、操作管理自动化和污水、污泥处理设备标准化研究工作；推广清洁生产工艺，研究废水闭合循环和综合利用的新技术；开展区域性排水工程综合规划和控制研究工作。

## 二、污水及分类

在人类的生活和生产中，使用着大量的水。水在使用过程中受到不同程度的污染，改变了原有的化学成分和物理性质，这些水称为污水或废水。污水也包括雨水和冰雪融化水。

按照来源的不同，污水可分为生活污水、工业废水和降水三类。

### （一）生活污水

生活污水是指人们日常生活中用过的水，包括从厕所、浴室、盥洗室、厨房、食堂和洗衣房等处排出的水。它来自住宅、公共场所、机关、学校、医院、商店以及工厂中的生活区部分。

生活污水含有大量腐败性的有机物（如蛋白质、动植物脂肪、碳水化合物、尿素等）、人工合成的有机物（如各种洗涤剂等）以及常在粪便中出现的病原微生物（如寄生虫卵和肠道传染病菌等）；此外，也含有为植物生长所需要的氮、磷、钾等肥分。这类污水需要经过处理后才能排入水体或再利用。

### （二）工业废水

工业废水是指在工业生产过程中所排出的废水，来自车间或矿场。由于各种工厂的生产类别、工艺过程、使用的原材料以及用水成分的不同，使工业废水的水质和水量变化很大。工业废水按照污染程度的不同，可分为生产废水和生产污水两类。

生产废水是指在使用过程中受到轻度污染或水温变化的水。例如冷却水，通常经简单处理后即可在生产中重复使用，或直接排放水体。

生产污水是指在使用过程中受到较严重污染的水。例如，有的含大量有机物，有的含氰化物、铬、汞、铅、镉等有害和有毒物质，有的含多氯联苯、合成洗涤剂等合成有机化学物质，有的含放射性物质等。这类污水大都需经适当处理后才能排放，或在生产中使用。工业废水可按所含污染物的主要成分分类，例如酸性废水、碱性废水、含氰废水、含铬废水、含汞废水、含油废水、含有机磷废水和放射性废水等。

在不同的工业企业，由于产品、原料和加工工艺过程不同，会排出不同性质的工业废水。

### （三）降水

降水指大气降水，包括液态降水（如雨、露）和固态降水（如雪、冰雹、霜等）。通常暴雨造成的危害最严重，是排水的主要对象。冲洗街道和消防用水等，由于其性质与雨水相似，也并入雨水。

一旦雨水降落形成的径流量大，若不及时排泄，则将积水为害，妨碍交通，甚至危及人们的生产和日常生活。因此，在我国的排水体制中，雨水以直接就近排入水体为主。天然雨水一般比较清洁，但初期降雨时所形成的雨水径流会挟带大气、地面和屋面上的各种污染物质，使其受到污染，所以初期径流的雨水，往往污染严重，应予以控制排放。长期以来雨水直接径流排放，不仅加剧了水体污染和河道洪涝灾害，同时也是一种水资源的浪费。因此，在水资源缺乏的地区，应尽可能地对雨水进行收集、处理和利用。对水体保护要求高的地区，可对初期雨水进行截留、处理。

（四）城镇污水

在城镇的排水管道中接纳的既有生活污水也有工业废水。这种混合污水称为城镇污水。在合流制排水系统中，还包括生产废水和截流的雨水。城镇污水由于是一种混合污水，其性质变化很大，随着各种污水的混合比例和工业废水中污染物质的特性不同而异。生活污水量和用水量相近，而且所含污染物质的数量和成分也比较稳定。工业废水的水量和污染物质浓度差别很大，取决于工业生产过程和工艺过程。这类污水需经过处理后才能排入城镇污水管道、排入水体或再利用。

在城镇和工业企业中，应当有组织地、及时地收集、处理、排除上述废水和雨水，否则可能影响和破坏环境，影响生活和生产，威胁人民健康。排水的收集、输送、处理和排放等工程设施以一定的方式组合成的总体称为排水系统。排水系统通常是由管道系统（或称为排水管网）和污水处理系统（即污水处理厂）两大部分组成。管道系统是收集和输送废水的设施，把废水从产生处输送至污水厂或出水口，它包括排水设备、检查井、管渠、泵站等工程设施。污水处理系统是处理和利用废水的设施，它包括城镇及工业企业污水处理厂（站）中的各种处理构筑物及利用设施等。

### 三、污水的最终出路

根据不同的要求，经处理后的污水最终出路两条，即排放水体和再生利用。

排放水体是污水的主要去向。水体对污水有一定的稀释与净化能力，又称为水体的自净作用，这是最常用的一种处置方法。再生利用是一种最具发展潜力的污水处置方法。污水经处理达到无害化后排放并再生利用，这是控制水污染、保护水资源的重要手段，也是节约用水的重要途径。城镇污水再生利用的途径有：城市景观补水；注入地下补充地下水，防止地下水位下降和地面沉降；城镇污水直接作为城镇饮用水水源、工业用水水源、杂用水水源等。城镇污水经过人工处理后直接作为饮用水源，这对严重缺水地区来说具有重要意义。近年来，我国也大力发展污水再生工程及雨水的收集利用技术等。不断提高水的重复利用是可持续发展的必然趋势。

## 第二节　排水系统的体制及其选择

### 一、排水系统的体制

如前所述，在城镇和工业企业中通常有生活污水、工业废水和雨水。这些污水既可采用一个管渠系统来排除，也可采用两个或两个以上各自独立的管渠系统来排除。污水的这种不同排除方式所形成的排水系统，称为排水系统的体制（简称为排水体制）。排水系统的体制，一般分为合流制和分流制两种类型。

（一）合流制排水系统

合流制排水系统是将生活污水、工业废水和雨水混合在同一个管渠内排除的系统，分为直排式和截流式。直排式合流制排水系统，是将排除的混合污水不经处理直接就近排入水体，国内外很多老城镇以往几乎都是采用这种合流制排水系统。但这种排除形式污水未经处理就排放，会使受纳水体遭受严重污染。现在常采用的是截流式合流制排水系统（见图 20-1）。这种系统是在临河岸边建造一条截流干管，同时在合流干管与截流干管相交前或相交处设置溢流井，并在截流干管下游设置污水厂。晴天和初期降雨时所有污水都送至污水厂，经处理后排入水体，随着降雨量的增加，雨水径流也增加，当混合污水的流量超过截流干管的输水能力后，就有部分混合污水经溢流井溢出，直接排入水体。截流式合流制排水系统较直排式前进了一大步，但仍有部分混合污水未经处理就直接排放而使水体遭受污染。

（二）分流制排水系统

分流制排水系统是将生活污水、工业废水和雨水分别在两个或两个以上各自独立的管渠内排除的系统（见图 20-2）。排除生活污水、工业废水或城镇污水的系统称为污水排水系统，排除雨水的系统称为雨水排水系统。

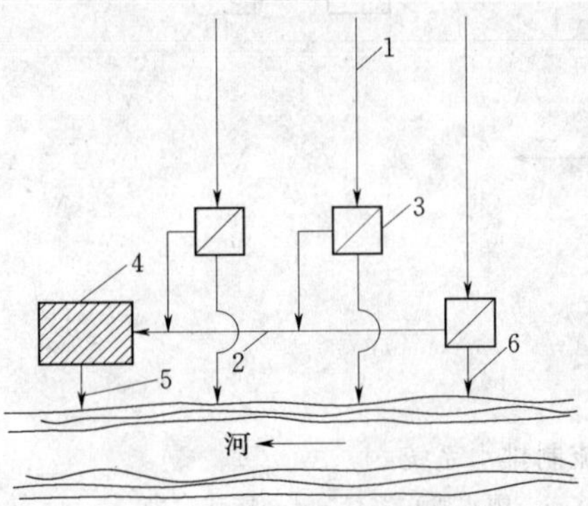


图 20-1　截流式合流制排水系统

1—合流干管；2—截流主干管；3—溢流井；
4—污水处理厂；5—出水口；6—溢流出水口

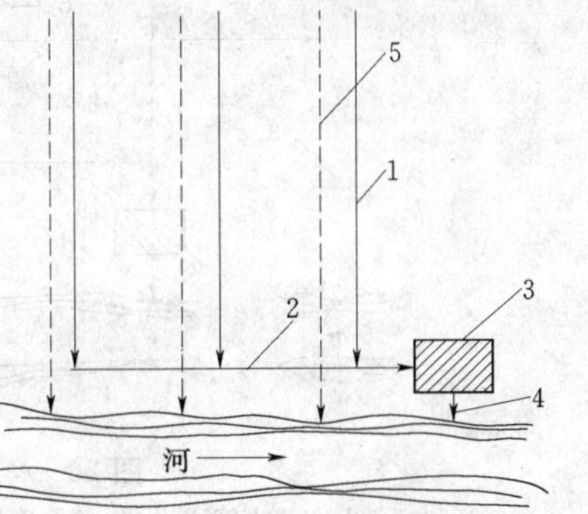


图 20-2　分流制排水系统

1—污水干管；2—污水主干管；3—污水处理厂；
4—出水口；5—雨水干管

由于排除雨水方式的不同，分流制排水系统又分为完全分流制和不完全分流制两种排水系统（见图 20-3）。在城镇中，完全分流制排水系统具有污水排水系统和雨水排水系统。而不完全分流制排水系统只具有污水排水系统，未建雨水排水系统，雨水沿天然地面、街道边沟、水渠等原有渠道系统排泄，或者为了补充原有渠道系统输水能力的不足而修建部分雨水渠道，待城镇进一步发展再修建雨水排水系统，使其转变成完全分流制排水系统。

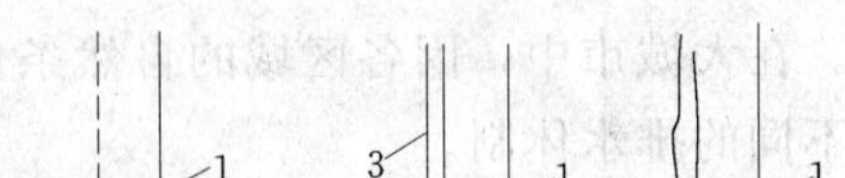


20-3　完全分流制与不完全分流制排水系统

(a) 完全分流制；(b) 不完全分流制

1—污水管道；2—雨水管道；3—原有渠道；
4—污水厂；5—出水口

## 二、工业企业内部的排水系统

在工业企业中，一般采用分流制排水系统。然而，往往由于工业废水的成分和性质很复杂，不但不宜与生活污水混合，而且彼此之间也不宜混合，否则将造成污水和污泥处理复杂化，并给废水重复利用和回收有用物质造成很大困难。因此，在多数情况下，采用分质分流、清污分流的几种管道系统来分别排除。但当生产污水的成分和性质与生活污水类似时，可将生活污水和生产污水用同一管道系统来排放。生产废水可直接排入雨水道或循环重复使用。图 20-4 为具有循环给水系统和局部处理设施的分流制排水系统，其中生活污水、生产污水、雨水分别设置独立的管道系统。含有特殊污染物质的有害生产污水，不容许与生活或生产污水直接混合排放，应在车间附近设置局部处理设施。冷却废水经冷却后在生产中循环使用。如果条件允许，工业企业的生活污水和生产污水应直接排入城镇污水管道，而不作单独处理。

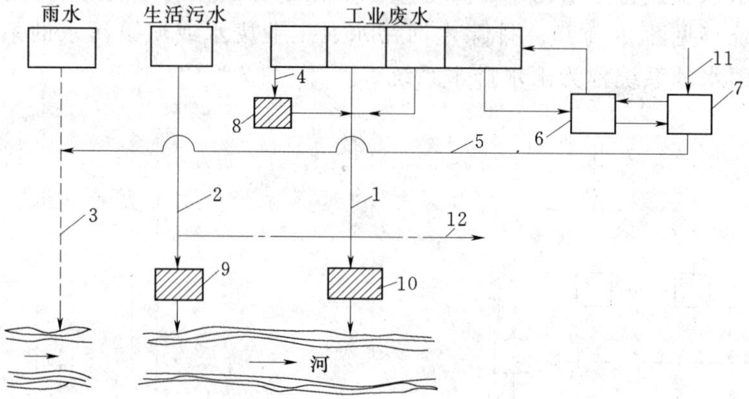


图 20-4　工业企业分流制排水系统

1—生产污水管道系统；2—生活污水管道系统；3—雨水管渠系统；4—特殊污染生产污水管道系统；5—溢流水管道；6—泵站；7—冷却构筑物；8—局部处理构筑物；9—生活污水厂；10—生产污水厂；11—补充清洁水；12—排入城市污水管道

大多数城镇尤其是较早建成的城市，往往是混合制排水系统，既有分流制也有合流制。在大城市中，因各区域的自然条件以及修建情况可能相差较大，因此应因地制宜地采用不同的排水体制。

**三、排水系统体制的选择**

合理地选择排水系统的体制，是城镇和工业企业排水系统规划和设计的重要问题。它不仅从根本上影响排水系统的设计、施工、维护管理，而且对城镇和工业企业的规划和环境保护影响深远，同时也影响排水系统工程的总投资、初期投资费用以及维护管理费用。通常，排水系统体制的选择应根据城镇的总体规划，结合当地地形特点、水文条件、水体状况、气候特征、污水处理程度及处理后的再生利用等综合考虑后确定。

（一）环境保护方面

如果采用合流制将生活污水、工业废水和雨水全部截流送往污水厂进行处理排放，有利于控制和防止水体的污染；但截流主干管尺寸很大，污水厂容量也增加很多，建设费用随之增加。采用截流式合流制排水系统时，与直排式相比较，污染程度有所缓和。但在暴雨径流之初，原沉淀在合流管渠的污泥被大量冲起，经溢流井溢入水体；同时，雨天时有部分混合污水溢入水体，依然会对水体造成污染。

分流制排水系统将污水全部送至污水厂进行处理，但初期雨水未加处理就直接排入水体。近年来，国内外对雨水径流的水质研究发现，雨水径流特别是初期雨水径流对水体的污染相当严重，因此对水体也会造成污染。但分流制排水系统比较灵活，有利于城镇的分期建设，比较容易适应社会发展的需要，一般又能符合城镇卫生的要求，所以在国内外获得广泛应用，而且也是城镇排水体制发展的方向。

(二) 工程造价方面

排水管道工程占整个排水工程总投资的比例约为60%～80%，所以排水体制的选择对排水工程的基建投资影响很大。合流制排水管道只敷设一条管道，管线交叉少，其造价比完全分流制一般要低20%～40%，但合流制的泵站和污水厂却比分流制的造价高。从总造价来看完全分流制比合流制可能要高。从初期投资来看，不完全分流制因初期只建污水排水系统，初期投资显然比合流制和完全分流制均低，因而可节省初期投资费用；此外，又可缩短工期，发挥工程效益也快。因此，新建城镇或小区，初期投资受到限制时，可考虑采用不完全分流制以节省初期投资。

(三) 维护管理方面

在合流制管渠内，晴天时污水只是部分充满管道，雨天时才形成满流，因而晴天时合流制管内流速较低，易于产生沉淀。但据经验，管中的沉淀物易被暴雨冲走，这样，合流管道的维护管理费用可以降低。但是，晴天和雨天流入污水厂的水量变化很大，增加了合流制排水系统污水厂运行管理中的复杂性。而分流制排水系统可以保持管内的流速，不致发生沉淀，同时，流入污水厂的水量和水质比合流制变化小得多，污水厂的运行管理易于控制。

总之，排水系统体制的选择是一项既复杂又很重要的工作，应根据城镇及工业企业的规划、环境保护的要求、污水利用情况、原有排水设施、水体水量和水质、地形、气候等条件，在满足环境保护的前提下，通过技术经济比较综合确定。新建地区一般应采用分流制排水系统。同一城镇的不同地区可采用不同的排水体制。但在特定情况下，采用合流制排水系统可能更为有利，此时应设置污水截流设施，以减轻对水体的污染。对水体保护要求高的地区，应对初期雨水进行截流、调蓄和处理。为缓解水资源短缺和水污染加剧这一矛盾，缺水地区宜对雨水进行收集、处理和综合利用。

## 第三节　排水系统的主要组成部分

城镇污水、工业废水和雨水等排水系统的主要组成部分分述如下。

### 一、城镇污水排水系统的主要组成部分

城镇污水包括排入城镇污水管道的生活污水和工业废水。将工业废水排入城镇生活污水排水系统，就组成城镇污水排水系统。它由以下几个主要部分组成：

(1) 室内污水管道系统及设备。

(2) 室外污水管道系统。

(3) 污水泵站及压力管道。

(4) 污水处理厂。

(5) 出水口。

(一) 室内污水管道系统及设备

室内污水管道系统及设备的作用是收集生活污水，并将其送至室外居住小区污水管道中。

在住宅及公共建筑内，各种卫生设备既是人们用水的容器，也是承受污水的容器，它们又是生活污水排水系统的起端设备。生活污水从这里经水封管、支管、竖管和出户管等室内管道系统流入室外街坊或居住小区内的排水管道系统。

(二) 室外污水管道系统

室外污水管道系统是分布在地面下，依靠重力流输送污水至泵站、污水厂或水体的管道系统，分为街坊或居住小区污水管道系统及街道污水管道系统。

(1) 街坊或居住小区污水管道系统：敷设在一个街坊或居住小区内，并连接一群房屋出户管或整个小区内房屋出户管的管道系。

(2) 街道污水管道系统：敷设在街道下，用以排除居住小区管道流来的污水。在一个市区内它由支管、干管、主干管等组成。

支管是承受街坊或居住小区流来的污水。在排水区界内，常按分水线划分成几个排水流域。在各排水流域内，干管是汇集输送由支管流来的污水，也常称为流域干管。主干管是汇集输送由两个或两个以上干管流来的污水，并把污水输送至总泵站、污水处理厂或出水口的管道，一般在污水管道系统设置区范围之外。

(3) 管道系统上的附属构筑物：如检查井、跌水井和倒虹管等。

(三) 污水泵站及压力管道

污水一般以重力流排除，但往往由于受地形等条件的限制而难以排除，这时就需要设泵站。压送从泵站出来的污水至高地自流管道或至污水厂的承压管段，这种管段被称为压力管道。

(四) 污水处理厂

污水处理厂由处理和利用污水、污泥的一系列构筑物及附属设施组成。城镇污水厂一般设置在城市河流的下游地段，并与居民点和公共建筑保持一定的卫生防护距离。

(五) 出水口

污水排入水体的渠道和出口称为出水口，它是整个城镇污水排水系统的终点设备。事故排出口是指在污水排水系统的中途，在某些易于发生故障的组成部分前面，例如在总泵站的前面，所设置的辅助性出水渠，一旦发生故障，污水就通过事故排出口直接排入水体。

**二、工业废水排水系统的主要组成部分**

在工业企业中，用管道将厂内各车间所排出的不同性质的废水收集起来，送至废水回收利用和处理构筑物。经回收处理后的水可再利用、排入水体或排入城镇排水系统。

工业废水排水系统由下列几个主要部分组成：

(1) 车间内部管道系统及设备：用于收集各生产设备排出的工业废水，并将其送至车间外部的厂区管道系统中。

(2) 厂区管道系统：敷设在工厂内，用以收集并输送各车间排出的工业废水的管道系统。厂区工业废水的管道系统可根据具体情况设置若干个独立的管道系统。

(3) 污水泵站及压力管道。

(4) 废水处理站：是厂区内回收和处理废水与污泥的场所。

若所排放的工业废水符合《污水排入城市下水道水质标准》(CJ 3082—1999) 的要求，也可不经处理直接排入城市排水管道中，与生活污水一起排入城镇污水厂集中处理。当工业企业位于城市内，应尽量考虑将工业废水直接排入城镇排水系统，利用城镇排水系统统一排除和处理，这样较为经济，能体现规模效益。当然工业废水排入应不影响城镇排水管渠和污水厂的正常运行，同时以不影响污水处理厂出水以及污泥的排放和利用为原则。当工业企业远离城区，符合排入城镇排水管道的工业废水，是直接排入城镇排水管道还是单独设置排水系统，应根据技术经济比较确定。

一般来说，对于工业废水，由于工业种类繁多，水质水量变化较大，原则上应先从改革生产工艺和技术革新入手，尽量把有害物质消除在生产过程之中，做到不排或少排废水。同时，应重视废水中有用物质的回收。

**三、雨水排水系统的主要组成部分**

雨水排水系统由下列几个主要组成部分组成：

(1) 建筑物的雨水管道系统和设备：主要是收集工业、公共或大型建筑的屋面雨水，并将其排入室外的雨水管渠系统中。

(2) 居住小区或工厂雨水管渠系统。

(3) 街道雨水管渠系统。

(4) 排洪沟。

(5) 出水口。

收集屋面的雨水用雨水口和天沟，并经雨落管排至地面；收集地面的雨水用雨水口，经雨水口流入街坊或厂区以及街道的雨水管渠系统。雨水排水系统的室外管渠系统基本上和污水排水系统相同，而且同样也设有检查井等附属构筑物。

合流制排水系统的组成与分流制相似，同样有室内排水设备、室外居住小区以及街道管道系统。雨水经雨水口进入合流管道。在合流管道系统的截流干管处设有溢流井。

当然，上述各排水系统的组成并非固定不变的，须结合当地条件来确定排水系统内所需要的组成部分。尤其是考虑污水再用和雨水利用的地区，相关管道和设施应统一纳入排水系统综合考虑。

## 第四节　排水系统的布置形式

排水系统的布置形式应结合地形、竖向规划、污水厂的位置、土壤条件、河流位置以及污水的种类和污染程度而定。在实际情况下，较少单独采用一种布置形式，通常是根据当地条件，因地制宜地采用综合布置形式。

**一、城镇排水系统总平面布置的任务与原则**

(一) 主要任务

城镇排水系统总平面布置的主要任务是通过城镇排水系统的总平面布置，确定干管、主干管走向；确定污水处理厂和出水口的位置。

（二）布置原则

城镇排水系统总平面布置原则如下：

（1）管网密度合适、管道工程量小、水力条件好，做到技术经济合理、可行。

（2）充分利用地势，实现重力流，尽量避免提升，减少中途提升泵站的数量。

（3）在地势起伏较大的地区，尽量做到分区排水。

（4）截流干管的布置要使全区的污水管道便捷、直接接入。

## 二、城镇排水总平面布置的常见形式

以下介绍的几种布置形式主要考虑地形因素。

（一）正交式

在地势适当向水体倾斜的地区，各排水流域的干管以最短距离沿与水体垂直相交的方向布置，称为正交式布置［见图 20-5（*a*）］。正交式布置的干管长度短、管径小，因而经济，污水排出也迅速。但是，由于污水未经处理就直接排放，会使水体遭受严重污染。因此，这种形式在现代城镇中仅用于排除雨水。若沿河岸再敷设主干管，并将各干管的污水截流送至污水厂，这种布置形式称为截流式布置［见图 20-5（*b*）］，所以截流式是正交式发展的结果。

（二）平行式

在地势向河流方向有较大倾斜的地区，为避免因干管坡度及管内流速过大，使管道受到严重冲刷，可使干管与等高线及河道基本上平行、主干管与等高线及河道成一定角度敷设，称为平行式布置［见图 20-5（*c*）］。

（三）分区式

在地势高差相差很大的地区，当污水不能靠重力流流至污水厂时，可采用分区布置形式［见图 20-5（*d*）］。这时，可分别在高区和低区敷设独立的管道系统。高区的污水靠重力流直接流入污水厂，而低区的污水用水泵抽送至高区干管或污水厂。这种布置只能用于个别阶梯地形或起伏很大的地区，它的优点是充分利用地形排水，节省电力，如果将高区的污水排至低区，然后再用水泵一起抽送至污水厂是不经济的。

（四）环绕式及分散式

当城市周围有河流，或城市中心部分地势高、地势向周围倾斜的地区，各排水流域的干管常采用辐射状分散布置［见图 20-5（*e*）］，各排水流域具有独立的排水系统。这种布置具有干管长度短、管径小、管道埋深可能浅、便于污水灌溉等优点，但污水厂和泵站（如需要设置时）的数量将增多。在地形平坦的大城市，采用辐射状分散布置可能是比较有利的。但考虑到规模效益，不宜建造数量多、规模小的污水厂，而宜建造规模大的污水厂，所以由分散式发展成环绕式布置［见图 20-5（*f*）］。这种形式是沿四周布置主干管，将各干管的污水截流送往污水厂。

（五）区域集中式

为了提高污水处理厂的规模效益，并改善其处理效果，可以把几个区域的排水系统连接合并起来，汇集输送到一个大型污水处理厂集中处理，如图 20-6 所示。将这种两个以上城镇地区的污水统一处理和排出的系统称为区域排水系统。

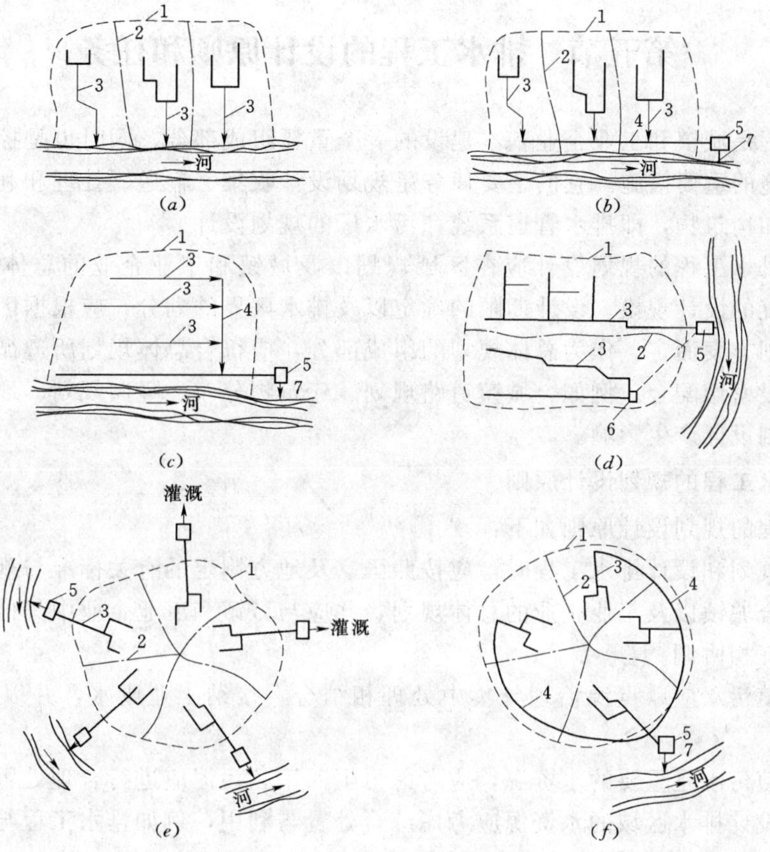


图 20-5　排水系统的布置形式

(*a*) 正交式；(*b*) 截流式；(*c*) 平行式；(*d*) 分区式；(*e*) 分散式；(*f*) 环绕式

1— 城市边界；2—排水流域分界线；3—干管；4—主干管；

5—污水厂；6—污水泵站；7—出水口

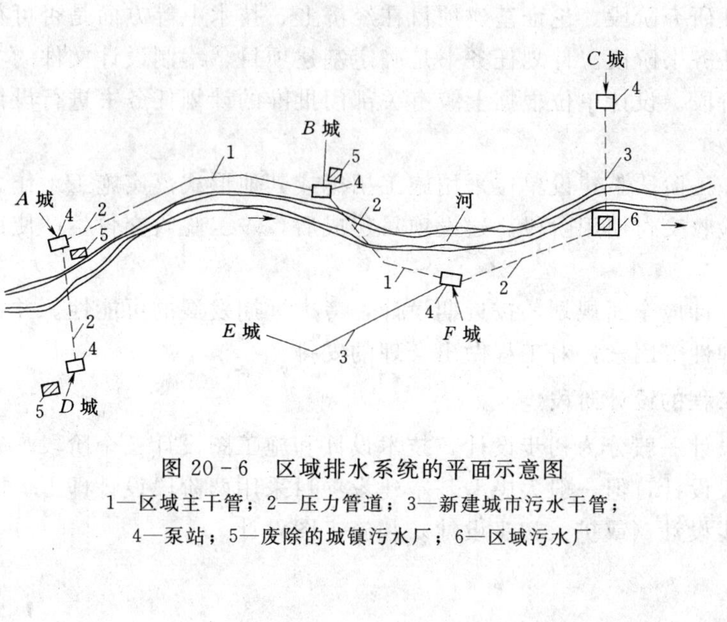


图 20-6　区域排水系统的平面示意图

1—区域主干管；2—压力管道；3—新建城市污水干管；

4—泵站；5—废除的城镇污水厂；6—区域污水厂

## 第五节　排水工程的设计原则和任务

排水工程是城镇和工业企业基本建设的一个重要组成部分，同时也是控制水污染、改善和保护环境的重要措施。它的主要任务是规划设计收集、输送、处理和利用污水的一整套工程设施和构筑物，即排水管道系统和污水厂的规划设计。

当然，排水工程的规划设计应在区域规划以及城镇和工业企业的总体规划基础上进行。排水系统的设计规模、设计期限的确定以及排水区界的划分，应根据区域、城镇和工业企业的规划方案而定。作为总体规划的组成部分，应符合总体规划所遵循的原则，并和其他工程建设密切配合。例如，城镇道路规划、建筑物分布、竖向规划、地下设施等都对排水工程规划设计产生影响。

### 一、排水工程的规划设计原则

排水工程的规划设计原则如下：

(1) 在规划和设计排水工程时，应按照国家及地方制定的有关标准与规范进行。

(2) 符合城镇以及工业企业的总体规划，并应与城镇和工业企业中其他单项工程建设密切配合，互相协调。

(3) 城镇污水应以点源治理与集中处理相结合，接纳工业废水，并以城镇集中处理为主。

(4) 城镇污水是重要的水资源，应考虑再生回用。污泥应进行合理处置。

(5) 所设计排水区域的水资源应考虑综合处置与利用，例如排水工程与给水工程、雨水利用与中水工程等协调，以节省总投资。

(6) 排水工程的设计应全面规划，按近期设计，考虑远期发展并留出扩建的可能。

### 二、排水工程的基本建设程序

排水工程基本建设程序可归纳为下列几个阶段：

(1) 可行性研究阶段。论证基建项目在经济上、技术上等方面是否可行。

(2) 计划任务书阶段。计划任务书是确定基建项目、编制设计文件的主要依据。

(3) 设计阶段。设计单位根据上级有关部门批准的计划任务书进行设计工作，并编制概（预）算。

(4) 组织施工阶段。建设单位采用施工招标或其他形式落实施工工作。

(5) 竣工验收交付使用阶段。建设项目建成后，竣工验收交付生产使用是工程施工的最后阶段。

排水工程设计应全面规划，按近期设计，考虑远期发展的可能性。并根据使用要求和技术经济的合理性等因素，对工程做出合理的安排。

### 三、排水工程的设计阶段

排水工程设计一般分为初步设计、技术设计和施工图设计三个阶段。一般重大和特殊项目采用三阶段设计，但一般大中型基本建设项目采用两阶段设计即可。两阶段设计由三阶段简化为初步设计（或扩大初步设计）和施工图设计。

(1) 初步（扩大）设计：应明确工程规模、建设目的、投资效益、设计原则和标准、选定设计方案、拆迁和征地范围及数量、设计中注意事项及建议。其设计文件主要包括设计说明书、图纸、主要工程数量、主要材料设备数量及工程概算。

(2) 施工图设计：应满足工程施工、安装、加工及施工预算编制要求。其设计文件包括说明书、设计图纸、材料设备表、施工图预算。

## 第六节　城镇污水再生利用系统

### 一、城镇污水再生利用发展概况

毫无疑问，水是重要的自然资源之一。水资源无论在日常生活还是国民经济发展中均起着举足轻重的作用。但随着我国经济的飞速发展，资源短缺型的水问题日益突出。目前我国有400多个城市缺水，正常年份缺水达$60\times10^8m^3$，预计2030年缺水量将达到（400～500）$\times10^8m^3$。而目前全国城市污水排放量大约为每年400多亿$m^3$，城镇污水处理率约为65%但随着人口的不断增长，人民生活水平的提高，以及城市化进程的加快，全国的需水量仍会增加。与此同时，由于水体污染而使水资源短缺进一步加剧。2007年底全国废、污水排放量达$556.8\times10^8m^3$/年。全国七大江河流域的50%河段已被严重污染，江苏、广东、上海等一大批省（市）已经面临日益严重的“污染短缺型”缺水。

需水量增加与水源的不足及水污染加重日益成为我国经济发展的主要矛盾，因此，如何开源节流，寻找水资源及合理利用，是目前迫切需要解决的问题。城镇污水是水量稳定、供给可靠的一种潜在水资源。因此，城镇污水的再生利用是开源节流、减轻水体污染程度、改善生态环境、解决城市缺水问题的有效途径之一。

我国早在20世纪50年代就开始采用污水灌溉的方式回用污水。农业上，利用处理后的城镇污水进行农田灌溉，既可以利用污水中的营养成分又使污水进一步得到净化，起到保护天然水体的作用；同时，污水中的大量氮、磷等营养物质可补充农田肥分。但真正将污水深度处理后回用于城市生活和工业生产则是20世纪80年代才发展起来的。最先采用污水回用的是楼宇宾馆的中水再利用，然后逐渐扩大到缺水城市的各行各业。例如，太原市北郊污水处理厂将深度处理后的污水回用于太原钢铁工业冷却水，大庆乘风庄污水处理厂的二级处理水经深度处理后直接注入地下作为石油开采用水，青岛将中水回用为市政杂用水。北京市于1984年开始进行中水回用工程示范，并在1987年出台的《北京市中水设施建设管理试行办法》中明确规定：凡建筑面积超过$2\times10^4m^2$的旅馆、饭店和公寓以及建筑面积超过$3\times10^4m^2$的机关科研单位和新建生活小区都要建立中水设施。我国已于2003年颁布《污水再生利用工程设计规范》（GB 50335—2002），对再生水水源、灰用水分类以及水质控制指标进行明确阐述，并规定了回用系统、再生水处理工艺与构筑物设计和安全措施及监控的设计和管理要求。城市污水再生利用类别如表20-1所示，城市杂用水水质控制指标如表20-2所示。

表 20-1　　城市污水再生利用类别

| 序号 | 分　类 | 范　围 | 示　例 |
|---|---|---|---|
| 1 | 农、林、牧、渔业用水 | 农田灌溉 | 种籽与育种、粮食与饲料作物、经济作物 |
| | | 造林育苗 | 种籽、苗木、苗圃、观赏植物 |
| | | 畜牧养殖 | 畜牧、家畜、家禽 |
| | | 水产养殖 | 淡水养殖 |
| 2 | 城市杂用水 | 城市绿化 | 公共绿地、住宅小区绿化 |
| | | 冲厕 | 厕所便器冲洗 |
| | | 道路清扫 | 城市道路的冲洗及喷洒 |
| | | 车辆冲洗 | 各种车辆冲洗 |
| | | 建筑施工 | 施工场地清扫、浇洒、灰尘抑制、混凝土制备与养护、施工中的混凝土构件和建筑物冲洗 |
| | | 消防 | 消火栓、消防水炮 |
| 3 | 工业用水 | 冷却用水 | 直流式、循环式 |
| | | 洗涤用水 | 冲渣、冲灰、消烟除尘、清洗 |
| | | 锅炉用水 | 中压、低压锅炉 |
| | | 工艺用水 | 溶料、水浴、蒸煮、漂洗、水力开采、水力输送、增湿、稀释、搅拌、选矿、油田回注 |
| | | 产品用水 | 浆料、化工制剂、涂料 |
| 4 | 环境用水 | 娱乐性景观环境用水 | 娱乐性景观河道、景观湖泊及水景 |
| | | 观赏性景观环境用水 | 观赏性景观河道、景观湖泊及水景 |
| | | 湿地环境用水 | 恢复自然湿地、营造人工湿地 |
| 5 | 补充水源水 | 补充地表水 | 河流、湖泊 |
| | | 补充地下水 | 水源补给、防止海水入侵、防止地面沉降 |

表 20-2　　城镇杂用水水质控制指标

| 序号 | 项目<br>指标 | 冲厕 | 道路清扫消防 | 城市绿化 | 车辆冲洗 | 建筑施工 |
|---|---|---|---|---|---|---|
| 1 | pH 值 | 6.0～9.0 | | | | |
| 2 | 色度（度） | ≤30 | | | | |
| 3 | 嗅 | 无不快感 | | | | |
| 4 | 浊度（NTU） | ≤5 | ≤10 | ≤10 | ≤5 | ≤20 |
| 5 | 溶解性总固体（mg/L） | ≤1500 | ≤1500 | ≤1000 | ≤1000 | — |
| 6 | 五日生化需氧量（$BOD_5$）（mg/L） | ≤10 | ≤15 | ≤20 | ≤10 | ≤15 |
| 7 | 氨氮（mg/L） | ≤10 | ≤10 | ≤20 | ≤10 | ≤20 |
| 8 | 阴离子表面活性剂（mg/L） | ≤1.0 | ≤1.0 | ≤1.0 | ≤0.5 | ≤1.0 |
| 9 | 铁（mg/L） | ≤0.3 | — | — | ≤0.3 | — |
| 10 | 锰（mg/L） | ≤0.1 | — | — | ≤0.1 | — |
| 11 | 溶解氧（mg/L） | ≥1.0 | | | | |
| 12 | 总余氯（mg/L） | 接触 30min 后不小于 1.0，管网末端不小于 0.2 | | | | |
| 13 | 总大肠菌群（个/L） | ≤3 | | | | |

**注**　混凝土拌合用水还应符合《混凝土用水标准》（JGJ 63—2006）的有关规定。

国外的污水再生利用发展速度较快，最为典型的国家是以色列。众所周知，以色列是一个水资源极度匮乏的国家，因此污水一直被作为重要的水资源之一。目前，以色列100%的生活污水和72%的城市污水得到了回收和利用。现有200多个污水回用工程，处理后的污水42%用于农田灌溉、30%用于地下水回灌，其余用于工业及市政杂用水等。早在20世纪50年代，美国就进行了污水深度处理研究，并于1965年将其成果应用于加利福尼亚的南塔湖污水处理厂，处理能力达28400$m^3/d$。目前，美国城市污水回用量达$2.6\times10^6 m^3/d$，其中再生水的62%用于农业灌溉，30%用于工业，其余用于城市设施和地下水回灌。美国电厂冷却水是仅次于农业的主要用水。早在20世纪80年代中期，日本的城市污水回用量就达到了$6.3\times10^7 m^3/d$。日本建有完善的供水系统，包括饮用水系统和再生水系统，再生水一般用于冲洗厕所、浇灌城市绿地及消防等。

近年来，新加坡NEWater新生水项目是最具代表性的污水再生利用工程。新加坡于1998年开始再生水研究——NEWater工程，目前共有4座已建成的新生水厂，在建的第5座新生水厂——樟宜新生水厂——是新加坡规模最大的新生水厂，设计水量为22.8万$m^2/d$。2010年该厂投入运营后，新加坡新生水的总产量将约占全国供水总需求量的30%。其核心工艺是使用先进的双膜（微滤/超滤和反渗透）及紫外线工艺对污水进行严格的净化及处理。新生水可与水库水混合，再进行给水处理后作为饮用水，也可用于电子工业、晶片制作厂和商业建筑用的冷却用水等，以提高污水再生利用率，从根本上解决淡水短缺问题。

总之，通过推行污水再生利用对缓解城市供水矛盾、改善生态和社会经济环境等起着重要作用。这对解决我国目前水资源短缺和水污染严重的矛盾冲突更具有现实意义。

## 二、城镇污水再生利用设计原则

城镇污水再生利用系统包括污水处理净化、实现水循环利用的全过程。城镇污水经处理后产生的再生水，可作工业用水、城市杂用水、景观环境用水、农业灌溉用水以及水源补充水等。我国于2003年实施的《污水再生利用工程设计规范》（GB 50335—2002）中明确对污水再生利用进行了分类，并提出不同用途的水质控制指标。

城镇污水再生利用设计原则是：要贯彻《中华人民共和国水污染防治法》和水资源开发技术政策，以城镇总体规划为依据，从全局出发，做好城镇污水再生利用规划。应妥善处理开发天然水资源与开发污水资源的关系，并将再生水与天然水统一进行管理和调配。在解决城市缺水问题时，水资源优化配置的顺序应是本地天然水、再生水、雨水、淡化海水、远距离引水。在几种水资源中，水量稳定、供给可靠的城镇污水再生利用应优先考虑，同时妥善处理污水排放与再用的关系。城镇新建和原有的污水处理厂都应积极发展污水再生利用。

## 三、城镇污水再生利用系统的组成

污水再生利用系统是个系统工程，它将排水和给水联系起来，实现水资源的良性循环，有利于促进城市水资源综合利用和城市水环境保护。污水再生利用工程涉及公用、城建、水利、市政、工业和规划等多部门多行业，要统筹兼顾，综合实施。

因此，再生处理技术也涉及给水工程和排水工程多方面内容，不仅涉及管道工程，更把给水处理与污水处理有机结合起来。相关设计可参照《室外排水设计规范》（GB

50014—2006）和《室外给水设计规范》（GB 50013—2006）。对于冷却水来说，可参照《工业循环冷却水处理设计规范》（GB 50050—2007）。当城市再生水厂出水供给建筑物或小区使用时，可参照《建筑中水设计规范》（GB 50336—2002）。

再生水处理系统一般由污水收集、处理工艺、再生水输配、用户用水管理等部分组成。其中污水收集依靠城镇排水管网系统；再生水输配系统应建成独立系统，以保障用水安全性，且为防止管道腐蚀，宜采用非金属管道。

再生工艺的选择是回用系统设计的核心，应根据再生水水源的水质、水量和再生水用途等因素，通过技术经济分析综合确定。再生水工艺主要由二级处理和深度处理工艺组成。二级处理一般以生物处理系统为中心处理技术，主要去除污水中溶解性和胶体性有机物以及脱氮除磷。传统二级处理工艺中以有机物去除为主，但根据国家2002年制定的《城镇污水处理厂的排放标准》（GB 18918—2002）的要求，所有2006年以后建设的污水处理厂均要求$N$、$P$标准的严格控制，2006年以前建设的污水厂也在积极进行改扩建以满足$N$、$P$排放标准的要求。到目前为止，城镇污水处理厂最有效而经济的脱氮除磷方法仍以生物处理方法为主，同时辅助化学除磷以确保达标排放。因此，我国城镇污水处理厂二级处理的目标已从传统的去除有机物作为唯一目标改为有机物、氮、磷同步去除的综合目标。从这个意义上讲，$N$、$P$的有效去除不能再按传统的分类作为深度处理的对象，而是二级处理必须解决的主要目标。一般经二级处理后出水仍含有大量污染物质，其特点主要表现在以下几点：

（1）二级出水中有机物以溶解性、难降解有机物为主，$BOD_5$为20～30mg/L，SS为20～30mg/L，COD为60～100mg/L，这部分有机物有效去除办法常采用混凝沉淀、活性炭吸附、臭氧氧化等。

（2）溶解性无机盐类如$Na^+$、$Ca^{2+}$、$CL^-$离子等的去除，主要去除方法采用离子交换、反渗透和电渗析等。

（3）进一步去除细菌、病毒，常用臭氧、氯气、次氯酸钠等消毒。

因此，在二级处理基础上必须增加深度处理以满足再生水水质的要求。根据二级出水的水质特点，深度处理的去除对象主要为色度、臭味、重金属、无机盐等。深度处理技术包括混凝、沉淀、过滤、活性炭吸附、臭氧氧化、膜分离技术以及离子交换、自然净化系统等。其中混凝和沉淀可进一步去除悬浮物和大分子有机物；滤池和微滤或超滤膜处理可去除悬浮物；活性炭吸附能够去除色度、臭味；臭氧氧化水中难生物降解有机物；纳滤和反渗透膜技术可以降低含盐量；进一步灭菌可采用臭氧、二氧化氯、次氯酸钠和液滤等消毒措施。

深度处理技术中，大部分采用传统给水处理的单元技术，但水源和水质不同，因此，再生水系统设计中应充分注意以污水为水源和以天然水为水源的水质差异，在构筑物工艺组合和设计参数的选择上，应充分体现其差异。

**四、城镇污水再生利用中的安全措施和监测控制**

（一）城镇污水再生利用中的安全措施

（1）明确再生水用户水质要求，并提出用水管理要求。在污水再生利用工程设计中，对再生水用户应明确提出用水管理要求，再生水用水设施要与再生处理设施同时施工、同时投产。

（2）严格管理再生水水源水质，提供稳定的水质水量。再生水用户的用水管理也是非常重要的。在再生水水源收集系统中，对水质特殊的接入口，应设置水质监测点和控制阀门，防止不符合水质标准的工业废水接入。例如，在工业冷却用水上，选择合适的水质稳定剂、杀菌灭藻剂，确立恰当的运行工况，会减轻因使用再生水可能带来的负面影响。污水再生利用必须保证供水水质稳定、水量可靠。使用再生水的用户，在老厂改造采用再生水供水系统时，应保留原新鲜水系统，当再生水系统发生故障时，仍能用新鲜水补充，以保证安全生产。

（3）严禁再生水管道与给水管道连接，且要与给水和排水管道保持一定距离。严禁再生水管道与饮用水给水管道连接。与饮用水给水管道、排水管道平行敷设时，其水平净距不小于0.5m；交叉埋设时，应介于饮用水给水管道和排水管道上面，并至少保持0.4m的距离。此外，再生水管道必须防渗防漏，埋地时应作特殊的带状标志，明装时应涂上标志颜色。闸门井井盖应标明“再生水”字样。再生水管道上严禁安装饮水器和水龙头，防止误用。

（二）再生水利用过程的监测控制

再生水厂与各用户应有便捷的通信联系；再生水厂主要设施应设置故障报警装置；在主要处理构筑物和用水设施上，宜设置取样管；再生水厂和工业用户应设水质分析室；管理操作人员应进行专门培训。

安全可靠的再生水必须满足下列要求：

（1）必须经过完善的二级处理技术和一定的深度处理。

（2）在水质上满足国家关于再生水水质的有关规范标准要求。

（3）在卫生方面没有危害人们健康的问题。

（4）在使用上人们不产生不快感。

（5）对设备和器皿不会造成不良的影响。

## 五、再生利用实例

**【实例1】** 北京市城市污水再生利用

北京市全市总面积为16800平方公里，人口约1380余万人，年平均降雨量为595mm，但降雨不均匀，多集中在夏季，而年度和季节的变化又相当大。北京市是一个缺水城市，属于资源短缺型缺水。全市水资源人均占有量仅300$m^3$左右，为全国人均水资源占有量的1/8，世界人均水资源占有量的1/32。全市年需水总量约42亿$m^3$，而可供开采的水量只有32亿～35亿$m^3$，亏水达7亿～10亿$m^3$，遇到枯水年份，缺水矛盾更加突出。不仅缺水，北京的水资源分布不平衡。北京地区地面径流分布的特点是东部地区水量较多，西部地区较少；而地下水分布的特点，亦是东部平原地区及近郊中心区为富水区，西南部地区为贫水区。因此，应根据北京市产业结构调整、社会经济发展以及水资源分布规律，对北京的水资源进行合理的开发与利用。

北京是严重缺水的城市，为缓解北京市缺水的状况，开辟城市第二水源，以提高污水再生利用的能力。北京从1989起开始建设污水处理厂，截至2008年，北京（含郊区）已经建成并投入运营污水处理厂22座及配套管线898km。城区的污水处理率2008年已达90%，效区污水处理率已达48%。2008年北京已建再生水厂5座，污水再生利用率达到50%。

北京市政府联合相关部门进行了污水再生利用的规划和实施。例如，清河中水处理厂、北苑中水处理厂、肖家河中水处理厂、北小河中水处理厂分别向北郊地区、西北郊地区、西苑集团、清河集团、望京地区供再生水，为清河、北小河等城市河湖提供景观用水；酒仙桥中水处理厂、东坝中水处理厂分别向东北郊地区、酒仙桥地区、东坝集团供再生水，为坝河、亮马河、水碓湖等城市河湖提供景观用水；吴家村中水处理厂、卢沟桥中水处理厂、小红门中水处理厂分别向南郊地区、西南郊地区、丰台集团、南苑集团供再生水，并为凉水河、马草河、旱河、小龙河等城市河湖提供景观用水；五里坨小型中水处理厂、方庄中水处理厂分别向五里坨、方庄地区提供再生水。又如，高碑店污水处理厂处理水资源化再利用工程，近期形成规模30万$m^3/d$。高碑店污水处理厂厂内建设1万$m^3/d$处理规模的再生水设施提供厂区绿化和部分生产用水；此外，为华能热电厂提供4万$m^3/d$工业冷却用水。市自来水集团第六水厂将高碑店污水厂二级出水经深度处理后供龙潭、天坛、陶然亭及大观园公园绿化用水，并供环卫部门用于喷洒道路的用水每天近2万$m^3/d$。通过以上设施建设，2003年，基本还清城八区内护城河、通惠河上段、亮马河、小月河；2005年，城八区内四大水系的主要河道基本恢复；2008年，城八区四大水系的河道基本还清，郊区大多数城镇污水得到收集、处理，水环境质量将有明显改善。此外，在中水处理厂建设同时，配套建设再生水管道。

再生水设施主要建设使用单位集中在宾馆、饭店、大专院校和部分工业企业，这些单位用水相对集中，回收、再生利用方便，便于操作和管理。目前，北京已建成200余个建筑再生水设施，在建的还有100多个。已投入正常运行的有160个左右，占已建总数的80%。已建成的设施规模一般在50～300$m^3/d$，日污水再生利用总水量约2.4万$m^3$，再生水运行成本在1.2元/$m^3$左右（不含设备折旧），含设备折旧在2元/$m^3$左右。除此之外，现有26个工业企业实现污水再生利用，水量为3.35万$m^3/d$，主要用于建材行业的磨削用水、造纸用水以及厂区内部的杂用水。

就全国范围而言，北京的再生水设施建设发展较快，但仍需借鉴国内外的先进技术与经验，研究解决污水再生利用过程中出现的问题，实现水资源可持续利用，促进城市建设和经济发展。

**【实例2】** 青岛市污水再生利用

青岛市是一个以轻纺工业、外贸港口、海洋科研和风景旅游为主要特色的沿海开放城市。青岛市属温带季风气候，市区由于受海洋环境以及来自洋面上的东南季风及海流、水团的影响，又具有显著的海洋性气候特点。全市多年平均降雨量为695.4mm，多年平均水资源总量为24.7亿$m^3$，人均占有水资源量约342$m^3$，为全国人均水资源量的1/7，也是水资源贫乏地区。青岛市水资源和北京具有相同的特点，即年度和季节变化较大，且地域分布不均。由于工业和城市的发展，以及自然条件的限制，自20世纪60年代以来，城市供水一直处于紧张状态，曾先后几次发生过严重的供水危机。为解决青岛市城市供水问题，投资10多亿元于1989年11月建成“引黄济青”工程，大大缓解了城市供水的紧张状况，但这远没有从根本上解决供水不足问题。随着经济的发展和城市现代化进程的加快，水的供需矛盾将进一步突出。

目前，青岛市区供水水源有19处，主要有大沽河水源地、崂山水库、“引黄济青”工程等，95%保证率的水源能力26433万$m^3$，日均72.4万$m^3$。2002年，市区供水量22315万$m^3$，日均59.1万$m^3$。青岛市区目前已实行雨污分流，但由于地形等因素的制约，雨水尚未被完全利用，多数直接排放。市区现有市政排水管道851km，排水泵站20座。青岛市区现有城市污水处理厂5座，设计处理能力为39.5万$m^3/d$，年污水排放总量为15827万$m^3$，城市污水集中处理量为9490万$m^3$，污水集中处理率达59.96%，城市污水处理水平居全国前列。其中，青岛市内四区划分为麦岛、团岛、海泊河、李村河（含张村河）、娄山河五大污水系统，已建污水处理厂四座，即海泊河污水厂、李村河污水厂、团岛污水厂和麦岛污水厂，总处理能力36万$m^3$，年污水排放总量为13073万$m^3$，污水集中处理率达65.95%。

根据预测，青岛市区2010年需源水量为121万$m^3/d$，日缺水量48.6万$m^3$。再生水利用已作为缓解青岛市淡水资源紧缺、实现水资源可持续利用的重要措施之一。青岛市早在1983年就开始进行污水再生利用的试验与研究工作。近十几年来，海泊河、李村河、团岛、麦岛等污水处理厂的建成，为大规模污水再生利用提供了必要的条件。而且这些污水处理厂在建厂同时都考虑了污水再生利用，年污水再生利用总量约60万$m^3$，用于厂内工艺、绿化、冲厕、冲洗等方面。1996年为扩大污水再生利用，青岛市建成了规模为4万$m^3/d$的海泊河污水厂再生利用工程，再生水用于周边工厂企业及绿化、景观等方面。在团岛污水处理厂，于2002年建设了设计规模1000 $m^3/d$再生水示范工程，采用膜处理工艺，再生水主要用于绿化和冲厕用水。目前设计处理能力1万$m^3/d$的团岛再生水二期工程正在进行中。

在大宾馆、饭店以及居民小区中推行再生水利用，对缓解城市供水矛盾、保护城市环境也起着重要作用。目前，青岛市已建、在建再生水利用工程的单位有13家，设计日处理能力3324 $m^3$，再生水主要用于绿化、景观和冲厕等方面。

**六、再生水利用中存在的问题**

在再生水利用方面，仍然存在以下问题：

（1）进一步完善再生水利用的法规体系和配套政策，有效保障再生水处理和利用。

（2）各城镇应结合当地水资源发展规划制定系统、全面的再生水发展规划。

（3）采用先进技术和工艺，加强再生水水质管理。

（4）引入市场机制，拓展融资渠道。

（5）加强宣传，树立公众的污水资源化意识。

# 第二十一章　污水管道系统的设计

污水管道系统是收集和输送城镇或工业企业所产生污水的管道及其附属构筑物。它的设计是建立在当地城镇和工业企业总体规划以及排水工程总体规划基础上的，在总体平面布置图上，划分排水流域，布置管道系统；根据设计人口数、污水量标准，计算污水设计流量；进行污水管道水力计算，确定污水管道管径、坡度等；并根据管道衔接方式，确定污水管道埋深及其在道路横断面上的位置；绘制管道平面图和纵剖面图。

## 第一节　管道工程方案和施工图设计

### 一、管道工程方案设计

排水工程设计工作可划分为三阶段或两阶段。大中型基本建设项目一般采用初步设计和施工图设计两阶段；重大项目和特殊项目，根据需要，可增加技术设计阶段。

初步设计又称为方案设计，主要解决设计原则和标准，选定设计方案。施工图设计全面解决施工、安装等具体工程问题。

（一）管道工程方案设计的目的及内容

1. 方案设计的目的

管道工程方案设计的目的是为了解决管道工程设计中重大的、原则性的问题，以保证设计方案技术上可行、合理，同时经济上又比较节省。

2. 方案设计的内容

管道工程方案设计的内容主要包括以下各项：明确拟设计管道系统的服务范围、所应采用的排水系统体制、设计标准、污水（雨水）的出路、管网定线（确定管道所在的位置以及污水的走向）、近期和远期结合的问题等。

（二）管道工程方案设计的步骤

1. 明确设计任务

确定管道工程方案设计，首先要进一步明确设计任务。

2. 设计资料的调查

污水管道系统的规划设计必须以可靠的资料为依据。设计人员接受设计任务后一般应先了解、研究设计任务书或批准文件的内容，弄清本工程的范围和要求，然后赴现场踏勘，分析、核实、收集、补充有关的基础资料。进行排水管道工程设计时，通常需要有以下几个方面的基础资料：

（1）有关明确任务的资料。进行城镇或工业企业的排水工程新建、改建和扩建工程的设计，一般需要了解与本工程有关的城镇或工业企业的总体规划以及道路交通、建筑占地、给水排水、电力电信、防洪、燃气、园林绿化等各项专业工程的规划。这样可进一步明确本工程的设计范围、设计期限、设计人口数，拟用的排水体制，排水方式，受纳水体的位置及防治污染的要求，主要公共建筑和其他排水量大的排放口的位置、高程、排放特点，各类污水量标准及其主要水质指标，与给水、电力电信、防洪等其他工程设施可能的交叉，以及工程投资情况。

(2) 有关自然因素方面的资料。

1) 地形图：进行大型排水工程设计时，在方案设计阶段要求有设计地区和周围 25～30km 范围的总地形图，比例尺为 1：10000～1：25000，等高线间距 1～2m；或带地形、地物、河流等的地区总体布置图，比例尺为 1：5000～1：10000；工厂可采用的比例尺为 1：500～1：2000，等高线间距 0.5～2m。

2) 气象资料：包括设计地区的气温（平均气温、极端最高气温和最低气温）、风向和风速、降雨量资料或当地的暴雨强度公式等。

3) 水文资料：包括河流的流量、流速、水位记录，水面比降，洪水情况和河水水温、水质分析化验资料等。

4) 地质资料：主要包括设计地区的土壤性质和构成、土壤冰冻深度及其承载力、地下水水位和水质、地震等级等。

(3) 有关工程情况的资料。有关工程情况的资料包括道路等级、路面宽度及材料，地面建筑物和地铁以及其他地下建筑的位置和高程，给水排水、电力和电信电缆、煤气等各种地下管线的位置，本地区建筑材料、管道制品、电力供应的情况和价格；建筑安装单位的等级和装备情况等。

污水管道系统设计所需的资料范围比较广泛，其中有些资料虽然可由建设单位提供，但为了取得准确、可靠、充分的设计基础资料，设计人员必须到现场进行实地调查勘测，必要时还应去提供原始资料的气象、水文、勘测等部门查询。再将收集到的资料进行整理分析、补充以至修改。

3. 设计方案的确定

在掌握了较为完整、可靠的设计基础资料后，设计人员根据工程的要求和特点，对工程中一些原则性的、涉及面较广的问题提出了解决办法，这样就构成了不同的设计方案。因此，必须深入分析各设计方案的利弊和产生的各种影响，并对设计的原则性问题进行充分分析。例如，城镇的生活污水与工业废水是分开处理还是合并处理的问题；城市污水是分散成若干个污水厂还是集中成一个大型污水厂进行处理的问题；城市排水管网建设与改造中体制的选择问题；污水处理程度和污水排放标准问题；设计期限的划分；等等。这些问题应从社会的总体经济效益、环境效益、社会效益综合考虑。

对社会环境有重大影响的排水工程项目，进行方案比较与评价的步骤和方法如下：

(1) 建立方案的技术经济数学模型。建立主要技术经济指标与各种技术经济参数之间的函数关系。也就是通常所说的目标函数及相应的约束条件方程。目前，由于排水工程技术问题的复杂性，基础技术经济资料匮乏等原因，多数情况下建立技术经济数学模型较为困难。同时，在实际工作中已建立的数学模型也存在应用上的局限性与适用性。当前，在缺少合适的数学模型的情况下，可以根据经验选择合适的参数。

(2) 技术经济数学模型的求解。这一过程为优化计算的过程。从技术经济角度讲，首先，必须选择有代表意义的主要技术经济指标为评价目标；其次，正确选择适宜的技术经济参数，以便在最好的技术经济情况下进行优选。由于实际工程的复杂性，有时解技术经济数学模型并不一定完全依靠数学优化方法，而用各种近似计算方法，如图解法、列表法等。

(3) 方案的技术经济评价。在以上设计资料的调查基础上，充分考虑方案设计的内容，结合当地的实际情况提出设计方案，并根据技术经济评价原则和方法，在同等深度下计算出各方案的工程量、投资以及其他技术经济指标，然后进行各方案的技术经济评价。

(4) 综合评价与决策。在上述分析评价的基础上，对各设计方案的技术经济、方针政策、社会效益、环境效益等作出总的评价与决策，以确定最佳方案。综合评价的项目或指标，应根据工程项目的具体情况确定。经过综合比较后所确定的最佳方案即为最终的设计方案。

但更多的排水工程项目属于中小型新建、改建或扩建项目，故实际工程中方案设计的步骤主要包括以下几个方面：

1) 画出每个方案的平面图，并绘出总流域边界线。

2) 在平面图上绘出管线（只是反应管线大体布置在哪条路上）、检查井所在的位置，绘出分流域边界线。

3) 确定设计管段，根据当地的设计标准，计算设计流量。

4) 进行水力和高程计算。

5) 绘出平面及纵断图。

6) 计算工程量，进行工程概算。

7) 列出方案比较表。主要从工程量、工程造价、拆迁占地情况、水力条件、施工、运行维护以及其他社会环境因素等方面加以比较。

## 二、管道工程施工图设计

### (一) 施工图设计的目的

施工图设计的目的是把方案设计的成果工程化、细部化，是工程施工和施工预算的主要依据。

### (二) 施工图设计的内容与步骤

(1) 设计资料的进一步补充与完善，主要包括以下内容：

1) 图纸：

市政工程：1：2000～1：5000 总平面图；1：500～1：1000 平面条图（郊区 1：2000）。

建筑工程：1：1000～1：2000 地形图（以备查找管道）；1：500 建筑总平面图，首层和地下层暖通、给排水平面图、系统图，已设计其他管线或管线综合图。

2) 地下已建各种管线、构筑物等。

3) 水文地质资料。

4) 现场调研、测量管线交叉或接入处的管径和管底高程等。

(2) 管网定线（确定管线在道路上的准确位置）、检查井布置，流域边界线划分。

(3) 确定管网高程控制点及其埋深。

(4) 进行管道水力、高程计算。

（5）画出总平面图、平面条图、纵断图。

（6）选附属构筑物等。

（7）工程预算。

## 第二节　污水设计流量的确定

污水管道及其附属构筑物能保证通过的污水最大流量称为污水设计流量。进行污水管道系统设计时常采用最大日最大时流量为设计流量，其单位为 L/s。合理确定设计流量是污水管道系统设计的主要内容之一，也是做好设计的关键。污水设计流量包括生活污水和工业废水两大类，现分述如下。

### 一、生活污水设计流量

#### （一）居住区生活污水设计流量

居住区生活污水设计流量按下式计算：

$$Q_1=\frac{nNK_z}{86400} \tag{21-1}$$

式中：$Q_1$ 为居住区生活污水设计流量，L/s；$n$ 为居住区生活污水定额，L/(人·d)；$N$ 为设计人口数，人；$K_z$ 为生活污水量总变化系数。

1. *居住区生活污水定额*

居住区生活污水定额包括居民生活污水定额或综合生活污水定额。

（1）居民生活污水定额：居民每人每天日常生活中洗涤、冲厕、洗澡等产生的污水量[L/(人·d)]。

（2）综合生活污水定额：指居民生活污水和公共设施（包括娱乐场所、宾馆、浴室、商业网点、学校和机关办公室等地方）排出污水两部分的总和 [L/(人·d)]。

居民生活污水定额和综合生活污水定额应根据当地采用的用水定额，结合建筑内部给水排水设施水平和排水系统普及程度等因素确定。在按用水定额确定污水定额时，对给水排水系统完善的地区可按用水定额的 90%计，一般地区可按用水定额的 80%计。设计中可根据当地用水定额确定污水定额。若缺少实际用水资料时，可根据《室外给水设计规范》（GB 50013—2006）2006 年修订条文规定的居民生活用水定额和综合生活用水定额，结合当地的实际情况选用。然后根据当地建筑内部给水排水设施水平和给水排水系统完善程度确定居民生活污水定额和综合生活污水定额。

有些城镇的设计部门，为便于计算，除将排水量特别大的工业企业单独计算外，对市区内居住区（包括公共建筑、小型工厂在内）的污水量按比流量计算。比流量是指从单位面积上排出的日平均污水流量，以 L/(s·hm²) 表示。该值是根据人口密度、卫生设备等情况定出的一个综合性的污水量标准，可根据式（21-2）计算：

$$q=\frac{np}{86400} \tag{21-2}$$

式中：$q$ 为比流量，L/(s·hm²)；$n$ 为居住区生活污水定额，L/(人·d)；$p$ 为人口密度，人/hm²。

因此，生活污水设计流量也可根据下式计算：

$$Q_1=qFK_z \tag{21-3}$$

式中：$Q_1$ 为居住区生活污水设计流量，L/s；$q$ 为比流量，L/(s·hm$^2$)；$F$ 为污水管道服务面积，hm$^2$；$K_z$ 为生活污水量总变化系数。

2. 设计人口

设计人口指污水排水系统设计期限终期的规划人口数，是计算污水设计流量的基本数据。该值是由城镇和工业企业的总体规划确定的。在计算污水管道服务的设计人口时，常用式（21-4）计算：

$$N=pF \tag{21-4}$$

式中：$N$ 为设计人口数，人；$p$ 为人口密度，人/hm$^2$；$F$ 为污水管道服务面积，hm$^2$。

人口密度表示人口分布的情况，是指居住在单位面积上的人口数。若人口密度所用的地区面积包括街道、公园、运动场、水体在内时，该人口密度称为总人口密度。若所用的面积只是街区内的建筑面积时，该人口密度称为街区人口密度。在规划或初步设计时，计算污水量是根据总人口密度计算；而在技术设计或施工图设计时，一般采取街区人口密度计算。

3. 生活污水量总变化系数

由于居住区生活污水量标准是平均值，因此，根据设计人口和生活污水量标准计算所得的是污水平均流量。实际上，流入污水管道的污水量时刻都在变化。夏季与冬季污水量不同；一天中，日间与晚间污水量不同，而且各个小时的污水量也有很大的差异。

污水量的变化程度一般用变化系数表示。变化系数分为日、时、总变化系数。

一年中最大日污水量与平均日污水量的比值称为日变化系数（$K_d$）。

最大日最大时污水量与该日平均时污水量的比值称为时变化系数（$K_h$）。

最大日最大时污水量与平均日平均时污水量的比值称为总变化系数（$K_z$），并有

$$K_z=K_dK_h \tag{21-5}$$

通常，污水管道的设计断面根据最大日最大时污水流量确定，因此需要求出总变化系数。综合生活污水量总变化系数根据《室外排水设计规范》（GB 50014—2006）可按表21-1采用。

**表 21-1　综合生活污水量总变化系数**

| 平均日流量（L/s） | ≤5 | 15 | 40 | 70 | 100 | 200 | 500 | ≥1000 |
|---|---|---|---|---|---|---|---|---|
| 总变化系数 | 2.3 | 2.0 | 1.8 | 1.7 | 1.6 | 1.5 | 1.4 | 1.3 |

当$\overline{Q}\leqslant 5$L/s 时，$K_z=2.3$；当$\overline{Q}\geqslant 1000$L/s 时，$K_z=1.3$。当污水平均日流量为表 21-1 中所列数值的中间值时，总变化系数可用内插法求得。

生活污水量总变化系数值也可按综合分析得出的总变化系数与平均流量间的关系式求得，即

$$K_z=\frac{2.7}{\overline{Q}^{0.11}} \tag{21-6}$$

式中：$\overline{Q}$为平均日平均时污水流量，L/s。

在污水管道中，污水流量的变化情况随着人口数和污水量标准的变化而定。若污水量标准一定，流量变化幅度随人口增加而减少；若人口数一定，流量变化幅度随污水量标准增加而减少。因此，在采用同一污水量标准的地区，上游管道由于服务人口少，管道中出现的最大流量与平均流量的比值较大。而在下游管道中，服务人口多，来自各排水地区的污水由于流行时间不同，高峰流量得到削减，最大流量与平均流量的比值较小，流量变化幅度小于上游。这表明总变化系数与平均流量之间有一定的关系，平均流量愈大，总变化系数愈小。

（二）公共建筑生活污水设计流量

在居住区生活污水量计算时，如果基于综合生活用水定额，那么所计算的污水量中已包括公共建筑的生活污水量，不需单独计算；如果基于居民生活用水定额，则某些公共建筑的污水量在设计时应作为集中污水量单独计算，根据不同公共设施的性质，按《建筑给水排水设计规范》(GB 50015—2003) 的相关规定进行计算。

（三）工业企业生活污水及淋浴污水设计流量

工业企业生活污水及淋浴污水设计流量（其中淋浴时间以1h计）可按下式计算：

$$Q_3=\frac{A_1B_1K_1+A_2B_2K_2}{3600T}+\frac{C_1D_1+C_2D_2}{3600} \tag{21-7}$$

式中：$Q_3$ 为工业企业生活污水及淋浴污水的设计流量，L/s；$A_1$ 为一般车间最大班职工人数，人；$A_2$ 为热车间最大班职工人数，人；$B_1$ 为一般车间职工生活污水量标准，以25L/(人·班) 计；$B_2$ 为热车间职工生活污水量标准，以 35L/(人·班)；$K_1$ 为一般车间生活污水量时变化系数，以 3.0 计；$K_2$ 为热车间生活污水量时变化系数，以 2.5 计；$T$ 为每班工作时数，h；$C_1$ 为一般车间最大班使用淋浴的职工人数，人；$C_2$ 为热车间最大班使用淋浴的职工人数，人；$D_1$ 为一般车间的淋浴污水量标准，以 40L/(人·班) 计；$D_2$ 为热车间的淋浴污水量标准，以 60L/(人·班) 计。

## 二、工业废水设计流量

工业废水设计流量按下式计算：

$$Q_4=\frac{mMK_z}{3600T} \tag{21-8}$$

式中：$Q_4$ 为工业废水设计流量，L/s；$m$ 为生产过程中每单位产品的废水量标准，L/单位产品；$M$ 为产品的平均日产量；$T$ 为每日生产时数，h；$K_z$ 为总变化系数。

工业废水量标准是指生产单位产品或加工单位数量原料所排出的平均废水量，又称为生产过程中单位产品的废水量定额。该定额可根据各行业用水量标准来确定。各个工厂的工业废水量标准有很大差别，主要与生产的产品及所采用的工艺过程有关。近年来，随着国家对水资源开发利用和保护的日益重视，有关部门制定了各工业的用水量规定。排水流量计算应与之协调。此外，《污水综合排放标准》(GB 8978—1996) 对部分行业最高允许排水定额作了明确规定。

在不同的工业企业中，工业废水的排除情况差别较大。工业废水量的变化取决于工业企业的性质和生产工艺过程。一般工业废水量的日变化不大，其日变化系数可取为1。时变化系数可通过实测确定，某些工业废水量的时变化系数大致如下：化工工业为1.3～1.5，纺织工业为1.5～2.0，造纸工业为1.3～1.8，冶金工业为1.0～1.1，食品工业为1.5～2.0。

**三、城镇污水设计总流量**

城镇污水设计总流量是居住区生活污水、公共建筑生活污水、工业企业生活污水及淋浴污水以及工业废水的设计流量四部分之和，即

$$Q=Q_1+Q_2+Q_3+Q_4 \tag{21-9}$$

污水管道设计流量计算是采用这种简单累加法来计算的，即假定各种污水在同一时间发生最大流量。但在设计污水泵站和污水厂时，如果也采用各项最大流量之和作为设计依据，将很不经济。因为各种污水最大流量同时发生的可能性很少，而且各种污水流量汇合时互相调节，使流量高峰降低。因此，在确定污水泵站和污水厂各处理构筑物的最大污水设计流量时，应按全部污水汇合后的最大时流量作为总设计流量。

## 第三节 污水管道的设计计算

**一、污水管道中污水流动的特点**

与给水管网的环流贯通情况不同，污水管道呈树枝状分布。沿支管、干管流入主干管，最终流向污水处理厂。大多数情况下污水在管道中靠重力流动。

污水中含有一定数量的有机物和无机物，这些物质按比重大小不同分布在水流断面上，这就使得污水与清水的流动有所不同。而且由于管道中流量不断变化，流速也由于管道断面及流向的变化而变化，因此污水管道内水流不是均匀流。但由于污水中水分一般在99%以上，因此，可假定污水的流动遵循水流流动的规律，假定管道内水流是均匀流。并且在设计和施工中，尽量改善管道的水力条件，则可使管内水流尽可能接近均匀流。

**二、水力计算的基本公式**

污水管道水力计算的目的，在于合理、经济地选择管道断面尺寸、坡度和埋深，由于这种计算是根据水力学规律，所以称为管道的水力计算。如前所述，为了简化计算工作，目前在排水管道的水力计算中仍采用均匀流公式。常用的均匀流基本公式如下：

流量公式为

$$Q=Av \tag{21-10}$$

流速公式为

$$v=C\sqrt{RI} \tag{21-11}$$

其中

$$C=\frac{1}{n}R^{\frac{1}{6}} \tag{21-12}$$

式中：$Q$为流量，$m^3/s$；$A$为过水断面面积，$m^2$；$v$为流速，m/s；$R$为水力半径（过水断面面积与湿周的比值），m；$I$为水力坡降（等于水面坡降，也等于管底坡降）；$C$为流速系数（或称为谢才系数），一般按曼宁公式［见式（21-12）］计算；$n$为管壁粗糙系数，该值根据管壁材料而定（见表21-2），混凝土和钢筋混凝土污水管道的管壁粗糙系

数一般采用0.014。

表 21-2　　排水管渠粗糙系数

| 管渠种类 | $n$值 | 管渠种类 | $n$值 |
|---|---|---|---|
| 陶土管、铸铁管 | 0.013 | 浆砌砖渠道 | 0.015 |
| 混凝土、钢筋混凝土管、水泥砂浆抹面渠道 | 0.013～0.014 | 浆砌块石渠道 | 0.017 |
| 石棉水泥管、钢管 | 0.012 | 干砌块石渠道 | 0.020～0.025 |
| UPVC管、PE管、玻璃钢管 | 0.009～0.011 | 土明渠 | 0.025～0.030 |

## 三、污水管道水力计算的设计数据

从水力计算公式可知，设计流量与设计流速及过水断面面积有关，而流速则是管壁粗糙系数、水力半径和水力坡降的函数。为了保证污水管道的正常运行，在《室外排水设计规范》（GB 50014—2006）中对这些因素作了以下规定。

（一）设计充满度

在设计流量下，污水在管道中的水深$h$和管道直径$D$的比值称为设计充满度，如图21-1所示。当$h/D=1$时称为满流，$h/D<1$时称为非满流。

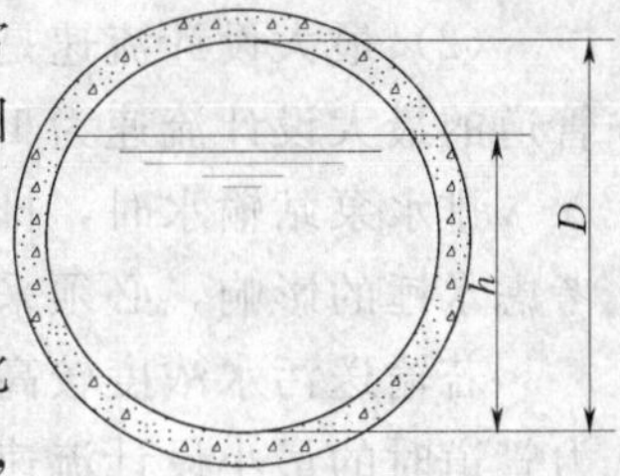

图 21-1　充满度示意图

污水管道的设计有按满流和不满流两种方法。重力流污水管道应按非满流计算，其最大设计充满度的规定如表21-3所示。

表 21-3　　最大设计充满度

| 管径或渠高（mm） | 最大设计充满度 | 管径或渠高（mm） | 最大设计充满度 |
|---|---|---|---|
| 200～300 | 0.55 | 500～900 | 0.70 |
| 350～450 | 0.65 | ≥1000 | 0.75 |

这样规定的原因如下：

（1）确保流量变化的安全。污水流量时刻在变化，很难精确计算，而且雨水或地下水可能通过检查井或管道接口渗入污水管道。因此，有必要保留一部分管道断面，为未预见水量的增长留有余地，避免污水溢出而妨碍环境卫生。

（2）有利于管道通风。污水管道内沉积的污泥可能分解析出一些有害气体。此外，污水中含有汽油、苯、石油等易燃气体时，可能形成爆炸性气体，故需流出适当的空间，以利管道的通风，排除有害气体，这对防止管道爆炸有良好效果。

（3）改善水力条件。管道部分充满时，管道内水流速度在一定条件下比满流时大一些。例如，$h/D=0.813$时流速$v$达到最大值，而当$h/D=1$和$h/D=0.5$时流速相等。

（4）便于管道的疏通和维护管理。

污水管道按非满流计算时，不包括短时突然增加的流量，但当管径小于或等于300mm时，应按满流复核。在有些国家，污水管道按满流设计时，设计流量应包括雨水和地下水的渗入量。

（二）设计流速

与设计流量、设计充满度相应的水流平均速度称为设计流速。污水在管内流动缓慢时，污水中所含杂质可能下沉，产生淤积；当污水流速增大时，可能产生冲刷现象，甚至损坏管道。为了防止管道中产生淤积或冲刷，设计流速不宜过小或过大，因此有最大和最小设计流速的规定。

(1) 最小设计流速是保证管道内不致发生淤积的流速。这一最低的限值与污水中所含悬浮物的成分和粒度有关，也与管道的水力半径、管壁的粗糙系数有关。污水管道的最小设计流速定为0.6m/s。含有金属、矿物固体或重油杂质等的污水管道，其最小设计流速宜适当加大。

(2) 最大设计流速是保证管道不被冲刷损坏的流速。该值与管道材料有关，通常金属管道的最大设计流速为10m/s，非金属管道的最大设计流速为5m/s。

排水泵站输水时，排水管道为压力流，流速同样不能太小；但若管路流速过大，则要考虑水锤的影响，必须采取消除水锤的措施。此时管道的设计流速宜采用0.7～2.0m/s。

若输送污水浓度较高或为污泥时，其最小流速随含水率（或含固率）而变化。采用压力管道时的最小设计流速如表21-4表示。

**表21-4　压力输泥管最小设计流速**

| 污泥含水率(%) | 最小设计流速(m/s) | | 污泥含水率(%) | 最小设计流速(m/s) | |
|---|---|---|---|---|---|
| | 管径150～250mm | 管径300～400mm | | 管径150～250mm | 管径300～400mm |
| 90 | 1.5 | 1.6 | 95 | 1.0 | 1.1 |
| 91 | 1.4 | 1.5 | 96 | 0.9 | 1.0 |
| 92 | 1.3 | 1.4 | 97 | 0.8 | 0.9 |
| 93 | 1.2 | 1.3 | 98 | 0.7 | 0.8 |
| 94 | 1.1 | 1.2 | | | |

（三）最小设计坡度

在污水管道系统设计时，通常使管道埋设坡度与设计地区的地面坡度一致，但管道坡度造成的流速应等于或大于最小设计流速，以防止管道内产生沉淀。这一点在地势平坦或管道走向与地面坡度相反时尤为重要。因此，将相应于最小设计流速时的管道坡度称为最小设计坡度。最小设计坡度的规定可减少起始段的埋深，从而有可能使整个管网的埋深减少，进而降低造价。

根据水力计算公式，在给定设计充满度的情况下，管径越大，相应的最小设计坡度值也就越小。因此，只需规定最小管径的最小设计坡度值即可。具体规定是：管径300mm的塑料管最小坡度为0.002，其他管为0.003。

（四）最小管径

一般在污水管道系统的上游部分，设计污水流量很小，若根据流量计算，则管径会很小。但为减少堵塞、便于养护，常规定一个允许的最小管径。污水管最小管径为300mm。

当污水管道系统上游管段由于服务面积小，因而计算设计流量小于最小管径在最小设计坡度、充满度为0.5时可以通过的流量时，这个管段可以不进行水力计算，而直接采用最小管径和最小坡度，这种管段称为不计算管段。在这些管段中，为养护方便，应当有清淤设施。

**四、污水管道的埋深及其衔接方式**

（一）埋深

通常，污水管网占污水工程总投资的50%～70%，而构成污水管道造价的挖填沟槽、沟槽支撑、湿土排水、管道基础、管道铺设各部分的比重，与管道的埋深及施工方式有很大关系。因此，合理地确定管道埋深对于降低工程造价是十分重要的。

1. 管道覆土深度和埋深

管道埋深有两个意义：

（1）覆土深度：指管道外壁顶部到地面的距离。

（2）埋深：指管道内壁底到地面的距离。

2. 最小覆土深度

为了降低造价，缩短工期，管道埋深越小越好，但覆土深度应有一个最小的限值，这个最小限值称为最小覆土深度。最小覆土深度应根据管材强度、外部荷载、土壤冰冻深度和土壤性质等条件确定，并应满足以下三方面的要求：

（1）必须防止管道内污水冰冻和因土壤冻胀而损坏管道。一般情况下，排水管道宜埋设在冰冻线以下。但也应根据污水管道流量、水温、水流情况和敷设位置等因素确定。根据实测情况，污水水温即使在冬季也不会低于4℃，此外，污水管道按一定的坡度敷设，以一定的流速处于流动状态。因此，污水管道也可埋设在土壤冰冻线以上，其数值应根据该地区经验确定，并应保证排水管道安全运行。

（2）必须防止管壁因地面荷载而受到破坏。埋设在地面下的污水管道承受着其上部土壤的静荷载和地面上车辆运行产生的动荷载。为了防止管道因外部荷载影响而损坏，首先要注意管材质量；还必须保证管道有一定的覆土深度，因为车辆运行对管道产生的动荷载，其垂直压力随着深度增加而向管道两侧传递，最后只有一部分集中的轮压力传递到地下管道上。因此，车行道下管顶最小覆土深度宜为0.7m，人行道下为0.6m。若特殊情况不能满足要求，应对管道采取加固措施。

（3）必须满足街坊污水连接管衔接的要求。城镇住宅、公共建筑内产生的污水要能顺畅排入街道污水管网，就必须保证街道污水管网起点的埋深大于或等于街坊污水管终点的埋深。而街坊污水管起点的埋深又必须大于或等于建筑物污水出户管的埋深。这对于确定在气候温暖又地势平坦地区街道管网起点的最小埋深或覆土深度是很重要的因素。从安装技术方面考虑，要使建筑物首层卫生设备的污水能顺利排出，污水出户管的最小埋深一般采用0.5～0.7m，所以街坊污水管道起点最小埋深也应有0.6～0.7m。根据街坊污水管道起点最小埋深值，可根据下式确定街道管网起点的最小埋设深度（见图21－2）：

$$H=h+IL+Z_1-Z_2+\Delta h \tag{21-13}$$

式中：$H$ 为街道污水管网起点的最小埋深，m；$h$ 为街坊污水管起点的最小埋深，m；$Z_1$ 为街道污水管起点检查井处地面标高，m；$Z_2$ 为街坊污水管起点检查井处地面标高，m；

$I$ 为街坊污水管和连接支管的坡度，m；$L$ 为街坊污水管和连接支管的总长度，m；$\Delta h$ 为连接支管和街道污水管的管内底高差，m。

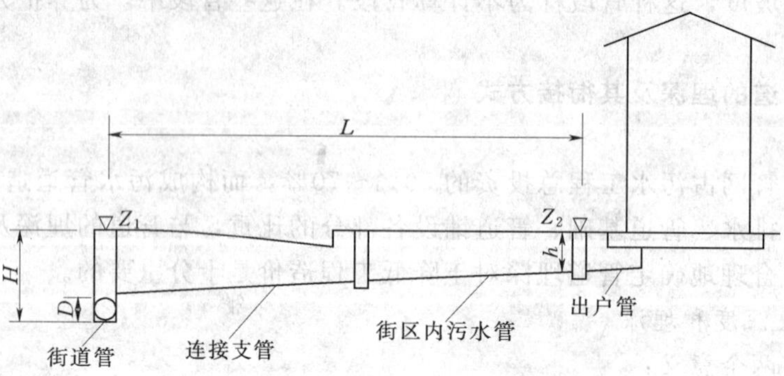


图 21-2　街道污水管最小埋深示意图

对每一个具体管道，从上述三个不同的因素出发，可以得到三个不同的管底埋深或管顶覆土深度值，取这三个数值中的最大值作为该管道的允许最小覆土深度或最小埋深。

3. 最大埋深

在管道工程中，埋深愈大，则造价愈高，施工工期也愈长。因此，除考虑管道最小埋深外，还应考虑管道最大埋深问题。污水在管道中依靠重力从高处流向低处。当管道的坡度大于地面坡度时，管道的埋深就愈来愈大，尤其在地形平坦地区更为突出。管道埋深允许的最大值为最大允许埋深。该值的确定应根据技术经济指标及施工方法而定，一般在干燥土壤中，最大埋深不超过 7～8m；在多水、流砂、石灰岩地层中，一般不超过 5m。当超过最大埋深时，应设置泵站以提高管渠的位置。

（二）污水管道控制点及衔接方式

1. 控制点的确定和泵站的设置地点

在污水排水区域内，对管道系统的埋深起控制作用的点称为控制点。例如，各条管道的起点大都是这条管道的控制点。这些控制点中离出水口最远的一点，通常就是整个系统的控制点。具有相当深度的工厂排出口或某些低洼地区的管道起点，也可能成为整个管道系统的控制点。这些控制点的管道埋深影响整个污水管道系统的埋深。

确定控制点的标高，一方面，应根据城市的竖向规划，保证排水区域内各点的污水都能够排出，并考虑发展，在埋深上适当留有余地；另一方面，不能因照顾个别控制点而增加整个管道系统的埋深。为此，通常采用一些措施，例如，加强管材强度，填土提高地面高程以保证最小覆土深度；设置泵站提高水位等方法，减少控制点管道的埋深，从而减少整个管道系统的埋深，降低工程造价。

在排水管道系统中，由于地形条件等因素的影响，通常可能需设置中途泵站、局部泵站和终点泵站。当管道埋深接近最大埋深时，为提高下游管道的水位而设置的泵站，称为中途泵站；若是将低洼地区的污水抽升到地势较高地区管道中，或是将高层建筑地下室、地铁、其他地下建筑的污水抽送到附近管道系统所设置的泵站，称为局部泵站；此外，污水管道系统终点的埋深通常很大，而污水处理厂的处理构筑物因受受纳水体水位或再生利用设备的水位的限制，一般需埋深很浅或设置在地面上，因此需设置泵站将污水抽升至处理构筑物，这类泵站称为终点泵站，如图 21-3 所示。设置泵站抽升污水便会增加基建投资和常年运转管理费用，是不利的。但不建泵站而过多地增加管道埋深，不仅施工难度大且造价也很高。因此，泵站设置与否及其具体位置选择应考虑环境卫生、地质、电源和施工条件等因素确定。

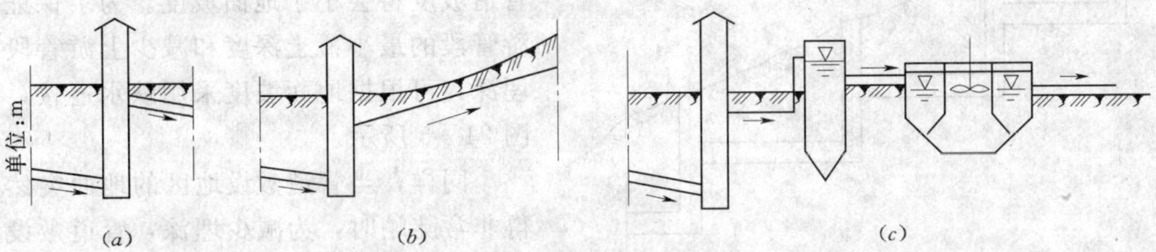


图 21-3　污水泵站的设置地点

(a) 中途泵站；(b) 局部泵站；(c) 终点泵站

2. 污水管道衔接方式

污水管道在管径、坡度、高程、方向发生变化和支管接入的地方都需要设置检查井。在设计时，必须考虑检查井内上下游管道衔接时的高程关系问题，并应遵循以下两个原则：

(1) 尽可能提高下游管段的高程，以减少管道埋深，降低造价。

(2) 避免上游管段中形成回水而造成淤积。

不同直径的管道在检查井内的连接，其衔接方法通常采用管顶平接或水面平接，如图 21-4 所示。

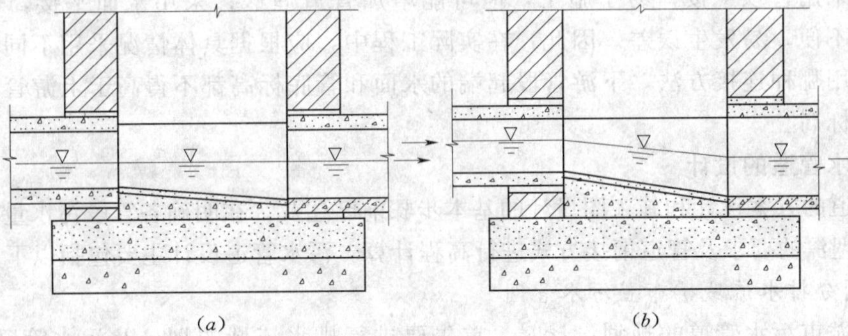


图 21-4　污水管道的衔接

(a) 水面平接；(b) 管顶平接

水面平接是指在水力计算中，使上游管段终端和下游管段起端在指定的充满度下的水面相平，即上游管段终端和下游管段起端的水面标高相同。由于上游管段中的水面变化较大，水面平接时在上游管段内的实际水面标高有可能低于下游管段的实际水面标高，因此，在上游管段中易形成回水。

管顶平接是指在水力计算中，使上游管段终端和下游管段起端的管顶标高相同。采用管顶平接时，在上述情况下就不至于在上游管段产生回水，但下游管段的埋深将增加。这对于平坦地区或埋设较深的管道，有时是不适宜的。这时应尽可能减少埋深，而采用水面平接的方法。

此外，当下游管道敷设地区的地面坡度很大时，为了调整管内流速，所采用的管道坡度将会小于地面坡度。为了保证下游管段的最小覆土深度和减少上游管段的埋深，可根据地面坡度采用跌水连接，如图 21-5 所示。

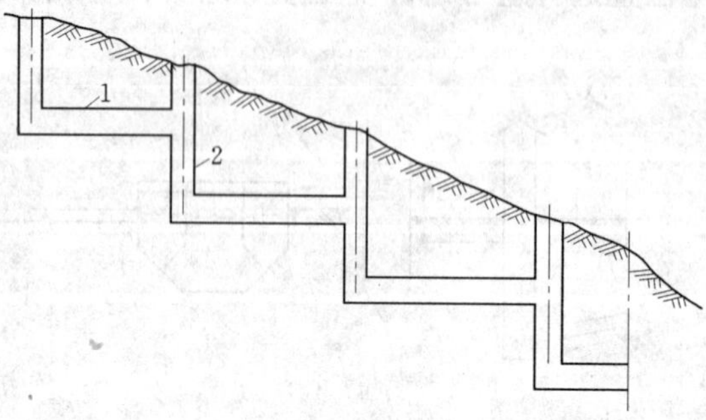

图 21-5　管段跌水连接

1—管段；2—跌水井

同样，当管道敷设地区的地面突然变得非常陡峭时，为减少埋深，管道敷设坡度随之增加，管内水流断面减小、水流速度随之加大（当然坡度的选择要使管内水流速度满足最大流速的要求），管径相对上游有所减小，这时管道衔接应采取管底平接，即上游管段终端和下游管段起端的管底标高相同。

在旁侧管道和干管交汇处，若旁侧管道的管底标高比干管的管底标高大很多时，为保证干管有良好的水力条件，最好在旁侧管道上先设跌水井后再与干管相接。反之，若干管的管底标高高于旁侧管道的管底标高，为了保证旁侧管能接入干管，干管在交汇处需设跌水井，以增大干管的埋深。

污水明渠与地下管渠衔接时，采用跌水井连接；地下暗渠与明渠衔接时，需要在暗渠末端设排出口，再接入明渠。

总之，采用管顶平接，易于施工，但可能增加管道埋深；采用水面平接，可减少埋深，但施工不便，易发生误差。因此，在实际工程中，应根据具体情况采用不同的连接方式。无论采用哪种连接方法，下游管段起端的水面和管底标高都不得高于上游管段终端的水面和管底标高。

**五、污水管道的设计**

污水管道的方案设计和施工图设计的基本步骤前已述及。在明确各管段污水量、水力条件后，根据埋深的要求及管道衔接方式进行高程计算。污水管道设计主要包括以下内容。

（一）划分排水流域，布置污水管网

在进行城市污水管道的规划设计时，首先要进行排水流域的划分及污水管网的布置。其主要内容包括：确定排水区界，划分排水流域；选择污水厂和出水口的位置；确定污水干管及主干管的路线；污水提升及泵站位置等。

1. 排水流域划分

排水区界是污水排水系统设置的界限。凡是采用完善卫生设备的建筑区都应设置污水管道。在排水区界内，根据地形及城镇和工业区的竖向规划，划分排水流域。一般在丘陵及地形起伏的地区，可按等高线划出分水线，通常分水线与流域分界线基本一致。在地形平坦无显著分水线的地区，可依据面积的大小划分，使各相邻流域的管道系统能合理分担排水面积，使干管在最大合理埋深情况下，尽量使绝大部分污水能以自流排水为原则。每一个排水流域往往有1个或1个以上的干管，根据流域地势标明水流方向和污水需要抽升的地区。

某市排水流域划分情况如图21-6所示。该市被河流分隔为四个区域，根据自然地形，可划分为四个独立的排水流域。每个排水流域内有1条或1条以上的污水干管，两区形成河北排水区，两区为河南排水区，北南两区污水进入各区污水处理厂，经处理后排入河流。

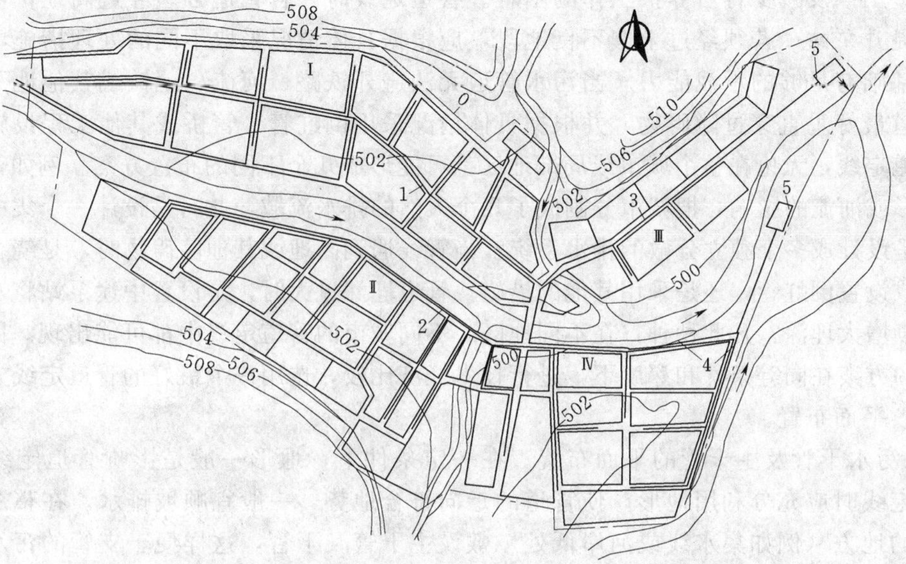


图21-6　某市污水排水系统平面

0—排水区界；Ⅰ、Ⅱ、Ⅲ、Ⅳ—排水流域编号；

1、2、3、4—各排水流域干管；5—污水处理厂

2. 管网平面布置

(1) 管道定线。在总图上确定污水管道的位置和走向，称为污水管道的定线。正确的定线是合理、经济地设计污水管道的先决条件，是污水管道系统设计的重要环节。

管道定线一般按主干管、干管、支管顺序依次进行。管道定线的方法根据工程的重要性及工程设计的不同阶段选择纸上定线或测量定线，即根据给定条件，用比例尺按给定的图形比例将管中心线绘到图上。测量定线是在纸上定线的基础上，通过现场实测，将测量结果准确反应到图纸上。纸上定线只是依据图纸而定，所以不仅管线折点不固定，而且也可能与道路上管线的实际长度、埋深等不一致。因此，干管或重要管线必须采用测量定线，其他管线视具体情况而定。

定线应遵循的主要原则是：应尽可能地在管线较短和埋深较小的情况下，使最大区域的污水能自流排出。为了实现这一原则，在定线时必须很好地研究各种条件，使拟定的路线能因地制宜地利用其有利因素而避免不利因素。定线时通常考虑的几个因素包括：地形和竖向规划、排水体制和线路数目、污水厂和出水口位置、水文地质条件、道路宽度、地下管线和构筑物的位置、工业企业和产生大量污水的公共建筑的分布情况等。

采用的排水体制也影响管道定线。分流制系统一般有两个或两个以上的管道系统，定线时必须在平面和高程上互相配合。采用合流制时要确定截流干管及溢流井的正确位置。若采用混合体制，则在定线时应考虑两种体制管道的连接方式。

考虑到地质条件、地下构筑物以及其他障碍物对管道定向的影响，应将管道特别是主干管布置在坚硬密实的土壤中，尽量避免或减少管道穿越高地、基岩浅露地带或基质土壤不良地带；尽量避免或减少与河道、山谷、铁路及各种地下构筑物交叉，以降低施工费用，缩短工期及减少日后养护工作的困难。管道定线时，若管道必须经过高地，可采用隧洞或设提升泵站；若须经过土壤不良地段，应根据具体情况采取不同的处理措施，以保证地基或基础有足够的承载能力。当污水管道无法避开铁路、河流、地铁或其他地下构筑物时，管道最好垂直穿过障碍物，并根据具体情况采用倒虹管、管桥或其他工程设施。

管道定线，无论在整个城市或局部地区都可能形成几个不同的布置方案。例如，常遇到由于地形或河流的影响，把城市分割成了几个天然的排水流域，此时是设计一个集中的排水系统还是设计成多个独立分散的排水系统？当管线遇到高地或其他障碍物时，是绕行或设置泵站，或设置倒虹管，还是采用其他的措施？管道埋深过大时，是设置中途泵站将水位提高还是继续增大埋深？凡此种种，在不同地区、不同城市的管道定线中都可能出现。因此，应对不同的方案在同等条件和深度下，进行技术经济比较，选用一个最好的管道定线方案。

（2）平面布置。

1）污水干管及主干管的平面布置。在一定条件下，地形一般是影响管道定线的主要因素。定线时应充分利用地形，使管道的走向符合地势，一般宜顺坡排水。在整个排水区域较低的地方（例如集水线或河岸低处）敷设主干管及干管，这样便于支管的污水自流接入，而横支管的坡度尽可能与地面坡度一致。管道干管及主干管的布置形式详见本书第二十章第四节。

污水主干管的走向取决于污水厂和出水口的位置。因此，污水厂和出水口的数目与布设位置，将影响主干管的数目和走向。例如，在大城市或地形复杂的城市，可能要建几个污水厂分别处理和利用污水，这就需要敷设几条主干管。在小城市或地势倾向一方的城市，通常只设一个污水厂，则只需敷设一条主干管。若相邻城市联合建造区域污水厂，则需相应建造区域污水管道系统。

排水管渠原则上以重力流为主，因此管渠必须具有坡度。在地形平坦地区，管道虽然不长，埋深亦会增加很快，当埋深超过一定限值时，或者管道需要翻越高地和长距离输水时，均需设置泵站，采用压力流。在管道定线时，通过方案比较，选择最适当的定线位置，使之既能减少埋深，又可少建泵站。

2）污水支管的平面布置。污水支管的平面布置取决于地形及街坊建筑特征，并应便于用户接管排水。当街坊面积不太大，街坊污水管网可采用集中排水方式时，街道支管敷设在服务街坊较低侧的街道上，如图 21-7（*a*）所示，称为低边式布置。当街坊面积大且地势平坦时，宜在街坊四周的街道敷设污水支管，如图 21-7（*b*）所示。建筑物的污水排出管可与街道支管连接，称为周边式布置。街区已按规划确定，街区内污水管网按各建筑的需要设计，组成一个系统，再穿过其他街区与所穿街区的污水管网相连，如图 21-7（*c*）所示，称为穿坊式布置。

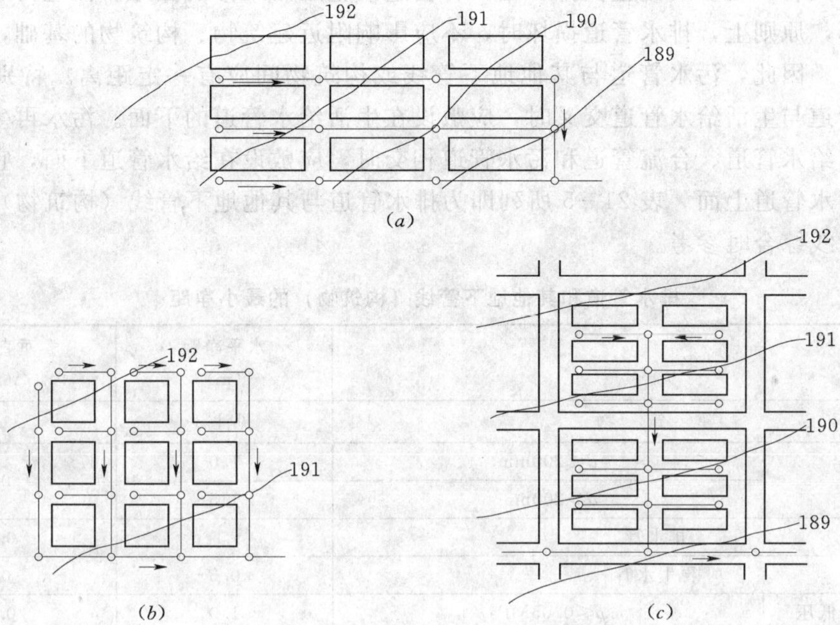


图 21-7　污水支管的布置形式

(a) 低边式布置；(b) 周边式布置；(c) 穿坊式布置

3）污水管道在街道上的位置。管道定线时还须考虑街道宽度及交通情况。污水干管一般不宜敷设在交通繁忙而狭窄的街道下。所有地下管线尽量布置在人行道、慢车道和绿化带下，尽量避开快车道。只有在不得已时，才考虑将埋深大、修理次数较少的污水、雨水管布置在机动车道下。此外，为便于用户接管，若道路红线宽度超过 50m 的城市干道，为了减少连接支管的数目和减少与其他地下管线的交叉，宜在道路两侧布置排水管道。

在城市道路下，有许多管线工程，例如给水管、污水管、煤气管、热力管、雨水管、电力电缆、电信电缆等。在工厂的道路下，管线工程的种类也会很多。此外，在道路下还可能有地铁、地下人行横道、工业用隧道等地下设施。为了合理安排这些管线在空间的位置，必须在各单项管线工程规划的基础上，进行综合规划，统筹安排，以利施工和日后的维护管理。排水管渠在城镇道路下埋设位置应符合《城市工程管线综合规划规范》（GB 50289—98）的规定。

管线布置的顺序，一般从建筑红线向道路中心线方向为电力管线→电信管线→污水管线→燃气管线→给水管线→热力管线→污水管线→雨水管线；自地表向下的排列顺序宜为电力管线、热力管线、燃气管线、给水管线、雨水排水管线、污水排水管线。若各种管线布置发生矛盾时，处理的原则是，新建的让已建的，临时的让永久的，小管让大管，压力管让重力流管，可弯曲管线的让不可弯的，分支管线让主干管线，检修次数少的让检修次数多的。各管线敷设和检修时，不应互相影响。在地下设施拥挤的地区或交通极为繁忙的街道下，把污水管线与其他地下管线集中安置在隧道中是比较合适的，但雨水管道一般不设在隧道中，而是与隧道平行敷设。

由于污水管道为重力流管道，管道（尤其是干管和主干管）的埋深较其他管线大，且有很多连接支管，若管线位置安排不当，将会造成施工和维修的困难。而且污水管道难免渗漏、损坏，原则上，排水管道损坏时，不应影响附近建筑物、构筑物的基础，不应污染生活饮用水。因此，污水管道与其他地下管线或构筑物间应有一定距离。特别是污水管道、合流管道与生活给水管道交叉时，应敷设在生活给水管道的下面。污水再生利用的再生水管道与给水管道、合流管道和污水管道相交时，应敷设在给水管道下面，宜敷设在合流管道和污水管道上面。表 21－5 所列即为排水管道与其他地下管线（构筑物）的最小净距，可供管线综合时参考。

**表 21－5　　排水管道和其他地下管线（构筑物）的最小净距**

<table>
<tr><th colspan="3">名　称</th><th>水平净距<br>（m）</th><th>垂直净距<br>（m）</th></tr>
<tr><td colspan="3">建　筑　物</td><td>见注 3</td><td></td></tr>
<tr><td colspan="2" rowspan="2">给水管</td><td>d≤200mm</td><td>1.0</td><td rowspan="2">0.4</td></tr>
<tr><td>d>200mm</td><td>1.5</td></tr>
<tr><td colspan="3">排水管</td><td></td><td>0.15</td></tr>
<tr><td colspan="3">再生水管</td><td>0.5</td><td>0.4</td></tr>
<tr><td rowspan="4">燃气管</td><td>低压</td><td>p≤0.05MPa</td><td>1.0</td><td>0.15</td></tr>
<tr><td>中压</td><td>0.05MPa<p≤0.4MPa</td><td>1.2</td><td>0.15</td></tr>
<tr><td rowspan="2">高压</td><td>0.4MPa<p≤0.8MPa</td><td>1.5</td><td>0.15</td></tr>
<tr><td>0.8MPa<p≤1.6MPa</td><td>2.0</td><td>0.15</td></tr>
<tr><td colspan="3">热力管线</td><td>1.5</td><td>0.15</td></tr>
<tr><td colspan="3">电力管线</td><td>0.5</td><td>0.5</td></tr>
<tr><td colspan="3" rowspan="2">电信管线</td><td rowspan="2">1.0</td><td>直埋 0.5</td></tr>
<tr><td>管块 0.15</td></tr>
<tr><td colspan="3">乔木</td><td>1.5</td><td></td></tr>
<tr><td colspan="2" rowspan="2">地上柱杆</td><td>通信照明及<10kV</td><td>0.5</td><td></td></tr>
<tr><td>高压铁塔基础边</td><td>1.5</td><td></td></tr>
<tr><td colspan="3">道路侧石边缘</td><td>1.5</td><td></td></tr>
<tr><td colspan="3">铁路钢轨（或坡脚）</td><td>5.0</td><td>轨底 1.2</td></tr>
<tr><td colspan="3">电车（轨底）</td><td>2.0</td><td>1.0</td></tr>
<tr><td colspan="3">架空管架基础</td><td>2.0</td><td></td></tr>
<tr><td colspan="3">油管</td><td>1.5</td><td>0.25</td></tr>
<tr><td colspan="3">压缩空气管</td><td>1.5</td><td>0.15</td></tr>
<tr><td colspan="3">氧气管</td><td>1.5</td><td>0.25</td></tr>
<tr><td colspan="3">乙炔管</td><td>1.5</td><td>0.25</td></tr>
<tr><td colspan="3">电车电缆</td><td></td><td>0.5</td></tr>
<tr><td colspan="3">明渠渠底</td><td></td><td>0.5</td></tr>
<tr><td colspan="3">涵洞基础底</td><td></td><td>0.15</td></tr>
</table>

**注**　1. 表列数字除注明者外，水平净距均指外壁净距，垂直净距系指下面管道的外顶与上面管道基础底间净距。

2. 采取充分措施（如结构措施）后，表列数字可以减小。

3. 与建筑物水平净距，管道埋深浅于建筑物基础时，不宜小于 2.5m；管道埋深深于建筑物基础时，按计算确定，但不应小于 3.0m。

如图 21－8 所示为城市街道下地下管线布置的实例（图中尺寸以 m 计）。

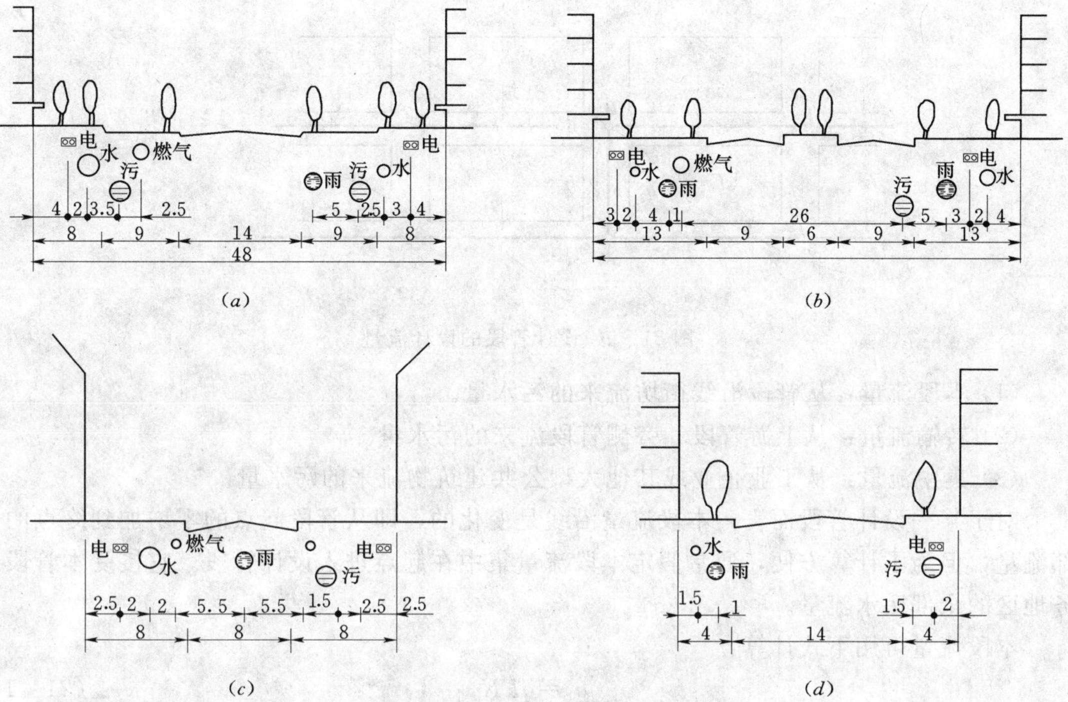


图 21－8　街道地下管线的布置

为了增大上游干管的直径，可减少敷设坡度，以便能减少整个管道系统的埋深。将产生大流量污水的工厂或公共建筑物的污水排出口接入污水干管起端是有利的。

管道系统的方案确定后，便可组成污水管道平面布置图。在方案（初步）设计时，污水管道系统的总平面图包括干管、主干管的位置与走向和主要泵站、污水厂、出水口的位置等。施工设计时，管道平面图应包括全部支管、干管、主干管、泵站、污水厂、出水口等的具体位置和详细资料。

根据定线后管道的具体位置，在管道转弯处、管径或坡度改变处、有支管接入处或两条以上管道交汇处以及超过一定距离的直线管段上，都应设置检查井。若接入检查井的支管（接户管或连接管）管径大于 300mm 时，支管数量不超过 3 条。

（二）设计管段及设计流量的确定

1. 设计管段及其划分

两个检查井之间的管段采用的设计流量不变，且采用同样的管径和坡度，称为设计管段，但在划分设计管段时，为了简化计算，不需要把每个检查井都作为设计管段的起讫点。因为在直线管段上，为了疏通管道，需在一定距离处设置检查井。估计可以采用同样管径和坡度的连续管段，就可以划作一个设计管段。根据管道平面布置图，凡有集中流量进入、有旁侧管道接入的检查井均可作为设计管段的起讫点，并在起讫点上编上号码。

2. 设计管段的设计流量

每一设计管段的污水设计流量可能包括以下几种流量，如图 21－9 所示。

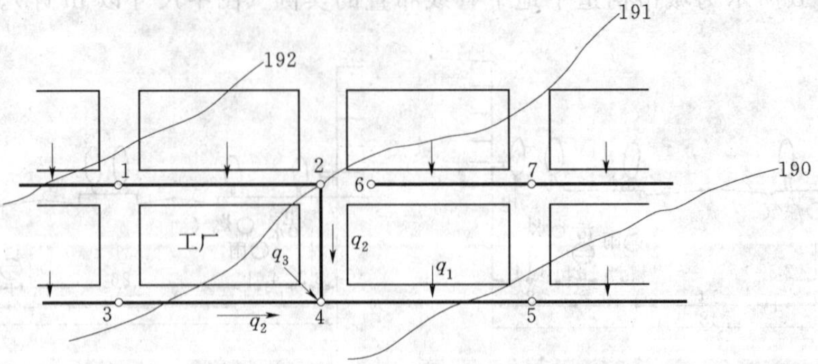


图 21-9　设计管段的设计流量

(1) 本段流量：从管段沿线街坊流来的污水量。

(2) 转输流量：从上游管段和旁侧管段流来的污水量。

(3) 集中流量：从工业企业或其他大型公共建筑物流来的污水量。

对于某一设计管段而言，本段流量沿线是变化的，即从管段起点的零增加到终点的全部流量，但为了计算方便，通常假定本段流量集中在起点进入设计管段。它接受本管段服务地区的全部污水流量。

本段流量可用下式计算：

$$q_1 = qFK_z \tag{21-14}$$

式中：$q_1$ 为设计管段的本段流量，$m^3/s$；$F$ 为设计管段的街坊面积，$hm^2$；$K_z$ 为生活污水量的总变化系数；$q$ 为单位面积的本段平均流量，即比流量，$L/(s \cdot hm^2)$，可用式(21-2)求得。

从上游管段和旁侧管段流来的平均流量以及集中流量对这一管段是不变的。

方案（初步）设计时，只计算干管和主干管的流量。施工设计时，应计算全部管道的流量。

（三）污水管道水力计算

1. 各管段水力条件的确定

在上述设计管段划分和设计流量计算的基础上，确定污水管道水力条件时，通常污水设计流量为已知值，需要进一步确定管道的断面尺寸和敷设坡度等水力条件。所选择的管道断面尺寸，必须要在规定的设计充满度和设计流速的情况下，能够排泄设计流量。管道坡度应参照地面坡度平行敷设，这样可不增大埋深。但同时管道坡度又不能小于最小设计坡度的规定，以免管道内流速达不到最小设计流速而产生淤积。当然也应避免因管道坡度太大而使流速大于最大设计流速，否则也会导致管壁受到冲刷而缩短管道的使用期限。

在具体水力计算中，已知各管段设计流量 $Q$ 及所选管材的管道粗糙系数 $n$，根据本章第三节水力计算基本公式求管径 $D$、水力半径 $R$、充满度 $h/D$、管道坡度 $I$ 和流速 $v$。由于计算过程极为复杂，所以在实际工程中为了简化计算，常采用水力计算图或表。水力计算示意图如图 21-10 所示。

这种将流量、管径、坡度、流速、充满度、粗糙系数等各水力条件之间关系绘制成的水力计算图使用较为方便。对每一张图而言，$D$ 和 $n$ 是已知数，图上的曲线表示管径 $D$、充满度 $h/D$、管道坡度 $I$ 和流速 $v$ 之间的关系。这四个因素中，根据地形条件和相关水力条件规定，只要首先确定两个就可以查出其他两个。

也可采用水力计算表进行计算。表 21－6 为摘录的钢筋混凝土圆管水力计算表（非满流，$n$=0.014，$D$=300mm）的部分数据。每一张表的管径 $D$ 和粗糙系数 $n$ 是已知的，表中 $Q$、$v$、$h/D$、$i$ 四个因素，知道其中任意两个便可求出另外两个。

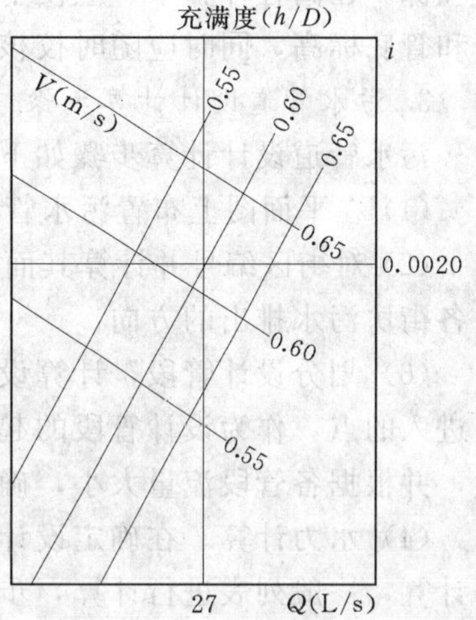


图 21－10　水力计算示意图

实际工程设计时，通常只有设计管段的设计流量是已知的，此时可参考管段所在地段的地面坡度进行确定，管道敷设坡度和地面坡度应保持一致；但若地面平坦或坡度太大，无法参考地面坡度确定管道坡度时，可按假定的管道坡度确定其他相关水力条件，如管径、流速和充满度。

**表 21－6　　钢筋混凝土圆管水力计算（非满流，$n$=0.014，$D$=300mm）**

| $\frac{h}{D}$ | $i$ (‰) | | | | | | | | | |
|---|---|---|---|---|---|---|---|---|---|---|
| | 2.5 | | 3.0 | | 4.0 | | 5.0 | | 6.0 | |
| | $Q$ | $v$ | $Q$ | $v$ | $Q$ | $v$ | $Q$ | $v$ | $Q$ | $v$ |
| 0.10 | 0.94 | 0.25 | 1.03 | 0.28 | 1.19 | 0.32 | 1.33 | 0.36 | 1.45 | 0.39 |
| 0.15 | 2.18 | 0.33 | 2.39 | 0.36 | 2.76 | 0.42 | 3.09 | 0.46 | 3.38 | 0.51 |
| 0.20 | 3.93 | 0.39 | 4.31 | 0.43 | 4.97 | 0.49 | 5.56 | 0.55 | 6.09 | 0.61 |
| 0.25 | 6.15 | 0.45 | 6.74 | 0.49 | 7.78 | 0.56 | 8.70 | 0.63 | 9.53 | 0.69 |
| 0.30 | 8.79 | 0.49 | 9.63 | 0.54 | 11.12 | 0.62 | 12.43 | 0.70 | 13.62 | 0.76 |
| 0.35 | 11.81 | 0.54 | 12.93 | 0.59 | 14.93 | 0.68 | 16.69 | 0.75 | 18.29 | 0.83 |
| 0.40 | 15.13 | 0.57 | 16.57 | 0.63 | 19.14 | 0.72 | 21.40 | 0.81 | 23.44 | 0.89 |
| 0.45 | 18.70 | 0.61 | 20.49 | 0.66 | 23.65 | 0.77 | 26.45 | 0.86 | 28.97 | 0.94 |
| 0.50 | 22.45 | 0.64 | 24.59 | 0.70 | 28.39 | 0.80 | 31.75 | 0.90 | 34.78 | 0.98 |
| 0.55 | 26.30 | 0.66 | 28.81 | 0.72 | 33.26 | 0.84 | 37.19 | 0.93 | 40.74 | 1.02 |
| 0.60 | 30.16 | 0.68 | 33.04 | 0.75 | 38.15 | 0.86 | 42.66 | 0.96 | 46.73 | 1.06 |
| 0.65 | 33.69 | 0.70 | 37.20 | 0.76 | 42.96 | 0.88 | 48.03 | 0.99 | 52.61 | 1.08 |
| 0.70 | 37.59 | 0.71 | 41.18 | 0.78 | 47.55 | 0.90 | 53.16 | 1.01 | 58.23 | 1.10 |
| 0.75 | 40.94 | 0.72 | 44.85 | 0.79 | 51.79 | 0.91 | 57.90 | 1.02 | 63.42 | 1.12 |
| 0.80 | 43.89 | 0.72 | 48.07 | 0.79 | 55.51 | 0.92 | 62.06 | 1.02 | 67.99 | 1.12 |
| 0.85 | 46.26 | 0.72 | 50.68 | 0.79 | 58.52 | 0.91 | 65.43 | 1.02 | 71.67 | 1.12 |
| 0.90 | 47.85 | 0.71 | 52.42 | 0.78 | 60.53 | 0.90 | 67.67 | 1.01 | 74.13 | 1.11 |
| 0.95 | 48.24 | 0.70 | 52.85 | 0.76 | 61.02 | 0.88 | 68.22 | 0.98 | 74.74 | 1.08 |
| 1.00 | 44.90 | 0.64 | 49.18 | 0.70 | 56.79 | 0.80 | 63.49 | 0.90 | 69.55 | 0.98 |

2. 各管段高程的计算

各管段水力条件确定后，结合管网平面布置情况，确定管网控制点，根据控制点的埋深要求及管道衔接方式，逐段进行管道高程计算，即确定管道上、下游水面、管内底高程及埋深。在高程计算中，应使下游管段起端的水面和管底标高始终低于上游管段终端的水面和管底标高，同时应随时校核最小覆土深度。

3. 污水管道设计计算步骤

污水管道设计计算步骤如下：

（1）在平面图上布置污水管道。

（2）对街区编号并计算其面积。将各街坊编上号码，列表计算它们的面积，用箭头标出各街坊污水排出的方向。

（3）划分设计管段，计算设计流量。根据设计管段的定义和划分方法，将各管段有流量进入的点，作为设计管段的起讫点，并将其检查井编号。列表计算各设计管段的设计流量，并根据各管段流量大小，确定不计算管段。

（4）水力计算。在确定设计流量后，便可以从上游管段开始依次进行各设计管段的水力计算，一般列表进行计算，步骤如下：

1）从管道平面布置图上量出每一设计管段的长度。

2）列出各设计管段的设计流量以及设计管段起讫点检查井处的地面标高。

3）计算每一设计管段的地面坡度（地面坡度＝地面高差/距离），作为确定管道坡度时参考。

4）根据水力计算图表及相关设计规定，确定各管段的管径、设计流速、设计坡度以及设计充满度。

5）确定管网高程控制点及其埋深，计算各管段上端、下端的水面以及管底标高及其埋深。

（5）绘制管道平面图和纵剖面图。

4. 污水管道设计计算中的注意事项

污水管道设计计算中的注意事项如下：

（1）控制点的合理确定。各条管道的起点、低洼地区的街坊和污水出口较深的工业企业或公共建筑等的排出口均有可能成为控制点。

（2）必须研究管道敷设坡度与所在地段地面坡度之间的关系。使确定的管道坡度，在保证最小设计流速的前提下，又不使管道的埋深过大，以便于支管的接入。

在地面坡度太大的地区，为了减小管内水流速度、防止管壁被冲刷，管道坡度往往需要小于地面坡度。这就有可能使下游管段的覆土深度无法满足最小限值的要求，甚至超出地面。因此，在适当的点可设置跌水井，管段之间采用跌水连接。

（3）水力计算自上游依次向下游管段进行，一般情况随着设计流量逐段增加，设计流速也相应增加。如果流量保持不变，流速不应减小。只有当坡度大的管道接到坡度小的管道时，下游管段的流速已大于1m/s（陶土管）或1.2m/s（混凝土、钢筋混凝土管道）的情况下，设计流速才允许减小。同时，设计流量逐段增加，设计管径也应随之增大。但当坡度小的管道接到坡度大的管道时，即下游坡度变陡时，其管径可根据水力计算确定由大改小，但不得超过2级，并不得小于相应条件下的最小管径，此时管道衔接也应采用管底平接。

（4）水流通过检查井时，常引起局部水头损失。为了尽量降低这项损失，检查井底部在直线管道上要严格采用直线，在管道转变处要采用匀称的曲线。通常直线检查井可不考虑局部损失。

(5) 在旁侧管与干管的连接点上，要考虑干管的埋深是否可以允许旁侧管接入。同时，为避免旁侧管和干管产生逆水和回水，旁侧管中的设计流速不应大于干管中的设计流速；而且管道转弯和交接处，为降低水头损失其水流转角不应小于90°。但对于管径小于300mm、跌水水头大于0.3m的管道，可适当放宽要求。

(四) 绘制管道平面图和纵剖面图

污水管道的平面图和纵剖面图，是污水管道设计的主要图纸。根据设计阶段的不同，图纸表现的深度亦有所不同。

1. 管道平面图

方案（初步）设计阶段的管道平面图通常采用的比例尺为1：5000～1：10000，图上有地形、地物、河流、风玫瑰或指北针等。图上分别用不同线型表示出已建和设计管线；在管线上画出设计管段起讫点的检查井并编上号码，标出各设计管段的服务面积，可能设置的中途泵站、倒虹管或其他的特殊构筑物，以及污水厂和出水口等；同时，还应将主干管各设计管段的长度、管径和坡度在图上注明。图21-11（*a*）表示部分管道平面图（见书后插页）。

施工图阶段的管道平面图比例尺常用1：1000～1：5000，图上内容基本同方案设计，但要求更为详细、确切，例如，要求标明检查井的准确位置及污水管道与其他地下管线或构筑物交叉点的具体位置、高程，居住区街坊连接管或工厂废水排出管接入污水管的准确位置和高程等。

此外，图上还应有图例、主要工程项目表和说明。

2. 纵剖面图

污水管道的纵剖面图反映管道沿线的高程位置，它是与平面图相对应的，图上用单线条表示原地面高程线和设计地面高程线，用双线条表示管道高程线，用双竖线表示检查井。图中还应标出沿线支管接入处的位置、管径、高程；与其他地下管线、构筑物或障碍物交叉点的位置和高程；沿线地质钻孔位置和地质情况等。在剖面图下方有一表格，表中列有检查井号、管道长度、管径、坡度、地面高程、管内底高程、埋深、管道材料、接口形式、基础类型。有时也将流量、流速、充满度等数据注明。比例尺一般横向采用1：500～1：2000，纵向采用1：50～1：200。对工程量较小，地形、地物较简单的污水管道工程，亦可不绘制纵剖面图，只需将管道的管径、坡度、管长、检查井的高程以及交叉点等注明在平面图上即可。污水管道的平、剖面图如图21-11所示（见书后插页）。

# 第二十二章　雨水管渠系统的设计

## 第一节　雨水管渠系统及其布置原则

### 一、概述

降落在地面上的雨水，只有一部分沿地面流入雨水管渠和水体，这部分雨水称为地面径流。雨水径流的总量并不大，但是，全年雨水的绝大部分常在极短的时间内降下，这种短时间内强度猛烈的暴雨，往往在瞬间形成数十倍、上百倍于生活污水流量的雨水径流量，若不及时疏导，将造成巨大的危害。

为防止暴雨径流的危害，保证城市居住区与工业企业不被洪水淹没，保证生产、生活和人民生命财产安全，需要修建雨水排除系统，以便有组织地及时将暴雨径流排入水体。当然这种雨水排除的指导思想是降低雨洪可能造成的危害，保障城市居民生活、生产的安全。但随着城市化进程加快，水体污染日益严重，这种雨水直接排除体制带来了新的问题，例如水体污染加剧、洪峰流量对水体下游的威胁、土壤涵养水量的减少以及水资源的日益紧张等，如果将雨水作为水资源加以合理利用可能是雨水更好的出路。可以利用城市建筑的屋顶、道路、庭院等收集雨水，用于冲厕、洗车、浇绿地或回补地下水。

### 二、雨水管渠系统及其布置原则

雨水管渠系统是由雨水口、雨水管渠、检查井、出水口等构筑物所组成的一整套工程设施。按我国目前的雨水排除方式，雨水管渠系统布置的主要任务，是要使雨水顺利地从建筑物、车间、工厂区或居住区内排泄出去，既不影响生产，又不影响人民生活，达到既合理又经济的要求。雨水管渠布置中应遵循下列原则。

#### （一）充分利用地形，就近排入水体

为尽可能地收集雨水，在规划雨水管线时，首先按地形划分排水区域，再进行管线布置。为减少雨水干管的管径和长度、降低造价，雨水管应本着分散和就近排放的原则布置。雨水管渠布置一般都采用正交式布置，保证雨水管渠以最短路线、较小的管径把雨水就近排入水体。当然根据地形和河水水位的情况，有时也需适当集中排放，例如，当河流的水位变化很大、管道出口离常水位较远时，出水口的构造比较复杂，造价较高，就不宜采用较多的出水口，这时宜采用集中出水口式的管道布置形式；当地形平坦，且地面平均标高低于河流常年的洪水位标高时，需将管道出口适当集中，在出水口前设雨水泵站，暴雨期间雨水经抽升后排入水体。

#### （二）尽量避免设置雨水泵站

由于暴雨形成的径流量大，雨水泵站的投资也很大，而且雨水泵站一年中运转时间短，利用率很低。因此，应尽可能利用地形，使雨水靠重力流排入水体，而不设置泵站。但在某些地势平坦、区域较大或受潮汐影响的城市，不得不设置雨水泵站的情况下，要把

经过泵站排泄的雨水径流量减少到最小限度。

（三）结合街区及道路规划布置雨水管渠

街区内部的地形、道路布置和建筑物的布置是确定街区内部雨水地面径流分配的主要因素。街区内的地面径流可沿街两侧的边沟排除。道路通常是街区内地面径流的集中地，所以道路边沟最好低于相邻街区地面标高。应尽量利用道路两侧边沟排除地面径流，在每一集水流域的起端100～200m可以不设置雨水管渠。雨水管渠常常是沿街道敷设，但是干管（渠）不宜设在交通量大的干道下，以免积水时影响交通。雨水干管（渠）应设在排水区的低处道路下。干管（渠）在道路横断面上的位置最好位于人行道下或慢车道下，以便检修。就排除地面径流的要求而言，道路纵坡最好在0.3%～6%范围内。

（四）结合城市竖向规划

城市竖向规划的主要任务之一，就是研究在规划城市各部分高度时，如何合理地利用自然地形，使整个流域内的地面径流能在最短时间内沿最短距离流到街道，并沿街道边沟排入最近的雨水管渠或天然水体。

（五）合理开辟水体

规划中应利用城市中的洼地和池塘，或有计划地开挖一些池塘，以便储存因暴雨量大时雨水管渠一时排除不了的径流量，避开地面积水。这样，雨水管渠可不按过高重限期设计，减少管渠断面，节约投资。同时，所开辟的水体（雨水调节池）可供游览、娱乐，在缺水地区，还可用于市郊农田灌溉。

（六）雨水口的设置

在街道两侧设置雨水口，是为了使街道边沟的雨水通畅地排入雨水管渠，而不致漫过路面。街道两旁雨水口的间距，主要取决于街道纵坡、路面积水情况以及雨水口的进水量，一般为30～80m。

街道交汇处雨水口设置的位置与路面的倾斜方向有关，如图22-1所示。

位于山坡下或山脚下的城市，应在市郊设置截洪沟，以拦集坡上径流，保护市区。

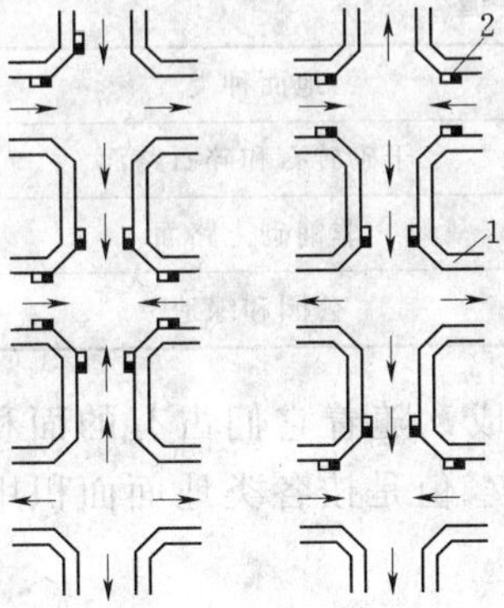


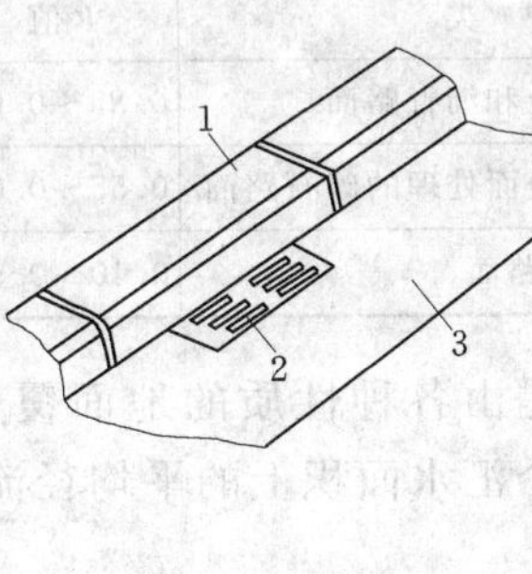


图22-1 道路交叉路口雨水口布置

(a) 雨水口布置；(b) 雨水口位置

1—路边石；2—雨水口；3—道路路面

## 第二节 雨水管渠设计

雨水设计流量是确定雨水管渠断面尺寸的重要依据。城镇和工厂中排除雨水的管渠，由于汇集雨水径流的面积较小，所以可采用小汇水面积上其他排水构筑物计算设计流量的推理公式计算雨水管渠的设计流量。

雨水设计流量按下式计算：

$$Q = \Psi q F \tag{22-1}$$

式中：$Q$ 为雨水设计流量，L/s；$\Psi$ 为径流系数，其数值小于 1；$F$ 为汇水面积，$hm^2$；$q$ 为设计暴雨强度，$L/(s \cdot hm^2)$。

这一公式是根据一定的假设条件，由雨水径流成因加以推导得出的半经验半理论公式，通常称为推理公式。该公式用于小流域面积计算暴雨设计流量已有多年的历史，也是我国室外排水设计规范规定采用的公式。

### 一、径流系数 $\Psi$ 的确定

降落在地面上的雨水，一部分被植物和地面的洼地截留，一部分渗入土壤，余下的一部分沿地面流入雨水管渠，这部分进入雨水管渠的雨水量称为径流量。径流量与降雨量的比值称为径流系数 $\Psi$，其值常小于 1。径流系数的值因汇水面积的地面覆盖情况、地面坡度、地貌、建筑密度的分布、路面铺砌等情况的不同而异。例如，屋面为不透水材料覆盖的 $\Psi$ 值大，而非铺砌的土路面 $\Psi$ 值较小；地形坡度大，雨水流动较快，其 $\Psi$ 值也大等。但影响 $\Psi$ 值的主要因素则为地面覆盖种类的透水性；此外，还与降雨历时、暴雨强度及暴雨雨型有关。例如，降雨历时较长，地面已经湿透，地面进一步渗透减少，$\Psi$ 值就大些；暴雨强度大，其 $\Psi$ 值也大。

目前，在雨水管渠设计中，径流系数通常采用按地面覆盖种类确定的经验数值。$\Psi$ 值如表 22-1 所示。

**表 22-1　　径流系数 $\Psi$ 值**

| 地面种类 | $\Psi$ 值 | 地面种类 | $\Psi$ 值 |
|---|---|---|---|
| 各种屋面、混凝土和沥青路面 | 0.85～0.95 | 干砌砖石和碎石路面 | 0.35～0.40 |
| 大块石铺砌路面和沥青表面处理的碎石路面 | 0.55～0.65 | 非铺砌土路面 | 0.25～0.35 |
| 级配碎石路面 | 0.40～0.50 | 公园和绿地 | 0.10～0.20 |

通常汇水面积是由各种性质的地面覆盖所组成，随着它们占有的面积比例变化，$\Psi$ 值也各异，所以整个汇水面积上的平均径流系数 $\Psi_{av}$ 值是按各类地面面积用加权平均法计算而得到，即

$$\Psi_{av} = \frac{\sum F_i \Psi_i}{F} \tag{22-2}$$

式中：$F_i$ 为汇水面积上各类地面的面积，$hm^2$；$\Psi_i$ 为相应于各类地面的径流系数；$F$ 为全部汇水面积，$hm^2$。

在设计中，也可采用综合径流系数，城镇建筑密集区的综合径流系数 $\Psi = 0.60$～

0.85，城镇建筑较密集区 $\Psi$＝0.45～0.60，城镇建筑稀疏区 $\Psi$＝0.20～0.45。随着城镇化进程的加快，不透水面积相应增加，为适应这种变化对径流系数产生的影响，设计时径流系数 $\Psi$ 值适当增加。当然，一些新建城区由于绿化面积增加，或者综合考虑雨水收集利用时，综合径流系数有所降低，应根据具体情况作相应调整。

## 二、设计暴雨强度的确定

### （一）雨量分析要素与暴雨强度公式

1. 雨量分析要素

对某场降雨而言，用于描述降雨特征的指标主要有降雨量、降雨历时、暴雨强度、重现期等。

（1）降雨量。降雨量是指降雨的绝对量，即降雨深度，用 $H$ 表示，单位为 mm；也可用单位面积上的降雨体积表示，单位为 $L/hm^2$。

（2）降雨历时。降雨历时是指连续降雨的时段，可以指一场雨全部降雨的时间，也可以指其中任一连续降雨时段，用 $t$ 表示，单位为 min 或 h。

（3）暴雨强度。暴雨强度是指某一连续降雨时段内的平均降雨量，即单位时间的平均降雨深度，用 $i$ 表示，单位为 mm/min。暴雨强度可按下式确定：

$$i=\frac{H}{t} \tag{22-3}$$

在工程上，暴雨强度常用单位时间内单位面积上的降雨体积 $q$ 表示，单位为 $L/(s\cdot hm^2)$。两种表示形式的换算关系为

$$q=167i \tag{22-4}$$

暴雨强度是描述暴雨特征的重要指标，也是决定雨水设计流量的主要因素。

（4）重现期。对每场降雨而言，暴雨强度随降雨历时而变化。但对某一地区的多年降雨规律而言，其暴雨强度也随该强度的雨重复出现一次平均间隔时间发生变化，这一平均间隔时间称为该暴雨强度的重现期，用 $P$ 表示，单位为年。

（5）降雨频率。降雨频率是指等于或大于某一特定值的暴雨强度出现的次数与多年观测资料总项数之比。它与重现期互为倒数。

（6）汇水面积。汇水面积是指雨水管渠汇集和排除雨水的地面面积，用 $F$ 表示，单位常用 $km^2$ 或 $hm^2$。一场暴雨在其整个降雨所笼罩的面积上雨量分布并不均匀。但是，对于城市雨水排水系统，汇水面积一般较小，通常小于 $100km^2$，其最远点的集水时间往往不超过 3～5 小时，多数情况下集水时间不超过 60～120min。因此，可假定降雨量在小汇水面积上是均匀的。

2. 暴雨强度公式

描述某一地区降雨规律必须根据其多年降雨观测资料，用统计方法归纳出分析曲线或数学公式。推求出反映暴雨强度 $i$（$q$）、降雨历时 $t$、重现期 $P$ 三者间关系的暴雨强度曲线和数学表达式。

暴雨强度曲线如图 22－2 所示，同时反映了暴雨强度 $i$（$q$）、降雨历时 $t$、重现期 $P$ 三者间关系。

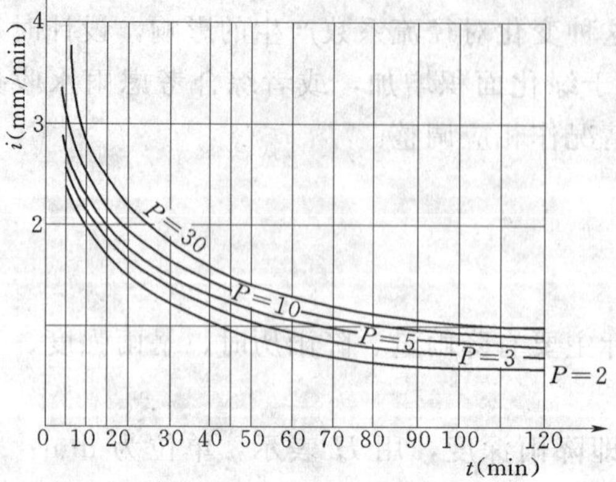


图 22-2 暴雨强度曲线

我国常用的暴雨强度公式形式为

$$q=\frac{167A_1(1+c\lg P)}{(t+b)^n} \qquad (22-5)$$

式中：$q$ 为设计暴雨强度，L/(s·hm²)；$P$ 为设计重现期，a；$t$ 为降雨历时，min；$A_1$、$c$、$b$、$n$ 为地方参数，根据统计方法进行计算确定。

全国各城市的暴雨强度公式，详见本书附录四。

从暴雨强度公式可以看出，要确定雨水管渠的设计暴雨强度，必须首先确定相应的设计降雨历时和重现期。

（二）设计降雨历时

如前所述，对每场降雨而言，有无数个降雨历时。但设计降雨历时是指管段设计断面发生最大流量时对应的降雨历时。

1. 流域上汇流过程及极限强度理论

（1）汇流过程分析。流域中各地面点上产生的径流沿着坡面汇流至低处，通过沟、溪汇入江河。在城市中，雨水径流由地面流至雨水口，经雨水管渠最后排入江河。从流域中最远一点的雨水径流流到出口断面的时间称为流域的集流时间。

图 22-3 所示为一块扇形流域汇水面积，其边界线是 $ab$、$ac$ 和 $bc$ 弧，$a$ 点为集流点（如雨水口或管渠上某一断面）。假定汇水面积内地面坡度均匀，则以 $a$ 点为圆心所划的圆弧线 $de$、$fg$、$hi$、…、$bc$ 称为等流时线，每条等流时线上各点的雨水流到 $a$ 点的时间是相等的。它们分别为 $\tau_1$、$\tau_2$、$\tau_3$、…、$\tau_0$，流域边缘线 $bc$ 上的雨水流到 $a$ 点的时间 $\tau_0$ 称为这块汇水面积的集流时间。

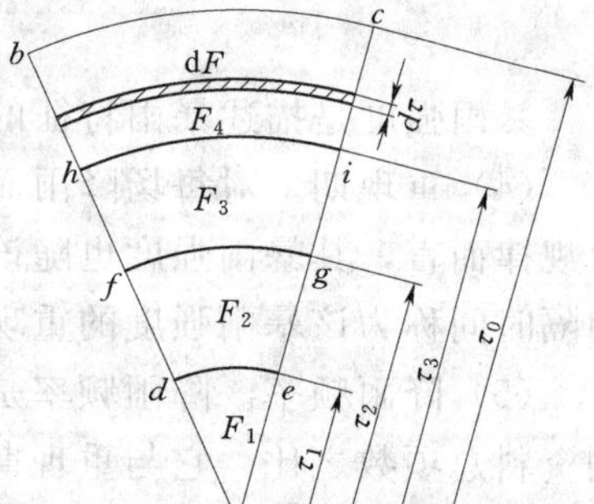


图 22-3 流域上汇流过程

在地面点上降雨产生径流开始后不久，在 $a$ 点所汇集的流量仅来自靠近 $a$ 点的小块面积上的雨水，离 $a$ 点较远的面积上的雨水此时仅流至中途。随着降雨历时的增长，汇水面积不断增大，当降雨时间 $t$ 等于流域边缘线上的雨水流到集流点 $a$ 的集流时间 $\tau_0$ 时，汇水面积扩大到整个流域面积，即流域全部面积参与径流，集流点产生最大径流量。

（2）极限强度理论。极限强度理论即承认降雨强度随降雨历时的增长而减小的规律性；同时，认为汇水面积的增长与降雨历时成正比，而且汇水面积随降雨历时的增长较降雨强度随降雨历时增长而减小的速度更快。因此，如果降雨历时 $t$ 小于流域的集流时间 $\tau_0$ 时，显然仅只有一部分面积参与径流，根据面积增长较降雨强度减小的速度更快，因而得出的雨水径流量小于最大径流量。如果降雨历时 $t$ 大于集流时间 $\tau_0$，流域全部面积已参与汇流，面积不能再增大，而降雨强度则随降雨历时的增长而减小，径流量也随之由最大逐渐减小。因此，只有当降雨历时等于集流时间时，全部面积参与径流，产生最大径流量。所以，雨水管渠的设计流量可用全部汇水面积 $F$ 乘以流域的集流时间 $\tau_0$ 时的暴雨强度 $q$ 及地面平均径流系数 $\Psi$（假定全流域汇水面积采用同一径流系数）得到。因此，雨水管道设计的极限强度理论包括两部分内容：

1）汇水面积上最远点的雨水流到集流点时，全部面积产生汇流，雨水管道的设计流量最大。

2）降雨历时等于汇水面积上最远点的雨水流到集流点的集水时间时，雨水管道发生最大流量。

2. 集水时间（设计降雨历时）的确定

如前所述，当 $t=\tau_0$ 时，雨水管道相应的全部汇水面积参与径流，并发生最大流量。因此，设计中通常用汇水面积最远点雨水流到设计断面时的集水时间作为设计降雨历时。

对雨水管道某一设计断面来说，集水时间由两部分组成，并可用下式表达：

$$t=t_1+mt_2 \tag{22-6}$$

式中：$t_1$ 为从汇水面积最远点流到第一个雨水口的地面集水时间，min；$t_2$ 为雨水在管道内流到设计断面所需的流动时间，min；$m$ 为折减系数。

（1）地面集水时间 $t_1$ 的确定。地面集水时间是指雨水从汇水面积上最远点流到第一个雨水口的时间。它受到地形坡度、地面铺砌、地面种植情况、道路纵坡和宽度等因素的影响，此外也与暴雨强度有关。但在上述各因素中，地面集水时间的长短主要取决于水流距离的长短和地面坡度。实际应用时，要准确地计算 $t_1$ 是困难的，一般采用经验数值。根据《室外排水设计规范》（GB 50014—2006）规定：地面集水时间视距离长短、地形坡度及地面覆盖情况而定，一般采用 $t_1=5\sim15\text{min}$。

按照经验，一般在建筑密度较大、地形较陡、雨水口分布较密的地区，或街坊内设置有雨水暗管，宜采用较小的 $t_1$ 值，可取 $t_1=5\sim8\text{min}$。而在建筑密度较小、汇水面积较大、地形较平坦、雨水口布置较稀疏的地区，宜采用较大值，一般可取 $t_1=10\sim15\text{min}$。在地面平坦、地面覆盖情况相近且降雨强度相差不大的情况下，地面集水距离是决定集水时间长短的主要因素。地面集水距离的合理范围是 50～150m。

如果 $t_1$ 选用过大，将会造成排水不畅，致使管道上游地面经常积水；如果 $t_1$ 选用过小，又将使雨水管渠尺寸加大而增加工程造价。在设计中应结合具体条件恰当地确定。

（2）管渠内雨水流行时间 $t_2$ 的确定。$t_2$ 是指雨水在管渠内的流行时间，即

$$t_2=\sum\frac{L}{60v} \tag{22-7}$$

式中：$L$ 为各管段的长度，m；$v$ 为各管段满流时的水流速度，m/s；60 为单位换算系数，1min=60s。

（3）折减系数 $m$ 值的确定。雨水管道按满流设计，但计算雨水设计流量公式的极限强度法原理指出，当降雨历时等于集水时间时，设计断面的雨水流量才达到最大值。因此，雨水管渠中的水流并非一开始就达到设计状况，而是随着降雨历时的增长逐渐形成满流，其流速也是逐渐增大到设计流速的。这样就出现了按满流时的设计流速计算所得的雨

水流行时间小于管渠内实际的雨水流行时间的情况。

此外，雨水管渠各管段的设计流量是按照相应于该管段的集水时间的设计暴雨强度来计算的，所以各管段的最大流量不大可能在同一时间内发生。当任一管段发生设计流量时，其他管段都不是满流（特别是上游管段）而形成一定的空隙空间。这部分空间对水流可起到缓冲和调蓄作用，并使发生洪峰流量的管道断面上的水流由于水位升高而产生回水。由于这种回水造成的滞流状态，使管道内实际流速低于设计流速，因此管内的实际水流时间比按满流计算的时间大得多。为此，引入折减系数 $m$ 加以修正。

我国《室外排水设计规范》（GB 50014—2006）建议采用的折减系数如下：暗管 $m=2$，明渠 $m=1.2$；在陡坡地区，$m=1.2\sim2$。

（三）设计重现期 $P$

从暴雨强度公式可知，暴雨强度随着重现期的不同而不同。在雨水管渠设计中，若选用较高的设计重现期，计算所得设计暴雨强度大，管渠的断面相应也大。对防止地面积水是有利的，安全性高，但经济上则因管渠设计断面的增大而增加了工程造价；若选用较低的设计重现期，管渠断面可相应减小。这样投资小，但安全性差，可能发生排水不畅、地面积水等情况。

因此，雨水管渠设计重现期的选用，应根据所在地区气候状况、地形特点、重要程度和排水设施等因素确定，一般地区重现期选用 0.5～3 年；对于重要地区宜采用较高的设计重现期，一般选用 3～5 年，并应与道路设计相协调；对于特别重要的地区，不同城市取 5～10 年不等。此外，在同一排水系统中（如立交道路）也可采用同一设计重现期或不同的设计重现期。

对雨水管渠设计重现期规范规定的选用范围，是根据我国各地目前实际采用的数据，经归纳综合后确定的。我国地域辽阔，各地气候、地形条件及排水设施差异较大。因此，在选用雨水管渠的设计重现期时，必须根据当地的具体条件合理选用。

综上所述，在得知确定设计重现期 $P$、设计降雨历时 $t$ 的方法后，计算雨水管渠设计流量所用的设计暴雨强度公式及流量公式可以写成如下形式：

$$q=\frac{167A_1(1+c\lg P)}{(t_1+mt_2+b)^n} \tag{22-8}$$

$$Q=\Psi F\frac{167A_1(1+c\lg P)}{(t_1+mt_2+b)^n} \tag{22-9}$$

式中：$Q$ 为雨水设计流量，L/s；$\Psi$ 为径流系数；$F$ 为汇水面积，$hm^2$；$q$ 为设计暴雨强度，$L/(s\cdot hm^2)$；$P$ 为重现期，a；$t_1$ 为地面集水时间，min；$t_2$ 为管渠内雨水流行时间，min；$m$ 为折减系数；$A_1$、$c$、$b$、$n$ 为地方参数。

（四）特殊情况下雨水设计流量的确定

前述雨水管渠设计流量计算公式是基于极限强度理论推求而得，在全部面积参与径流时发生最大流量。但实际工程中径流面积的增长未必是均匀的，且面积随降雨历时增长不一定比降雨强度减小的速度快，这种情况主要表现为以下两种形式：

(1) 汇水面积呈畸形增长。

(2) 汇水面积内地面坡度变化较大，或各部分径流系数显著不同。

在上述特殊情况下，排水流域最大流量可能不是发生在全部汇水面积参与径流，而是发生在部分面积参与径流。应根据具体情况分析最大流量可能发生的情况，并比较选择其中的最大流量作为相应管段的设计流量。现举例说明两个有一定距离的独立排水流域的雨水干管交汇处最大设计流量的计算方法。

**【例 22-1】** 雨水管道平面布置如图 22-4 所示。

各设计管段的汇水面积（$hm^2$）和雨水流向已标注在该图上，1-2 管段管长为 100m。地面平坦，径流系数 $\Psi=0.5$，地面集水时间 $t_1=5min$，折减系数 $m=2$，暴雨强度公式为

$$q=\frac{400}{t^{0.67}}$$

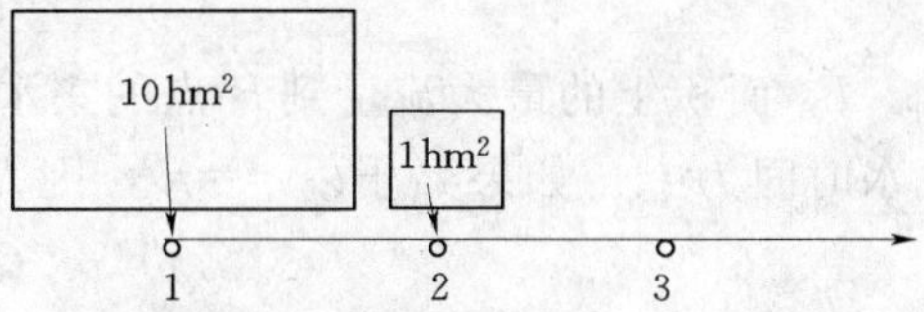

图 22-4　雨水管道平面布置图

试确定 2-3 管段的设计流量。

**解：** 根据已知条件，先求出 1-2 管段的设计流量：

$$Q_{1-2}=\Psi F_1\frac{400}{t^{0.67}}=0.5\times 10\times\frac{400}{5^{0.67}}=680\ (L/s)$$

查雨水管道水力计算图，可确定 1-2 管段的水力条件如下：$D=900mm$，$i=1.5‰$，$v=1.1m/s$。

1-2 管段的管内流行时间为

$$t_{1-2}=L/(v\times 60)=100/(1.1\times 60)=1.52\ (m/s)$$

2-3 管段设计降雨历时为

$$t=t_1+m\times t_{1-2}=5+2\times 1.52=8.04$$

$$Q_{2-3}=\Psi(F_1+F_2)\frac{400}{t^{0.67}}=0.5\times 11\times\frac{400}{(5+2\times 1.52)^{0.67}}=543\ (L/s)$$

计算结果表明，根据极限强度理论计算 2-3 管段设计流量小于 1-2 管段的流量。这是因为 2-3 管段汇水面积随降雨历时的增长较降雨强度随降雨历时的增长而减小的速度慢，即上下游管段出现面积畸形增长的特殊情况。而管道雨水实际流动过程中，1-2 管段的设计流量必定流经 2-3 管段，因此，2-3 管段也应满足该流量的输送要求，故 2-3 管段设计流量可按 1-2 管段流量取 680L/s。

**【例 22-2】** 有一条雨水干管接受两个独立排水流域的雨水径流，如图 22-5 所示。图中 $F_A$ 为城市中心区汇水面积，$F_B$ 为城市近郊工业区汇水面积，试求 $B$ 点的设计流量 $Q$ 是多少？

已知：(1) $P=1a$ 时的暴雨强度公式为

$$q=\frac{1625}{(t+4)^{0.57}}\ [L/(s\cdot ha)]$$

(2) 径流系数取 $\Psi=0.5$。

(3) $F_A=30ha$，$t_A=25min$；$F_B=15ha$，$t_B=15min$；雨水管道 $A-B$ 的

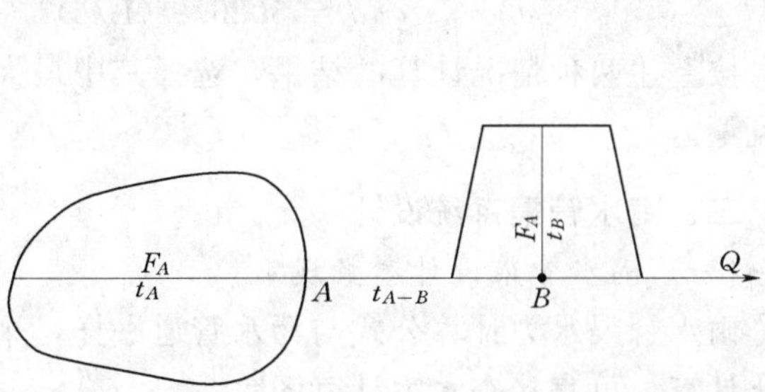

图 22-5　两个独立排水面积雨水汇流示意图

$t_{A\text{-}B}=10\text{min}$。

**解：** 根据已知条件，$F_A$ 面积上产生的最大流量为

$$Q_A=\Psi qF=0.5\times\frac{1625}{(t_A+4)^{0.57}}\times F_A=\frac{812.5}{(t_A+4)^{0.57}}\times F_A$$

$F_B$ 面积上产生的最大流量为

$$Q_B=\frac{812.5}{(t_B+4)^{0.57}}\times F_B$$

$F_A$ 面积上的最大流量到 $B$ 点的集水时间为 $t_A+t_{A-B}$，$F_B$ 面积上的最大流量到 $B$ 点的集水时间为 $t_B$。如果 $t_A+t_{A-B}=t_B$，则 $B$ 点的最大流量为

$$Q=Q_A+Q_B$$

但 $t_A+t_{A-B}\neq t_B$，故 $B$ 点的最大流量可能发生在 $F_A$ 面积或 $F_B$ 面积单独出现最大流量时，据已知条件 $t_A+t_{A-B}>t_B$，$B$ 点的最大流量按下面两种情况分别计算。

(1) 最大流量可能发生在全部 $F_B$ 面积参与径流量，这时 $F_A$ 中仅部分面积的雨水能流达 $B$ 点参与同时径流，$B$ 点的最大流量为

$$Q=\frac{812.5}{(t_B+4)^{0.57}}+\frac{812.5F'_A}{(t_B-t_{A-B}+4)^{0.57}}$$

式中：$F'_A$ 为在 $t_A+t_{A-B}=t_B$ 时间内流到 $B$ 点的 $F_A$ 上的那部分面积；$F_A/t_A$ 为 1min 的汇水面积。

所以

$$F'_A=\frac{F_A}{t_A}\times(t_B-t_{A-B})=\frac{30\times(15-10)}{25}=6\ (\text{ha})$$

代入上式得

$$Q=\frac{812.5\times15}{(15+4)^{0.57}}+\frac{812.5\times6}{(5+4)^{0.57}}=2275.2+1393.3=3668.5\ (\text{L/s})$$

(2) 最大流量可能发生在全部 $F_A$ 面积参与径流时，这时 $F_B$ 的最大流量已流过 $B$ 点，$B$ 点的最大流量为

$$\begin{aligned}Q&=\frac{812.5F_A}{(t_A+4)^{0.57}}+\frac{812.5F'_A}{(t_A+t_{A-B}+4)^{0.57}}\\&=\frac{812.5\times30}{(25+4)^{0.57}}+\frac{812.5\times15}{(25+10+4)^{0.57}}\\&=3575.8+1510.1\\&=5085.9\ (\text{L/s})\end{aligned}$$

按上述两种情况计算的结果，选择其中最大流量 $Q=5085.9\text{L/s}$ 作为 $B$ 点处所求的设计流量。

### 三、雨水管渠系统设计

#### (一) 雨水管渠设计参数规定

雨水管渠水力计算公式与污水管道一样，采用均匀流公式。同样，在实际工程中，为简化计算，可直接查水力计算图表

为使雨水管渠正常工作，对雨水管渠水力计算基本参数作如下技术规定。

1. 设计充满度

在目前雨水排除方式中，认为雨水较污水清洁，加上所采用较高的设计重现期的暴雨强度对应的降雨历时一般不会很长，且从减少工程投资的角度来讲，雨水管渠允许溢流。因此，雨水管渠的充满度按满流考虑，即 $h/D=1$。在地形平坦地区、埋深或出水口深度受限制的地区，可采用渠道（明渠或盖板渠）排除雨水。明渠超高等于或大于 0.20m，街道边沟超高等于或大于 0.03m。明渠或盖板渠底宽不宜小于 0.3m。无铺砌的明渠边坡应根据不同地质按表 22-2 取值；用砖石或混凝土块的明渠可采用 1∶0.75～1∶1 的边坡。

表 22-2　明渠边坡值

| 地　质 | 边 坡 值 | 地　质 | 边 坡 值 |
|---|---|---|---|
| 粉砂 | 1∶3～1∶3.5 | 半岩性土 | 1∶0.5～1∶1 |
| 松散的细砂、中砂和粗砂 | 1∶2～1∶2.5 | 风化岩石 | 1∶0.25～1∶0.5 |
| 密实的细砂、中砂、粗砂或粉土黏质 | 1∶1.5～1∶2 | 岩石 | 1∶0.1～1∶0.25 |
| 粉质黏土或黏土砾石或卵石 | 1∶1.25～1∶1.5 | | |

2. 设计流速

(1) 为避免雨水所挟带的泥沙等无机物质在管渠内沉淀下来而堵塞管道，雨水管道的最小设计流速为 0.75m/s；明渠内最小设计流速为 0.4m/s。

(2) 为防止管壁受到冲刷而损坏，雨水管道的最大设计流速：金属管道为 10m/s，非金属管道为 5m/s；明渠内水流深度为 0.4～1.0m，最大设计流速按表 22-3 选择。

表 22-3　明渠最大设计流速

| 明　渠　类　别 | 最大设计流速 (m/s) | 明　渠　类　别 | 最大设计流速 (m/s) |
|---|---|---|---|
| 粗砂或低塑性粉质黏土 | 0.8 | 干砌块石 | 2.0 |
| 粉质黏土 | 1.0 | 浆砌块石或浆砌砖 | 3.0 |
| 黏土 | 1.2 | 石灰岩和中砂岩 | 4.0 |
| 草皮护面 | 1.6 | 混凝土 | 4.0 |

注　当水流深度 $h<0.4$m 时，$1.0<h<2.0$m；当 $h\geqslant 2.0$ 时，明渠最大设计流速宜将表 22-3 所列数值分别乘以 0.85、1.25、1.40。

3. 最小管径和最小设计坡度

雨水管道最小管径为 300mm，相应的最小坡度为 0.003；雨水口连接管最小管径为 200mm，最小坡度为 0.01。

4. 最小埋深与最大埋深

最小埋深与最大埋深具体规定同污水管道。

(二) 雨水管渠设计计算步骤

雨水管渠设计计算步骤如下：

(1) 划分排水流域，管渠定线。根据地形以及道路、河流的分布状况，结合城市总体规划图，划分排水流域，进行管渠定线，确定雨水管渠位置和走向。

(2) 划分设计管段及沿线汇水面积。雨水管渠设计管段的划分应使设计管段服务范围内地形变化不大，没有大流量的交汇，一般应控制在200m以内，如果管段划得较短，则计算工作量增大；如果设计管段划得太长，则设计方案不经济。

各设计管段汇水面积的划分应结合地面坡度、汇水面积的大小、雨水管渠布置以及雨水径流的方向等情况进行，并将每块面积进行编号，列表计算其面积。

根据管道的具体位置，在管道转弯处、管径或坡度改变处、有支管接入处或两条以上管道交汇处以及超过一定距离的直线管段上，都应设置检查井。

(3) 确定设计计算基本数据，计算设计流量。根据各流域的实际情况，确定设计重现期、地面集流时间及径流系数等，列表计算各设计管段的设计流量。

(4) 水力计算。在确定设计流量后，便可以从上游管段开始依次进行各设计管段的水力计算，确定出各设计管段的管径、坡度、流速；根据各管段坡度，并按管顶平接的形式，确定各点的管内底高程及埋深。

(5) 绘制管道平面图和纵剖面图。

**四、雨水径流量的调节**

由于雨水管渠系统设计流量包含了雨峰时段的降雨径流量，设计流量大，管渠断面大，工程造价高。此外，随着城镇化进程的发展，雨水径流量增大，原有排水管渠的输送能力可能不能满足要求。此时，如果在雨水管渠上设置调节设施把雨水径流的洪峰暂存其内，待洪峰径流量下降后，再将储存在池内的水慢慢排出，就可以极大地降低下游雨水干管的断面尺寸，也可解决已建管渠的输送能力不足问题，特别是调节池后设有泵站时，则可减少装机容量。这些对降低工程造价和提高系统排水的可靠性具有重要作用。

总之，为提高排水安全性，并节省工程投资，应结合城镇总体规划，尽量利用城镇绿地、运动场、水体等公共设施调蓄雨水，与自然景观以及公用设施设计有机结合。尤其对正在进行大规模住宅建设和新城开发的区域以及拟建雨水泵站前管线的适当位置，应合理设置地面或地下调节池，必要时还要考虑初期雨水处理设施的设置。

(一) 调节池常用的布置形式

一般常用溢流堰式或底部流槽式的调节池。

1. 溢流堰式调节池

调节池通常设置在干管一侧，有进水管和出水管。进水管较高，其管顶一般与池内最高水位相平；出水管较低，其管底一般与池内最低水位相平，如图22-6 (*a*) 所示。该图中，$Q_1$ 为调节池上游雨水干管中的流量，$Q_2$ 为不进入调节池的泄水量，$Q_3$ 为调节池下游雨水干管的流量，$Q_4$ 为调节池进水流量，$Q_5$ 为调节池出水流量。

当 $Q_1 \leqslant Q_2$ 时，雨水流量不进入调节池而直接排入下游干管。当 $Q_1 > Q_2$ 时，将有 $Q_4 = Q_1 - Q_2$ 的流量通过溢流堰进入调节池，该池开始工作，随着 $Q_1$ 的增加，$Q_4$ 也不断增加，调节池中水位逐渐升高，泄水量也相应渐增。直到 $Q_1$ 达到最大流量 $Q_{max}$ 时，$Q_4$ 也达到最大。然后，随着 $Q_1$ 的减少，$Q_4$ 也不断减少，但因 $Q_1$ 仍大于 $Q_2$，池中水位逐渐升高，直到 $Q_1 = Q_2$ 时，$Q_4 = 0$，该池不再进水，这时池中水位达到最高，$Q_2$ 也最大。随后 $Q_1$ 继续减小，储存在池内的水量通过池出水管不断地排走，直到池内水放空为止，这时调节池停止工作。

为了不使雨水在小流量时经池出水管倒流入调节池内，出水管应有足够坡度，或在出水管上设逆止阀。

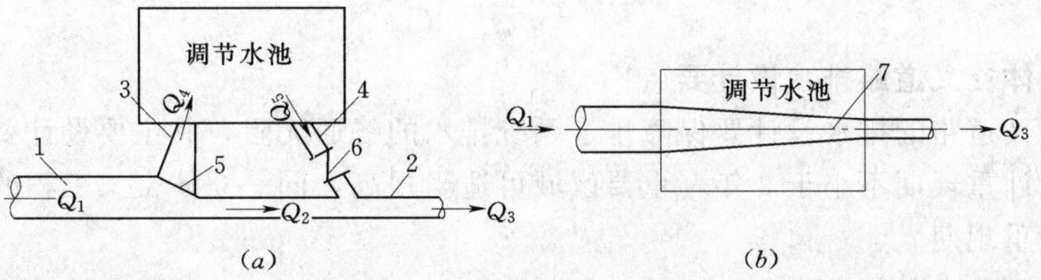


图 22-6　调节池示意图

(a) 溢流堰式；(b) 底部流槽式

1—调节池上游干管；2—调节池下游干管；3—池进水管；

4—池出水管；5—溢流堰；6—逆止阀；7—流槽

为了减少调节池下游雨水干管的流量，希望池出水管的通过能力 $Q_5$ 尽可能地减小，即 $Q_5 \ll Q_4$。这样，就可使管道工程造价大为降低。因此，池出水管的管径一般根据调节池的允许排空时间来决定。通常，雨停后池中雨水的放空时间不得超过 24h，放空管直径不小于 150mm。

2. 底部流槽式调节水池

底部流槽式调节水池如图 22-6 (b) 所示。该图中 $Q_1$ 及 $Q_3$ 意义同上。

雨水从池上游干管进入调节池后，当 $Q_1 \leqslant Q_3$ 时，雨水经设在池最底部的渐缩断面流槽全部流入下游干管而排走。池内流槽深度等于池下游干管的直径。当 $Q_1 > Q_3$ 时，池内逐渐被高峰时的多余水量 ($Q_1 - Q_3$) 所充满，池内水位逐渐上升，直到 $Q_1$ 不断减少至小于池下游干管的通过能力 $Q_3$ 时，池内水位才逐渐下降，直至排空为止。

(二) 调节池容积 V 的计算

调节池内最高水位与最低水位之间的容积为有效调节容积。关于调节池容积的计算方法，国内外均有不少研究，但尚未得到圆满解决。各种计算方法可查阅有关文献资料。

(三) 调节池下游干管设计流量计算

由于调节池下游蓄洪和滞洪作用的存在，因此，调节池下游雨水干管的设计流量以调节池下游的汇水面积为起点计算，与调节池上游汇水面积的情况无关。

若调节池下游干管无本段汇水面积的雨水进入时，显然，其设计流量为

$$Q = \alpha Q_{max} \tag{22-10}$$

若调节池下游干管接受本段汇水面积的雨水进入时，则其设计流量为

$$Q = \alpha Q_{max} + Q' \tag{22-11}$$

式中：$Q_{max}$ 为调节池上游干管的设计流量，$m^3/s$；$\alpha$ 为下游干管设计流量的降低程度；$Q'$ 为调节池下游干管汇水面积上雨水设计流量，即按下游干管汇水面积的集水时间计算，与上游干管的汇水面积无关，$m^3/s$。

对于溢流堰式调节池，有

$$\alpha = \frac{Q_2 + Q_5}{Q_{max}} \tag{22-12}$$

对于底部流槽式调节池，有

$$\alpha=\frac{Q_3}{Q_{max}} \tag{22-13}$$

**五、立体交叉道路排水设计要点**

立体交叉道路的排水设计要保障排水系统排水的畅通无阻，其主要设计要点如下：

(1) 设计重现期不小于3年，重要区域可适当提高，同一立体交叉工程的不同部位可采用不同的重现期。

(2) 地面集水时间宜为5～10min。

(3) 径流系数宜为0.8～1.0。

(4) 尽量缩小汇水面积，以减少设计流量。宜采用高水高排、低水低排、互不连通的系统，并应有防止高水进入低水系统的可靠措施。

(5) 立体交叉地道排水应设独立的排水系统，其出水口必须可靠。

(6) 当立体交叉地道工程的最低点位于地下水位以下时，应采取排水或控制地下水的措施。

(7) 高架道路雨水口的间距宜为20～30m。每个雨水口单独用立管引至地面排水系统。雨水口的入口应设置格网。

**六、排洪沟设计**

一般城市多临近江河、山溪、湖泊或海洋等修建。江河、山溪、湖泊或海洋，为城市的发展提供了必要的水源条件，但有时也可能给城市带来洪水灾害。因此，为解除或减轻洪水对城市的危害，保证城市安全，往往需要进行城市防洪工程规划。傍山建设的工业或居住区除了应在区域范围内设雨水管渠外，还应考虑在设计区域周围或超过设计区设置排洪沟，以排除沿山坡倾斜而下的山洪洪峰流量。

城市或城市中工业企业防洪规划的主要任务是防止由暴雨而形成巨大的地面径流所产生的严重危害。

(一) 城市防洪规划的原则

(1) 城市防洪规划应符合城市和工业企业的总体规划要求，防洪工程规划设计的规模、范围和布局都必须根据城市和工业企业总体规划制定。同时，城市和工业企业各项工程的规划对防洪工程都有影响。在靠近山区和江河的城市及工业企业尤应特别注意。

(2) 合理安排，远近期结合。由于防洪工程的建设费用较大，建设周期较长，所以要按轻重缓急作出分期建设的安排，这样既能节省初期投资，又能及早发挥工程设施的效益。

(3) 充分利用原有设施。从实际出发，充分利用原有防洪、泄洪、蓄洪设施，有计划、有步骤地加以改造，使其逐步完善。

(4) 尽量采用分洪、截洪、排洪相结合的防洪措施。

(5) 不宜在城市下游修建水库。为确保城市和工业企业的安全，在城市和工业企业的上游，一般不宜修建大中型水库。如果必须修建时，应严格按照有关规定进行规划设计。

(6) 尽可能与农业生产相结合。防洪措施应尽可能与农业上的水土保持、植树种草、农田灌溉等密切结合，这样既能减少和消除洪灾，保证城市安全；又能搞好农田水利建设，支援农业。

（二）城市防洪标准

防洪工程的规模是以所抗御洪水的大小为依据，洪水的大小在定量上通常以某一重现期（或某一频率）的洪水流量表示。防洪规划的设计标准，既关系到城市的安危，也关系到工程造价和建设期限等问题，是防洪规划中体现国家经济政策和技术政策的一个重要环节。确定城市防洪标准的依据一般有以下几点：城市或工业区的规模，城市或工业区的地理位置、地形、历次洪水灾害情况，以及当地的经济技术条件等。对于上游有大中型水库的城市，防洪标准应适当提高。防洪标准中重现期取值参见《防洪标准》（GB 50201—94）。城市河湖防洪标准应根据城镇的重要性和人口数量按表 22-4 确定，对于城镇河流流域面积较小（小于 $30km^2$）的地区参照表 22-5 选用。

**表 22-4　城市的等级和防洪标准**

| 等　级 | 重　要　性 | 非农业人口（万人） | 防洪标准［重现期（年）］ |
|---|---|---|---|
| Ⅰ | 特别重要的城市 | ≥150 | ≥200 |
| Ⅱ | 重要的城市 | 150～50 | 200～100 |
| Ⅲ | 中等城市 | 50～20 | 100～50 |
| Ⅳ | 一般城镇 | ≤20 | 50～20 |

**表 22-5　城市小流域河湖防洪标准**

| 区域性质 | 设计重现期 $P$（年） | 区域性质 | 设计重现期 $P$（年） |
|---|---|---|---|
| 城市重要地区 | 20～50 | 局部一般区域 | 1～5 |
| 一般区域 | 5～20 | | |

（三）设计洪峰流量计算

相应于防洪设计标准的洪水流量，称为设计洪峰流量。设计洪峰流量的推算一般有以下三种方法。

1. 洪水调查及设计洪峰流量的估算法

洪水调查主要是深入现场，勘查洪水痕迹，调查者应访问当地的老人，了解留在河岸、树干、沟道及岩石上的洪痕，还需查阅地方志及其他一些文字记载资料。根据调查的洪痕，测量河床的横断面和纵断面，按均匀流公式计算设计洪峰流量：

$$V=\frac{1}{n}R^{2/3}i^{1/2} \tag{22-14}$$

$$Q=\omega g V \tag{22-15}$$

式中：$Q$ 为设计洪峰流量，$m^3/s$；$V$ 为河槽的流速，m/s；$\omega$ 为河槽的过水断面面积，$m^2$；$i$ 为河槽的水面比降；$R$ 为河槽的水力半径，m；$n$ 为河槽的粗糙系数。

2. 推理公式法

中国水利水电科学研究院水文研究所提出的推理公式已得到广泛应用，其公式如下：

$$Q=0.278\frac{\Psi g S}{\tau^n}F \tag{22-16}$$

式中：$Q$为设计洪峰流量，$m^3/s$；$S$为暴雨雨力，即与设计重现期相应的最大的1h降雨量，mm/h；$\tau$为流域的集流时间，h；$n$为暴雨强度衰减指数；$F$为流域面积，$km^2$；$\Psi$为洪峰径流系数。

式（22-16）最适合用于流域面积为40～50$km^2$的地区。

3. 地区性经验公式

地区性经验公式使用方便，计算简单，但地区性很强。相邻地区采用时，必须注意各地区的具体条件是否一致，否则不宜套用。地区经验公式可参阅各省（区）水文手册。下面仅介绍应用最普遍的以流域面积$F$为参数的经验公式：

$$Q=kgF^n \tag{22-17}$$

式中：$Q$为设计洪峰流量，$m^3/s$；$F$为流域面积，$km^2$；$k$、$n$为随地区及洪水频率而变化的系数和指数。

上述各公式中的各项参数的确定可参阅《给水排水设计手册》中有关洪峰流量计算一节。对于以上三种方法，应特别重视洪水调查法，在该法的基础上再结合其他方法进行。

（四）排洪沟的设计要点

排洪沟的设计涉及面广，影响因素复杂，应根据建筑区的总体规划、山区自然流域范围、山坡地形及地貌条件、原有天然排洪沟情况、洪水流向及冲刷情况以及当地工程地质、水文地质、当地气象等综合考虑，合理布置排洪沟。

（1）工业或居住区傍山建设时，建筑区选址时应对当地洪水的历史及现状做充分的调研研究，摸清洪水汇流面积及流动方向，尽量避免把建筑区设在山洪口上，不与山洪主流顶冲。

（2）排洪沟的布置应与建筑区的总体规划密切配合，统一考虑。建筑设计时，应重视排污问题。排洪沟应尽量设置在建筑区的一侧，防止穿绕建筑群，并尽可能利用原有的天然沟，必要时可作适当整修，但不宜大改动，尽量不改变原有沟道的水力条件。

排洪沟的设置位置应与铁路、公路及建筑区排水结合起来考虑。排洪沟要尽量选择在地形较平缓、地质较稳定的地区，特别是进出口地区，以防由于水力冲刷而变形。排洪沟与建筑物或山坡开挖线之间的距离应留有不小于3m的距离，以防冲刷房屋基础及造成山坡塌方。在设计中要注意保护农田水利工程，不占或少占肥沃土地。

（3）排洪工程设计采用的标准，应根据建筑区的性质、规模的大小、受淹后损失的大小等因素来确定。一般常用设计重现期为10～100年，表22-4、表22-5为我国目前常采用的排洪工程设计标准，可作为参考。

（4）排洪沟的断面形式常采用梯形断面明渠，只有当建筑区地面较窄，或占用农田较多时可采用矩形断面明渠。排洪沟所用的材料及加固形式应根据沟内最大流速、当地地形及地质条件、当地材料供应等情况而定。排洪沟一般常用片石、块石铺砌不宜采用土明渠。图22-7表示常用排洪明渠的断面形式及加固形式。当排洪沟较长时，应分段按不同流量计算其断面，断面必须满足设计要求。排洪沟的超高一般采用0.3～0.5m，截洪沟的超高为0.2m。

（5）排洪沟转弯时，其中心线的弯曲半径一般不小于设计水面宽度的5倍；盖板渠和铺砌明渠可采用不小于设计水面宽度的2.5倍。排洪沟底宽变化时，应设置渐变段连接，渐变段的长度一般为5～20倍底宽之差。

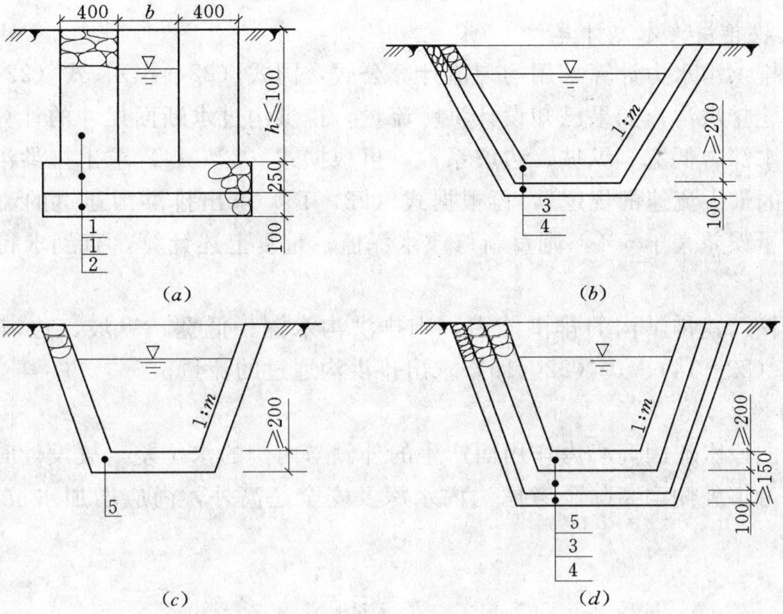


图 22-7　常用排洪明渠断面及其加固形式

(a) 矩形片石沟；(b) 梯形单层干砌片石沟；
(c) 梯形单层浆砌片石沟；(d) 梯形双层浆砌片石沟
1—M5 砂浆砌块石；2—三七灰土或碎（卵）石层；3—单层干砌片石；
4—碎石垫层；5—M5 水泥砂浆砌片（卵）石

(6) 排洪沟出口处，宜逐渐放大底宽，减小单宽流量。当排洪沟出口与河沟交汇时，其交汇角对于下游方向要大于 90°，并做成弧形弯道，适当铺砌，以防冲刷；排洪沟出口的底部标高最好应在河沟相应频率的洪水位上，一般要在常水位以上。

(7) 排洪沟通过坡度较大的地段时，应根据具体地形情况，设置具有铺砌坚实的跌水或流（陡）槽，并注意不得设在排洪沟的弯道上。

(8) 排洪沟的最大流速。为了防止山洪冲刷，应按流速的大小选用不同的铺砌加固沟底池壁的强度。表 22-6 为不同铺砌的排洪沟对最大流速的规定。

**表 22-6　　常用铺砌及防护渠道的最大设计流速**

| 序号 | 铺砌及防护类型 | 水流平均深度 (m) 0.4 | 1.0 | 2.0 | 3.0 |
|---|---|---|---|---|---|
| | | 平均流速 (m/s) | | | |
| 1 | 单层铺石（石块尺寸 15cm） | 2.5 | 3.0 | 3.5 | 3.8 |
| 2 | 单层铺石（石块尺寸 20cm） | 2.9 | 3.5 | 4.0 | 4.3 |
| 3 | 双层铺石（石块尺寸 15cm） | 3.1 | 3.7 | 4.3 | 4.6 |
| 4 | 双层铺石（石块尺寸 20cm） | 3.6 | 4.3 | 5.0 | 5.4 |
| 5 | 水泥砂浆砌软弱沉积岩石块（石块标号不低于 100 号） | 2.9 | 3.5 | 4.0 | 4.4 |
| 6 | 水泥砂浆砌中等强度沉积岩石块 | 5.8 | 7.0 | 8.1 | 8.7 |
| 7 | 水泥砂浆砌石材不低于 300 号的石块 | 7.1 | 8.5 | 9.8 | 11 |

（五）排洪沟水力计算

1. 直线段排洪沟水力计算

直线段排洪沟水力计算采用均匀流计算公式，同式（22-14）、式（22-15）。

对于新建排洪沟，如果已知设计洪峰流量，排洪沟过水断面尺寸的计算方法是：首先假定排洪沟水深、低宽、纵坡、边坡系数，可根据式（22-14）求出排洪沟的流速（应满足表22-6的最大流速的规定），再根据式（22-15）求出排洪沟通过的流量；若计算流量与设计流量误差大于5%，则重新修改水深值，重复上述计算，直到求得两者误差小于5%为止。

若是复核已建排洪沟的排洪能力，则排洪沟水深、低宽、纵坡、边坡系数等均为已知，根据式（22-14）、式（22-15）求出排洪沟通过的流量。

2. 弯曲段水力计算

由于弯曲段水流因离心力作用而产生的外侧与内侧的水位差，故设计时外侧沟高大于侧沟高，即弯道外侧沟高除了考虑沟内水深及安全超高外，尚应增加水位差 $h$ 的 1/2，$h$ 按下式计算：

$$h=\frac{v^2 B}{Rg} \tag{22-18}$$

式中：$v$ 为排洪沟平均流速，m/s；$B$ 为弯道宽度，m；$R$ 为弯道半径，m；$g$ 为重力加速度，$m/s^2$。

## 第三节 雨水利用

### 一、概述

由于水资源的主要储存形式——地表水和地下水——都是由雨水转化而来的。因此，从广义上讲，一切水资源的开发利用活动都是雨水的利用活动。例如，兴建水库、修筑堤坝及灌渠系统等开发利用地表水以及打井开采地下水的活动等。狭义的雨水利用是指雨水的直接利用活动，不包括对雨水转化形式的利用。例如，直接收集屋面和道路雨水，回灌地下或用于饮用、城市清洁和景观用水等。

在我国一直以来将雨水作为污水的一种形式，并使其尽快排至水体。由于雨水量相对集中，特别是我国北方地区虽然全年降雨量并不大，但雨水集中在7～9月，因此，所修建的雨水管渠庞大，造价也很高。同时，这种方法不仅造成雨水资源的流失，而且在暴雨季节常会引起河水上涨，河道受到侵蚀，使城市的防洪工作面临巨大的压力，特别是遇到特大洪水时，人民群众的生命财产受到巨大威胁，政府不得不投入大量人力、物力和财力到抗洪抢险工作中，从而影响了我国经济的持续快速发展。此外，雨水排至水体，会造成对水体的污染和对生态环境的破坏。已有研究表明，城区雨水的污染非常严重，尤其是初期雨水，从被污染的大气层、地面和屋面直接带来了大量的污染物。

因此，雨水利用对减轻市政雨水管网的压力、减轻雨水对河流的污染、减轻河流下游的洪涝灾害具有重要的意义。同时，通过雨水利用还可以缓解水资源的短缺，是开源节流的有效途径。尤其是随着我国城市化进程的加快，不透水面积不断增加，雨水的径流量进一步增加，地下水的补给随之减少。这样会进一步导致地下水渗透量减少、地下水位下降、气候干燥、城市洪涝风险增大等一系列的不良后果。因此，城市雨水的合理利用有助于涵养地下水源，改善水资源状况，同时也有助于抑制水体污染。

其实，雨水利用是世界各国沿用已久的传统技术，尤其在严重缺水的地区，例如，在我国黄土高原地区，蓄水窖仍是一些山区农业生产和家庭供水的主要方式。在最近20年来，雨水利用的技术和方法不断发展，许多国家如日本、德国、澳大利亚、美国等也很关注雨水的利用。日本雨水利用工程逐步规范化和标准化，要求新建和改建的大型公共建筑必须设置雨水就地下渗设施，强化雨水入渗；同时，结合已有的中水工程，在城市屋顶修建用雨水浇灌的“空中花园”，在楼房中设置雨水收集装置与中水系统共同发挥作用。德国在20世纪80年代末就把雨水的管理与利用列为90年代水污染控制的三大课题之一，修建了大量的雨水池来截留、处理及利用雨水，并尽可能利用天然地形地貌及人工设施来截留、渗透雨水，削减雨水的地面径流，每年可节省2430$m^3$饮用水。英国伦敦世纪圆顶的雨水收集利用系统每天回收100$m^3$雨水作冲洗厕所用水。美国加州富雷斯诺市10年间的地下水回灌总量为1.338亿$m^3$，年回灌量占该市年用水量的20%。

我国也逐步转变观念，认识到雨水作为一种水资源对城市发展的重要性，并已展开雨水利用工程的尝试。例如，甘肃、河北等省自20世纪80年代以来，积极开展了屋顶和庭院雨水集蓄利用的系统研究。目前北京也正在进行有关城市雨水利用的研究工作及示范工程的建设。例如，北京市城区雨洪最大可利用量多年平均为1.93亿t。2000年北京市与德国开展了雨洪利用合作项目，并建设三个示范小区，同时雨水利用技术设备也在研制之中。当然在我国推广雨水收集和利用技术，尚需制定相关法规，加以引导和鼓励。其中《建筑与小区雨水利用工程技术规范》（GB 50400—2006）于2006年颁布实施。该规范分别就雨水径流计算、雨水收集储存、水质处理及调蓄以及渗透设施的计算进行了条文说明和规定，推动了建筑与小区雨水收集利用的工程实施。

**二、雨水利用的方法**

根据雨水利用的目的不同，雨水利用方法有以下几种。

（一）作饮用水水源

对于一些干旱地区，由于地表、地下水资源匮乏，雨水成了重要的饮用水水源，例如在非洲的肯尼亚，就有大量的雨水收集系统。在我国的西北部也有这样的情况，当然主要以屋面和庭院雨水收集与利用为主。

（二）雨水渗透以回灌地下水

大气降水、地表水、土壤水和地下水，都是地球水循环的重要组成部分，它们相互转化，相互影响。大气降水是地表水、土壤水和地下水的主要补给来源，对满足植被和农作物生长需要来说，由大气降水补给的土壤水具有不可低估的作用。同时，通过雨水渗透可直接回灌地下，补充地下水。

（三）作中水补充水源

将雨水作为中水补充水源，用于城市清洁、绿地浇灌和维持城市水体景观等，可有效地缓解城市供水压力。

随着工业发展、人口膨胀、淡水资源日益紧缺，水量不足和水质恶化已成为当今世界上许多城市普遍存在的问题，污水资源化势在必行，中水工程作为一种污水再生回用技术在国内外已得到普遍的发展。但应根据我国各地的雨水水量水质情况、当地的中水设置与否以及中水运行情况，而且尤其要确切地估计中水的适用范围、种类、水量、水质等，才能进行中水工程的设计和应用。目前，在中水设施设计运行中存在的主要问题有水量平衡计算、水质不达标、调节池容积偏小等，其中水量平衡是目前中水系统的一个主要问题。由于目前中水工程的使用对象主要是宾馆、饭店等大型公共建筑，中水的原水量随着客流量和时间分布不同而明显不同，常有集中来水和明显断流的情况，流量难以把握控制，而雨水恰好也有这个特点，降雨量的季节波动性和随机性很大，包含有许多不确定因素。如果将雨水与建筑中水系统联合运行，将会增大中水系统的波动。在这种情况下，要使系统正常运行，必须增大调蓄设施。否则，对有些雨量比较少且相对集中的地区，扩容后的系统通常不能满负荷运行，而当降雨后，系统又不一定能把所有的雨水收集处理，即使可以把雨水全部收集处理，在这期间也会阻止原中水进入系统，即以雨水代替中水的现象，并未真正增加水资源量，中水的溢流和自来水的补充同样难于避免。此外，对于一些高档宾馆或饭店，其地皮昂贵，主体建筑多为高层塔楼，中水系统常建在拥挤的地下设备层，采用庞大的调蓄和处理设备通常是不可行的。而且，对于宾馆或饭店，其有效的建筑屋顶面积通常非常有限，因此可以收集的雨水量也是有限的，与建筑中水系统的实际处理能力相比，所占的比例较小。但对占地面积相对较大尤其是建筑屋面较为集中的住宅小区或学校，屋面较为洁净的雨量可以保证，但雨量较为集中，也会给中水系统的正常运行造成冲击和破坏。因此，雨水利用系统和中水系统应相互协调，结合当地气象、建筑物分布状况等，经技术经济比较综合确定。

**三、雨水水质分析**

雨水水质取决于各城市的发展状况、工业构成情况、卫生状况等。根据对北京地区的屋面及道路雨水水质分析表明：

（1）屋面径流水质的变化比较复杂，受气温、屋面材料、降雨时间间隔和降雨强度等多种因素影响。其中初期雨水径流污染最为严重，水质浑浊，色度大，COD 约为 300～3000mg/L，SS 约为 100～2000mg/L。随降雨过程的进行，COD 逐渐稳定在 100～200mg/L，SS 稳定在 20～100mg/L。此外，屋面雨水可生化性不高，$BOD_5$/COD 约为 0.1～0.15，表明该水质可生化性差。

（2）道路径流水质特别是城市道路水质较差，初期雨水径流中的许多成分如石油类、总氰、部分重金属都是超标的。初期降雨 COD 约为 100～2000mg/L，SS300～2000mg/L。随降雨过程的进行，COD 逐渐稳定在 100～200mg/L，SS 稳定在 50～100mg/L。与屋面雨水相比，最为突出的是 SS 含量较高，这是由于道路来往车辆和行人较多，受人为影响因素较大，路面较脏所致。

**四、雨水处理与净化技术**

如上所述，雨水水质的特点不仅与当地的气候、地形、水体等自然条件紧密相关，也与社会经济发展状况有关，因此，雨水收集处理与利用应随当地自然条件和社会经济发展状况而定。同样，同一城镇不同区域也随其产业结构和功能分区不同，雨水水质呈现不同的特点。就一些新建和规划的区域而言，应将雨水收集利用纳入城镇总体规划设计中，尤其是城镇景观、水资源的综合利用等规划设计中。对已建城镇，应根据当地社会经济发展状况、市政设施的完善程度，结合不同地点的自然条件，合理规划设计雨水的收集利用以实现雨水资源的有效利用。原则上，就我国目前的发展现状而言，雨水还是应以就地利用为主，而且以绿化和回灌地下为主。

在雨水利用系统的设计中，更为关键的是雨水收集和调蓄系统的合理设计，而其处理技术根据其水质特点、当地自然条件和雨水利用的目的可以通过已有的污水处理单元组合不同的处理系统来实现雨水的净化和利用。常用的净化技术有以下几项。

（一）沉淀过滤技术

1. 沉淀技术

从水量、水质变化较大这一特点来看，雨水与工业废水有一定相似性，其调蓄构筑物的设计至关重要。雨水调蓄后应首先进行沉淀处理，分离去除雨水中悬浮颗粒部分。但从节省基建投资的角度而言，往往将调蓄设施和沉淀池合二为一。在雨水沉淀池设计中，调蓄后的雨水沉淀处于静止状态，且雨水中SS大部分以泥土、砂粒为主，主要是无机物，沉降机理以自由沉淀为主，因此雨水沉淀池设计参数可以以水力停留时间为主，一般在2h以上。沉淀池池型结合调蓄的要求及当地的条件可选平流式或竖流式；或者结合当地地形条件，利用已有河塘或低洼地段经人工加工后做调蓄沉淀池用。但雨水沉淀池设计应注意以下几点：

（1）考虑到降雨的非连续性，雨水进入调蓄沉淀池前，应根据降雨规律进行初期弃流，初期弃流较脏的雨水进入当地市政污水收集处理系统。

（2）若雨水中砂粒含量较高或雨水收集利用系统较大时可采用单独的沉砂池。

（3）沉淀池的溢流口合理确定，应根据暴雨设计重现期的溢流量而定确保雨水收集利用系统安全稳定运行。

2. 过滤技术

过滤技术在雨、污水处理中的应用往往是在沉淀基础上借助不同的滤料进一步去除水中的悬浮杂质，从而使水质得到净化的工艺过程。根据雨水中颗粒的大小和过滤介质构造不同，又可分为表面过滤、滤层过滤和生物过滤三种形式。不同过滤形式和过滤介质的选择应结合工艺的选择而定。其中表面过滤利用过滤介质的孔隙筛除作用截流悬浮固体，包括筛滤（不小于100$\mu$m）、微滤（0.1～100$\mu$m）、膜滤（0.0001～2$\mu$m），其中三者均去除悬浮和胶体类物质，但膜滤将去除范围扩至溶解性组分。筛滤根据栅条间距和筛网孔径大小分为粗格栅（50～100mm）、中格栅（10～40mm）与细格栅（3～10mm）以及筛网（不小于100$\mu$m）；微滤多采用多孔性材料构成的过滤介质过滤，如土工布等；膜滤分为微滤（0.08～2$\mu$m）、超滤（0.005～2$\mu$m）、钠滤（0.001～0.01$\mu$m）、反渗透（0.0001～0.001$\mu$m）等。滤层过滤多指利用滤料表面的黏附作用截流悬浮固体，过滤介质指砂等粒状材料，截留颗粒在1$\mu$m以上颗粒。生物过滤是指利用土壤-植物生态系统的一种技术，使机械筛滤、植物吸收、生物黏附和吸附、生物氧化分解等综合作用截流悬浮和溶解性固体的一种方式。通常所讲的过滤即指以粒状材料为过滤介质的滤层过滤方式。当雨水水质较好时，可不经沉淀进行直接过滤。

雨水过滤处理有以下特点：

（1）一般情况下，尽量避免投加药剂。

(2) 为适应雨水悬浮物浓度高、水质水量变化大的特点，滤料粒径和冲洗强度可适当加大。

(3) 由于雨水中颗粒分布随机性强，为保证过滤效果，可选择双层和多层滤料等。

（二）自然净化技术

自然净化技术是指在人工控制的条件下，将污水投配至不同自然环境区域内，利用自然生物净化功能使雨水得到净化的一种处理技术。常见的自然净化技术主要有稳定塘、土地处理系统等。但结合雨水地面径流的特点，国内外又发展了针对雨水流动、收集特点的特定布置形式，如植被浅沟、雨水湿地、雨水生态塘等。

(1) 雨水土地处理系统：土地处理系统也广泛用于雨水处理，雨水流过土地，通过土壤-植物系统，进行一系列物理、化学、生物等净化过程，使雨水得到净化。常见形式有植被浅沟、雨水土壤渗滤系统和湿地技术。

1) 植被浅沟：主要利用地表植物和表层土壤来截留净化雨水，一般紧邻建筑物和道路布置以使屋面和地面雨水在进入后续的收集处理系统前，先流经植被浅沟，使雨水中的污染物在植被过滤、渗透吸收作用下去除。

2) 雨水土壤渗滤系统：对土壤渗滤型式、材料、植物的选择及配水系统等均有特定的要求。例如，渗滤型式包括垂直渗滤和水平渗滤。垂直渗滤型式一般用于雨水回灌地下或集蓄回用；水平渗滤型式如上述植被浅沟和地势较低的绿地，通常用于雨水回用或排放。土壤渗滤材料要求有一定渗透率，若回灌地下渗透系数不小于$10^{-6}$m/s，若回用渗透系数不小于$10^{-5}$m/s；并具有较强的耐污染负荷的能力和吸附性能。所选植物易于成活并与景观设计协调。此外，应合理选择和布置配水系统，防止配水不均匀产生短路。常用配水系统有喷头布水和穿孔管布水。

3) 湿地技术：所谓湿地即指在一年内相当长的时间内，土壤的渗水面接近地表面，土壤处于饱和状态。城市雨水湿地大多为人工湿地，底部一般设有不透水材料，以砾石作为基质填料，同时添加有机土壤，种植不同种类的湿地植物。根据雨水在湿地床中流动方式的不同，一般可分为表流湿地和潜流湿地两类。表流湿地主要利用湿地上生长水生植物及其根茎表面的生物膜对雨水中的有机物进行去除，处理能力有限；潜流湿地系统不仅可以利用水生植物及其上生物膜的净化作用，还可利用表层土和填料的截流渗滤作用，因此，处理效果好，受气温影响小，但基建投资相对较高。同时，表流湿地在冬季处理效果受气温影响显著，因此，在北方寒冷地区，亦采用潜流湿地，在冬季最好降低水位运行以保证运行效果。

(2) 雨水生态塘：利用具有生态净化功能的天然或人工池塘调蓄、处理雨水。雨水生态塘的主要净化措施是沉淀作用和水生生物净化作用。

（三）深度处理技术

根据雨水收集处理后的用途不同，可辅助采用不同的深度处理技术，如微滤技术、活性炭技术、消毒技术等。

**五、雨水利用设计要点**

（一）可利用雨量的确定

可利用雨量小于雨水资源总量，雨水的收集利用要受到许多因素的制约，如气候条件、降雨季节分配、雨水水质情况、地质条件、建筑的布局和结构等。雨水利用主要是根据利用的目的，通过合理的规划，在技术合理和经济可行的条件下对可利用雨量加以收集利用。

由于降雨相对集中的特点，应以汛期雨量收集为主，考虑气候、季节等因素引入季节折减系数 $\alpha$。同时，根据雨水水质分析可知，初期降雨雨水水质较差，污染严重，应考虑弃流与污水合并收集处理，因此需引入初期弃流折减系数 $\beta$。考虑以上雨量和水质的影响因素后，可利用雨量计算公式如下：

$$Q = HA\Psi\alpha\beta \tag{22-19}$$

式中：$Q$ 为年平均可利用雨量，$m^3$；$H$ 为年平均降雨量，mm；$A$ 为汇水面积，$m^2$；$\Psi$ 为平均径流系数；$\alpha$ 为季节折减系数，北京地区建议取 0.85；$\beta$ 为初期弃流系数，对屋面雨水，北京地区建议取 0.87。

若计算屋面年平均可利用雨量，$A$ 为屋顶水平投影面积。

（二）雨水利用的高程控制

进行雨水利用时，尤其是以渗透利用为主的地区，应将高程设计与平面设计、绿化、停车场、水景布置等统一考虑，如果使道路高程高于绿地高程，道路径流先进入绿地再通过渗透明渠经初步净化后进入后续渗透装置或排水系统。屋面径流经初期弃流装置后，通过花坛、绿地、渗透明渠等进入地下渗透池和地下渗透管沟等渗透设施。在有条件的地区，通过水量平衡计算也可结合水景设计综合考虑。

对任何种类的渗透装置，均要求地下水最高水位或地下不透水岩层至少低于渗透表面 1.2m，土壤渗透系数不小于 $2\times10^{-5}$，地面坡度不大于 15%，离房屋基础至少 3m 以外，同时还应综合考虑表层以下土壤结构、土壤含水率、道路上行人及车辆交通密度等。

（三）渗透设施的计算方法

雨水渗透设施有多种计算方法。目前，美洲多用瑞典的 Sjoberg 和 Martensson 提出的计算方法，欧洲多用德国的 Geiger 提出的计算方法。

1. Sjoberg - Martensson 法

（1）设计径流量。对某一渗透设施，首先要确定其服务面积的大小和组成，再据各组成面积的径流系数计算出服务面积的平均径流系数。此外，还应确定设计重现期，对大于该重现期的降雨，渗透设施会发生溢流。设计径流量即是在设计重现期条件下进入渗透设施的径流量，亦即渗透设施的设计进水量。

对某一设计重现期 $P$，结合所在地区的暴雨强度公式，根据式（22-1）可以求出不同降雨历时相应的设计径流量，并可得到径流量-降雨历时曲线，如图 22-8 所示。该曲线与坐标轴所围成的面积为降雨总径流量 $V_T$，即

$$V_T = \int_0^T 3600\,\frac{q_P}{1000}(\overline{\Psi}A + A_0)\,\mathrm{d}t \tag{22-20}$$

其中

$$\overline{\Psi} = \frac{\Psi_1 A_1 + \Psi_2 A_2 + \cdots + \Psi_n A_n}{A_1 + A_2 + \cdots + A_n} = \frac{\sum_0^n \Psi_i A_i}{\sum_0^n A_i} \tag{22-21}$$

式中：$V_T$ 为重现期为 $P$、降雨总历时为 $T$ 的全部降雨径流量，$m^3$，亦即设计进水量；$T$

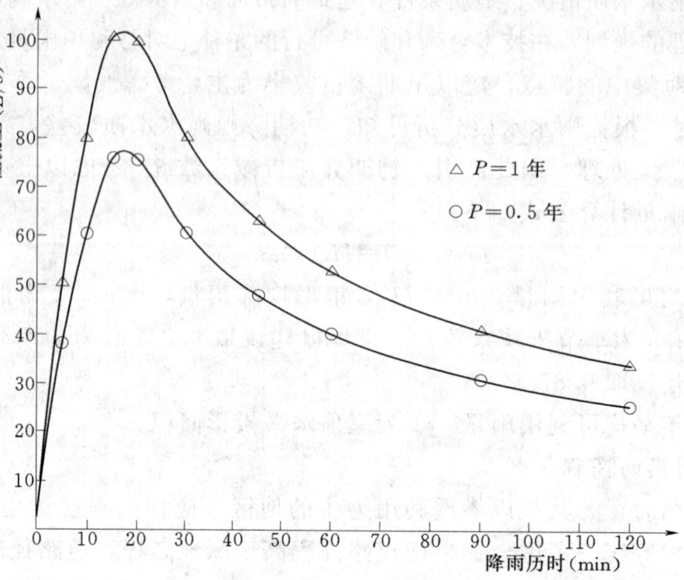


图 22-8 不同重现期的径流量-降雨历时曲线

为整个降雨过程的历时，h；$t$ 为某一降雨历时，h；$q_P$ 为重现期为 $P$、降雨历时为 $t$ 时的暴雨强度，L/s·hm²；$A$ 为服务面积，hm²；$A_0$ 为渗透设施直接承受降雨的面积，hm²，若此值较小可忽略不计；$\overline{\Psi}$为平均径流系数；$\Psi_i$ 为各种地面的径流系数；$A_i$ 为各种地面的面积，hm²。

为简化计算，用式（22-22）代替式（22-20），即

$$V_T=Q_Tt=3600\,\frac{q_P}{1000}(\overline{\Psi}A+A_0)t \tag{22-22}$$

式（22-22）与式（22-20）有一定的差距。瑞典的 Sjoberg 和 Martensson 于 1982 年提出了一个 1.25 的系数，他们经大量资料的统计，将式（22-22）演变为式（22-23）后，简化计算的结果与实际较符合，即

$$V_T=1.25\left[3600\,\frac{q_P}{1000}(\overline{\Psi}A+A_0)t\right] \tag{22-23}$$

（2）设计渗透量。渗透设施在降雨历时 $t$ 时段内的设计渗透量 $V_p$ 可按式（22-24）计算：

$$V_P=kJA_S3600t \tag{22-24}$$

式中：$V_P$ 为降雨历时 $t$ 时段内的设计渗透量，m³；$k$ 为土壤渗透系数，m/s，为安全起见，应乘以 0.3～0.5 的安全系数；$J$ 为水力坡度（若地下水水位较深，远低于渗透装置底面的情况下，$J=1$）；$A_S$ 为有效渗透面积，m²；$t$ 为降雨历时，h。

设计渗透量 $V_P$ 与降雨历时 $t$ 之间呈线性关系。

（3）设计存储空间。渗透设施的存储空间为其设计径流量与设计渗透量之差，即对于某一重现期，要提供一定量的空间以将未及时渗透的进水量暂时存储。图 22-9 为进水量 $V_T$-$t$ 和渗透量 $V_P$-$t$ 曲线，所需存储空间为 $V$，即 $V_T$ 和 $V_P$ 之差的最大值。

$$V=\max[V_T-V_P] \tag{22-25}$$

假设地下水位远低于渗透装置底面，$J=1$，并简化计算径流量，则有

$$V=\max\left\{1.25\left[3600\frac{q_P}{1000}(\overline{\Psi}A+A_0)t\right]-3600KA_St\right\} \tag{22-26}$$

式中各参数意义同前。

为简化计算，设 $B=\overline{\Psi}A+A_0$，则

$$D=\frac{V}{B} \tag{22-27}$$

$$E=\frac{1000KgA_S}{B} \tag{22-28}$$

将式（22-26）整理后得

$$D=\max[4.5q_Pt-3.6Et] \tag{22-29}$$

式中：$D$ 为单位有效径流面积所需的存储空间，$m^3/hm^2$；$E$ 为单位有效径流面积所需的渗透流量，L/（s·$hm^2$）。

（4）图解法确定渗透设施尺寸。工程上多使用简单、方便的图解法，步骤如下：

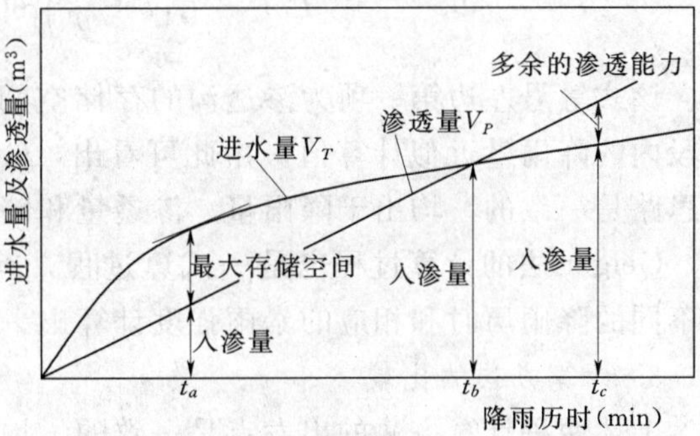


图 22-9　渗透设施存储空间变化曲线

1）确定设计重现期 $P$ 后，据暴雨强度公式或曲线绘制 $4.5q_Pt-t$ 曲线（见图 22-10），该曲线表现的是径流量随降雨历时变化的规律。

2）画出不同斜率（即不同 $E$ 值）的 $3.6E_it-t$ 直线若干条（见图 22-11），直线的斜率反映渗透量的大小。

3）$4.5q_Pt-t$ 曲线与每一条 $3.6E_it-t$ 直线间有一最大的差值 $D_i$，做 $E_i-D_i$ 曲线，如图 6-23 所示。

4）拟定渗透设施的尺寸，据式（22-28）计得 $E$ 值。从图 22-11 查得相应 $D$ 值，再据式（22-27）计得 $V$ 值（所需最大存储空间）。

5）据拟定渗透设施的尺寸，计算其实际存储空间 $V'$，并与上一步骤中计得的 $V$ 值比较，若相差较大，则需调整拟定尺寸重新试算，直至 $V'$ 与 $V$ 值相等或略大。

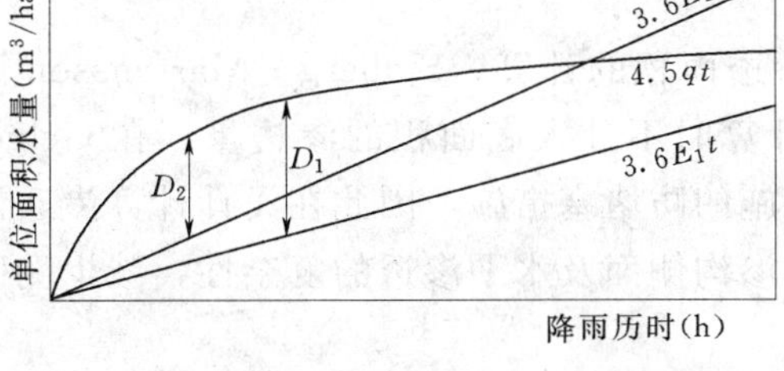


图 22-10　$t$、$q_P$、$E$、$D$ 关系图

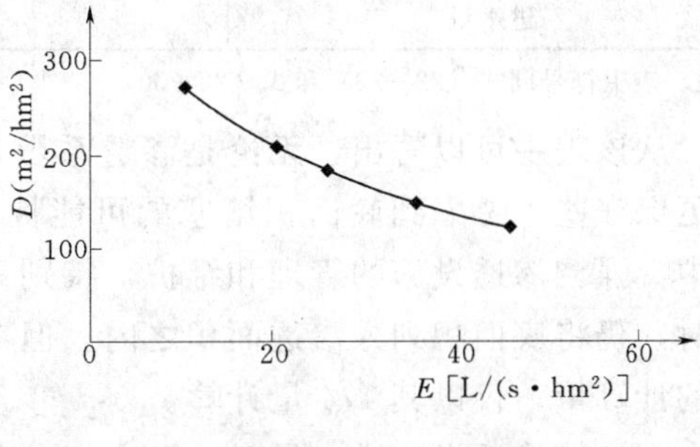


图 22-11　重现期为 $P$ 时的 $E-D$ 关系图

2. Geiger 法

Geiger 法用于渗透管沟的计算公式如下：

$$L=\frac{A10^{-7}q_Pt60}{bhs+\left(b+\frac{h}{2}\right)t60\ \frac{K}{2}} \tag{22-30}$$

$$S=\frac{d^2\ \frac{\pi}{4}+S_k\left(bh-\frac{\pi}{4}D^2\right)}{bh} \tag{22-31}$$

式中：$L$ 为渗透沟长，m；$A$ 为汇水面积，$m^2$；$q_P$ 为对应于重现期为 $P$ 的暴雨强度，$L/hm^2 \cdot s$；$t$ 为降雨历时，min；$b$ 为渗透沟宽，m；$h$ 为渗透沟有效高度，m；$S$ 为存储系数，即沟内存储空间与沟有效总容积之比；$K$ 为土壤渗透系数，m/s；$d$ 为沟内渗透管内径，m；$D$ 为沟内渗透管外径，m；$S_k$ 为砾石填料的储存系数。

可将式（22-30）改写为

$$Lbhs+L\left(b+\frac{h}{2}\right)t60\ \frac{K}{2}=A10^{-7}q_Pt60 \tag{22-32}$$

该式等号左边第一项为渗透沟的存储空间，第二项为 $t$ 时段内渗透量；等号右边为 $t$ 时段内的降雨量近似计算值。由此可看出，Geiger 公式与 Sjoberg - Martensson 公式的基本思路是一致的，均出于降雨量、渗透量和储水量三者之间的水量平衡。

Geiger 法的计算过程也是一试算过程，首先拟定渗透沟的宽、高及布置形式，再根据不同的降雨历时和相应的暴雨强度计算出一系列所需沟长，从中选取最大值 $L_{max}$。

3. 计算方法的比较

上述两种计算方法的出发点是一致的，均基于渗透设施的进、出水量的平衡，即进入设施的径流量等于其渗透量及储存量之和。但它们在一些参数的处理上有所不同，两种渗透设施计算方法比较如表 22-7 所示。

**表 22-7　　渗透设施计算方法比较**

| 计算方法 / 项目 | Sjoberg - Martensson 法 | Geiger 法 |
|---|---|---|
| 渗透系数 | $K\times$（0.3～0.5） | $K\times0.5$ |
| 渗透面积 | 1/2 侧面积 | 底面积＋1/4 侧面积 |
| 进水量 | 1.25（$q_Pt\ \overline{\Psi}A$） | $q_PtA$ |

注　表中符号同式（22-22）和式（22-30）。

从该表中可以看出，无论是渗透系数还是渗透面积的计算，Sjoberg - Martensson 法均更保守些。考虑到底面积堵塞的可能性，在计算时不计入底面积的渗透量。在 Geiger 法中，强调渗透设施的管理和维护，特别重视设施的防堵塞措施，因此在设计计算渗透设施时，仍将底面积列入渗透面积之内。但考虑到渗沟侧面及水平渗透的复杂性，减少侧面积的计算量，仅以其 1/4 量计算。

在计算渗透设施进水量时，Sjoberg - Martensson 法更精细一些，它将近似计算式 $q_Pt$

乘上修正系数1.25，使计算值更接近于实际降雨量。Geiger法较为简洁，也使用近似计算式 $q_P t$，但没有修正系数。实际上当 $\overline{\Psi}=0.8$ 时，两种方法计算的进水量是一致的。

4. 计算实例

**【例22-3】** 已知北京某小区汇水面积 $A=270\text{m}^2$，由径流系数0.9的不透水地面组成，渗透系数 $K=5\times10^{-5}\text{m/s}$，渗透沟内设置内、外径各为0.3m和0.4m的渗透管，砾石填料的储存系数 $S_k=0.4$。

**解**：若设重现期为0.33年，渗透沟宽1m，有效高0.8m。

(1) 按Geiger法计算。

沟的储存系数为

$$S=\frac{\frac{\pi\times0.3^2}{4}+\left(1+0.8-\frac{\pi\times0.4^2}{4}\right)\times0.4}{1\times0.8}=0.426$$

试算结果如表22-8所示。

**表22-8　　试算结果**

| $t$ (min) | $q_P$ [L/(s·ha)] | $L$ (m) | $t$ (min) | $q_P$ [L/(s·ha)] | $L$ (m) |
|---|---|---|---|---|---|
| 5 | 196.9 | 4.6 | 45 | 72.5 | 12.2 |
| 10 | 156.2 | 7.0 | 60 | 60.7 | 12.7 |
| 15 | 131.2 | 8.6 | 90 | 46.8 | 12.9 |
| 20 | 114.1 | 9.7 | 120 | 38.7 | 12.7 |
| 30 | 91.8 | 11.1 | 180 | 29.5 | 12.0 |

$L_{max}=12.9\text{m}$，即所需渗透沟长约13m。

(2) 按Sjoberg-Martensson法计算。设渗透沟长 $L=15\text{m}$，则

$$A_S=0.5\times2\times(15+1)\times0.8=12.8(\text{m}^2)$$

做 $4.5q_P t-t$ 和 $3.6Et-t$ 图，并根据它们再做 $E-D$ 图。

$$E=\frac{1000\times(0.5\times10^{-5})\times12.8}{270\times0.9}=13.2\ (l/s)$$

据 $E-D$ 图查得 $D=257\text{m}^3/\text{hm}^2$，所需 $V=DB=257\times(270\times0.9)=6.24\text{m}^3$。

但所拟长度渗透沟的有效存储空间为

$$V'=\left[\frac{\pi\times0.3^2}{4}+\left(1\times0.8-\frac{\pi\times0.4^2}{4}\right)\times0.4\right]\times15=5.12(\text{m}^3)<V$$

重新设定 $L=17\text{m}$，则 $A_S=14.4\text{m}^2$，$E=14.8\text{L}/(\text{s}\cdot\text{hm}^2)$，$D=242\text{m}^3/\text{hm}^2$，$V=5.88\text{m}^3$。

此时 $V'=5.80\text{m}^3$，接近于 $V$ 值，$L$ 为17m。

由此可见，两种计算方法有一定的差距。

另设重现期0.33年，渗透沟宽1m，有效高1.5m。经同样的计算过程，由Geiger法得 $L=8\text{m}$，由Sjoberg-Martensson法得 $L=9\text{m}$，两者的差距较小，详见表22-9。

表 22-9　实例计算结果

| 有效高度 (m) | 所需沟长 (m) | |
|---|---|---|
| | Sjoberg-Martensson 法 | Geiger 法 |
| 0.8 | 17.0 | 13.0 |
| 1.5 | 9.0 | 8.0 |

据计算实例可见：在选用同样重现期和同样沟宽的前提下，两种方法计算结果的差距随着渗透沟有效高度的增加而减小，该结果差异主要是渗透面积计算方法不同所致。渗透面积由侧面积和底面积两部分组成。沟深增大时，侧面积在渗透面积中所占比例也上升，相反其底面积所占比例却下降，即底面积的影响减小。而 Sjoberg-Martensson 法在计算渗透面积时不计入底面积，因此，沟深增大，底面积影响减弱。两种计算方法的结果相近。

我国城区雨水渗透利用尚在研究阶段，由于我国雨水径流中带有较多悬浮颗粒，易于造成渗透装置的堵塞，故推荐选用计算偏安全的 Sjoberg-Martensson 法，并在应用时视具体情况作适当修正，例如，在渗透设施进水量计算时扣除初期弃流量及其上游渗透设施的渗透量。

（四）雨水渗透装置

雨水渗透是通过一定的渗透装置来完成的，目前常用的处理装置有渗透浅沟、渗透渠、渗透池、渗透管沟、渗透路面等，每种渗透装置可单独使用也可联合使用。

(1) 渗透浅沟即为用植被覆盖的低洼地（见图 22-12），较适用于建筑庭院内。

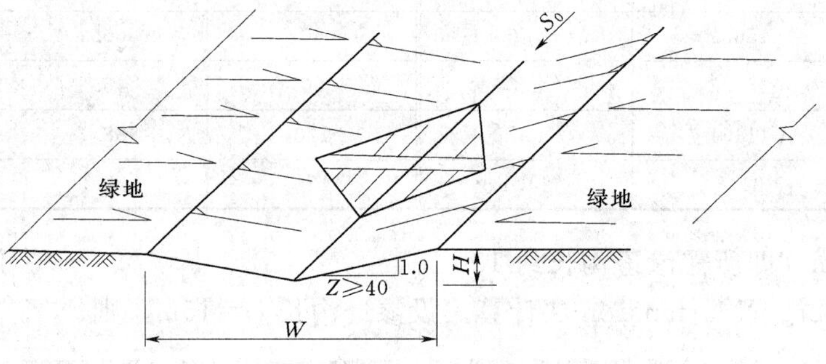


图 22-12　渗透浅沟示意图

(2) 渗透渠为用不同渗透材料建成的渠（见图 22-13），常布置于道路、高速公路两旁或停车场附近。图 22-14 为雨水渗透浅沟、渗透渠联合使用示意图。

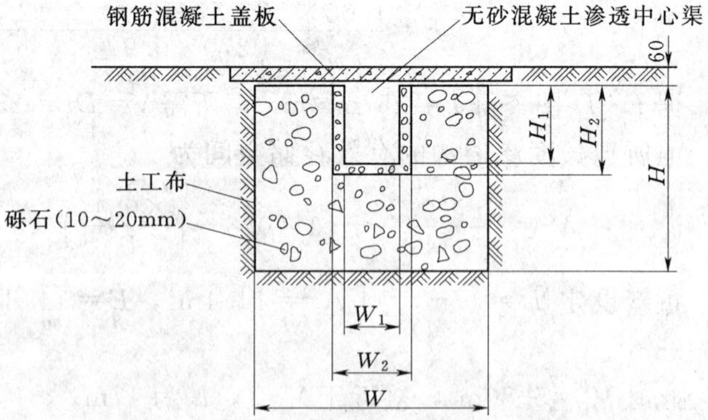


图 22-13　渗透渠断面示意图

(3) 渗透池为用于雨水滞留并进行渗透的池子，在有良好天然池塘的地区，可以直接利用，减少投资。也可人工挖掘一个池子，池中填满砂砾和碎石，再覆以回填土，碎石间空隙可储存雨水，被储藏的雨水可以在一段时间内慢慢入渗，比较适合于小区使用。

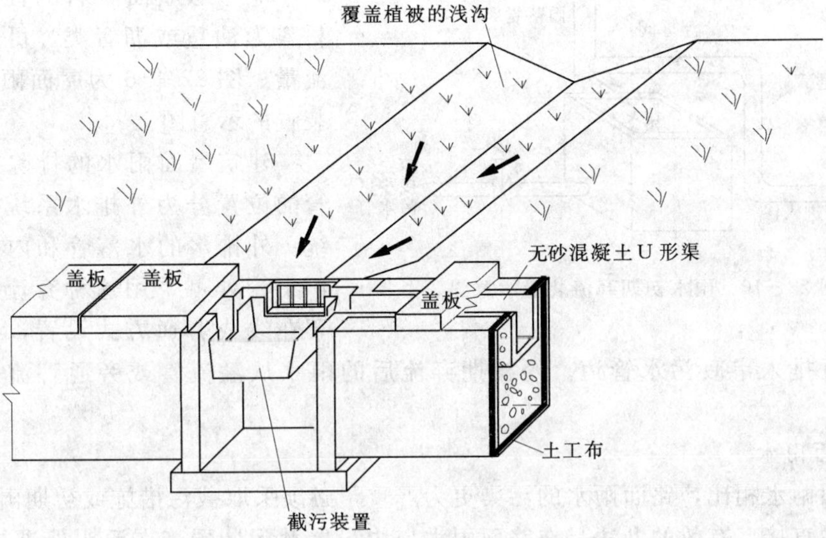


图 22-14　雨水渗透浅沟、渗透渠联合使用示意图

(4) 渗透管沟为渗透装置的一种特殊形式，它不仅可以在碎石填料中储存雨水而且可以在渗透管中储存雨水。图 22-15 为渗透管断面示意图。

(5) 渗透路面有三种，即渗透性柏油路面、渗透性混凝土路面和框格状镂空地砖铺砌的地面。后者多用于布置在临近商业区、学校及办公楼等的停车场和广场。

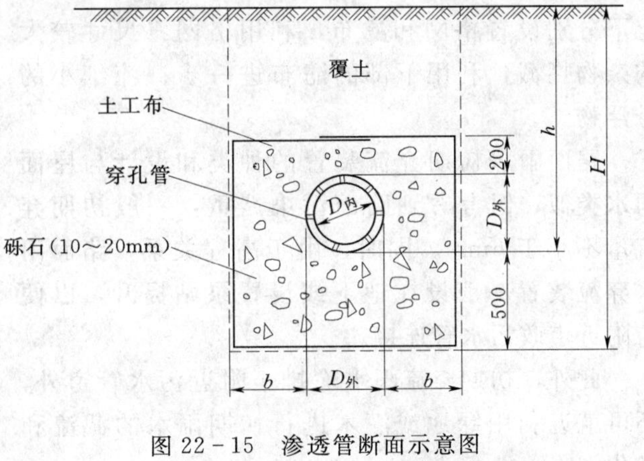


图 22-15　渗透管断面示意图

雨水渗透受降雨和入渗两方面的影响，渗透设施的设计类似于其他各种储留池的设计，也有存储空间的概念。设计的主要目的是容纳来水并使其尽可能不发生溢流。在渗透过程中，如果进水量超过了渗透设施的渗透能力，为了保证不发生溢流，将多余的水量存储下来所需要的空间称为存储空间，对于大部分的渗透设施来说，其填料和管道部分的有效空间即是该设施的存储空间。渗透装置的设计进水量与设计渗透量之差为渗透装置的存储空间。

(五) 初期弃流装置

通过初期雨水弃流装置可有效控制雨水水质，以降低对水体的污染或雨水进一步收集利用处理工艺的污染负荷。初期雨水弃流装置有很多种形式，但目前在国内主要处于研发阶段，在实施时要考虑其可操作性，应便于运行管理。

1. 屋面雨水

初期弃流量应根据当地情况确定，一般屋面雨水建议采用 2mm 控制初期弃流量；同

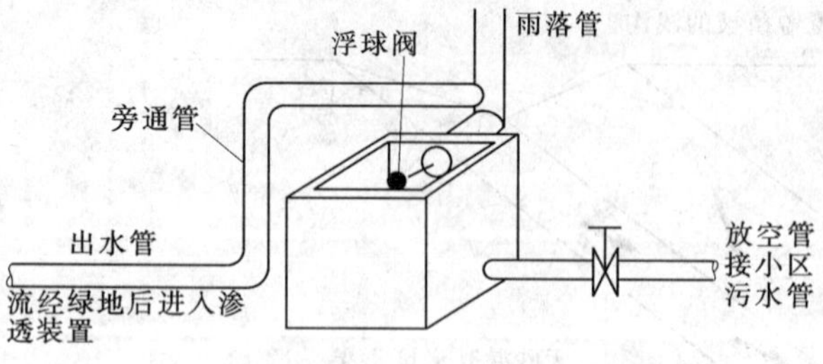


图 22－16　雨水初期弃流装置示意图

时，应考虑屋面材料的性质，如屋面材料为油毡或沥青类，可适当加大弃流量。图 22－16 为屋面雨水初期弃流装置的示意图。

建筑屋面雨水的排除方式按雨水管的位置分为外排水系统和内排水系统。外排水的水落管和内排水的雨水汇集管处可采用这种弃流池。根据需要在线或旁通方式设置，弃流的初期雨水可就近排入市政污水管道。经初期弃流后的雨水从溢流管或旁通管流入雨水调蓄装置。

2. 路面雨水

与屋面雨水相比，路面雨水的污染更为严重，必须采取截污措施或初期雨水的弃流装置。一种最直接、有效的办法是在路面雨水口内设置截污装置，在源头处进行污物截流。一般可采用截污挂篮，在挂篮内设置格网和滤布，这种截污装置易于安装且便于污物清理，一般安装高度应保持其底高在雨水口连接管管顶以上 0.3～0.6m。路面雨水口截污挂篮如图 22－17 所示。

通常为进一步改善截污效果，可在截污挂蓝上下分别设置格网和滤布，利用格网将尺寸较大的杂物拦截，利用下部的滤布进一步截流细小的悬浮物。

路面雨水初期弃流装置的种类和设计与屋面雨水类似，但考虑到路面污染严重，一般初期弃流量不小于 6mm。同时，由于高程关系，路面雨水弃流装置一般设在地下或设置泵站提升，以便与附近市政污水管连接。

此外，初期弃流雨水除排至附近污水管道外，还可就近利用绿地或灌木进行初期雨水的截流和净化。

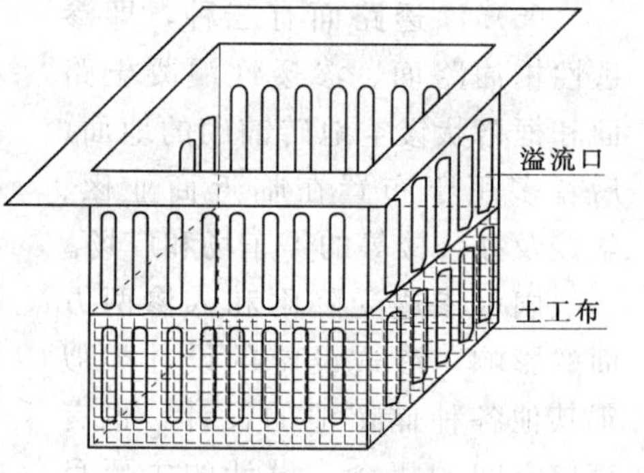


图 22－17　截污挂篮示意图

（六）雨水收集装置容积的确定

如果雨水用作中水补充水源，首先需要设置雨水调节池以收集雨水并调节水量。关于雨水调节池的种类和设计参见本章第二节关于雨水管渠设计中雨水径流量调节部分。该调节水池容积确定有两种方法：一种方法参考式（22－19）可利用雨量计算公式根据设计降雨量和汇水面积来计算所需池容；另一种方法是根据降雨强度式（22－1）计算并绘制某一设计重现期下不同降雨历时流至调节水池的径流量曲线（见图 22－8），并对曲线下的面积求和，该值即可作为调节水池的有效容积。设计重现期的选择可参考雨水管渠系统。当然，这里雨水调蓄的目的是为进一步利用，因此，调节水池容积确定还应充分考虑实际用水量，以满足实际用水量的储存需求为准。

（七）其他处理装置的设计计算

其他雨水收集处理装置如混凝沉淀、过滤、消毒等可参考《给水排水设计手册》。

（八）雨水利用工程的顺利实施保障措施

雨水利用工程是一项大的系统工程，不仅要与城市或小区的总体规划设计同步进行，也要综合考虑本流域的水资源，合理安排；同时，为确保雨水利用工程的顺利实施，还要采取积极措施，例如协调安排小区建筑、道路、景观及绿地的高程，透水地面的推广使用，地面的清洁维护，环保屋面材料的开发和使用，以及雨水利用工程附属构筑物的研制开发等。此外，也应积极制定相关政策以促进城市雨水的收集利用，进一步改善城市生态环境。

# 第二十三章　合流管渠系统的设计

## 第一节　合流制管渠系统的适用条件及布置特点

合流制管渠系统是在同一管渠内排除生活污水、工业废水及雨水的管渠系统。常用的是截流式合流制管渠系统，它是在临河铺设的截流管上设置截流井并收集来自上游或旁侧的生活污水、工业废水及雨水，截流管中的流量是变化的。晴天时，截流管以非满流将生活污水和工业废水送往污水厂处理。雨天时，随着雨水量的增加，截流管以满流将生活污水、工业废水和雨水的混合污水送往污水厂处理；当雨水径流量继续增加到混合污水量超过输水管的设计输水能力时，超过部分通过截流井溢流到河道，并随雨水径流量的增加，溢流量也增大。当降雨时间继续延长时，由于降雨强度不断减弱，截流井处的流量减少，溢流量减少。最后，混合污水量又重新等于或小于截流管的设计输水能力，截流井停止溢流。

如本书第二十章所述，由于合流制排水系统管线单一，总长度减少，管道造价低，尽管合流制的管径和埋深增大，且泵站和处理厂造价比分流制高，但合流制的总投资仍偏低。通常在下述情况下可考虑采用合流制：

(1) 地面有一定的坡度倾向水体，当水体高水位时，岸边不受淹没。污水在中途不需要泵站提升。

(2) 排水区域内有一处或多处水源充沛的水体，其流量和流速都足够大，一定量的混合污水排入水体后对水体造成的危害程度在允许的范围内。

(3) 街道和街坊的建设比较完善，必须采取暗管渠排除雨水，而街道横断面又较窄，管渠的设置位置受到限制时。

(4) 特别干旱的地区。

在考虑采用合流制管渠系统时，首先应满足环境保护的要求，充分考虑水体的环境容量限制。同时，结合当地的城市建设及地形条件合理地选用。

截流式合流制排水系统除应满足管渠、泵站、处理厂、出水口等布置的一般要求外，尚需满足以下要求：

(1) 管渠的布置应使所有服务面积上的生活污水、工业废水和雨水都能合理地排入管渠，并能以可能的最短距离坡向水体。

(2) 截流干管一般沿水体岸边平行布置，其高程应使连接支管的混合污水顺利流入。在城市旧排水系统改造中，如果原有管渠出口高程较低，截流干管高程不能满足其接入要求时，只能降低截流干管高程，同时采用防潮门或排涝泵站。

(3) 截流井的数目不宜过多，并应适当选择在截流干管上的位置，以便尽可能地减少对水体的污染，减少截流干管的尺寸和缩短排放渠道的长度以降低造价。

(4) 在合流制管渠系统的上游排水区域内，如果雨水可沿地面的街道边沟排泄，则可只设污水管道。只有当雨水不宜沿地面径流时，才考虑布置合流管渠。

## 第二节　合流制排水管渠的水力计算

### 一、合流制管渠系统设计流量的确定

合流制管渠系统的设计流量由生活污水流量、工业废水流量和雨水流量三部分组成。其中生活污水和工业废水流量计算方法与本书第二十一章有所区别，生活污水流量按平均流量计算，即总变化系数为1；工业废水流量用最大班的平均流量计算。雨水流量与计算方法同本书第二十二章的计算方法，只是设计重现期比分流制雨水管渠要有所提高，以减少混合污水对环境的影响。

截流式合流制排水管渠的设计流量，在截流井的上游和下游是不同的。

（一）第一个截流井上游管渠的设计流量

如图23-1所示，第一个截流井上游管渠（1-2管段）的设计流量为

$$Q=Q_d+Q_m+Q_s=Q_{dr}+Q_s \tag{23-1}$$

其中

$$Q_{dr}=Q_d+Q_m \tag{23-2}$$

式中：$Q$为设计流量，L/s；$Q_d$为设计综合生活污水日平均流量，L/s；$Q_m$为最大班工业废水的日平均流量，L/s；$Q_s$为雨水设计流量，L/s；$Q_{dr}$为截流井前的旱流污水设计流量，L/s。

在实际进行水力计算时，当生活污水和工业废水流量之和比雨水设计流量小很多，例如生活污水和工业废水流量之和小于雨水设计流量的5%时，其流量一般可以忽略不计，因为它们计入与否往往不影响管径和管道坡度。

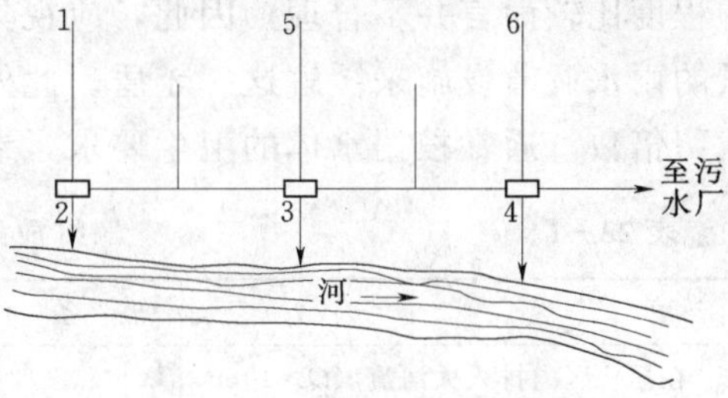

图23-1　设有溢流井的合流管渠

（二）截流井下游管渠的设计流量

合流制排水管渠截流井下游管渠的流量包括上游的旱流流量，上游的雨水量部分被截流井截流，截流雨水量按旱流流量的指定倍数计算，该指定倍数称为截流倍数$n_0$；未被截流的部分从截流井溢出，并排至水体。同时，该流量也应包括截流井下游排水面积上的生活污水平均流量与工业废水最大班平均流量之和。

因此，截流井下游管渠（见图23-1中的2-3段）的设计流量为

$$Q'=(n_0+1)Q_{dr}+Q'_s+Q'_{dr} \tag{23-3}$$

式中：$Q'$为截流井以后管渠的设计流量，L/s；$Q'_s$为截流井以后汇水面积的雨水设计流量，L/s；$Q'_{dr}$为截流井以后的旱流污水量，L/s；$n_0$为截流倍数，即不从截流井泄出的雨水量与旱流流量的比值。

为节约投资和减少水体的污染，往往不在每条合流管渠与截流干管的交汇点处都设置截流井。

### 二、合流制排水管渠的水力计算

（一）设计数据

合流制排水管渠的设计数据基本上与雨水管渠的设计相同。

1. 设计充满度

合流制排水管渠的设计充满度一般按满流考虑。

2. 设计流速

合流制排水管渠的最小设计流速为0.75m/s。由于合流制排水管渠在晴天时只有旱流流量，管内充满度很低，流速很小，易淤积，为改善旱流的水力条件，应校核旱流时管内流速，一般宜在0.2～0.5m/s。最大设计流速与污水管道相同，以防过分冲刷管道。

3. 设计重现期

合流制排水管渠的雨水设计重现期一般应比同一情况下雨水管渠的设计重现期适当提高（一般可提高10%～25%），以防止混合污水的溢流。

4. 最小管径、最小坡度

合流制排水管渠的最小管径、最小坡度与雨水管道相同。

5. 截流倍数

截流倍数应根据旱流污水的水质和水量、水体条件及其卫生要求、水文及气象条件等因素确定。截留倍数小，会造成受纳水体污染；截留倍数大，管渠系统投资大，同时把大量雨水输送至污水厂，影响污水厂的运行稳定性和处理效果。我国一般在1～5内选用截留倍数。实际工程中，我国多数城市截流倍数采用3。近年来随着水体环境污染的加剧，其取值有逐渐增大的趋势。但一味增大截留倍数的取值，其经济效益与其对环境效益改善的程度比较而言并不合理，因此，应视具体情况，进行技术经济分析，可考虑设置一定容量的雨水调节设施来缓解这一矛盾。此外，在同一排水系统中可采用同一截留倍数或不同截留倍数。通常根据水体的卫生要求，参考表23-1取值。

**表23-1　　排放条件不同的 $n_0$ 值**

| 排放条件 | $n_0$ |
|---|---|
| 在居住区内排入大河流（$Q>10m^3/s$） | 1～2 |
| 在居住区内排入小河流（$Q=5\sim10m^3/s$） | 3～5 |
| 在区域泵站和总泵站前及排水总管的端部根据居住区内水体的不同特性 | 0.5～2 |
| 在处理构筑物旁根据不同处理方法与不同构筑物的组成 | 0.5～1 |

（二）合流制排水管渠的水力计算

合流制排水管渠的水力计算内容主要包括以下几方面。

1. 截流井上游合流管渠的计算

截流井上游合流管渠的水力计算与雨水管渠基本相同，只是它的设计流量要包括雨水、生活污水和工业废水三部分。而且，合流管渠的雨水设计重现期可适当高于同一情况下的雨水管道设计重现期，以避免管渠积水对环境的影响。

2. 截流干管和截流井的计算

截流干管和截流井的计算主要取决于截流倍数的合理选择。截流井是截流干管上最重要的构筑物，常用的截流井主要有截流槽式、溢流堰式、跳跃堰式，其构造见本书第二十四章。

3. 晴天旱流流量的校核

晴天旱流流量校核的目的是使旱流时的流速能满足污水管渠最小流速的要求。晴天时，由于旱流流量相对较小，特别是上游管段，旱流校核时通常难以满足最小流速的要求。在这种情况下，可在管渠底部设底流槽以保证旱流时的流速；或者加强养护管理，利用雨天流量冲洗管渠以防淤塞。

## 第三节 城市旧合流制排水管渠系统的改造

我国大多数城市旧排水管渠系统都采用直排式的合流制排水管渠系统，然而随着城市建设的发展和水体污染的加剧，在进行旧城改造规划时，对原有排水管渠进行改建势在必行。在旧排水系统改造中，除加强管理、养护、严格控制工业废水排放，新建或改建局部管渠与泵站等措施外，在体制改造上通常有两种途径，即改合流制为分流制和保留合流制而修建截流干管。

### 一、改合流制为分流制

改合流制为分流制的一般方法是将旧合流制管渠局部改建后作为单纯排除雨水（或污水）的管渠系统，另外新建污水（或雨水）管渠系统。这种办法在城市半新建地区、成片彻底改造旧区、建筑物不密集的工业区及其他地形起伏有利改造的地区，都是比较可行的；否则，改造难以实现。因为把合流制改为分流制须具备一些条件：住房内部有完善的卫生设备，雨、污能够严格分流；城市街道横断面有足够的位置，有可能增设污水（雨水）管渠，施工中不会对城市交通造成过大影响。

针对我国旧区改建的现状，某些地区可以考虑由合流制逐步过渡到分流制。

一种做法是在规划中近期采用合流制，埋设污水截流总管，但可采用较低的截流倍数，以便在较短时期内，使城市旧区水体的污染得到改善。但随旧区的逐步改造以及道路的拓宽以后，可以相应地埋设污水管，接通截流总管，并收纳污水管经过地区新建的或改造的房屋的污水以及收纳原有建筑物（包括工厂）的污水，这样便可由合流制过渡到合流与分流并存，以致最后做到旧区大部分污染严重的污水分流到污水管中去，基本上达到分流制的要求。并把原有合流管道作为雨水管道。此外，利用原建成的合流管的截流设施，在下雨时，还可以截流一部分污染严重的初期雨水，减轻对水体的污染。

另一种做法是以原有合流管道作为污水管道来进行分流，而另建一套简易的雨水排泄系统。通常采用街道暗沟、明渠等排泄雨水，这样可以免去接户管的拆装费用，也可避免破坏道路、增设管道，等到有条件时，可以把暗沟、明渠等改为雨水管道。这种方法经济，适用于过渡时期的改造。但是合流制改造常常受到巨额投资的限制，在城市中通常出现部分合流部分分流的混合制系统，即在部分街区建设雨水管道。一般部分分流制系统将接纳 15％～50％的径流量。

### 二、保留合流制而修建截流干管

将合流制改为分流制几乎要改建所有的污水出户管及雨水连接管，要破坏很多路面，且需很长时间，投资也很巨大。因此，目前合流制管渠系统的改造大多采取保留原有体制，修建合流管渠截流干管，即改造成截流式合流制排水管渠系统。这种改造形式与交通矛盾少，施工方便，易于实施。但同时没有完全杜绝雨天溢流的混合污水对水体的污染。为进一步保护水体，应对溢流的混合污水进行适当的处理。处理措施包括筛滤、沉淀，有时也可加氯消毒后再排入水体。也可建蓄水池或地下人工水库，将溢流的混合污水储存起来，待暴雨过后，再将它抽送入截流干管输进污水处理厂经处理后排放。这样能较彻底解决溢流混合污水对水体的污染。

**三、对溢流的混合污水量进行控制**

为减少溢流的混合污水对水体的污染，可结合当地气象、地质、水体等条件，加强雨水利用工作，增加透水路面；或进行大面积绿地改造，提高土壤渗透系数，即提高地表持水能力和地表渗透能力；或建雨水收集利用系统，以减少暴雨径流，从而降低溢流的混合污水量。当然这在我国仍有待于雨水利用工作的进一步完善，例如，排水体制及法规的完善，雨水收集、处理、利用的管渠及配套设施开发研制等。

当然城市旧合流制排水管渠系统的改造是一项复杂的工作，必须结合当地的具体情况，与城市规划相结合，在确保城市水体免受污染的情况下，充分发挥原有管渠系统的作用，使改造方案既有利于保护环境，又经济合理、切实可行。

# 第二十四章　排水管渠及附属构筑物

## 第一节　排水管渠材料、接口及基础

排水管渠的材料和构造、接口和基础的选择应根据排水水质、水温、冰冻情况、断面尺寸、管内外所受压力、土质、地下水位、地下水侵蚀性、施工条件及对养护工具的适应性等因素进行选择与设计。特别是水质情况，输送腐蚀性污水的管渠、检查井和接口必须采取相应的防腐蚀措施。

### 一、常用管材和管件

（一）管材要求

合理地选择管渠材料，对降低排水系统的造价影响很大。选择排水管渠材料时，应综合考虑技术、经济及其他方面的因素。排水管材主要有以下几点要求：

（1）排水管渠必须具有足够的强度，以承受外部的荷载和内部的水压，外部荷载包括土壤的重量——静荷载，以及由于车辆运行所造成的动荷载。压力管及倒虹管一般要考虑内部水压。自流管道发生淤塞时或雨水管渠系统的检查井内充水时，也可能引起内部水压。此外，为了保证排水管道在运输和施工中不致破裂，也必须使管道具有足够的强度。

（2）排水管渠应具有能抵抗污水中杂质的冲刷和磨损的作用，也应该具有抗腐蚀的性能，以免在污水或地下水的侵蚀作用（酸、碱或其他）下很快破损。

（3）排水管渠必须不透水，以防止污水渗出或地下水渗入。因为污水从管渠渗出至土壤，将污染地下水或邻近水体，或者破坏管道及附近房屋的基础。地下水通过管道、接口和附属构筑物渗入管渠，不但降低管渠的排水能力，而且将增大污水泵站及处理构筑物的负荷。

（4）排水管渠的内壁应整齐光滑，使水流阻力尽量减小。同时，应尽量就地取材，并考虑到预制管件及快速施工的可能，以便尽量降低管渠的造价及运输和施工的费用。

排水管渠材料一般有混凝土、钢筋混凝土、陶土、塑料、球墨铸铁以及钢等。

（二）排水管材

1. 混凝土和钢筋混凝土

混凝土管和钢筋混凝土管适用于排除雨水、污水，是最常用的排水管道，可在专门的工厂预制，也可在现场浇筑。管口通常有承插式、企口式、平口式，如图 24－1 所示。

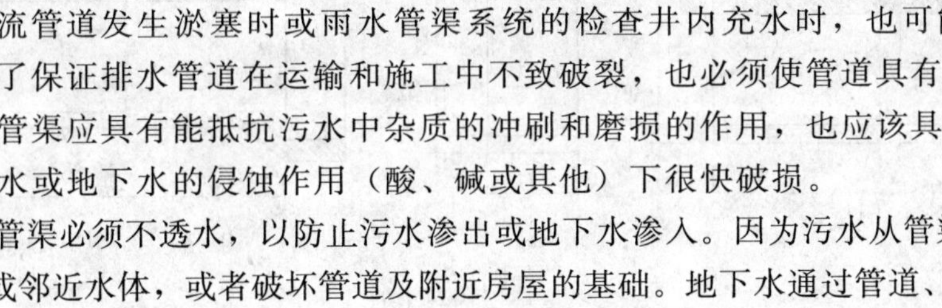


图 24－1　混凝土管和钢筋混凝土管

(*a*) 承插式；(*b*) 企口式；(*c*) 平口式

混凝土管的管径一般小于 400mm，长度多为 1m，适用于管径较小的无压管。如果管道埋深较大或敷设在土质条件不良地段，为抗外压，当直径大于 400 mm 时通常都采用钢筋混凝土管。混凝土和钢筋混凝土管的技术条件及标准规格详见《混凝土和钢筋混凝土排水管标准》(GB 11836—1999)。

国内生产的混凝土管和钢筋混凝土管产品规格，详见《给水排水设计手册》。

混凝土管和钢筋混凝土管便于就地取材，制造方便。而且可根据抗压的不同要求，制成无压管、低压管、预应力管等。混凝土管和钢筋混凝土管除用作一般自流排水管道外，钢筋混凝土管及预应力钢筋混凝土管亦可用作泵站的压力管及倒虹管。它们的主要缺点是抵抗酸、碱腐蚀及抗渗性能较差、管节短、接头多、施工复杂，在地震烈度大于 8 度的地区及饱和松砂、淤泥及淤泥土质、充填土、杂填土的地区不宜敷设。此外，大管径管因自重大而搬运不便。

2. 陶土管

陶土管是由塑性黏土制成的，根据需要可制成无釉、单面釉、双面釉的陶土管。若采用耐酸黏土和耐酸填充物，还可以制成特种耐酸陶土管。管口有承插式和平口式两种形式，如图 24－2 所示。

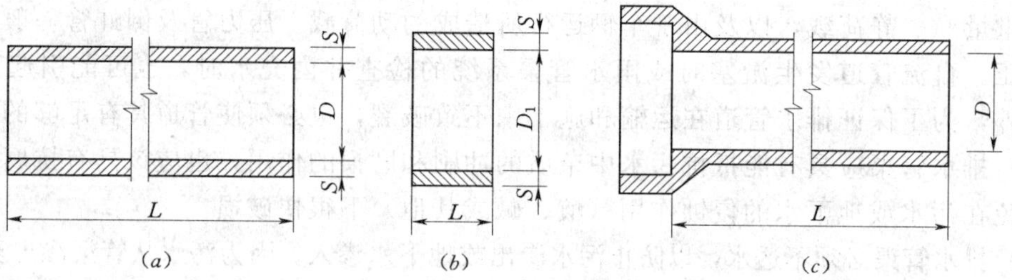


图 24－2 陶土管

(a) 直管；(b) 管箍；(c) 承插管

普通陶土排水管最大公称直径可达 300mm，有效长度 800mm，适用于居民区室外排水管。耐酸陶土管最大公称直径可达 800mm，一般在 400mm 以内，适用于排除酸性废水。

带釉的陶土管内外壁光滑，水流阻力小，不透水性好，耐磨损，抗腐蚀。但陶土管质脆易碎，抗弯、抗拉强度低，不宜敷设在松土中或埋深较大的地方。此外，因其管节短，需要较多的接口，增加了施工难度和费用。

3. 金属管

常用的金属管有铸铁管和钢管。室外重力流排水管道一般很少采用金属管，只有在排水管道承受高压或对渗漏要求特别高的地方，例如，排水泵站的进出水管和倒虹管，或地震烈度大于 8 度、地下水位高或流砂严重的地区才采用金属管。

金属管质地坚固、抗压、抗震、抗渗性能好，且内壁光滑，水流阻力小，管子每节长度大，接头少，但价格昂贵。此外，钢管抵抗酸、碱腐蚀及地下水侵蚀的能力差，因此在采用时必须涂刷耐腐蚀的涂料并注意绝缘。

4. 排水渠道

当排水管直径大于 1.5～2m 时，排水管制作费用和制作难度大幅度增加且运输困难，因此通常在现场建造大型排水渠道。常用的建筑材料有砖、石、混凝土块、钢筋混凝土块和钢筋混凝土等。

5. 其他管材

到目前今为止，排水管材大多数采用（钢筋）混凝土管。如上所述，（钢筋）混凝土管作为排水管在使用中存在着许多弊端，如防腐抗渗性能差、管节短、施工复杂等。因此，近年来随着新型建筑材料的不断研制，用于制作排水管道的材料也日益增多。例如，玻璃纤维筋混凝土管、硬聚氯乙烯管（PVC—U）、聚乙烯管（PE）、聚氯乙烯双壁波纹管、塑料螺旋缠绕管、聚氯乙烯径向加筋管等，这些新型管材近年来在日本、美国等大量使用。其中硬聚氯乙烯管和聚乙烯管由于具有重量轻、耐腐蚀、抗渗性能好、管壁光滑、不易堵塞、工期短且施工费用低等优点，在国内排水管道的应用也在增加。2005年，在全国新建、改建、扩建工程中，建筑排水管道70%采用塑料管，城市排水管道30%采用塑料管。但这目前还限于小口径管道，其产品规格多在600mm以内，仍以建筑排水管道应用为多。

## 二、管道接口形式

排水管道的接口形式应根据管道材料、连接形式、排水性质、地下水位和地质条件等确定。排水管道的不透水性和耐久性，在很大程度上取决于敷设管道时接口的质量。管道接口应具有足够的强度、不透水、能抵抗污水或地下水的侵蚀并具有一定的弹性。

### （一）接口形式及适用条件

室外排水管道最常用的为混凝土和钢筋混凝土管。管口的形状有企口、平口、承插口，企口和平口又可直接连接和加套管连接。根据接口的弹性，一般分为柔性、刚性和半柔性三种接口形式。

1. 柔性接口

柔性接口允许管道纵向轴线交错3～5mm或交错一个较小的角度，而不致引起渗漏。常用的柔性接口有橡胶圈接口、石棉沥青卷材接口、沥青麻布接口、沥青砂浆灌口接口、沥青油膏接口。柔性接口施工复杂，造价较高。在地震区采用柔性接口有其独特的优越性。

2. 刚性接口

刚性接口不允许管道有轴向的交错。但比柔性接口施工简单、造价较低，因此采用较广泛。常用的刚性接口有水泥砂浆抹带接口、钢丝网水泥砂浆抹带接口、膨胀水泥砂浆接口等。刚性接口抗震性能差，多用在地基比较良好、有带形基础的无压管道上。

3. 半柔性接口

半柔性接口介于上述两种接口形式之间。使用条件与柔性接口类似。常用的是预制套管石棉水泥接口。

污水管道及合流管道宜选用柔性接口。当管道穿过粉砂、细砂层并在最高地下水位以下，或在地震设防烈度为8度地区时，应采用柔性接口。

### （二）几种常用的接口方法

1. 水泥砂浆抹带接口

水泥砂浆抹带接口，如图24－3所示。

在管子接口处用1∶2.5（重量比）或1∶3水泥砂浆配比抹成半椭圆形或其他形状的砂浆带，带宽120～150mm，带厚30mm。抹带前保持管口洁净。一般适用于地基土质较

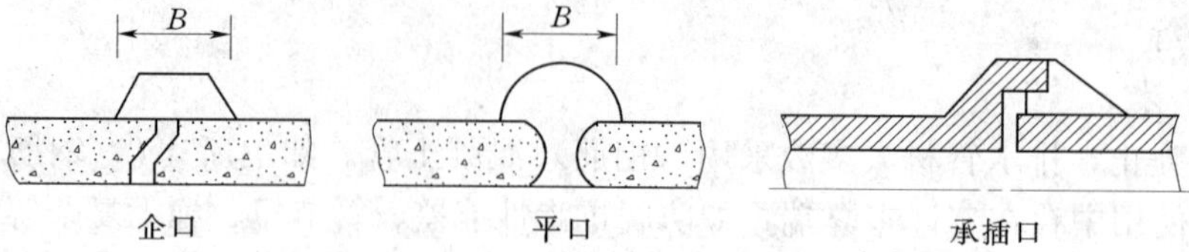

图 24-3　水泥砂浆抹带接口

好的雨水管道，或用于地下水位以上管径较小的污水管上。企口管、平口管、承插口管均可采用这种接口。

2. 钢丝网水泥砂浆抹带接口

钢丝网水泥砂浆抹带接口，如图 24-4 所示。

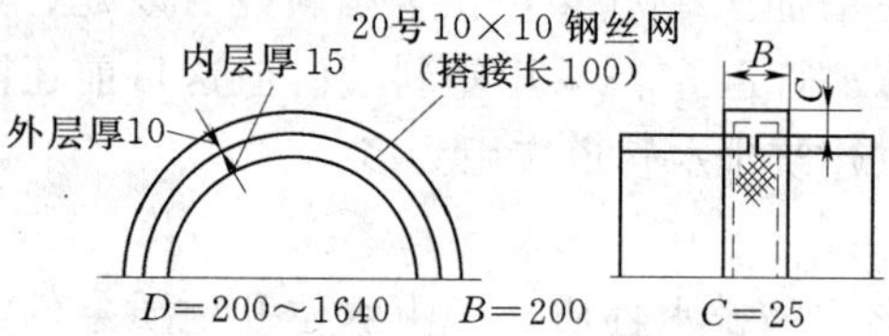

图 24-4　钢丝网水泥砂浆抹带接口

将抹带范围的管外壁凿毛，抹 1∶2.5（重量比）或 1∶3 水泥砂浆一层，厚 15mm；中间铺 20 号 10mm×10mm 钢丝网一层，两端插入基础混凝土中固定，上面再抹砂浆一层，厚 10mm，带宽 200mm。这种接口适用于地基土质较好的一般污水管道和水头低于 5m 的低压管道接口。

3. 石棉沥青卷材接口

石棉沥青卷材接口，如图 24-5 所示。

石棉沥青卷材接口的构造是先将沥青、石棉、细砂按配合比为 7.5∶1.0∶1.5 制成卷材。并将接口处管壁刷净烤干，涂上冷底子油一层，再刷沥青玛琋脂（厚 3～5mm），包上石棉沥青卷材，外面再涂 3mm 厚的沥青玛琋脂。石棉沥青卷材带宽为 150～200mm，一般适用于沿管道纵向沉陷不均匀地区，平口管和企口管均可使用。

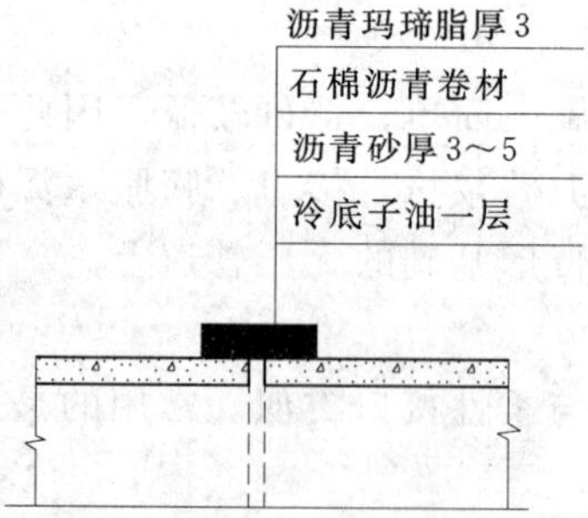

图 24-5　石棉沥青卷材接口

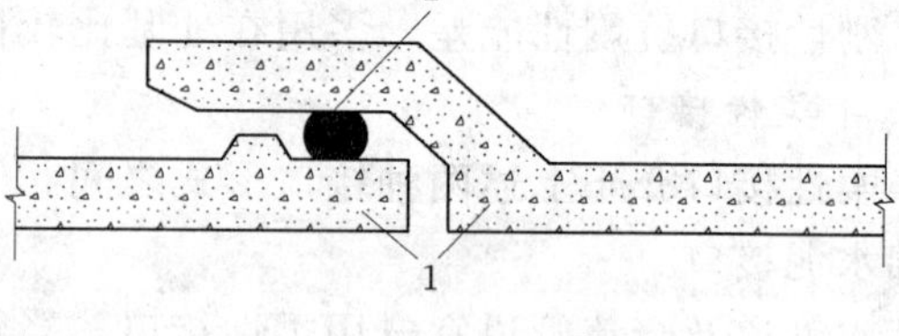

图 24-6　橡胶圈接口
1—橡胶圈；2—管壁

4. 橡胶圈接口

橡胶圈接口，如图 24-6 所示。

橡胶圈接口属柔性接口。接口结构简单，施工方便，适用于施工地段土质较差、地基硬度不均匀或地震地区。

5. 沥青麻布接口

沥青麻布接口构造为管口外壁光涂冷底子油一遍，再在接口处涂四道沥青裹三层麻布（或玻璃布），再用8号铅丝绑牢。麻布宽度依次为150mm、200mm、250mm，用于管径小于或等于900mm的管道；宽为200mm、250mm、300mm的，用于管径大于100mm的管道。搭接长均为150mm。这种接口适用于无地下水、地基良好的无压管道。

6. 沥青砂浆灌口接口

沥青砂浆灌口接口结构为先将管口刷净，刷冷底子油一遍，然后用预制模具定型，再在模具上部开口浇灌沥青砂浆（一般沥青砂浆配合比可取沥青：石棉：砂为3：2：5）。该接口带宽150～200mm、厚20～25mm。这种接口适用于无地下水、地基不均匀沉陷不严重的无压管道。

7. 石棉水泥接口

先将管口及套环刷净，接口用重量比为1：3或1：2的水泥砂浆捻缝，套环接缝处嵌入油麻（宽20mm），再在两边填实石棉水泥。这种接口适用于因地基较弱而可能产生不均匀沉陷、且位于地下水位以下的排水管道。

8. 沥青砂浆接口

先洗净管口和套环，接口用重量比为1：3或1：2的水泥砂浆捻缝，灌沥青砂浆，两端用绑扎绳填实。这种接口适用于地基不均匀地段，或地基经过处理后管道可能产生不均匀沉陷且位于地下水位以下的排水管道。

9. 沥青油膏接口

先洗净管口和套环，接口用重量比为1：3或1：2的水泥砂浆捻缝，套环接缝处嵌入油麻两道，两边填沥青油膏。沥青油膏配比为：石油沥青：重松节油：废机油：石灰棉：滑石粉＝100：11.1：44.5：77.5：1190。该接口的适用条件同沥青砂浆灌口接口。

10. 预制套管接口

预制套管与管子间的缝隙中用石棉水泥（水：石棉：水泥＝1：3：7）打严，也可用自应力水泥砂浆填充。这种接口适用于地基较弱地段，一般常用于污水管。

## 三、排水管道基础

### （一）排水管道基础的组成及形式

排水管道的基础一般由地基、基础和管座三个部分组成，如图24－7所示。地基是指沟底槽的土壤部分。它承受管子和基础的重量、管内水重、管上土压力和地面上的荷载。基础是指管子与地基间经人工处理过或专门建造的设施，其作用是将管道较为集中的荷载均匀分布，以减少对地基单位面积的压力；或由于土的特殊性质的需要，为使管道安全稳定地运行而采用的一种技术措施，如原土夯实、混凝土基础等。管座是管子下侧与基础之间的部分。设置管座的目的是减少对地基的压力和对管子的反力。管座包角的中心角愈大，基础所受的单位面积的压力和地基对管子

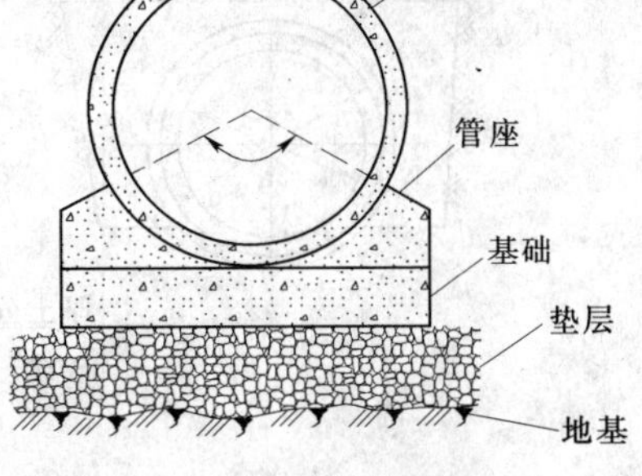

图24－7　管道基础断面

作用的单位面积的反力愈小。

为保证排水管道系统能安全正常运行，除管道工艺本身设计施工应正确外，管道的地基与基础要有足够的承受荷载的能力和可靠的稳定性。否则，排水管道可能产生不均匀沉陷，造成管道错口、断裂、渗漏等现象，导致污水外泄而污染环境，或造成地下水入渗，甚至影响附近建筑物的基础。一般管道基础应根据管道材质、接口形式和地质条件及其外部荷载的情况合理确定。小区排水管道基础形式常有砂土基础（土弧基础）、混凝土枕基和带形基础等。

（二）基础选择

排水管道的基础选择应根据地质条件、接口形式、管道位置、施工条件、地下水位等因素确定。

1. 根据接口形式

（1）若管道接口形式是刚性接口，则应采用混凝土带形基础或混凝土枕基。

（2）若接口形式为柔性接口，工程地质条件好时用砂石基础；若地质条件不好、沉降不均或土质为湿陷性黄土等，则也应采用混凝土基础。

2. 根据地质条件、管道位置等

（1）干燥密实的土层、管道不在车行道下、地下水位低于管底标高，埋深为0.8～3.0m。在几根管道合槽施工时，可用素土和灰土基础，但接口处必须做混凝土枕基。

（2）岩土和多石地层可采用砂垫层基础，砂垫层厚度不宜小于200mm，接口处应做混凝土枕基。

（3）一般土层或各种潮湿土层以及车行道下敷设的管道应根据具体情况采用90°～180°混凝土带形基础。

（4）地基松软或不均匀沉降地段，烈度为8度以上的地震区，管道基础应采取相应的加固措施，管道接口应采用柔性接口。

（三）常用的管道基础

1. 砂土基础

砂土基础包括弧形素土基础和砂垫层基础。

弧形素土基础是在原土基础上挖一弧形管槽（通常采用90°弧形），管子落在弧形管槽里。如图24-8（*a*）所示。

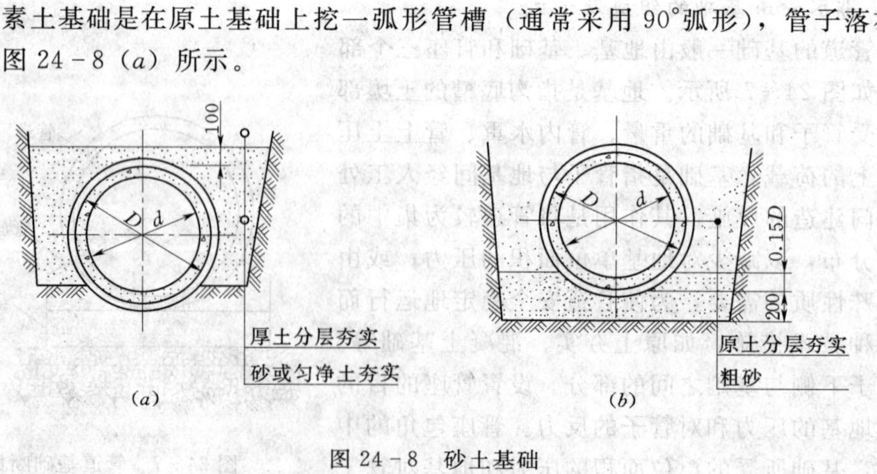


图24-8 砂土基础

（*a*）弧形素土基础；（*b*）砂垫层基础

砂垫层基础是在挖好的弧形管槽上，用带棱角的粗砂填 10～15cm 厚的砂垫层。如图 24－8（$b$）所示。

2. 混凝土枕基

混凝土枕基又称为混凝土垫块，是管道接口处设置的局部基础，如图 24－9 所示。

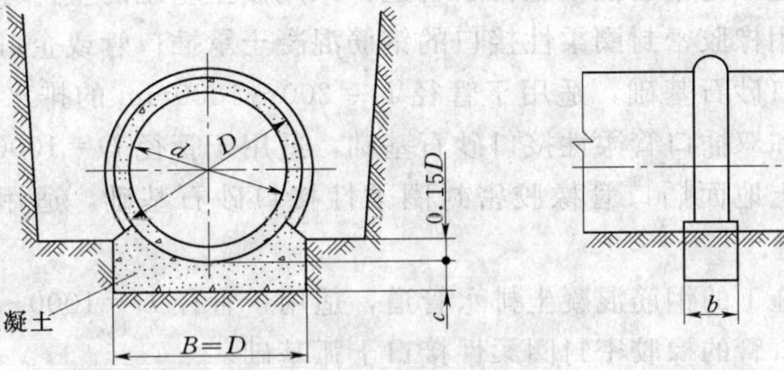


图 24－9　混凝土枕基

3. 混凝土带形基础

混凝土带形基础是沿管道全长铺设的基础。按管座的形式不同分为 90°、135°、180°三种管座基础，如图 24－10 所示。无地下水时，这种基础直接在槽底老土上浇混凝土基础；有地下水时，常在槽底铺 10～15cm 厚的卵石或碎石垫层，然后才在上面浇混凝土基础。

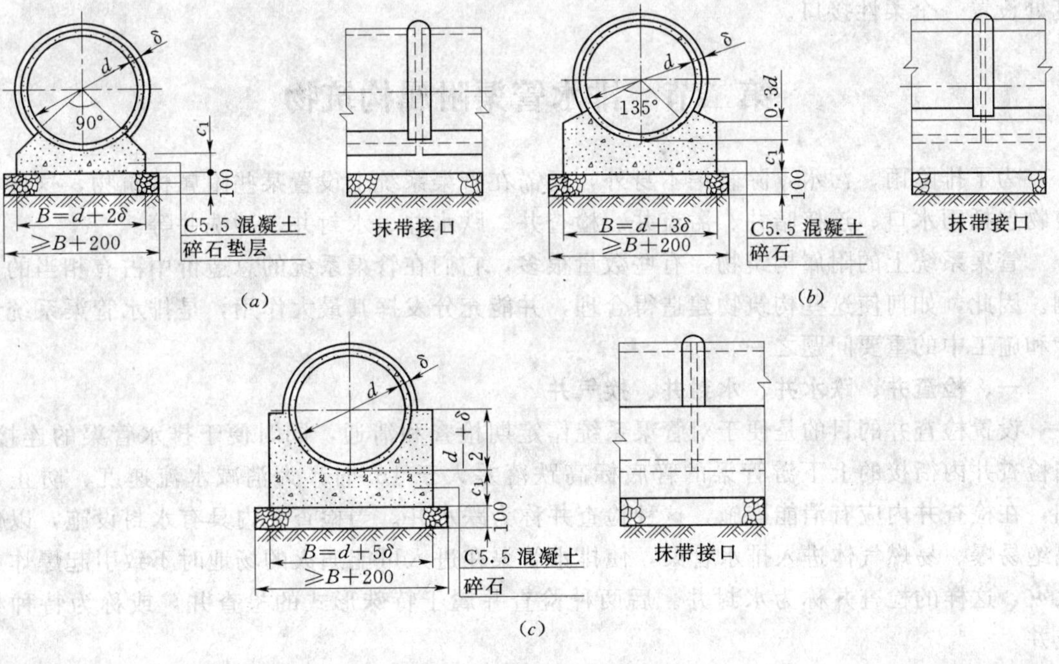


图 24－10　混凝土带形基础

（$a$）Ⅰ型基础（90°）；（$b$）Ⅱ型基础（135°）；（$c$）Ⅲ型基础（180°）

此外，管道基础、接口的选择也与管径大小、不同的施工方法等有关，例如，国标图集《混凝土排水管道基础及接口》（04S516）中规定了适用于开槽法施工的采用砂土基础、混凝土基础，以及顶进法施工的室外埋地雨水、污水及合流等重力流无压混凝土排水管管道工程。

（1）对开槽法施工的钢筋混凝土排水管道，采用砂土基础的室外埋地雨、污水及合流排水管道，必须采用橡胶密封圈柔性接口的钢筋混凝土承插口管或企口管。其中钢筋混凝土承插口管柔性接口砂石基础，适用于管径 $D$=200～1800mm 的排水管道；钢筋混凝土企口管、钢承口管和双插口管柔性接口砂石基础，适用于管径 $D$=1000～3000mm 的排水管道；预应力混凝土地面插口管橡胶密封圈柔性接口砂石基础，适用于管径 $D$=400～2000mm 的排水管道。

（2）对顶进法施工的钢筋混凝土排水管道，适用于管径 $D$=1000～3000mm 的钢筋混凝土企口管或承插口管的橡胶密封圈柔性接口土弧基础。

（3）对开槽法施工的混凝土排水管道，其刚性接口形式应用在带有混凝土管基的排水管道上。其中钢筋混凝土平口及企口管混凝土基础钢丝网水泥砂浆抹带接口，适用于管径 $D$=600～3000mm 的室外排水管道；钢筋混凝土平口及企口管混凝土基础现浇混凝土套环刚性接口，适用于对管道纵向刚度要求较高或抗渗要求较高的管径 $D$=600～3000mm 的排水管道；钢筋混凝土企口管混凝土基础 1∶1 膨胀水泥砂浆接口，适用于管径 $D$=1000～3000mm 的雨水管道；混凝土承插口管混凝土基础 1∶2 水泥砂浆接口，适用于管径 $D$=150～600mm 的雨水管道。上述刚性接口的混凝土管基，应在每 20～25m 管段长度处设置一个柔性接口。

## 第二节　排水管渠附属构筑物

为了排除雨、污水，除管渠本身外，还需在管渠系统上设置某些附属构筑物，这些构筑物包括雨水口、连接暗井、溢流井、检查井、跌水井、水封井、冲洗井等。

管渠系统上的附属构筑物，有些数量很多，它们在管渠系统的总造价中占有相当的比例。因此，如何使这些构筑物建造得合理，并能充分发挥其最大作用，是排水管渠系统设计和施工中的重要问题之一。

### 一、检查井、跌水井、水封井、换气井

设置检查井的目的是便于对管渠系统作定期检查和清通，同时便于排水管渠的连接。当检查井内衔接的上下游管渠的管底标高跌落差大于 1m 时，为消减水流速度、防止冲刷，在检查井内应有消能措施，这种检查井称为跌水井。当检查井内具有水封设施，以便隔绝易爆、易燃气体进入排水管渠，使排水管渠在进入可能遇火的场地时不致引起爆炸或火灾，这样的检查井称为水封井。后两种检查井属于特殊形式的检查井，或称为特种检查井。

#### （一）检查井

检查井通常设在管渠交汇、转弯、管渠尺寸或坡度改变处、跌水处以及相隔一定距离的直线管段上。检查井在直线管段上的最大间距如表 24-1 所示。若实际设计中个别管段

检查井的最大间距大于该表中数值，应设置冲洗设施。除考虑以上因素进行检查井设置外，还应结合规划，在规划建筑物，尤其是排水量较大的公共建筑附近，宜预留检查井。

**表 24-1　检查井的最大间距**

| 管径或暗渠净高（mm） | 最大间距（m） | | 管径或暗渠净高（mm） | 最大间距（m） | |
|---|---|---|---|---|---|
| | 污水管道 | 雨水（合流）管道 | | 污水管道 | 雨水（合流）管道 |
| 200～400 | 40 | 50 | 1100～1500 | 100 | 120 |
| 500～700 | 60 | 70 | 1600～2000 | 120 | 120 |
| 800～1000 | 80 | 90 | | | |

检查井通常由井底（包括基础）、井身和井盖（包括盖底）三部分组成，如图 24-11 所示。

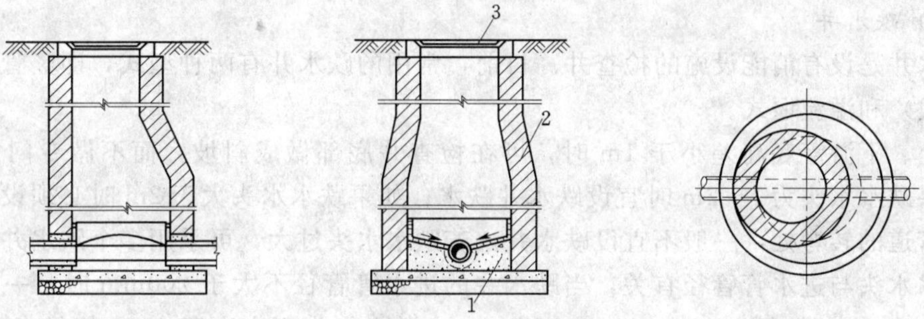


图 24-11　检查井

1—井底；2—井身；3—井盖

检查井井底材料一般采用低标号混凝土，基础采用碎石、卵石、碎砖夯实或低标号混凝土。为使水流流过检查井时阻力较小，井底宜设半圆形或弧形流槽。污水管道的检查井流槽顶与上、下游管道的管顶相平，或与 0.85 倍大管管径处相平，雨水（合流）管渠的检查井流槽顶可与 0.5 倍大管管径处相平。流槽两侧至检查井壁间的底板（称为沟肩）应留有一定宽度，一般应不小于 20cm，以满足检修要求，并应有 0.02～0.05 的坡度坡向流槽，以防检查井积水时淤泥沉积。在管渠转弯或几条管渠交汇处，为使水流通顺，流槽中心线的弯曲半径应按转角大小和管径大小确定，但不宜小于大管管径。检查井底各种流槽的平面形式如图 24-12 所示。检查井井身的材料可采用砖、石、混凝土或钢筋混凝土。国外多采用钢筋混凝土预制；我国目前则多采用砖砌，以水泥砂浆抹面。井身的平面形状一般为圆形或正方形。

井身的构造与是否需要工人下井有密切关系。不需要下人的浅井，构造很简单，一般为直壁圆筒形；需要下人的井在构造上可分为工作室、渐缩部和井筒三部分，如图 24-11 所示。工作室是养护人员养护时下井进行临时操作的地方，不应过分狭小，其直径不能小于 1m，其高度在埋深许可时一般采用 1.8m，污水检查井由流槽顶算起，雨水（合流）检查井由管底算起。为降低检查井造价、缩小井盖尺寸，井筒直径一般比工作室小，但为了工作检修出入安全与方便，其直径不应小于0.7m。井筒与工作室之间可采用锥形渐缩部连接，渐缩部高度一般为0.6～0.8m，也可以在工作室顶偏向出水管一边加钢筋混凝土盖板梁，井筒则砌筑在盖板梁上。为便于上下，井顶略高出地面。井盖和井座采用铸铁、钢筋混凝土或混凝土材料制作。若检查井位于车行道，应采用具有足够承载力和稳定性良好的井盖和井座。位于路面上的井盖，宜与路面持平；位于绿化带内的井盖，不应低于地面。

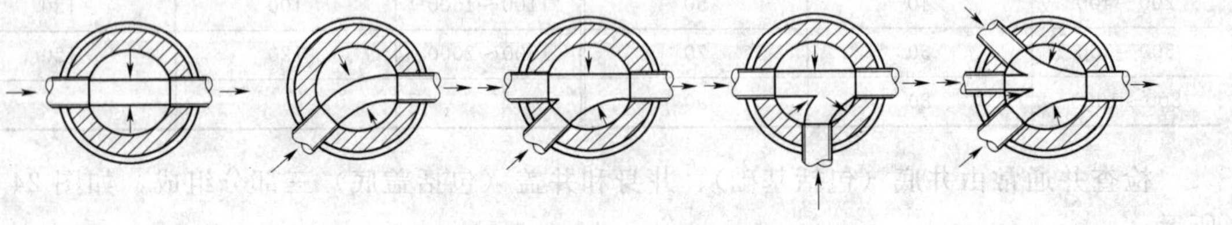

图 24-12　检查井底流槽的形式

（二）跌水井

跌水井是设有消能设施的检查井。目前，常用的跌水井有两种型式，即竖管式（或矩形竖槽式）和溢流堰式。

当上、下游管底高差小于1m时，可在检查井底部做成斜坡，而不做专门的跌水设施；如果跌水水头为1～2m时宜设跌水井跌水；如果跌水水头大于2m时必须设跌水井跌水。在管道的转弯处，一般不宜设跌水井。若跌水水头过大，可采用多个跌水井，分散跌落。跌水水头与进水管管径有关，当跌水井的进水管管径不大于200mm时，一次跌水水头不宜大于6m；管径为300～600mm时，一次跌水水头不宜大于4m；管径大于600mm时，其一次跌水水头及跌水方式应按水力计算确定。

竖管式和溢流堰式跌水井的构造分别如图24-13和图24-14所示。

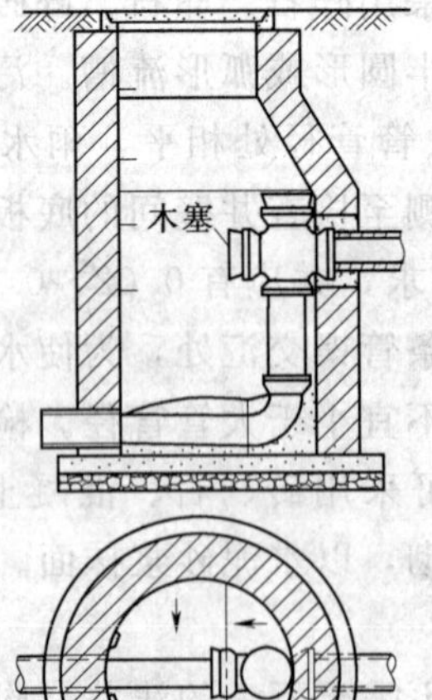


图 24-13　竖管式跌水井

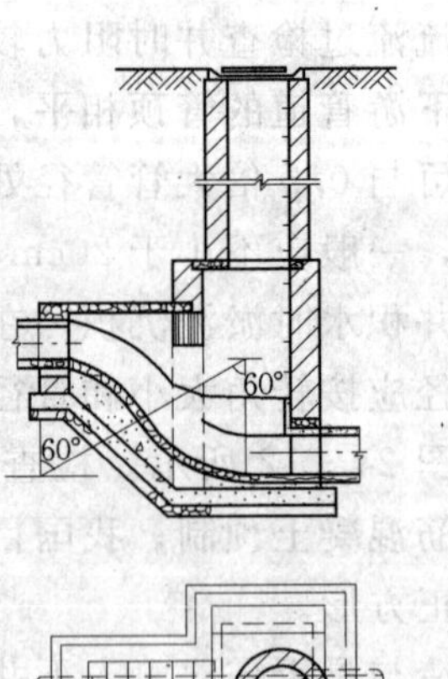


图 24-14　溢流堰式跌水井

（三）水封井

水封井是设有水封的检查井（见图 24-15）。当工业废水能产生引起爆炸或火灾的气体时，在排水管道上必须设置水封井。水封井的位置应设置在产生易燃易爆气体的废水生产装置、储罐区、原料储运场地、成品仓库、容器洗涤车间等废水排出口和适当距离的干管上。水封井不宜设在车行道和行人众多的地段，并应适当远离明火。水封井的水封深度一般采用 0.25m。井上宜设通风管，井底宜设沉泥槽。

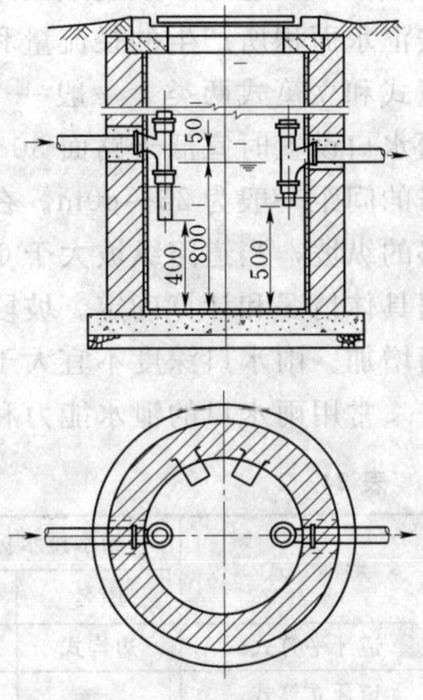

图 24-15 水封井

（四）换气井

污水中的有机物常在管渠中沉积而厌气发酵，发酵分解产生的甲烷、硫化氢、二氧化碳等气体，如果与一定体积的空气混合，在点火条件下将产生爆炸，甚至引起火灾。为防止此类事故的发生，同时也为保证在检修排水管渠时工作人员能较安全地进行操作，应在污水管道和合流管道上根据需要设置通风设施，使有害气体在通风设施的作用下排入大气中。这种设有通风管的检查井称为换气井。图 24-16 所示为换气井的形式之一。

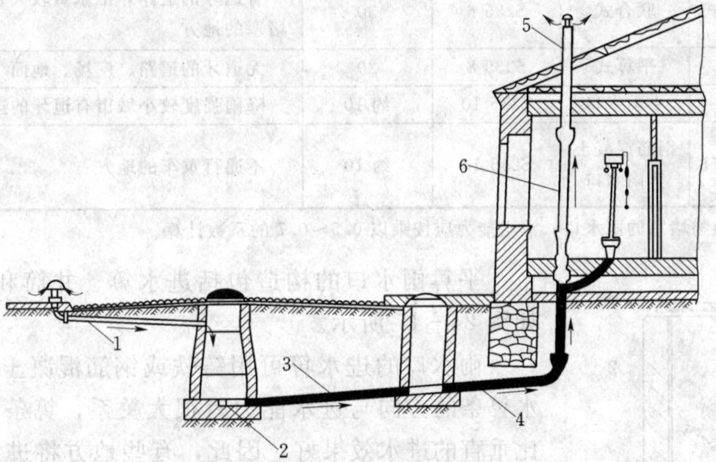

图 24-16 换气井

1—通风管；2—街道排水管；3—庭院管；4—出户管；5—透气管；6—竖管

通风设施一般设置在充满度较高的管段内、设有沉泥槽处、倒虹管进出水处或管道高程有突变处等。

## 二、雨水口、连接暗井、溢流井

（一）雨水口、连接暗井

雨水口是在雨水管渠或合流管渠上收集雨水的构筑物。道路上的雨水首先经雨水口通过连接管流入排水管渠。

雨水口的设置位置，应能保证迅速、有效地收集地面雨水。雨水口一般应在汇水点上和截水点上，例如交叉路口、路侧边沟的一定距离处以及没有道路边石的低洼地区等，以防止雨水漫过道路或造成道路及低洼地区积水而妨碍交通。雨水口的形式和数量，通常应按汇水面积所产生的径流量和雨水口的泄水能力及道路形式确定。雨水口的形式主要有平篦式和立篦式两类。一般一个平箅（单箅）雨水口可排泄 15～20L/s 的地面径流量，该雨水口设置时宜低于路面 30～40mm，在土质地面上宜低于路面 50～60mm。道路上雨水口的间距一般为 25～60m。在路侧边沟上及路边低洼地点，雨水口的设置间距还要考虑道路的纵坡，当道路纵坡大于 0.02 时，雨水口间距可大于 50m，其形式、数量和布置应根据具体情况和计算确定。坡段较短时可在最低点处集中收水，其雨水口的数量或面积应适当增加。雨水口深度不宜大于 1m，并根据需要设置沉泥槽。

常用雨水口的泄水能力和适用条件如表 24-2 所示。

**表 24-2　　雨水口形式及泄水能力**

| 形　式 | 给水排水标准图集 | | 泄水能力（L/s） | 适用条件 |
|---|---|---|---|---|
| | 原名 | 图号 | | |
| 道牙平箅式 | 边沟式 | S235 3 | 20 | 有道牙的道路 |
| 道牙立箅式 | — | — | — | 有道牙的道路 |
| 道牙立孔式 | 侧立式 | S235 16 | 约 20 | 有道牙的道路，箅隙容易被树叶堵塞的地方 |
| 道牙平箅立箅联合式 | — | — | — | 有道牙的道路，汇水量较大的地方 |
| 道牙平箅立孔联合式 | 联合式 | S235 6 | 30 | 有道牙的道路，汇水量较大且箅隙容易被树枝叶堵塞的地方 |
| 地面平箅式 | 平箅式 | S235 8 | 20 | 无道牙的道路、广场、地面 |
| 道牙小箅雨水口 | 小雨水口 | S235 10 | 约 10 | 降雨强度较小城市有道牙的道路 |
| 钢筋混凝土箅雨水口 | 钢筋混凝土箅雨水口 | S235 18 | 约 10 | 不通行重车的地方 |

**注**　大雨时易被杂物堵塞的雨水口，泄水能力应按乘以 0.5～0.7 的系数计算。

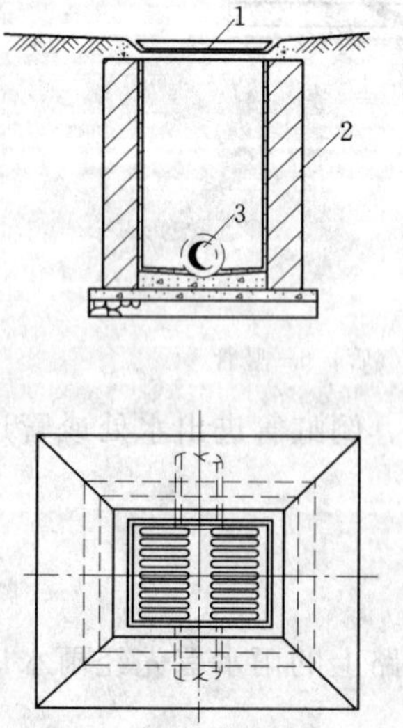


图 24-17　平箅雨水口

1—进水箅；2—井筒；3—连接管

平箅雨水口的构造包括进水箅、井筒和连接管三部分，如图 24-17 所示。

雨水口的进水箅可用铸铁或钢筋混凝土、石料制成。进水箅条的方向与进水能力有很大关系，箅条与水流方向平行比垂直的进水效果好，因此，有些地方将进水箅设计成纵横交错的形式（见图 24-18），以便排泄路面上从不同方向流来的雨水。雨水口按进水箅在街道上的设置位置可分为以下三类：

（1）边沟雨水口：进水箅稍低于边沟底水平位置。

（2）边石雨水口：进水箅嵌入边石垂直放置。

（3）联合式雨水口：在边沟底和边石侧面都安放进水箅，如图 24-19 所示。为提高雨水口的进水能力，目前我国许多城市已采用双箅联合式或三箅联合式雨水口，由于扩大了进水箅的进水面积，进水效果良好。

雨水口的井筒可用砖砌或用钢筋混凝土预制，也可采用预制的混凝土管。雨水口的深度一般不宜大于 1m，在有冻胀影响的地区，雨水口的深度可根据经验适当加大；在泥砂量大的地区可根据需要设置沉泥槽。雨水口底部可根据需要做成有沉泥井（又称为截留井）或无沉泥井的形式。图 24－20 所示为有沉泥井的雨水口，它可截留雨水所夹带的砂砾，以免使它们进入管道造成淤塞。但是沉泥井往往积水，孳生蚊蝇，散发臭气，影响环境卫生，因此，需要经常清除，增加了养护工作量。通常在交通繁忙、行人稠密的地区，可考虑设置有沉泥井的雨水口。

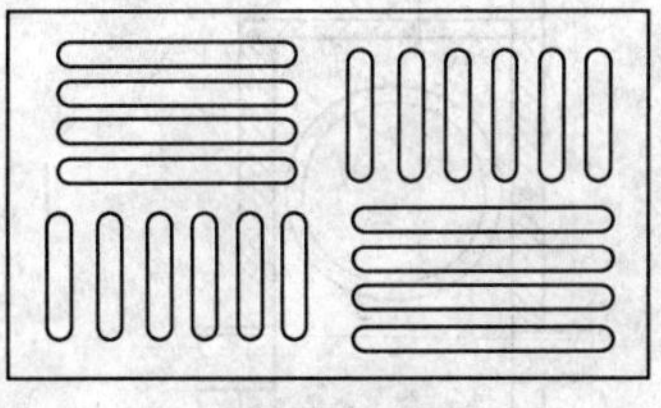

图 24－18　箅条交错排列的进水箅

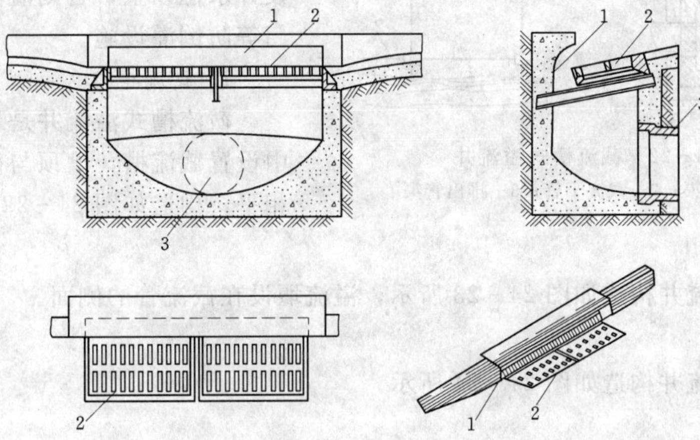


图 24－19　双箅联合式雨水口

1—边石进水箅；2—边沟进水箅；3—连接管

连接管的最小管径为 200mm，坡度一般不小于 0.01，连接管长不宜超过 25m，接在同一连接管上的雨水口一般不宜超过 3 个。但排水管直径大于 800mm 时，也可在连接管与街道排水管渠连接处不另设检查井，而设连接暗井，如图 24－21 所示。

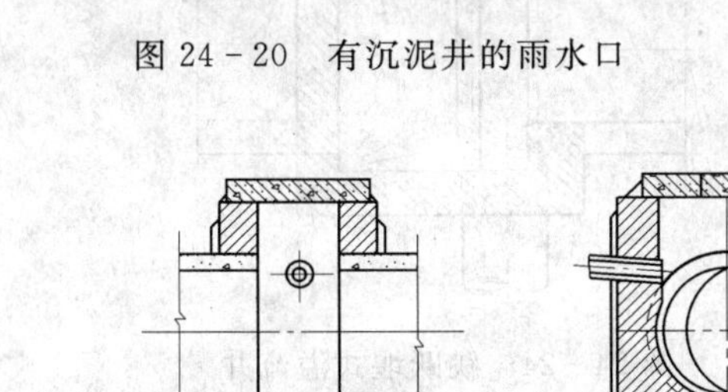

图 24－20　有沉泥井的雨水口

（二）溢流井

在截流式合流制管渠系统中，通常在合流

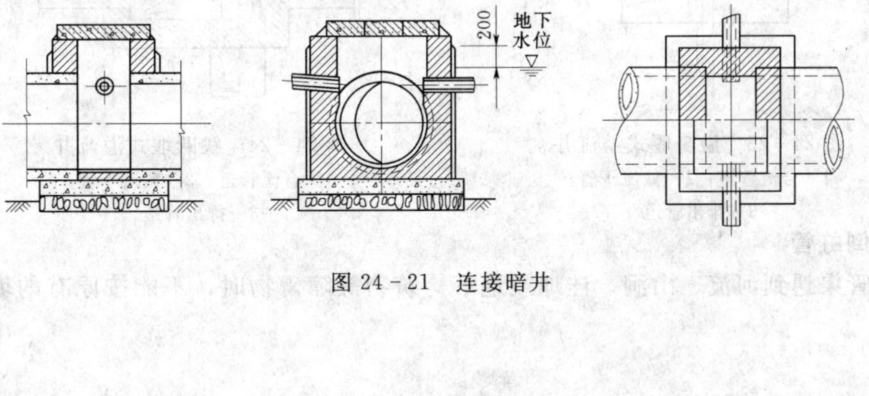


图 24－21　连接暗井

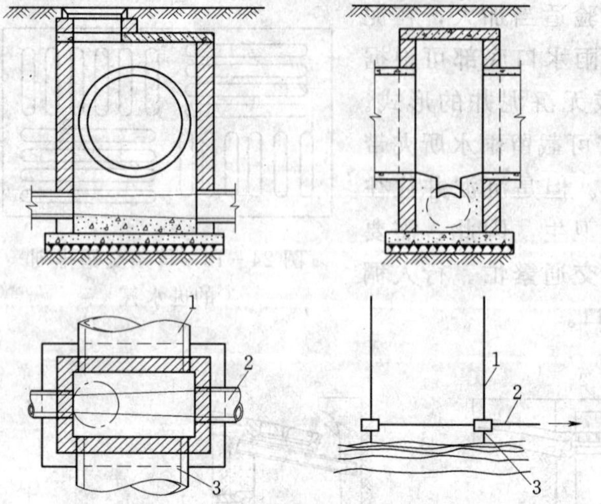

图 24-22 截流槽式溢流井
1—合流管渠；2—截流干管；3—排出管渠

管渠与截流干管的交汇处设置溢流井。雨水溢流井主要有三种形式，分别是截流槽式、溢流堰式、跳跃堰式。通常溢流井用砖或钢筋混凝土制成。管渠高程允许时，应选用截流效果好的槽式溢流井；当选用堰式或槽堰结合式溢流井时，堰高和堰长应进行水力计算。溢流井溢流水位应在设计洪水位或受纳管道设计水位以上，否则溢流管道上应设闸门等防倒灌设施。

1. 截流槽式

截流槽式溢流井是最简单的。在井中设置截流槽，槽顶与截流干管的管顶相平，构造如图 24-22 所示。

2. 溢流堰式

溢流堰式溢流井构造如图 24-23 所示，溢流堰设在截流管的侧面。

3. 跳跃堰式

跳跃堰式溢流井构造如图 24-24 所示。

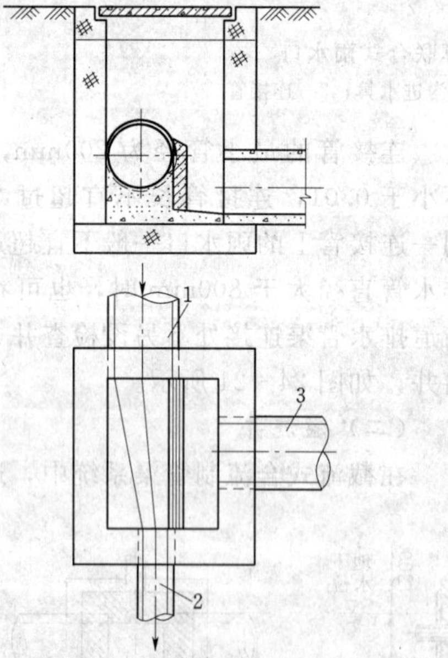

图 24-23 溢流堰式溢流井
1—合流管道；2—截流干管；
3—排出管道

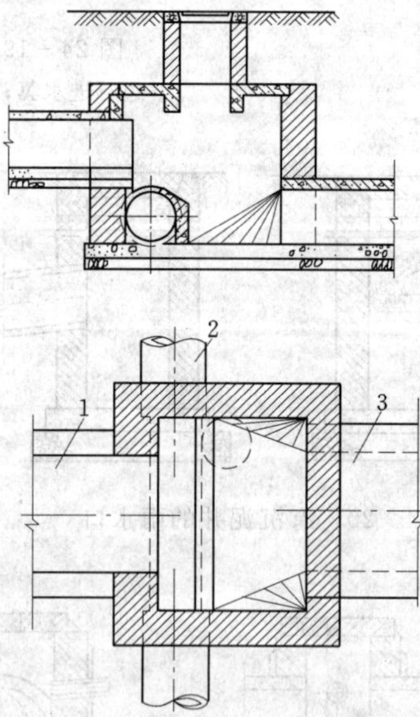

图 24-24 跳跃堰式溢流井
1—合流管道；2—截流干管；
3—排出管道

## 三、倒虹管

排水管渠遇到河流、山涧、洼地或地下构筑物等障碍物时，不能按原有的坡度埋设，而是按下凹的折线方式从障碍物下通过，这种管道称为倒虹管。倒虹管由进水井、下行管、平行管、上行管和出水井等组成，如图 24-25所示。

倒虹管线应尽可能与障碍物正交通过，以缩短其长度，并应选择在河床和河岸较稳定、不易被水冲刷的地段及埋深较小的部位敷设。通常，倒虹管的工作管线不少于两条，当污水流量较小时，其中一条作为备用。当倒虹管穿过旱沟、小河和谷地时，也可单线敷设。

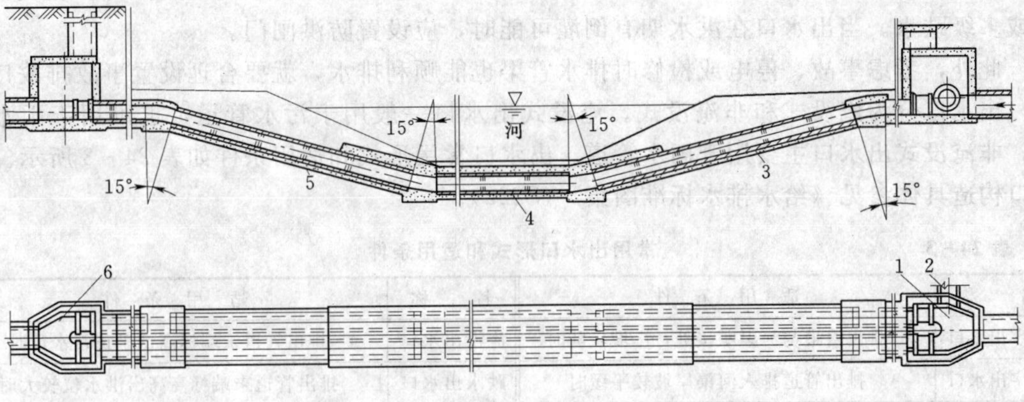


图 24-25 倒虹管

1—进水井；2—事故排出口；3—下行管；4—平行管；5—上行管；6—出水井

由于倒虹管的清通比一般管道困难得多，因此，必须采用各种措施来防止倒虹管内污泥的淤积。在设计时，可以采取以下措施：

(1) 倒虹管最小管径为 200mm。

(2) 管内设计流速应大于 0.9m/s，并应大于进水管内的流速，当管内设计流速不能满足要求时，应增加定期冲洗措施，冲洗时流速不应小于 1.2m/s。

(3) 倒虹管管顶距规划河底距离一般不宜小于 1.0m，通过航运河道时，其位置和管顶距规划河底的距离应与当地航运管理部门协商确定，遇冲刷河床应考虑防冲措施。

(4) 倒虹管宜设置事故排放口。

(5) 合流管道设倒虹管时，应按旱流流量校核流速。

(6) 倒虹管进出水井内应设闸槽或闸门。进水井的前一检查井，应设置沉泥槽。进出水井的检修室净高宜高于 2m。井较深时，井内应设检修台，其宽度应满足检修要求。当倒虹管为复线时，井盖的中心宜设在各条管道的中心线上。

**四、出水口**

出水口是排水管道向水体排放污、雨水的构筑物。排水管道出水口的设置位置应根据受纳水体的水质要求、水体流量、水位变化幅度及水流方向、水体稀释自净能力、地形及气候特征等因素而定。并应征得有关部门的同意，以避免对航运、给水和景观等水体原有功能造成影响，并使排水迅速与水体混合。如果在河渠的桥、涵、闸附近设置出水口，应设在这些构筑物的下游，并且不能设在取水构筑物保护区内和游泳池附近，不能影响到下游居民点的卫生和饮用。

出水口应采取防冲刷、消能、加固等措施，出水口的基础必须设在冰冻线以下，有冻胀影响地区的出水口应采用耐冻胀材料砌筑。出口处岸滩应稳定且施工方便。管渠出水口的设计水位原则上应高于或等于排放水体的设计洪水位；若低于设计洪水位时，应采取适当措施。

雨水排水管出水口宜采用非淹没式排放，出水口底不宜低于多年平均洪水位，一般应在常水位以上，以免水体倒灌。污水排水管出水口为使污水与水体水较好混合，宜采用淹没式排放，出水口淹没在水体水面以下。当出水口标高比水体水面高出太多时，应设置单级或多级跌水。当出水口在洪水期有倒灌可能时，应设置防洪闸门。

此外，考虑事故、停电或检修时排水管渠也能顺利排水，就要合理设置事故排放口。

出水口分为淹没式和非淹没式。淹没式出水口一般用于污水管道，也可用于雨水管道；非淹没式出水口主要用于雨水管道。出水口常用形式和适用条件如表 24－3 所示。出水口构造具体参见《给水排水标准图集》（S222）。

**表 24－3　常用出水口形式和适用条件**

| 名　称 | 适　用　条　件 | 名　称 | 适　用　条　件 |
|---|---|---|---|
| 一字出水口 | 排出管道与河渠顺接处，岸坡较陡时 | 淹没出水口 | 排出管道末端标高低于正常水位时 |
| 八字出水口 | 排出管道排入河渠岸坡较平缓时 | 跌水出水口 | 排出管道末端标高高出洪水位较大时 |
| 门字出水口 | 排出管道排入河渠岸坡较陡时 | | |

# 第二十五章 排 水 泵 站

## 第一节 常用排水泵站类型及泵的特点

**一、排水泵站的类型**

将各种污、废水由低处提升到高处所用的抽水机械称为排水泵。

由于排水管渠中的水流以重力流为主，故在地势平坦的地区，排水管渠都具有一定的坡度，管渠埋深会随长度的增加而不断加深，当达到一定深度时，施工费用将急剧增加，施工难度加大。一般埋深不宜超过5m，否则应设置泵站来提高水位。此外，排水区域中局部地势较低处、工业废水或地下构筑物及设施排出口等影响整个管网的埋深时，也应考虑泵站的设置。

排水泵及有关附属设备如集水池、格栅等组成了排水泵站。根据其提升废水的性质不同，一般可分为污水泵站、雨水泵站、合流泵站、立交排水泵站及污泥泵站；同时，也可根据其在排水系统中的位置不同，又可分为局部泵站、中途泵站和终端泵站；还可以根据水泵启动前能否自流进水，分为自灌式和非自灌式泵站，排水泵大多数采用自灌式工作。因此，排水泵站往往设计成半地下或地下式，埋入地下的深度取决于泵前管渠的埋深。

多台水泵可并联交替运行，也可分段投入运行。

**二、排水泵的特点**

常用的排水泵有离心泵、轴流泵、混流泵、螺旋泵及潜水泵等。

（一）离心泵

离心泵中水流在叶轮中受到离心力的作用，形成径向流，常用于污水的输送，常用的污水泵有PW、PWA及PWL型离心泵。由于污水中常挟带各种粗大的杂质，为防止堵塞，离心泵叶轮的叶片数比离心式清水泵少。同时，为使污水泵站适应排水量的变化，并保证水泵的合理运行，离心式污水泵可以采用并联工作，以达到调节流量的目的。

（二）轴流泵和混流泵

轴流泵的水流方向与泵轴平行，形成轴向流。其特点是流量大，扬程低。由于大多数情况下，雨水管渠的设计流量很大，埋深较浅，故该泵主要用在城市雨水防洪泵站。雨水泵站有时也用混流泵，混流泵叶轮的工作原理介于离心泵和轴流泵之间。

（三）螺旋泵

与其他类型的水泵相比，螺旋泵最适合于需要提升的扬程较低（一般3～6m）、进水水位变化较少的场合。尤其是其具有转速小的优点，用于提升絮体易于破碎的回流活性污泥，具有独特的优越性。近年来，螺旋泵已在我国城市污水处理厂获得广泛应用。

（四）潜水泵

潜水泵是电机和水泵连在一起，完全浸没在水中工作，因此，可不单独修建泵房，具有结构紧凑、占地面积小、安装维修方便的特点，是目前常用的一种排水泵。当潜水泵电机功率大于或等于7.5kW或出水口管径大于或等于DN100时，可采用水泵固定自耦装置；当潜水泵电机功率小于7.5kW或出水口管径小于DN100时，可设软管移动式安装。污水集水池采用潜水泵排水时，应设水泵固定自耦装置，以便水泵检修。排水泵应能自动启停和现场手动启停。

## 第二节　排水泵的选择及其附属设施

排水泵站是排水系统中的重要构筑物，是排水系统中的重要组成部分。

### 一、排水泵的选择

排水泵站宜按远期规模设计，水泵机组可按近期规模配置。根据上述各种类型排水泵的特点，不同应用场合选择相应的水泵。根据最大时、最小时的流量以及相应的扬程，按照水泵的产品样本进行选择，要求选出的水泵在以上各种条件下工作时，都能具有较高的工作效率。

（一）污水泵

一般泵站的设计流量由上游排水系统管道终端的设计流量提供，远期设计流量由城镇排水规划确定。因此，污水泵的设计流量可取进水管道的设计流量，按最高日最高时流量进行设计。

设计扬程可按下式计算：

$$H \geqslant h_1 + h_2 + h_3 + h_4 \quad (25-1)$$

其中

$$h_1 = \zeta_1 \frac{v_1^2}{2g} \quad (25-2)$$

$$h_2 = \zeta_2 \frac{v_2^2}{2g} \quad (25-3)$$

式中：$h_1$ 为吸水管水头损失，m；$h_2$ 为出水管水头损失，m；$h_3$ 为集水池最低工作水位与所需提升最高水位之差，m；$h_4$ 为自由水头，m，按0.3～0.5m计；$\zeta_1$、$\zeta_2$ 为局部阻力系数；$v_1$、$v_2$ 为吸、出水管流速，m/s。

水泵扬程图式如图25-1所示。

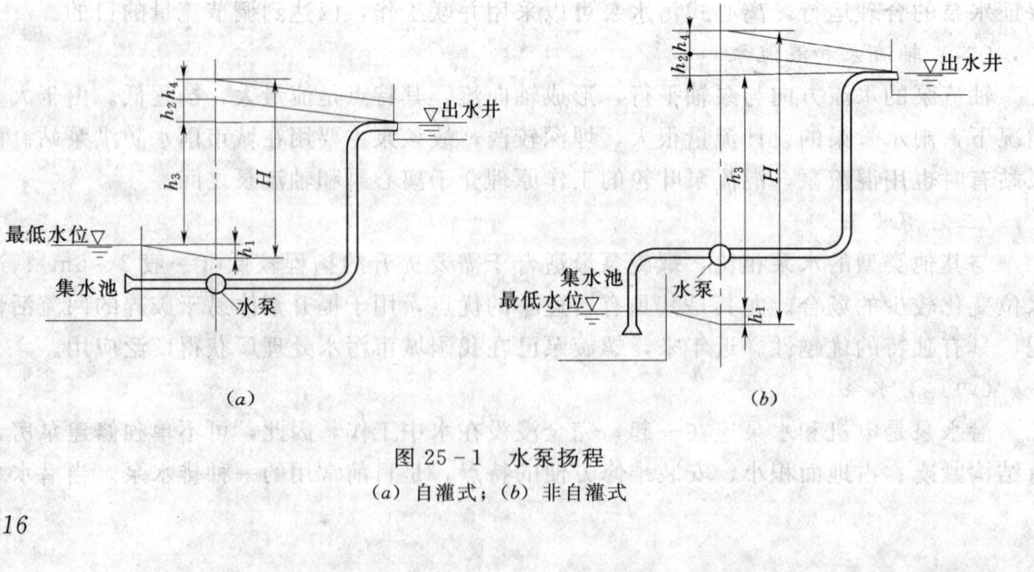


图25-1　水泵扬程
（a）自灌式；（b）非自灌式

污水泵站按设计流量和设计扬程进行泵的选择。污水泵站具有连续进水、水量较小但变化幅度大、水中污染物含量大、对环境影响大的特点。当流量较大时，应采用多台污水泵联合工作，并考虑备用。工作泵台数不超过 4 台时，备用泵宜为 1 台；工作泵台数不少于 5 台时，备用泵宜为 2 台；若采用潜水泵备用 2 台时，可现场备用 1 台，库房备用 1 台。

常用的污水泵如下：

(1) WL、WTL 型立式污水泵（无堵塞立式污水泵）。

(2) MN、MF 型立、卧式污水泵。

(3) PW、PWL 型立、卧式污水泵。

(4) WQ 型潜水污水泵。

(二) 雨水泵和合流泵

雨水泵站设计流量可按泵站进水总管的设计流量计算确定。当立交道路设有盲沟时，其渗流水量应单独计算。设计扬程应按设计流量时集水池水位与受纳水体平均水位差和水泵管路系统的水头损失确定。

雨水泵站的特点是汛期运行，洪峰水量大，泵站规模大。设计时多采用 ZLB 型轴流泵。不同降雨雨水径流量差别很大，因此，雨水泵的台数不应少于 2～3 台，以适应水量的变化。但雨水泵可利用旱季检修，因此可不设备用泵。

合流泵站的设计流量按下列公式确定：

(1) 泵站后设污水截流装置时，按式（23-1）计算。

(2) 泵站前设污水截流装置时，雨水部分和污水部分分别按式（25-4）和式（25-5）计算。

对雨水部分，有

$$Q_p = Q_s - n_0 g Q_{dr} \tag{25-4}$$

对污水部分，有

$$Q_p = (n_0 + 1) Q_{dr} \tag{25-5}$$

式中：$Q_p$ 为泵站设计流量，$m^3/d$；$Q_s$ 为雨水设计流量，$m^3/d$；$Q_{dr}$ 为旱流污水设计流量，$m^3/d$；$n_0$ 为截留倍数，$m^3/d$。

合流泵站的特点是雨、污水泵房要合建在一起，水泵台数多，进、出水的高程流向不同。合流泵的设计扬程应按设计流量时集水池水位与出水管渠水位差和水泵管路系统的水头损失确定。由于合流泵同时汇集雨水和污水，要考虑旱季时污水也要连续抽送，因此需设有小流量的泵满足其提升要求，同时应与污水泵站一样要考虑备用泵。有溢流条件时，合流泵站前应设置事故排出口。

常用污水泵形式及性能如表 25-1 所示，常用轴流泵和潜水轴流泵如表 25-2 所示，常用潜水泵如表 25-3 所示。

**表 25-1　常用污水泵形式及性能数据**

| 类　型 | 型号 | 流量范围 m³/h | 流量范围 L/s | 扬程范围 (m) | 配套电机 n (r/min) | 配套电机 N (kW) |
|---|---|---|---|---|---|---|
| WG 型卧式离心污水泵 | 80WG | 20～53 | 5.3～14.7 | 11.6～10.2 | 1440 | 30 |
| | | 25～70 | 6.9～19.4 | 19～16.5 | 1850 | 55 |
| PW 型卧式离心污水泵 | $2\frac{1}{2}$PW | 36～72 | 10～20 | 11.6～8.5 | 1440 | 4 |
| | 4PW | 72～120 | 20～33.2 | 12～10.5 | 960 | 7.5 |
| PWL 型立式离心污水泵 | 6PWL | 200～400 | 56～111 | 16～12 | 980 | 30 |
| | 8PWL | 350～600 | 97.2～180.5 | 15.5～9.5 | 730 | 45 |
| WL 型立式污水泵 | 100WL | 80 | 22.2 | 8 | 980 | 4 |
| | | 120 | 33.3 | 8 | 1450 | 5.5 |
| | 150WL | 145 | 40.3 | 10 | 1450 | 7.5 |
| | | 300 | 83.3 | 11 | 1450 | 15 |
| | 200WL | 360 | 100 | 7.3 | 735 | 15 |
| | | 600 | 166.7 | 15 | 980 | 45 |

**表 25-2　常用轴流泵和潜水轴流泵、混流泵**

| 类　型 | 型号 | 流量范围 m³/h | 流量范围 L/s | 扬程范围 (m) | 配套电机 n (r/min) | 配套电机 N (kW) |
|---|---|---|---|---|---|---|
| 立式轴流泵 | 150ZLD | 209 | 58 | 5.5 | 2880 | 4.1 |
| | | 182 | 51 | 4.5 | | 2.9 |
| | 200ZLD | 288 | 80 | 6 | 2920 | 5.9 |
| | | 270 | 75 | 4 | 1420 | 3.9 |
| | 250ZLD | 439 | 122 | 5.67 | 1440 | 8.8 |
| | 300ZLD | 791 | 220 | 8.5 | 1460 | 23.4 |
| | | 612 | 170 | 6 | | 12.4 |
| | 350ZLB | 972 | 270 | 10 | 1470 | 33.3 |
| | | 1314 | 365 | 7.6 | | 33.4 |
| | | 1310 | 364 | 6.1 | | 26.7 |
| | | 1206 | 335 | 4.33 | | 17.3 |
| | 400ZLB | 1585 | 440 | 10.4 | 1200 | 55.9 |
| | | 1702 | 473 | 6.9 | | 38.8 |
| | | 1696 | 471 | 5.5 | | 31.2 |
| | 500ZLB | 2400 | 667 | 10.5 | 980 | 84.2 |
| | | 2577 | 716 | 6.9 | | 58.4 |
| | | 2570 | 714 | 5.6 | | 47.0 |
| | 600ZLB | 3060 | 850 | 11.2 | 980<br>730 | 113.1 |
| | | 2984 | 829 | 8.2 | | 81.9 |
| | | 3204 | 890 | 5.4 | | 82.9 |
| 潜水轴流泵 | 350ZQB—70 | 763 | 212 | 8.7 | 1450 | 25.3 |
| | | 957 | 266 | 6.2 | | 20.5 |
| | 500ZQB—100 | 2322 | 645 | 6.4 | 980 | 49.6 |
| | | 2700 | 750 | 4.3 | | 37.1 |

续表

| 类　型 | 型号 | 流量范围 | | 扬程范围<br>(m) | 配套电机 | |
|---|---|---|---|---|---|---|
| | | $m^3/h$ | L/s | | *n*<br>(r/min) | *N*<br>(kW) |
| 潜水轴流泵 | 500ZQB—70 | 2099<br>2160 | 583<br>600 | 7<br>6.3 | 980 | 50.0<br>45.5 |
| 潜水混流泵 | 400HQB—40 | 1110 | 310 | 19.2 | 1450 | |
| | 500HQB—50 | 1728<br>1980<br>2196 | 480<br>600<br>644 | 9.5<br>8.0<br>6.0 | 980 | 56.0<br>51.5<br>44.5 |

**表 25-3　　常用潜水泵**

| 类　型 | 规格型号 | 流量 | | 扬程<br>(m) | 配套电机 | |
|---|---|---|---|---|---|---|
| | | $m^3/h$ | L/s | | 转速<br>(r/min) | 功率<br>(kW) |
| AS系列潜污泵 | AS1.0—2CB | 15 | 4.2 | 4.5 | 2850 | 1.0 |
| | AS1.6—2CB | 29 | 8.1 | 7.6 | 2850 | 1.6 |
| | AS3.0—2CB | 42 | 11.7 | 11 | 2850 | 2.9 |
| | AS5.5—2CB | 65 | 18.1 | 12 | 2900 | 5.5 |
| | AS5.5—4CB | 100 | 27.8 | 7.5 | 1450 | 5.5 |
| | AS7.5—2CB | 85 | 23.6 | 13 | 2900 | 7.5 |
| | AS7.5—4CB | 145 | 40.3 | 10 | 1450 | 7.5 |
| AV系列 | AV1.4—4 | 22 | 6.1 | 5.8 | 1450 | 1.4 |
| | AV5.5—2 | 30 | 8.3 | 20 | 2900 | 5.5 |
| AS系列 | AS1.0—2W/CB | 15 | 4.2 | 4 | 2580 | 0.8 |
| | AS1.6—2W/CB | 22 | 6.1 | 6 | 2850 | 1.2 |
| WQ系列排污泵 | WQ10—10—1 | 10 | 2.8 | 10 | 2900 | 1 |
| | WQ15—7—1 | 15 | 4.2 | 7 | 2900 | 1 |
| | WQ15—10—1.5 | 15 | 4.2 | 10 | 2900 | 1.5 |
| | WQ25—8—1.5 | 25 | 6.9 | 8 | 1470 | 1.5 |
| | WQ25—14—2.2 | 25 | 6.9 | 14 | 2900 | 2.2 |
| | WQ40—10—2.2 | 40 | 11.1 | 10 | 2900 | 2.2 |
| | WQ40—12—3 | 40 | 11.1 | 12 | 2900 | 3 |
| | WQ60—13—4 | 60 | 16.7 | 13 | 2900 | 4 |
| | WQ70—12—5.5 | 70 | 19.4 | 12 | 2900 | 5.5 |
| | WQ100—8—5.5 | 100 | 27.8 | 8 | 2900 | 5.5 |
| | WQ100—13—7.5 | 100 | 27.8 | 13 | 1470 | 7.5 |
| | WQ150—8—7.5 | 150 | 41.7 | 8 | 1470 | 7.5 |
| | WQ150—10—11 | 150 | 41.7 | 10 | 1470 | 11 |
| | WQ250—13—15 | 250 | 69.4 | 13 | 1470 | 15 |

## 二、附属设施主要组成及要求

### （一）格栅

格栅用于拦截雨水、生活污水和工业废水中的大块漂浮物及杂质。格栅具体要求详见表25－4。

表25－4　　格栅一般规定

| 项　目 | 一　般　规　定 |
| --- | --- |
| 1. 栅条 | （1）栅条断面：10mm×50mm～10mm×100mm扁钢或铸铁。<br>（2）栅条横向支撑：80～100mm，槽钢每米增加1个。<br>（3）栅条间隙：由水质和水泵的口径和性能决定。栅条间隙总面积一般为进水管有效面积的1.2～2.0倍 |
| 2. 流速 | （1）过栅流速：0.8～1.0m/s。<br>（2）栅前渠道流速：0.6～0.8m/s。<br>（3）栅后到集水池流速：0.5～0.7 m/s（轴流泵不大于0.5m/s） |
| 3. 格栅倾斜角度 | （1）工人清除：45°～60°。<br>（2）机械清除：60°～80° |
| 4. 格栅工作台（平台） | （1）非寒冷地区一般采用敞开式，周围设栏杆，上设顶棚，安装工字钢梁、电动或手动葫芦。<br>（2）工作台一般不得淹没，应高出最高设计水位0.5～1.0m，若溢流水位较高，当不能满足要求时，应在进水管上设速闭闸，或将机耙的电动机置于溢流水位以上。<br>（3）工作台至格栅底的高差应不大于3m。<br>（4）格栅与水泵的吸水管之间不留敞开部分，可设铸铁篦子（或混凝土孔板）用于泄水。<br>（5）工作台向上设阶梯，向下至池底设加盖人孔和铸铁踏步。<br>（6）工作台侧墙设$\phi$25水龙头。<br>（7）格栅工作台沿水流方向的长度：人工清除不应小于1.2m；机械清除应根据除污机（机耙）宽度而定，同时应能满足污泥小车的宽度，但不应小于1.5m |

### （二）集水池

由于水量变化很不均匀，因此集水池是泵站必不可少的构筑物。集水池既要满足水泵吸水管和其他设备安装上的要求，又要满足水泵正常工作的容积要求。集水池容积与水量变化情况有关，变化越小，所需集水池的容积也越小；集水池的容积也与水泵的机组数有关，水泵的机组数越多，水泵本身就是一种调节设施，集水池的容积就可小些。污水泵站的泵房和集水池可以合建，也可以分建。常见的是合建式，在泵房和集水池之间有不透水的隔墙将它们完全隔开，以保护机械设备和改善泵房的操作条件。当集水池很深、施工困难且造价较高时，可采用分建式。

集水池最高水位和最低水位之间的容积称为集水池的有效容积，但这部分容积应采用流量变化的累积曲线图进行计算。但因排水的流量变化曲线难以获得，故目前在工程设计中，不同功能泵站的集水池容积和设计水位规定如下：

（1）污水泵站：集水池容积一般不小于最大一台污水泵的5min出水量；最高设计水位应按进水管充满度设计。

（2）雨水泵站：由于流入泵站的雨水量取决于降雨强度及雨型，雨水流量大，故雨水泵集水池的容积不考虑起调节流量的作用，只需保证水泵在运转上的需要，不应小于最大一台水泵30s的出水量。合流污水泵站集水池容积不应小于最大一台水泵30s的出水量。

雨水和合流泵站集水池的最高设计水位应与进水管管顶相平。当设计进水管道为压力管道时，最高设计水位可高于进水管管顶，但不得使管道上游地面冒水。

（3）污泥泵站：其集水池容积应按一次排入的污泥量和污泥泵的抽送能力计算确定。活性污泥泵房集水池的容积按排入的回流污泥量、剩余污泥量和污泥泵抽送能力计算确定。

集水池设计最低水位应满足所选水泵吸水头的要求。自灌式泵房尚应满足水泵叶轮浸没深度的要求。其有效高度一般为1.5～2.0m。集水池底部设有集水坑，其深度一般不小于0.5m，倾向坑的坡度不宜小于10%。在集水池中设置格栅及除渣设施，其中栅条间的缝隙与水泵型号有关。集水池的平面尺寸取决于水泵吸水管和格栅的布置，污水泵吸水管在集水池的布置与给水泵站中的布置相同。集水池的一般规定如表25－5所示。

**表25－5　　集水池的一般规定**

| 项　目 | 一般规定 |
|---|---|
| 1. 最小容积（有效容积） | （1）污水泵房，一般采用不小于最大一台泵5min的出水量。若水泵工作台数大于4台时，用每小时停开次数控制，自动化控制不多于6次，人工管理不多于3次或以3min进水量来校核。<br>（2）雨水泵房，应采用不小于最大一台泵30s的出水量，一般采用30～60s |
| 2. 集水池有效水深 | 进水管设计水位减去过格栅水头损失至集水池最低水位之差，一般采用1.2～2.0m |
| 3. 集水池最高水位、中水位与最低水位 | （1）最高水位：<br>1）雨水按进水管满流时水位减格栅水头损失计。<br>2）污水按最大设计充满度水位减格栅水头损失计。<br>（2）最低水位：<br>1）自灌式（半自灌式）：卧式离心泵见图25－2（$a$）。当流速$v=1.0$m/s时，$h=0.4$m；当$v=2.0$m/s时，$h=0.8$m。立式轴流泵见图25－2（$b$）①、表25－6。<br>2）非自灌式：水泵轴线与集水池最低水位的高差为<br>$$h_s=\frac{H}{\gamma}-h_1-\frac{v^2}{2g}-h_2$$<br>式中：$H$为当地大气压力水柱高；$\gamma$为污水比重（1.01～1.005或1.0）；$v$为水泵进口流速；$h_1$为吸水管水头损失；$h_2$为设计水温下的饱和蒸汽压力水头。<br>（3）中水位：配备多台泵的泵房应考虑中水位，一般在最高和最低水位之间1/2处 |
| 4. 集水池形式及吸水管布置 | （1）平面见图25－3。<br>（2）剖面见图25－3。<br>（3）大口径水泵的吸入形式见图25－4 |
| 5. 进水管与格栅底的距离、格栅平台宽度、池底坡度及冲洗管 | 见图25－5 |
| 6. 排空和清泥 | 将集水池用闸板分为2个格，轮换使用，可临时设污泥泵抽吸排空 |
| 7. 其他 | 平台以上1.0m高处在中隔墙上设$\phi$25～$\phi$20上水管及水龙头一个（或设拖布池一个） |

① 图25－2中$l$、$L$值见表25－6。

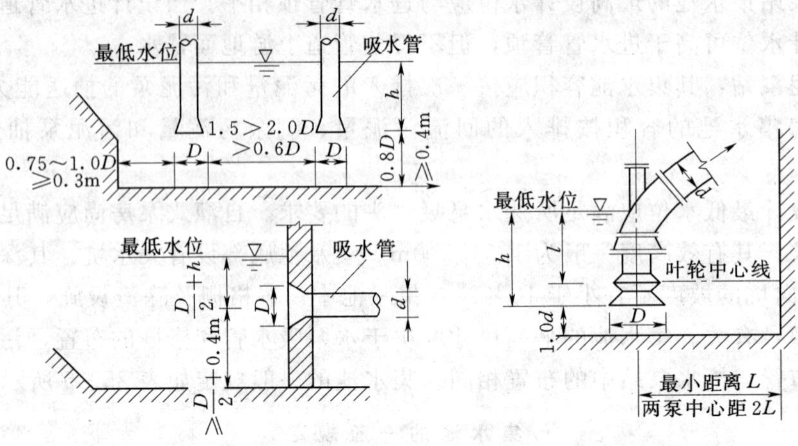


图 25-2　集水池最低水位

(a) 卧式离心泵；(b) 立式轴流泵

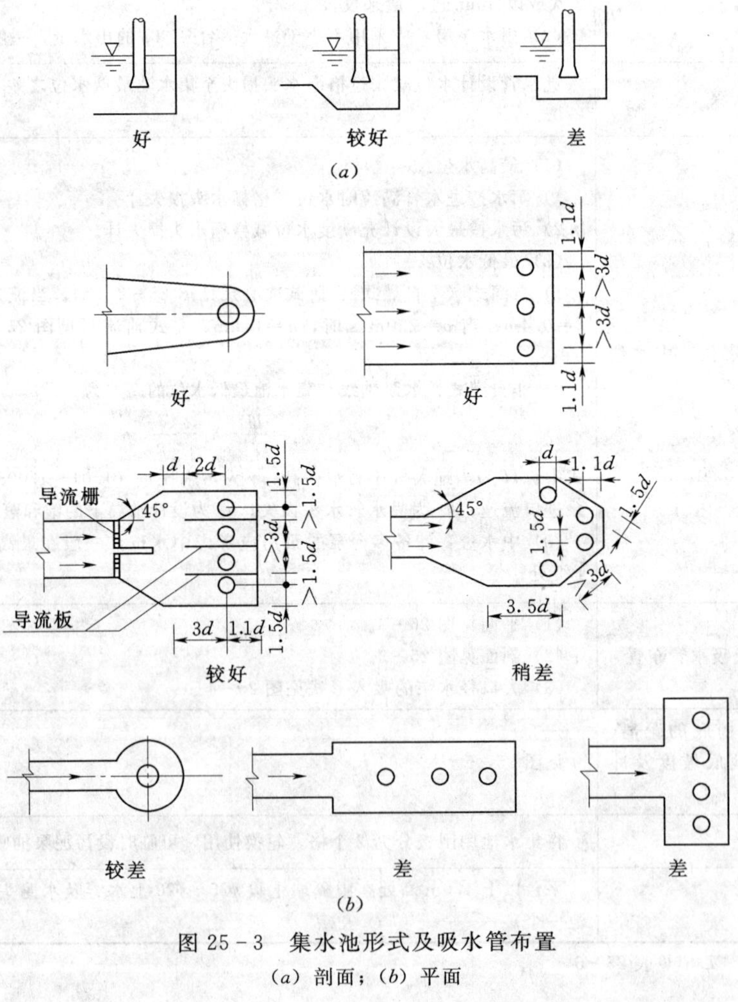


图 25-3　集水池形式及吸水管布置

(a) 剖面；(b) 平面

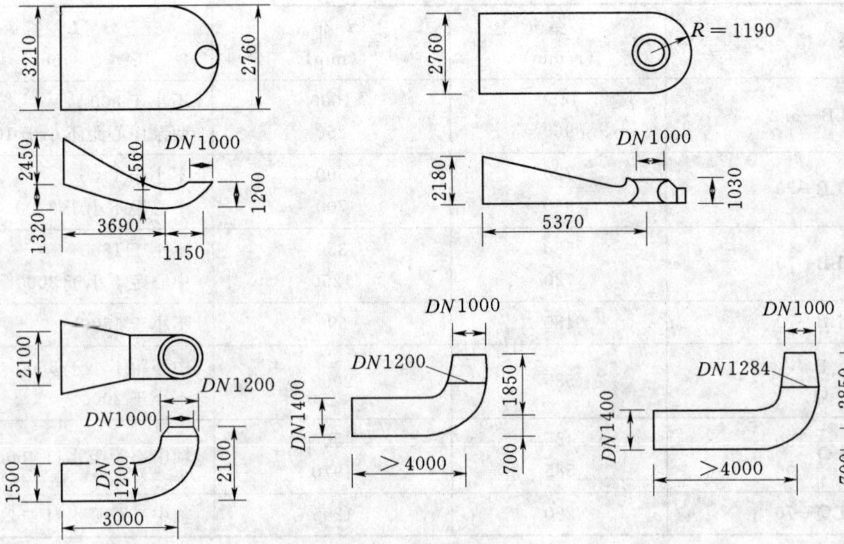


图 25－4　大口径水泵吸入口形状

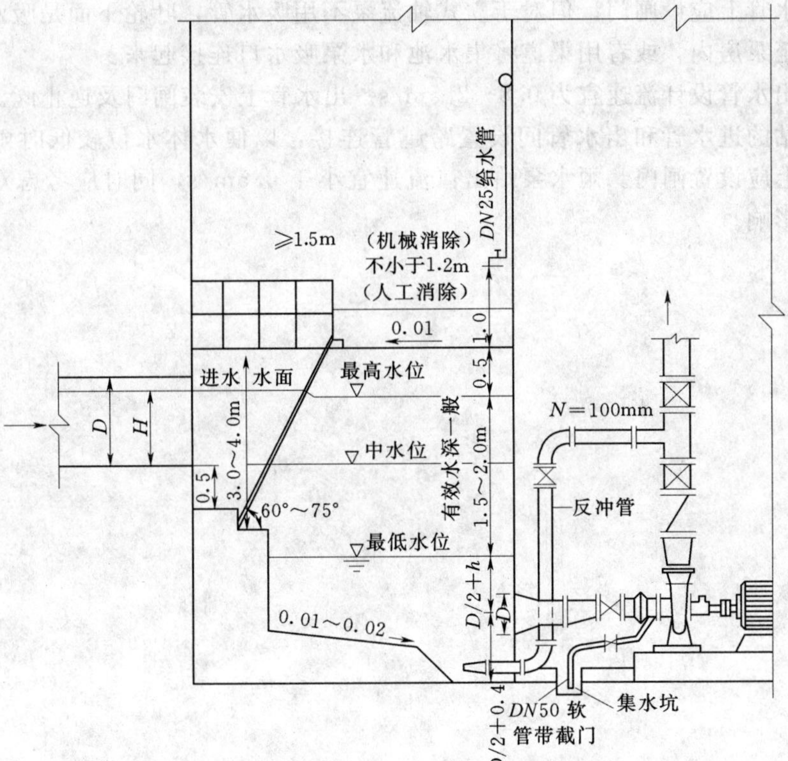


图 25－5　集水池、格栅间及水泵间反冲管安装

表 25-6　　　　　　　　　　　　*l* 及 *L* 值

| 水泵型号 | 转数 *n*<br>(r/min) | *l* 值<br>(mm) | *L* 值<br>(mm) |
|---|---|---|---|
| 14ZLB—6.2 | 1450<br>960 | 1000<br>250 | 不小于 800<br>两泵中心距不小于 1000 |
| 20ZLB—70 | 720<br>960 | 500<br>700 | 不小于 1100<br>中心距不小于 2200 |
| 28ZLB—70 | 580<br>720 | 350<br>1250 | 不小于 1500<br>中心距不小于 3000 |
| 36ZLB—70 | 480 | 690 | 不小于 1800 |
| 40ZL$\frac{B}{Q}$—50 | 585 | 2000 | 中心距不小于 3600<br>不小于 2000 |
| 50ZLQ—$\frac{50}{54}$ | 485<br>585 | 4500<br>4970 | 轴中心距吸水口 4500 |
| 56ZLQ—70 | 290 | 1205 | 轴中心距吸水口 4620 |

（三）吸水、出水管

一般每台泵设单独的吸水管，吸水管内流速宜为 0.7～1.5m/s；水泵低于集水池最高水位时，吸水管上应设闸门。但对于立式轴流泵不用吸水管，叶轮下面是吸水口。或者把集水池延伸至泵房内，或者用渠道将集水池和水泵吸水口连接起来。

污水泵出水管设计流速宜为 0.8～2.5m/s。出水管上安装闸门及逆止阀。

雨水泵站的进水管和出水管间设置跨越管连接，以便水体水位较低时雨水可直接排放，跨越管上应设置闸门。雨水泵站出口流速宜小于 0.5m/s，同时应考虑对河道的冲刷和对航运的影响。

# 第二十六章 城镇污水处理

## 第一节 污水污染指标与水质标准

### 一、污水的污染指标

污水是生活污水、工业废水、降水的统称。其中排入城镇污水管网的生活污水和工业废水形成的混合污水称为城镇污水。

污水的污染物可分为无机性和有机性两大类。无机性污染物有矿尘、酸、碱、无机盐类、氮磷营养物及氰化物、砷化物和重金属离子等。有机性污染物有碳水化合物、蛋白质、脂肪及芳香族化合物、高分子合成聚合物等。污水的污染指标是用来衡量水在使用过程中被污染的程度，又称为污水的水质指标。

（一）反映有机污染物的指标

城镇污水中含有大量有机物质，其中一部分在水体中因微生物的作用而进行好氧分解，使水体中溶解氧降低，甚至完全缺氧；在无氧时，有机物进行厌氧分解，放出恶臭气体，水体变黑，使水中生物灭绝，水体被严重污染。

由于有机物种类繁多，现有的分析技术难以区分与定量，所以在实际工程中采用间接、综合性的污染指标来反映污水的有机物污染程度。根据有机物均能被氧化的特点，同时，碳元素作为其主要构成元素，氧化后产生二氧化碳，因此反映有机物的污染指标分为氧参数和碳参数指标。常用的氧参数指标有生化需氧量、化学需氧量、总需氧量，常用的碳参数指标有总有机碳。

1．生物化学需氧量

生物化学需氧量（BOD）是指在20℃条件下，由于微生物的代谢作用，将污水中有机物氧化为无机物所消耗的溶解氧量。这个氧化分解过程分为两个阶段：第一阶段为碳氧化阶段，在异养菌的作用下，含碳有机物转化为 $CO_2$ 和 $H_2O$，含氮有机物转化为 $NH_3$；第二阶段为硝化阶段，在自养菌的作用下，$NH_3$ 依次被氧化为 $NO_2^-$ 和 $NO_3^-$。同时，在这两个阶段都伴随发生微生物的合成，合成的新细胞物质进行内源呼吸而耗氧。生物化学需氧量是指第一阶段碳化需氧量。因此，生物化学需氧量反映污水中可生物降解有机物的含量，而污水中可生物降解有机物的转化与温度、时间有关。通常第一阶段的生物化学反应约需20天趋于稳定，因此常用20d的生物化学需氧量 $BOD_{20}$ 来反映总生物化学需氧量 $BOD_u$。在实际工程中，20天时间较长，所以，一般将20℃经过5天时间有机物在好氧微生物作用下分解所消耗的溶解氧量称为5日生物化学需氧量，即 $BOD_5$，单位通常用mg/L表示。BOD越高，表示污水中可生物降解的有机物含量越高。

2．化学需氧量

由于BOD只能反映污水中可生物降解的有机物，并易受水质的影响，因此，为更精确地表示污水中有机物的量，也可采用化学需氧量（COD），即在酸性条件下，用强氧化剂（$K_2Cr_2O_7$）氧化有机物所消耗的氧量，单位为 mg/L。化学需氧量一般高于生物化学需氧量，两者的差值即表示污水中难以生物降解的有机物量。对于成分较为稳定的污水，$BOD_5$ 值与 COD 值之间保持一定的相关性，其比值可作为污水是否适宜于采用生物处理法的一个衡量指标，所以也把该指标称为可生化性指标。该比值越大，表明污水可生化降解能力越强。一般认为该比值大于 0.3 的污水才适于用生化处理；若该比值小于 0.25，则不宜采用生化处理法。

3. 总需氧量

由于化学需氧量 COD 依然会受到污水中还原性无机物的干扰，因此仍有一定误差。总需氧量（TOD）是利用高温燃烧原理，使水样注入含氧量已知的氧气流中，在 900℃高温下，以铂钢为触媒燃烧，使水样中的有机物燃烧氧化所消耗的氧气量，单位为 mg/L。由于在高温下燃烧，有机物氧化彻底，故有 TOD＞COD。

4. 总有机碳

总有机碳（TOC）也是目前广泛使用的表示有机物浓度的一个综合指标。它与前三项指标的不同之处在于，该指标不是从消耗氧的角度而是从含碳量的角度反映有机物的浓度。总有机碳 TOC 与总需氧量 TOD 一样，利用高温燃烧原理氧化分解有机物，然后通过分析燃烧产生的 $CO_2$ 量，并将其折算成含碳量来表示水样的总有机碳 TOC，单位为 mg/L。

水质比较稳定的污水，$BOD_5$、COD、TOD 和 TOC 之间有一定的相关性，其数值大小排序为 TOD＞COD＞$BOD_u$＞$BOD_5$＞TOC。

（二）悬浮固体

固体物质按存在形态的不同可分为悬浮的、胶体的、溶解的三种。悬浮固体（SS）是水中未溶解的非胶态的固体物质，在条件适宜时可以沉淀。悬浮固体可分为有机性和无机性两类。在 600℃高温下灼烧所失去的重量反映挥发性悬浮固体的含量，残留物为非挥发性悬浮固体，即无机物的含量，单位为 mg/L。

（三）酸碱度

酸碱度是污水的重要污染指标，用 pH 值来表示。它对保护水体环境、污水处理稳定性及水工构筑物都有重要影响。

在污水处理中，酸碱度的控制至关重要。通常污水的碱度是指污水中含有能与强酸发生中和反应的物质，主要包括氢氧化物、碳酸盐和重碳酸盐碱度。污水的碱度（mg/L）可按下式计算：

$$[\text{碱度}]=[OH^-]+[CO_3^{2-}]+[HCO_3^-]-[H^+]$$

污水处理中无论是生物脱氮除磷还是污泥厌氧消化，对碱度都有一定的要求。例如，规范中明确规定，生物脱氮除磷的好氧区的总碱度要大于 70mg/L（以 $CaCO_3$ 计）。污泥厌氧消化过程中首先产生大量有机酸，为保证系统的缓冲能力和稳定性，根据实践运行经验，消化液的碱度应保持在 2000mg/L 以上（以 $CaCO_3$ 计）。

一般生活污水和城镇污水呈中性或弱碱性，工业废水的酸碱性则因企业性质和生产工艺而变化。

（四）氮和磷

氮和磷是植物性营养物质，过量的氮和磷排放到水体会导致湖泊、海湾、水库等缓流水体富营养化，而使水体加速老化。生活污水中含有丰富的氮、磷。工业废水有的含大量氮、磷，如化肥工业、食品加工业等；有的缺乏氮、磷，如机械、电镀、采矿等行业。表示氮含量指标有总氮（TN）、凯氏氮（TKN）、氨氮（$NH_4^+-N$）、硝态氮（$NO_x^--N$）等，其中

$$TN=TKN+NO_x^--N$$

$$TKN=有机氮+NH_4^+-N$$

即总氮包括污水中各种形式的氮，凯氏氮则指有机氮和氨氮，这部分含氮量反映硝化耗氧量大小。表示磷含量的指标有总磷（TP），总磷包括有机磷和无机磷。有机磷以葡萄糖-6-磷酸、2-磷酸-甘油酸及肌磷酸等形式存在；无机磷以正磷酸盐、偏磷酸盐、磷酸氢盐、磷酸二氢盐等存在形式，通常以磷酸盐磷（$PO_4^{3-}—P$）来表示。

（五）有毒化合物和重金属

有毒化合物和重金属这类物质对人体和污水处理中的生物都有一定的毒害作用，如氰化物、砷化物、酚以及重金属汞、镉、铬、铅等。

《污水综合排放标准》（GB 8978—1996）中对这类有毒有害物质做出了最高允许排放浓度的限制。

## 二、水体污染与水体自净

水体污染是指排入水体的污染物在数量上超过了该物质在水体中的环境容量，从而使水体发生物理和化学变化，破坏了水体固有的生态系统和水体功能，降低了水体的使用价值。

造成水体污染的因素是多方面的，例如，向水体排放未经处理的生活污水和工业废水；施用的化肥、农药及地面污染物随雨水径流进入水体；大气中的污染物质沉降或随降水进入水体等，使水体在色、嗅、味、浊度、酸碱度、有机物和无机物含量方面发生变化；汞、铅、铬等重金属及酚、氰化物、有机氯等有毒物质的出现；水中溶解氧的急剧减少等，从而对人体健康、渔业、工农业等造成严重危害。

当污水排入水体后，通过物理、化学和生物因素的共同作用，使污染物的总量减少或浓度降低，使水体部分或完全恢复原状，这一现象称为水体自净。水体自净过程很复杂，经过水体的物理、化学和生物的作用，使排入污染物质的浓度，随着时间的推移在向下游流动的过程中自然降低。但水体自净有一定的限度，即水环境对污染物质都有一定的承受能力，即环境容量。污染物的排放超过水体相应的环境容量，即会破坏水体自净能力，尤其是有机污染物，会使水体溶解氧急剧下降，使水体变黑变臭。同时，随着城镇区域化的发展，要从整个区域、水体上下游来考虑水污染控制问题。

## 三、水环境标准

（一）污水处理政策法规要求

根据我国2000年制定的《城市污水处理及污染防治技术政策》，城市污水处理建设应根据城镇总体规划和水环境规划、水资源综合利用规划以及城镇排水专业规划的要求，做到规划先行，合理布局，优先建设城镇污水收集系统。到2010年，实现我国城镇污水平

均处理率不低于50%，重点城市不低于70%。同时，城镇污水处理设施出水根据排放要求应达到国家或地方规定的水污染物排放控制的要求。

（二）水环境质量标准

我国已有的水环境质量标准有《地面水环境质量标准》（GB 3838—2002）、《渔业水质标准》（GB 11607—89）、《景观娱乐用水水质标准》（GB 12941—91）、《农田灌溉水质标准》（GB 5084—2005）、《地下水质标准》（GB/T 14848—93）等。此外，《污水再生利用工程设计规范》（GB 50335—2002）中对污水再生利用分类及用于冷却用水、景观用水、城镇杂用水等再生水水质标准也进行了明确规定。这些标准详细说明了各类水体中污染物的允许最高含量，以保护水环境质量。

（三）污水排放标准

为保护水体免受污染。当污水需要排入水体时，应处理到允许排入水体的程度。我国根据生态、社会、经济三方面的情况综合平衡，全面规划、制订了污水的各种排放标准，可分为综合排放标准和行业排放标准两类。综合排放标准有《污水综合排放标准》（GB 8978—1996）；行业排放标准有《城镇污水处理厂污染物排放标准》（GB 18918—2002）、《医院污水排放标准》（GBJ 48—83）、《造纸工业水污染物排放标准》（GB 3544—2001）、《合成氨工业水污染物排放标准》（GB 13458—2001）、《制革工业水污染物排放标准》（GB 3549—83）、《石油炼制水工业污染物排放标准》（GB 3551—83）、《石油化工工业水污染物排放标准》（GB 4281—84）、《纺织印染工业水污染物排放标准》（GB 4287—92）、《磷肥工业污染物排放标准》（GB 15580—95）等。其他没有单独制定排放标准的行业均执行《污水综合排放标准》（GB 8978—1996）。

## 第二节　城镇污水处理与利用

污水的处理利用方法和工艺流程的选择应根据城镇经济发展情况、水环境状况、污水水量水质及污水利用的可行性等综合因素确定。

### 一、污水处理技术

污水处理技术，就是采用各种方法将污水中所含有的污染物分离出来，或将其转化为无害和稳定的物质，从而使污水得到净化。污水处理技术按其作用原理，可分为物理法、化学法和生物法三类。

（一）物理法

污水处理的物理法就是利用物理作用分离污水中主要呈悬浮状态的污染物质，在处理过程中不改变其化学性质。常用的处理技术有以下几种。

1. 沉淀

沉淀（即重力分离）是利用污水中的悬浮物和水比重不同的原理，借重力沉降（或上浮）作用，使其从水中分离出来。沉淀处理设备有沉砂池、沉淀池、气浮池、隔油池等。

2. 筛滤

筛滤（即截留）是利用筛滤介质截留污水中的悬浮物。筛滤介质有钢条、筛网、砂、滤布、塑料、微孔管等。属于筛滤处理的设备有格栅、微滤机、砂滤池、真空过滤机、压滤机（后两种多用于污泥脱水）等。

3. 气浮

气浮是将空气打入污水中，并使其以微小气泡的形式从水中析出，污水中比重接近于水的微小颗粒状的污染物质（如乳化油等）粘附到空气泡上，并随气泡上升至水面形成泡沫浮渣而去除。根据微气泡产生方式的不同，气浮法分为溶气气浮法、电解气浮法、散气气浮法等。为了提高气浮效果，有时需向污水中投加混凝剂。

4. 离心分离

离心分离是当废水高速旋转时，利用悬浮固体和水质量不同造成的离心力不同，质量大的悬浮固体被抛到外侧，质量小的水被推向内侧，使悬浮固体与废水分别通过不同排出口加以分离，从而使废水得到处理。常用的离心分离设备有离心机和旋流分离器两种。

（二）化学法

污水处理的化学法，就是通过投加化学物质，利用化学反应来分离、回收污水中的污染物，或使其转化为无害的物质，属于化学处理法的有以下几种。

1. 混凝法

水中的呈胶体状态的污染物质通常都带有负电荷，胶体颗粒之间互相排斥形成稳定的混合液，若向水中投加带有相反电荷的电解质（即混凝剂），可使污水中的胶体颗粒变为电中性而失去稳定性，并在分子引力作用下，凝聚成大颗粒而下沉。这种方法用于处理含油废水、染色废水、洗毛废水等，可以独立使用也可以与其他方法配合使用，作预处理、中间处理、深度处理工艺等。常用的混凝剂有硫酸铝、碱式氯化铝、硫酸亚铁、三氯化铁等。

2. 中和法

中和法用于处理酸性废水或碱性废水。可向酸性废水中投加碱性物质如石灰、氢氧化钠、石灰石等，使废水变为中性；对碱性废水，可通入含有 $CO_2$ 的烟道气进行中和，也可用其他酸性物质进行中和。

3. 化学沉淀法

化学沉淀法是通过向废水中投加化学药剂，使之与要除去的某些溶解物质反应，生成难溶盐沉淀分离。这种方法多用于处理含重金属离子的工业废水。

4. 氧化、还原法

废水中呈溶解状态的有机或无机污染物，在投加氧化剂或还原剂后，由于电子的迁移而发生氧化或还原作用，使其转变为无害的物质。氧化法多用于处理含酚、氰废水，常用的氧化剂有空气、纯氧、漂白粉、氯气、臭氧等。还原法多用于处理含铬、含汞废水，常用的还原剂有铁屑、硫酸亚铁。亚硫酸氢钠等。

5. 电解法

电解法是在废水中插入电极，并通以电流，则在阴极板上接受电子，在阳极板放出电子。在水的电解过程中，在阳极上产生氧气，在阴极上产生氢气。上述综合过程使阳极上发生氧化作用，在阴极上发生还原作用。目前，电解法主要用于处理含铬及含氰废水。

6. 吸附法

吸附法是将污水通过固体吸附剂，使废水中的溶解性有机污染物吸附到吸附剂上。常用的吸附剂为活性炭、硅藻土、焦炭等。这种方法可吸附废水中的酚、汞、铬、氰等有毒物质，还具有脱色、脱臭等作用，一般也用于深度处理。

7. 离子交换法

离子交换法使用离了交换剂，其每吸附一个离子也同时释放一个等当量的离子，常用的离子交换剂有无机离子交换剂（沸石）和有机离子交换树脂。离子交换法现已在废水处理中得到广泛应用。

8. 电渗析法

电渗析法通过一种离子交换膜，在直流电作用下，废水中的离子朝相反电荷的极板方向迁移，阳离子能穿透阳离子交换膜，而被阴离子交换膜所阻；同样，阴离子能穿透阴离子交换膜，而被阳离子交换膜所阻。污水通过由阴、阳离子交换膜所组成的电渗析器时，污水中的阴、阳离子就可以得到分离，达到浓缩和处理的目的。这种方法可用于酸性废水回收、含氰废水处理等。

此外，属于化学处理技术的还有汽提法、吹脱法、萃取法等。这些化学处理方法广泛用于工业废水的处理以及城镇污水的深度处理中。

（三）生物法

污水处理的生物法，就是利用微生物新陈代谢功能，使污水中呈溶解和胶体状态的有机污染物被降解并转化为无害的物质，使污水得以净化。在城镇污水二级处理工艺中，一般以活性污泥法为主，尤其是日处理能力在 20 万 $m^3$ 以上的情况下。其他常用的二级处理工艺近年来还有氧化沟法、SBR 法、AB 法等。常见生物法的处理工艺有以下几类。

1. 活性污泥法

活性污泥法是目前使用很广泛的一种生物处理法，将空气连续鼓入曝气池的污水中，经过一段时间，水中即形成含有大量好氧性微生物的絮凝体——活性污泥，由于活性污泥具有巨大的比表面积，可吸附污水中的有机物；同时，活性污泥中具有活性的微生物以有机物为食料，获得能量并不断生长增殖，所以能去除有机物，使污水得到净化。

从曝气池流出的混合液，经沉淀分离后，水被净化排放，沉淀分离后的污泥作为种泥，部分地回流曝气池。活性污泥系统流程示意如图 26-1 所示。

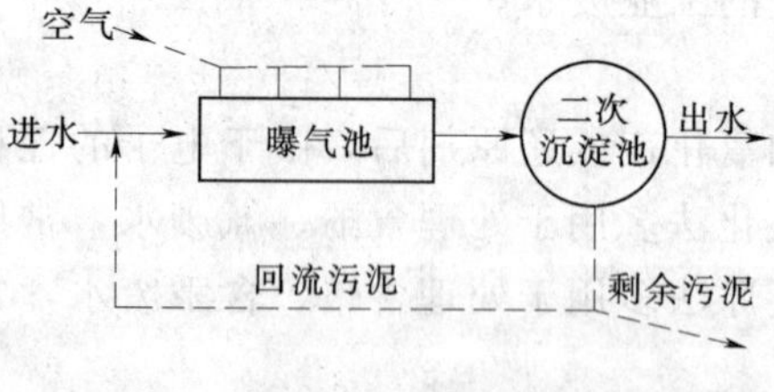


图 26-1　活性污泥系统流程示意图

自活性污泥法出现以来，经过 80 多年的发展，出现了各种活性污泥法的变型工艺，但其原理和工艺过程没有根本性的改变。

（1）传统的活性污泥法：这种方法被广泛使用，是许多污水厂的主流工艺。传统的活性污泥法是将污水和回流污泥从池首端引入，呈推流式至池末端流出。该方法适于处理要求高、水质较稳定的污水，但对负荷的变动适应性较弱。在此基础上，又产生了一些改良形式。

（2）阶段曝气法：为了使池内有机污染物沿池长度均匀分布，使有机负荷均衡，把废水从池子的几个不同部位分开流入，有利于解决冲击负荷的问题。这样既降低能耗，又充分发挥活性污泥的降解功能。

（3）吸附再生法：使活性污泥的吸附和降解功能分别在两个不同的池子或一个池子的

两部分进行，吸附池中活性污泥吸附胶体和悬浮态的污染物质，污泥与水在沉淀池中分离后，再在再生池内把吸附的污染物质进行氧化分解。该方法充分利用活性污泥的初期吸附能力，大大节省了曝气时间，并具有一定的抗冲击负荷能力。

(4) 延时曝气法：该方法又称为完全氧化活性污泥法。该方法通过延长曝气时间，使活性污泥处于完全氧化状态，负荷低，污泥产量少。适用于处理水质要求高且不宜采用污泥厌氧稳定技术的污水处理厂。

(5) 厌氧-好氧活性污泥法：为了在去除有机物质（BOD）的同时有效地去除氮、磷等营养物质，人们把厌氧、缺氧的运行条件组合到活性污泥法或生物膜法中，在不同反应池或同一反应池内的不同部位控制厌氧、缺氧和好氧条件，分别形成了厌氧-好氧活性污泥（An/O）法、缺氧-好氧活性污泥（A/O）法、厌氧-缺氧-好氧活性污泥（A/A/O）法等工艺，在去除有机物质的同时分别达到生物除磷、生物脱氮、生物脱氮除磷的目的。图 26-2 为厌氧-缺氧-好氧活性污泥（A/A/O）法的流程示意图。

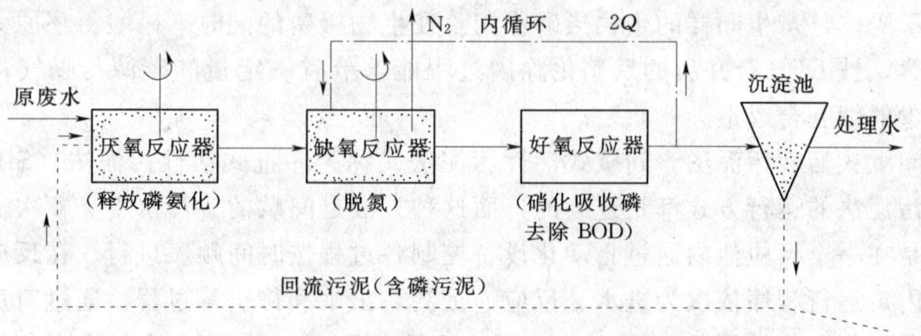


图 26-2　A/A/O 法工艺流程示意图

A/A/O 法工艺中，在厌氧池中（DO：0mg/L）微生物通过摄取进水中易降解有机物，尤其是短链挥发性脂肪酸（VFA），并将其以聚合物的形式（PHA 和糖原）储存于细胞内，这一过程的能量来源于胞内聚磷酸盐的分解，因此，大量磷酸盐释放到污水中，发生厌氧放磷。同时，厌氧池中有机氮在氨化菌作用下转化为氨氮。在缺氧池中（DO：0.3mg/L），污水与通过内循环回流的混合液混合，利用污水中的有机物，以硝酸根作为电子受体发生反硝化，硝酸氮在反硝化菌作用下形成气态氮从污水中逸出，达到脱氮的目的。在好氧池中（DO：1～2mg/L），聚磷菌富集厌氧过程释放的磷和原污水中的磷，形成高磷污泥并以剩余污泥的形式排出系统；同时，氨氮在自养菌作用下转化为亚硝酸氮和硝酸氮，完成硝化过程，生成的硝酸氮通过混合液回流并在缺氧池中反硝化为氮气从污水中去除；残留的有机物在异养菌作用下进一步分解。因此，在该工艺中同步实现有机物和氮、磷的去除。

近 10 年来，由荷兰 DELFT 工业大学等提出许多生物脱氮除磷的新工艺。例如，中温亚硝化（SHARON 工艺）、厌氧氨氧化（ANAMMOX 工艺）以及反硝化除磷等。

中温亚硝化是指氨氮氧化的终产物为亚硝酸氮。常温下的硝化过程分亚硝化和硝化两步进行，硝化细菌比亚硝化细菌增长速率快，这意味着亚硝酸氮作为一种过渡形态很难以聚集浓度存在于环境温度之下。但当温度增高后，与常温相反，通过选择污泥龄，可使亚硝化细菌保持在反应器中。该工艺即利用了温度高有利于亚硝化细菌增殖这一特点，一般运行温度控制在35℃。

$$NH_4^+ + NO_2^- \xrightarrow{\text{ANAMMOX 细菌}} N_2 + 2H_2O$$

厌氧氨氧化指的是厌氧条件下氨氮以亚硝酸氮作为电子接受体直接被氧化为氮气的过程。从其原理可以看出，亚硝化同厌氧氨氧化结合能实现短程反硝化。与常规硝化和反硝化比较而言，短程反硝化具有节省碳源、减少耗氧量降低能耗等优势。图26-3为亚硝化与厌氧氨氧化结合的流程示意图。

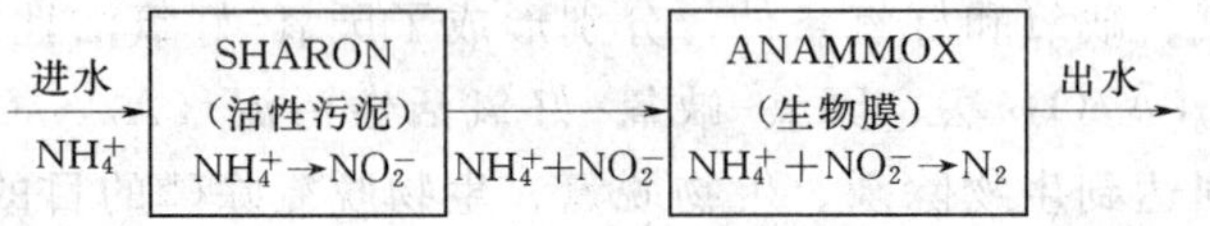


图26-3 亚硝化与厌氧氨氧化结合的流程示意图

反硝化除磷是指存在反硝化除磷细菌（DPB），这种细菌将反硝化脱氮与生物除磷有机地合二为一。在缺氧的条件下，反硝化除磷细菌能够像在好氧条件下聚磷菌一样，利用硝酸氮充当电子受体，产生同样的生物摄磷作用。在生物摄磷的同时，硝酸氮还原为氮气进行脱氮。显然，被DPB合并后的反硝化除磷过程能够节省一定量的碳源与曝气量，同时也意味着较少的细胞合成量。

(6) 间歇式活性污泥法。间歇式活性污泥法又称为序批式活性污泥法（SBR法）。前几种活性污泥法的运行方式都是连续的，而这种方法是间歇的。污水不是顺次流经各处理单元，而是在一个反应池内通过自动化设备控制各过程按时间顺序进行。在反应池的一个工作周期内，运行程序依次为进水、反应、沉淀、出水和待机等过程。通过对反应池结构以及各阶段运行条件的调整，SBR法也可实现脱氮除磷。该法适于水量较小和出水水质要求较高的场合，便于进行自动化控制。通过对各阶段运行条件的调整，该法也可进行脱氮除磷。目前，该法应用较为广泛，并发展了不同的改进形式，也可实现连续运行。

(7) AB法。AB法是吸附降解工艺的简称，属超高负荷活性污泥法，它是两个活性污泥系统的串联系统，两者各有独立的二次沉淀池。该法抗冲击负荷能力强，特别适合于处理浓度较高、水质水量变化大的污水。

(8) 氧化沟法。氧化沟为循环曝气池，因此氧化沟法属于延时曝气法的一种具体运转形式。其池体呈环形沟渠状，池深较浅，流态介于完全混合与推流之间。目前，国内外常用氧化沟系统有卡罗塞氧化沟、奥巴勒氧化沟、交替工作氧化沟等。氧化沟是低成本、构造简单、易于维护管理的处理技术。其出水水质好，污泥产量低，耐冲击负荷能力强。

2. 生物膜法

生物膜法是使污水连续流经填料或某种载体（如碎石、炉渣或塑料蜂窝等），在填料上就能够形成膜状生物污泥。该膜状生物污泥被称为生物膜。生物膜上繁殖着大量的微生物，能够起到与活性污泥同样的净化作用，吸附并降解污水中的有机污染物；同时，老化的生物膜从填料上脱落下来随污水流入沉淀池，经沉淀池沉淀分离，污水得到净化。

生物膜法有多种处理构筑物，如生物滤池、生物转盘、生物接触氧化池、生物流化床以及曝气生物滤池等。

(1) 生物滤池：生物滤池是以土壤自净原理为依据发展起来的，滤池内设固定填料。

污水流过与滤料相接触，微生物在滤料表面形成生物膜，从而净化污水。生物滤池由提供微生物生长栖息的滤床、使污水均匀分布的布水设备及排水系统组成。生物滤池操作简单、费用低，适用于小城镇和边远地区。生物滤池分为普通生物滤池（滴滤他）、高负荷生物滤池、塔式生物滤池等。

（2）生物转盘：通过传动装置驱动生物转盘以一定的速度在反应池内转动，交替地与空气和污水接触，每一周期完成吸附—充氧—氧化分解的过程，通过不断转动，使污水中的污染物不断分解氧化。生物转盘流程中除了生物转盘外，还有初次沉淀池和二次沉淀池。生物转盘的适应范围广泛，除了应用在生活污水外，还用在各种行业的生产污水。生物转盘的动力消耗低，抗冲击负荷能力强，管理维护简单。

（3）生物接触氧化池：在池内设置填料，已经充氧的污水浸没全部填料并以一定的速度流经填料。填料上长满生物膜，污水与生物膜相接触，水中有机物被微生物吸附，氧化分解和转化成新的生物膜。从填料上脱落的生物膜，随水流到二次沉池后被去除，污水得到净化。生物接触氧化法对冲击负荷有较强的适应力，污泥生产量少，可保证出水水质。

（4）生物流化床。采用比重大于1的细小惰性颗粒如砂、焦炭、活性炭、陶粒等作为载体，微生物在载体表面附着生长，形成生物膜。充氧污水自下而上流动使载体处于流化状态，使生物膜与污水充分接触。生物流化床处理效率高，能适应较大冲击负荷、占地小。

（5）曝气生物滤池。曝气生物滤池是近年来新开发的集生物降解、固液分离于一体的污水处理设备。该设备兼具有活性污泥法和生物膜法的特点，同时由于池内不仅可完成生物降解，还可进行固液分离，因此还具有反冲洗系统。该设备构造示意如图26-4所示。

这类生物膜法主要用于工业废水、小型污水处理厂站或结合在城镇污水处理的三级处理工艺中。

3. 自然生物处理法

自然生物处理法利用在自然条件下生长、繁殖的微生物处理污水，形成水体（土壤）、微生物、植物组成的生态系统对污染物进行一系列的物理、化学和生物的净化。生态系统可对污水中的营养物质充分利用，有利绿色植物生长，实现污水的资源化、无害化和稳定化。该法工艺简单、费用低、效率高，是一种符合生态原理的污水处理方式；但容易受自然条件影响，占地较大。自然生物处理法主要有稳定塘、湿地、土地处理系统及上述工艺的组合系统。

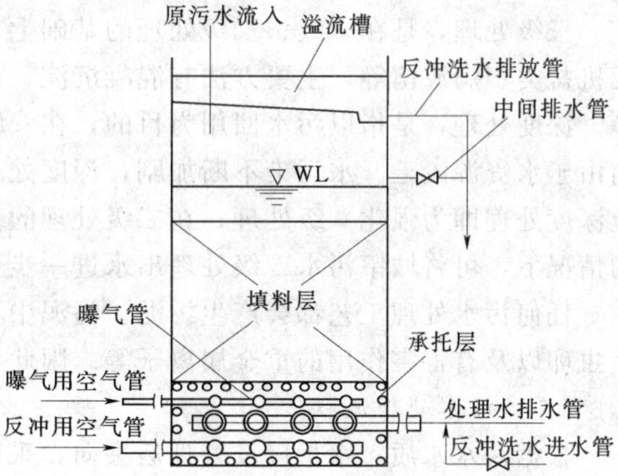

图26-4　曝气生物滤池构造示意图

稳定塘利用塘水中自然生长的微生物（好氧、兼性和厌氧）分解废水中的有机物，而由在塘中生长的藻类的光合作用和大气复氧作用向塘中供氧，其生化过程与自然水体净化过程相似。稳定塘按微生物反应类型分为好氧塘、兼性塘、厌氧塘、曝气塘等。土地处理是以土地净化为核心，利用土壤的过滤截留、吸附、化学反应和沉淀及微生物的分解作用处理污水中的污染物。农作物可充分利用污水中的水分和营养物。污水灌溉是一种土地处理方式。

4. 厌氧生物处理法

厌氧生物处理法利用兼性或专性厌氧菌在无氧的条件下降解有机污染物，主要用于处理污泥及高浓度、难降解的有机工业废水。其主要构筑物是消化池，近年来开发了厌氧滤他、厌氧转盘、上流式厌氧污泥床（UASB）、厌氧流化床等高效反应装置。该法能耗低且污泥产量少。其中UASB在高浓度的有机工业废水处理上获得了广泛的应用，污泥处理主要采用中温两级消化。

**二、污水处理程度及处理流程**

（一）污水处理程度

现代污水处理技术，按处理程度划分，可分为一级处理、二级处理和三级处理。

一级处理，采用物理处理方法，如筛滤、沉淀等，主要去除污水中呈悬浮状态的固体污染物质。由于一级处理出水BOD去除率只有30%左右，所以不能直接排放。

二级处理，采用生物处理方法，如活性污泥法、生物膜法等，主要去除污水中呈胶体和溶解状态的有机污染物质。二级处理出水BOD去除率达90%以上，从有机物的角度来说，可以达到排放标准的要求。但传统活性污泥法和生物膜法对氮、磷的去除尚不能满足相应的要求。因此，目前城镇污水处理工艺的选择均同步考虑有机物、氮、磷的有效去除，一般采用A/A/O工艺或具有脱氮除磷效果的氧化沟工艺、SBR以及曝气生物滤池等工艺，必要时需进行辅助化学除磷。有条件的地区，可利用荒地、废弃池塘等可利用条件，采用各种类型的土地处理和稳定塘等自然净化技术。

三级处理，是在一级、二级处理的基础上，进一步处理难降解的有机物并去除色度、无机盐类、病源菌等，主要方法有混凝沉淀、活性炭吸附、臭氧氧化、离子交换、电渗析等。深度处理，是指以污水回用为目的，在一级或二级处理的基础上增加的处理工艺。目前由于水资源匮乏、水污染不断加剧，深度处理日益引起人们的重视。例如，在一级基础上深度处理即为强化一级处理；在二级处理的基础上深度处理即为三级处理。在条件许可的情况下，可将城镇污水二级处理出水进一步采用土地处理和稳定塘等自然净化技术。

任何污水处理工艺都会产生污泥。污泥中不仅含有大量有机物，也含有大量细菌、寄生虫卵以及有毒害作用的重金属离子等。因此，污泥需进一步进行稳定和无害化处理。

（二）污水处理流程

根据污水水质、水量以及处理后去向，采用不同处理方法可组成相应的处理流程。

传统城市污水处理的典型流程如图26-5所示。

**三、污染控制与污水利用**

（一）严格控制污水源，减少污、废水的排放量和污染物浓度

应从“源头”上控制水污染。工业上通过改革生产工艺、调整产品结构、发展清洁生产，变末端处理为源头控制，使排污量减到最小程度。工厂采用循环用水和重复用水系统，充分利用工厂或车间之间的废水，回用有用的产品，以减少或杜绝污水及污染物的排

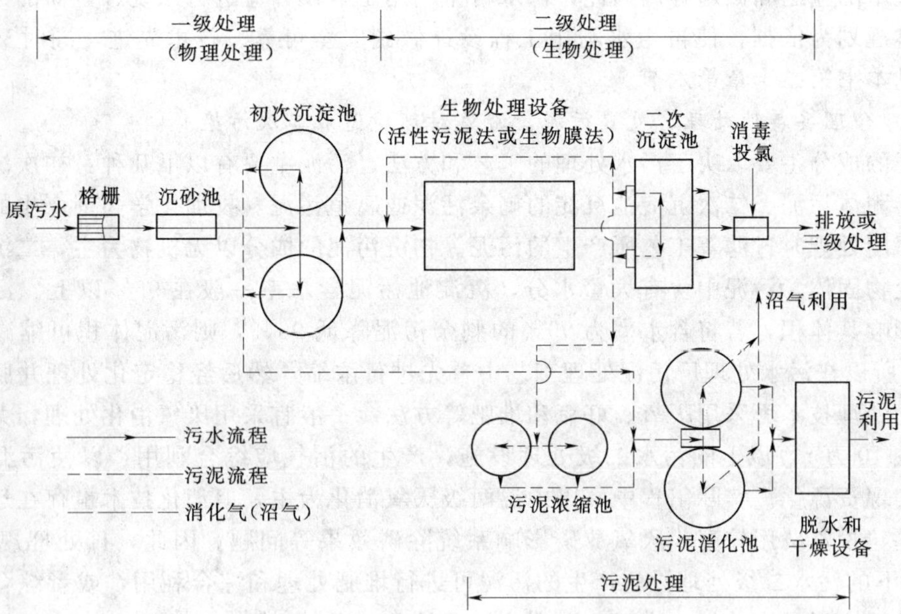


图 26-5　城市污水处理的典型流程示意图

放量。在环境敏感地区，工业生产应考虑采用少污染或无污染的加工原料及生产工艺，并应本着物耗少、占地少、耗能少、污染少的原则，降低单位产品和产值的排水量和污染物负荷。居民日常生活中，鼓励采用耗水量少的卫生器具，节约用水，以减少污水及污染物的排放。

（二）大力发展区域排水系统，考虑水污染的综合整治

根据城镇各分区的不同功能，合理进行重大工业项目和重要市政工程项目的选址，实现自然资源充分利用的同时减少污水排放。将产生大量污水的工厂和单位尽量布置在城市水源下游，国家自然保护区及风景旅游区等应慎重处理工业区的发展和布置。城市发展应从宏观上优化产业结构、合理布局。此外，同一水系所涉及的城镇之间应综合考虑，一个城镇污水系统的处理水平和处理方案可能影响邻近区域，特别是下游地区的环境质量，因此，需要从较大区域范围内综合考虑，按照当地的生态和环境条件及环境质量目标，统一和全面研究各种处理措施与方案，寻求区域综合效益的最优化。根据我国经济发展和城市化水平情况，相邻区域内经济条件和城市建设的同步性较强，所以完全有可能在几个城镇的区域内，统一进行给水排水规划，例如，城市给水水源与污水排放的统一协调、污水回用与城市给水系统的合理衔接、区域内污泥的综合利用和处理、河道水系整治与水质保护等。合理配置工程设施，并考虑集中处理和处置的可能性。

（三）开源节流，提高城镇污水的回收利用率

为缓解水资源紧张和水污染加剧，应做到开源节流。污水回用、雨水的收集利用、外源调水以及海水淡化均可作为开源的途径。比较而言，城镇污水具有水量稳定、供给可靠、处理费用较经济的特点，因此，应进一步提高城镇污水回用率，正确处理城市境外调水与开发利用污水资源的关系。但污水回用是一个系统工程，包括污水的收集、污水再

生、再生水的输送和回用等。因此，污水再生利用工程设计应进行系统、全面的考虑，以城市总体规划为依据，使再生水利用工程设计做到安全可靠、技术先进，同时又经济实用，详见本书第二十章第六节。

（四）合理妥善地处理、处置污泥，避免对环境造成二次污染

污泥的成分主要取决于污水处理的工艺和方法。污泥主要有以下几种：初次沉淀池沉淀的悬浮固体污泥、二次沉淀池沉淀的剩余污泥或腐殖污泥、投加化学药剂产生的化学污泥以及深度处理时过滤等工艺所产生的污泥。初沉污泥的成分以无机物为主，二沉污泥主要含有生物固体。污泥中含有大量水分，沉淀池污泥含水率一般在96%以上。污泥含水率大大影响其体积，若将含水率为99%的剩余污泥降低96%，则污泥体积可缩减到原来的1/4。所以在污水处理厂污泥处理工艺中首先进行浓缩，然后经稳定化处理并脱水。污泥稳定化处理技术可采用厌氧、好氧和堆肥等方法。一般宜采用厌氧消化处理，尤其日处理规模在10万$m^3$以上的污水二级处理设施，产生的沼气应综合利用，以使污泥稳定化的同时实现资源化。实际工程中，以中温两级厌氧消化为主，但消化技术也存在运行条件严格、基建投资费用较高、厌氧放磷影响系统除磷效果等问题。因此，日处理规模在10万$m^3$以下的污水二级处理设施产生的污泥可进行堆肥处理和综合利用，或者综合考虑污泥问题选择产泥量少的氧化沟工艺以简化污泥处理。

此外，污泥的最终处置方法主要是根据一定的环境要求和经济条件来确定。目前主要的处置方法有农用、填埋、焚烧、排海等。我国是发展中国家，又是一个农业大国，基本以农用为主。目前，农用和填埋是大多数国家污泥处置的两种最主要方法。

但这些处置方法都有不足之处。例如，焚烧法虽然能大幅度减容，但投资和运行费用相当高，难以采用焚烧法处理量大面广的城镇污水处理厂的污泥。但在欧美等国家，当污泥中重金属或其他有毒物质含量高，不适于农业利用的情况下，常采用焚烧法。污泥焚烧后产生无菌、无臭的无机残渣，并可最大程度地减少体积。但焚烧法所需设备及运行费用昂贵，易造成大气污染。深海投放在近年来受日益严格的防治海洋污染和国际公约等限制，例如，1988年美国开始禁止向海洋倾倒污泥，并于1991年全面禁止；欧共体1991年5月颁布的《城市污水处理指南》中规定：从1998年12月31日起，不得在水体中处置污泥。填埋由于场地有限及可能造成二次污染也有一定的困难，现在许多国家和地区坚决反对新建填埋场，例如，德国从2000年起，要求填埋污泥的有机物含量小于5%，美国环保局估计今后的20年内，美国6500个填埋场将有5000个被关闭。污泥农用也因为污泥成分日趋复杂而受到限制，并且随着农用污泥中重金属排放标准以及卫生要求的提高，污泥农用量日益受到限制。因此，污泥的处理、处置不仅是我国，也是世界各国城镇污水处理厂亟待解决的问题。

# 附录一　钢管（水煤气管）水力计算

| $q_g$ | $DN$15 | | $DN$20 | | $DN$25 | | $DN$32 | | $DN$40 | | $DN$50 | | $DN$70 | | $DN$80 | | $DN$100 | |
|---|---|---|---|---|---|---|---|---|---|---|---|---|---|---|---|---|---|---|
| | $v$ | $i$ | $v$ | $i$ | $v$ | $i$ | $v$ | $i$ | $v$ | $i$ | $v$ | $i$ | $v$ | $i$ | $v$ | $i$ | $v$ | $i$ |
| 0.05 | 0.29 | 0.284 | | | | | | | | | | | | | | | | |
| 0.07 | 0.41 | 0.518 | 0.22 | 0.111 | | | | | | | | | | | | | | |
| 0.10 | 0.58 | 0.985 | 0.31 | 0.208 | | | | | | | | | | | | | | |
| 0.12 | 0.70 | 1.37 | 0.37 | 0.288 | 0.23 | 0.086 | | | | | | | | | | | | |
| 0.14 | 0.82 | 1.82 | 0.43 | 0.38 | 0.26 | 0.113 | | | | | | | | | | | | |
| 0.16 | 0.94 | 2.34 | 0.50 | 0.485 | 0.30 | 0.143 | | | | | | | | | | | | |
| 0.18 | 1.05 | 2.91 | 0.56 | 0.601 | 0.34 | 0.176 | | | | | | | | | | | | |
| 0.20 | 1.17 | 3.54 | 0.62 | 0.727 | 0.38 | 0.213 | 0.21 | 0.052 | | | | | | | | | | |
| 0.25 | 1.46 | 5.51 | 0.78 | 1.09 | 0.47 | 0.318 | 0.26 | 0.077 | 0.20 | 0.039 | | | | | | | | |
| 0.30 | 1.76 | 7.93 | 0.93 | 1.53 | 0.56 | 0.442 | 0.32 | 0.107 | 0.24 | 0.054 | | | | | | | | |
| 0.35 | | | 1.09 | 2.04 | 0.66 | 0.586 | 0.37 | 0.141 | 0.28 | 0.080 | | | | | | | | |
| 0.40 | | | 1.24 | 2.63 | 0.75 | 0.748 | 0.42 | 0.179 | 0.32 | 0.089 | | | | | | | | |
| 0.45 | | | 1.40 | 3.33 | 0.85 | 0.932 | 0.47 | 0.221 | 0.36 | 0.111 | 0.21 | 0.0312 | | | | | | |
| 0.50 | | | 1.55 | 4.11 | 0.94 | 1.13 | 0.53 | 0.267 | 0.40 | 0.134 | 0.23 | 0.0374 | | | | | | |
| 0.55 | | | 1.71 | 4.97 | 1.04 | 1.35 | 0.58 | 0.318 | 0.44 | 0.159 | 0.26 | 0.0444 | | | | | | |
| 0.60 | | | 1.86 | 5.91 | 1.13 | 1.59 | 0.63 | 0.373 | 0.48 | 0.184 | 0.28 | 0.0516 | | | | | | |
| 0.65 | | | 2.02 | 6.94 | 1.22 | 1.85 | 0.68 | 0.431 | 0.52 | 0.215 | 0.31 | 0.0597 | | | | | | |
| 0.70 | | | | | 1.32 | 2.14 | 0.74 | 0.495 | 0.56 | 0.246 | 0.33 | 0.0683 | 0.20 | 0.020 | | | | |
| 0.75 | | | | | 1.41 | 2.46 | 0.79 | 0.562 | 0.60 | 0.283 | 0.35 | 0.0770 | 0.21 | 0.023 | | | | |
| 0.80 | | | | | 1.51 | 2.79 | 0.84 | 0.632 | 0.64 | 0.314 | 0.38 | 0.0852 | 0.23 | 0.025 | | | | |
| 0.85 | | | | | 1.60 | 3.16 | 0.90 | 0.707 | 0.68 | 0.351 | 0.40 | 0.0963 | 0.24 | 0.028 | | | | |
| 0.90 | | | | | 1.69 | 3.54 | 0.95 | 0.787 | 0.72 | 0.390 | 0.42 | 0.107 | 0.25 | 0.0311 | | | | |
| 0.95 | | | | | 1.79 | 3.94 | 1.00 | 0.869 | 0.76 | 0.431 | 0.45 | 0.118 | 0.27 | 0.0342 | | | | |
| 1.00 | | | | | 1.88 | 4.37 | 1.05 | 0.957 | 0.80 | 0.473 | 0.47 | 0.129 | 0.28 | 0.0376 | 0.20 | 0.0164 | | |
| 1.10 | | | | | 2.07 | 5.28 | 1.16 | 1.14 | 0.87 | 0.564 | 0.52 | 0.153 | 0.31 | 0.0444 | 0.22 | 0.0195 | | |
| 1.20 | | | | | | | 1.27 | 1.35 | 0.95 | 0.663 | 0.56 | 0.18 | 0.34 | 0.0518 | 0.24 | 0.0227 | | |
| 1.30 | | | | | | | 1.37 | 1.59 | 1.03 | 0.769 | 0.61 | 0.208 | 0.37 | 0.0599 | 0.26 | 0.0261 | | |
| 1.40 | | | | | | | 1.48 | 1.84 | 1.11 | 0.884 | 0.66 | 0.237 | 0.40 | 0.0683 | 0.28 | 0.0297 | | |
| 1.50 | | | | | | | 1.58 | 2.11 | 1.19 | 1.01 | 0.71 | 0.27 | 0.42 | 0.0772 | 0.30 | 0.0336 | | |
| 1.60 | | | | | | | 1.69 | 2.40 | 1.27 | 1.14 | 0.75 | 0.304 | 0.45 | 0.0870 | 0.32 | 0.0376 | | |
| 1.70 | | | | | | | 1.79 | 2.71 | 1.35 | 1.29 | 0.80 | 0.340 | 0.48 | 0.0969 | 0.34 | 0.0419 | | |
| 1.80 | | | | | | | 1.90 | 3.04 | 1.43 | 1.44 | 0.85 | 0.378 | 0.51 | 0.107 | 0.36 | 0.0466 | | |
| 1.90 | | | | | | | 2.00 | 3.39 | 1.51 | 1.61 | 0.89 | 0.418 | 0.54 | 0.119 | 0.38 | 0.0513 | | |
| 2.0 | | | | | | | | | 1.59 | 1.78 | 0.94 | 0.460 | 0.57 | 0.13 | 0.40 | 0.0562 | 0.23 | 0.0147 |
| 2.2 | | | | | | | | | 1.75 | 2.16 | 1.04 | 0.549 | 0.62 | 0.155 | 0.44 | 0.0666 | 0.25 | 0.0172 |
| 2.4 | | | | | | | | | 1.91 | 2.56 | 1.13 | 0.645 | 0.68 | 0.182 | 0.48 | 0.0779 | 0.28 | 0.0200 |
| 2.6 | | | | | | | | | 2.07 | 3.01 | 1.22 | 0.749 | 0.74 | 0.21 | 0.52 | 0.0903 | 0.30 | 0.0231 |
| 2.8 | | | | | | | | | | | 1.32 | 0.869 | 0.79 | 0.241 | 0.56 | 0.103 | 0.32 | 0.0263 |
| 3.0 | | | | | | | | | | | 1.41 | 0.998 | 0.85 | 0.274 | 0.60 | 0.117 | 0.35 | 0.0298 |
| 3.5 | | | | | | | | | | | 1.65 | 1.36 | 0.99 | 0.365 | 0.70 | 0.155 | 0.40 | 0.0393 |
| 4.0 | | | | | | | | | | | 1.88 | 1.77 | 1.13 | 0.468 | 0.81 | 0.198 | 0.46 | 0.0501 |
| 4.5 | | | | | | | | | | | 2.12 | 2.24 | 1.28 | 0.586 | 0.91 | 0.246 | 0.52 | 0.0620 |

续表

| $q_g$ | DN15 | | DN20 | | DN25 | | DN32 | | DN40 | | DN50 | | DN70 | | DN80 | | DN100 | |
|---|---|---|---|---|---|---|---|---|---|---|---|---|---|---|---|---|---|---|
| | $v$ | $i$ | $v$ | $i$ | $v$ | $i$ | $v$ | $i$ | $v$ | $i$ | $v$ | $i$ | $v$ | $i$ | $v$ | $i$ | $v$ | $i$ |
| 5.0 | | | | | | | | | | | 2.35 | 2.77 | 1.42 | 0.723 | 1.01 | 0.30 | 0.58 | 0.0749 |
| 5.5 | | | | | | | | | | | 2.59 | 3.35 | 1.56 | 0.875 | 1.11 | 0.358 | 0.63 | 0.0892 |
| 6.0 | | | | | | | | | | | | | 1.70 | 1.04 | 1.21 | 0.421 | 0.69 | 0.105 |
| 6.5 | | | | | | | | | | | | | 1.84 | 1.22 | 1.31 | 0.494 | 0.75 | 0.121 |
| 7.0 | | | | | | | | | | | | | 1.99 | 1.42 | 1.41 | 0.573 | 0.81 | 0.139 |
| 7.5 | | | | | | | | | | | | | 2.13 | 1.63 | 1.51 | 0.657 | 0.87 | 0.158 |
| 8.0 | | | | | | | | | | | | | 2.27 | 1.85 | 1.61 | 0.748 | 0.92 | 0.178 |
| 8.5 | | | | | | | | | | | | | 2.41 | 2.09 | 1.71 | 0.844 | 0.98 | 0.199 |
| 9.0 | | | | | | | | | | | | | 2.55 | 2.34 | 1.81 | 0.946 | 1.04 | 0.221 |
| 9.5 | | | | | | | | | | | | | | | 1.91 | 1.05 | 1.10 | 0.245 |
| 10.0 | | | | | | | | | | | | | | | 2.01 | 1.17 | 1.15 | 0.269 |
| 10.5 | | | | | | | | | | | | | | | 2.11 | 1.29 | 1.21 | 0.295 |
| 11.0 | | | | | | | | | | | | | | | 2.21 | 1.41 | 1.27 | 0.324 |
| 11.5 | | | | | | | | | | | | | | | 2.32 | 1.55 | 1.33 | 0.354 |
| 12.0 | | | | | | | | | | | | | | | 2.42 | 1.68 | 1.39 | 0.385 |
| 12.5 | | | | | | | | | | | | | | | 2.52 | 1.83 | 1.44 | 0.418 |
| 13.0 | | | | | | | | | | | | | | | | | 1.50 | 0.452 |
| 14.0 | | | | | | | | | | | | | | | | | 1.62 | 0.524 |
| 15.0 | | | | | | | | | | | | | | | | | 1.73 | 0.602 |
| 16.0 | | | | | | | | | | | | | | | | | 1.85 | 0.685 |
| 17.0 | | | | | | | | | | | | | | | | | 1.96 | 0.773 |
| 20.0 | | | | | | | | | | | | | | | | | 2.31 | 1.07 |

**注** 流量 $q_g$ 以 L/s 计，管径 *DN* 以 mm 计，流速 $v$ 以 m/s 计，单位管长的水头损失 $i$ 以 kPa/m 计。

# 附录二　给水铸铁管水力计算

| $q_g$ | DN50 | | DN75 | | DN100 | | DN150 | |
|---|---|---|---|---|---|---|---|---|
| | $v$ | $i$ | $v$ | $i$ | $v$ | $i$ | $v$ | $i$ |
| 1.0 | 0.53 | 0.173 | 0.23 | 0.0231 | | | | |
| 1.2 | 0.64 | 0.241 | 0.28 | 0.0320 | | | | |
| 1.4 | 0.74 | 0.320 | 0.33 | 0.0422 | | | | |
| 1.6 | 0.85 | 0.409 | 0.37 | 0.0534 | | | | |
| 1.8 | 0.95 | 0.508 | 0.42 | 0.0659 | | | | |
| 2.0 | 1.06 | 0.619 | 0.46 | 0.0798 | | | | |
| 2.5 | 1.33 | 0.949 | 0.58 | 0.119 | 0.32 | 0.0288 | | |
| 3.0 | 1.59 | 1.37 | 0.70 | 0.167 | 0.39 | 0.0398 | | |
| 3.5 | 1.86 | 1.86 | 0.81 | 0.222 | 0.45 | 0.0526 | | |
| 4.0 | 2.12 | 2.43 | 0.93 | 0.284 | 0.52 | 0.0669 | | |
| 4.5 | | | 1.05 | 0.353 | 0.58 | 0.0829 | | |
| 5.0 | | | 1.16 | 0.430 | 0.65 | 0.100 | | |
| 5.5 | | | 1.28 | 0.517 | 0.72 | 0.120 | | |
| 6.0 | | | 1.39 | 0.615 | 0.78 | 0.140 | | |
| 7.0 | | | 1.63 | 0.837 | 0.91 | 0.186 | 0.40 | 0.0246 |
| 8.0 | | | 1.86 | 1.09 | 1.04 | 0.239 | 0.46 | 0.0314 |
| 9.0 | | | 2.09 | 1.38 | 1.17 | 0.299 | 0.52 | 0.0391 |
| 10.0 | | | | | 1.30 | 0.365 | 0.57 | 0.0469 |
| 11.0 | | | | | 1.43 | 0.442 | 0.63 | 0.0559 |
| 12.0 | | | | | 1.56 | 0.526 | 0.69 | 0.0655 |
| 13.0 | | | | | 1.69 | 0.617 | 0.75 | 0.0760 |
| 14.0 | | | | | 1.82 | 0.716 | 0.80 | 0.0871 |
| 15.0 | | | | | 1.95 | 0.822 | 0.86 | 0.0988 |
| 16.0 | | | | | 2.08 | 0.935 | 0.92 | 0.111 |
| 17.0 | | | | | | | 0.97 | 0.125 |
| 18.0 | | | | | | | 1.03 | 0.139 |
| 19.0 | | | | | | | 1.09 | 0.153 |
| 20.0 | | | | | | | 1.15 | 0.169 |
| 22.0 | | | | | | | 1.26 | 0.202 |
| 24.0 | | | | | | | 1.38 | 0.241 |
| 26.0 | | | | | | | 1.49 | 0.283 |
| 28.0 | | | | | | | 1.61 | 0.328 |
| 30.0 | | | | | | | 1.72 | 0.377 |

**注**　1. DN150mm 以上的给水管道水力计算，可参见《给排水设计手册》第 1 册。

2. 流量 $q_g$ 以 L/s 计，管径 DN 以 mm 计，流速 $v$ 以 m/s 计，压力损失 $i$ 以 kPa 计。

# 附录三　给水塑料管水力计算

| $q_g$ | *DN*15 | | *DN*20 | | *DN*25 | | *DN*32 | | *DN*40 | | *DN*50 | | *DN*70 | | *DN*80 | | *DN*100 | |
|---|---|---|---|---|---|---|---|---|---|---|---|---|---|---|---|---|---|---|
| | *v* | *i* | *v* | *i* | *v* | *i* | *v* | *i* | *v* | *i* | *v* | *i* | *v* | *i* | *v* | *i* | *v* | *i* |
| 0.10 | 0.50 | 0.275 | 0.26 | 0.060 | | | | | | | | | | | | | | |
| 0.15 | 0.75 | 0.564 | 0.39 | 0.123 | 0.23 | 0.033 | | | | | | | | | | | | |
| 0.20 | 0.99 | 0.940 | 0.53 | 0.206 | 0.30 | 0.055 | 0.20 | 0.02 | | | | | | | | | | |
| 0.30 | 1.49 | 0.193 | 0.79 | 0.422 | 0.45 | 0.113 | 0.29 | 0.040 | | | | | | | | | | |
| 0.40 | 1.99 | 0.321 | 1.05 | 0.703 | 0.61 | 0.188 | 0.39 | 0.067 | 0.24 | 0.021 | | | | | | | | |
| 0.50 | 2.49 | 4.77 | 1.32 | 1.04 | 0.76 | 0.279 | 0.49 | 0.099 | 0.30 | 0.031 | | | | | | | | |
| 0.60 | 2.98 | 6.60 | 1.58 | 1.44 | 0.91 | 0.386 | 0.59 | 0.137 | 0.36 | 0.043 | 0.23 | 0.014 | | | | | | |
| 0.70 | | | 1.84 | 1.90 | 1.06 | 0.507 | 0.69 | 0.181 | 0.42 | 0.056 | 0.27 | 0.019 | | | | | | |
| 0.80 | | | 2.10 | 2.40 | 1.21 | 0.643 | 0.79 | 0.229 | 0.48 | 0.071 | 0.30 | 0.023 | | | | | | |
| 0.90 | | | 2.37 | 2.96 | 1.36 | 0.792 | 0.88 | 0.282 | 0.54 | 0.088 | 0.34 | 0.029 | 0.23 | 0.018 | | | | |
| 1.00 | | | | | 1.51 | 0.955 | 0.98 | 0.340 | 0.60 | 0.106 | 0.38 | 0.035 | 0.25 | 0.014 | | | | |
| 1.50 | | | | | 2.27 | 1.96 | 1.47 | 0.698 | 0.90 | 0.217 | 0.57 | 0.072 | 0.39 | 0.029 | 0.27 | 0.012 | | |
| 2.00 | | | | | | | 1.96 | 1.160 | 1.20 | 0.361 | 0.76 | 0.119 | 0.52 | 0.049 | 0.36 | 0.020 | 0.24 | 0.008 |
| 2.50 | | | | | | | 2.46 | 1.730 | 1.50 | 0.536 | 0.95 | 0.517 | 0.65 | 0.072 | 0.45 | 0.030 | 0.30 | 0.011 |
| 3.00 | | | | | | | | | 1.81 | 0.741 | 1.14 | 0.245 | 0.78 | 0.099 | 0.54 | 0.042 | 0.36 | 0.016 |
| 3.50 | | | | | | | | | 2.11 | 0.974 | 1.33 | 0.322 | 0.91 | 0.131 | 0.63 | 0.055 | 0.42 | 0.021 |
| 4.00 | | | | | | | | | 2.41 | 0.123 | 1.51 | 0.408 | 1.04 | 0.166 | 0.72 | 0.069 | 0.48 | 0.026 |
| 4.50 | | | | | | | | | 2.71 | 0.152 | 1.70 | 0.503 | 1.17 | 0.205 | 0.81 | 0.086 | 0.54 | 0.032 |
| 5.00 | | | | | | | | | | | 1.89 | 0.606 | 1.30 | 0.247 | 0.90 | 0.104 | 0.60 | 0.039 |
| 5.50 | | | | | | | | | | | 2.08 | 0.718 | 1.43 | 0.293 | 0.99 | 0.123 | 0.66 | 0.046 |
| 6.00 | | | | | | | | | | | 2.27 | 0.838 | 1.56 | 0.342 | 1.08 | 0.431 | 0.72 | 0.052 |
| 6.50 | | | | | | | | | | | | | 1.69 | 0.394 | 1.17 | 0.165 | 0.78 | 0.062 |
| 7.00 | | | | | | | | | | | | | 1.82 | 0.445 | 1.26 | 0.188 | 0.84 | 0.071 |
| 7.50 | | | | | | | | | | | | | 1.95 | 0.507 | 1.35 | 0.213 | 0.90 | 0.080 |
| 8.00 | | | | | | | | | | | | | 2.08 | 0.569 | 1.44 | 0.238 | 0.96 | 0.090 |
| 8.50 | | | | | | | | | | | | | 2.21 | 0.632 | 1.53 | 0.265 | 1.02 | 0.102 |
| 9.00 | | | | | | | | | | | | | 2.34 | 0.701 | 1.62 | 0.294 | 1.08 | 0.111 |
| 9.50 | | | | | | | | | | | | | 2.47 | 0.772 | 1.71 | 0.323 | 1.14 | 0.121 |
| 10.00 | | | | | | | | | | | | | | | 1.80 | 0.354 | 1.20 | 0.134 |

**注**　流量 $q_g$ 以 L/s 计，管径 *DN* 以 mm 计，流速 $v$ 以 m/s 计，水头损失 $i$ 以 kPa/m 计。

# 附录四　我国若干城市暴雨强度公式

| 省、自治区、直辖市 | 城市名称 | 暴雨强度公式 | 资料记录年数（年） |
|---|---|---|---|
| 北京 | | $q=\frac{2001(1+0.811\lg P)}{(t+8)^{0.711}}$ | 40 |
| 上海 | | $q=\frac{5544(P^{0.3}-0.42)}{(t+10+7\lg P)^{0.82+0.07\lg P}}$ | 41 |
| 天津 | | $q=\frac{3833.34(1+0.85\lg P)}{(t+17)^{0.85}}$ | 50 |
| 河北 | 石家庄 | $q=\frac{1689(1+0.898\lg P)}{(t+17)^{0.729}}$ | 20 |
| 河北 | 保定 | $i=\frac{14.973+10.266\lg TE}{(t+13.877)^{0.776}}$ | 23 |
| 山西 | 太原 | $q=\frac{880(1+0.86\lg T)}{(t+4.6)^{0.62}}$ | 25 |
| | 大同 | $q=\frac{1523.7(1+0.08\lg T)}{(t+6.9)^{0.87}}$ | 25 |
| | 长治 | $q=\frac{3340(1+1.43\lg T)}{(t+15.8)^{0.93}}$ | 27 |
| 内蒙 | 包头 | $q=\frac{1663(1+0.985\lg P)}{(t+5.40)^{0.85}}$ | 25 |
| | 海拉尔 | $q=\frac{2630(1+1.05\lg P)}{(t+10)^{0.99}}$ | 25 |
| 黑龙江 | 哈尔滨 | $q=\frac{2889(1+0.9\lg P)}{(t+10)^{0.88}}$ | 32 |
| | 齐齐哈尔 | $q=\frac{1920(1+0.89\lg P)}{(t+6.4)^{0.86}}$ | 33 |
| | 大庆 | $q=\frac{1820(1+0.91\lg P)}{(t+8.3)^{0.77}}$ | 18 |
| | 黑河 | $q=\frac{1611.6(1+0.9\lg P)}{(t+5.65)^{0.824}}$ | 22 |
| 吉林 | 长春 | $q=\frac{1600(1+0.8\lg P)}{(t+5)^{0.76}}$ | 25 |
| | 吉林 | $q=\frac{2166(1+0.680\lg P)}{(t+7)^{0.831}}$ | 26 |
| | 海龙 | $i=\frac{16.4(1+0.899\lg P)}{(t+10)^{0.867}}$ | 30 |

续表

| 省、自治区、直辖市 | 城市名称 | 暴雨强度公式 | 资料记录年数（年） |
|---|---|---|---|
| 辽宁 | 沈阳 | $q=\frac{1984(1+0.77\lg P)}{(t+9)^{0.77}}$ | 26 |
| | 丹东 | $q=\frac{1221(1+0.668\lg P)}{(t+7)^{0.605}}$ | 31 |
| | 大连 | $q=\frac{1900(1+0.66\lg P)}{(t+8)^{0.8}}$ | 10 |
| | 锦州 | $q=\frac{2322(1+0.875\lg P)}{(t+10)^{0.79}}$ | 28 |
| 山东 | 潍坊 | $q=\frac{4091.17(1+0.824\lg P)}{(t+16.7)^{0.87}}$ | 20 |
| | 枣庄 | $i=\frac{65.512+52.455\lg TE}{(t+22.378)^{1.069}}$ | 15 |
| 江苏 | 南京 | $q=\frac{2989.3(1+0.671\lg P)}{(t+13.3)^{0.8}}$ | 40 |
| | 徐州 | $q=\frac{1510.7(1+0.514\lg P)}{(t+9)^{0.64}}$ | 23 |
| | 扬州 | $q=\frac{8248.13(1+0.641\lg P)}{(t+40.3)^{0.95}}$ | 20 |
| | 南通 | $q=\frac{2007.34(1+0.752\lg P)}{(t+17.9)^{0.71}}$ | 31 |
| 安徽 | 合肥 | $q=\frac{3600(1+0.76\lg P)}{(t+14)^{0.84}}$ | 25 |
| | 蚌埠 | $q=\frac{2550(1+0.77\lg P)}{(t+12)^{0.774}}$ | 24 |
| | 安庆 | $q=\frac{1986.8(1+0.777\lg P)}{(t+8.404)^{0.689}}$ | 25 |
| | 淮南 | $q=\frac{2034(1+0.71\lg P)}{(t+6.29)^{0.71}}$ | 26 |
| 浙江 | 杭州 | $q=\frac{10174(1+0.844\lg P)}{(t+25)^{1.038}}$ | 24 |
| | 宁波 | $i=\frac{18.105+13.90\lg TE}{(t+13.265)^{0.778}}$ | 18 |
| 江西 | 南昌 | $q=\frac{1386(1+0.69\lg P)}{(t+1.4)^{0.64}}$ | 7 |
| | 赣州 | $q=\frac{3173(1+0.56\lg P)}{(t+10)^{0.79}}$ | 8 |
| 福建 | 福州 | $i=\frac{6.162+3.881\lg TE}{(t+1.774)^{0.367}}$ | 24 |
| | 厦门 | $q=\frac{850(1+0.745\lg P)}{t^{0.514}}$ | 7 |
| 河南 | 安阳 | $q=\frac{3680P^{0.4}}{(t+16.7)^{0.858}}$ | 25 |

续表

| 省、自治区、直辖市 | 城市名称 | 暴雨强度公式 | 资料记录年数（年） |
|---|---|---|---|
| 河南 | 开封 | $q=\frac{5075(1+0.61\lg P)}{(5+19)^{0.92}}$ | 16 |
| | 新乡 | $q=\frac{1102(1+0.623\lg P)}{(t+3.20)^{0.60}}$ | 21 |
| | 南阳 | $i=\frac{3.591+3.970\lg TM}{(t+3.434)^{0.416}}$ | 28 |
| 湖北 | 汉口 | $q=\frac{983(1+0.65\lg P)}{(t+4)^{0.56}}$ | |
| | 老河口 | $q=\frac{6400(1+1.059\lg P)}{t+23.36}$ | 25 |
| | 黄石 | $q=\frac{2417(1+0.79\lg P)}{(t+7)^{0.7655}}$ | 28 |
| | 沙市 | $q=\frac{684.7(1+0.854\lg P)}{t^{0.526}}$ | 20 |
| 湖南 | 长沙 | $q=\frac{3920(1+0.68\lg P)}{(t+17)^{0.86}}$ | 20 |
| | 常德 | $i=\frac{6.890+6.251\lg TE}{(t+4.367)^{0.602}}$ | 20 |
| | 益阳 | $q=\frac{914(1+0.882\lg P)}{t^{0.584}}$ | 11 |
| 广东 | 广州 | $q=\frac{2424.17(1+0.533\lg T)}{(t+11.0)^{0.668}}$ | 31 |
| | 佛山 | $q=\frac{1930(1+0.58\lg P)}{(t+9)^{0.66}}$ | 16 |
| 海南 | 海口 | $q=\frac{2338(1+0.4\lg P)}{(t+9)^{0.65}}$ | 20 |
| 广西 | 南宁 | $q=\frac{10500(1+0.707\lg P)}{(t+21.1P)^{0.119}}$ | 21 |
| | 桂林 | $q=\frac{4230(1+0.402\lg P)}{(t+13.5)^{0.841}}$ | 19 |
| | 北海 | $q=\frac{1625(1+0.437\lg P)}{(t+4)^{0.57}}$ | 18 |
| | 梧州 | $q=\frac{2670(1+0.466\lg P)}{(t+7)^{0.72}}$ | 15 |
| 陕西 | 西安 | $q=\frac{1008.8(1+1.475\lg P)}{(t+14.72)^{0.704}}$ | 22 |
| | 延安 | $q=\frac{932(1+1.292\lg P)}{(t+8.22)^{0.7}}$ | 22 |
| | 宝鸡 | $q=\frac{1838.6(1+0.94\lg P)}{(t+12)^{0.932}}$ | 20 |
| | 汉中 | $q=\frac{434(1+1.04\lg P)}{(t+4)^{0.518}}$ | 19 |

续表

| 省、自治区、直辖市 | 城市名称 | 暴雨强度公式 | 资料记录年数（年） |
|---|---|---|---|
| 宁夏 | 银川 | $q=\frac{242(1+1.83\lg P)}{t^{0.477}}$ | 6 |
| 甘肃 | 兰州 | $q=\frac{1140(1+0.96\lg P)}{(t+8)^{0.8}}$ | 27 |
| | 平凉 | $i=\frac{4.452+4.841\lg TE}{(t+2.570)^{0.668}}$ | 22 |
| 青海 | 西宁 | $q=\frac{308(1+1.39\lg P)}{t^{0.58}}$ | 26 |
| 新疆 | 乌鲁木齐 | $q=\frac{195(1+0.82\lg P)}{(t+7.8)^{0.63}}$ | 17 |
| 重庆 | | $q=\frac{2822(1+0.775\lg P)}{(t+12.8P^{0.076})^{0.77}}$ | 8 |
| 四川 | 成都 | $q=\frac{2806(1+0.803\lg P)}{(t+12.8P^{0.231})^{0.768}}$ | 17 |
| | 渡口 | $q=\frac{2495(1+0.49\lg P)}{(t+10)^{0.84}}$ | 14 |
| | 雅安 | $q=\frac{1272.8(1+0.63\lg P)}{(t+6.64)^{0.56}}$ | 30 |
| 贵州 | 贵阳 | $i=\frac{6.853+4.195\lg TE}{(t+5.168)^{0.601}}$ | 13 |
| | 水城 | $i=\frac{42.25+62.60\lg P}{t+35}$ | 19 |
| 云南 | 昆明 | $i=\frac{8.918+6.183\lg TE}{(t+10.247)^{0.649}}$ | 16 |
| | 下关 | $q=\frac{1534(1+1.035\lg P)}{(t+9.86)^{0.762}}$ | 18 |

**注** 1. 表中 $P$、$T$ 代表设计降雨的重现期；$TE$ 代表非年最大值法选样的重现期；$TM$ 代表年最大值法选样的重现期。

2. $i$ 的单位是 mm/min，$q$ 的单位是 L/（s・ha)。

3. 此附录摘自《给水排水设计手册》第 5 册表 1-73。

# 主要参考文献


［1］ 孙慧修. 排水工程. 第4版. 北京：中国建筑工业出版社，2006
［2］ 高廷耀，顾国维. 水污染控制工程（上册）. 第2版. 北京：高等教育出版社，1999
［3］ 严煦世，刘遂庆. 给水排水管网系统. 北京：中国建筑工业出版社，2002
［4］ 周玉文，赵洪宾. 排水管网理论与计算. 北京：中国建筑工业出版社，2000
［5］ 霍晓卫. 城市给水排水工程——规划设计概预算与定额/施工及验收实用全书. 北京：中国环境科学出版社，2000
［6］ 唐受印，戴友芝，等. 水处理工程师手册. 北京：化学工业出版社，2000
［7］ 姜乃昌. 水泵及水泵站. 新1版. 北京：中国建筑工业出版社，1993
［8］ 于尔捷，张杰. 给水排水工程快速设计手册2——排水工程. 北京：中国建筑工业出版社，1996
［9］ 严煦世，范瑾初. 给水工程. 第4版. 北京：中国建筑工业出版社，1999
［10］ 王继明. 给水排水管道工程. 北京：清华大学出版社，1989
［11］ 上海市政工程设计院主编. 给水排水设计手册（第3册）. 北京：中国建筑工业出版社，2004
［12］ 汪光焘. 城市供水行业2000年技术进步发展规划. 北京：中国建筑工业出版社，1993
［13］ 给水委员会编. 中国给水五十年回顾（第七届年会论文集）. 北京：中国建筑工业出版社，1999
［14］ 深圳市自来水（集团）有限公司主编. 国际饮用水水质标准汇编. 北京：中国建筑工业出版社，2001
［15］ 姜文源. 建筑灭火设计手册. 北京：中国建筑工业出版社，1997
［16］ 高明远，岳秀萍，等. 建筑给水排水工程学. 北京：中国建筑工业出版社，2002
［17］ 核工业第二研究设计院主编. 给水排水设计手册第2册. 第2版. 北京：中国建筑工业出版社，2001
［18］ 姜文源，等. 水工业工程设计手册. 建筑和小区给水排水. 北京：中国建筑工业出版社，2000
［19］ 陈耀宗，等. 建筑给水排水设计手册. 北京：中国建筑工业出版社，1992
［20］ 王增长. 建筑给水排水工程. 北京：中国建筑工业出版社，2005
［21］ 蒋永琨. 中国消防工程手册. 北京：中国建筑工业出版社，1998
［22］ 中华人民共和国国家标准. 室外排水设计规范（GB 50014—2006）. 北京：中国计划出版社，2006
［23］ 中华人民共和国国家标准. 污水再生利用工程设计规范（GB 50335—2002）. 北京：中国建筑工业出版社，2003
［24］ MetCalf & Eddy. 废水工程. 处理与回用. 第4版. 秦裕行等译. 北京：化学工业出版社，2004
［25］ 杭世珺. 北京市城市污水再生利用工程设计指南. 北京：中国建筑工业出版社，2006
［26］ 车武，李俊奇. 城市雨水利用技术与管理. 北京：中国建筑工业出版社，2006
［27］ 建设部. 国家质量监督检验检疫总局. 室外给水设计规范. 北京：中国计划出版社. 2006
［28］ 全国勘察设计注册工程师公用设备专业管理委员会秘书处编. 给水排水专业考试复习教材. 北京：中国建筑工业出版社，2009
［29］ 中华人民共和国国家标准. 建筑给水排水设计规范（GB 50015—2003，局部修订稿）. 北京：中国计划出版社，2009
［30］ 中华人民共和国国家标准. 建筑设计防火规范（GB 50016—2006）. 北京：中国计划出版社，2006
［31］ 中华人民共和国国家标准. 高层民用建筑设计防火规范（GB 50045—95，2005年版）. 北京：中国计划出版社，2006

[32] 中华人民共和国行业标准．游泳池给水排水工程技术规程（CJJ 122－2008）．北京：中国建筑工业出版社，2009
[33] 中华人民共和国国家标准．自动喷水灭火系统设计规范（GB 50084－2001，2005 年版）．北京：中国计划出版社，2005
[34] 中华人民共和国国家标准．建筑与小区雨水利用工程技术规范（GB 50400－2006）．北京：中国建筑工业出版社，2006
[35] 中华人民共和国国家标准．泡沫灭火剂（GB 15308—2006）．北京：中国标准出版社，2006
[36] 中国工程建设标准化协会标准．虹吸式屋面雨水排水系统技术规程（CECS 183：2005）．北京：中国计划出版社，2005
[37] 中国建筑设计研究院主编．建筑给水排水设计手册．第 2 版．北京：中国建筑工业出版社，2008

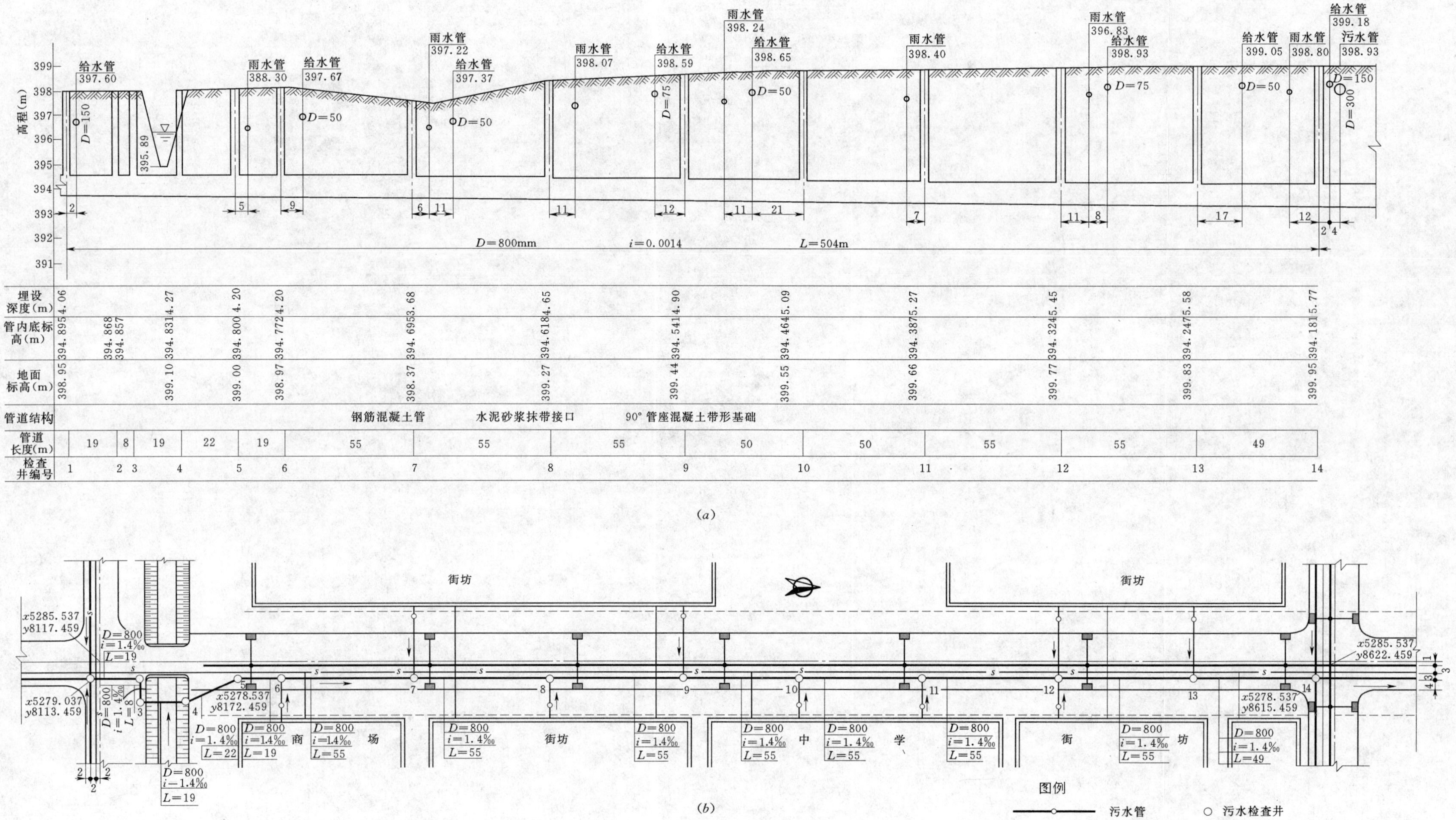


图 21-11 污水管道平、剖面图

(a) 管道平面图；(b) 管道纵剖面图